패션

개념에서 소비자까지

| 제9판 |

패션 fashion

개념에서 소비자까지

Gini Stephens Frings 지음 | 조길수, 천종숙, 이주현, 강경영 옮김

PEARSON   Σ 시그마프레스

패 션 : 개념에서 소비자까지, 제9판

발행일 | 2008년 9월 1일 1쇄 발행

저자 | Gini Stephens Frings
역자 | 조길수, 천종숙, 이주현, 강경영
발행인 | 강학경
발행처 | (주)시그마프레스
편집 | 우주연
교정·교열 | 김성남

등록번호 | 제10-2642호
주소 | 서울특별시 마포구 성산동 210-13 한성빌딩 5층
전자우편 | sigma@spress.co.kr
홈페이지 | http://www.sigmapress.co.kr
전화 | (02)323-4845~7(영업부), (02)323-0658~9(편집부)
팩스 | (02)323-4197

인쇄 | 대성프린팅   제본 | 동신제책

ISBN | 978-89-5832-545-1

Fashion : from concept to consumer, 9th ed.

패션은 그 시대의 사회적, 정치·경제적, 예술적 동향을 반영하며, 그 변화속도 또한 매우 빠르다. 새롭게 생겨난 패션 스타일은 그 시대를 설명해 주는 대표적 언어이다. 패션을 반영한 새로운 직물이나 의복은 소비자에 의해서 지속적으로 받아들여진다. 패션이 산업과 연결되면 무한한 부가가치를 창출할 수 있는 에너지를 가진다. 패션 산업을 이해하기 위해서는 섬유부터 의복에 이르기까지의 전체 흐름을 파악하는 것이 필요하다.

이 책은 패션 산업의 전체 흐름을 파악하기에 아주 좋은 도서라고 생각한다. 누구든지 이해할 수 있는 쉬운 문체로 쓰였기 때문에, 하루가 다르게 변화하는 패션 비즈니스를 쉽게 이해할 수 있어서 대학에서 패션 관련 과목의 개론서로 활용될 수 있을 것이다. 또한 패션 관련 일에 종사하는 전문인이나 패션에 관심이 많은 일반인에게도 좋은 참고 자료가 될 수 있을 것이다.

이 번역서는 총 4부로 구성되어 있다. 제1부에서는 패션의 기초, 제2부에서는 패션의 원료, 제3부에서는 패션의 제조업, 제4부에서는 패션 리테일링을 다루고 있다. 부록에서는 텍스타일 산업, 어패럴 제조, 리테일링, 그리고 마케팅의 네 분야에 대한 직업 안내를, 맨 마지막에는 패션 산업 용어와 색인을 가나다순으로 정리하여 제시하고 있다. 패션 산업 용어의 경우는 대응 영어를 괄호 속에 포함시켰고, 색인은 페이지를 함께 실어 활용도를 높이고자 하였다.

원서의 내용을 살펴보면, 제7판에 비해 제9판에서는 노동력이 싼 동남아시아 시장을 중심으로 세계 패션 산업이 재정리된 상황을 적시적소에 반영하여 개정한 점을 확인할 수 있다. 이 책은 특히 최신 정보를 충분히 제공하고 있으며, 업스트림(upstream)에서 다운스트림(downstream)까지의 상호관련성을 있는 그대로, 알기 쉽게, 그리고 어디에도 치우치지 않고 균형 있게 서술하고 있다.

제7판에 이어 제9판에서도 네 명의 역자가 각자의 전공 분야를 번역하여 전문성을 최대한 살리고자 하였다. 사실 국내와 미국의 의류 산업이 공통점도 많지만 서로 상이한 점도 있기 때문에, 어떤 부분에서는 독자의 이해를 돕기 위해 우리 상황에 맞게 역자의 의도와 생각을 집어넣어 번역한 부분도 있다. 그렇지만 번역은 원서에 충실하도록 노력하였으며, 가능한 한 직역을 하였고, 사람 이름이나 익숙하지 않은 지명은 영어명을 병기하여 이해를 돕고자 하였다.

이 책의 번역으로 인해 우리나라 패션 전공 학생, 패션 전문인 그리고 패션에 관심이 있는 일반인 모두가 패션 산업을 좀 더 쉽게 이해하고 바르게 아는 데 조금이나마 보탬이 될 수 있기를 희망한다. 또한 독자들의 많은 관심과 조언으로 이 번역서가 앞으로도 더욱 알차고 수준 있는 도서로 발전해 나갈 수 있기를 희망한다. 마지막으로, 제9판 번역을 다시 의뢰해 주시고 출판을 독려해 주신 (주)시그마프레스 강학경 사장님께 감사드린다.

2008년 8월

역자 일동

이 책의 목적은 패션 비즈니스가 어떻게 작용하는지에 관한 전체 스토리를 개념에서 소비자에 이르기까지 순차적으로 알리는 데 있다. 패션 비즈니스는 물품을 구매하고, 새로운 제품을 창조하고 개발하며, 그 제품을 판매하는 일련의 과정이다. 패션 비즈니스는 원료, 의복과 액세서리를 제조하는 일에 관한 모든 과정과 대중에게 패션 상품을 파는 리테일 스토어들을 포함한다. 패션 산업에 종사하는 관리자들로서 이러한 과정들이 모두 어떻게 상호작용하는지를 아는 것은 매우 중요하다.

제조업자를 위해 일하는 패션 디자이너와 머천다이저들은 그들의 의복과 액세서리에 필요한 직물을 개발하는 텍스타일 제조업자와 함께 일해야 한다. 제조업자들은 또한 리테일 수준에서 판매의 중요성을 이해해야 한다. 리테일 패션 바이어들은 그들이 창의적인 머천다이저가 되고 현명한 판매 결정을 할 수 있도록 어떻게 의복과 액세서리가 디자인되는지를 이해해야만 한다. 또한 그들은 제품을 개발하고 자사 브랜드 상품(private-label merchandise)을 위해 생산 자체에 정보를 제공해야 할 수도 있다.

제1부는 패션의 기초, 즉 패션 산업에서 누구에게나 필요한 정보에 초점을 둔다. 제1장은 오늘날의 비즈니스를 이해하기 위한 배경으로서 패션의 전개와 패션 산업을 추적한다. 제2장은 어떻게 소비자 요구가 패션 마케팅에 영향을 미치는지를 보여 준다. 제3장은 패션의 변화와 소비자의 수용을 설명한다. 제4장은 마켓 리서치, 패션 분석과 디자인 리소스, 즉 패션 산업에 있는 모든 사람이 필요로 하는 정보를 다룬다.

제2부는 패션 제조를 위해 필요한 공급원인 텍스타일, 트리밍, 가죽과 모피를 포함하여 원료의 개발, 생산과 마케팅을 다룬다.

제3부는 국제 패션센터들을 설명하고 디자인과 머천다이징 개발부터 생산과 리테일러에 대한 판매까지 패션 제조 과정을 추적한다.

제4부는 리테일링을 다룬다. 리테일 조직의 형태, 사고파는 과정인 머천다이징과 마케팅을 다룬다.

각 장은 관련 직업 소개, 학습목표, 복습문제, 용어, 주제의 복습을 위한 프로젝트를 포함한다. 부록은 관련 직업 안내에 관한 정보와 패션용어의 풀이를 포함한다.

패션 산업이 지난 20년 동안 현격하게 변한 것처럼, 「패션 : 개념에서 소비자까지」의 각 판은 그것과 함께 변해 왔다. 산업이 점차 마케팅 지향적이 되어 감에 따라 이 책도 마찬가지이다. 산업이 남성 의류와 액세서리에서 어마어마한 성장을 보여 옴에 따라 이 책도 남성 의류와 액세서리에 관한 보다 많은 정보를 담았다. 컴퓨터 기술로 패션이 생산되고 분배되는 방식이 바뀌었기 때문에, 이 책은 모든 분야에의 적용을 설명한다. 생산이 해외로 이동함에 따라 이 책은 글로벌 소싱에 대한 새로운 정보를 소개한다. 패션은 산업의 단계들 간의 관계, 즉 어떻게 몇몇 텍스타일 회사들이 풀 가먼트 패키지를 생산하고 있으며, 그리고 어떻게 제조업자가 리테일러가 되고 리테일러가 제조업자가 되는지와 같은 변화를 설명한다. 이 책은 어떻게 이러한 주된 변화들이 패션 비즈니스의 모든 측면에 영향을 미치는지를 설명한다.

이 책은 패션 비즈니스의 완전한 이야기를 일러 주고, 패션 디자인 개론, 패션 산업 또는 제조 개론, 패션 머천다이징 또는 리테일링 개론, 또는 패션 비즈니스 개론과 같은 패션 기초 과목을 위한 가치 있는 교재이다. 뿐만 아니라 텍스타일 마케팅, 의복 제조, 액세서리 디자인, 생산과 마케팅 그리고 광고와 선전과 같은 경향 연구에 관한 중요한 정보를 담고 있다. 이것은 전문인뿐만 아니라 패션과목 하나를 택하는 사람들을 위한 교재이기도 하다. 사실 패션과 패션 비즈니스에 관해 더 알고자 하는 사람이라면 누구에게나 흥미를 불러일으킬 것이다.

▶▶▶차례

제2장 소비자 수요와 패션 마케팅 ◐ 41

제2부 ┃ 패션의 원료 ▶ 119

제10장 어패럴 생산과 글로벌 소싱 ● 261

제4부 | 패션 리테일링 ▶ 377

제13장 리테일링 ◉ 379

패션

개념에서 소비자까지

핑크색 쉬폰 러플을 여러 단으로 디자인한
앤드류 지엔의 의상
(출처 : ANDREW GN, PARIS)

제1부

패션의 기초

제1부에서는 패션 산업을 이해하기 위해 필요한 기초적 지식들을 다룬다. 그러므로 다른 장을 읽기에 앞서, 여기에 있는 네 개의 장을 먼저 읽어 둘 필요가 있다.

▶ 제1장에서는 오늘날의 패션 산업에서 일어나는 변화를 이해하기 위한 배경으로서, 패션과 패션 산업의 **발달과정**을 다룬다.

▶ 제2장에서는 패션 비즈니스의 주춧돌이라 할 수 있는, **소비자**의 중요성과 **패션 마케팅**의 요체를 다룬다.

▶ 제3장에서는 **패션 변화**의 원리와 소비자의 패션 수용을 설명한다.

▶ 제4장에서는 패션 상품을 개발하기 위해 필요한, 마켓과 디자인 측면의 **조사 분석**에 관하여 다룬다.

푸른색 실크 드레스의 앞부분을 짧게 하여 레깅스가
드러나 보이게 한 오스카 드 라 렌타의 디자인으로
19세기 패션을 새로운 트위스트로 해석한 의상
(출처 : OSCAR DE LA RENTA,
사진촬영 : DAN LECCA)

1

▶▶▶패션의 발달

관련 직업■□■

패션 산업체의 중역이 되려면 그 기업체가 패션계 내에서 어떤 위치에 있든, 어떤 유형이든 관계없이, 패션 산업이 과거로부터 현대에 이르기까지 어떻게 발전해 왔는지에 대해 훤히 알고 있어야 한다. 왜냐하면 그들이 패션의 과거사로부터 얻는 교훈들은, 그들이 현재와 미래에 패션 비즈니스와 관련된 결정을 내리는 데 큰 도움이 되기 때문이다. 또한 이 외에도, 패션 산업의 발달 과정을 돌이켜 봄으로써 과거의 패션 아이디어들이 오늘날의 패션 속에서 어떻게 재해석되는지를 흥미롭게 고찰하는 기회도 얻게 될 것이다.

학습 목표■□■

이 장을 읽은 후…

1. 산업혁명 이래 미국인의 라이프스타일에 나타난 주요 변화와 그러한 변화들이 패션에 미친 영향을 이해할 수 있다.
2. 산업혁명 이래의 사회적, 문화적, 정치적, 경제적, 기술적 변화들이 패션에 반영되어 온 양상을 이해할 수 있다.
3. 패션 산업계에서 전개되어 온 주요 변화들을 요약하고 토론할 수 있다.
4. 지난 100년 동안 활약했던 주요 패션 디자이너들을 열거할 수 있다.

패션이란 디자이너의 변덕에 의한 산물이 아니라, 당대의 사회적, 정치경제적, 예술적 동향을 반영하는 것이다. 즉 이러한 시대적 동향의 영향을 받음으로써 새롭게 변화된 스타일들은 여느 책이나 잡지, 간행물 못지않을 만큼 신랄하게 그 시대를 말해 준다. 말하자면 의류매장의 탈의실에 있는 거울은 탈의를 위한 거울일 뿐 아니라, 그 시대 사람들의 사고와 생활방식을 말해 주는 거울이라고도 할 수 있다.

이 장에서는, 지나간 역사 속의 패션에 영향을 미쳤던 몇 가지 중요한 요인들을 소개함으로써, 독자들이 현 시대의 패션을 이해하고 미래 패션을 예견하기 위해 필요한 시야를 갖출 수 있도록 도움을 제공하고자 한다. 제1장에서는, 17세기부터 현재에 이르기까지 유럽과 미국의 패션 산업이 발달해 온 과정을 다루었으며, 특히 지난 100년 동안의 과정을 주요 내용으로 담았다. 다시 말해 이 장에서는, 이 시기 동안 패션 혁신자(fashion innovator)들이 어떻게 사회적, 과학기술적, 정치경제적 변화들과 함께 패션을 변화시켜 왔는지를 주된 내용으로 다루었다.

독자 여러분이 이미 알고 있는 것처럼 패션이란 상대적으로 새로운 것이다. 고대나 중세 시대에는, 당대에 유행하던 의복 스타일이 약 100년 후에야 새로운 것으로 바뀌곤 하였다. 그러다가 르네상스 시대에 이르러 서구 세계가 문명화되기 시작하면서 각 지역의 다양한 문화, 관습, 의상 등이 세상에 알려지기 시작했고, 이때부터 패션의 변화에 속도가 붙기 시작하였다. 이때부터는 새로운 직물과 아이디어들이 나올 때마다 사람들은 그 새로운 스타일들을 탐내게 되었고, 이러한 패션의 변화 속도는 이후 더욱 가속화되어 갔다.

패션의 중심지, 프랑스

프랑스는 18세기 초부터 전 세계의 패션을 지배하는 중심지가 되었다.

왕실이 패션을 지배하다

산업혁명이 일어나기 전까지 대부분의 프랑스 사람들은 두 가지 계층, 즉 부유한 지주 계층 또는 가난한 농민과 노동자 계층 중 하나에 속해 있었다. 이 시대의 부(富)는 지주 계층에 편중되어 있었으므로, 이 시대에는 지주 계층만이 유행하는 의상을 입을 수 있는 경제적 여유를 누리고 있었다. 이러한 사회경제적 계층 구조의 맨 꼭대기에는 왕실이 있었으며, 왕실은 언제나 새로운 유행을 받아들이고 이끌어 간 반면, 귀족들은 왕실의 인정을 받기 위해 왕실에서 채택한 새로운 스타일을 모방하곤 하였다.

18세기 말경, 루이 16세의 왕실은 당시 첨단 유행을 이끄는 주인공이 되었으며, 이는 파리가 유럽 패션의 중심지로 자리 잡는 기반이 되었다. 당시 리옹(Lyons) 등의 프랑스 내 몇몇 도시에서는 섬유 산업이 활발히 전개되었으며, 이 지역의 공장들에서 생산된 실크직물, 리본, 레이스 등은 왕실과 귀족 등에게 제공되었다.

또한 당시 왕실과 귀족들에게 소속된 양재사들은 이와 같은 아름다운 재료들을 사용하여 의복을 제작하였으며, 이를 통해 그들의 양재 기술은 더욱 고도화되었다.

수제 중심의 양재

당시 의상의 호화로운 디테일과 복잡한 구성 방식 등으로 인해, 그 시대의 양재사들은 엄청난 분량의 수작업을 감당해야만 했다. 이 시대의 모든 의상은 수제(手製)품인 동시에 맞춤복(custom made)이었으므로, 그 의상은 주문한 고객의 정확한 신체 사이즈에 맞추어 제작되었고, 양재사들은 고객의 상세 주문 내역에 맞추어 의상을 제작하였다. 그런데 부유층 사람들은 자신의 의상을 만드는 양재사가 누구인지를 비밀에 부쳐서 외부에 알려지지 않게 하였으므로, 이들 양재사들의 양재 기술과 재능은 다른 사람들에게 전수되지 못했다. 마리 앙투아네트(Marie Antoinette) 왕비의 양재사였던 로제 베르텡(Rose Bertin)은 궁정의 패션 담당 관료(minister)라는 공식 직위를 임명받음으로써 비로소 세상에 이름이 알려진 예외적인 경우였다.

워스 작, 프랑스 제2왕정기(1852~1860)의 전형적인 여성 정장 (출처 : 프랑스 복장 연합)

한편 가난한 계층의 사람들은 부유한 계층의 사람들이 입던 옷을 입거나, 스스로 의상을 제작하여 입었다. 특별한 날에 입는 호화로운 의상들은 대를 물려서 내려가다가 나중에는 그 지방 고유의 민속 의상(folk costume)으로 자리매김되곤 하였다. 이와 같은 18세기 가난한 계층의 소박한 의생활과, 이와는 대조적인 왕실 및 귀족의 의복 사치는 결국 1789년에 발발한 프랑스 대혁명의 원인 중 하나가 되었다. 프랑스 대혁명 후에는 과도한 장식을 탄압하는 사회적 분위기에 발맞추어, 호화로운 스타일의 구유행은 사라지고 단순한 스타일을 추구하는 쪽으로 반전되었다.

쿠튀르의 발전

왕실의 주도하에, 그리고 실크 산업의 발달로 인해 프랑스는 패션의 중심지가 되었다. 당시 프랑스에서는 의류제작 기술을 쿠튀르(couture)라 불렀으며, 남자 디자이너는 쿠튀리에(couturier), 여자 디자이너는 **쿠튀리에르**(couturiére)라 불렸다.

찰스 워스(Charles Worth)는 이러한 쿠튀르의 시조라 불리는데, 그 이유는 그가 독립적으로 활동했던 최초의 디자이너였기 때문이다. 워스는 영국 태생으로 스무 살이 되던 1846년 [엘리어스 호우(Elias Howe)가 재봉틀의 특허를 획득하던 해에 파리로 갔다.

이후 워스는 파리의 여러 명사 고객들의 인기를 끌어 모았는데, 그의 인기는 나폴레옹 3세의 부인인 유제니(Eugénie) 왕비의 총애를 받으면서 절정에 달하였다.

몇몇 쿠튀리에들은 자신들의 살롱을 운영하면서 펼친 창작 활동뿐 아니라 비즈니스에 있어서도 막강한 힘을 발휘하였다. 워스에 뒤이어, 파켕(Paquin), 셰뤼(Cheruit), 두세(Doucet), 레드펀(Redfern), 칼로(Callot) 자매, 쟌느 랑방(Jeanne Lanvin)과 같은 디자이너들의 쿠튀르하우스들이 부상하였다. 이러한 쿠튀리에(르)들은 계층구조에 기반을 둔 과거의 패션과 민주화된 오늘날의 패션을 연결하는 다리 역할을 하였다.

이 시기를 시발점으로 하여 하이패션을 주도하는 파리의 국제적 마켓은 성장하기 시작하였으며, 1868년에는 파리의 쿠튀리에들이 무역조합을 수립하기에 이르렀다. 한편, 유럽의 다른 국가들도 파리의 이러한 행보를 뒤쫓았는데, 그중 비엔나(Vienna)는 파리 다음으로 중요한 패션 중심지로 떠올랐다. 쿠튀리에들은 이후 100여 년 동안 스타일 트렌드를 만들어 유럽뿐 아니라 다른 서방세계에 전파시키며, 패션 디자인계에 지대한 영향을 미쳤다.

당시에는 실제 쿠튀르 의상의 축소판 의상을 입힌 패션인형(fashion doll)이 프랑스가 그들의 패션을 다른 나라에 전파하는 도구로 사용되었으며, 패션인형은 각지에 보내졌다. 패션인형을 받은 나라의 부유층 여성이 파리 쿠튀리에에게 주문을 의뢰하면, 그 고객의 사이즈와 주문사항에 따라 쿠튀리에들은 의상을 제작하곤 하였다. 이러한 패션인형은 미국에 보내지기도 하였으나, 당시 이를 받는 대부분의 미국인들은 쿠튀리에에게 주문을 할 정도의 경제력을 지니지 못하였으므로, 주문하는 대신 그 의상을 어느 정도 복제하여 제작하곤 하였다.

산업혁명이 패션에 미친 영향

산업혁명으로 인해 직물과 의류 생산에 기술적 발전이 도래하였다.

섬유 산업의 성장

식민시대의 미국에는 아무런 직물 산업도 패션 산업도 존재하지 않았다. 따라서 미국은 대부분의 의복재료를 외국으로부터 수입하였으며, 실크는 이탈리아, 프랑스, 인도와 중국으로부터, 모직물, 면직물(Calicoes), 캐시미어(Cashmere) 등은 영국으로부터 수입하였다.

당시의 직물 산업계에서 비교적 짧은 시간 안에 많은 직물이 생산될 수 있기까지는 1733년 영국의 존 케이(John Kay)가 발전시킨 비행선, 1764년 제임스 하그리브스(James Hargreaves)가 발명한 방적기, 1769년 리처드 아크라이트(Richard Arkwright)가 발명한 워터프레임(water frame) 직기, 1785년 에드문트 카트라이트(Edmund Cartwright)가 발명한 동력 직기 등이 그 밑거름이 되었다. 영국 정부는 섬유 산업을 보호 육성하기 위해 엄격한 법률을 제정하고, 직기, 직기 물품, 직기의 설계도와 관련 도구뿐 아니라 이를 만들어 낸 발명가 및 기술자들이 해외로 나가는 것을 금지시켰다.

그러나 그럼에도 불구하고 사무엘 슬레이터(Samuel Slater)는 아크라이트가 발명한 워터프레임 직기와 다른 직기들의 상세내역을 빠짐없이 기록하고는 그것을 가지고 비밀리에 영국을 떠나 미국으로 향하였다. 그는 2년 후 뉴잉글랜드에 직물공장을 세우고 가동을 시작하였는데, 이로써 미국에서는 최초로 직물이 생산되기 시작하였으며, 뉴잉글랜드 지역은 당시 미국 섬유 산업의 중심지가 되었다.

1814년에 들어와, 보스턴의 프랜시스 카봇 로웰(Francis Cabot Lowell)은 동력 직기를 개발하였다. 그의 공장은 원면을 가지고 완제품을 생산해 내는 수직적 공정(vertical operation) 작업을 수행하는 첫 번째 공장이 되었다. 1847년에 이르자, 미국의 섬유 산업은 모든 산업 중 가장 많은 노동인구가 종사하는 산업이 되었다.

남북전쟁이 끝난 후, 미국 섬유 산업계의 중심은 원면의 생산지인 남부로 이동하기 시작하였다. 이를 육성하기 위해 남부의 주 정부에서는 값싼 노동력을 제공하는 등 각종 장려 정책을 내놓았으며 그 결과 남부는 결국 미국 섬유 산업의 중심지가 되었다.

중류계층의 부상

18세기 말 서방 세계에서는 산업혁명으로 사회경제적 대변화와 패션의 대변화가 일어났다. 이러한 변화는 중류계층이 주도하는 무역과 각종 산업을 성장시켰고, 이로 인해 부유해진 중류계층은 보다 좋은 의복을 포함해 보다 나은 삶을 누리기 위해 돈을 지출하기 시작하였다. 즉 이제 경제력은 중류계층의 새로운 힘이 되었고, 중류계층의 경제력은 사회와 각종 비즈니스뿐 아니라 패션 트렌드에도 변화를 가져와서, 패션은 부를 과시하는 시각적 수단인 동시에 사회적 지위의 상징이 되었다.

비즈니스 수트의 출현

1800년까지는 남성 패션과 여성 패션의 장식 정도가 서로 비슷하여, 루이 14세 때의 남성복은 당시 여성복만큼이나 호화스러웠다. 그러나 중류계층이 성장하게 되면서, 중류계층의 비즈니스맨들은 존경심과 신뢰감을 나타내는 이미지를 갖고 싶어 하게 되었다. 즉 이 시기부터 "과거의 화려했던 남성 의복이 수수한 동조적 형태로 변모하였다."고 평가된다. 당시의 남성들은 보수적이고 위엄을 갖춘 비즈니스 수트(business suit) — 긴 바지와 재킷, 조끼, 셔츠, 그리고 "오늘날 영원히 벗을 수 없는 올가미라고도 불리는"[1] 타이로 구성된 — 차림을 받아들였으며, 이후 남성의 비즈니스 차림은 거의 변화하지 않고 보수적 스타일을 유지해 왔다.

당시에는 여성복뿐 아니라 남성복 또한 모두 맞춤복이었다. 이 시기에 가장 유명했던 남성 맞춤복 전문점으로는 1843년 런던의 새빌로우(Savile Row)에 설립된 헨리풀 앤 컴퍼니(Hanry Poole and Company)를 들 수 있는데, 이 상점은 이후 남성 패션의 국제적 중심지가 되었다.

1700년대 말에 프랑스에서는 남성용 기성복의 일부가 수제 작업에 의해 생산되기도 하였다. 한편 미국에서는 몇몇 진취적인 남성복 테일러들이 항해사들을 위한 기성복 수트를 최초로 제작하였는데, 이 수트들은 항해사들이 육지에 상륙했을 때 착용하기 위한 용도로 제안되었다. 테일러들은 직물을 재단한 후 재단된 천들을 한 필씩 묶어서 수제 작업을 하는 가정으로 보냈는데, 이것이 이른바 **가내 생산업**(cottage industry process)이었다. 테일러들은 뉴베드퍼드(New Bedford), 보스턴(Boston), 뉴욕(New York), 필라델피아(Philadelphia) 등지의 항구도시에 공장 직판점을 차리고 여기에서 수트를 판매하였다.

1818년 뉴욕에서는 헨리 브룩스(Henry Brooks)가 오늘날 브룩스 브러더스(Brooks Brothers)라는 이름으로 불리게 된 남성용 기성복 비즈니스를 시작하였다. 최고품질의 상품만을 취급하는 그의 방침 덕에 남성 기성복 기술은 더욱 발전하였다. 이 상점에서 아브라함 링컨(Abraham Lincoln)이 그의 두 번째 대통령 취임식에 입을 오버코트를 구입하기도 했다.[2]

의복의 대량생산

의복의 대량생산으로 인해 많은 사람들이 패션을 접할 수 있게 되었다.

재봉틀의 발명

패션의 민주화는 재봉틀의 발명으로부터 시작되었다고 말할 수 있는데, 왜냐하면 이로 인해 봉제가 수공예에서 진정한 의미의 산업으로 전환되었기 때문이다. 즉 재봉틀로 인해 비로소 의류를 대량생산하는 것이 가능해진 것이다. 1829년, 프랑스의 테일러였던 티모니에(Thimmonier)는 나무로 된 체인스티치 재봉틀을 만들고 특허를 얻었으나, 불행히도 그가 만든 기계는 직업을 잃을까 봐 불안해하던 당시의 테일러들에 의해 모두 부쉬졌다. 그 후 미국에서는 월터 헌트(Walter Hunt)가 재봉틀을 개발하였으나, 특허를 획득하는 데는 실패하였다. 결국 재봉틀의 특허를 획득한 사람은 엘리어스 호우(Elias Howe)였으며, 1846년에 특허를 획득한 그의 재봉틀은 손으로 바퀴를 돌리는 손틀 방식의 재봉틀이었다.

1859년 아이작 싱거(Isaac Singer)가 재봉틀을 대량생산해 냄으로써, 그의 이름은 일상 용어만큼이나 널리 알려지게 되었다. 그는 발로 페달을 밟아 바퀴를 돌리는 발틀식 재봉틀을 개발함으로써, 종래의 손틀에서는 틀을 돌리는 데 사용되었던 손을 천을 붙잡는 데 사용할 수 있게 만드는 기술적 진보를 가져왔고, 그는 이 발틀식 재봉틀을 대량생산하였다. 싱거는 연간 100만 달러를 판촉활동에 투자하였고, 그 결과 1867년에는 하루 평균 1,000여 대의 재봉틀을 생산하게 되었다(전기식 재봉틀 모델은 1921년에 와서야 개발되었다).[3] 생산 시간을 절약하고 생산을 통제 관리하기 위하여, 기업가들은 공장에 시설을 설비하고 근로자들을 모집하였는데, 이로 인해 많은 사람들은 일자리를 찾아 공장이 있는 도시로 이주해 가게 되었다.

1853년, 골드 러쉬(Gold Rush) 이후에 많은 남자들이 금광을 찾아 캘리포니아로 향할 때, 레비 스트러스(Levi Strauss)*라는 20세 이민자는 샌프란시스코에 양품점을 차렸다. 1873년에 그는 일명 서어지 드 님스[serge de Nimes, 프랑스의 님스(Nimes) 지방에서 방직된 천이라는 의미였으며 훗날에는 데님(denim)이라 줄여 부르게 된 천]라고 불리던 거친 면직물을 사용하여, 징 박힌 주머니가 달린 긴 바지를 처음 제작하였다. 이 면 바지는, 그 후 거의 150년간 별 변화 없이 사람들이 입어 온 청바지라는 복장 아이템이 되었다.

■ 1851년, 최초의
싱거 재봉틀
(출처 : SINGER
COMPANY)

초기의 재봉틀을 사용하여 의복을 제작한 또 하나의 사례로는 남북전쟁 당시의 군복 제작을 들 수 있다. 이때 육군은 최초의 의복 표준 치수를 만들기 위해 100만 명이 넘는 군인들의 가슴둘레와 신장을 계측하였다. 전쟁이 끝난 후, 재봉틀과 군복의 치수체계로 인해 남성용 일상복의 대량생산은 더욱 촉진되었다.

여성 패션은 사회 변화를 반영한다

당시의 패션은 그 안에 성역할의 엄격한 차이를 그대로 담고 있었다. 남성들은 지배의 상징인 바지(trousers)를 입는 반면, 여성들은 그들의 제한된 라이프스타일 특성을 상징하는 동시

---

*역자 주 : 오늘날 리바이스(Levis) 브랜드의 창시자.

에 남편과 아버지에 대한 순종을 상징하는 불편한 의복을 입었다. 당시의 여성은 그들의 의복 외에는 다른 어떤 것에 대한 권한도 가지지 못했으며, 이는 여성들이 의복에 대단한 흥미를 가지게 된 한 가지 이유이기도 했다.[4]

쿠튀르 의상을 입을 수 있었던 소수의 부유층 여성들 외에도, 당시 대부분의 일반 여성들은 세 벌 정도의 맞춤의상을 기본적으로 갖추고 있었다. 몸에 맞는 패셔너블한 원피스 드레스는 최소한 세 군데의 인체치수에 잘 맞도록 제작해야 했으므로 반드시 맞춤으로 제작해야 했고, 이를 대량생산하는 것은 불가능했다. 재봉틀이 발명된 후에도, 넓은 후프(hoop) 스커트와 여성용 망토(cloaks)류만이 대량으로 제작될 수 있었다.

여성용 단품 의상의 대량생산

1880년대에 이르러 단품 스커트와 블라우스가 출현하자, 여성용 기성복을 생산하는 것이 비로소 가능해졌다. 블라우스는 어깨넓이와 가슴둘레 치수를 기준으로 제작된 반면, 스커트는 엉덩이둘레를 기준으로 제작되었다. 허리둘레와 스커트 길이는 필요한 경우에는 간단히 보정되어 착용되곤 했으며, 블라우스 길이 또한 간단한 수선을 통해 짧게 줄여지곤 했다. 이러한 혁신적 변화로 중류 또는 하류계층의 여성들은 단품 스커트와 단품 블라우스를 조합시켜 착용함으로써 그들의 의복생활에 다양성을 더하게 되었다. 게다가 단품 기성복 블라우스의 가격은 맞춤 드레스 가격의 몇 분의 일에 불과하였다.

　1890년대의 유명한 일러스트레이터였던 찰스 다나 깁슨 (Charles Dana Gibson)은, 이러한 새로운 유행의 블라우스 와 스커트를 입고 있는 젊은 여성들의 모습을 그림으로 그렸 다. 그의 이른바 '깁슨 걸(Gibson Girl)' 스케치들은 당시 미 국의 젊은 중류층 여성들의 이상적 모습을 전형적으로 담은 것들로, 그 그림 속의 여성들은 단순한 하이넥 칼라와 퍼프 소매의 블라우스에 긴 스커트를 갖추어 입은 차림이었다. 이 깁슨 걸 룩(Gibson Girl look)은 미국식 패션의 전형이 된 단순하고 기능적인 드레스의 효시가 되었다.

아동복 패션

당시의 부유층은 패셔너블한 아동의 의복에 지출할 수 있는 유일한 계층이었던 반면, 중류층 및 하류층 사람들은 어린이 들의 의복을 집에서 직접 만들었다. 아기와 유아들은 남녀 모두 드레스를 입었다. 그러다가 성장하여 어린이가 되면, 그들은 어른과 마찬가지로 행동할 것이라는 가정하에 성인 의상의 축소판인 의상을 입게 되었는데, 보통 이것들은 부모 가 입던 옷을 개조하여 만든 것들이었다.

깁슨 걸 스타일을 입고 있는 젊은 여성 (출처 : 워싱턴 디씨 국립자료보관소)

　당시의 어머니들은 아동복 패턴이 개발되는 것을 크게 환영했는데, 그 이유는 이전까지 패 턴 없이 가정에서 주먹구구식으로 제작된 아동복들은 수많은 시행착오를 거친 후에야 비로 소 아동의 몸에 잘 맞았기 때문이다.

　본래 프랑스 패션계에 의해 개발되었던 종이패턴(paper pattern)은 1850년에 이르러 엘렌 앤 윌리엄 다모레스트(Ellen and William Demorest)사에 의해 미국 전역의 가정에 소개되었 다.[5] 이 다모레스트 패턴에 뒤이어 버터릭(Butterick)사와 맥콜스(McCalls)사의 패턴 등이 출 현함으로써, 모든 사회 계층의 패션에 대한 관심에는 더욱 박차가 가해지게 되었다. 특히 종 이패턴은 의복을 구입하기 어려운 가난한 여성들이 그들의 의복을 스스로 만들 수 있게 했다 는 점에서 특히 이들로부터 환영을 받았다.

19세기의 유통업

현대의 유통업은 일반 대중이 처음으로 패션을 접할 수 있게 되었던 19세기에 시작되었다.

박람회(fair)나 바자회 등은 현재 유통점의 옛 모습이다. 초기에는 이곳저곳을 옮겨 다니며 상품을 파는 상인들이 이 유통점에 자신들의 의류 상품을 가져다 놓고 팔았다. 이들은 값비싼 상품은 부유한 손님들에게만 보여 주었고, 가격을 상품에 표시하지 않았으며, 사는 사람과 파는 사람은 서로 흥정하여 거래하였다.

그러다가 많은 사람들이 마을을 이루며 정착하게 되면서 다양한 상품을 공급하는 초기의 상점들이 세워졌다. 한편 장인들 또한 그들의 상점에서 직접 만든 수제상품을 판매하였다. 이러한 상점들은 거래를 통해 함께 모였으며 길드의 통제를 받았다.

산업혁명은 제조업과 유통업의 사이클에 불을 붙이는 역할을 하였다. 더 많은 상품들이 생산될수록 팔아야 할 상품들도 많아졌다. 이로 인한 비즈니스 활동으로 성장세를 타던 중류층은 더 많은 소득을 얻게 되었고, 이로써 다시 더 많은 상품을 원하게 되었다. 이와 같이 다양한 상품에 대한 소비자 수요의 증가는 유통업을 성장시키는 근간이 되었다. 특히 생산지와 인구 밀집지역에 가까운 도시들에서는 유통점이 속속 늘어났다. 많은 사람들이 일하기 위해 도시로 몰려들면서 그들이 쇼핑하기에 편리한 지역에는 많은 유통점들이 생겨났다. 일반 대중에게 패션 상품을 판매하는 두 가지 대표적인 상점 유형이 출현하였다. 전통적인 수공예품 상점은 **전문점**(specialty store)이 되었고, 일반 잡화 상점은 다양한 상품을 판매하는 **백화점**(department store)이 되었다.

당시의 사람들은 백화점에 쇼핑하러 가는 것을 전시회에 가는 것 못지않게 동경하였다. 다시 말해, 모든 소득계층의 사람들이 아름다운 물건들을 찾아다니고 바라보는 즐거움을 만끽할 수 있는 시대가 처음으로 열린 것이다.

최초의 백화점들

1826년, 사무엘 로드(Samuel Lord)와 조지 워싱턴 테일러(George Washington Taylor)는 뉴욕 시에 세계 최초의 백화점인 로드 앤 테일러(Lord and Taylor)를 합작으로 설립하였다. 한편 보스턴에 세워진 조던 마쉬 앤 컴퍼니(Jordan Marsh and Company) 백화점에서는 자신들은 반나절 만에 직물을 구매하고 재단, 봉제, 트림을 붙이는 것은 물론, 매장에 진열까지 할 수 있다고 선전하였다.[6] 그런가 하면 에드워드 필렌(Edward Filene)은 보스턴에 이에 필적할 만한 백화점을 설립하였고, 존 워너메이커(John Wanamaker)는 필라델피아에, 알 에이치 메이시(R. H. Macy)는 뉴욕 시에서 각기 백화점을 열었다. 이후 약 150년 동안 이들 백화점은 괄목할 만한 성장을 거두었다.

1849년 헨리 헤로드(Henry Harrod)가 설립한 런던의 헤로드(Harrod) 백화점은 처음에는 작은 식료잡화점으로 출발하였다. 그러나 1880년에 이르렀을 때 이 백화점은 100여 명의 직원을 고용한 유럽 최대의 백화점으로 성장해 있었다. 한편 리버티 오브 런던(Liberty of London)사는 1875년에 유통점을 설립하고 1878년부터는 자사 고유의 나염물을 생산·판매하였다. 프랑스에서도 봉 마르쉐(Bon Marchè)나 프랭탕(Printemps) 백화점 등이 19세기에 설립되었다.

19세기는 '소비자를 위한 서비스(customer service)'가 미국 백화점의 주도하에 시작된 시기이기도 했다. 시카고의 마샬 필드(Marshall Field) 백화점은 고객과 언쟁을 벌인 점원에게 "손님이 원하는 것을 드려라."라는 경고를 하기도 했다. 이때부터 바야흐로 "The customer is always right."라는 말이 미국 유통업계의 철칙 중 하나가 되었다.

1879년 마샬 필드
백화점 전경
(출처 : MARSHALL
FIELD)

최초의 우편주문식 머천다이징

1800년대에는 미국 인구의 약 3/4가량이 시골에 거주하였으며, 그들은 제한된 상품만을 갖춘 몇 군데 되지 않는 상점들을 이용할 수밖에 없었다. 그러다가 서부 해안까지 철로가 확장 건설되고 시골까지 배달되는 무료 우편배달 서비스가 생기자, 상인들은 우편주문 서비스 방식을 통해 그들의 잠재적 소비자에게 접근하기 시작하였다.

애론 몽고메리 와드(Aaron Montgomery Ward)는 도매전문상의 직원으로 일하면서 이곳저곳의 시골 상점들을 마차로 다니다가, 제조업체가 우편배달을 통해 시골 사람들에게 제품을 직접 판매한다는 비즈니스 아이디어를 얻게 되었다. 그는 1872년에 1달러짜리 카탈로그-상품들의 한 페이지짜리 목록-를 우편 발송함으로써 새로운 비즈니스를 시작하였다. 사람들은 발송된 카탈로그를 먼저 받아 본 후 상품을 주문하였고, 상점 측은 대금상환인도(C.O.D)

방식으로 상품을 주문자에게 배송하였다. 그러나 소비자들은 낯선 상품제조 업체명을 의심스러워했기 때문에, 이 아이디어는 좀처럼 먹혀들지 않았다. 마침내 1875년에 와드는 "상품에 만족하지 않으신다면 돈을 돌려 드립니다"라는 깜짝 놀랄 만한 선전 문구를 내걸었다. 이는 예전까지의 유통업의 철칙이었던 "구매자를 조심하라"와는 대조적인 방침이었으나, 결국 이 방침은 와드의 비즈니스에 불을 붙이는 기폭제가 되었다.

1886년에 시카고의 한 보석 장신구 회사는 실수로 손목시계 몇 개를 미네소타 주(Minnesota)의 리처드 시어즈(Richard Sears)의 고향에 있는 한 보석 상인에게 우편 발송했다. 시어즈는 그 보석 상인에게 그 시계들을 자신에게 다시 팔 것을 제의했고, 이 일이 계기가 되어 그는 손목시계 비즈니스를 시작하게 되었다. 알바 로벅(Alvah Roebuck)은 시어즈가 손목시계 제조업체를 찾는다는 광고를 보고 그때부터 시어즈의 비즈니스 동업자가 되었다. 1893년에는 회사명이 '시어즈, 로벅 앤 컴퍼니(Sears, Roebuck and Company)'로 바뀌었다. 비록 출발은 조촐했지만, 1895년에 이르자 그들은 각종 의류와 생활용품들을 수록한 507페이지짜리 카탈로그—흔히 '꿈의 카탈로그' 또는 '갖고 싶은 카탈로그'로 불리기도 한—를 발송하는 규모로 성장하였다. 우편주문식 유통업은 당시의 다른 어떤 유통방식보다도 더욱 새롭게 보완되고 구색이 다양화된 상품을 시골의 소비자들에게 전달하는 역할을 하였다.

커뮤니케이션, 레저, 산업기술이 가져온 변화들

커뮤니케이션, 레저, 노동조건, 산업기술의 발달은 패션에 지속적인 영향을 미쳤다.

우편이나 잡지, 신문, 자동차, 그리고 항공여행, 라디오, 영화, TV, 컴퓨터와 같은 새로운 통신매체가 생기고 대중화되자, 이러한 커뮤니케이션 매체를 통해 패셔너블한 의상을 접하게 된 소비자들은 자신들도 그러한 의상을 입기를 열망하게 되었다.

최초의 패션전문 잡지들

1800년대에 들어와 패션전문 잡지들이 프랑스와 영국에서 발간되기 시작했다. 또한 1800년대 말부터는 18종의 패션전문 잡지들이 미국의 뉴욕과 필라델피아에서 발간되기 시작했다.[7] 이 시기에 발간되기 시작한 미국의 패션전문 잡지 중 두 가지는 그때부터 오늘날에 이르기까지 계속 발행되어 왔는데, 그중 하나는 1867년에 뉴욕과 파리에서 발간되기 시작한 《하퍼즈 바자(Harper's Bazzar)》지이고, 다른 하나는 1894년에 뉴욕에서 발간되기 시작한 《보그(Vogue)》지이다.

이러한 패션전문 잡지들은 패션 스타일을 스케치하고 특징을 기술하는 방식으로 파리의 최신 패션아이디어를 전달하였고, 프랑스 외 다른 국가의 의류 제조업자들은 최대한 그 스타일을 복제하였다. 이러한 패션잡지와 다른 대중매체를 통해 일반 여성들이 패션 스타일에 대해 잘 알게 될수록, 그들은 더욱 간절히 최신 스타일을 입고 싶어 하게 되었다. 또한 일반 대중이 하나의 스타일을 빨리 받아들일수록, 그만큼 더 새로운 룩을 원하는 소비자의 수요는 더욱 강해져 갔다.

레저활동의 증가

이때부터 테니스나 자전거타기 등과 같은 스포츠가 일반인의 인기를 얻게 되었으며, 이는 기능적인 스포츠웨어에 대한 수요 창출로 이어졌다. 이보다 더 일찍이 1851년에도 아멜리아 젠크스 블루머(Amelia Jenks Bloomer)는 여성용 바지를 만들었으나, 이 바지는 1890년대에 들어와 자전거타기 붐이 일어났을 때에야 일반 여성들에게 받아들여졌다. 이 바지, 즉 '블루머(Bloomers)'는 양다리를 발목까지 풍성한 개더로 둘러싼 형태였으며, 당시 수영복 하의로도 착용되었다. 그러다가 1900년도 이후에 수영복은 실제로 수영하기에 편한 간편한 형태로 변모하였다.

20세기에 들어서면서 승마를 즐기는 여성이 증가하자, 바지는 여성용 승마복으로서 큰 무리 없이 일반인에게 받아들여질 수 있었는데, 왜냐하면 스커트를 입고 승마하는 여성들이 승마 도중 말에서 떨어지는 일이 종종 일어났기 때문이다.[8] 여성들이 스포츠를 더욱 즐기게 됨에 따라, 바지는 여성들의 활동적인 생활에 적합한 기능적인 의상으로 인식되었다. 그러다가 1920년대에 이르러서야 비로소 바지가 기능적인 의상일 뿐 아니라 패셔너블한 여성복으로서 인식되기 시작하였다.

의류제조 산업의 노동환경

뉴욕이 미국 패션 산업의 중심지가 되다　유럽의 이민자들이 뉴욕으로 밀려들어 오자, 이 노동력을 기반으로 뉴욕 시는 20세기 후반에 들어와 패션 산업의 중심지로 자리 잡게 되었다. 너무나 가난했던 당시의 유럽 이민자들은 저임금을 받고도 기꺼이 노동을 하였으므로, 이는 결국 미국의 패션 산업이 성장하는 데 필요했던 '훈련된 노동력'이라는 기반을 조성하는 데 일조하였다. 1900년도에 미국의 여성복 제조업계에는 2,701개의 업체가 있었으며,[9] 이 제조업체들은 여성용 망토, 수트, 블라우스, 속옷 등을 제조하였다.

노동조합의 결성　패션 산업에 많은 노동인구가 모여들수록 노동조건은 더욱 심각해졌다. 그들이 일하는 작업장은 일명 '착취공장'이라 불렸는데, 그 이유는 이들이 지독한 저임금과 비위생적인 환경 속에서 장시간 동안 노동하도록 강요받았기 때문이었다.

1900년도에 들어와, 미국 북부 도시에 거주하는 이민자들이 대부분이던 여성용 망토 제조
공들은 한데 모여서 자신들의 노동조건에 관해 의논하였다. 그 결과 국제 여성복 제조 노동
자조합(the International Ladie's Garment Workers' Union)이 결성되었는데, 이 기구는 노
동자에게 부당한 대우를 하는 고용주들로부터 노조회원을 보호하는 것을 목표로 결성되었
다. 초기에는 노동조합의 활동이 미미했으나, 1909년 블라우스 제조업계의 파업과 1910년
여성용 망토업계가 파업을 일으키면서, 이들 노동조합은 활발히 활동하기 시작했다. 1914년
에 '미국 합병 피복 노조(the Amalgamated Clothing Workers of America)'로 이름이 붙여
진 남성복 제조 노동자조합도 1910년에 시카고의 하트, 셰프너 앤 막스(Hart, Schaffner &
Marx)사를 대상으로 파업을 일으키고 성공을 거두었다. 이 파업의 결과, 노동자들의 노동시
간이 주당 54시간으로 감축되는 성과를 거두었다.

1911년 3월 25일, 뉴욕 시에 소재한 블라우스 제조회사인 트라이앵글(Triangle)사에서 화
재참사가 일어났다.[10] 화재가 난 공장의 비상구는 모두 못질이 되어 있었고 유일한 탈출구는
통로 끝이 공중에서 끝나는 배수구뿐이었다. 결국 이 화재로 인해 146명이 목숨을 잃었으며,
이들 중 대부분은 소녀들이었는데, 이 사건은 착취 공장 노동자들의 노동조건에 대한 전 미
국인의 분노를 불러일으켰다. 결국 정규 노동시간, 최소임금 제한, 유급휴가, 건강복지 등
보다 나은 노동 조건들을 요구하는 협상이 관철되었다. 그 결과 임금이 상승되자, 이는 자연
스럽게 패션과 의류제조의 단순화에 일조하기도 했다.

제1차 세계대전이 여성의 지위와 패션에 미친 영향

제1차 세계대전으로 인해 여성에게는 일할 기회가 주어졌고, 여성은 새로운 권리와 실용적인 의상을 갖게 되었다.

일하는 여성의 출현

역사적으로 볼 때 여성의 지위는 어디에서 일하느냐에 따라 달라져 왔다. 1900년 이전까지는 여성 중에 가정 밖에서 일하는 사람은 거의 없었다. 비즈니스 현장에 참여하지 못했던 당시의 여성들은 어떠한 권위도, 권리도 가질 수 없었다. 그러나 20세기로 들어서면서 공장, 사무실, 유통점 등에서 일하는 여성들이 생기게 되었다. 이들 일하는 여성들의 편리한 기성복에 대한 수요는 당시의 의류 산업을 성장시키는 뒷받침이 되었을 뿐 아니라 기성복에 대한 수용의 폭을 넓히는 데도 이바지하였다.

■ 코코 샤넬
(출처 : CHANEL, PARIS, 사진 촬영 : HATAMI)

1914년, 유럽에서는 제1차 세계대전이 발발하였고, 미국은 1917년에 이 전쟁에 참가하였다. 제1차 세계대전으로 인해 여성의 권리는 크게 신장되었는데, 왜냐하면 미국과 유럽에서는 전쟁 이전까지 남성전용의 일자리를 여성이 대신하게 되었기 때문이다. 이들 일하는 여성들은 주로 기능적인 근무용 의상을 착용했는데, 이는 결국 패션계에 큰 영향을 주었다. 이에 대해 1918년 《보그》지에서는, "이제는 많은 여성이 일자리를 갖게 되었다. 이들의 근무용 의상은 새로운 지위와 새로운 멋을 겸비한 의상으로 인식되고 있다."[11]라고 평하였다.

여성복 패션에서도 남성성을 추구하는 트렌드가 일게 되어 장식적인 디테일들은 여성복에서 사라지고, 이를 대신하여 남성용 비즈니스 수트를 흉내 낸 테일러드 룩(tailored look)이 인기를 얻게 되었다. 여성의 복장에서 코르셋은 사라졌으며, 인체곡선을 강조하는 모래시계(hour glass)형 실루엣 대신 직선적인 튜브형 실루엣이 등장하였다. 활동성을 증가시키기 위해 스커트의 길이는 짧아지고 스커트 단의 폭은 넓어졌다. 이제 여성들은 그 누구도 복잡한 의상을 입기 원하지 않았다. 이러한 패션의 변화는 노동임금의 상승으로 인해 의류제조 공정을 단순화시키려는 경향과 우연히도 그 시기가 일치했으며, 결국 이는 패션의 민주화를 초래하였다. 1920년 미국에서는 여성에게 투표권이 주어졌으며, 당시 패션은 이러한 여권 신장을 반영하였다.

트렌드를 지배하는 패션 디자이너들

미국의 패션 산업계에서 의류의 대량생산이 발전하는 동안, 프랑스의 쿠튀르계는 부유층이 지닌 패션 리더십에 여전히 치중하고 있었다. 당시 파리는 디자이너, 예술가, 문필가들이 서로 만나는 문화적 도시였다. 이들이 만나서 나누는 아이디어로 인해, 패션의 혁신을 위해 필요한 파리 특유의 분위기가 조성되었다.

당시 디자이너들 중에는 '트렌드 지배자(trend-setter)'들이 종종 탄생했는데, 이들은 시대정신을 읽고 이를 많은 사람이 수용할 수 있는 패션에 옮겨 냄으로써 패션계를 지배하였다. 미국의 유통업체들은 부유층 소비자들을 위해 프랑스 패션을 추구하는가 하면, 미국의 의류제조업체들과 협업하여 프랑스 패션을 본뜨거나 미국 시장에 적합한 스타일로 보강하기도 하였다.

당시의 여성들을 코르셋으로부터 해방시키고, 그 대신 튜브형 실루엣의 드레스를 대유행시킨 디자이너 **폴 포아레**(Paul Poiret)는 트렌드 지배자가 된 파리의 첫 번째 디자이너였다.

일명 '코코(Coco)'라고 불렸던 **가브리엘르 샤넬**(Gabrielle Chanel)은, 제1차 세계대전 후 프랑스 패션계의 정상에 오른 디자이너이다. 샤넬은 스웨터와 저지 드레스로 구성된 '가르송룩(Garçon look)', 즉 소년풍의 직선적인 스타일을 유행시켰고, 여성을 위한 최신 유행의상으로서의 바지를 선보인 최초의 디자이너가 되었다.

장 파투(Jan Patou)는 히프라인을 강조하면서도 더욱 직선화된 실루엣, 스커트 단의 위치가 일정하지 않은 짧은 스커트 등으로 특징지어지는 유명한 '플래퍼 룩(Flapper look)'을 1925년에 내놓았다. 그는 젊고 활동적인 여성을 패션의 새로운 이상형으로 보았다.

기성복 산업계는 포아레, 비오네(Vionnet), 샤넬과 같은 유명 디자이너들이 단순화된 스타일을 유행시키고, 이에 따라 의복 구성방식도 단순해지자 그때부터 발전하기 시작했다. 이때부터는 대량생산 업체들이 파리의 쿠튀르 스타일을 모방하고 다양한 가격대의 상품으로 제조하기 시작했다. 당시 유행했던 직선적 실루엣의 의상들에는 각 소비자

1924년 르아브르(Le Havre)에 도착한 장 파투와 그의 의상을 입은 모델들
(출처 : 워싱턴 디씨 국립자료보관소)

를 위한 피팅(fitting)이 그리 중요치 않았으므로 드레스의 대량생산이 가능했다. 또한 1920년 대에는, 프랑스 디자이너 루시엥 를롱(Lucien Lelong), 미국의 디자이너 하티 카네기(Hattie Carnegie) 등이 그들의 주문 맞춤의상 콜렉션에서 기성복 라인을 함께 선보이기도 했다. 맞춤의상은 여전히 중요하였지만, 패셔너블한 기성복도 1920년대에 패션 산업계에서 자리를 굳혔다.

20세기 초 유통업의 확산

중류계층의 수요 증가는 의류제조업과 유통업 발달의 촉진제가 되었다.

고품질 패션 상품 전문점들의 등장

20세기 초에는 새로운 유통방식을 통하여 고객들에게 최신 유행상품을 제공하는 전문점들이 등장하였다. 버그도프 굿맨(Bergdorf Goodman)과 뉴욕 시의 삭스 피프스 애브뉴(Saks Fifth Avenue), 그리고 달라스(Dallas)의 니만 마커스(Neiman Marcus) 등은 질 높은 패션 상품과 고객만족 서비스를 제공하는 것에 전력을 다했다. 1930년대에 이르자, 로드 앤 테일러 백화점의 사장 도로시 셰이버(Dorothy Shaver), 보닛 텔러(Bonwit Teller)사의 호텐스 오들램(Hortense Odlam)과 같이, 주요 유통업체에 여성 사장들이 등장하였다. 특히 로드 앤 테일러 백화점의 셰이버 사장은 미국 디자이너를 선전하는 스토어 광고를 통해 미국 패션을 한층 높이 끌어올리는 데 일익을 하였다.

체인스토어의 확산

대도시에서는 대규모의 고급의류 유통점들이 속속 생겨나고 있던 한편, 그 외의 지역에서는 보다 대중적인 가격대의 상품을 판매하는 체인스토어들이 설립되었다. 미국 와이오밍 주의 한 작은 상점에서 일하던 제임스 캐쉬 페니(James Cash Penny)는 상점주로부터 그 근면성을 인정받아, 1902년에는 새로 건립하는 상점의 경영 동업자가 되어 달라는 요청을 받았다. 그들은 높은 비즈니스 기준에 대한 두 사람의 신념을 반영하는 의미로 새 상점의 이름을 골든 룰 스토어(Golden Rule Store)로 지었는데, 이들의 새로운 비즈니스는 개업하자마자 바로 성공을 거두었고, 성공의 상당 부분은 페니의 "문에서 문으로(door-to-door)"라는 광고 캠페인 덕분이었다. 1907년에 본래의 동업자들은 페니에게 그들의 지분을 팔았고 그럼으로써 스토어의 공식 명칭은 1912년에 제이 씨 페니(J.C. Penny)로 변경되었다. 1920년대에 들어와 체인스토어라는 새로운 유통 컨셉이 생기자, 페니는 미국 전역에 그의 체인스토어를 열었다.

이로써 체인스토어는 전국에 확산되었다.

지방 유통센터의 출현

많은 사람들이 지방으로 이주하고 자동차를 구입하여 자동차 소유자의 숫자가 늘어나게 되자, 이는 다시 유통업의 새로운 혁명을 불러일으켰다. 시어즈 앤 로벅(Sears & Roebuck)사는 우편주문 비즈니스가 사향세에 접어들자 도시 중심지에서 멀리 떨어져 있으면서도 성장 중인 지방지역으로 연결되는 고속도로와는 가까운 지역에 대형 유통점을 세우고, 쇼핑객들이 그 주차장에 무료로 주차할 수 있도록 하였다. 이는 지방 유통센터의 시작이었고, 그중 한 예로 1922년에 설립된 캔자스 시의 더 컨트리 클럽 플라자(the Country Club Plaza)를 들 수 있다.

대공황이 패션에 미친 영향

1930년대에 대공황을 겪음으로써, 이때부터 의류 제조업체들과 유통업체들은 경기쇠퇴의 징후를 경계하게 되었다.

거품 신용거래의 폭발

1920년대에는 신용거래가 지나치게 팽창되어서, 종국에는 이미 이루어진 신용거래를 뒷받침할 수 있는 자금이 고갈될 지경에 이르렀다. 예를 들어 주식 시장에서는 주식을 매수하기 원하는 사람은 실제 매입 총액의 10%만을 내고 원하는 주식을 사들인 후, 주가가 상승하면 이윤을 남기고 그 주식을 다른 사람에게 다시 팔아넘길 수 있었다. 이러한 일은 1929년 9월 3일, 주식 거래가 갑자기 가파른 하강 곡선을 그리게 되기까지 계속되었다. 그리고 한 달이 채 못 지나서, 모든 주식의 시장가격은 300억 달러나 급락했다. 실업자의 수는 150만 명에서 1,280만 명 선으로 급증했고, 기업의 이윤은 103억 달러에서 20억 달러 선으로 떨어졌다. 은행의 절반가량이 문을 닫았고, 산업체의 생산 가동률은 예전의 반 정도로 떨어졌으며, 수많은 회사들이 도산했다. 기성복 제조업체의 1/3 이상이 문을 닫았다. 이러한 파국은 연쇄 반응을 일으켜서 결국 전 세계가 공황에 빠지게 되었다. 미국 경제는 제2차 세계대전으로 인해 생산성이 향상되면서 비로소 회복되기 시작했다.

할리우드가 패션에 미친 영향

당시 미국 사람들은 영화를 보면서 대공황의 시련을 잊고자 했다. TV가 생기기 전인 이 시기에 사람들은 보통 일주일에 한두 번 인근 지역의 극장을 찾곤 했으므로, 이 시기에 미국 영화는 모든 사람에게 패션을 전달하는 역할을 하였다. 모든 젊은 여성들은 영화 속 스타와 같이 차려입고 싶어 했다. 캐더린 헵번(Katharine Hepburn)이나 마를렌 디트리히(Marlene Dietrich)는 여성들에게 슬랙스(slacks)를 유행시켰고, 클라크 게이블(Clark Gable)은 남성들 사이에서 스포츠 셔츠를 유행시켰다. 대공황 시대의 실제 생활상과는 역설적인 대조를 이루면서, 1930년대는 영화사상 가장 화려한 시기가 되었다.

길버트 아드리언(Gilbert Adrian)은 할리우드 최고의 패션 디자이너로 부상했으며, 그는 전 세계의 패션에 영향을 미친 첫 번째 미국인 패션 디자이너가 되었다. 메이시(Macy) 백화점은 영화 〈레티 린튼(Letty Lynton)〉에서 여배우 조안 크로포드(Joan Crawford)의 의상으로 디자인했던 그의 드레스 복제품을 50만 장이나 매진 판매하는 개가를 올렸다.[12]

파리가 전 세계 패션에 미친 영향

한편 파리 쿠튀르계의 디자이너들은 여전히 전 세계의 패션에 영향을 미치고 있었다.

스키아파렐리(Elsa Schiaparelli)는 1930년대 유럽 패션계의 트렌드 지배자였다. 스키아파렐리는 의상의 흥미 부위를 어깨로 옮겨서 어깨를 넓히고는, 주름을 잡거나 패드를 넣거나 브레이드를 붙이는 방식으로 어깨를 강조하는 스타일을 제시하였는데, 그녀의 이러한 어깨가 강조된 실루엣의 인기는 제2차 세계대전 말까지도 지속되었다.

멩보쉐(James Mainbocher)는 유럽에서 성공한 첫 번째 미국인 디자이너이다. 영국의 에드워드(Edward) 3세가 왕위를 포기하고 미국인 이혼녀 윌리스 심슨(Willis Simpson)과 결혼했을 때, 멩보쉐는 그녀의 웨딩드레스를 디자인했으며, 이 드레스는 1930년대에 가장 많이 복제된 드레스가 되었다. 이와 같이 유명인의 스캔들과 패션이 서로 얽혀 있음은 오늘날에도 변함이 없다.

1930년대 할리우드 트렌드를 재패한 디자이너인 아드리언을 존경스럽게 바라보고 있는 영화 스타 조안 크로포드 (출처 : JOSEPH SIMMS COLLECTION)

제2차 세계대전이 패션에 미친 영향

미국은 제2차 세계대전 동안 유럽과의 모든 교류가 차단되었다.

제2차 세계대전 동안, 프랑스의 쿠튀르계는 독일군의 점령하에서도 파리 의상 조합(Paris Couture Syndicale)의 대표였던 디자이너 루시엥 를롱의 리더십하에 단결하여 움직였다. 그러나 직물, 트리밍, 언론보도는 물론 난방이나 식량조차도 부족한 상황에서, 대부분의 디자이너들은 비즈니스를 지속할 수가 없었다. 어떤 디자이너는 문을 닫도록 강요받았다. 이러한 어려운 환경 속에서 성공을 거둔 디자이너는 거의 없었다.

미술관에서 스케치하고 있는 클레어 맥카델
(출처 : 워싱턴 디씨 국립자료보관소)

미국 패션계의 파리 패션으로부터의 독립

전쟁이 계속되는 동안 미국은 파리의 패션 리더십으로부터 독립해야 했고, 이를 위해 자신들만의 스타일 전개 방향을 수립해야 했다. 이렇게 프랑스로부터 유입되는 패션 스타일이 부족해지자, 이는 오히려 미국 패션이 발달하는 계기로 작용하였다. 1940년에 《보그》지는 뉴욕콜렉션의 개막을 보도하였다. 이 시기부터 성공을 거둔 미국 디자이너로는, 멩보쉐, 클레어 맥카델(Claire McCardell), 하티 카네기, 베라 맥스웰(Vera Maxwell) 등이 있다.

이 중 **클레어 맥카델**은 이 시기 미국의 정상급 디자이너로 평가받았는데, 그녀는 농부, 철도엔지니어, 군인, 스포츠맨 등의 의상으로부터 영감을 받은 실용적인 단품의상들로 구성된 '아메리칸 룩'을 창작함으로써 이름을 얻게 되었다.

미국의 디자이너들은 미국인들의 활동적인 라이프스타일을 반영하는 캐주얼웨어 부분에서 특별히 두각을 나타내었고 유명세를 얻었는데, 이러한 캐주얼웨어의 발달은 이후 전 세계의 패션에 영향을 미쳤다.

전쟁 동안 패션은 안정세를 유지했다. 미국 정부는 전시 동안 직물 및 기계류의 사용을 법령으로 제한했다. 전쟁 중 근로를 맡은 여성들이 근로의복이나 유니폼을 입게 되면서, 기능적인 의상은 더욱더 필요해졌다. 여성의 수트는 군복의 영향을 크게 받게 되고, 이는 당시 가정에서 모든 책임을 짊어져야 했던 여성들의 의복으로서 남성적인 실루엣이 유행했다.

전후 패션의 반전

전후에는 비도회적이며 가족 중심적인 라이프스타일이 유행했다.

평정을 되찾고자 하는 제2차 세계대전 후의 분위기 속에서, 미국의 가정들은 타락한 도시로부터 벗어나 자녀들을 키우기에 건강한 환경을 찾기 원했으며, 그 결과 많은 사람들은 농촌 지역으로 이주했다. 이때 미국 디자이너들이 제안한 캐주얼한 캐주얼웨어, 나일론(nylon)과 같은 '워시 앤 웨어(wash-and-wear)'(세탁해서 바로 입을 수 있는)형의 신소재, 편리한 쇼핑센터 등은 농촌 거주자들의 캐주얼한 라이프스타일에 잘 맞았고 인기를 얻었다.

프랑스 패션의 흐름

전쟁이 끝나자 대부분의 여성들은 가정으로 돌아온 남성들을 환영하면서, 직장을 그만두고 여성의 전형적인 역할로 되돌아갔다. 이에 따라 패션은 여성적인 이상형을 표현하는 쪽으로 변모하였다. 파리는 디자이너 디올의 성공을 기점으로 다시금 패션계를 지배하기 시작했다.

디자이너 **크리스찬 디올**(Christian Dior)은 1947년에 그의 첫 콜렉션을 열자마자 대성공을 거두었다. 여성들은 전시의 남성적인 실루엣에 대해 반항적 태도를 보이면서, 길고 풍성한 스커트와 부드럽고 둥글게 처진 어깨, 가늘게 졸라맨 허리로 특징지어진 그의 '뉴 룩(New Look)'을 채택했다. 디올의 이름은 유명해져서 누구나 다 아는 이름이 되었고, 그는 이후에도 프랑스의 쿠튀르계에서 많은 활동을 전개하였다.[13]

크리스토벌 발렌시아가(Christobal Balenciaga)는 파리에서 활동한 스페인 출신 디자이너로서, 테일러의 거장이라 평가되었다. 미국의 상점들이 프랑스 디자인을 라인 대 라인(line-for-line)으로 복제 제조할 권리를 구매할 때, 발렌시아가의 디자인은 항상 최고의 인기를 얻었다.

미국의 패션 혁신자들

파리의 디자이너들이 전 세계의 트렌드를 다시 지배하기 시작했음에도 불구하고, 미국 디자이너들은 전쟁 동안 그들이 활약했던 자국 시장에서 성공적인 활동을 지속하였다. 이들은 보니 캐신(Bonnie Cashin), 올렉 카시니(Oleg Cassini), 앤 포가티(Ann Forgaty), 제임스 갈라노스(James Galanos), 찰스 제임스(Chales James), 앤 클라인(Anne Klein), 노만 노렐(Norman Norell), 몰리 파니스(Mollie Parnis), 페르난도 사르미(Fernando Sarmi), 에델 심슨(Adele Simpson), 자크 티포오(Jacques Tiffeau), 폴린 트리제(Pauline Trigere), 시드니 래

디올의 '뉴 룩'
(출처 : CHRISTIAN
DIOR)

기(Sydney Wragge), 벤 주커맨(Ben Jukerman)과 같은 여성복 디자이너들이었다.

영화배우 오드리 헵번(Audrey Hepbern)과 영부인 재클린 케네디(Jacqueline Kennedy)는 새로운 미의 이상형으로 떠올랐다. 이들은 심플함을 특징으로 하는 완벽한 룩으로 유명해졌으며, 이 스타일은 이후 전 세계적으로 유행하게 되었다. 특히 재클린은 납작하고 테 없는 '필박스형 모자(pillbox hat)'*에 A라인형(A-line)의 드레스와 두 줄의 진주목걸이를 하는 한결같은 차림으로 유명했다.

1950년대 이전까지, 남자들의 일반적인 의상은 어두운 색의 수트, 흰 셔츠, 수수한 디자인의 넥타이, 오버코트, 레인코트, 모자가 전부였다. 그러다가 50년대에 들어와서 처음으로 돈 로퍼(Don Loper)나 존 바잇츠(John Weitz) 등의 디자이너들이 남성용 캐주얼 웨어를 선보이기 시작했다.

미국 디자이너 중 일부는 부유층을 위한 맞춤의상을 디자인하기도 했으나, 대부분의 미국 디자이너들은 그들의 장기를 발휘할 수 있었던 기성복, 그중에서도 특히 캐주얼웨어에 주력하였다. 프랑스 디자이너들이 최신 유행을 이끄는 혁신자 역할을 해 온 것에 비해, 미국 디자이너들은 누구나 입을 수 있는 패션 룩을 개발하고 생산하는 데 주력했다고 할 수 있다.

1940년대 말과 1950년대에는, 소위 전후의 베이비붐이라 불리는 인구의 폭발적 증가가 일어났다. 이때 탄생한 아이들이 10대가 되자, 각종 산업계는 이들이 이루는 새로운 마켓을 겨냥하였으며 음반, 화장품, 잡지, 주니어 패션 시장 등이 그 중심을 이루었다.

---

*역자 주 : 챙이 없는 여성용 모자.

젊음 지향적인 1960년대

전후의 베이비붐은 패션의 변화에 큰 영향을 미쳤다. 젊은 디자이너들은 인습을 타파하고, 그들의 연령에 맞는 패션을 만들어 내었다.

1965년이 되자, 미국 인구 중 25세 이하인 인구는 50%에 달하였다. 이러한 젊은 연령층의 급증은 곧 새로운 구매력으로 이어졌고 젊은 층을 지향하는 시장이 창출되었다. 1920년대에 그랬던 것처럼, 젊은이들의 취향은 1970년대까지 패션계를 지배해 갔다.

런던이 젊음의 패션 중심지로 떠오르다

1960년대에, 메리 퀸트(Mary Quant)와 젠드라 로드(Zandara Rhodes)나 장 뮈어(Jean Muir)와 같은 젊은 영국 디자이너들이 이 시기의 전 세계 패션을 이끌게 되었다. 이들은 당시 '모즈(Mods)'라 불리던 영국 젊은이들의 하위문화 집단으로부터 영향을 받은 패션 스타일을 창출했는데, '모즈' 족은 자신만의 개성적인 룩을 창출하기 위해 벼룩시장에서 구입한 낡고 어울리지 않는 옷들을 함께 갖추어 입곤 했다. 무릎 위 길이의 '미니스커트'와 팬티스타킹, 비닐 같은 평범하지 않은 천들로 구성된 차림은 전형적인 모즈 룩(Mods look)이었다.

한편 미국에서는 벳시 존슨(Betsey Johnson)과 같은 젊은 디자이너들이 젊은이의 패션을 창출하였다. 또한 파리의 쿠튀르계에서는 앙드레 쿠레쥬(André Courrèges)와 같은 디자이너들이 이러한 젊은 디자이너들의 행보를 따른 콜렉션을 선보였다. 이는 전통적인 패션 전파 및 채택 과정이 도전을 받은 첫 번째 사례였다. 이러한 젊음의 패션의 열기로 인해, 모든 여성은 젊게 보이기를 희망하게 되었다.

남성 패션의 부활

영국의 모즈 룩은 여성복뿐 아니라 남성복에도 영향을 미쳤다. 캐너비(Carnaby) 거리의 테일러들은 남성복에 색채

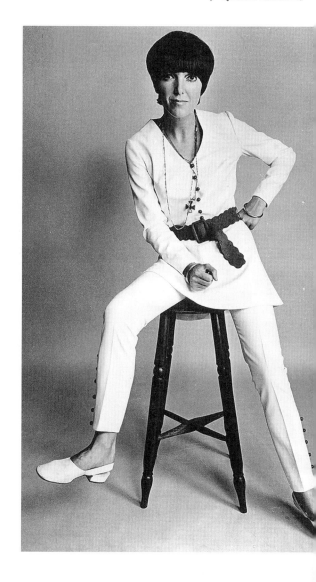

1960년대의 트렌드 창조자였던 디자이너 메리 퀸트
(출처 : MARY QUANT LIMITED)

와 패션을 부활시키려는 시도를 하였다. 비록 이러한 캐너비 거리의 움직임은 남성복 패션에 지속적인 영향을 미치지 못했지만, 이는 남성 패션에 대한 일반인의 관심을 불러일으키는 데는 분명히 기여하였다. 남성들은 비로소 직장 밖에서와 레저를 즐길 때의 복장에 더욱 관심을 갖게 되었다. 몇몇 프랑스와 이탈리아의 디자이너들은 남성복 분야에서 유명해졌다.

피에르 가르뎅(Pierre Cardin)은 1959년에는 남성용 셔츠와 넥타이 라인을 열었고, 1961년에는 남성용 기성복 라인을 시작한 디자이너이다. 그의 기성복 전개에 이어 디올, 이브 생 로랑(Yves St. Laurent), 그 밖의 여러 여성복 디자이너들도 그의 뒤를 따라 자신의 기성복 라인을 설립하였다. 비즈니스 수트가 등장한 이래, 1960년대는 남성을 위한 디자이너 라인이 처음 만들어진 시기이자 남성 패션의 변화가 처음으로 생긴 시기였다.

패션 비즈니스의 진화

1960년대부터 패션 비즈니스의 한 가지 속성이 변화하기 시작했다. 당시 피에르 가르뎅과 같은 디자이너들은 계속 새로운 성공을 거두고 있었지만, 젊음을 지향하는 패션 방향은 프랑스 쿠튀르계의 투자 유치에 걸림돌로 작용했다. 결국, 1960년대 이후 20여 년 동안 이른바 쿠튀르 중심의 엘레강스 패션은 부상하지 못했다.

미국에서는 증가하는 인구와 성장하는 경제력의 영향으로 패션회사들의 구조가 바뀌게 되었다. 가족이 경영하던 소규모의 패션 비즈니스 업체들은 자취를 감추기 시작했고, 이들 중 몇몇 회사는 큰 규모의 그룹사들에 의해 합병 또는 인수되었다. 또 어떤 회사들은 미국 경제 성장의 물결을 타고 주식을 팔아 자금을 끌어 모음으로써, 다수의 주주가 소유하는 업체로 변신하였다. 이러한 대중의 투자로 인해 의류 회사들은 필요한 자본을 확충하게 되었고 직물 회사들이 그들에게 요구하는 최소주문량을 만족시킬 수 있게 되었을 뿐 아니라, 제품의 유통 규모도 확대시킬 수 있게 되었다.

부티크들이 유통의 트렌드를 몰고 오다

메리 퀀트의 '바자(Bazaar)'와 같은 영국의 패션숍들은 유통의 새 트렌드를 몰고 왔다. 본래 불어인 부티크는 다른 서방 국가들에서는 인기를 끄는 작은 가게라는 의미로 통용되었다. 큰 회사에 소속된 유통전담 부서의 전통적인 유통점이나 대규모 전문점들도 이들 소규모의 부티크와 경쟁을 벌이게 되었다.

이러한 트렌드를 쫓아 이브 생 로랑은 세계 각지에 리브 고쉬(Rive Gauche)라는 부티크를 열었다. 뉴욕 시의 헨리 반델(Henri Bendel) 백화점은 한 백화점 안에 많은 부티크가 들어가 있는 매장 분위기를 연출하기도 했다. 이러한 아이디어는 유통업계에 참신한 자극제 역할을 했다고 할 수 있다.

1960년대 말과 1970년대의 안티 패션

안티 패션은 1960년대 말과 1970년의 스타일을 특징짓는 말이 되었다.

1960년대 말에 일어난 소란스러운 사건들-베트남전쟁, 케네디 대통령 암살사건, 폭동, 시민쟁의-로 인해, 사람들은 남에게 내보이기 좋아하는 경박함에 식상하기 시작했다. 미국의 농촌지역에서는, 폴리에스터 팬츠 수트가 거의 유니폼이라고 할 수 있을 정도로 많은 사람들에 의해 착용되었다. 리바이스의 작업복 청바지는 이 시기의 안티 패션(antifashion)의 대명사가 되었으며, 그 인기는 오늘날까지도 이어지고 있다. 또 젊은이들 중에는 유통점의 재미없는 상품구색에 염증을 느낀 나머지 구제품 상점에서 파는 빈티지(vintage) 의상*을 입는 사람들도 등장했다.

에스닉 룩

당시 사회의 낙오자 집단으로 낙인찍힌 '히피'들은 너덜너덜하게 헤진 청바지, 긴 머리와 구슬목걸이, 낡은 의상 등으로 이루어진 당시 안티 패션의 대명사였다. 그들은 단순한 인생을 살고자 하는 열망으로, 에스닉 의상을 흉내 낸 스타일이나 미국 인디언의 의상을 모방한 스타일을 함께 착용하기도 했다.

결국 '에스닉 룩(ethnic look)'은 세계 모든 국가의 전통적 복식을 말하는 것으로 의미가 확대되어 유행하게 되었다. 흑인들은 아프리카풍의 헤어스타일이나 아프리카의 전통 복식인 '다시키(dashiki)' 등을 자랑스럽게 착용하게 되었다. 서방국가들과 중국이 외교통상을 재개하기 시작한 1972년부터는 중국인의 생활과 중국 전통의상에 대한 관심이 고조되었다. 디자이너들은 각국의 전통의상에서 아이디어를 얻은 겹쳐 입기(layering) 스타일과, 전통의상과 서구식 의상을 조합시킨 스타일들을 선보이는 콜렉션을 열었다.

이브 생 로랑(Yves St. Laurent)은 각국의 전통의상과 스트리트 룩(street look)**을 최신 유행스타일로 해석하여 재창조한 콜렉션을 열면서 70년대 파리 패션의 스타로 떠올랐다. 그 당시 그는 단품 재킷, 타운웨어용 팬츠, '에스닉 룩' 등으로 유명해졌다. 이브 생 로랑은 패션채택과정의 역행시대를 상징하는 "우아한 농부(Elegant Peasant)" 콜렉션을 1975년에 개최하였는데, 이 콜렉션에서 그는 실크로 만들어진 고가의 에스닉 룩을 선보였다.

---

*역자 주 : 낡고 오래된 의상을 의미함.

**역자 주 : 일반적으로 가난하거나 소수인 거리의 하위문화 집단이 자신들의 스타일로 즐겨 착용하는 차림새를 말한다.

1970년대의 트렌드 창조자 이브 생 로랑과 그의 1969년 콜렉션의 개버딘 팬츠수트 (출처 : YVES SAINT LAURENT)

몸에 꼭 맞는 운동복의 유행

1970년대에는 조깅과 같은 스포츠 및 운동이 유행하였다. 그러자 이에 발맞춘 달리기용 패션도 등장하여, 많은 사람은 조깅 수트를 입었으며 달리기를 하지 않을 때에도 착용했다. 1980년대에 이르자, 액티브 스포츠웨어는 패션의 한 종류로서 탄탄히 자리 잡게 되었다. 유명 디자이너들과 의류 제조업체들은 모든 종류의 스포츠를 위한 의상을 만들어 냈다. 이들은 새로 개발된 신축성 섬유인 스판덱스(spandex)를 사용함으로써 운동 시 동작에 편리한 신축성 있는 의복을 만들 수 있었다.

한편 데님 룩은 캘빈 클라인(Calvin Klein)과 글로리아 벤더빌트(Gloria Vanderbilt)의 '디자이너 진'이 등장하면서 인기가 절정에 이르렀다. "나와 나의 캘빈(Me and My Calvins)"이라는 섹시한 광고는 패션 비즈니스에 있어 중요해진 광고의 역할을 보여 주는 주목할 만한 사례였다. 1970년대 말에는 카키색 반바지, 간편한 단화(penny loafers), 폴로셔츠, 남방셔츠, 이와 갖춰 입는 단품 재킷 등으로 구성된 이른바 '프레피 룩(Preppy look)'*으로 대변되는 보수적인 레저웨어가 유행하였다.

여성운동

1970년대는 직장 여성들이 직업세계에서 남성과 동등한 지위를 갖기 위해 투쟁한 시기이기도 했다. 여성들은 이를 위해 사회적 지위를 얻고자 애썼다. 남성의 세계에 적응하기 위해 여성들은 비즈니스 우먼으로서의 신뢰감을 시각적으로 보여 줄 수 있는 보수적인 비즈니스 수트-재킷과 스커트로 구성된-를 즐겨 입었다. "성공을 위한 옷차림(Dressing for Success)"이라는 말은, 출세하기를 원하는 여성들에게 격언과도 같은 말이 되었다. 이와는 약간 어긋나게 품질을 중요시한다는 소위, **품격 있는 옷차림**(status dressing)도 중요한 말이 되었다. 이 시기에는 디자인 자체보다도 의상에 붙은 상표명이 더욱 중요해졌다. 캘빈 클라인, 핼스턴(Halston), 조프리 빈(Geoffrey Beene), 랄프 로렌(Ralph Lauren), 메리 맥파든(Mary McFadden) 등은 이 시기에 유명해진 명품 디자이너 라벨이었다. 로렉스 시계, 구찌(Gucci) 구두, 루이 뷔통(Louis Vuitton) 가방 등도 소유자의 지위를 알려 주는 명품 액세서리로 이름을 얻었다.

탐욕의 80년대

1980년대의 과소비와 과대 신용거래는 패션 비즈니스계가 오늘날까지도 안고 있는 많은 문제의 원인이 되었다.

1980년대에는 성취를 지향하는 경향이 일반 직장에서뿐 아니라 패션에 있어서도 두드러지게 나타났다. 대형 의류 제조업체들과 대형 유통업체들이 소규모 회사들을 인수하면서 더욱 대규모화되었다. 일반 대중들도 마찬가지로 출세하고 부를 얻는 데 몰두하였다. 많은 수의 베이비부머들이 보다 나은 직업을 갖기 위해 다시 대학에 들어가 공부를 했다. 18~54세의 여성들 중 60% 이상이 직장을 가졌고, 이들 중 중역급까지 올라가는 여성의 숫자는 점점 늘어났다. 이들은 당시 유행이었던 엘레건트 룩을 좇으면서도 남성 수트처럼 테일러링된 스타일인 '파워 수트(power suit)'를 자신의 새로운 지위에 맞는 의상으로 즐겨 입었다.

세계화

1980년대에 들어 패션은 가히 전 세계 공통의 현상으로 진보하였다. 그 결과 미국과 유럽의

＊역자 주 : 프레피(preppy)란 명문 사립대학에 들어가기 위한 준비과정인 미국 사립 고등학교의 예비과정 학생(preparatory student)을 의미하는 일종의 미국 속어 또는 구어이며, 프레피 룩이란 프레피들의 전형적인 옷차림을 흉내 낸 룩을 의미한다.

1980년대에 전 세계 트렌드를 지배한 디자이너 조르지오 아르마니
(출처 : GIORGIO ARMANI SPA)

의류 제조업체들과 유통업체들이 수출하는 직물, 의류, 액세서리의 양은 크게 증가했다.

조르지오 아르마니(Giorgio Armani)는 직장여성을 위한 완벽한 테일러 룩을 내놓음으로써, 1980년대의 트렌드 지배자로 부상하였다. 그는 엠포리오 아르마니(Emporio Armani)와 그 밖의 많은 라이선스 이름으로 구성된 패션 비즈니스를 전개했다. 이탈리아는 이제 국제적인 패션 도시가 되었으며, 미소니(Missoni)의 니트웨어, 아르마니의 수트, 크리지아(Krizia)의 스포츠웨어는 전 세계 소비자들이 원하는 상품으로 부상했다.

한편 일본은 1980년대 초 디자이너 겐조 다카다(Kenzo Takada)와 그 뒤를 이은 이세이 미야케(Issey Myake)의 등장으로 인해 중요한 패션 중심지로 떠올랐다. 일본 디자이너들은 파리에서 콜렉션을 열고, 그들의 전통의상에서 착안한 과대 사이즈의 실루엣, 감싸기 및 겹쳐 입기 방식 등을 적용한 스타일을 선보였으며, 이 스타일들은 전 세계 패션에 영향을 미쳤다. 1981년에는 영국의 찰스(Charles) 황태자와 다이애나(Diana) 황태자비의 결혼식이 거행되었다. 다이애나비의 웨딩드레스를 복제한 상품이 결혼식이 끝난 후 불과 8시간 만에 런던의 웨딩드레스 상점의 쇼윈도에 걸리기도 했다. 한편 프랑스에서는 칼 라거펠트(Karl Lagerfeld)의 우아한 룩과 크리스찬 라크르와(Christian Lacroix)의 경박할 만큼 요란한 실루엣과 색채로 인해 프랑스의 쿠튀르계는 다시금 활기를 띠게 되었다. 그런가 하면 1980년대는 캘빈 클라인을 중심으로 한 미국 디자이너들이 국제적인 명성을 얻기 시작한 시기이기도 했다. 이로 인해 미국의 다른 패션회사들도 의류를 해외로 수출하고자 시도하게 되었다.

미국의 80년대 섬유산업의 동향

직물과 의류 분야 미국 내의 직물 제조업체들과 의류 제조업체들은 특히 아시아 국가들로부터의 수입품과 치열한 경쟁을 하게 되자, 트렌드 변화에 신속히 대처하고 유통상의 시간낭비를 줄이고자, 직물 및 의류 생산업체 및 유통업체가 서로 공조하기 위한 전자 데이터 교환

방식(EDI)을 시행하기 시작했다(제12장 참조).

유명 디자이너와 브랜드의 성장 성취 지향적인 시대 분위기 속에서 유명 디자이너들과 그들의 이름을 내건 브랜드들은 그들의 라인을 더욱 다양화시킴으로써 시장을 넓혀 갔다. 이는 라이선스 계약 방식을 통해 성사되기도 했는데, 라이선스 계약 방식이란 디자이너 또는 브랜드 이름에 대한 사용권의 대가로 매출의 일정한 비율을 지불하거나 일정한 금액을 받고 디자이너나 브랜드는 대대적인 광고를 지원하는 비즈니스 방식이다. 그 대표적 성공사례로는 랄프 로렌, 리즈 클레이본(Liz Claiborne), 나이키(Nike) 등의 브랜드를 들 수 있다(제12장 참조).

유통업의 동향 유통업계는 낙관론 일변도를 달리고 있었지만, 이러한 낙관론은 나중에 오히려 지나친 시장팽창을 유발시키는 화근이 되었다. 미국에는 지나치게 많은 상점이 생겨나서 점포를 팔고 사는 계약만이 무성한 듯했다. 한편 우편주문을 통한 유통업은, 카탈로그를 보고 편리하게 쇼핑하기를 선호하는 직장여성들에게 인기를 얻으며 성장했다. 이 시기에는 시애틀에서 설립된 노드스트롬(Nordstrom)사가 좋은 고객 서비스를 제공하는 유통업체로 전국적인 호평을 얻었으며, 이 업체의 고객 서비스는 훗날 다른 업체들을 위한 모범적 사례가 되었다(제13, 14장 참조).

가치 지향적인 1990년대

20세기의 마지막 10년간은 근면치 못했던 그동안 미국인들의 생활방식을 개선해야 하는 시기였다.

경기후퇴

1990년대에 일어난 가장 중대한 사건은 미국과 영국에서 시작되어 나중에는 일본과 유럽 대륙에서도 발생한, 국제적인 경기후퇴라 할 수 있다. 이러한 경기후퇴는 패션 산업에도 치명적인 파급효과를 미쳤다.

가격 지향적 소비자 1990년대 초 경제악화로 인해 직업을 잃을지도 모르는 위기에 처하자, 소비자들은 가격 지향적으로 변했다. 1991년도에 미국에서 팔린 의류의 절반 이상은 세일에서 팔린 것들이었다.[14] 이때 월마트(Wall Mart)와 같은 할인점들이 펼친 저가 전략이 소비자에게 맞아떨어지면서, 경기후퇴에도 불구하고 할인점들은 성공을 거두었다. 그러자 유통업체들은 가격을 내리는 것뿐 아니라 고객 서비스, 점포 고유 브랜드 콜렉션 개최 등, 다양하고 새로운 전략을 수립하여 고객을 다시 유치하고자 노력했다.

패션 유통업계의 동향 1980년대에 과대 팽창하여 과도한 경쟁에 시달려 왔던 유통업계는, 소비자들의 신중한 소비 시대까지 겹치게 되자, 결국 무수한 유통업체들이 1990년대에 도산하거나 문을 닫게 되었다. 아이 마그닌(I. Magnin)사, 아브라함 앤 스트라우스(Abraham & Straus)사, 존 워너메이커(John Wanamaker)사와 같이 그 역사가 오래된 유통업체들도 문을 닫거나 대규모 유통그룹에게 인수되었다. 한 예로서, 메이시 백화점은 도산하여 페더레이티드 스토어즈(Federated Stores) 그룹에 인수되었으나, 그 이름만은 아직까지 남아 있다.

패션 제조업계의 동향 경기후퇴의 영향으로 인해 직물 및 의류 제조업체들이 제조한 제품을 수주할 유통업체들이 줄어들고 수출은 늘기 시작하자, 당연한 결과로 직물 및 의류 제조업체들은 변화하기 시작했다. 미국의 직물 및 의류 제조업체들은 유통업체들과 함께 북미자유무역협정(North American Free Trade Agreement)(제2장 참조)을 수립했다. 미국의 직물 제조업체들은 아시아가 아닌 멕시코에서 의류가 생산되는 경우에도 자신들의 직물이 사용되기를 희망했기 때문이다.

정보의 시대 수입이 증가하자 패션 산업계에서는 제조보다는 마케팅과 정보 획득에 더욱 치중하는 변화가 일어났다. 이러한 새 전략들은 패션 산업계의 모든 부분에서 컴퓨터 테크놀로지에 의한 발전이 이루어진 덕분에 가능할 수 있었다. 제2장에서 언급하고 있는 바와 같이, 1990년대는 패션 산업계에 e-비즈니스의 병렬적 전개, CAD, 하이테크 의류 제조 방식, 케이블 TV 쇼핑과 인터넷 쇼핑, 인터넷 광고, 웹 서핑 등이 도입된 시기였다.

1990년대에 전 세계 트렌드를 지배한 디자이너 칼 라거펠트 (출처 : KARL LAGERFELD)

패션의 흐름

1990년대 초, 미국의 경기후퇴는 안티 패션의 대명사 중 하나인 '그런지 룩(Grunge look)'으로 패션에 반영되었다. 전 세계의 패션계에서는 파리의 디자이너 칼 라거펠트(Karl Lagerfeld)가 크게 부상하여 샤넬, 라거펠트, 펜디(Fendi), 클로에(Cloe) 등 4대 콜렉션을 동시에 이끄는 세계 최고의 트렌드 지배자로서 군림하였다. 그의 디자인은 많은 가격대군과 다양한 세분 시장에 영향을 미쳤으며, 특히 그의 '보수적인 쉬크 룩(conservative chic look)'의 위력은 압도적이었다. 1990년대 중반에 이탈리아 회사인 구찌와 미우치아 프라다(Mariuccia Prada)의 디자인 디렉터가 된 미국인 디자이너 톰 포드(Tom Ford)는 단정한 미니멀 패션을 내놓음으로써 세계적인 트렌드 지배자로 자리 잡았다.

또한 1990년대에는 남성복 시장이 괄목할 만한 성장을 이루었다. 편안함이라는 컨셉이 누구에게나 받아들여지는 시대가 되면서, 이제 남성들도 직장에서 캐주얼한 의상을 입게 되었고, 이에 따라 남성복 스포츠웨어 마켓이 번영하였다. 남성복 디자이너로 출발했던 조르지오 아르마니, 토미 힐피거(Tommy Hilfiger), 톰 포드(구찌사 근무 시절)와 리처드 타일러(Richard Tyler)는 남성복 콜렉션에서 먼저 성공을 거둔 뒤 그 여세를 몰아 여성복 콜렉션을 열게 된 디자이너들로 손꼽힌다.

21세기

격동의 시대가 패션에 영향을 끼치고 있다.

초기의 10년

패션은 국제적인 소산과 함께 세계적인 현상이 되었다. 캘리포니아 남부의 소비자가 착용하는 옷이 런던, 도쿄, 또는 부에노스 아이레스의 소비자가 착용하는 옷과 매우 비슷하다. 이러한 이유는 전 세계 곳곳에서 같은 소매상점이 개장되고 있기 때문이다. 그 경쟁은 역사상 그 어느 때보다도 더 치열해지고 있다.

영화배우와 가수들은 패션 프로모션에 있어서 매우 중요하게 인식되기 시작하였다. 그들은 시상식에 입을 드레스를 협찬받고, 그들의 사진은 패션잡지의 표지를 장식하게 된다. 어떤 연예인은 자신의 패션 브랜드를 만들기도 한다. 그러나 패션이 대중문화에 미치는 영향력은 현저하게 증가하고 있음에도 불구하고, 미국인들은 이전에 비해 더 적은 양의 의복을 구입하는 경향을 보인다. 이제 패션이란 아이팟, 휴대전화, 카메라 등의 휴대용 전자기기조차도 일종의 액세서리로 취급되는 개념으로 확장되었다.

패션 제조업계의 동향 제조업체와 유통업체는 미국에서 판매하기 위한 의류의 수입을 90%까지 증가시키고, 가격을 낮추기 위한 노력을 계속하였다. 미국, 캐나다 그리고 유럽은 아시아 시장, 특히 중국의 제품에 비해 계속해서 제조의 기회를 놓치고 있다. 중국은 저가로 제조한다는 평판을 쌓아 올렸고, 중국 디자이너들은 세계적인 사업을 확장하고 있다.

패션 유통업계의 동향 미국 내에 상점이 지나치게 밀집한 지역에서는, 상점 정리와 합병이 필연적으로 진행되었다. 많은 유통업체들이 이윤을 증가시키기 위해 생산이 부족한 상점들은 폐점시켜야 했다. 그 예로, 니만 마커스 그룹(Neiman Marcus Group)이 매각되었다. 그런가 하면 유통전문기업인 '페더레이티드 스토어즈(Federated Stores)'사는 메이(May) 백화점과 메이시(Macy's)사의 여러 상점들을 인수하였다. 그러나 마샬 필드(Marshall Field), 스트로우브릿지(Strawbridge), 헥트(Hecht), 그리고 다른 지역 백화점들이 문을 닫자 소비자들은 실망을 감추지 못했다. 이러한 유통점들 간의 인수합병으로 인해 백화점 간의 전쟁은 줄 어든 반면, 서로 비슷비슷해진 쇼핑몰들 간의 경쟁은 더욱 치열해지는 결과가 초래되었다. 또한 시어즈(Sears)사와 K-마트가 합병된 기업은 거대한 규모의 할인전문 유통업체가 되었 다. 이와 같이 유통점들이 고급 유통점, 할인점, 웨어하우스 등으로 구분된 것은 바겐세일 기간이 아닐 때라도 소비자들이 자발적으로 지갑을 열어 소비하도록 유도하는 터전이 되 었다.

패션의 동향　21세기 초기 10년은 색상과 도발적인 부분에 있어 'more-is-more' 스타일링 이 패션을 지배하였다. 10년의 중간 시점에는 더욱 세련된 클래식 스타일과 더욱 신비한 색 상의 유행이 돌아왔다. 많은 회사들이 더 많은 고객을 얻기 위해 새로운 브랜드를 추가하였 으며, 새로운 세대의 디자이너들이 명성을 얻게 되었다.

요약

이 장에서는 패션 산업의 발달과정을 간략히 다루었다. 재봉틀의 발명과 같은 테크놀로지의 발전으로 인 해 의복 생산은 맞춤복에서 기성복 체제로 바뀌었다. 또한 산업혁명은 중류층의 성장을 가져왔고, 중류층 사람들은 다양한 가격대의 패션 제품을 필요로 하고 구매할 수 있는 소비자가 되었다. 그 결과, 패션은 소 수 부유층의 전유물에서 모든 사람을 위한 것으로 변모하였다.

또한 패션은 여성의 사회적 지위 변화와 남녀 간 성역할의 변화에서 영향을 받았다. 프랑스의 패션 리 더십은 제2차 세계대전 기간과 1960대, 1970년대에는 지켜지지 않았으나 1980년대에는 기업의 흡수합 병과 기업인수 등을 통해 다시 발전하기 시작했다. 그러나 혹독한 경쟁과 과도하게 많은 상점들이 난립한 결과, 미국 내 많은 회사들이 무너졌다. 이러한 경쟁으로 인해 미국 내 의류 제조업체와 유통업체들은 해 외의 값싼 노동력을 찾아 나섰다. 이로 인해 미국 내의 수많은 직물 및 의류 제조공들은 직업을 잃게 되었 고 많은 회사들이 문을 닫게 되었으며, 패션 산업의 생산체계는 간소화되었다. 글로벌화 시대와 정보의 시대를 거쳐 패션 산업계는 21세기를 맞이하게 되었다.

● 용어 개념

다음의 용어와 개념을 간단히 설명하고 논하라.

1. 패션의 중심지, 프랑스
2. 트렌드 창조자로서의 왕실
3. 쿠튀르
4. 찰스 워스
5. 비즈니스 수트
6. 아이작 싱거
7. 레비 스트러스
8. 깁슨 걸 스타일
9. 백화점

10. 전문점
11. 리처드 시어즈
12. 코코 샤넬
13. 길버트 아드리안
14. 뉴 룩
15. 클레어 맥카델
16. 전후의 베이비붐
17. 메리 퀀트
18. 모즈 패션

19. 안티 패션
20. 에스닉 룩
21. 액티브 스포츠웨어
22. 세계화
23. 파워 수트
24. 조르지오 아르마니
25. 칼 라거펠트

● 복습 문제

1. 중류계층의 성장은 18, 19세기의 패션에 어떠한 영향을 미쳤는가?

2. 어떤 요인들로 인해 파리는 세계 패션의 중심지가 되었는가?

3. 미국의 섬유 산업은 어떻게 시작되었는가?

4. 사회적, 정치적 배경이 패션에 반영된 두 가지 사례를 들어 보라.

5. 미국의 대량 의류 생산의 발전과 이를 가능하게 만든 기술적 발달에 대하여 토론하라.

6. 전문점 및 백화점은 어디에서 기원했는가?

7. 19, 20세기의 유통의 발달과 확산은 어떠한 사회적 변화를 반영한 것인가?

8. 의류 산업의 발달은 노동조합의 발달에 어떠한 영향을 미쳤는가?

9. 여성의 사회적 지위의 변화로 인해 20세기의 패션에는 어떠한 변화가 일어났는가?

● 심화 학습 프로젝트

1. 39쪽의 표에 나와 있는 역사적인 주요 디자이너들 중 한 사람을 선택하고, 그가 유명했던 시대의 신문과 잡지 기사들을 참조하여 그의 디자인을 살펴보라. 또한 스케치나 사진 자료 등을 통해 그 디자이너의 스타일이 어떻게 변모해 갔는지 알아보라. 그 디자이너의 디자인이 독특하게 느껴지는 점에 관해 토론하라. 또한 그 디자인은 당시의 어떠한 라이프스타일을 반영하고 있는지 토론하라.

2. 가능하면 박물관에 소장된 역사적 의상을 보고 20세기의 10년이 지날 때마다 디자인의 디테일이 어떻게 달라졌는지 비교하여 살펴보라.

3. 학과 친구들과 함께 작은 옛 의상 콜렉션을 해 보라. 가족, 친구, 이웃, 벼룩시장 상점이나 알

뜰 상점에 다니면서 상품을 기부해 달라고 부탁하고 기증받을 때는 그 옛 의상의 제조연도 및 기증자에 관한 모든 사항을 기록하라. 또한 그 의상의 구성방식과 디자인 디테일을 꼼꼼히 살펴보라. 이 옛 의상들은 입기에 흥미로운 옷이라기보다는 미래에 여러분이 하게 될 디자인에 영감을 제공하는 역할을 할 것이다.

4. 인근의 재봉틀 판매 회사를 방문하고, 기억할 수 있는 한 가장 오래전의 재봉틀의 발전사항을 판매업자에게 물으라. 재봉틀 판매회사에서는 여러분이 꼼꼼히 살펴볼 수 있는 옛 카탈로그나 옛날 재봉틀을 가지고 있을지도 모른다. 신 모델 재봉틀과 구 모델의 장점들을 토론하라.

● 참고문헌

1 Phyllis Feldkamp, "Men's Fashion, 1750-1975," *New York Times Magazine*, September 14, 1975, p.66.

2 "Bicentennial of American Textiles," *American Fabrics and Fashions*, no.106 (Winter-Spring 1976), p.12.

3 Ishbel Ross, *Crusades and Crinolines* (New York: Harper & Row, 1963), p.12.

4 Ibid., p.99.

5 Ibid., p.20.

6 Ibid., p.116.

7 Ibid., p.220.

8 "Women's Pants," *L'Officiel USA*, Spring 1977, p.109.

9 Florence S. Richards, *The Ready to Wear Industry 1900-1950* (New York: Fairchild Publications, 1951), p.8.

10 *Signature of 450,000* (New York: International Ladies' Garment Workers' Union, 1965), p.24.

11 Quoted by Helen Brockman, *The Theory of Fashion Design* (New York: Wiley, 1965), p.69.

12 Ernestine Carter, *The Changing World of Fashion* (London: Weidenfeld & Nicolson, 1977), p.70.

13 Charlotte Calasibetta, *Fairchild's Dictionary of Fashion* (New York: Fairchild Publications, 1975), p.561.

14 Ira Schneiderman, "A Look at the Future," *Women's Wear Daily*, August 1992, p.15.

주요 디자이너 연보

가장 유명했던 시기	디자이너 및 세계 패션의 동향
1774 ~ 1793	– 로제 베르텡 : 마리 앙투아네트 왕비의 양재사
1790 ~ 1815	– 이폴리트 르 로이(Hippolyte le Roy) : 엠파이어(Empire) 스타일을 재창조한 나폴레옹 왕실의 양재사
1860년대	– 찰스 워스(영국 태생) : 현대 여성복 쿠튀르의 창시자
	– 런던 새빌로우의 남성복점들이 남성복 테일러링의 기준을 수립하였다.
1800년대 말	– 레드펀, 셰뤼, 두세, 파켕
1900년대 초	– (칼로 자매의 하우스에 근무하던) 마담 제르베르(Gerber), 잔느 랑방
1909 ~ 1911	– 폴 포아레 : 그가 디자인한 튜닉으로 인해 여성들이 코르셋에서 해방되다.
1912 ~ 1915	– 샤롯 프레메(Charlotte Premet)
제1차 세계대전 직후	– 마들렌느 비오네(Madelaine Vionet) : 바이어스 재단의 창시자
1916 ~ 1921	– 코코 샤넬 : 소년 같은 보이시 룩과 저어지 소재 사용으로 유명해지다.
1922 ~ 1929	– 장 파투 : 플래퍼 룩으로 유명해지다.
1930 ~ 1935	– 엘자 스키아파렐리(이탈리아 태생) : 평범하지 않은 스타일과 하드 쉬크(hard chic)의 디자이너
1936 ~ 1938	– 멩보쉐(미국 태생)와 몰리니에(Molyneux)(아일랜드 태생) : 넓은 어깨의 실루엣
	– 길버트 아드리언 : 기성복 업계가 복제한 유명 스타일을 입었던 할리우드 스타
1940 ~ 1945	– 클레어 맥카델(미국인) : 실용적인 캐주얼웨어의 아메리칸 룩으로 유명해지다.
	– 제2차 세계대전으로 인해 미국과 유럽 패션계의 커뮤니케이션은 단절되었고, 이로 인해 미국에서는 미국인 디자이너들이 부상하기 시작했다.
1947 ~ 1957	– 크리스찬 디올 : 그의 뉴 룩으로 인해 파리는 패션 리더십을 되찾았다.
	– 미국의 남성용 캐주얼웨어 시장이 형성되다.
1950 ~ 1960	– 발렌시아가, 지방시(Givenchy), 이브 생 로랑, 앙드레 꾸레쥬, 피에르 가르뎅(이상 프랑스 인), 푸치(Pucci)(이탈리아)
1960년대	– 메리 퀀트 : 전 세계 패션에 영향을 미친 영국 디자이너
	– 젊은 디자이너들이 젊은이들을 위한 의상들을 만들기 시작한 시기
	– 미니스커트와 모즈 룩
	– 피에르 가르뎅 : 남성 및 여성복 패션 라인을 모두 설립하다.
1968 ~ 1975	– 패션 흐름에 혼란이 일어나 파리의 영향이 감소하다.
	– 민속복식, 스트리트 패션의 영향
	– 미국의 청바지가 전 세계의 패션이 되다.
1970년대	– 패션의 국제적 교류 전개
	– 프랑스 프레타포르테의 주요 디자이너들 : 이브 생 로랑, 겐조(일본 태생), 리키엘(Rykiel), 라거펠트(독일 태생)
	– 이탈리아 디자이너들이 유명해지다 : 아르마니, 미소니, 크리지아, 페라가모(Ferragamo)의 구두, 구찌의 핸드백
	– 미국 패션계에서는 조프리 빈, 핼스턴, 캘빈 클라인, 메리 맥파든 등이 유명해지다.
1980년대	– 지구촌화 현상, 인수합병의 범람
	– 일본 디자이너들이 전 세계 패션에 영향을 미치다.
	– 리즈 클레이본, 에스프리(Esprit), 베네통(Benetton)과 같은 대중적 가격대의 캐주얼웨어 브랜드가 국제적으로 유명해지다.
	– 아르마니(이탈리아)가 직장여성을 위한 테일러룩으로 성공을 거두다.
	– 라거펠트와 라크루아가 프랑스의 쿠튀르계에 활력을 불어넣다.
	– 미국 패션 디자이너들이 해외 수출을 시작하다.
1990년대	– 경기후퇴는 의류의 가격 지향 소비와 그런지 룩의 유행을 가져오다.
	– 라거펠트는 5개 콜렉션을 이끄는 세계적인 트렌드 창조자로 부상하다.
	– 이탈리아의 구찌와 프라다는 미니멀스타일을 내놓아 트렌드 창조자로 떠오르다.
	– 디올사의 존 갈리아노(John Galliano), 지방시의 알렉산더 맥퀸(Alexander McQueen)은 과격한 쿠튀르를 선보이다.
	– 미국 디자이너들이 전 세계적으로 명성을 얻다.
	– 토미 힐피거와 같은 남성 캐주얼웨어 디자이너들이 부상하다.
2000년도 이래	– 캐주얼한 의상이 범람하는 가운데 패션에 대한 열정이 되살아나다.
	– 다양한 트렌드 창조자들의 출현
	– 패션 유통에서 전자상거래의 성장
	– 유통업체들의 국제적인 사업 확장과 글로벌 소싱
	– 계속되는 인수합병으로 인해 거대한 규모의 제조업체와 유통업체가 생기다.

엘리 샤브(Elie Saab)에 의해 디자인된
상반된 몸통 장식과 러플 그리고
꽃잎 모양 패턴을 보여 주는 시폰 드레스
(출처 : ELIE SAAB AND DENTE & CRISTINA)

2

▶▶▶ 소비자 수요와 패션 마케팅

관련 직업■□■

상품 관리자, 상품 기획자, 디자이너, 바이어, 그리고 마케팅 종사자 같은 패션 전문가들은 지속적으로 소비자 수요, 경제, 세계 무역 그리고 기술에 있어서 새로운 변화에 관심을 기울인다. 모든 상품 개발, 생산, 그리고 마케팅 결정은 이러한 정보에 바탕을 두고 있다.

학습 목표■□■

이 장을 읽은 후…

1. 패션 마케팅과 패션 마케팅 관련 요인을 이해할 수 있다.
2. 패션 마케팅에 영향을 미치는 기술적, 경제적, 그리고 국제적인 요인을 알 수 있다.
3. 패션 마케팅에 있어서 소비자의 중요성과 인구통계학적 또는 사이코그래픽스 연구들이 어떻게 산업체들의 표적시장 결정을 돕는지를 인식할 수 있다.

패션 마케팅(fashion marketing)은 소비자들이 구매하고자 하는 원부자재들, 어패럴, 그리고 액세서리 같은 상품들을 조사하고, 계획하고, 판매하고, 유통시키는 모든 경로를 일컫는다. 이런 과정은 패션 산업에 종사하는 모든 사람들과 관련되고 물류 과정의 모든 경로를 통해서 일어난다. 마케팅은 상품 개발, 생산, 물류, 리테일링, 그리고 섬유, 직물, 가죽, 모피, 트리밍, 어패럴, 액세서리 판매촉진의 바탕이 되는 힘이다.

　패션 마케팅은 소비자로부터 시작해서 소비자로 끝난다. 이 장의 서두에서는 소비자 수요가 마케팅에 미치는 영향이 논의된다. 소비자 집단의 의견 조사, 소비자 인구통계, 사이코그래픽스의 변화 경향을 다루고 이러한 것들이 어떻게 표적시장을 선정하는 데 보탬이 되는가를 설명한다. 그런 다음 소비자들에게 미치는 영향으로 경제적, 국제적, 그리고 기술적 요인들과 마케팅 경로에 대한 논의로 이 장을 끝맺고자 한다.

소비자 수요

상품을 구매하고 사용하는 사람들인 소비자들은 마케팅에 있어서 가장 중요한 영향 요인이다.

미국 패션 산업의 역사는 생산하는 것보다 더 많이 소비하게 되고, 제조업에 기초를 둔 경제 성장에 관한 이야기이다. 경쟁이 증가함에 따라 소비자는 더 많은 상품 선택권을 가지게 되었다. 현재 소비자들은 그들의 구매 결정으로 인해 패션 마케팅에 영향을 줄 수 있는 경제력을 가지고 있다. 품질 좋고 값싼 상품은 물론이고 소비자들은 계속적인 유용성, 편안함, 그리고 기분 좋은 쇼핑 경험을 원한다. 이러한 소비자들의 요구는 생산 중심에서 마케팅 중심으로의 변화를 초래했다.

　이러한 마케팅 철학의 변화와 함께 기업은 조사를 통해 소비자들이 무엇을 구매하기를 원하는지 밝혀내고자 애쓰고 있으며, 이러한 소비자들의 요구에 부응하는 상품을 개발하고자 노력하고 있다. 패션 기업 경영인들은 소비자들이 어떤 상품을 미래에 구매하기를 원하고 필요로 하는가에 대한 정보를 얻기 위해 지속적으로 소비자 행동에 관해서 읽고 배운다. 전문적인 분석가들은 소비자들이 원하고 필요로 하는 것을 알기 위해 정교한 마케팅 조사 방법들을 개발해 왔다(제4장 참조). 생산업자들과 소매업자들은 이러한 필요들에 답하는 상품 개발에 힘을 쏟았다.

　패션 회사들은 소비자들의 수요를 창출하기 위해서 활발한 광고와 다른 마케팅 활동들에 많은 액수의 돈을 투자하기도 한다. 광고의 궁극적인 목표는 특정 브랜드나 매장의 특성을 확립하고 이러한 특성을 소비자들이 선호함으로써 경쟁에서 이기는 것이다. 소비자들은 수백만 달러의 광고 캠페인에 폭격당하고 있다(제12, 15장 참조). 하지만 마케팅이 소비자로

하여금 유행을 수용하도록 하는 것에는 한계가 존재한다. 대중이 한 상품을 받아들이는 데
준비가 안 되어 있거나 또는 이미 싫증을 느끼는 상태라면 어떠한 대량 광고나 홍보도 소비자
의 수용을 얻거나 유지시킬 수 없다.

소비자 집단

패션 경영인들은 특정 소비자 집단이나 세분 시장들의 욕구와 필요를 만족시키기 위하여 노력한다.

소비자들은 동질적인 대중이 아니다. 전통적으로 사회는 소득 집단에 의해 구분되어 왔다.
부유층들은 비싼 의복을 살 수 있었기 때문에 유행에 가장 민감하였다. 오늘날 이러한 전통
적인 계급 구조는 무너졌다. 거의 모든 의복이 대량생산되며 거의 모든 사람들이 적당한 가
격수준에서 패션을 즐길 수 있다.

　패션 산업은 소비자 포화상태에 이르렀다. 일반적으로 미국인들은 주택구입, 건강보험,
교통수단, 가구 및 인테리어, 교육, 전자제품, 미용 그리고 피트니스에 더 많은 투자를 하는
대신 음식이나 엔터테인먼트와 의류에는 소비
를 줄이고 있다. 전문가들은 소비에 있어서 의
류 구입의 비율은 계속 줄어들 것이라고 예측한
다. 거기에다 바쁜 스케줄과 업무 영역의 다양
화로 인해 소비자들이 쇼핑을 할 수 있는 시간
이 줄어들고 있다.

인구통계 경향

시장 조사 회사, 생산업자 그리고 소매업자들은
사회와 관련된 정보를 연구함으로써 소비자의
필요를 이해하려고 노력하고 있다. 시장 조사
자들은 연령, 라이프스타일, 주거지역, 교육수
준, 그리고 민족배경 등을 근거로 하여 대중들
을 소비자 집단으로 또는 세분 시장(market
segment)으로 나누기 위해 인구통계학적 그리
고 사이코그래픽스에 관한 정교한 연구를 한다.
인구통계(demographics)는 출생률, 연령대별

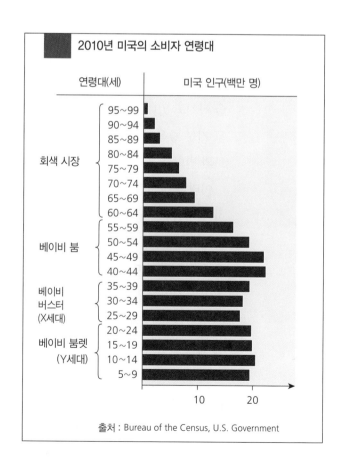

출처 : Bureau of the Census, U.S. Government

분포, 소득 같은 수량화가 가능한 인구 특성에 관한 통계적 연구이다. 인구통계학적 연구들은 미국 인구가 노령화되고, 다양해지고 있다는 것을 보여 주고 있다.

회색 시장(Gray Market)　1945년 이전에 태어난 미국인들은 디자이너들이나 소매업자들 그리고 언론에 의해 가장 간과되고 있다. 사실상 60~70세에 이르는 집단은 두 번째로 빠르게 성장하고 있는 시장이다. 이러한 연령 집단은 그들의 실제 나이보다 10~15살은 젊게 느끼고 싶어 한다. 그러나 그들은 마치 그들의 연령보다 10~15살은 더 늙은 사람들인 것처럼 마케팅되어 왔다. 성숙한 사람들은 쓸 수 있는 돈을 가지고 있고 어느 누구 못지않게 새로운 상품을 좋아하고 젊은 사람들보다 더 잘 차려입는 경향이 있다는 연구 결과들이 있다. 대체적으로 이 그룹의 소비자들은 카탈로그, 인터넷, 백화점에서 의류와 액세서리를 구입하는 것을 선호한다. 2010년이 되면 인구의 1/3이 50세 이상이 될 것이고, 미래에는 더욱더 보수적인 가치, 기능, 품질을 지향하는 소비자들에게 부응하는 마케팅이 필요할 것이다.

전쟁 후 베이비 붐(The Postwar Baby Boom)
1946~1964년 사이 출생률의 증가로 인해 생겨난 베이비 붐 세대들(baby boomers)은 가장 큰 소비자 집단이자, 어패럴 시장에 영향을 끼쳐 온 가장 핵심적인 미국 내 인구학적 지출 집단이다. 이 그룹에 속한 여성들을 위한 매장은 고급 전문매장에서 디스카운트 매장에 이르기까지 다양하다. 45~62세에 이르는 여성들은 다른 어떤 연령 그룹보다 더 많은 돈을 의상에 지출한다.[1] 그럼에도 불구하고 이 그룹은 패션 산업에서 일반적으로 소외되어 왔다. 니먼 마커스(Neiman Marcus) 백화점의 전 패션 디렉터인 조안 카너는 "45세 이상의 고객들은 대부분의 패션광고나 인쇄물에 등장한 적이 없고 언급된 적도 없다."[2]고 지적하였다.

패션 광고인들은 40대 소비자의 패션 민감성에 대해 고정관념을 가지고 있으며 다세대 광고나 젊은 소비자들이 등장하는 광고만이 성공한다고 생각한다. 하지만 몇몇 광고들, 배드글리 미시카(Badgley Mischka)의 샤론 스톤을 내세운 광고나 에이치엔엠(H&M)의 마돈나가 등장한 광고처럼 나이 든 모델들이 등장한 광고들도 있다. 이 연령대 집단은 자신들이 원하는 것이 무엇인지에 대하여 독특

세 종류의 여성 소비자 그룹을 보여 주는 엘렌 피셔 (Eileen Fisher) 광고 (출처 : EILEEN FISHER, INC.)

하면서도 확고한 생각을 가지고 있다. 그들은 더 많은 서비스, 편리함, 품질을 기대하고 있지만 동시에 적절한 길이와 품(fit)을 갖춘 젊은 패션을 원하기도 한다.

베이비 버스터(The Baby Buster, X세대)   이전 세대에 비해서 매우 작은 인구수로 인해 1965~1979년 사이에 태어난 세대를 베이비 버스터(파괴자)라고 부른다. 현재 3,40대에 이른 이들은 점차 직업과 가정 중심적으로 변하고 있으며, 이들의 소비 패턴도 주택구입, 가정생활용품, 교통수단, 그리고 교육에 많은 투자를 함으로써 이러한 관심사를 반영한다.

베이비 붐렛(The Baby Boomlet, Y세대)   패션 마케팅의 가장 많은 조사대상인 그룹은 베이비 붐 세대의 자녀들로 1980년대에 시작한 출생률 상승 붐으로 인해 생겨난 세대인 베이비 붐렛(작은 형태의 붐) 세대 또는 Y세대[새천년 세대(millennial generation) 또는 네트 세대(net generation)라고도 불린다]이다. 이들은 미래의 구매 결정에 영향을 끼칠 세계화, 스포츠, 컴퓨터 그리고 오락물에 관심이 많은 다양한 인종 집단이다. 광고, 텔레비전 쇼, 영화, 웹사이트, 그리고 잡지들은 이러한 시장에 맞도록 정교하면서도 독특하게 만들어진다. 이 연령대의 집단은 패션에 관심이 지대하고 옷을 구입하는 데 열성적이지만 베이비 붐 세대만큼 지출할 경제적 여유가 없다. 현대적이고 젊은 남성 마켓은 이 세대가 20대에 들어서면서 이미 강력한 시장이 되었다.

2010년 미국 인구는 50세를 넘긴 베이비 붐 세대와 30세 이하 새천년 세대로 양극화될 것이다. 갭(Gap)이나 엘렌 피셔(Eileen Fisher) 같은 몇몇 회사는 다세대 광고 캠페인으로 대응하고 있다.

인종의 다양화(Ethnic Diversity)   다른 중요한 인구통계의 경향은 미국 인구의 인종 다양화 현상이다. 이민귀화국(The Immigration and Naturalization Service, INS)은 매해 법적 이민자가 70만 명이 넘을 것으로 예측하고 있다. 인구 조사국은 흑인, 라틴계(Hispanic), 아시아계, 그리고 아메리칸 인디언들 같은 소수 민족의 인구가 백인 다수 민족보다 훨씬 빠르게 증가하고 있다고 발표했다. 다른 문화적 배경을 가지고 있는 사람들은 패션 구매에 있어서도 다른 것을 추구한다. 다문화 소비자들은 스타일링, 색상, 패턴, 직물, 맞음새, 품질, 가치에 대해 다양한 문화적 관점과 편중성을 가진다. 다문화 사회(multicultural society)에서는 소매업자들과 생산업자들이 다양한 인종으로 이루어진 시장 집단에 부응해야 한다.

사이코그래픽스 또는 라이프스타일 경향

비슷한 인구통계 특성을 보유하고 있으면서도 여전히 개개인은 매우 다르다. 어느 연령대건 간에 시장 조사자들은 **사이코그래픽스**(psychographics)의 일종인 라이프스타일의 묘사를 정밀하게 하기 위해 노력한다. 이러한 연구들은 라이프스타일의 다양성에 바탕을 두고 소비자들을 더욱 정밀하게 분류하기 위해서 심리학적, 사회학적, 그리고 인류학적인 요인들을 사용한다. 생산업자와 소매업자들은 종종 소비자 집단과 그 집단들의 패션 선호도를 나누고 분석하기 위해 사이코그래픽스에 관심을 둔다.

독립적인 여성들　오늘날 20~60세에 이르는 여성 인구 중 75% 이상이 가사 밖의 일을 하고 있다. 2,200만 명 이상의 여성들이 혼자 살거나 가정경제를 책임진다. 이러한 환경은 구매의 사결정을 하는 여성들의 영향력을 키워 왔다. 하루 일과를 가사일과 직장업무로 배분해야 하는 여성들에게는 시간이 중요한 이슈가 된다. 바쁘게 일하는 여성은 쇼핑하러 나가는 것보다 카탈로그와 편리한 원스톱 쇼핑(one-stop shopping)을 좋아하는 경향이 있다. 이런 현상은 일부 카탈로그들과 웹사이트들, 그리고 슈퍼스토어(super store)들의 성장을 도왔다. 하지만 대다수의 소비자는 의류나 액세서리보다 봉급이 더 중요하다고 생각한다.

보다 큰 사이즈들　패션 산업에 영향을 준 다른 현상은 큰 사이즈를 입는 사람들의 수가 증가한 것이다. 인구가 노령화되면서 사람들은 살이 찌는 경향이 있다. 전체 미국인의 대략 68%가 비만이다. 헤거(Haggar)라는 브랜드의 팬츠 중심 사이즈는 32~40 정도였으나 지금은 44까지도 포함된다. 최근에는 다수 소매점들이 빅 사이즈에 더 많은 공간을 내주고 있다.

기타 사이코그래픽스 경향들　의류 구매자들을 끌어당기는 열쇠는 소비자들이 일하는 곳, 가족들이 필요로 하는 것, 여가 활동, 그리고 문화적 관심사 같은 라이프스타일에 따라 상품 기획을 하는 것이다. 다음과 같은 것들도 또한 중요한 사이코그래픽스 또는 라이프 스타일 경향이라고 일반적으로 믿고 있다.

- **공동체**(community) − 사람들은 공동체와의 관계 형성을 원하고 있다. 40여 년 만에 처음으로 도시의 인구가 늘고 있다.
- **재조명되는 가족생활**(renewed interest in family life) − 사람들은 패션보다는 집과 가족의 활동에 더 많은 돈을 쓴다.
- **보호막**(cocooning) − 사람들은 가능한 한 집에 머무르기 위해 쇼핑을 줄이거나, 카탈로그나 인터넷으로 쇼핑을 함으로써 범죄와 세계 문제들로부터 자신들을 보호하고자 한다. 그들은 사생활을 가치 있게 여긴다.
- **재택근무**(work at home) − 집에서 근무하는 사람의 수는 앞으로 15년 내에 30~50% 증가할 것이다.
- **가정 내 컴퓨터 사용의 증가**(increased at-home use of computers) − 사람들은 인터넷 쇼핑을 더욱 선호할 것이다.
- **편안함**(comfort) − 사람들은 집과 직장에서는 여유롭고 캐주얼한 옷차림을, 운동할 때는 기능성 운동복을 원한다.
- **시간의 가치화**(value of time) − 사람들은 기꺼이 자유 시간을 위해 돈을 투자한다. 그러므로 카

탈로그나 인터넷 쇼핑을 선호한다.

■ **스트레스**(stress)−소비자들은 바쁜 스케줄로 인해 스트레스를 받을 뿐 아니라 상품의 너무 많은 선택 사양들로 인해 질려 버렸다. 그들은 몇몇 선호하는 매장, 카탈로그, 또는 웹사이트들을 정함으로써 쇼핑 장소를 한정시키고 싶어 한다.

표적 마케팅

텍스타일과 어패럴의 생산자와 소매업자들은 각 세분 시장의 선호도와 구매 습관을 이해하기 위한 노력의 일환으로 인구통계와 사이코그래픽스 정보들을 이용한다. 그들은 그들이 판매하기 위한 **표적시장**(target market)을 정의하기 위하여 매장 내 고객을 만나기도 하고, 비공식적인 인터뷰를 하며, 서베이(survey) 또는 소비자 포커스 그룹을 통해 조사하고 POS(point of sales, 시점판매현황) 데이터도 분석한다. 그들은 큰 시장 안에 보다 더 작은 잠재적인 틈새 시장(market niches)이 있는지 발견하기 위해 매우 세밀한 조사를 하고자 노력한다. 이론적으로 말하면, 적합한 소비재들은 소비자들의 욕구와 필요들을 만족시켜 주기 위하여 개개 그룹들을 위해 만들어진다.

데이터베이스 마케팅 패션 상인들은 마케팅 전략을 강화시키기 위해서 소비자들에 대한 데이터를 수집한다. 구매를 통해서 소비자들은 무의식 중에 생산자들과 소매업자들에게 자신들의 쇼핑 습관, 사이즈, 그리고 선호하는 색상, 라이프스타일, 연령, 소득, 그리고 주소에 대해 정보를 준다. 많은 유통업체들은 좀 더 확장된 마케팅 데이터베이스를 가지기 위해 매장전용 카드나 협력카드(은행이나 주요 카드회사들과 협약이 된 카드)를 발행하고 있다.

이러한 정보는 서베이(survey) 결과나 응모권, 쿠폰기재내용, 공공 기록들, 데이터베이스로 분류될 수 있는 모든 것들, 그리고 전체 소비자 집단의 취향 프로파일(profile), 기타 정보들과 함께 모아진다(제4장의 마켓 리서치 참조). 예를 들면, 소매업자는 신용카드 구매내력을 통해 임산부들의 구매 여부를 알아보고 이러한 구매자들에게 출산 후 신생아 상품들에 관한 우편물 광고를 보낼 수도 있다.

지도 만들기 상인들은 판매 데이터와 구매 형태들을 분석하여 표적시장에 대한 표현을 시각적인 지도로 대신한다. 우편번호를 기준으로 판매를 구별하는 것은 매장위치로부터 1차 중심 시장 영역과 2차 시장 영역을 확실하게 나타내 주는 동시에, 운영자가 소비자들의 교통편과 동선, 그리고 잠재 구매력을 이해하는 것을 도와준다.

다음을 위해 상인들은 소비자 프로파일 데이터베이스를 사용한다.

■ 고객들에 대해 배우기 위하여
■ 새로운 고객들을 발견하기 위하여
■ 표적시장을 설립하기 위하여

■ 표적고객을 위한 신상품을 만들기 위하여

■ 이러한 시장들에 대한 새로운 광고 방법의 발견을 돕기 위하여

■ 그들의 고객들에게 계속 집중하기 위하여

표적고객의 필요에 부응하는 생산업자들과 소매업자들은 가열되고 있는 경쟁 시장에서 성공적인 업자들이다. 하지만 정교한 조사 방법에도 불구하고 패션 회사들은 여전히 인구통계의 변화를 이해하고 소비자들이 사고 싶은 패션 상품을 만들어 내는 데 어려움을 겪고 있다.

소비자 수요와 마케팅에 영향을 준 경제적 요인들

소비지출, 경제상황, 국제화폐시장, 그리고 노동임금은 패션 마케팅에 영향을 끼친다.

소비지출

소비자들이 패션 또는 다른 상품들에 지불하는 금액은 그들의 소득으로부터 나온다. 지출과의 연관성을 바탕으로 소득은 개인소득, 가처분소득, 재량소득 세 가지로 나뉜다.

개인소득(personal income)은 임금, 월급, 이자, 그리고 배당금 같은 모든 소득원으로부터 벌어들인 전체 소득 금액이다.

가처분소득(disposable income)은 개인 소득에서 세금을 제한 소득이다. 이 금액은 한 개인의 구매력을 나타낸다.

재량소득(discretionary income)은 음식, 주거, 기타 필수품에 지불한 금액을 제하고 남은 소득이다. 이 소득은 개인의 의지에 따라 소비될 수도 있고 저축될 수도 있다. 현대 사회에 속한 대다수의 사람들이 누리는 재량소득의 증가는 보다 더 많은 사람들이 패션 상품을 구매할 수 있다는 것을 의미한다. 젊은 사람들은 소득의 많은 부분을 패션 상품을 구매하는 데 쓴다. 젊은 사람들은 그들 소득의 가장 많은 부분을 의류를 구매하는 데 사용한다.

구매력

구매력은 경제 상황과 관련된다. 비록 서구 사회의 소득이 최근 몇 년 동안 증가되었다고 할지라도, 가격도 마찬가지로 증가하였다. 그러므로 소득은 살 수 있는 상품이나 서비스의 양 또는 구매력에 관련되었을 때만 의미를 지닌다. 구매력(purchasing power)은 신용, 생산성, 물가상승, 경기불황, 국제화폐가치 같은 것들에 의해 영향을 받는다.

신용　소비자 신용의 성장과 신용카드의 확산은 소비자 구매력을 대단히 증가시켰다. 점점

더 많은 소매업자들이 그들의 데이터베이스에 입력될 소비자 정보를 얻기 위해 매장 전용 신용카드를 제공하고 있다. 현재 신용대출은 너무 쉽게 이루어진다. 지나친 신용대출의 위험성은 소매업자들과 은행의 피해뿐만 아니라 개인 파산의 막대한 증가에도 있다.

패션 회사들 역시 계절적인 매출의 변동을 조절·운영하기 위하여 완성품 대금을 지불하기 한참 전에 원부자재를 구매해야 하고, 긴 생산 기간에 운용할 사업 자금을 위해서는 신용대출이 필요하다. 지나친 법인 부채의 상승은 지난 30년 동안 일어난 대다수 생산업체와 유통업체의 파산을 몰고 온 하나의 요인이었다.

공동 소유권　전통적으로 패션 생산업체와 유통업체들은 개인 소유의 회사들이었다. 현재 이러한 회사들의 대부분은 주식회사로 성장하였거나 다른 주식회사들에 넘어갔다. 계속적인 합병과 인수(mergers and acquisitions, M&A)의 공세가 있어 왔다. 그 결과 리즈 클레이본(Liz Claiborne), 조네스 어패럴 그룹(Jones Apparel Group), LVMH 같은 거대 '주식회사 그룹'들이 생겨났다. 더욱이 이러한 회사들 중의 대다수는 공공에게 주식을 팔아서 보다 더 많은 펀드를 가졌다. 그들의 첫 주식공개(initial public offering, IPO)와 중심 주(stock)의 괄목할 만한 성과는 패션 프레스로부터 관심을 받았다. 주식 결과(bottom line)는 종종 의상 디자인보다 더욱 큰 패션 기삿거리가 된다. 이렇게 공개된 기업들은 현재 주주들에게 더욱 많은 책임을 가지고 있다. 이러한 기업들은 매출과 이익 증대, 원가 절감을 위해 노력하고 있으며 브랜드 이미지를 설립하기 위한 광고에 수백만 달러를 투자한다(자세한 내용은 제8, 12, 13장을 참조).

노동 비용　사람들이 높은 월급을 받게 되고 더 나은 삶을 가지게 될수록 상품 생산 비용은 증가한다. 증가하는 노동 비용은 의상 판매가격을 높이게 되었고 많은 생산업자들로 하여금 동아시아(Far East), 캐리비안 연안국가(Caribbean Basin), 동유럽, 그리고 기타 지역의 싼 노동력을 찾게 하였다.

물가 상승　1980년대 미국의 물가 상승 동안 사람들은 해마다 더 많은 소득을 올렸지만, 높은 물가와 높은 세금으로 인해 구매력은 실제로 증가하지 않았다.

국내 임금의 인상은 유럽과 미국 생산업자들로 하여금 아시아의 저렴한 노동력을 찾도록 만들었다. 이는 곧 수입의 막대한 증가로 이어졌다.
(출처 : LIZ CLAIBORNE)

경기불황 2002년에서 2003년에 걸쳐 미국이 경험하였던 것 같은 경기불황은 지출의 감소에서부터 시작한다. 많은 회사들은 생산을 줄여야만 했고 그것은 고용 감소와 GNP(Gross National Product)의 감소로 이어졌다. 고용 감소는 지출 감소의 장기화를 초래했다.

경제상황이 불안정하면 패션의 모습도 불안정하다. 단순히 돈만 부족한 것이 아니라 사람들은 그들이 진정 원하는 것이 무엇인가에 대해 혼란스러워한다. 경제가 성장을 보일 때는 색상이 기본적으로 경쾌하고 행복하다. 그러나 경제가 어려움을 겪으면 회색조의 어두운 색상을 띤다. 사람들은 또한 불황기에는 보수적으로 구매하거나 적어도 가치가 오래 가는 패션을 구매하려는 경향이 있다. 하지만 풍요로운 시대에는 패션에 기꺼이 더 많이 투자한다.

외환시장 달러 가치가 다른 화폐에 비해 상대적으로 강할 때는 미국 소비자들이 외국산 상품을 보다 더 쉽게 살 수 있다. 하지만 동시에 미국 산업은 국산품이 수입품들과 경쟁하게 됨으로써 타격을 받는다. 게다가 미국 수출품은 다른 국가들이 구매하기엔 너무 비싸진다.

반대로 달러가 약할 때는(다른 나라에 비해 상대적 가치 상실) 외국 기업들은 미국 상품들을 좀 더 싸게 살 수 있다. 이 상황은 미국 패션 생산업자들로 하여금 수출을 북돋우고 사업에도 좋은 영향을 준다. 하지만 이 상황에서 수입품은 미국인들이 구매하기에는 가격이 높다.

유로화 1999년, 유로화(The Euro)는 유럽공동체(European Union, EU)에 속한 15개국 중 11개국에서 공식 유통화폐가 되었다. 통일된 화폐의 사용은 세계 시장에서 특별히 달러와 엔에 대응하는 유럽 산업의 경쟁력을 끌어올리게 되고 유럽 내에서 환율 변동을 없앰으로써 무역을 조금 더 쉽게 만들었다.

마케팅에 영향을 준 국제적 요인들

수입품들과의 열띤 경쟁과 포화상태의 지역시장은 산업의 모든 영역에 걸쳐 새로운 국제적 시각을 끌어냈다.

패션 마케팅에서 가장 중요한 트렌드는 세계화이다. 어패럴과 액세서리의 세계 무역은 높은 과세와 급진적인 화폐 변동에도 불구하고 성장하고 있다. 많은 나라들이 하나의 의상을 만드는 데 참여할 수도 있다. 예를 들면, 하나의 의상이 한국 직물을 재료로 해서 뉴욕에서 디자인되고, 중국에서 생산된 뒤 전 세계의 소매점에서 유통될 수 있다. 리테일링업자들 역시 세계적으로 퍼져 나가고 있다. 크리스찬 디올(Christian Dior), 헤네스 앤 마우리츠(Hennes & Mauritz; H & M, 스웨덴), 자라(Zara, 스페인) 그리고 갭(the Gap, 미국)은 세계적으로 매장을 열고 있다.

수입품

수입품(imports)은 국내에서 팔기 위해 외국으로부터 가져온 상품이다. 상품을 수입하는 사람들은 외국에서 의류를 생산하는 생산업자와 수입업자(importers)로 활동하는 도매, 소매업자들이다. 소매업자들은 그들의 고객들에게 최저의 가격으로 최고의 상품을 제공하기를 바란다. 저임금 국가의 싼 노동력을 이용할 수 있기 때문에 미국과 유럽으로 수입되는 텍스타일, 어패럴, 액세서리의 물량이 계속적으로 증가되고 있다. 미국과 유럽의 생산업자들은 중국의 시간당 최저 69센트와 인도의 시간당 60센트의 임금수준과 경쟁해야 한다.[3]

수입되는 패션 상품들　전통적으로 수입품은 외국 디자이너와 생산업자들에 의해 디자인되고, 제조되고, 국제 시장의 소매업자들에 의해서 구매되어 온 패션 상품이다. 미국은 오래전부터 파리로부터 패션을, 영국제도로부터 울 제품을, 스칸디나비아로부터 스웨터를, 이탈리아로부터 가죽 제품을 수입해 오고 있다. 최근에는 미국을 제치고 유럽공동체가 가장 큰 세계 어패럴 수입국이며 소비자들이다.

저렴한 직물과 생산의 아웃소싱　생산업자들은 옷을 만들기 위해 세계를 뒤져 저렴하지만 최고의 직물을 구해 온다. 미국의 텍스타일과 의류의 수입은 1982년 10억 달러에서 2006년 960억 달러로 늘어났다.[4] 이것은 중국, 한국, 일본, 대만, 인도의 텍스타일 산업의 막대한 성장에 따른 것이다. 이러한 현상의 여러 이유들 중 하나는 해외 생산을 계약하는 미국 생산업자들이 되도록 생산을 하는 지역의 직물을 사용하고자 하는 경향이 있고, 그래서 미국 내 직물 제조업자들로부터 구매를 하지 않는 것이다(제6장 참조). 그 결과 북미자유무역협정이 이루어진 1994년 이후부터 미국 직물을 사용할 수 있는 멕시코와 캐리비안 연안국가의 어패럴 생산이 더 장려되었다. 하지만 현재 이러한 생산은 베이직 제품에 한정되어 있다.

　오늘날 미국에서 팔리는 의류 중 미국에서 생산된 것은 10%도 안 된다. 대부분의 생산업자들은 노동력이 싼 국가의 중계업자들로부터 직물, 패턴 제작, 그리고 생산시스템을 구매한다(제10장 참조). 특히 중국의

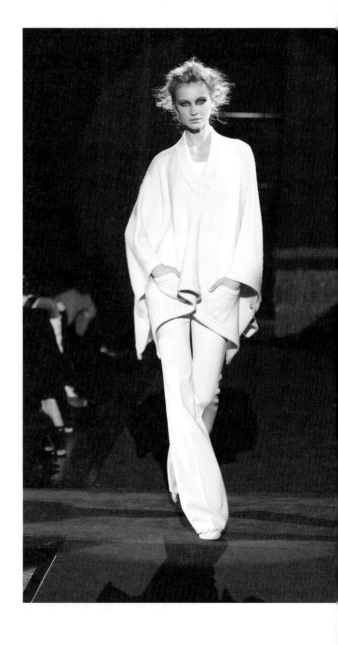

지아 프랑코 페레의 니트웨어. 이탈리아 생산업자들이 동유럽이나 아시아의 저렴한 생산을 추구하면서 동경의 대상이던 '메이드 인 이탈리아' 라벨은 사라졌다. (출처 : GIANFRANCO FERRÉ)

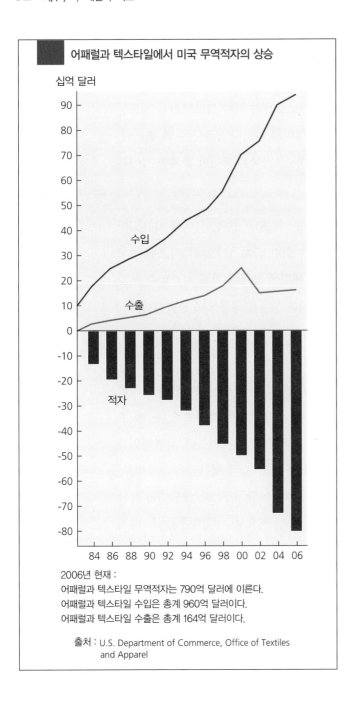

어패럴과 텍스타일에서 미국 무역적자의 상승

십억 달러

2006년 현재 :
어패럴과 텍스타일 무역적자는 790억 달러에 이른다.
어패럴과 텍스타일 수입은 총계 960억 달러이다.
어패럴과 텍스타일 수출은 총계 164억 달러이다.

출처 : U.S. Department of Commerce, Office of Textiles and Apparel

경우, 정부와 텍스타일, 의류 생산업계의 강력한 협력관계를 통해 경쟁국들보다 가격경쟁력을 가질 수 있었다. 정부는 화폐 절하, 수송 비용의 보조, 수출 세금 환급, 그리고 직접 투자를 통해 이들을 도왔다. 이런 것들이 끝나지 않는 한 중국의 의류 수출은 계속적으로 성장할 것이고 중국은 미국 의류의 대부분을 공급하게 될 것이다. 최근 몇 해 동안의 엄청난 수입의 증가는 대단한 찬반양론을 불러일으켰다. 찬반양론은 무역수지와 고용 상실이라는 두 가지 중요한 측면을 둘러싸고 제기되었다.

무역수지

무역수지(balance of trade)는 한 국가의 수출과 수입 금액의 차이이다. 이상적으로는 두 가지의 외양이 동일해야 한다. 하지만 최근 미국은 수출하는 것보다 훨씬 많은 수입을 하고 있으며, 이러한 상품들의 대금을 지불하기 위해 미국 달러를 외국으로 보내고 있어 막대한 무역적자(trade deficit)를 보고 있다. 대다수 사람들은 무역수지를 바로 잡기 위해서는 수입을 줄여야 한다고 믿고 있다. 어떤 사람들은 무역수지와는 상관없이 소비자들에게는 가장 좋은 가격에 가장 좋은 상품이 주어져야 한다고 생각한다.

노동 대 자유무역 어패럴과 액세서리 수입은 현저하게 증가해 왔다. 미국 노동자 협회는 해외 생산이 텍스타일과 어패럴 생산에서 무수한 국내 일자리를 훔쳤다고 불평한다. 미국 텍스타일 산업은 90만 명 이상이 일자리를 잃었고 1980년 이후 수천 개의 공장이 문을 닫았다. 이로써 미국은 제조 근간을 잃어버렸다.

반면에, 수입업자나 소매업자 같은 **자유 무역**(free trade; 제한이 없는 무역)의 지지자들은 장기적으로 세계 무역이 각 나라가 가장 저렴한 가격에 특화 상품을 생산함으로써 세계 시장에 공헌하는 방법인 전문화(specialization)를 기본으로 삼는다면 자유무역이 최선이라고 믿는다. 이런 방법으로 지불하는 금액에 대한 최고 가치를 추구할 수 있다.

수입관세와 조세 조세(duty)와 관세(tariff)는 국내 산업을 보호하기 위한 시도로서 수입품들에 부과되는 통관 요금이다. 하지만 조세가 부과되어도 일반적으로 수입품들은 싼 편이다. 조세는 의상의 유형, 섬유 성분, 직물과 니트에 따라 다양하다. 미국은 이러한 조세를 없애는 방안을 고려 중이다.

상품관세율표 상품관세율표(Harmonized Tariff Schedule, HTS)는 1988년 이래 사용되어 온 국제적 통관 정리와 수입과 수출에 대한 데이터 수집을 위한 국제 상품분류 시스템이다. 이전에는 모든 국가가 수입과 수출품에 대한 이름과 번호 매김에 있어서 자체 시스템을 쓰고 있었다. 지금은 6자리 코드 시스템이 해당 국가들의 무역되는 상품을 공통으로 분류한다. *

세계무역기구

세계 무역을 주관하는 세계무역기구(World Trade Organization, WTO)는 제네바에 위치하고 있다. 이 조직은 세계 상품 무역의 90%를 차지하는 149개국의 회원을 가지고 있다. 이 조직의 기본 목적은 세계 무역의 확산과 점진적 자유화이다. WTO의 다른 기능은 무역행위를 관리할 수 있는 규칙을 세우고, 환경과 노동조건의 기준을 세우고, 지적 재산권을 보호하고, 회원들 사이의 분쟁을 중재하고, 무역 협상의 장을 마련하는 것이다. 이러한 협상들이 가난한 국가들의 빈곤을 해결하고 국제 무역을 늘리는 데 도움이 될 것으로 기대되어 왔다. 하지만 2001년 카타르 도하에서 시작되어 도하 라운드로 불리는 지난 협상은 2006년 협상 결렬로 끝이 났다.

섬유 및 의류에 관한 협정 섬유 및 의류에 관한 협정(ATC)은 WTO의 감독하에 체결되었다. 이 협정으로 인하여 2005년부터 145개국의 섬유 의류 수입물량에 대한 쿼터 규제가 전면 해제 된다. * *

쿼터 폐지 많은 정부들은 수입되는 상품의 양을 제한하는 쿼터(quota)라는 방법으로 수입을 통제해 왔다. 쿼터는 두 무역국가 간에 협상된 합의점으로 12개월 동안 배정된다. 해외 외주를 고려하기 전에 생산업자와 수입업자는 해당 국가에서 생산될 해당 상품에 허용된 충분

---

*역자 주 : 원래 Harmonized System code(국제상품분류체계; HS code)를 가지고 미국이 자국의 실정에 맞게 관세를 포함하여 재정리한 것이 HTS이다. 국내에서는 미국의 상품관세분류체계라는 의미로 US를 붙여 HTSUS라고 한다. 이 책의 설명은 국제상품분류체계인 HS code를 설명하고 있다고 보인다.

* *역자 주 : ATC(Agreement on Textiles and Clothing)란 섬유 교역에 대한 수입 규제(쿼터)를 단계적으로 철폐하여 섬유류 교역을 자유화하기 위해 체결된 WTO 협정의 하나를 말한다.

스위스 제네바에서 열린 WTO(국제무역 기구) 회의 (출처 : WTO, 사진 촬영 : TANIA TANG)

한 쿼터가 있는지 확인해야 했다. 이들에게 쿼터는 복잡성과 중간책임자들로 인해 큰 골칫거리로 여겨졌다. 정부는 그들에게 댓가를 지불하는 기업에게 쿼터를 배정하였다. 국가는 무엇을 얼마만큼 수출할 것인가를 제한해 왔다. 하지만 2005년에 WTO 비회원국을 제외한 모든 국가에서 국제 쿼터 시스템은 공식적으로 사라진다. 하지만 중국에 대해서는 특별하고 한시적인 쿼터가 여전히 남아 있다.

섬유 의류에 있어서 쿼터 시스템의 종말은 세계 각 부분에서 중요한 경제 변화를 일으킬 것이다. 중국에게는 큰 기회를 제공한다. 그러나 경제 성장의 많은 부분을 의류 수출에 의지해 온 많은 다른 개발 도상국가들은 중국으로 인해 그들 사업의 많은 부분을 잃게 될 것이다. 중국의 많은 비고용인구와 지방에서 도시로 몰려온 이주자들로 인해 낮은 임금을 받고도 일하겠다는 사람들은 더 많아지고 있다. 국가섬유협회(National Textile Association, NTA)는 중국이 직물 의류 무역을 장악할 경우를 대비해 미 정부에 높은 관세와 조세 같은 안전장치를 요구했다.

북미자유무역협정

대외정책과 국가안전을 위해 가장 자주 창설되는 무역 협정은 세계 무역 흐름을 지속적으로 변화시켜 왔다. 1994년 북미자유무역협정(North American Free Trade Agreement, NAFTA)으로 인해 캐나다, 미국, 멕시코의 총 5억 6,000만 명 인구를 포괄하는, 수입관세가 없는 자유시장(free market)이 처음으로 창설되었다. 이 협정으로 자유무역지대 내의 무역과 투자 기회가 확대됨으로써 경제성장이 촉진되고 있다. 캐나다와 멕시코는 미국의 가장 큰 무역 파트너이며, 미국은 그들 무역 전체에서 2/3 이상을 차지한다.

NAFTA는 미국의 텍스타일 기업에게 멕시코에서 만들어질 진이나 언더웨어 같은, 일반적으로 기본적인(basic) 의상의 원부자재인 직물을 공급할 수 있는 기회를 주었다. 멕시코에서 의류를 생산하는 생산업자와 소매업자들은 아시아에서 보내오는 것보다 빠른 시간 내에 선적된 상품을 받을 수 있다. 비슷한 이유로 중앙아메리카자유무역협정(FTAA)이 체결되었다. 미국은 호주, 칠레, 이스라엘, 요르단, 모로코, 싱가포르, 그리고 사하라 사막 이남의 아프리카 국가들과 협상 중이다. 방글라데시아, 인도네시아, 베트남, 남아프리카, 대한민국, 태국, 바레인, 오만, 이집트, 그리고 중동 같은 동구국가들뿐만 아니라 34개 서구국가들과도 자유무역협정을 협상 중이다. *

수 출

미국 시장의 침체와 늘어나는 수입품에 대응해서 미국 생산업자들은 직접 수출이나 라이선스 사업을 통해 그들의 제품을 해외 소매업자들에게 판매하는 추세가 늘고 있다. 최근 유로화에 대한 US달러의 약세는 수출 전망을 밝게 한다. 하지만 생산업자들은 수출입 세금을 지불해야만 한다.

　미국 생산업자들의 증가는 프랑스, 스위스, 독일, 이탈리아, 영국, 일본 등지의 무역박람회에서 두드러진다. 이미 수출에 나선 일부 기업들은 리즈 클레이본(Liz Claiborne), 도나 카란(Donna Karan), 리바이스(Levi Strauss) 등이다. 미국 제품의 가장 성공적인 수출 대상국은 캐나다, 멕시코, 일본이다.

　세계에서 경제가 가장 빠르게 성장하는 곳은 동남아시아, 동유럽, 라틴아메리카, 인도, 중동이다. 현재의 경제성장률이 계속되면 중국은 2025년에는 가장 큰 경제대국이 될 것이다. 이들 국가들은 더 이상 단순히 상품을 공급하기만 하는 나라가 아니라, 점점 증가하는 중산층으로 인해 매력적인 새 시장으로 여겨지고 있다.

마케팅에 영향을 준 기술적 요인들

커뮤니케이션, 정보 수집, 직물 개발, 의류 생산에 있어서 기술의 변화는 패션 마케팅에 지대한 영향을 끼쳤다.

커뮤니케이션

현대 커뮤니케이션의 발달은 패션 산업에 막대한 영향을 가져왔다. 예전에는 며칠 또는 몇

---

* 역자 주 : 대한민국과 미국은 2007년 4월 2일 FTA 협상을 타결하였다. 전체 1,596개 섬유 수출 품목 중 1,387개 품목의 관세를 즉시 철폐하고, 나머지 품목은 5년 이내에 단계적으로 철폐하기로 하였다.

주가 걸리던 커뮤니케이션이 즉시 발생한다. 커뮤니케이션 시스템의 다양성은 패션 산업의 전문가와 소비자들에게도 마찬가지로 최신 정보를 제공한다. 정확하고 적시에 제공되는 유용한 커뮤니케이션은 패션 기업들에게는 결정적이다.

비즈니스 커뮤니케이션   패션 산업 전문가들은 커뮤니케이션을 쉽게 하기 위해 최신 기술을 이용한다.

- **컴퓨터**—패션 산업 전문가들은 그들의 휴대용 컴퓨터(laptop computer)를 가지고 위성을 통해 세계 어느 곳에서든 사무실과 커뮤니케이션을 할 수 있다.
- **인트라넷**—산업 전문가들은 부서와 지점 그리고 매장들 간에 내부적으로 정보를 공유하기 위해서 비공개 인트라넷 네트워크 시스템(Intranet network system)의 이메일을 사용할 수도 있다. 이러한 자체 시스템은 데이터 안전도에 대한 걱정 없이 정보를 공유할 수 있도록 한다.
- **인터넷**—전문가들은 또한 동료들과 연락하기 위해 인터넷으로 이메일을 보낼 수도 있다. 생산업자들은 전 세계에 있는 거래처들과 공장들에 연락하고 디지털 디자인과 패턴 이미지를 교환할 수 있다.
- **비디오**—화상 회의(video-conferencing)는 커뮤니케이션, 상품, 시장동향, 매장소개, 판매기법, 전자임원회의(electronic staff meeting)를 전국에 있는 동료들에게 제공한다. 일종의 가상 회의실(virtual boardroom)이다.
- **팩스**—팩시밀리(fax) 기기는 몇 분 안에 전 세계에 명세서와 패션 스케치를 보낼 수 있다.

소비자와 커뮤니케이션   인터넷, 팩스, 텔레비전은 전 세계의 패션을 가정에 빠르게 전달한다.

- **텔레비전**—텔레비전은 홈쇼핑, 인포머셜(infomercials)*, 직접반응광고의 매체이다.
- **전화**—소비자무료이용전화번호(미국 800)는 전화주문에 혁신을 가져왔다. 현재 광케이블은 디지털 번호 입력만으로 상호작용(interative) 쇼핑을 가능하게 했다.
- **웹사이트**—많은 생산업체들과 유통업체들은 자사 브랜드를 광고하고 소비자들에게 정보를 제공하기 위하여 웹사이트를 만들고 있다. 작은 업체들도 세계적으로 광고를 할 수 있다.
- **E-커머스(E-commerce)**—인터넷은 세계 시장을 개방시킨다. 미래학자들은 더 많은 소비자들이 온라인 경험을 가지게 되고, 더 많은 유통업체들이 사이버 공간에 '상점(shop)'을 개발하게 되면서 인터넷에서 패션 세일의 높은 성장을 예견한다.

정보 기술

생산업자들과 소매업자들은 정확한 마케팅 결정을 돕기 위해 정보나 데이터를 수집하기 위해 컴퓨터 기술을 사용한다.

---

* 역자 주 : 주로 케이블 방송을 통해 방영되며 상품에 대한 자세한 정보를 전달하는 광고.

■ **데이터베이스**−이 장의 앞 부분에서 논의된 것처럼, 소매업자들은 표적시장과 고객선호도를 알기 위하여, 그리고 마케팅 활동과 고객들을 향한 지향 판매를 발전시키기 위하여 고객들로부터 수집한 정보를 사용한다.

■ **연구 조사**−생산업자들과 소매업자들은 중요한 머천다이징 의사 결정을 내리는 것을 돕기 위하여 인터넷을 이용해 웹사이트를 찾아다니며 조사활동을 한다. 인터넷은 패션 산업 종사자들에게 공급처, 패션 서비스,

QVC 케이블 방송의 방송 장면
(사진촬영 : 저자)

전화번호부, 도서관에 관한 전 세계 정보를 제공한다(제4장 참조).

정보 시스템　각 생산업자와 소매업자들은 그들의 회사 실정에 맞춘 소프트웨어 프로그램과 시스템을 개발하기 위해 컴퓨터 전문가들과 함께 일한다. 이러한 시스템들은 계획, 생산, 재고, 판매, 물류과정의 단계마다 점검하여 혼란은 줄이고 체계를 세우는 데 사용된다. 그리고 세계 각지의 공급체인 파트너들이나 공장들과 함께 일하는 것을 가능하게 하였다.

■ 상품 개발에서 디자이너와 머천다이저들은 유행 경향을 따라가기 위해 소비자 통계와 판매 데이터에 의존한다. 고객관계관리(CRM) 시스템은 고객 선호도와 구매 유형을 분석한다.

■ 상품데이터관리(product data management, PDM)와 상품생존주기관리(product lifecycle management, PLM) 시스템은 원부자재의 수급 상황, 작업명세서, 작업진행상황, 재고 등을 체크하는 것을 포함한 컨셉 수립에서 생산에 이르는 디자인 실현화의 각 과정을 조정한다.

■ 생산에서는 상품에 스타일, 색상, 사이즈, 가격, 직물에 대한 정보가 담긴 표준화된 상품 코드(universal product code, UPC)가 주어진다.

■ 전파식별(Radio frequency identification, RFID) 표(tag)는 컴퓨터칩과 함께 직물에 부착되어 재고 수급 상황을 파악하게 함으로써, 사람들이 상품의 주문, 생산, 또는 보관되어 있는 상황을 알게 한다.

전자데이터 교환　주문과 배달에 걸리는 시간을 줄이기 위한 시도로서 텍스타일 제조업자,

어패럴 생산업자, 소매업자들은 컴퓨터라는 도구를 이용하여 두 부서 간에 비즈니스 데이터를 교환하는 EDI(Electronic Data Interchange)를 사용한다. EDI 정보망을 따라 텍스타일 제조업자로부터 생산업자와 소매업자들에게까지 재고 정보가 공급된다.

자동 보충(Automatic Replenishment)　재고가 조금 남았을 경우 자동적으로 매장에 상품을 보내 주는 제품 공급업자와 소매업자 간의 협약이다. 입력된 정보는 소매업자가 재고를 즉시 보충하도록, 어패럴 생산업자가 재단 주문을 하도록, 직물 제조업자가 어패럴 생산업자에게 직물을 보내 주도록 알려 준다.

가치사슬주도(Value Chain Initiatives, VCI)　표준화된 코드들과 연결 시스템은 산업 전반에서 개발되어 왔다. 90개 이상의 선진 소프트웨어, 하드웨어, 교통, 물류회사들의 합의단체는 소매업자, 생산업자, 그리고 제품 공급업자들 간의 정보를 공유하도록 국제적인 기준이 되는 코드체계를 개발해 왔다. VCI는 물류관리, 전자데이터 교환, 수출입 교역, 재고관리, 창고관리에 걸쳐서 공급 체인의 모든 면을 포함한다.

직물과 의류의 생산 기술

현대 기술은 패션 생산을 더욱 효율적으로 만들고 있다. 컴퓨터가 이용되는 방적, 직물 디자인, 방직, 니트, 염색, 가공은 국내 텍스타일 업자들이 수입품들과 경쟁할 수 있게 한다.

　기술 관련 연구는 직물의 특성을 변화하게 하는 가공법뿐만 아니라, 여러 가지 기능을 가진 섬유를 만들기 위해 분자구조 자체를 조절할 수 있는 나노 기술을 가능하게 만들었다(제5장 참조). 색상 기술 소프트웨어가 디자이너와 직물 생산업자들 사이에 이루어지는 색상 선택과 매치 과정을 빠르게 진행하기 위해 개발되었다. 의류 생산업자들은 전도성 섬유를 이용하여 전자제품을 의류제품 속에 담는 실험을 하고 있다.

　전력을 이용한 봉제 기계와 절단기 같은 현대 생산 기계의 발달은 생산 공정을 간소화시켰다. 현대적인 절단 기술은 컴퓨터의 사용, 워터제트, 레이저 빔을 포함한다. 컴퓨터 기술은 CAD(computer-aided design), 패턴

디자이저를 사용하여 패턴 제작 컴퓨터에 패턴 모형을 입력하고 있다. (출처 : GERBER TECHNOLOGY)

제작, 그레이딩(grading), 재단, 단위모듈생산 시스템(unit and modular production system), 다림질과 배분 시스템(pressing and distribution system)에 걸쳐 생산방업에 혁명을 가져왔다(제10장 참조). 오늘날의 전력 기기들은 자동차 엔진보다 빠르게 작동하고 1분당 5,000땀 이상을 박을 수 있다. 특별 기계를 통해 재봉선이 없는 스포츠웨어를 만들 수도 있다. 기술자들은 디자인에서 배달에 이르기까지 생산과정의 모든 단계들을 연결시키고자 노력하고 있다.

마케팅 경로

마케팅 경로는 개념에서 소비자까지 이르는 상품 개발, 생산, 물류의 경로이다.

텍스타일에서 어패럴 생산업자, 소매업자, 소비자까지 마케팅의 전통적인 경로는 이제 더 이상 명백하게 나눌 수 없다. 공급업자와 소매업자 간의 전형적인 관계는 이제 사라지고 있다.

전통적인 마케팅 경로　이 책은 전통적인 마케팅 경로의 순서를 따르고 있다. 산업의 각 단계는 예전에는 명백하게 분리되었다. 텍스타일 산업은 섬유와 실, 직물을 개발하고 생산한 후 그것들을 그들의 소비자인 어패럴과 액세서리 생산업자들에게 팔았다. 생산업자들은 어패럴과 액세서리를 디자인하고 생산해서 리테일링업자에게 팔았다. 리테일링업자들은 이 모든 것들을 소비자들에게 팔았다. 모든 산업 단계마다 광고, 때때로 서로 협동하는 광고같이 그들 나름의 마케팅 활동을 했다. 오늘날 과거의 분업은 붕괴되고 있다.

수직 통합　많은 기업들이 직물 생산과 어패럴 생산 또는 생산과 유통을 통합하고 있다. 이런 전략은 흔히 수직 통합(vertical integration)으로 불린다. 완전 수직 통합 기업은 직물을 제조하고, 의류를 생산하고, 직영 매장에서 완성된 의류를 판매한다. 물류 비용 절감은 이익을 증가시키고 소비자에게 보다 싼 가격의 제품을 제공한다. 수직 통합 기업은 또한 공급, 생산, 마케팅 경로를 총체적으로 조절할 수 있어서 유리하다.

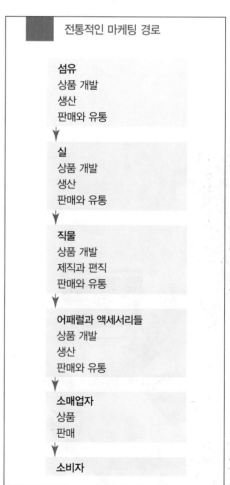

전통적인 마케팅 경로

섬유
상품 개발
생산
판매와 유통

↓

실
상품 개발
생산
판매와 유통

↓

직물
상품 개발
제직과 편직
판매와 유통

↓

어패럴과 액세서리들
상품 개발
생산
판매와 유통

↓

소매업자
상품
판매

↓

소비자

완제품 의류생산　최근 글로벌 생산에 포커스가 맞춰지면서 대부분의 미국과 유럽의 생산업자들과 리테일링업자들은 그들 자신의 패션을 디자인은 하지만 아시아나 다른 국가들의 중개인에게 생산을 맡겨 완성된 완제품 의류를 구매한다. 그들은 가장 싼 가격에 가장 좋은 생산을 찾아 원부자재 구매에서 완제품 배송까지 모든 것을 책임질 곳에 생산을 의뢰한다(제10장 참조).

생산업자와 소매업자의 제휴　과열된 경쟁에서 살아남기 위하여 생산업자와 소매업자들은 빠르고 비용이 적게 드는 **매끄러운 물류**(seamless distribution)를 가능하게 만든 EDI 시스템을 이용하여 서로 도와 가며 일을 한다. 대형 수직 통합 업체와 경쟁하기 위해서, 수직적 기능이 없는 많은 회사들이 마케팅 경로를 연계시키기 위한 비공식적 파트너십이나 제휴를 형성한다(제12장 참조). 소매업자들은 생산업자 파트너들과 함께 그들의 필요에 대해 논의한다. 함께 상품을 개발하고 생산과 발주 스케줄을 계획한다. 이러한 협약이 효과를 보기 위해서는 생산업자와 소매업자들이 서로를 완전히 믿어야 하고 개방된 커뮤니케이션이 필요하다. 더 나아가 많은 소매업자들은 그들 스스로 생산업에 뛰어들고 있다.

요약

소비자 수요는 패션 산업으로 하여금 생산에서 마케팅으로 초점을 전환하게 만들었다. 생산업자와 소매업자들은 소비자의 선호도를 알고 표적시장을 정의하기 위하여 인구통계와 사이코그래픽스 트렌드와 데이터베이스를 연구한다.

경제, 세계 무역, 현대 기술은 소비자와 패션 마케팅에 큰 영향을 끼쳤다. 전통적인 마케팅 경로는 더 이상 분리된 단계로 구성되지 않는다. 패션 기업은 수직적으로 확장하거나 경로를 강화하기 위하여 협력 체제를 구성한다.

◑ 용어 개념

다음의 용어와 개념을 간단히 설명하고 논하라.

1. 소비자 수요
2. 패션 마케팅
3. 사이코그래픽스
4. 인구통계
5. 세분 시장
6. 가처분소득

7. 재량소득
8. 자동 보충
9. 수입
10. 무역수지
11. 관세
12. 쿼터 폐지

13. 세계무역기구(WTO)
14. 북미자유무역협정(NAFTA)
15. 완제품 의류생산
16. 마케팅 경로
17. FTAA

◑ 복습 문제

1. 왜 패션 산업은 생산 중심에서 마케팅 중심으로 변화해 왔는가?
2. 인구통계와 사이코그래픽스가 패션 마케팅에 어떤 영향을 주는가?
3. 어떤 요인들이 소비자 지출에 영향을 주는가?
4. 패션 수입은 가격과 고용에 어떤 영향을 주는가?
5. 소매업자는 어떻게 표적시장을 정의하는가?
6. 고객 프로파일은 어떻게 만들어지는가?
7. 소매업자는 어떻게 데이터베이스를 사용하는가?
8. 패션 산업에 영향을 끼치는 국제적인 요인에 대하여 논의하라.
9. 상품정보 시스템을 묘사하라.
10. 기술의 발전이 패션 마케팅에 끼친 영향은 무엇인가?
11. 자동 재발주의 혜택은 무엇인가?
12. 생산과 유통 협정의 장점은 무엇인가?

◑ 심화 학습 프로젝트

1. 오늘날 패션 스타일들을 분석하라. 사회적, 경제적, 기술적인 영향의 결과라고 생각되는 트렌드가 있는가? 그렇게 생각하는 이유를 간단히 설명하라.
2. 50세 이상의 여성에게 물어볼 질문지를 준비하라. 최소한 연령, 직업, 소득, 의상선호도, 필요에 관한 10가지 질문을 만들라. 그들이 원하는 가격에 그들이 원하는 의상을 발견할 수 있었는지 물어보라. 어디서 물건을 사는지 물어보라. 사무실과 슈퍼마켓에서 여성들에게 최소한 50부 정도의 질문지를 나누어 주라. 질문지를 우편 반송이나 개인 면담 중 어느 방법으로 완성할 것인지 물어보라. 답변을 정리하여 보고서를 작성하라. 이렇게 모아진 리포트는 더 큰 여성 집단을 살펴볼 수 있는 훌륭한 프로젝트가 될 수 있다.
3. 지방 백화점이나 대리점의 매장 경영자와 인터뷰를 하라. 수직적인 조직의 일부인지 또는 생

산업자들과 협정을 맺은 매장인지 물어보라. 누가 그들의 중심 공급자들인가? 새로 알게 된 내용을 리포트로 작성하라.

❶ 참고문헌

[1] "Redefining Fashion for 50+," Advertising Supplement, *Women's Wear Daily*, March 1, 2002, p. 1.

[2] Joan Kaner, former fashion director, Neiman Marcus, as quoted by Valerie Seckler, "Boomers: Buried Treasure," *Womens's Wear Daily*, May 15, 2002, p. 8.

[3] David Link, textile economist, E-mail correspondence, February 2003.

[4] U.S. Department of Commerce, Textiles and Apparel Division, 2006.

새로운 콜렉션이 패션의 변화를 알린다.
뉴욕 시에서 열린 메르세데즈 벤츠 패션 위크의
6일째 일곱 번째 쇼로 열린 오스카 드 라 렌타
패션쇼에 참석한 바이어들과 기자들
(출처 : OSCAR DE LA RENTA,
사진촬영 : DAN LECCA)

3

►►► 패션 변화와
소비자 수용

관련 직업 ■□■

패션 산업의 모든 수준에서 디자이너, 상품 기획자, 그리고 마케터는 패션의 변화, 사이클, 소비자 수용, 그리고 이러한 개념들이 어떻게 제품 개발과 마케팅에 영향을 주는지를 알고 있어야 한다. 그리고 특히 자기 전문 분야에서, 어패럴과 관련된 범주에 속한 모든 것을 알고 있어야 한다.

학습 목표 ■□■

이 장을 읽은 후…

1. 패션의 다양한 측면을 토론할 수 있다.
2. 패션 주기의 여러 단계와 기간, 그리고 그러한 것들이 소비자 수용과 어떻게 관련되어 있는지 이해할 수 있다.
3. 소비자 수용과 관련하여 패션 채택 이론을 설명할 수 있다.
4. 바이어의 구매동기를 서술할 수 있다.
5. 여성복, 남성복, 아동복에 있어서 의상 치수, 가격대, 스타일 범주, 그리고 의상 분류에 대한 지식을 논증할 수 있다.

소비자들의 욕구와 필요는 소비자 수요의 사이클과 수요에 대한 산업의 대응, 그리고 최종적으로 유통시장 내 상품 구매로서 소비자들의 수용을 만들어 낸다. 이 장의 첫 번째 부분에서는 패션 수용과 거부, 패션 변화를 만들어 내는 사이클에 대하여 토론한다. 중간 부분에서는 패션 사이클과 패션 채택 간의 관계와, 소비자에게 패션을 구매하도록 동기를 부여하는 요인을 다룬다. 마지막 부분에서는 여성복, 남성복, 아동복의 모든 범주를 설명한다. 본격적인 논의를 위한 준비를 갖추기 위하여 패션 수용과 관련된 용어로 이 장을 시작한다.

패션 용어들

모든 패션 경영자들은 패션의 여러 가지 측면을 논의하기 위하여 다음 용어들을 일상적으로 사용한다.

패션

패션(fashion)은 특정한 기간에 가장 인기 있는 특정 스타일 또는 스타일들이다. 패션이라는 용어는 스타일, 변화, 수용, 그리고 취향이라는 네 가지 요소를 함축한다.

스타일 스타일(style)이란 의류 상품이나 액세서리에 있어서 어떤 특별한 특징(characteristic)이나 룩(look)이다. 스타일이란 용어는 세 가지 방향으로 해석될 수 있다.

- 디자이너들은 패션 아이디어를 새로운 스타일로 해석하고 그것을 일반 대중에게 제공한다. 제조업자들은 각 콜렉션의 새로운 디자인 각각에 **스타일 번호**(style number)를 할당하며, 그것은 생산, 마케팅, 유통의 전 과정에 걸쳐 해당 스타일을 식별하는 데 사용된다.
- 블레이저 스타일 재킷, 엠파이어 스타일 드레스, 봉투(envelope) 스타일 핸드백처럼 같은 특성을 가지고 있는 디자인들을 스타일이라고 일컫는다. 스타일은 유행을 타고 나타났다가 사라지지만 어떤 스타일은 그 스타일이 유행이든 아니든 항상 일정한 스타일로 존재한다. 예를 들면 폴로셔츠 스타일은 항상 유행하는 스타일은 아니지만, 폴로셔츠 고유의 똑같은 스타일과 디테일의 변형을 가지고 시장에 존재한다.
- 특정인도 그에게 특별히 어울리는 패션에 앞서 가는 의류를 입음으로써 '스타일'을 가질 수 있다. 또는 특정 디자이너가 특정 스타일이나 룩으로 유명해지기도 한다.
- '스타일리스트'는 디자이너 콜렉션의 편집을 돕기도 하고, 유명인을 위해 어울리는 패션을 골라 주기도 하고, 패션 화보나 잡지 사진을 위해 액세서리들을 활용해 패션 룩을 완성하는 패션 컨설턴트이다.

변화 패션을 흥미롭게 만드는 것은 그것이 항상 변한다는 것이다. 디자이너 칼 라거펠트

(Karl Lagerfeld)는 다음과 같이 말했다. "내가 패션을 좋아하는 것은 바로 변화 때문이다. 변화는 오늘 우리가 지금 하는 일이 내일이면 가치가 없을 수도 있음을 의미하기도 한다. 하지만 우리는 그러한 사실을 받아들여야 한다. 우리는 패션 안에 있기 때문이다. 패션에서 영원히 안전한 것은 존재하지 않는다. 패션은 어느 누구도 기다려 주지 않는 기차와 같다. 타라, 그렇지 않으면 그것은 떠나 버릴 것이다."[1] 베라 왕(Vera Wang)도 그녀의 어시스턴트에게 "변화를 두려워한다면, 너의 직업 선택은 잘못되었다."[2]라고 이야기했다.

많은 사람들은 패션의 변화는 오로지 물건을 사는 것을 자극한다고 패션의 변덕스러움에 대해 비판한다. 사실상 만약 패션이 전혀 변하지 않는다면 대중들은 어패럴이나 액세서리를 그렇게 빈번히 사지 않을 것이다. 하지만 패션은 소비자들이 최근의 사건들이나 생활 자체에 대한 그들의 관계를 시각적으로 표현하는 한 방법이다.

패션은 다음과 같은 이유 때문에 변화한다.

- 패션은 사람들의 라이프스타일과 최근 사건들에 있어서의 변화를 반영한다.
- 사람들의 필요는 변한다.
- 사람들은 그들이 가지고 있는 것에 대해 싫증을 내게 된다.

앤드류 GN 가을 여성 콜렉션의 스타일 번호 103번 디자인 (출처 : ANDREW GN, PARIS)

현대 커뮤니케이션의 결과로 대중들은 새로운 스타일의 존재를 빠르게 인식하게 된다. 그러므로 패션에 끼치는 가장 큰 영향들 중 하나는 변화의 가속화이다. 소비자들은 그들이 매장에 가기도 전에 새로운 스타일을 알게 된다.

패션은 변화의 상품이기 때문에 타이밍 감각(sense of timing, 수용과 변화의 속도를 이해하는 능력)은 패션 산업의 상품 개발과 마케팅에 종사하는 사람들에게는 중요한 자산이다. 디자이너들은 언제 그들의 소비자들이 특정 스타일을 받아들일 준비가 될 것인지를 결정해야 한다. 톱 디자이너들이 새로운 룩(look)을 선보일 때 대량생산을 고려하는 디자이너들은 그들 자신의 라인을 선보일 적합한 타이밍을 결정해야 한다. 이탈리아 디자이너 발렌티노(Valentino)는 "타이밍은 성공적인 아이디어의 열쇠이다."[3]라고 지적하였다.

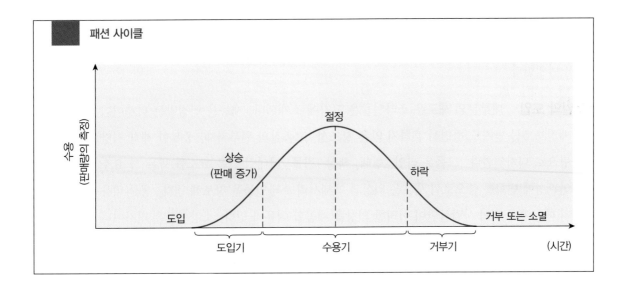

수용 　수용은 한 스타일이 패션이 되기 위해서는 소비자들이 그 스타일을 사야 하고 입어야한다는 것을 의미한다. 칼 라거펠트는 "아무도 사지 않으면 패션도 없다."고 지적했다.[4] 어떤 스타일들이 패션이 될 것인가 아닌가는 그것을 받아들일 대중에게 달려 있다. 수용, 즉 대다수 사람들의 구매는 한 스타일을 패션으로 만든다. 수용의 정도는 다가오는 계절의 패션 트렌드를 예상할 수 있는 단서를 제공한다(제4장 참조).

취향 　한 스타일 또는 다른 스타일에 대한 개인의 선호도를 취향(taste)이라고 말할 수 있다. 패션에 있어서 '좋은 취향(good taste)'은 무엇이 아름답고 적절한가에 대한 민감도를 의미한다. 좋은 취향을 가지고 있는 사람들은 품질과 단순함(simplicity)도 이해한다. 좋은 취향은 아름다운 디자인을 다방면으로 많이 접함으로써 개발된다. 사람들은 종종 '사적인 취향'이라고 불리는 개인적인 취향도 개발한다.

패션의 진화

일반적으로 패션의 변화는 소비자들로 하여금 새로운 룩(look)에 익숙해지는 시간을 필요로 하면서 점진적으로 나타난다.

패션 사이클

패션 수용은 일반적으로 패션 사이클로 묘사된다. 극도로 단순화시키지 않고 패션을 분류하거나 이론화시키는 것은 어렵다. 그렇다 하더라도 일반적으로 패션 사이클은 스타일의 도입,

인기상승, 인기절정, 인기하락, 거부의 다섯 단계를 포함하는 종 모양의 곡선으로 묘사된다. 사이클은 한 디자이너가 선보인 특정 스타일 또는 미니스커트 같은 일반적인 스타일에 대한 수용을 반영한다.

스타일의 도입 대부분의 새로운 스타일들은 고가에 소개된다. 재능을 인정받는 디자이너들은 재정보조를 받기도 하면서 흔하지 않은 창조성, 고품질의 원부자재, 풍부한 제작 기량을 바탕으로 디자인한다. 그들은 라인, 형태, 색상, 직물, 디테일 같은 요소들 또는 그 요소들의 연관성에 변화를 줌으로써 새로운 의상과 액세서리 스타일들을 창조해 낸다. 생산 비용이 높기 때문에 소수의 사람들만이 이러한 의상을 제공할 여유가 있다. 소량생산은 디자이너들이 더욱 자유롭고 유연하게 창의적으로 일할 수 있는 바탕이다.

　새로운 스타일들이 콜렉션과 마켓 주간(market week)에 유통 바이어와 패션 기자들에게 선보인다. 이러한 첫 도입 단계에는 패션은 단지 스타일이고 새로움을 의미한다. 일부 부유한 사람들은 중요한 모임에 입기 위해서 이러한 옷들을 살 수 있다. 일부 새로운 스타일들이 많은 사람들이 주목하는 영화와 TV 스타들에게 대여된다.

인기상승 새로운 스타일이 유명인사들에게 입혀져 텔레비전에 나오거나 잡지에 사진으로 실렸을 때 일반 대중의 관심을 끌게 된다. 시청자와 구독자들은 아마 새로운 스타일을 사고 싶지만 그것들을 살 만한 능력이 없을 수 있다.

　이럴 때 인기 있는 스타일들은 다른 생산업자들에 의해 복사되어 일반적인 대중들이 살 수 있게 된다. 이들은 가격이 그리 높지 않은 직물을 사용하고 보다 낮은 가격에 인기 스타일을 팔기 위해서 디자인을 모방한다. ABS(Allen B. Schwartz)는 낮은 가격에 디자이너의 의상을 모방한 제품을 판매함으로써 성공적인 기업을 일구었다. 이에 방어적인 수단으로, 많은 쿠튀르(couture)와 높은 가격대의 디자이너 브랜드들은 낮은 가격으로 판매되는 2류(secondary) 라인, 중간 가격대(bridge), 그리고 보급형(diffusion) 라인을 가지고 있다. 그렇게 함으로써 그들은 그들 고유의(original) 디자인이 대중에게 받아들여지는 만큼 훨씬 더 많은 양을 판매할 수 있다. 로베르토 카발리에(Roberto Cavalli)는 '저스트 카발리에'를, 돌체 앤 가바나(Dolce & Gabbana)는 'D&G'를 가지고 있다.

인기절정 패션이 인기가 한창일 때에는 점점 더 많은 생산업자들이 복사하고 다양한 가격대의 변형된 디자인을 제조할 정도로 수요가 있을 것이다. 어떤 디자이너들은 복사당하는 것에 우쭐함을 느끼기기도 하고, 어떤 이들은 분개하기도 한다. 변형된 디자인과 모방품(knockoffs) 사이에는 분명한 차이가 있다(제9장 참조). 하지만 대량생산은 대량수용을 필요로 한다.

인기하락 결국에는 너무 많은 비슷한 디자인들이 대량생산됨으로써 패션에 관심이 많은 사람들은 그 스타일에 싫증을 내기 시작하고 무언가 새로운 것을 찾기 시작한다. 소비자들은 여전히 그 스타일의 의상을 입긴 하지만 더 이상 정상가로 그 의상을 사려고 하지 않는다. 유통 매장들은 할인판매 선반으로 인기가 떨어지는 스타일들을 밀어내고 새로운 상품들로 매장 내부를 채우고자 한다. 오늘날 많은 쇼핑객들은 상품이 세일을 할 때까지 기다렸다가 구매하고 이것은 가격 디플레이션을 야기시킨다.

스타일 거부 또는 소멸 패션 사이클의 마지막 단계에서 일부 소비자들은 이미 새로운 룩(look)으로 바꿔 입어 가고 있다. 그렇게 새로운 사이클이 시작된다. 단지 패션에 뒤떨어진다는 이유로 이루어지는 특정 스타일의 거부나 폐기를 소비자 소멸(consumer obsolescence)이라고 한다. 1600년대 초에 셰익스피어(Shakespeare)는 다음과 같이 썼다. "인간보다 패션이 더 많은 옷을 낡게 만든다."[5]

사이클의 기간

비록 모든 패션들이 비슷한 사이클 패턴을 따라가지만 패션 사이클을 측정할 수 있는 시간표는 없다. 어떤 패션은 인기의 절정까지 짧은 시간이 걸리고, 어떤 것들은 오랜 시간이 걸려 절정까지 올랐다가 천천히 하강한다. 금방 나타났다가 금방 사라지는 패션도 있다. 어떤 패션은 한 판매 시즌 동안만 나타나고 어떤 것들은 여러 계절 동안 계속 나타난다. 어떤 패션은 금방 사라지고, 다른 것들은 절대 완전히 사라지지 않는다.

클래식 어떤 스타일은 절대 완전히 사라지지 않으면서 아주 오랫동안 많이 또는 적게 인기를 얻으며 존재한다. 클래식(classic)은 쉽게 구식이 되는 것을 막는 디자인의 단순함이 특징이다. 하나의 예가 1950년대 후반 인기를 얻었다가 1980년대와 90년대에 다시 인기를 누렸던 샤넬 슈트(Chanel suit)이다. 그동안 파리에 위치한 샤넬 본사와 기타 생산업자들은 다양한 가격대로 충성스런 단골손님에게 여러 유형의 샤넬 슈트를 만들어 팔아 왔다. 클래식의

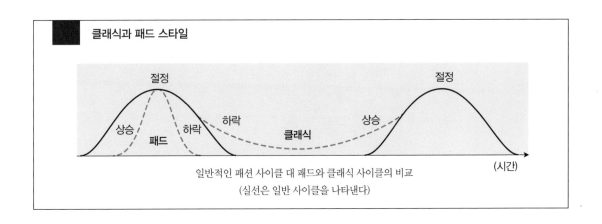

클래식과 패드 스타일

일반적인 패션 사이클 대 패드와 클래식 사이클의 비교
(실선은 일반 사이클을 나타낸다)

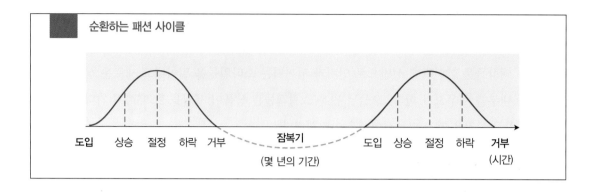

다른 예로는 블레이저 재킷, 트윈 세트, 폴로셔츠, 청바지, 발레단화, 로퍼 등이 있다.

패드　'Pony 프린트'나 '자선 팔찌'처럼, 짧은 기간 나타난 패션 또는 패드(fads)는 단 한 시즌 동안에 생겨났다가 사라질 수 있다. 그러한 스타일들은 소비자의 관심을 오랫동안 끌 만한 디자인의 힘이 부족하다. 패드는 일반적으로 소수의 소비자 집단에게 영향을 끼친다. 낮은 가격대로 시작해서, 상대적으로 모방하기에 간단하고 비싸지 않아 짧은 기간 시장에 홍수를 이룬다. 이렇게 시장에 포화가 되면 사람들은 금방 지루해하게 되고 시장에서는 사라진다. 패드는 주니어 시장에서 더 많이 나타난다.

사이클 안의 사이클　스타일 자체의 인기가 지속된다고 하더라도 디자인 요소(색상, 질감, 실루엣, 디테일)들은 변할 수 있다. 진즈(jeans)는 1960년대에 패션 아이템이 되었고 클래식으로 남아 있다. 그러므로 진즈의 패션 사이클은 매우 길다. 하지만 그 사이클 동안에 다양한 디테일, 실루엣, 그리고 다른 형태들이 나타났다가 사라졌다.

순환하는 사이클　패션이 사라지고 난 후에 그 패션이 다시 부상할 수 있다. 디자이너들은 종종 디자인 아이디어를 과거에서 찾는다. 한 스타일이 세월이 지난 후에 다시 나타났을 때, 그것은 새로운 시대를 위해 재해석된다. 실루엣이나 비율(proportion)은 재생되지만 소재와 디테일에 변화를 줌으로써 재해석된다. 어떤 것도 정확히 똑같은 것은 없다. 더욱이 어떤 것도 완전히 새로운 것은 없다. 디자이너들은 지난 세기의 향수 어린 룩(look)에 영향을 받을 수도 있지만 다른 직물, 색상, 그리고 디테일을 사용함으로써 독특한 현대적인 룩으로 만든다.

패션 사이클 관련 소비자 특징

어떻게 고객들이 패션 사이클과 연관되어 있는가는 그들이 속한 소비자 집단과 관련이 있다.

패션 리더인 사라 제시카 파커(Sarah Jessica Parker)가 나르시소 로드리게즈(Narciso Rodriguez)에게 CFDA상을 수여하였다. (출처 : 미국 패션디자이너 협회)

소비자 집단

소비자들은 패션 사이클의 여러 단계와 함께 분류된다. 패션 리더들(fashion leaders)은 패션 사이클의 도입단계에 있는 새로운 스타일들을 사서 입는다. 다른 사람들은 그들을 모방하려는 경향이 있다. 생산업자들과 소매업자들 또한 그들이 표적으로 하는 소비자가 누구인가에 따라 패션 리더와 추종자들로 분류될 수 있다.

패션 리더들 대중적으로 수용되기 이전에 새로운 패션을 찾아서 입는 사람들을 흔히 패션리더(fashion leader)라고 부른다. 패션 리더들은 그들 자신의 취향에 자신 있거나 그들에게 조언을 해 주는 스타일리스트를 가지고 있다. 패션 리더들은 남들과 달라지는 것에 과감하고 다른 사람들로부터 관심을 끈다. 패션 리더들은 사회의 아주 소수에 해당된다. 패션 리더들은 두 그룹으로 나눌 수 있는데 패션 혁신자(fashion innovator)와 패션 역할모델(fashion role model)이다.

패션 혁신자들 일부 패션 리더들은 사실상 패션을 창조한다. 그들은 디자이너 자신들이거나 단지 자신의 개인적인 스타일을 표현하기를 원하는 사람들이다. 이러한 패션 리더들은 계속적으로 흥미롭고 새로운 스타일, 색상, 직물, 그리고 액세서리로 그들의 의상을 꾸밀 방법을 찾는다. 그들은 작은 부티크(boutique)나 빈티지(vintage) 의상 매장에서 독특한 패션을 발견하려고 노력하거나 또는 자신의 옷을 직접 디자인한다. 그들은 아름답거나 특이한 의상을 입기를 좋아하는 식견을 가진 쇼핑족(shoppers)이다. 그들은 특정 스타일을 발견하고 입음으로써 그 스타일에 힘을 실어 준다. 그들은 **아방가르드**(avant garde, 불어로 '한 패거리의 선두' 라는 뜻)라고 불리거나 패션 최전선(fashion forward)이라고 불린다. 이탈리아 디자이너 도나텔라 베르사체(Donatella Versace)는 말하였다. "많은 사람들이 우리에게 영감을 준다. 어떤 이들은 그들이 옷을 어울려 입는 방식으로, 그리고 어떤 이들은 한 의상이 가진 것 이상을 담은 스타일을 보여 줌으로써."⁶

패션 유발자들 또는 역할모델들　소수의 패션 리더들은 패션 역할모델이 되기 위한 아름다움, 지위 또는 부를 가지고 있다. 디자이너들은 대중성을 얻기 위해 흔히 그들의 새로운 스타일을 유명인사들에게 빌려 준다. 그들은 공공 이벤트, 영상, 텔레비전에 등장하고 기자들에 의해 사진으로 기사화된다. 그들은 그들을 동일시하는 모든 사람들을 위한 역할모델이 되고, 그렇게 함으로써 다른 사람들이 옷을 입는 방식에 영향을 준다. 예를 들면 아카데미 시상식에서 여배우들이 무엇을 입었는가에 대한 대중들의 관심은 이브닝웨어 시장에 지대한 영향을 끼친다. 그들의 영향력 때문에 패션 유발자들은 디자이너들에게, 그리고 전반적인 패션산업에 있어 중요하다.

　모든 세분 시장에는 패션 리더들이 있다. 왕족, 정치인, TV와 영화 스타, 가수, 슈퍼모델들을 포함해서 미디어에 등장하는 어떤 누구도 될 수 있다.

패션 피해자　너무 많은 돈을 디자이너 브랜드에 쓰면서 노예가 되어 가는 사람들도 있다. 디자이너 장 폴 고티에(Jean-Paul Gaultier)는 "패션 피해자들(fashion victims)은 어떤 분별이나 판단도 없이 눈이 멀어 바보처럼 브랜드를 좇는 사람들이다. 최근 대유행이라면 그것이 그들에게 어울리는지 생각해 보지도 않고 산다."⁷고 지적했다.

패션 추종자　패션은 추종자들이 필요하다. 그들 없이는 패션은 존재할 수 없다. 대부분의 남성과 여성들은 의견의 일치를 봄으로써 수용되기를 원하고 자신감을 느끼기 위해서 세계, 국가, 집단의 패션 리더들을 따른다. 패션 추종자(fashion followers)들은 유행에 대한 확신이 선 다음에야 다른 사람들을 흉내 낸다. 소비자들은 다음 중 한 가지 또는 여러 가지 이유로 패션 추종자들이 된다.

- 그들은 패션 리더십에 헌신하기 위한 시간, 돈, 흥미가 부족하다. 유행에 민감한 옷차림을 하는 것은 시간과 에너지를 필요로 한다.
- 그들은 그들의 일, 가족 때문에 바빠서 패션은 중요하지 않다고 생각한다.
- 그들은 새로운 스타일을 받아들이기 전에 확산이 되는 기간이 필요하다.
- 그들은 그들의 취향에 대해 불안해한다. 그러므로 다른 사람들이 이미 받아들이고 적합하다고 인정한 것들을 선택한다.
- 그들은 친구들이나 동료들과 어울리고 그들에 의해 수용되기를 원한다.
- 그들은 그들이 좋아하는 사람들을 모방하는 경향이 있다.

패션을 추종하는 것에는 여러 단계가 있다. 어떤 사람들은 일찍 수용하고, 어떤 사람들은 대중과 함께 가고, 또 어떤 사람들은 근본적으로 패션에 관심이 전혀 없기 때문에 뒤로 쳐진다. 많은 바쁜 사람들은 그들의 외모나 입은 옷이 아닌 지성에 의해 판단받기를 바란다. 많은 사람들에게는 업무, 아이들, 그리고 다른 관심사들로 가득 찬 삶이 현실이다.

패션 추종자들 때문에 많은 생산업자들이 복사 전문가나 수용자가 된다. 마케팅의 관점에서 보면 패션 추종자들은 매우 중요하다. 똑같은 상품이 많은 소비자들에게 팔릴 때 패션의 대량생산은 이윤 창출이 가능하기 때문에 다수의 패션 추종자들은 대량생산을 가능하게 만든다.

개성 예상치 못한 의상들끼리, 프린트끼리, 색상들끼리, 그리고 질감끼리 혼합하여 표현하는 최근의 유행 경향은 개인이 패션 의사 결정을 하게 한다. 서로 관련되지 않은 것들끼리의 혼합을 만들어 유행에 앞서 가는 차림을 하기 위해서는 훈련과 기술이 필요하다. 정장과 잘 차려진 옷차림을 하며 성장해 온 여성들에게는 이러한 절충주의 룩을 입어 내기가 매우 어렵다. 디자이너들조차 어려움을 겪는다. 무치아 프라다(Miuccia Prada)도 "저러한 컴비네이션을 하는 것은 쉽지 않다."라고 토로한다.[8] 하지만 이러한 현상이 소비자들에게 개성을 살릴 수 있는 기회를 제공하는 것만은 분명하다.

생산업체와 유통업체의 패션 리더십

생산업체와 유통업체들은 그들의 상품 개발과 상품 기획에서 패션 리더들과 패션 추종자들에 반응한다. 그들은 다양한 소비자 집단을 위한 특별한 상품 특성을 세우고자 노력한다. 디자이너 콜렉션은 패션 리더들을 위해 제공된다. 반면에 대다수의 생산업체들은 패션 추종자들을 위하여 상품을 제공한다.

유통업체들도 패션 리더들과 패션 추종자들에게 상품을 조달한다. 예를 들면, 버거도프 굿맨(Bergdorf Goodman)과 삭스 핍스 애비뉴(Saks Fifth Avenue)는 패션 리더들에 맞추어 제품을 제공한다. 반면에 월 마트(Wal Mart)와 타겟(Target)은 대다수 추종자들에게 많은 양의 물건을 팔 수 있다. 메이시즈(Macy's)와 갭(the Gap) 같은 매장들은 그 중간에 있다. 패션 사이클과 유통업체의 특성은 제15장에 자세히 설명되어 있다.

패션의 수용

어떻게 새로운 패션 아이디어들이 널리 보급되거나 확산되는가, 그리고 어떻게 그러한 아이디어들이 취향, 라이프스타일, 다양한 소비자들의 생활비에 반영되게 되는가를 이해하는 것은 중요하다.

기본적으로 패션 수용 과정에는 세 가지 종류가 있다. 전통적인 패션 수용(traditional fashion adoption), 역수용(reverse adoption), 그리고 대중 보급(mass dissemination)이다.

전통적인 패션 수용(하향전파이론)

하향전파이론(trickle-down theory)은 파리, 밀라노, 런던, 뉴욕 디자이너들로부터 생겨난 패션을 복사하고 수용하는 전통적인 과정에 바탕을 두고 있다. 때때로 어디서 아이디어가 시작하는지 아는 것조차 어렵다. 쿠튀르나 디자이너의 이름을 건 디자이너 패션은 비싸기 때문에 소수의 사람들에게만 제공된다. 새로운 패션은 이름이 알려진 패션 리더들에 의해 입혀지거나 패션 출판물에 선보이게 됨으로써 더 많은 소비자

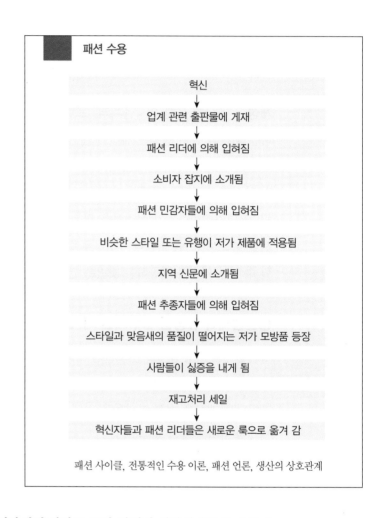

패션 수용

혁신
↓
업계 관련 출판물에 게재
↓
패션 리더에 의해 입혀짐
↓
소비자 잡지에 소개됨
↓
패션 민감자들에 의해 입혀짐
↓
비슷한 스타일 또는 유행이 저가 제품에 적용됨
↓
지역 신문에 소개됨
↓
패션 추종자들에 의해 입혀짐
↓
스타일과 맞음새의 품질이 떨어지는 저가 모방품 등장
↓
사람들이 싫증을 내게 됨
↓
재고처리 세일
↓
혁신자들과 패션 리더들은 새로운 룩으로 옮겨 감

패션 사이클, 전통적인 수용 이론, 패션 언론, 생산의 상호관계

들에게 노출될 것이다. 더 폭넓은 소비자 집단에게 인기를 끌기 위해서 생산업자들은 가격이 낮은 비슷한 상품이나 하이패션 모방품을 제공한다. 이러한 것들은 보수적인 소비자들에게 수용될 정도로 흔해질 때까지 복사되고 또 복사되면서 가격은 더 낮아진다. 그리고 얼마 되지 않아 가장 싼 가격으로 할인매장에 등장한다. 소비자들은 그러한 룩에 싫증을 내게 되고 인기는 사라진다. 패션은 새로움과 신선함을 암시한다. 그럼에도 패션은 복사되고 모방되고 갈수록 더 낮은 가격으로 팔리면서 새로움, 품질, 그리고 다른 핵심적인 디자인 요소들을 잃어버리게 된다.

미국에서 많이 모방·
복사되는 이탈리아
패션 기업인 프라다
디자인
(출처 : PRADA)

역수용(상향전파 또는 역방향이론)

1960년대 이래, 생산업자들과 소매업자들은 소비자 선호도에 더 많은 관심을 기울여 왔다. 디자이너들은 사람들이 무엇을 입고 있는가에 관심을 기울인다. 소비자의 기능성에 대한 필요가 만들어 낸 무용의상과 스포츠웨어* 또한 디자이너 콜렉션에 영향을 주었다. 젊은이들에 의해 구제품 매장에서 구입되는 빈티지(vintage) 패션은 최근 콜렉션에 영향을 주어 왔다. 디자이너들은 영향력 있는 빈티지 스타일을 찾아보기 위해 그들의 직원을 보내기도 하고 쇼핑 서비스를 이용하기도 한다.

대중 보급(수평 이동)

현대 커뮤니케이션은 전 세계로부터 각 가정으로 패션을 즉각적으로 가져온다. 소비자들은 트렌드를 보고 유명인사들처럼 유행에 앞서 보이기를 원한다. 생산업자들은 소비자들의 수요에 대응하기 위해 뜨거운 관심 속에 있는 새로운 스타일을 즉시 복사한다. 생산 속도는 무엇보다도 중요하다. 대중 보급은 패션 수용의 가장 유력한 방식이 되고 있다. 오스카 드 라 렌타(Oscar de la Renta)는 정보는 지나칠 정도로 빠르게 돌아다닌다고 지적했다. 최근 그의 콜렉션에서 선보인 데님 코트는 그의 오리지널 디자인이 매장에 걸리기도 전에 복사되어 블루밍데일 백화점에서 팔리고 있었다.[9]

패션 보급에 더 이상 하나의 경로는 존재하지 않는다. 분리된 시장이 많이 개발되었고 다양한 연령대, 라이프스타일, 취향, 소득대에 맞게 조정되었다. 주니어(junior) 고객들에게 매력이 있는 것은 아마도 미시(missy) 고객들에게는 매력이 없을 것이다. 다양한 디자이너와 생산업자들의 브랜드는 다양한 세분 시장에서 다른 가격대로 소비자들을 유혹할 것이다. 늘

----

*역자 주 : 미국에서는 액티브웨어(activewear)가 우리가 자주 쓰는 기능성 운동복 또는 스포츠웨어이다. 미국에서 스포츠웨어(sportswear)는 우리나라의 활동복 또는 캐주얼웨어의 의미로 쓰인다. 이 책에서는 독자의 이해를 돕기 위해 액티브웨어를 스포츠웨어로, 스포츠웨어를 캐주얼웨어로 번역하였다.

어난 다양성은 다른 많은 스타일이 동시에 수용될 수 있다는 것을 의미한다. 더 많은 선택 사양들이 있다.

소비자 구매 동기

소비자들의 스타일링과 상품 기획 의사결정을 돕기 위해서 디자이너, 바이어, 다른 산업 경영인들은 소비자 동기를 이해하고 노력한다.

과거에 대부분의 사람들은 단지 필요가 있을 때, 특별한 상황을 위해, 또는 옷이 낡아서 새로운 의상을 구매했다. 평균적인 사람들은 기본 필수품 외의 것들을 살 만한 여유가 없었다. 현대 서구 사회에서 사람들은 이전에 비해 커진 재량 소득으로 새로운 옷을 더 자주 산다.

그러므로 구매 동기들은 바뀌어 왔다. 사람들은 그들이 원하거나 좋아하기 때문에 옷을 산다. 때에 따라서 소비자마다 구매 동기는 다양하다. 구매 동기들은 이성적이면서도 감정적이다.

감정적인 필요를 충족시키기 위해 새로운 의상은 종종 심리학적으로 사람들을 기분 좋게 한다. 그들이 적절한 의상을 입는다는 느낌의 안정감은 그들에게 자신감과 자기 확신을 느끼도록 돕는다. 하지만 이러한 동기는 종종 진지한 생각 없이 물건을 사는 충동구매를 이끌 수 있다.

매력적으로 보이기 위해 : 소비자들은 그들을 최고의 모습으로 만들어 주고 돋보이게 하는, 또는 자신의 신체적 매력을 보여 줄 수 있는 의상을 원한다.

유행을 따르기 위해 : 사람들은 그들이 유행에 앞서 간다거나 유행의 중심에 있다는 느낌을 가지기 위해 새로운 의상을 산다. 유행이 지났다는 이유로 아직도 입을 수 있는 옷을 버린다.

타인에게 인상적으로 보이기 위해 : 사람들은 패션으로 성공적인 이미지를 만들거나 독특한 개성을 만들고자 할 수 있다. 사람들은 의상을 통해 취향의 수준이나 소득을 보여 주고 싶어 할 수 있다. 고가의 브랜드들은 지위의 상징으로도 여겨진다.

친구, 동료, 학우들과 어울리기 위해 : 보통 미국인들은 보수적인 취향을 가지고 있다. 이들은 이들의 동료와 다르기를 원하지 않는다. 소비자들은 자신들이 특정한 라이프스타일을 가진 사람들로 인식되기를 원할 수도 있다. 소비자들은 그들의 선택을 위한 특정한 방향과 가이드라인을 좋아한다는 것을 그들의 구매패턴을 통해 알 수 있다.

기본적인 라이프스타일 필요를 충족시키기 위해 사람들은 그들의 기본적인 필요에 따라 특별한 이벤트, 계절이나 기후 변화, 휴가, 운동, 직업 또는 라이프스타일에 맞는 의상을 찾는다.

소비자 구매 유형

구매 유형은 계속적으로 변한다. 패션의 수용 정도를 알기 위해 디자이너와 생산업자들은 소비자들이 구매선택을 위해 사용하는 판단 요인을 고려하는 것이 도움이 된다는 것을 발견하였다.

- **인식가치** – 소비자들은 적당히 가격에 맞는 품질에 대한 그들의 생각을 갖고 있다. 이것을 '인식가치(perceived value)'라고 부른다.
- **아이템 구매** – 소비자들은 옷장 안을 새롭게 하기 위해 오직 재킷 같은 하나의 아이템만 살 수 있다.
- **다기능 의상** – 많은 소비자들은 편안함, 기능성, 다용도를 추구한다.
- **지금 입어라** – 사람들은 필요할 때만 구매한다. 즉시 입을 수 있는 옷만 구매한다.
- **편리성** – 시간과 에너지가 고갈된 소비자들은 쇼핑을 쉽게 만들 수 있는 방법을 추구한다. 소비자들은 그들이 필요로 하는 것을 쉽고 빠르게 발견하기를 원한다. 이러한 소비자의 욕구에 부응하여 카탈로그 쇼핑과 인터넷 쇼핑이 급속도로 발전하고 있다.
- **서비스** – 소비자들은 개인적인 서비스와 다양한 구색(모든 색상과 사이즈를 갖춘 의류)을 요구하고 있다.

패션 선택

소비자들은 스타일링의 독특함으로 인해 특정 의상이나 액세서리에 매력을 느낀다. 또한 소비자들이 구매 결정을 하기 이전에 평가하는 품질, 가격을 포함하는 실질적인 고려 요인들도 있다.

스타일링 특징　스타일링 특징들은 제9장에서 논의된 디자인 요소와 같다. 하지만 만든 사람의 관점보다는 구매하는 사람의 관점에서 고려된다.

색상　사람들은 색상에 매우 개인적으로 반응하고, 색상에 끌리는지 또는 돋보이는지에 따라서 패션을 선택하거나 거부한다.

재질감　의상이나 액세서리에 사용된 직물로부터 얻게 되는 표면 감흥을 질감이라고 한다. 질감은 섬유성분에 대한 단서를 준다.

스타일　스타일을 정의하는 요소들은 라인, 실루엣, 디테일이다. 소비자의 선택은 흔히 무엇이 유행에 맞는 것인가 하는 그들의 의견에 의해 영향을 받는다.

현실적인 고려사항

가격　소비자들은 최고의 상품을 최저의 가격으로 구입하기를 원한다. 보통 사람들에게 가격은 가장 중요한 현실적인 고려 사항일 것이다. 소비자들은 예산 내에서 가격과 스타일에서 총체적으로 인식되는 가치를 비교한다. 그 결과 할인점들과 저가 체인스토어들은 중간 가격대 리테일링 시장으로부터 시장점유율을 뺏어 가고 있다.

맞음새　사실 사이즈는 맞음새(fit)를 보장하지 않는다. 미국 상공부(U. S. Department of Commerce)는 사이즈 표준을 정하는 데 지쳤다. 모든 신체형태에 맞출 만한 사이즈 범위와 그레이딩(grading) 법칙을 정하는 것은 어렵다. 각 회사는 표적고객들의 전형적인 외모를 가진 모델에게 샘플로 만든 의상을 입혀 본다. 이런 현실로 인해 브랜드마다 사이즈가 다르다. 맞음새 기술은 세 가지 인체 유형에 근거한 핏 로직(Fit Logic)이라고 불리는 사이즈 시스템을 탄생시켰다. 하지만 아직까지 핏 로직과 바디 스캐닝 방법은 많이 받아들여지지 않고 있다.

편안함　사람들은 추운 날씨에는 따뜻함을, 따뜻한 날씨에는 시원한 의상을 원한다. 인구연령과 여행이 증가함으로써 사람들은 움직이거나, 앉거나, 여행하기에 편한 의상도 원한다. 편한 의상의 요구가 증가하는 것은 스판덱스 섬유의 인기가 높은 이유들 중 하나이다.

랠프 루치가 개인 고객을 위해 디자인을 맞춰 주고 있다. (출처 : RALPH RUCCI, 사진촬영 : 저자)

적절함　소비자들은 특정한 상황이나 라이프스타일을 위해 필요에 적합하고 수용할 만한 패션을 찾는다. 소비자들은 그들의 의상이 그들의 외모, 개성, 피부색, 연령에 적합할 뿐만 아니라 직업과 여가 시간 활동을 위해 필요하다고 생각한다.

브랜드와 디자이너 라벨　브랜드들은 생산업자들이 상품을 구분하는 수단이다. 일부 소비자들은 종종 비중 있는 광고의 결과인 특정 브랜드의 명성을 바탕으로 구매한다. 디자이너 조르지오 아르마니(Giorgio Armani)는 "브랜드 이름이 가격에 합당한 품질과 함께하는 한 브랜드 이름은 중요하다."[10]고 말했다.

섬유 또는 직물 기능과 관리　의상과 액세서리의 내구성과 관리의 편리와 어려움은 종종 구매 선택의 요인이다. 많은 소비자들은 다림질에 시간이나 관심이 없거나 드라이 크리닝에 지불할 돈이 없기 때문에 관리가 편한 직물을 선호한다. 씻어서 바로 입는(wash-and-fold) 면직물 의상의 인기와 주름방지가공 처리된 직물, 관리 편리용으로 방적된 텍스타일의 산업 발전도 소비자들의 관심 사항이다. 소비자를 보호하기 위해 현재 어패럴 제품에는 섬유조성과 관리방법을 알려 주는 라벨(label)을 부착해야 하는 정부 규제가 있다.

품질과 내구성 품질에 대한 소비자 수요는 최근 몇 년에 걸쳐 증가하였다. 디자이너와 중고가 브랜드의 고객들은 의상을 일종의 투자 대상으로 여기고, 정교한 디테일과 장인정신으로 만들어진 오랫동안 변치 않을 품질을 위해 돈을 쓰는 것을 아까워하지 않는 것 같다. 일부 소비자들은 품질에 있어서 명성이 나 있는 특정 브랜드나 상호만을 찾는다.

패션 카테고리

소비자 수요와 라이프스타일의 변화에 대한 대응으로 생산업자들과 소매업자들은 스타일과 의상 유형에 대한 카테고리뿐만 아니라 다양한 사이즈와 가격대를 개발해 왔다.

의상의 다양성은 우리의 습관과 역할의 변화와 소비자 구매능력 증가에 대한 생산업자들의 대응 결과이다. 현재 모든 상황과 라이프스타일을 위한 의상들이 있다. 생산업자들은 의상 유형, 표적 고객의 연령, 가격대, 성별에 따라 상품을 특화시키거나 개별적인 여러 특징적인 브랜드를 가지고 있다. 리테일링업자들은 각 카테고리별, 가격대별, 사이즈별로 부서들을 나누었다.

　가치 지향적인 시장에서 소비자들은 다목적, 다기능 의상을 찾고 있다. 소비자들은 사무실, 사회활동, 체육관, 가정 또는 휴가 등 다양한 상황에서 입을 수 있는 옷을 찾고 있다. 그 결과 체육관에서 입는 의상이 거리 의상이 되고, 언더웨어가 아웃웨어가 되는 등 패션 카테고리가 무너지고 있다.

여성복

의상 카테고리 여성복에는 정장(dress), 파티의상(social apparel), 슈트(suits), 아웃웨어(outwear), 캐주얼웨어(sportwear), 스포츠웨어(activewear), 란제리를 포함해서 다양한 유형이 있다. 신부복이나 임산부복, 거대 영역을 차지하는 액세서리 같이 특별한 카테고리들도 있다.

　정장(dresses)은 한 세트 단위로 가격이 붙여진 원피스나 투피스 의상이다. 스타일은 테일러드(tailored)된 것부터 단순한 것, 비즈니스를 위한 것, 캐주얼한 것까지 다양하다. 정장은 입기 쉽고 코디네이션을 위해 그다지 고민할 필요가 없다.

파티의상(social apparel)은 길거나 짧은 칵테일 드레스, 드레시한 팬츠 앙상블(dressy pants ensembles), 이브닝웨어, 웨딩드레스 같은 특별한 상황을 위한 성장(attire)을 포함한다.

슈트(suits)는 재킷과 스커트(또는 바지)가 단위로서 함께 팔린다. 슈트는 캐주얼에서 테일러드까지 다양하다. 사무실에서 캐주얼하게 입는 것이 경향이지만 직장 여성들은 여전히 슈트를 입는 것을 원하고 있다.

아웃웨어(outwear)는 기본적으로 보호 기능을 가진 코트, 케이프, 재킷을 포함한다. 아웃웨어는 네 가지 카테고리로 나뉜다. 전통적인 울(wool)과 울 혼방, 마이크로화이버(microfiber) 직물의 특성을 지닌 아웃도어-스키 아노락(outdoor-ski anorak), 가죽, 그리고 모피이다. 네 가지 카테고리 모두 클래식과 유행하는 스타일에서 볼 수 있다. 아웃웨어는 점점 더 캐주얼화되는 경향이 있다.

캐주얼웨어(sportswear)는 재킷, 스커트, 바지, 반바지, 블라우스, 셔츠로 따로 가격이 책정되고, 고객들이 원하는 대로 입을 수 있는 상의와 하의의 모든 조화이다. 캐주얼웨어 라인들은 단품과 코디네이트된 상품들(믹스 매치해서 입을 수 있게 구성된)로 구성된다. 캐주얼웨어는 여러 단품들을 코디네이트시킴으로써 다양한 스타일이 가능하기 때문에 인기가 높다. 미국 디자이너들은 격식을 차리지 않는 미국 라이프스타일에 맞아떨어지는 캐주얼웨어에서 매우 뛰어나다.

스포츠웨어(activewear)는 피트니스(fitness)의 인기에 의해 불이 붙여진 오늘날 가장 뜨거운 카테고리들 중 하나다. 스포츠웨어는 스포츠에 활동적으로 참여하는 사람들이 입는 피트니스 웨어(fitness wear)와 스포츠 구경 또는 단순히 거리에서 입는 스포츠웨어로 나눌 수 있다. 스포츠웨어는 바이크 쇼츠(bike shorts), 레깅스(leggings), 티셔츠, 크롭 탑(crop tops), 조깅 세트(jogging sets), 유니타드(unitards), 스웨트슈트(sweatsuits), 재킷(jackets)을 포함한다. 더욱더 많은 스포츠웨어 회사들이 남성뿐만 아니라 여성들을 위해서도 다양한 스타일을 제공하고 있다. 일부 생산업자들은 그들의 의상을 홍보하는 후원 선수를 가지고 있다. 그들은 디자이너에게 조언을 해 주고 광고에 출연하기도 한다.

수영복(swimwear)은 원피스와 비키니 그리고 그 위에 입는 커버업(cover-ups)을 포함한다. 생산업자들은 부풀린 패드, 푸쉬업 브라, 더 길어진 몸통, 그리고 다른 내부 구조물을 가지고 베이비 붐 세대들을 만족시켰다. 생산업자들은 또한 특수 사이즈를 포함시키기도 했다.

프라다 스포츠의 스포츠웨어 (출처 : PRADA, ITALY)

란제리(lingerie; 이너웨어, 바디웨어, 슬립웨어, 라운지웨어를 포함)는 판매 증가를 누리고 있다. 란제리의 인기는 칼 라거펠트가 언더 슈트 재킷(under suit jacket)을 선보인 쇼의 코르셋을 입는 패션과 빅토리아 시크릿(Victoria's Secret)의 마케팅 스타일에 의해 야기되었다. 오늘날 패션의 바디컨셔스(body conscious) 룩은 몸매 보정용 아이템(body slimmer)의 판매 증가에 영향을 끼쳤다.

액세서리는 소비자들에게 그들의 의상을 스카프, 모자, 핸드백, 신발, 스타킹과 양말 등을 이용해 새롭게 하는 간단한 방법을 제공한다(제11장에서 논의됨). 특정 액세서리의 인기는 허리를 강조하며 벨트가 주목받는 것처럼 순환된다. 양 어깨에 매는 가방(backpack)이나 차양모자(sun hat) 같은 기능적인 액세서리도 마찬가지로 유행에 민감해져 가고 있다.

사이즈 범위   각 사이즈 범위는 다양한 체형에 맞춰져 있다. 일반적으로 오늘날의 사이즈 표준은 과거보다 더 현실적인 계측에 바탕을 두고 있다. 하지만 각 생산업자들은 표준 사이즈를 정하는 데 그들 자신만의 해법을 가지고 있다. 디자이너 의상은 일부러 한 사이즈 작게 책정해서 사이즈 12 대신에 사이즈 10을 입게 해서 소비자들의 기분을 좋게 할 수도 있다. 일부 생산업자들은 다양한 피팅 모델을 써서 다양한 체형에 맞추기 위해 노력한다. 생산업자들

표 3.1   전통적인 여성복 스타일, 사이즈, 가격대의 관계

스타일 범주	스타일링	연령	사이즈 범주	외모	가격대
디자이너	독특함, 최고 디자이너의 패션	25세 이상	미시즈 4~12	미시즈 : 성숙, 마른 편	디자이너
브릿지	디자이너 패션	25세 이상	미시즈 4~12	미시즈 : 성숙, 마른 편	브릿지
미시즈	패션 룩을 적용	25세 이상	미시즈 4~12	미시즈 : 성숙, 신장 167cm 부근	중고가에서 저가까지
단신	미시즈와 같음	25세 이상	단신 0~14	미시즈 : 신장 160cm 이하	중고가에서 저가까지
여성 또는 대형 사이즈	미시즈 또는 주니어와 같은 룩	18세 이상	16~26W 또는 16~26WP	미시즈 : 큰 사이즈 + 일부 단신 사이즈	중고가에서 저가까지
컨템포러리	유행에 민감	20~40세	미시즈 4~12	미시즈 : 마른 편	중고가에서 저가까지
주니어	젊고 유행에 민감하고 외모에 관심이 많음	13~25세	주니어 3~15	미성숙한 외모	중고가에서 저가까지

은 세 가지 신체 유형에 맞추기 위해서 판매 공간을 세 배나 늘려야 하는 3단계 사이즈 시스템인 개인적인 피팅과 핏 로직을 위해서 바디 스캐닝을 사용하는 실험을 하고 있다. 여성 사이즈군은 주니어(Junior), 미시(Missy), 단신(Petite), 대형(Large) 사이즈군을 포함한다.

주니어 고객들은 사이즈가 1~13까지이고 미시 외모보다 덜 성장한 외모와 길이가 짧은 등(하체가 긴 편)을 가진다. 이러한 외모는 마르고 젊은 고객들과 비슷하다.

미시 사이즈*는 6~16(또는 4~14)에 해당하는 성숙된 외모의 여성을 위한 것으로, 키가 보통 약 168cm에 해당한다. 미시 단품에서 일부 블라우스와 스웨터 사이즈는 30~36(8~14)까지이다. 기타 품목들은 소(small), 중(medium), 대(large)로 나뉜다.

단신 사이즈는 키가 160cm 이하의 여성을 위해 만들어졌다. 사이즈 범위는 0~16까지이다. 대부분 생산업자들은 4~14까지만 생산한다.

대형 또는 여성들 사이즈는 14~32W에 해당하지만 보통 16~26W까지만 다뤄진다. 때때로 이러한 사이즈들은 1X(16~18), 2X(20~22), 그리고 3X(24~26)로 나타내지기도 한다. 키가 작은 대형 사이즈는 WP로 표기된다.

엘리 사브 레이어즈
쿠튀르 디자인. 꽃장
이 흩뿌려진 듯한
황금색 튤 드레스
(출처 : ELIE SAAB
AND DENTE &
CRISTINA)

　단신과 대형 여성들을 위한 패션은 1977년까지는 패션 산업에 의해 실질적으로 무시되어 왔다. 통계에 의하면 전체 미국 여성 인구의 54%가 단신이나 대형 사이즈를 입고 있는 것으로 나타났다. 40세 이상의 여성들 중에 40%는 사이즈 14나 그보다 더 큰 사이즈를 입고 있다. 스타일링을 위한 다른 투자가 필요 없고 패턴만 새롭게 만들면 되기 때문에 생산업자들에게 특별 사이즈 시장은 무척 큰 성장의 기회였다. 현재 많은 생산업자들이 특별 사이즈를 선보이고 있다.

　생산업자들은 여전히 사이즈 표준에 맞지 않는 대다수 체형들과 씨름을 하고 있다. 캐주얼

---

*역자 주 : 사이즈 6의 경우 예전에 우리나라의 55사이즈, 사이즈 8은 66사이즈, 10은 77사이즈와 비슷하다.

웨어가 그렇게 인기가 있는 이유 중에 하나는 소비자들에게 그들의 완벽하다고는 볼 수 없는 체형에 맞추어 사이즈를 섞을 수 있는 기회를 제공하기 때문이다. 남성들과 마찬가지로 여성들 역시 매장에서 무료 수선의 혜택을 받지 못하고 있다.

스타일링과 가격대   어패럴은 스타일 범주에 의해 분류된다. 스타일 범주는 연령 집단, 가격, 그리고 사이즈 범위에서 벗어나 있다.

쿠튀르라는 용어는 개인 고객의 치수에 맞는 주문복으로 패션으로 예비된 것이다. 이러한 의상은 가장 고급스럽고 비싸며 종종 한 벌에 5천 달러에서 5만 달러까지 하며 매우 소수의 국제적인 고객에게 제한되어 있다. 쿠튀르의 사례는 칼 라거펠트(Karl Lagerfeld)의 샤넬, 크리스챤 라크르와(Christian Lacroix), 발렌티노(Valentino)다.

디자이너 카테고리는 자신의 비즈니스를 소유하고, 자신의 이름이 쓰인 라벨을 단 의상으로 '자신의 이름을 건 콜렉션(signature collection)'을 하는 성공적인 디자이너가 만든 기성복(ready-to-wear)에 적합하다. 1천 달러에서 5천 달러에 이르는 고가의 가격은 최고의 직물과 최고 품질의 대량 생산을 사용할 수 있게 한다. 디자이너 콜렉션의 사례들은 제8장에 열거된 쿠튀르와 모든 디자이너의 기성복 콜렉션의 사례와 마찬가지로 조르지오 아르마니(Giorgio Armani), 도나 카란(Donna Karna), 랄프 로렌(Ralph Lauren)을 포함한다.

브릿지 스타일링과 가격 범위는 소비자들에게 디자이너 패션에 비하면 덜 비싼 대체상품을 제공하기 위해 만들어졌다. 브릿지는 간단하게 말하면 덜 비싼 직물을 쓰거나 다른 생산 방법을 사용함으로써 가능한 디자이너군에서 한 단계 낮은 가격대이다. 일부 디자이너들은 캘빈 클라인(Calvin Klein)의 CK, 도나 카란의 DKNY, 마크 제이콥스의 마크(Marc), 아르마니의 엠포리오(Emporio) 같은 세컨더리(secondary) 라인을 가지고 있다. 엘렌 트레시와 다나 부쉬만(Dana Buchman) 같은 콜렉션들은 브릿지 마켓만을 한정적으로 다룬다.

컨템포러리 카테고리는 미시들에 비해 패션을 더 많이 원하지만 디자이너 카테고리 정도의 가격을 지불하고 싶지 않은 스타일 지향의 여성들을 목표로 해서 만들어졌다. 즉 가격대는 브릿지에서 저가격까지 다양하다. BCBG, 라운드리(Laundry), 맥스 스튜디오(Max Studio), 씨어리(Theory)가 그 사례들이다.

미시 스타일링 카테고리는 이미 증명되고 받아들여진 디자이너 룩에 보다 더 보수적인 적용을 제공한다. 미시 라인들은 비싸지 않은 직물과 그다지 극단적이지 않은 실루엣을 활용한다. 미시 스타일링은 중고가(better), 중가(moderate), 저가(budget)로 품질과 가격이 다양할 수 있다. 중고가 판매상들은 조네스 뉴욕(Jones New York), 리즈 클레이본(Liz Claiborne), 랄프 로렌의 로렌 등을 포함한다. 중가 공급처는 코렛(Koret), 색 하버(Sag Harbor) 등이다.

주니어 스타일 범위는 주니어 스타일링에서 벗어나 젊은 체형을 위한 젊은 스타일링이다. 스타일링은 록뮤직 장면, 텔레비전, 유럽의 거리 패션에서 크게 영향을 받으며, 몸매를 강조하는 경향이 있다. 세기의 전환으로 1980년대 에코붐에 태어난 아이들이 10대가 됨에 따라 이 영역의 부활이 나타나고 있다. 전형적인 브랜드는 넷세서리 오브젝츠(Necessary Objects), 엑소엑소(XOXO) 등이다.

생산업자와 디자이너 이름이 인기를 더함에 따라 다른 카테고리 라인도 추가함으로써 그들의 사업을 성장시킨다. 클레이본과 엘렌 트레시는 현재 캐주얼웨어 외에 추가로 정장 라인을 만들고 있다. 클레이본도 역시 남성복 콜렉션을 선보였다. 랄프 로렌은 반대로 남성복 디자인으로 시작해서 여성복을 추가하였다. 높거나 낮은 가격대의 세컨더리 라인 만들기를 통해 다른 가격대를 추가시키기도 한다. 중고가 생산업자인 리즈 클레이본은 다나 부쉬만 브릿지 콜렉션을 만들었다.

남성 캐주얼웨어의 인기와 함께 여성 디자이너들이 남성복 시장에 들어가거나 또는 그 반대가 됨으로써 남성복과 여성복의 생산과 마케팅 기술은 점점 비슷해지고 있다.

조르지오 아르마니의 화려한 벨벳 코트
(출처 : GIORGIO ARMANI SPA)

남성복

남성들의 관심사와 보다 더 캐주얼한 라이프스타일로 인해 남성복 또한 변화되어 왔다. 전통적으로 남성들은 품질, 맞음새(fit), 내구성을 찾도록 교육받아 왔다. 그들의 옷은 예전에는 슈트, 바지, 셔츠로 제한되었고 그들의 활동 영역에 맞추어 확장되어 왔으며, 이렇게 넓어진 의상 선택 범위는 그들을 패션 지향적으로 만들어 왔다. 하지만 여성들은 남성들이 옷을 입는 데 영향력을 가지고 있다.

1990년대 후반 사무실에서 캐주얼 의상을 입는 변혁이 일어났다. 하지만 대다수의 남성들은 폭넓은 캐주얼웨어의 단품들을 맞춰 입는 것을 당황스러워한다. 또한 사무실에 적합한 캐주얼 의상이 어떤 것인가를 판단하기가 쉽지 않다. 많은 남성들은 여전히 수트를 입는 것을 즐긴다. 하지만 전자와 마케팅 계통 업무, 육체적 노동을 필요로 하는 업무, 그리고 집에서 일하는 사람들에게는 캐주얼 의상이 대세다.

캐주얼한 의상 착용이 유행함에 따라 남성복 산업은 변화되어 왔다. 남성 슈트의 판매는 줄어들고 있는 반면에 캐주얼웨어는 막대한 성장을 누리고 있다. 과거에 슈트는 남성들의 의상 구매에서 반을 차지했지만 현재는 슈트, 남성 복식품과 액세서리, 그리고 캐주얼웨어의 구매 비율은 비슷하게 나눠진다. 테일러드 의상이 점점 더 캐주얼화됨에 따라 그 카테고리의 특징이 희미해지고 있다. 청바지 위에 아르마니(Armani) 슈트 재킷 또는 티셔츠가 셔츠와 넥타이를 대신하는 등 비즈니스 의상과 여가 의상의 혼합이 일고 있다.

의상 카테고리 현재 여성복과 마찬가지로 남성복에도 다양한 카테고리가 있다. 랄프 로렌, 토미 힐피거(Tommy Hilfiger), 휴고 보스(Hugo Boss), 노티카(Nautica)를 포함하는 많은 디자이너들과 생산업자들은 몇 개의 남성복 카테고리와 관련된 라인을 가지고 있다. 매장들은 남성복 매장 평수를 늘리고 있으며, 증가하는 패션에 밝은 남성 고객들을 끌어들이기 위해 적극적인 디스플레이와 판매촉진 테크닉을 구사하고 있다. 카테고리들은 다음과 같다.

조르지오 아르마니의 남성 캐주얼웨어 (출처: GIORGIO ARMANI SPA)

테일러드 의상(tailored clothing)은 비지니스와 이브닝 웨어를 위한 슈트, 턱시도, 오버코트, 탑코트(topcoats), 스포츠 코트, 단품 정장바지를 포함한다. 테일러드 의상은 장황한 설명, 시간소모, 비싼 생산비용을 필요로 하고 소매업자들은 다양한 사이즈를 보유해야 할 필요가 있다.

복식품(furnishings)은 드레스 셔츠, 넥타이, 언더웨어, 양말류, 로브(robe), 파자마, 신발, 부츠를 포함한다.

캐주얼웨어(sportswear)는 더 많은 여가와 캐주얼웨어를 위한 수요를 채워 줄 스포츠 재킷, 니트 또는 직물의 단품, 스웨터, 캐주얼 바지를 포함한다.

스포츠웨어(active sportswear)는 윈드브레이커(windbreaker), 스키 재킷, 조깅 슈트, 테니스 반바지 같은 운동과 훈련에 필요한 모든 의상을 포함한다.

작업복(work clothe; 오버롤, 작업셔츠, 바지 등)은 노동자를 위해 필요한 것들이었으나 여가 의상으로 인기를 얻어 가고 있다.

액세서리(accessories)는 지갑, 신발, 부츠, 벨트, 커프스단추 같은 보석, 스카프, 장갑, 그리고 안경을 포함한다.

스타일링 남성복에서 현재 명백한 현상인 스타일링의 창조성과 다양성은 그들의 여가 활동을 위한 적합한 의상을 가지고 싶어 하는 남성들의 희망의 결과이다. 하지만 지금까지는 여성복만큼 다양한 스타일링 카테고리가 있지는 않다.

국제적으로 인정받는 디자이너들은 **디자이너 스타일링**을 통해 종종 남성복에서 패션 방향을 정한다. 아르마니는 여가활동이나 사무실에서 입을 수 있는 캐주얼하면서 소프트한 슈트로 길을 이끌었다. 아르마니, 브리오니(Brioni), 구찌(Gucci), 키톤(Kiton), 제냐(Zegna) 같은 이탈리아 콜렉션은 패션 지향적으로 고려된다. 캘빈 클라인과 리차드 타일러(Richard Tyler)는 가장 영향력 있는 미국 브랜드에 속한다. 대부분 디자이너들은 슈트와 캐주얼웨어 콜렉션을 가지고 있다.

전통적인 스타일링(traditional styling)의 경우를 보면, 히키 프리만(Hickey-Freeman), 하트막스(Hartmarx), 브룩스 브라더스(Brooks Brothers; 유통업체) 같은 클래식 슈트 메이커들이나 토미 힐피거와 랄프 로렌 같은 디자이너 콜렉션들은 전통적인 양복재단법에 의해 영향을 받았다. 그러한 스타일링의 핵심은 슈트와 셔츠 직물의 폭넓은 다양성에 있다.

컨템포러리 스타일링(contemporary styling)은 일반적으로 디자이너 의상보다는 가격이 낮다. 젊은 고객을 목표로 유행에 더 민감한 편이다. 페리 엘리스(Perry Ellis), 크리지아(Krizia)가 만든 KM, 노티카, 갭(Gap) 캐주얼웨어가 그 사례들이다.

가격대 **맞춤 재단**(custom-tailored) 슈트들은 정교한 구조와 직물로 만들어진다. 예를 들면 런던의 새빌 거리(Savile-Row)의 슈트는 3천 달러 이상을 호가한다. 보이지 않는 내부의 대부분은 수공으로 만들어진다.

디자이너 기성복 슈트들은 유통 가격이 1천 달러 이상을 호가한다. 그리고 캐주얼 코트는 500달러 이상을 한다. 디자이너 슈트와 캐주얼웨어는 역시 고급 직물로 만들어진다. 그러나 맞춤은 아니고 품질 수준이 다양하다.

브릿지 슈트와 캐주얼웨어는 여성복과 마찬가지로 디자이너 브랜드에서 가격이 한 단계 아래이다. 이것은 또한 직물과 만듦새에서 한 단계 아래라는 것을 의미한다.

중가 슈트는 보통 325~650달러, 캐주얼 코트는 200~450달러, 바지는 40~90달러에 이를 정도로 가격대의 범위가 넓다. 메이시즈(Macy's)와 노드스트롬(Nordstrom) 같은 대부분의 대형 유통업체들은 가격을 조정하는데, 이 가격대에 맞춘 자체 브랜드 상품에 많이 의존한다.

대중적인 가격의 슈트는 접근이 가장 쉬운 가격대인 325달러 이하의 것들이다. 많은 할인점과 대량 상인들은 이 가격대에 자체 브랜드 상품을 제공한다.

사이즈 범위 **남성 슈트** 사이즈 범위는 가슴 넓이에 맞추어서 36~44(inch, 대형 사이즈의 경우 50까지 포함)까지다. 길이는 보통(Regular)을 나타내는 R과 단신(Short)을 나타내는 S, 장신(Long)을 나타내는 L로 붙여지고 사이즈 번호에 맞추어 디자인된다. 유럽 사이즈는 미국 사이즈에서 약 10을 보태서 46~54까지이다. 젊은 남성의 사이즈는 보통 남성 사이즈보다 재킷과 엉덩이 부분이 좁게 재단된다. 전통적인 사이즈들은 가슴과 길이의 다양한 조합으로 인해 막대한 재고를 요구하기 때문에 남성 사이즈들을 간소화시키고자 노력해 왔다. 남성들은 대부분의 남성복 매장과 백화점 남성복 코너에서 무료 수선 서비스를 받을 수 있다.

드레스 셔츠는 목둘레(미국에서는 inch, 유럽에서는 cm)와 소매길이에 의해 사이즈가 정해진다. 캐주얼 셔츠와 스웨터는 S(Small), M(Medium), L(Large), XL(Extra Large)로 구성된다. 바지는 허리와 다리길이에 의해 사이즈가 정해진다. 정장 바지의 경우 밑단은 고객 서비스 차원에서 매장 내에서 고객의 다리 길이에 맞추어 재단되고 완성된다.

아동복

아동복(children's wear) 비즈니스는 각 사이즈군이 별도의 시장이기 때문에 매우 복잡하다. 아동복 시장은 소비자들이 가격 지향적이기 때문에 경쟁이 매우 심하다. 부모들은 빠르게 성장하는 아이들을 위해 옷에 많은 돈을 투자하는 것을 꺼린다.

아동복 생산업자들은 패션선호도의 변동으로부터 자신들의 사업을 보호하기 위해서 종종 정장과 캐주얼웨어를 모두 생산한다. 에스프리와 폴로 같은 일부 남성복과 여성복 회사들은 아동복 라인을 생산하지만, 다른 회사들은 시도해 보고 어려운 비즈니스라는 것을 알게 되었다. 아동복 생산업자들 역시 베이비 갭(Baby Gap)과 키즈 갭(Kid's Gap)과 많은 자사 브랜드 유통업체들로 인해 어려운 경쟁상황에 처해 있다. 하지만 해마다 400만에 이르는 국내 출생률은 아동복 시장에 호황을 누리게 하고 있다.

카테고리들　아동복을 구분하는 것은 매우 어렵다. 카테고리들은 각 사이즈 범주와 가격대에 의해 변한다. 또한 카테고리들 사이의 구분선은 점차 희미해져 가고 있다. 일부 캐주얼 드레스들은 캐주얼웨어로 분류된다. 반면 일부 드레스들은 정장으로 분류된다. 아동복 역시 오늘날 아동들이 매우 활동적인 생활을 함으로써 더욱더 캐주얼화되고 있다.

소녀 정장은 모든 스타일과 가격대에서 가능하다. 휴일과 봄은 특별한 장소에 어울리는 정장을 위한 가장 중요한 시즌이다. 점퍼, 재킷, 스커트 같은 일부 여아동복들은 맞춤 의상으로 고려된다.

전통적인 소년 정장은 블레이저, 기타 정장 재킷, 슈트, 정장 바지, 그리고 정장 반바지를 포함한다.

캐주얼웨어는 니트나 직물, 특히 데님이나 프리스(fleece)로 만든 티셔츠, 진즈(jeans), 바지, 반바지, 오버롤(overall), 점퍼슈트, 레깅스, 스커트, 셔츠, 스웨트셔츠(sweatshirts), 스웨트팬츠(sweatpants), 수영복을 포함한다. 남아동복은 점점 매우 캐주얼화되고 있고 다양한 상의는 하의를 보다 많이 팔리게 한다.

수영복(swimwear)은 수영복 외에 해변 커버업도 포함한다.

아웃웨어(outwear)는 정장 코트, 모든 종류의 겨울 코트, 레인코트(raincoat), 스키 재킷, 윈드브레이커(windbreakers), 스노우 슈트(snow suits)를 포함한다.

슬립웨어(sleepwear)은 신생아 가운과 침낭, 담요, 파자마, 나이트가운, 나이트셔츠, 로브(robe) 등을 포함한다. 이 카테고리의 중요 이슈는 화염방지(flame-retardant) 가공된 폴리에스테르로 만들어져야 한다는 소비자상품안전(Consumer Product Safety) 요구이다. 하지만 많은 소비자들은 순수 면제품을 원한다. 그러므로 잠옷용으로 실내복을 구매한다.

액세서리는 신발, 모자, 장갑, 스카프, 헤어 액세서리, 선글라스, 보석, 가방, 백팩(backpack), 양말류(타이즈와 양말), 언더웨어, 벨트, 야구모자, 소년을 위한 넥타이, 턱받이와 아기신발 같은 신생아 용품을 포함한다. 모자는 햇살로부터 아이들을 보호하고 패션을 보여 주므로 특별히 중요하다. 일부 생산업자들은 그들의 어패럴에 액세서리를 포함시켜 한 단위로 가격을 정한다.

네덜란드 오일릴리사의 여자 아이들을 위한 세계적인 패션
(출처 : OILILY)

사이즈　아동복은 연령 집단에 의해 구분된다.

신생아 사이즈는 갓난아기(0~4킬로그램), 3, 6, 9개월이다.

유아 사이즈는 개월 수로 연령을 표기한다. 일반적으로 12, 18, 24개월이다. 유럽에서 사이즈는 아기의 키에 바탕을 두고 있다.

토들러(toddler) 사이즈는 걸음마를 배우는 아이들을 위한 의상 사이즈로 2T, 3T, 4T로 구성된다. 이 지점에서 사이즈는 소년과 소녀들을 위한 것으로 나뉜다.

소녀 사이즈는 4에서 6X, 7~16으로 나뉜다. 일부 회사들은 2~10 또는 XS(extra-small)에서 XL(extra-large)를 생산한다. 10세 이하 사이즈는 6~14로 구성되고 10대 초반의 소녀들은 영 주니어 사이즈 3~13을 입는다.

소년 사이즈는 4~7, 8~20으로 구성된다.

스타일링　아동복의 스타일링은 사이즈 범주에 의해 현저하게 변한다. 유일한 스타일링 차이점은 전통적이거나 유행에 민감한 것이다.

유아, 토들러, 저학년 아동의 경우, 실제 소비자는 부모, 조부모, 그리고 다른 성인들이다.

부모는 자신들의 취향을 반영하는 옷을 원한다. "많은 부모들은 여전히 사람들이 '내가 본 것 중에 가장 귀여운 모습이야'라고 말하며 자신의 자녀를 바라봐 주기를 원한다."[11] 많은 부모들은 아이로서가 아니라 작은 어른처럼 그들의 자녀를 꾸미려는 경향이 있다.

옷을 입고 벗기 위한 여유분, 세탁견뢰도, 내구성, 그리고 다기능은 아동들의 옷을 선택할 때 중요한 디자인 고려 요인이다. 옷을 입혀 줘야 하는 유아와 토들러에게는 가랑이의 단추와 넓은 목둘레가 중요하다. 토들러의 경우 아이들은 스스로 옷을 입고자 하기 때문에 허리 고무밴드처럼 옷을 입고 벗기에 편안한 요소들이 중요하다.

유아, 토들러, 아동 의상에는 새로움, 색상, 회화적인 프린트가 중요하다. 라이선스 만화 또는 텔레비전 캐릭터로 프린트된 의상은 눈에 띄는 성공이 있어 왔다.

고학년 아동은 광고, 텔레비전 노출, 또래집단의 영향 때문에 그들이 입고 싶어 하는 것에 더 확고한 의견들을 가지고 있다. 이러한 발달은 많은 아동복 생산업자들이 젊은 여성 트렌드를 소녀들 의상에, 젊은 남성 트렌드를 소년들 의상에 반영시키는 스타일링 효과를 가져왔다.

고학년 소녀 의상은 종종 주니어 시장으로부터 나오기 때문에 주니어 패션자료들은 소녀 사이즈의 7~14사이즈 범주에서, 더욱이 사이즈 4~6X에서도 성공적으로 적용된다는 것이 발견되고 있다. 같은 방법으로 고학년 소년들을 위한 스타일링은 젊은 청년 의상으로부터 영향을 받는다. 토미 힐피거나 랄프 로렌의 폴로 같은 일부 남성복 회사는 소년 의상을 만들고 있다. 이 연령대 역시 나이키(Nike)와 챔피온(Champion)처럼 스포츠 팀, 유명인사, 브랜드가 프린트된 의상이 매우 인기를 얻고 있다.

가격대 아동복 가격대는 여성복이나 남성복보다 넓게 퍼져 있다. 또한 일부 생산업자들은 몇 개의 다른 가격대의 상품 라인을 생산하고 흔히 복합적인 사이즈군에서 소년 소녀 모두를 위해 생산한다.

고가 제조업체들은 패션 방향과 좋은 품질의 직물, 그리고 뛰어난 만듦새를 제공한다. 판매자들은 도리샤(Dorissa), 실비아 휘테(Sylvia Whyte), 몽키 웨어(Monkey Wear), 오일릴리(Oilily), 폴로와 토미 힐피거를 포함함다.

중가 상품은 평균가격에 넓은 범위의 가격과 브랜드를 포함한다. 베이비 토그즈(Baby Togs), 이글스 아이(Eagle's Eys), 에스프리(Esprit), 플랩 두들스(Flap Doodles), 가챠(Gotcha), 할스트링스(Hartstrings), 리틀미(Little Me), 오쉬코쉬 비코쉬(Osh Kosh B' Gosh), 퀵실버(Quicksilver), 레어 에디션즈(Rare Editions), 영스포트(Youngsport)가 해당된다.

보급가 상품은 바이엘(Byer), 에버(Eber), 카털스(Carter's), 헬스텍스(Healthtex), 람파지(Rampage)에 의해 제공된다.

아동복 리테일링업자들은 흔히 중가나 보급가로 자체 브랜드 상품을 제공한다.

요약

패션은 스타일, 수용, 시한성의 세 가지 특성이 있다. 변화는 패션이 전 세계 한 바퀴를 돌게 만든다. 새로운 스타일은 소개되고, 인기 속에 성장하고, 소멸을 향해 달려간다. 일부 스타일들은 다른 스타일들에 비해 오랫동안 유행으로 남는다. 일부는 잠복기를 거친 후 패션으로 다시 등장한다. 패션은 변화의 산물이기 때문에 타이밍 감각은 모든 산업 단계에서 중요한 속성이다.

소비자들은 패션 사이클의 단계와 함께 분류될 수 있다. 인구의 매우 작은 비율을 차지하는 패션 리더들은 사이클의 도입기에 새로운 스타일을 사서 입는다. 소비자의 대다수는 패션의 대량 마케팅을 움직이는 추종자들이다.

패션은 하이패션 디자이너들의 오리지널 아이디어로 선보였다가 낮은 가격대에서 재등장하기 위해 하강한다. 다른 스타일들은 '거리로부터 부각' 되어 수용되거나 매스 마케팅을 통해 빠르게 확산된다. 소비자들은 유행에 앞서고 싶은 욕구로 인해, 매력적으로 보이고 싶어서, 강한 이미지를 주기 위해, 타인에게 수용되고 싶어서, 감성적 만족을 위해 등 다양한 이유로 옷을 산다. 패션 선택에서 소비자들은 색상, 질감, 스타일, 가격, 맞음새, 적합성, 브랜드, 직물 기능, 만듦새를 고려한다. 소비자 수용은 스타일링과 상품 결정에서 주요 영향 요인이다. 패션 산업은 여성, 남성, 아동복의 다양한 사이즈 범위, 가격대, 스타일 종류로 소비자 필요에 대응한다.

용어 개념

다음의 용어와 개념을 간단히 설명하고 논하라.

1. 패션
2. 스타일
3. 수용
4. 타이밍 감각
5. 패션 사이클

6. 클래식
7. 패드
8. 패션 리더
9. 패션 추종자
10. 패션 피해자

11. 대중 시장 보급
12. 구매자 동기
13. 인식 가치

복습 문제

1. 패션의 세 가지 요인들을 쓰고 설명하라.
2. 패션 수용은 어떻게 디자인의 타이밍에 영향을 주는가?
3. 전형적인 패션 수용 사이클의 단계들을 묘사하라.
4. 소비자 수용과 패션 사이클의 관련성을 논의하라.
5. 소비자들이 옷을 살 때 무엇을 고려하는가? 여러분은 어떻게 구매 결정을 내리는가?
6. 스타일 종류와 사이즈 범주의 비슷한 점은 무엇인가?

🔵 심화 학습 프로젝트

1. 패션 리더라고 생각되는 유명한 영화배우나 유명인(남성 또는 여성)이 있는가? 이 사람이 어떻게 다른 사람들의 의상에 영향을 주었는지 사례를 기록한 짧은 보고서를 쓰라. 관련된 사진이나 그림의 복사물을 첨부하라.

2. 최근 패션 잡지에서 다음의 패션 유형마다 해당하는 다섯 가지 사례를 수집하라. (a) 하이 패션, (b) 매스 패션, (c) 클래식, (d) 패드.

3. 가까운 전문점 또는 백화점에서 다른 생산업자로부터 만들어진 비슷한 가격의 옷 두 벌을 비교하라. 그것을 입어 보라. 어떤 것이 더 잘 맞는가? 직물의 품질과 디자인의 적합성을 비교하라. 스타일링을 비교하라. 어떤 것이 더 앞서 가는가? 고려했던 모든 요인들을 종합하면 어떤 옷이 더 좋은 구매인가? 발견한 점을 보고서에 쓰라. 두 의상을 묘사하고 그리라.

4. 가까운 전문점 또는 백화점에서 미시 파트와 주니어 파트를 비교하라. 각 파트의 주요 생산업자들을 열거하고 일반적인 스타일링 차이점을 설명하라.

🔵 참고문헌

[1] As quoted in "King Karl," *Women's Wear Daily,* November 20, 1991, p. 7.

[2] As quoted in "The Transformation of Vera Wang," *Women's Wear Daily*, November 16, 2005, p. 7.

[3] As quoted in "Is the Designer Dead?" *Women's Wear Daily,* April 7, 1992, p. 10.

[4] Quoted in "Fall Fashions: Buying the Line," *Time,* April 23, 1984, p. 77.

[5] *Much Ado About Nothing,* Act III, 1598-1600.

[6] As quoted in "Donatella Takes Charge," *Women's Wear Daily,* October 1, 1997, p. 4.

[7] As quoted in "Les Fashion Victims," *Women's Wear Daily,* January 21, 1992, p. 4.

[8] As quoted in "Hunting & Gathering," *Wall Street Journal,* December 17, 2005.

[9] Review of Fashion Group International meeting, *FGI Bulletin,* May 2000, p. 1.

[10] As quoted in "Europe Design Houses Face a New World," *Women's Wear Daily,* June 15, 1992, p. 6.

[11] Natalie Mallinckrodt, president, Golden Rainbow, as quoted in "The Infant/Toddler Report," *Earnshaw's*, May, 1994, p. 51.

디자인 영감을 주는 다양한 재원에 둘러싸여 있는
디자이너 배티 존슨의 뉴욕 디자인 스튜디오에서
(출처 : BETSEY JOHNSON,
사진촬영 : 저자)

4

▶▶▶ 패션의 자원

관련 직업 ▪□▪

새로운 라인이나 콜렉션을 준비하기 전에, 패션 업계의 모든 디자이너와 머천다이저들은 조사 작업을 수행한다. 시장 조사 전문 업체 또한 인구통계학과 소비자의 구매 행동에 대해 연구한다. 디자인 서비스와 패션 출판 업계 역시 모든 패션 상품 분야를 위한 조사와 예측을 하는 전문가들을 필요로 한다.

학습 목표 ▪□▪

이 장을 읽은 후…

1. 조사(research)의 중요성에 대해 토론할 수 있다.
2. 시장 분석과 패션 예측의 필요성에 대해 설명할 수 있다.
3. 디자인 자원의 예를 들고 이에 대해 토론할 수 있다.

앞으로 다가올 시즌에 사람들이 구매하고 싶어 할 제품을 미리 만들거나 판다는 것은 쉬운 일이 아니다. 생산자와 유통업체들은 소비자들이 원할 제품들을 만들고 사고팔기 위해서 인식, 조사, 계획하는 것이 필요하다. 패션 산업체의 중역들은 경제, 정치, 인구통계학, 사회적 변화 등 세계에서 지금 어떤 일이 일어나고 있는지를 인식하고 있어야 하며, 또한 어떤 사건과 상황들이 그들의 사업에 영향을 미칠지를 미리 알아야만 한다. 만약 사전조사가 불충분하면, 혹은 예기치 못한 사건들이 일어나면 상품 판매에 실패하게 되고, 이는 생산자, 제조업체, 유통업체의 손실을 가져오게 된다. 이 장에서는 각 패션 산업의 다양한 단계에서 패션 제조업체들이 제품 개발에 사용하는 패션 예측(fashion forecasting), 패션 서비스(service)와 패션의 자원(resource)에 대하여 다루고자 한다.

패션 산업의 모든 단계에서는 모든 디자인과 머천다이징에 들어가기 전에 조사(research)가 행해지는데, 이를 수행하는 것은 패션 업체에서 주요 결정을 내려야 하는 사람들에게는 제2의 천성과도 같은 일이 되었다. 패션이라는 용어는 유동적으로 변화하는 상황을 의미하므로, 패션 산업체는 텍스타일 생산자, 패션 제조업체, 그리고 유통업체 모두 변화와 소비자 선호도에 영향을 끼치는 정보의 흐름을 받아들일 필요가 있다. 도나텔라 베르사체(Donatella Versace)는 "상아탑에 살면서는 절대 패션이나 어떤 예술적인 것을 만들어 낼 수 없으며 반드시 현실 세계에서 살아야 한다."[1]고 말했고, 디자이너 칼 라거펠트는 "모든 정보를 듣고, 모든 것을 알고, 보고, 읽기를 원하며 그 모든 것을 혼합하고 나서, 그 모든 것을 잊어버리고 자신만의 것을 만들어 내야 한다."[2]고 말했다. 또한 네세서리 오브젝트(Necessary Objects)사의 사주이며 디자이너인 에이디 글럭 프랭클(Ady Gluck-Frankel)은 "트렌드를 만드는 것은 그 시대이며, 우리는 모두 시대상이라는 같은 이슈들에 의해 영향을 받으며 시장을 분석하기 위해 정치, 생태학, 경제, 음악 등의 흐름을 해석한다."고 말한 바 있다.[3] 때로 직관처럼 보이는 것조차 실제로는 신중한 조사의 슬기로운 융합과 분석의 결과인 때가 많다.

그러므로 모든 패션 산업체의 간부, 디자이너, 머천다이저들은 조사와 분석에 깊숙이 관련될 수밖에 없다. 그들은 끊임없이 소비자의 라이프스타일을 연구하고, 시장을 분석하고, 트렌드와 디자인 리포트, 잡지, 신문을 읽어 소비자들과 그들이 원하는 것이 무엇인지를 이해해야 하기 때문이다. 이러한 조사는 디자인, 제조, 판매에 관련된 결정을 내리기 위하여 반드시 필요하다.

패션 예측

디자이너, 머천다이저, 바이어는 패션의 새로운 방향이 되는 트렌드의 예측 방법을 배워야 한다.

소비자들에게 1~2년 후 그들이 무엇을 원하게 될지 물어보는 것은 불가능하다. 아마 소비자들 자신조차 잘 모르고 있을 것이다. 디자이너, 머천다이저, 유통업체들은 다가올 시즌에 소비자들이 원할 패션 제품들을 생산해야 하기 때문에, 그들은 소비자들의 요구와 수요를 예측하는 법을 배워야 한다. 패션 예측(fashion forecasting)은 다음과 같은 활동들에 의해 가능하다.

- 마켓 동향의 분석─소비자의 구매 행동이 사회, 경제, 기술발달, 그리고 환경과 어떻게 연관되는가를 파악(제2장 참조)
- 남성, 여성, 또는 앞으로 소비자가 될 아이들의 라이프스타일 파악(제2장 참조)
- 판매 트렌드를 정하는 판매 통계 조사
- 앞으로의 방향 또는 트렌드를 제안하는 패션(컬러, 실루엣, 소재, 의복의 길이)을 파악하기 위한 인기 디자이너의 콜렉션 평가
- 세계의 패션 출판물, 카탈로그, 디자인 서비스 조사
- 스트리트 패션 조사(사람들이 무엇을 입고 있는가) 관찰과 유명인사(celebrities)들의 패션 스타일 조사

시장 조사

제2장에서 논의되었듯이, 패션 제조업체와 유통업체는 소비자들의 구매 습관과 선호를 알기 위해 그들의 표적시장을 끊임없이 조사해야 한다.

소비자 조사 패션 제조업체와 유통업체는 소비자의 구매 선호에 대하여 그들에게 직접 질문하기도 한다. 소비자 반응은 특정 의류나 액세서리, 색상, 사이즈, 혹

■ 컬러 예측 서비스를 하는 컬러 박스(Color Box) 뉴욕 스태프들
(사진촬영 : 저자)

은 특정 유통업체에 대한 소비자의 선호도를 찾기 위해서 수집되고 표로 만들어진다. 이 정보는 구체적으로 소비자의 기호를 반영한 새로운 제품을 생산하기 위해서 사용된다.

소비자에게 형식적으로 혹은 비형식적으로 물을 수 있다. 바이어 혹은 판매 관련자들은 상점에서 소비자들과 이야기를 나눌 수도 있다. 상품 제작자 혹은 소매상들은 시장 조사 업체에 주로 전화나 메일로 진행되는 시장 조사를 요청하기도 하고, FGI(Focused Group Interview)를 요청하기도 한다. 모든 기업이 시장 조사에 많은 비용을 지출할 만한 여건이 되는 것은 아니지만, 어떤 형태로든 소비자를 조사하고 파악할 수 있다.

- **설문조사**(survey)는 전화나 우편으로 하며, 패션 제조업체나 유통업체를 위해 출판사나 시장 조사 업체에 의해 만들어진다. 이러한 설문조사들은 수입, 라이프스타일, 패션 선호도, 구매 습관에 관한 질문들을 포함한다.
- **FGI**(Focused Group Interview)는 보통 시장 조사 업체들에 의해 선택된 '표적 소비자(consumer focus group)'와의 인터뷰이다. 이들은 상품들의 장단점과 구매 만족도의 여러 측면에 대해서 이야기한다.
- **매장 내 인터뷰**(in-store informal interview)는 단순히 소비자들에게 어떤 것을 사고 싶은지, 현재 가능한 것들 중에서 어떤 스타일을 좋아하는지, 그리고 어떤 상품을 원하는데 찾을 수가 없는지 등을 질문함으로써 정보를 얻는 것이다. 소비자들과 가까이 접촉하는 것이므로, 작은 상점의 운영자들이 가장 효과적으로 할 수 있다.

구매　소비자들이 무엇을 원하고 필요로 하는지 연구하기 위해서, 디자이너와 머천다이저는 또한 소매시장에서 어떤 상품들이 가장 잘 팔리는지를 본다. 디자이너와 머천다이저는 자신들의 상품과 경쟁하는 라인과 스타일, 가격, 맞음새(fit), 품질을 비교한다. 카탈로그 디자이너와 머천다이저 역시 경쟁하는 카탈로그들과 인터넷을 조사한다. 유통업체들은 어떤 상품 선택과 제시 방법이 가장 성공적인지 분석하기 위해 경쟁 상점을 관찰한다.

판매 기록　모든 패션 제조업체들과 유통업체들은 그들의 판매기록(sales records)을 조사한다. 상승하는 판매량의 통계는 어떤 패션 트렌드의 인기가 증가 일로에 있음을 보여 주는 반면, 하강 곡선을 그리는 판매량은 어떤 스타일의 인기가 그 정점을 지나갔음을 보여 준다(제3장의 '패션 사이클'을 참조). 또한 전반적으로 저조한 판매량은 그 스타일이 소비자의 패션, 품질, 맞음새에 대한 요구를 만족시키지 못함을 나타내는 것이므로, 이러한 때에는 그것을 라인에서 버리고 새로운 스타일을 취해야 한다.

트렌드 분석

1년에 두 번, 세계의 정상급 디자이너들은 그들의 콜렉션을 개최하는데(제12장 참조), 이때 전 세계의 소매 바이어와 패션 에디터들이 콜렉션이 열리는 파리, 밀라노, 뉴욕, 그리고 런던

디-사이퍼(D-cipher), 페클러, 인사이트(Insight), 젠킨스(Jenkins)의 디자인 예측 자료와 리포트 (출처 : ESP/ELLEN SIDERI PARTNERSHIP, INC.)

으로 몰려든다. 여기에서 패션 에디터들과 바이어들은 패션 방향에 영향을 미칠 새로운 아이디어를 얻기 위해 콜렉션을 분석하고자 노력한다. 과거에 미국의 패션 제조업체와 유통업체들은 새로운 패션 아이디어를 얻기 위해 유럽으로 눈을 돌렸었다. 그러나 지금은 외국의 패션 제조업체와 유통업체들이 미국의 디자이너 콜렉션에, 특히 캐주얼웨어 부분에 많은 관심을 나타낸다.

패션 트렌드 패션 트렌드(fashion trend)는 주요 콜렉션이 공통으로 가지고 있는 스타일 아이디어이다. 그들은 패션이 어떤 방향으로 흘러가는지를 나타낸다. 패션 예측자들은 그들이 생각하기에 예언적인 스타일과 그 시기의 분위기와 새로운 패션 트렌드의 신호를 포착하는 아이디어를 찾는다.

여러 디자이너들이 공통된 원천(source)에서 영감을 얻기 때문에, 서로 비슷한 패션 아이디어를 사용할 수도 있다. 트렌드는 여러 콜렉션의 소재, 실루엣, 또는 다른 디자인 요소에서 나타날 수 있다. 새로운 트렌드는 다른 콜렉션으로 퍼지기 전까지는 아주 작은 부분으로 나타나는 경우가 매우 흔하다. 패션 전문 언론사들이 콜렉션 간의 유사성을 지적하고 조명하는 것과 매체를 통해 알려짐으로써 트렌드가 자리 잡게 된다.

콜렉션의 평가는 패션 제조업체들에서 일하는 디자이너가 패션의 방향을 조사하기 위한 방법의 하나이다. 패션쇼에 가지 않는 경우, 그들은 주요 패션 중심지에서 쇼핑을 하거나 디자인 서비스, 잡지, 신문들을 통해서 콜렉션을 평가해야 한다.

유통업체의 바이어들에게는 어떤 트렌드가 패션의 베이직 아이템이 되고, 어떤 것이 단지 패드에 불과한지를 판단하는 것은 힘든 일이다. 그러나 만약 시장에 새로운 트렌드들이 범람한다면 소비자들은 지나치게 다양한 트렌드에 과다하게 접하는 것을 좋아하지는 않을 것이므로, 바이어들은 항상 유동성 있는 방식으로 제품 수주를 진행해야 하며, 재고관리에도 신중을 기해야 한다. 리테일러에게 있어서는 소량의 제품으로 트렌드를 테스트해 보고, 차후 대량 구매를 하는 것이 가장 이상적이지만, 실제적으로 이러한 구매 방식이 항상 가능한 것은 아니다.

인터넷과 텔레비전의 힘으로 인해, 세계의 패션계에는 글로벌 트렌드가 급속도로 전파되고 있다. 이제 한 트렌드의 주기는 1년이 아니라 거의 5개월 정도이며, 주니어 마켓에서는 트렌드의 지속기간이 겨우 3개월에 불과하게 되었다.

표적시장에 적합한 트렌드　종종 패션 제조업체와 유통업체들은 패션 마켓에는 많은 세분화된 표적 시장들이 있음을 잊어버리고, 어떤 한 트렌드에만 초점을 맞추는 경우가 많다. 소비자의 다양한 연령층 구조와 라이프스타일로 인해 패션 마켓 내에는 트렌디, 주니어, 전문가, 가족 중심적 표적시장 등 각각 고유의 성향을 가진 많은 틈새시장들이 형성된다. 오늘날의 분화된 마켓에서 어떤 한 트렌드는 하나의 틈새시장에만 적합한 것이 되기도 한다. 디자이너와 머천다이저는 표적시장 소비자의 연령범위, 소득수준, 그리고 패션 선호도에 기초하여 어떤 트렌드가 그들의 소비자들에게 가장 적합할지를 결정해야 한다.

패션 서비스와 자원

패션 전문가들은 패션 트렌드를 따르기 위해서 디자인, 색상, 비디오 서비스, 뉴스레터, 책, 잡지, 신문, 그리고 웹사이트와 같은 정보 원천들을 사용한다.

패션 서비스

패션 서비스(fashion service)는 구독료를 지불하면 패션 리포트, 예측, 상담 등을 받을 수 있는 패션 자원이다. 이러한 서비스들의 가격은 매우 비싸지만 그만큼 많은 정보를 제공한다. 대부분의 이러한 서비스를 제공하는 전문 업체들은 웹사이트나 뉴욕 패션 산업체 안내자료(New York City directories), 또는 주요 도시의 세일즈 책임자를 통해서 찾아볼 수 있다. 주요 패션 서비스 업체로는 칼렝 인터내셔널(Carlin International), 도미니크 페클러(Dominique Peclers), 이에스피 트렌드 연구소(ESP Trend Lab), 프로모스틸(Promostyl), 히얼엔데얼(Here & There), 패션 박스(Fashion Box), 그리고 트렌드 유니온(Trend Union)이 있다. 이들 서비스 업체들은 마켓 리서치, 시장 전개 타당성 조사, 콜렉션 리포트, 패션 예측, 관련 슬라이드의 제공, 디자인 컨설팅, 주요 스타일의 샘플 대여, 디자인 개발 용역 등을 제공한다.

콜렉션 리포트　패션 서비스는 콜렉션 정보에 대해 신속하면서도 심층 있는 정보를 담아 리포트를 제공한다. 잡지의 보도가 수개월 걸리는 데 비하여 이들의 서비스는 매우 신속하다. 쇼가 끝난 후 몇 시간 내에 인터넷을 통해 자료가 나오며, 인쇄된 리포트는 일주일 후면 제시된다. 패션 리포트는 또한 신문이나 잡지보다 콜렉션을 좀 더 깊이 있게 분석한 것이며, 여기에는 사진과 스케치, 슬라이드, 소재 스와치, 그리고 설명이 포함된다. 콜렉션은 그 규모에서 매우 크기 때문에, 쇼에 참석한 사람조차도 아이디어를 분류하고 주요 트렌드를 분석하는 데 보조자가 필요할 정도이다.

트렌드 리포트　패션 서비스 전문회사에서는 자신들이 유행할 것이라고 예측하거나 유럽에서 많이 판매된 트렌드에 대한 설명, 스케치, 소재 스와치, 그리고 의상의 컬러 샘플을 포함한 트렌드 리포트나 예측서를 발간한다. 그들은 컬러와 소재 경향을 기획하고, 실루엣과 다른 디자인 요소들을 예측하며, 특정 표적시장을 위한 트렌드를 제시한다. 어떤 자료에는 주요 패션 도시의 젊은이들 모습을 담은 거리 사진들이 포함되기도 하는데, 이들은 주니어 패션의 디자이너들에게 매우 유용한 자료가 된다.

　대부분의 패션 서비스 전문회사들은 여성복과 남성복의 정보를 모두 제공한다. 블록 노트 (Bloc Note)와 같은 회사는 아동복, 속옷 또는 니트를 위한 정보집을 발간하는 반면, 《토베 리포트(Tobé Report)》는 유통업체들을 위해 토베사가 발행하는 자료집이다. 각 패션 서비스 전문회사는 그들의 특별한 접근방법을 갖추고 있으며, 인사이트 풋웨어(Insights Footwear), 니트 포인트(Knit Point), 머드피 키드(Mudpie Kids)와 같은 회사들은 특정한 틈새시장에 관한 자료를 제공한다. 이러한 리포트는 매우 많이 있으므로, 어떤 것을 주문해야 할지 결정하는 것은 쉽지 않은데, 독일에서 출판되는 《스타일링 뉴스(Styling News)》(www.modeinfo.com)는 이러한 서비스를 알려 주는 자료이다.

컨설팅　많은 패션 서비스 전문회사에서는 디자인 개발, 브랜드 개발, 시장 조사, 실행 가능성 연구, 소비자 프로필 분석, 브랜드 이미지와 같은 개별 컨설팅 서비스를 제공함으로써 고객 회사의 제품 개발을 보조한다. 이것은 개별 상담을 통해 이루어지며, 때에 따라 어떤 회사의 전체 라인의 개발을 대행하기도 한다. 예를 들어, 파리의 페클러사는 빅토리아즈 시크릿 (Victoria's Secret)의 란제리 상품을 디자인한다.

컬러 서비스

어떤 패션 서비스 전문회사들은 컬러 예측 서비스만을 전문적으로 수행한다. 패션 산업체와 원단업체의 전문가들은 적어도 1년에 두 번 이러한 컬러 전문 서비스 회사 측을 만나서 미래의 컬러 트렌드를 기획하기 위한 컬러 사이클과 컬러 선호에 대한 정보를 제공받는다. 컬러 예측 서비스 전문회사는 염색된 실과 스와치를 디자이너와 머천다이저들에게 보내어 컬러 구상과 직물 구매 계획을 돕는다. 또한 어떤 섬유업체는 그들의 고객에게 컬러 예측 정보를 제공하기도 한다(제6장 참조).

주요 컬러 서비스 전문기관으로는 인터내셔널 컬러 어서리티(International Color Authority)(영국), 에센셜 컬러 앤 컬러레이스(Essential Colours and Colorace)(독일), OMS(오스트리아), 오리존티(Orizzonti)(이탈리아), 엘에이 컬러스(L.A. Colours)(네덜란드), 더 컬러 박스(The Color Box), 더 컬러 마케팅 그룹(The Color Marketing Group), 컨셉 인 컬러(Concept in Color), 컬러플레이(Colorplay), 돈거 크리에이티브 서비스(Doneger Creative Servive), 휴포인트(Huepoint), 컬러 포트폴리오(Color Portfolio), 믹스 글로벌 컬러 리소스(Mix Global Color Resource) 등을 들 수 있으며 그 외에도 다양하다.

컬러 시스템은 또 다른 종류의 컬러 자원이다. SCOTDIC(Standard Color of Textile Dictionaire Internationale de la Couleur)나 팬톤(Pantone)과 같은 업체들은 자사의 컬러 유형군(color family) 내에 염색 컬러의 자료를 보유하고 있으며, 그들은 그 샘플들을 상품이나 염직물의 컬러 선택 기준으로 사용하는 고객들에게 컬러 카드를 판매한다.

웹사이트

패션에 대한 정보를 공급하는 웹사이트는 수없이 많다. 거의 모든 주요 패션 제조업체와 유통업체들이 웹사이트를 보유하고 있으며, 대중들의 패션 정보에 대한 수요가 증대됨에 따라서 웹사이트들의 수도 크게 늘어났다. 이 중 주요 자료 제공처(자주 변화하지만)로는 다음과 같은 것들을 들 수 있다.

- www.fashioncenter.com−뉴욕 패션 센터(New York Fashion Center)의 사이트로서, 12,000개가 넘는 패션 관련 업체들의 상호작용하는 데이터베이스를 주로 하여, 뉴욕 시의 패션업체 지도와 각종 패션 관련 박람회 일정을 제공한다.
- www.fgi.org−패션 그룹 인터내셔널(Fashion Group International)의 웹사이트로, 회원들을 위해 행사와 사업 정보 리스트를 보유하고 있다. 이 사이트 내의 학생 센터는 패션 스쿨, 인턴십, 직업에 대한 정보를 제공한다. 그들의 뉴스레터와 미팅은 현재 패션 산업의 발전에 대한 정보의 좋은 원천이 된다.
- www.doneger.com−기업을 위한 돈거 크리에이티브 서비스(Doneger Creative Services)의 유료 정보 사이트
- www.firstveiw.com−퍼스트 뷰(First View)는 파리, 밀라노, 런던, 뉴욕의 최근 콜렉션 사진들을 볼 수 있는 유료 패션 정보 사이트이다.

- www.modeaparis.com – 파리의 오트 쿠튀르 조합의 멤버 리스트가 있는 사이트
- www.vogue.com –《보그》지의 웹사이트로, 디자이너 콜렉션뿐만 아니라 디자이너의 명성과 패션쇼 뒤의 장면도 함께 제공한다.
- www.wgsn.com – 워스 글로벌 스타일 네트워크(Worth Global Style Network)는 온라인 패션쇼, 박람회 일정과 박람회 리포트, 프레타포르테와 쿠튀르 콜렉션, 그리고 트렌드 예측 정보를 제공하며, 유료로 제공된다.
- www.wwd.com –《우먼스 웨어 데일리(Women's Wear Daily)》신문의 온라인 버전으로, 패션 산업에 대한 일간 신문이다.

비디오 서비스와 텔레비전

비디오는 패션 리포트를 위한 또 다른 이상적인 매체이다. '비디오 패션 뉴스(Video-fashion News)' 서비스에서는 콜렉션 주요장면과 디자이너 프로필을 담은 비디오테이프를 매달 구독자에게 발송한다. '비디오 패션 뉴스'는 스타일 네트워크(Style Network), 미국의 케이블 방송, 케이블비전(Cablevision)의 메트로 TV(METRO TV)에서 매주 소개된다. 또한 DVD로 제작되어 업체에 판매되기도 하며, 도서관에 비치되기도 한다.

CD-ROM 형태의 '패스트 퍼워드(Fast Forward)'는 주요 패션 이벤트에 관한 정보를 다루는데, 정기구독할 경우 받아 볼 수 있다.

미국 《보그》지의 편집장
안나 윈투어(Anna
Wintour)와 벨기에
출신 디자이너 올리비에
데이스켄스(Olivier
Theyskens)
(출처 : 미국 패션디자이너
협회, 사진촬영 : DAN
LECCA)

패션 전문 잡지와 신문

다양한 트레이드 간행물과 소비자들을 위한 일반 간행물도 패션 트렌드의 조사 대상이 된다. 트레이드 잡지와 신문은 패션 산업계 종사자들을 위한 것이고, 소비자 간행물은 일반 대중을 위한 것이다. 각 패션 저널리스트들은 각기 다른 관점에서 패션 트렌드를 편집하며, 그들의 선택적인 편집은 디자이너를 성공시키거나 무너뜨릴 수도 있고, 트렌드를 강화하기도 한다.

패션 편집 패션 에디터들의 역할은 대중에게 패션을 알리고, 교육하는 일이다. 따라서 그들은 세계 모든 곳의, 모든 단계의 산업에서 일어나는 패션 정보를 제공하며, 패션 산업 종사자들이나 소비자들에게 가능한 모든 정보를 전달함으로써, 소비자들의 현명하고 적절한 스타일 결정과 구매 결정을 돕는다. 패션 에디터들은 저널리스트, 스타일리스트, 사진작가와 함께 소비자의 눈과 귀 역할을 한다. 그들은 많은 사람들이 현재의 패션 트렌드를 알 수 있도록 돕고, 어떻게 새로운 패션 상품을 입고 꾸미는지에 대해서도 알려 준다.

주요 신문이나 패션잡지의 에디터들은 콜렉션에 참가하고 그중 어떤 콜렉션이 주목할 만한지를 평가·기록하고 중요하다고 생각하는 방향을 보도한다. 그들은 기사에 사용하기 위해서 의상의 스케치나 사진을 요청하기도 한다.

유명 패션 잡지의 기사를 작성하는 일은 다음과 같은 일을 포함한다. 에디터들은 유명인이나 유명 모델을 섭외하는데, 어떤 경우에는 1년 전에 예약해야 하는 경우도 있다. 사무실로 들어오는 뉴스나 홍보자료를 선별하여 기사를 쓰기도 하고, 사진가들과 아이디어를 나누기도 한다. 어떤 사진가와 작업할지를 정하고, 스튜디오에서 작업할지, 야외 로케이션을 진행할지도 상의한다. 함께 작업할 스타일리스트, 플롭(props; 촬영에 쓰일 소품) 스타일리스트, 헤어 및 메이크업 아티스트를 정하고, 촬영에 앞서 준비할 목록 및 제반 비용도 계산한다. 촬영 시 스태프들을 위한 케이터링도 예약한다. 에디터는 스타일리스트와 함께 촬영할 의상과 액세서리를 패션 제조업체에 요청한다. 사진을 프린트하여 검토한 후, 컴퓨터로 리터칭하여 보완하고(모델들은 생각보다 완벽하지 않다), 컬러도 교정된다. 잡지 커버는 보다 많은 수정 작업을 거치며, 때로는 이메일을 통해 선호도를 조사하기도 한다. 오늘날은 이미지가 매우 중요시되는 시대이기 때문에 잡지 커버 하나를 만들기 위해 10만 달러의 비용을 지출하기도 한다.

트레이드 간행물   신문, 저널, 잡지 등의 트레이드 간행물(trade publications)은 독자에게 패션 트렌드와 섬유 및 패션 산업과 소매업의 발전에 관한 정보를 제공하며, 이들 대부분은 특정 분야만을 다루는 특화된 간행물들이다. 바쁜 패션 업체의 간부들은 이들 중 단지 몇 개만을 읽을 시간밖에는 여유가 없으며, 따라서 자신들의 마켓에 초점을 둔 정보를 제공하는 간행물을 찾고자 한다. 패션 회사의 간부들은 이러한 간행물들을 매일 읽는데, 간행물의 예는 다음과 같다.

> **여성복 :** 미국의 주요 패션 산업 신문인 《우먼스 웨어 데일리(Womens Wear Daily)》는 매주 주중 5일간 발간되는 일간지이다. 이 신문은 매일 새로운 화제를 다루며 때로는 액세서리, 캐주얼웨어, 수영복, 기술 발전과 같은 특별한 주제를 다루기도 한다. 《우먼스 웨어 데일리》는 월간지인 《W》지도 간행한다. 《스타일(Style)》지는 캐나다의 트레이드 잡지이고, 《갭(Gap)》은 프랑스에서, 《패션 폴리오(Fashion Folio)》와 《드레이퍼스 레코드(Drapers Record)》는 영국에서 발행된다.
>
> **남성복 :** 《DNR(Daily News Record)》
>
> **아동복 :** 《언쇼즈(Earnshaws)》
>
> **스포츠웨어 :** 《스포츠웨어인터내셔널(Sportswear International)》, 《스포츠 & 스트리트(Sports & Street)》
>
> **액세서리 :** 《풋웨어 뉴스(Footwear News, FN)》와 《액세서리스 매거진(Accessories Magazine)》, 《슈츠(Shuz)》
>
> **텍스타일 :** 《인터내셔널 텍스타일(International Textiles)》, 《텍스타일 월드(Textile World)》, 텍스타일 스위스 텍스타일 아트협회의 뉴스레터인 《텍스타일 스위스(Textile Suisse)》, 《텍스타일 뷰(Textile View)》
>
> **의류 산업 :** 《어패럴 인더스트리 매거진(Apparel Industry Magazine)》, 《어패럴 매뉴팩처러(Apparel Manufacturer)》, 《어패럴(Apparel)》[보빈(Bobbin)이 명칭 변경함]
>
> **광고와 마케팅 :** 《애드버타이징 에이지(Advertising Age)》, 《브랜드위크(Brandweek)》, 《아메리칸 데모그래픽스(American Demographics)》, 《리테일 에드 월드(Retail Ad World)》, 《SMM(Sales & Marketing Management)》, 《쇼핑센터 월드(Shopping Center World)》
>
> **소매업 :** 《스토어즈(Stores)》[미국 리테일 협회(National Retail Merchant Association)발

행], 《체인스토어 에이지(Chain Store Age)》, 《리테일 인텔리전스(Retail Intelligence)》, 그리고 《리테일 퍼워드(Retail Forward)》, 《리테일 머천다이저(Retail Merchandiser)》, 《쇼핑센터월드(Shopping Center World)》

디스플레이 : 《커뮤니케이션 아트(Communication Arts)》, 《디스플레이 앤 디자인 아이디어즈(Display & Design Ideas)》, 《인스피레이션스(Inspirations)》, 《라이팅 디멘전스(Lighting Dimensions)》, 《리테일 디자인 & 비주얼 프리젠테이션(Retaila Design & Visual Presentation)》, 《비주얼 머천다이징 & 스토어 디자인(Visual Merchandising & Store Design)》 등

인터내셔널 패션 잡지 이 잡지들은 패션을 다루면서도 일반 소비자를 대상으로 발행되는 것이며, (미국 내에서는) 일반 상점에서 손쉽게 구할 수 있는 잡지류이다. 미국인들은 유럽 디자이너들이 종종 트렌드를 창조해 낸다는 점을 고려하여, 이러한 류의 외국 잡지가 패션 예측에 도움이 된다고 생각한다.

이들 중 어떤 잡지들은 1년에 두 번 혹은 네 번 콜렉션 리포트로 출판되기도 하는데, 특히 독일과 일본에서 발행되는 잡지 중에는 그러한 것들이 많다.

이러한 잡지들은 디자이너에게, 특히 회사의 예산 절감 문제로 인해 디자인 정보 서비스를 제대로 받기 어려울 때 매우 중요한 자료로 활용된다. 디자이너들은 그들의 특정 상품에 대한 적절한 아이디어를 얻기 위해서 잡지를 이용하기도 한다. 예를 들어 청바지(jeanswear) 디자이너들은 특정 카테고리를 위한 아이디어를 싣고 있는 최신(contemporary) 잡지나 주니어용 잡지를 구매한다. 미국에서 발행되는 잡지들을 주문하기 위해서는 뉴욕 시의 오버시즈 퍼블리셔스 리프리젠터티브스(Overseas Publishers Representatives)를 통하면 된다. 다음은 패션에 관한 수백 개 잡지들 중 일부 목록이다.

여성 패션 잡지 : 《콜렉션스(Collections)》, 《로피시엘 콜렉션(L' Officiel Collections)》, 프랑스판 《보그》 (이상 프랑스에서 발행), 《라인 아 이탈리아(Line a Italia)》, 《도나(Donna)》, 《모다(Moda)》, 이탈리아판 《하퍼즈 바자(Harper' s Bazzar)》, 이탈리아판 《보그》 (이상 이탈리아에서 발행), 《하퍼즈 앤 퀸(Harper' s and Queen)》, 영국판 《보그》 (이상 영국에서 발행), 《부르다 인터내셔널(Burda International)》, 《마담(Madam)》, 《패션 가이드(Fashion Guide)》, 독일판 《보그》 (이상 독일에서 발행), 《엘레강스(Elegance)》, 《랑데부(Rendez-vous)》 (이상 스위스에서 발행), 《패션 이어북(Fashion Yearbook)》, 《하이패션(Hi Fashion)》, 《모드 에 모드(Mode et Mode)》, 《미시즈 앤 마담(Mrs. Madam)》 (이상 일본에서 발행), 《스타일(Style)》, 《플래어(Flare)》 (이상 캐나다에서 발행)

최신 문화 및 주니어 트렌드를 다루는 잡지 : 《데이즈드 앤 컨퓨즈드(Dazed and Confuzed)》, 《옵션스(Options)》 (이상 영국에서 발행), 《엘르(Elle)》, 《데페쉐 모드

(Depeche Mode)》, 《쥬느 에 졸리(Jeune et Jolie)》 (이상 프랑스에서 발행), 《모다 인(Moda In)》, 《모다 비바(Moda Viva)》, 《아미카(Amica)》 (이상 이탈리아에서 발행), 《브리지트(Brigitte)》, 《미스 보그(Miss Vogue)》, 《카리나(Carina)》 (이상 독일에서 발행), 《논노(Non-no)》, 《25앙스(25ans)》, 《맥시스터(McSister)》 (이상 일본에서 발행)

아동 패션 잡지 : 《보그 밤비니(Vogue Bambini)》, 《도나 밤비니(Donna Bambini)》, 《모다 빔비(Moda Bimbi)》 (이상 이탈리아에서 발행), 《세서미 앤 베이비 패션(Sesame and Baby Fashion)》 (이상 일본에서 발행), (주니어 패션도 아동복 아이디어의 좋은 원천이다.)

남성 패션 잡지 : 《로피시엘 옴므(L' Officiel Hommes)》, 《보그 옴므(Vogue Hommes)》 (이상 프랑스에서 발행), 《워모 보그(L' Uomo Vogue)》, 《리니아 이탈리아나 워모(Linea Italiana Uomo)》, 《몬도 워모(Mondo Uomo)》, 《워모 하퍼즈 바자(Uomo Harper's Bazzar)》 (이상 이탈리아에서 발행), 《매너 보그(Männer Vogue)》 (독일에서 발행), 《멘즈 클럽(Men's Club)》, 《던슨(Dansen)》 (이상 일본에서 발행)

웨딩 잡지 : 《마리아쥬(Mariages)》 (프랑스에서 발행), 《스포사(Sposa)》 (이탈리아에서 발행)

미국에서 발행되는 소비자 패션 잡지 기존의 많은 잡지들이 변신을 꾀하고 있으며, 외국의 출판사나 편집자들이 미국 내로 끊임없이 유입되고 있다. 그중 어떤 잡지들은 사장되기도 했지만, 새로운 시장에 진출하고자 하는 해외의 잡지들은 언제나 넘쳐난다. 미국에서 발행된 잡지들은 특정 표적시장을 위해 패션을 분석하고, 미국 디자이너 콜렉션을 조사하고, 어떤 패션을 어느 상점에서 구할 수 있는지 알려 주는 원천으로 가장 많이 쓰인다. 디자이너들은 각기 가장 선호하는 잡지가 있다. 잡지의 50~75%는 광고로 구성된다는 점을 상기하라!*

최근 미국에서 각광받고 있는 잡지는 《인스타일(In-Style)》, 《럭키(Lucky)》, 《틴 보그(Teen Vogue)》, 《지큐(GQ)》, 《디테일(Detail)》 등이다.

카탈로그

디자이너들은 아이디어의 원천으로 카탈로그를 사용하기도 한다. 카탈로그는 무료 잡지나 진배없이 사용되는데, 이를테면 캐주얼웨어 카탈로그에 실린 가죽 재킷은 다른 패션 업체의 코듀로이 나일론 재킷을 만드는 데도 영향을 줄 수 있을 뿐 아니라, 심지어 다른 카탈로그 회사에도 영감을 줄 수 있을 것이다.

---

*역자 주 : 표적시장에 따라 광고를 실을 잡지의 선택이 달라진다.

디자인의 원천

역사적이거나 민속적인 의상들, 예술, 여행 등은 디자이너들에게 영감을 제공한다.

디자인을 한다는 것은 완전히 새로운 것을 창조해 내는 작업이 아니다. 아이디어는 무에서 유를 창조하는 것이 아니다. 우선 디자이너들이 세심한 조사를 하고, 다만 무엇이 그 디자이너의 라인을 특별하게 만드는가는 디자인 원천을 해석하는 그의 독창적인 능력에 달려 있다.

역사적인 의상, 민속적인 의상

디자이너는 종종 아이디어나 테마를 얻기 위해서 과거(이는 가까운 과거일 수도 있고 먼 과거일 수도 있다)나 민속 의상으로 눈을 돌리기도 한다. 의상(costume)은 다음의 두 가지 범주로 나뉜다. 역사적인 의상은 특정한 시대에 유행했던 패션이며, 민속 의상은 전통적으로 그 국가 혹은 지역에서만 입었던 옷이다. 이들 두 가지는 모두 현대의 패션 디자인에 영감을 주는 원천이 된다.

역사적 의상으로부터의 영감　디자이너들은 보통 역사 속 각 시대 의상의 컬러, 모티브, 선, 형태, 그리고 의상에 의해 형성되는 공간 등을 세심하게 관찰한다. 어떤 디자이너들은 콜렉션에서 이러한 요소들을 디자이너의 원천으로 사용하기도 한다. 예를 들어 나네트 레포르 (Nanette Lepore)와 제임스 코벨로(James Coviello)는 영국의 에드워드안 스타일에 영감을 받은 콜렉션을 발표한 바 있다. 노스텔리아 룩이 현대 패션에 사용될 때는 오늘날의 감성에 맞도록 재해석된다. 캐롤리나 헤레라(Carolona Herrera) 역시 콜렉션에서 1950년대 스타일을 재해석하여 발표한 바 있다.

자사 브랜드 보존물로부터의 영감　대부분의 디자이너 브랜드들은 자사만의 패션 보존물 (archives)*을 지니고 있다. 회사 자료실에 보관되어 온 스케치, 사진, 편지, 도서, 패턴, 액세서리, 패브릭, 당시에 만들어진 실제 드레스 등을 통해 자신의 근원을 확인하고, 이를 디자인의 원천으로 활용하는 것이 중요하다. 자료를 잘 보관하려면 라벨을 붙이고 소재별로 범주화하는 등 분류도 잘해야 할 뿐만 아니라, 먼지로부터 자료를 보호할 수 있는 캐비닛 및 온도 조절 장치를 갖춘 특별한 공간 등도 구비해야 한다. 발렌시아가(Balenciaga)는 자사의 보존물을 아이디어의 원천으로 이용할 뿐만 아니라, 매해 새로운 패브릭을 사용한 옛 디자인 '에디션'을 두 아이템 정도 선보이고 있다.

---

*역자 주 : 보존되어 있는 옛 기록물.

민속 의상의 영향   디자이너들은 민속 의상을 색채, 모티브, 선, 형태, 공간으로부터 같은 영감을 받아 만들어진 혼합물이라 생각한다. 예를 들어 오스카 드 라 렌타(Oscar de la Renta)의 최근 콜렉션은 인도와 러시아의 의상으로부터 영감을 받아 제작되었다. 비즈 장식, 자수, 원색의 컬러감, 특수 염색 프린트 등의 장식적인 요소가 집시룩과 어우러져 표현되었다. 마이클 코어스(Michael Kors), 피터 솜(Peter Som) 등 많은 디자이너들이 중국풍 혹은 러시아풍의 민속 의상에서 영감을 받은 의상을 선보이고 있다.

빈티지 의류점과 서비스   디자이너들은 때때로 빈티지 의류점, 벼룩시장, 중고품 상점, 경매, 그리고 인터넷 등에서 오래된 의류와 직물을 구매하여 오늘날의 패션을 해석하는 도구로 사용하기도 한다. 그런가 하면 디자이너에게 영감을 줄 수 있는 오래된 옷들을 찾아주는 서비스 및 전문 스타일리스트도 있다. 빈티지 의상을 취급하는 웹사이트를 쉽게 찾아볼 수 있으며, 페어(fair)나 벼룩시장, 중고품 숍, 경매 등을 통해서도 구매할 수 있다. 뉴욕에서 열리는 맨하탄 빈티지 의류전시회(Manhattan Vintage Clothing Show)는 빈티지 의류를 구매할 수 있는 주요 페어 중 하나이다. 빈티지 의류를 구할 수 있는 웹사이트로는 다음과 같은 것이 있다: www.rustyzipper.com, www.vintagevixen.com, www.fashiondig.com. 빈티지 패션 중 특히 오트 쿠튀르 의상은 귀하게 취급되고 있다. 최근 경매에서 찰스 워드(Charles Worth)의 드레스 가운은 10만 1,500달러에 판매된 바 있다. 개인 컬렉터들과 박물관 관계자, 앤틱 딜러들이 경합을 벌이는 가운데, 디자인 하우스 역시 자사 알카이브 자료를 찾아내기 위해 열을 올리고 있다.

박물관   박물관에서 열리는 의상 콜렉션 전시회를 통해 옛날부터 보존되어 온 실제 의상들을 볼 수 있다. 파리 루브르 박물관에서 열린 크리스토벌 발렌시아가(Cristobal Balenciaga)의 전시나 뉴욕의 메트로폴리탄 박물관에서 열린 '앵글로매니아(Anglomania)'와 같은 유명 전시는 많은 디자이너에게 영향을 미친다. 다음의 박물관과 갤러리 하우스들은 중요한 의상 콜렉션을 보유하고 있다.

1800년대 초반의 엠파이어 스타일로부터 영감을 받은 베라 왕의 아이보리 드레스 (출처 : VERA WANG)

브루클린 뮤지움 내 의상 갤러리 – 미국 뉴욕 시 이스턴 파크웨이 188번지. www. brooklynart.org

로스앤젤레스 뮤지움 내 의상 갤러리 – 미국 캘리포니아 주 로스앤젤레스 시 월샤이어 블러바드 5905번지. www.lacma.org

맥코어드 뮤지움 내 의상 전시관 – 캐나다 몬트리올 시 셔브룩 스트리트 웨스트의 690번지. www.mccord-museum.qc.ca

메트로폴리탄 뮤지움 내 의상 전시관과 안토니오 라티 텍스타일 센터 – 미국 뉴욕 5번가 1000번지. www.metmuseum.org

FIT 의상 도서관 및 갤러리 – 뉴욕 시 27번가. www.fitnyc.suny.edu

모던 아트 갤러리 내 의상 전시관 – 이탈리아 피렌체. www.sas.firenze.it

뮤제 뒤 코스튬 드 라 빌르 드 파리 – 프랑스 파리 시의 뉴욕 애브뉴 14번지. www.paris.fr/musees

뮤제 드 라 모드 – 루브르궁 내 파비롱 드 마르상, 프랑스 파리 시 리볼가 75001번지. www.ucad.fr

의상박물관 – 영국 바스 시의 베넷가. www.museumofcostume.co.uk

릭스 뮤지움 – 네덜란드 암스테르담 슈타드데르스카데 42번지 소재. www.rijksmuseum.nl

노스 텍사스 대학교 – 스쿨 오브 비주얼아트 내 텍스타일 패션 콜렉션. www.art.unt.edu/tfc

빅토리아 앤 알버트 뮤지움 – 영국 런던 시 크롬웰 로드. www.vam.ac.uk

많은 지방 박물관에서도 이와 같은 패션 콜렉션이 열리며, 거의 모든 국립 민속 박물관들에는 민속 의상이 소장되어 있다. 또한 모든 박물관에서는 옛 시대에 그려진 그림을 통해 당대의 의상을 연구하기도 한다.

도서관과 서점　디자인 아이디어는 의상의 역사를 다룬 책이나 옛 잡지에서도 얻을 수 있다. 박물관 서점과 도서관은 의상의 참고자료를 찾기에 매우 좋은 곳이다. 많은 도서관들이 《고디즈 레이디스 북(Godey's Lady's Book)》(1830년대부터 1890년대까지), 《하퍼즈 바자》(1867년부터), 《보그》(1894년부터)와 같이 역사가 오래된 패션 잡지들을 소장하고 있다. 그런가 하면 많은 패션 디자이너들은 역사 및 민족 의상, 영화, 스포츠, 예술가, 디자이너, 섬유에 대한 장서를 자료로서 직접 소장하기도 한다. 또한 대학들 중에는 역사적인 의상과 나염에 관한 자료집을 보유한 대학들도 있다.

예 술

영화, 비디오, 텔레비전, 미술, 건축, 음악, 그리고 연극은 모두 패션 디자인에 영감을 주는 요소이다. 디자이너들은 큰 도시로 몰려가서 그곳에 집중된 창조성을 흡수하기도 하는데, 이때 그들은 다른 디자이너와 예술가들에게서 영향을 받는다. 이와 같이 디자이너들은 새로운 아이디어를 접하고 자극을 받으며, 이러한 자극은 더 나은 창조를 촉진하는 촉진제 역할을 한다.

아트 전시회는 종종 디자인 콜렉션에 영향을 준다. 어떤 아티스트의 작품 하나가 영감을 주기도 하고, 어떤 디자이너는 아티스트 한 명을 선정해 그의 작품세계를 콜렉션으로 풀어 내기도 한다. 예를 들어 블루마린(Blumarine)의 안나 몰리나리(Anna Molinari)는 구스타브 클림트(Gustav Klimt)의 작품에서 아이디어를 가져왔으며, 배즐리엔미시카(Badgley & Mischka) 디자인 듀오는 17세기의 플랑드르 미술에서 아이디어를 얻어 콜렉션을 전개했다. 디자이너 피터 솜(Peter Som)은 인터뷰에서 자신의 콜렉션이 베르메르의 그림 〈진주 귀걸이를 한 소녀〉에서 영감을 받았음을 밝힌 바 있다.

영화는 패션에 영향을 크게 미치는 분야 중 하나이다. 무대의상 디자인은 영화나 연극을 위한 의류를 제작하는 분야를 일컫는다. 무대의상 디자인은 시대 의상을 고증하고, 극이나 영화에서 옷을 입을 인물의 캐릭터를 연구하는 것에서부터 시작된다. 이와 관련하여 배우 줄리안 무어(Julianne Moore)는 "내가 맡은 배역의 옷을 입는 순간 나는 영화 속의 인물로 빠져 들어 가는 동시에 영감도 받는다. 반면 영화를 보는 관객은 영화 속 패션을 통해 옷을 입는 법을 배우는 것 같다. 영화와 패션은 상호 공생의 관계라 할 수 있다."라고 언급한 바 있다.[4]

디자이너가 자신이 본 영화 속의 의상에서 디자인 모티브를 가져오기도 한다. 이때 영화는 오래된 옛 영화일 수도 있고 최신 영화일 수도 있다. 예를 들어 피터 솜은 최근 오드리 헵번이 주연한 〈마이 페어 레이디(My Fair Lady)〉에서 영감을 받은 디자인을 발표한 바 있으며, 매튜 윌리암슨(Matthew Williamson)은 1968년 제작된 영화 〈토마스 크라운 어페어(The Thomas Crown Affair)〉에서 영감은 받은 콜렉션을 발표한 바 있다.

대중음악 가수나 연주자의 연주가 담긴 비디오 음악은 젊은이들의 패션에 큰 영향을 미친다. 그러한 연유로 인해 10대들의 차림은 록 가수가 입는 것과 비슷하기 마련인데, 바로 그러한 점을 고려하여 주니어 패션 전문 디자이너들은 소비자들에게 인기 있는 의상을 발굴하기 위해 연예인 스타일을 모방하기도 한다.

텔레비전은 시트콤이나 리얼리티 쇼 등 각종 프로그램을 통해 다양한 패션을 보여주는 매체이다. 이러한 옷들은 그 쇼를 위해 특별히 제작된 경우도 있고, 기성복 중에서 선택된 경우도 있다. 많은 프로그램이 30세 이하의 젊은 시청자들을 대상으로 하므로, 스타들이 입은 옷은 젊은이들의 패션 트렌드로 전파된다. 경우에 따라서 패션 브랜드 회사는 자사의 제품을 프로그램의 등장인물에게 입히는 대가로 비용을 지출하기도 한다. 케이블 방송에서 패션 관련 프로그램이 방영되기도 한다. 예를 들어 브라보(Bravo) TV의 '프로젝트 런웨이(Project Runway)'는 디자이너 지망생들에게 큰 반향을 일으키고 있다.

레이스 패브릭 소재에 영감을 받은 앤드류 GN의 매혹적인 블라우스
(출처 : ANDREW GN, PARIS)

아카데미 시상식이나 골든 글로브, 그레미 시상식에서 보이는 패션 역시 그 영향력이 크다. 유명 디자이너들 간에 레드카펫에 서게 될 스타들에게 옷을 입히기 위한 경쟁이 치열하며, 스타가 상을 수상할 가능성이 클 경우 경쟁은 더욱 치열해진다. 아르마니와 같은 유명 디자이너들이 자사의 드레스를 꼭 입는다는 보장이 없다고 해도 드레스가 선택되길 바라며 옷을 대여해 준다. 여배우는 시상식에서 입을 드레스와 액세서리를 자신의 스타일리스트와 상의하여 결정하게 된다. 대중들은 스타의 패션을 따라 하고 싶어 하므로, 시상식에서 보인 패션은 모방되어 퍼지게 된다.

소 재

소재(fabrics)는 패션 디자이너에게 영감을 주는 가장 중요한 원천이다. 어떤 소재를 사용하느냐에 따라 비용도 천차만별로 달라질 수 있다. 한 종류의 패브릭으로 콜렉션 전체를 전개할 수도 있다. 예를 들어 메튜 윌리암슨의 최근 콜렉션은 인도산 자수 패브릭을 메인으로 해서 콜렉션을 전개한 바 있다. 그러나 실제 업무에 있어서는 대부분의 의류와 액세서리 디자이너들이 허용된 가격 범위 내에서 사용 가능한 소재만을 사용할 수밖에 없다.

디자이너들은 국제 섬유 마켓이나 뉴욕과 LA의 섬유 박람회를 통해 최근에 나온 소재들을 구매한다.

소재 디자이너들은 의류디자이너나 액세서리 디자이너들과 마찬가지로 시장 조사와 트렌드 조사를 수행한다. 그들도 지금까지 언급한 내용을 영감의 원천으로 활용하는데, 특히 소재와 역사/민속/무대 의상 콜렉션, 인테리어 장식, 소재 박람회 등이 중요하다. 영감을 줄 만한 빈티지 소재를 제공하는 소재 스와치 서비스도 있다.

여행과 자연

여행은 디자이너의 콜렉션에 영향을 끼친다. 디자이너들은 시각적으로 혹은 문화적으로 자극을 받을 수 있는 장소를 방문하는 것을 좋아한다. 그들은 언제나 새로운 자극을 받아들이고 소화할 능력이 있다고 인정받기 때문에 업무 휴가(working vacation)를 받는다. 업무 휴가 여행은 디자이너들로 하여금 새로운 아이디어를 얻는 기회가 되지만, 그렇다고 해서 이러한 새로운 아이디어들이 그들의 콜렉션에서 항상 명확하게 반영되는 것은 아니다. 그보다는 축적된 아이디어들이 신선한 컬러 팔레트, 새로운 소재 패턴, 또는 사물을 바라보는 다른 방법으로 미묘하게 조합되어 나타나는 경우가 많다.

디자이너는 고향 혹은 외국의 자연에서 영감을 받기도 한다. 자연의 형태나 무늬들은 의복이나 액세서리 디자인에 영향을 미치기도 하며, 꽃이나 가을 잎사귀의 색채는 컬러 기획에 영감을 주기도 한다. 예를 들어 도나텔라 베르사체는 녹색의 비단뱀 가죽에서 잘라 낸 잎들로 드레스 전체를 뒤덮었다.

형태는 기능을 따른다

건축가였던 루이스 설리번(Louis Sullivan)의 말을 빌리자면, 의류 디자이너 역시 필요에서 영감을 받는다고 한다. 데님에 대한 오랫동안의 갈망이 진을 패셔너블하게 만들었는가 하면, 소비자들의 생활양식이 활동적으로 변하면서 패션 산업이 액티브웨어를 생산하는 쪽으로 선회한 것이 바로 그 좋은 증거일 것이다. 즉 많은 사람들이 원하면, 그것은 곧 패션이 된다는 의미이다. 실용적인 백팩이 인기를 누리게 되자 그것은 곧 멋진 스타일로 디자인되어 출시되었으며, 편안하고 유연성 있는 의상에 대한 수요가 있었기에 스판덱스가 이토록 성공하게 되었으며, 스판덱스의 사용은 체형을 드러나 보이게 하는 스타일링을 가져왔다. 이와 같이 종종 필요는 패션을 만들기도 한다. 어떤 디자이너들은 이를 숙지함으로써 패션의 미래를 예측하기도 한다.

거리는 영감의 원천

디자이너들은 출근하는 사람들, 길을 걸어가는 트렌디한 젊은이들, 스케이트보드를 타는 아이들과 같이 거리에서 사람들의 옷차림을 바라보는 것만으로도 아이디어를 얻는다. 그들은 상점의 윈도우를 들여다보고, 사진을 찍고, 느낌이 오는 옷을 스케치하기도 한다. 리바이스 사의 디자이너는 '거리 패션'의 비디오를 찍어 동료들에게 보여 주고 아이디어를 자극했다. 이러한 연유로 인해 일반인들이 입고 있는 옷의 사진들이 종종 《우먼스 웨어 데일리》지와 패션 트렌드 북에 실리기도 한다.

항상 눈을 크게 뜨고 디자인의 원천을 찾아라

디자이너들은 수많은 아이디어 사진들, 소재 스와치, 그리고 창작욕을 자극하는 다른 많은 것들에 둘러싸여 있다. 그들은 상점을 돌아보거나, 미술관에 가거나, 자연을 연구하거나, 극장에 가거나, 혹은 사람들을 관찰하기 위해 스튜디오에서 거리로 나온다. 그들은 인터넷, 비디오, 텔레비전으로 패션을 본다. 디자이너는 언제 어디서나 아이디어를 빠르게 옮기기 위해서 보통 스케치북을 가지고 다닌다. 그들은 정보에 목말라 하고, 정보를 혼합하여 그들 나름의 모양을 만들어 새로운 형태로 탄생시킨다.

대부분의 패션회사는 회사 내에 정보센터(Resource Center)를 보유하고 있다. 존스 뉴욕(Jones New York)이나 리즈 클레이본(Liz Claiborne)과 같이 규모가 큰 회사는 막강한 디자인 소스와 정보력을 보유하고 있기도 하다. 예를 들어 리즈 클레이본은 빈티지 패브릭 저장소, 정기간행물, 트렌드 리포트, 소비자 예측조사서 및 다양한 예술 서적을 보유한 도서관, 컬러 연구소를 갖추고 있다.

무엇인가를 인지(awareness)한다는 것은 창조로 가는 하나의 열쇠이다. 디자이너는 항상 눈을 크게 뜨고 관찰력을 키우고 시각적인 아이디어들을 흡수하고 혼합하여, 소비자들이 좋아할 옷으로 재해석해 내기 위한 감각을 습득해야 한다. 어디에서 아이디어가 나올지 혹은 어떤 아이디어가 라인 전체에 영감을 줄지를 예측할 수는 없다. 어떤 사람들은 여러 요소를 뒤섞어 새로운 것을 만들어 내는 데 능하지만, 설사 그렇지 않다 해도 관찰한 것을 토대로 한 연습과 실행은 감각과 자신감을 불어넣어 준다. 여러 아름다운 것을 접하는 경험은 디자이너나 바이어가 순수한 아름다움과 품질을 패드(fad)나 평범한 것과 구분할 수 있도록 도와준다.

요약

조사와 관찰은 패션 산업에 있어 필수적인 업무이다. 소비자의 구매 습관을 관찰·조사하고, 디자이너 콜렉션의 방향을 분석하고, 가장 적절한 패션 출판물을 읽고, 패션 트렌드를 관찰하고, 예술의 동향에 대해 앎으로서, 패션 제조업체와 유통업체들은 소비자의 대다수가 미래에 어떤 상품을 원하게 될지 예측하려고 시도할 수 있다. 패션 세계의 변화를 따라잡기 위해 패션인에게 있어 인지는 제2의 천성이 되어야 한다.

① 용어 개념

다음의 용어와 개념을 간단히 설명하고 논하라.

1. 패션 편집
2. 패션 예측
3. 패션 트렌드
4. 표적시장

5. 콜렉션 평가
6. 패션 서비스
7. 트레이드 간행물
8. 소비자 간행물

9. 인지
10. 디자인 원천

① 복습 문제

1. 어떤 요소들이 패션 예측과 관련되는지 설명하라.
2. 디자이너는 어떻게 트렌드와 정보 서비스를 이용하는가?
3. 시장 조사는 왜 섬유 및 의류 패션 제조업체 및 유통업체들에게 중요한가?
4. 트레이드 간행물과 소비자 간행물의 차이를 설명하라.
5. 역사적 의상이나 민속 의상은 현대 패션에 있어 어떤 역할을 하는가?
6. 영화가 패션에 어떻게 영향을 미치는지에 관한 예를 한 가지 들어 보라.

① 심화 학습 프로젝트

1. 트렌드 조사 : 여러분에게 가능한 패션 자료원을 조사하고, 패션 잡지의 최근 이슈를 읽고 6개월이나 1년 전의 패션의 모습과 내용을 비교해 보라. 여러분이 찾은 정보로부터 미래의 패션 방향을 분석해 보고 생각을 정리하여, 컬러, 소재, 실루엣, 선의 트렌드 예측을 시도해 보라.
2. 패션 잡지 평가 : 4개의 다른 패션 잡지의 내용을 검토하고 비교해 보라. 광고에 허용된 페이지는 얼마나 되는가? 편집자의 패션 리포트의 페이지 수는 얼마나 되는가? 잡지들이 공통적으로 갖고 있는 것은 무엇인가? 패션 예측자들이 이들 정보를 어떻게 이용하겠는가?
3. 민속 의상 사진이 실린 책을 보고, 그것에서 받은 영감으로 선, 형태, 컬러, 디테일을 조합하여 오늘날의 라이프스타일에 맞는 의상을 디자인해 보라.

4. 소비자 조사용 설문지를 만들어 묻고 싶은 내용을 질문하라. "어떤 길이의 스커트 길이를 선호하십니까?"와 같이 가능한 한 구체적으로 질문하라. 동네의 쇼핑몰에 가서 소비자들에게 그 질문에 답해 달라고 부탁하고(학생 연구라고 설명하라) 거기에서 발견한 사실들을 간략하게 보고하라.

🅘 참고문헌

[1] As quoted in "Donatella Takes Charge," *Women's Wear Daily*, October 1, 1997, p. 4.

[2] As quoted in "King Karl," *Women's Wear Daily*, November 20, 1991, p. 7.

[3] As quoted in "Juniors, a Trend Ahead," *Women's Wear Daily*, December 1, 1994, p. 6.

[4] Julianne Moore quoted in "Starring Role", *Women's Wear Daily*, January 6, 2003, p. 16.

제2부

패션의 원료

패션의복 또는 액세서리의 생산을 완전히 이해하기 위해서는 그것을 이루는 원료에 대해 배우는 것이 중요하다. 총체적으로 섬유, 직물, 가죽, 모피, 그리고 트리밍과 같은 원료 생산자들은 의복과 액세서리 산업에 대한 공급자들이고, 패션 산업의 첫 번째 단계에 해당한다.

▶ 제5장에서는 텍스타일에 기초가 없는 학생들을 위하여 **섬유와 직물의 생산**을 다룬다.

▶ 제6장에서는 텍스타일이나 제조 분야에서 일하는 사람이라면 누구에게나 필요한 기초 지식인 **섬유와 직물에 대한 마케팅**을 설명한다.

▶ 제7장에서는 의복의 또 다른 원료인 **가죽과 모피**에 대해 조사하고, 의복과 액세서리를 마무리하기 위한 필수 이차 공급물인 **트리밍**에 대해 살펴본다.

아마밭
(출처 : THE INTERNATIONAL
LINEN PROMOTION
COMMISSION)

5

▶▶▶ 텍스타일 섬유와 직물 생산

관련 직업 ■□■

텍스타일 생산과 관련된 직업은 텍스타일 또는 엔지니어링에 관한 기술교육을 필요로 한다. 특히 아시아로부터 텍스타일이 점점 더 많이 수입되기 때문에, 미국 내 직업 가능성은 더 적어졌다. 연구개발, 스타일링, 공장 기술, 공학, 관리에 기술 직업 기회가 있다. 텍스타일 산업에서 구체적으로 일할 계획이 없더라도 패션 산업에서 직업을 준비하기 위해서는, 기본 텍스타일 과정을 이해하는 것이 중요하다.

학습 목표 ■□■

이 장을 읽은 후 …

1. 섬유 원료를 열거할 수 있다.
2. 섬유와 직물 생산에 관한 과정을 설명할 수 있다.
3. 공장과 컨버터의 역할을 기술할 수 있다.

텍스타일(textile)은 어떤 방법으로든지 직물로 만들 수 있는 모든 원료를 일컫는 광범위한 개념이다. 때때로 텍스타일 산업(textile industry)은 원료로부터 리테일 스토어에 있는 제품에 이르기까지 텍스타일 상품의 생산과 마케팅을 포함하는 전체 어패럴 산업을 포괄하는 용어로 쓰인다.

보다 자세히 설명하면, 텍스타일 산업은 트리밍과 부속품을 포함하여 섬유, 실, 직물의 생산과 마케팅을 포함한다. 이러한 생산과 마케팅 체인은 다음의 단계들, 즉 섬유 생산, 실 생산, 직물 생산, 침염, 날염 그리고 가공을 포함한다. 이런 방식으로 정의하여, 텍스타일 산업은 패션 산업의 첫 단계를 의미한다. 텍스타일 생산은 이 장에서 논의될 것이고, 텍스타일 마케팅은 제6장에서, 트리밍은 제7장에서 논의될 것이다.

섬 유

텍스타일 산업이 어패럴 제조업자에게 직물을 제공하기 위해서는, 먼저 천연섬유와 인조섬유를 개발하고 생산해야 한다.

섬유(fiber)는 천연섬유든 인조섬유든, 직물과 다른 텍스타일의 기본요소를 형성하는 솜털 같은 물질이다. 섬유는 실로 방적될 수 있고, 그러고 나서는 제직이나 편직과 같은 다양한 방법에 의해 직물로 만들어질 수 있다. 섬도, 공정수분율, 탄성, 광택, 크림프와 같은 섬유의 특성들은 타고나는 것이며, 따라서 섬유로부터 만들어지는 실과 직물의 성질에 영향을 미친다.

전 세계 섬유 생산량은 1970년 220억 킬로그램에 비해, 현재 연간 592억 킬로그램(1,305억 파운드)인데, 이의 58%는 인조섬유에 해당한다. 전 세계 섬유 생산의 오직 절반만이 의류용이다.

천연섬유 산업과 인조섬유 산업 사이의 막대한 차이는, 비록 소비자의 욕구를 만족시키는 섬유를 생산한다는 두 그룹의 최종 목표는 동일하지만, 운영상의 그리고 조직상의 형태가 두드러지게 다르다는 것이다.

천연섬유 생산

수천 년 동안 사용되어 온 천연섬유는 동물이나 식물로부터 얻어진다.

천연섬유 원료

천연섬유 산업은 동물과 살아 있는 식물에 의존하기 때문에, 천연섬유 생산은 기후와 지리에 달려 있다. 대부분의 나라에서 농작물의 절대 다수가 수천 명의 적은 농부들에 의해 생산된다. 수천년 동안, 세계의 농부들은 농작물을 키우고 추수하는 일을 하고, 섬유를 얻기 위해 동물의 털을 깎는 일을 독자적으로 해 왔다. 그들은 섬유를 지방 시장이나 도매상인들의 경매에서 판매하는데, 그리고 나서 도매상인들은 중앙 시장이나 텍스타일 공장에 직접 섬유를 판매한다.

　가장 널리 사용되는 의류용 천연섬유로는 양모 또는 견과 같은 동물성 섬유와 면과 아마 같은 식물성 섬유가 있다. 다른 것으로는 라미, 저마, 사이살, 헴프, 그리고 옥수수까지 포함된다. 천연섬유에 새로운 재질감을 창조하기 위해 혼방하는 경향이 있는데, 아마와 면, 면과 양모, 견과 아마 또는 캐시미어를 섞은 것이 그 예이다.

■ 면 수확하기
(출처 : COTTON COUNCIL)

면

면(cotton)은 오랫동안 세계의 주된 텍스타일 섬유였다. 연간 세계 섬유 생산의 약 40%를 차지하면서 생산량이 연간 약 9,835만 베일 또는 98억 파운드에 달하지만(미국 생산량은 세계 총 생산량의 20%에 불과하다) 이 양에는 변동이 있다. 식물성 섬유의 하나로서, 열대와 아열대 기후에서 가장 잘 자란다. 대표적인 면 재배 국가는 중국이고 다음이 미국이다. 우즈베키스탄, 인도 그리고 파키스탄도 역시 대규모 재배 국가이다. 미국에서는 남쪽에 있는 17개 주가 소위 면 지대(Cotton Belt)를 형성한다. 이 면 지대는 미시시피 델타를 통한 남동쪽에서부터 애리조나와 캘리포니아에 이르는 지역에 펼쳐져 있다.

면은 시들어 떨어지는 꽃이 핀다. 그리고 이 꽃은 다래(boll)라고 하는 녹색 꼬투리를 남긴다. 각 다래의 내부에는 촉촉한 섬유가 새롭게 생긴 씨앗으로부터 터져 나와 있다. 다래는 숙성하고 갈라져서, 폭신폭신한 면 섬유가 밖으로 터져 나오게 된다.

사용된 생산 시스템과 원하는 실의 품질에 기초하여 면사 생산에는 많은 단계들이 있다. 기본적으로, 면을 따서 조면(ginning)을 하는데, 조면은 씨로부터 섬유를 분리해 내는 작업을 말한다. 그리고 난 뒤 섬유들은 불순물이 제거되고, 소면(card) 공정에 의해 똑바로 펴진다.

면 섬유는 정소면(combing) 기계에 의해 짧은 섬유가 제거되고, 그 결과 매끄럽고 균일한 실이 만들어진다. 이러한 요인들의 조합이 면의 전반적인 품질, 가격 그리고 최종용도를 결정한다.

면은 세탁이 가능하고 내구성이 있으며, 여러 번의 세탁에도 잘 견딘다. 구김 방지 가공은 면의 관리가 더 용이해질 수 있도록 최근에 고안되었다. 면은 염료를 쉽게 흡수하여 선명한 색을 광범위하게 생산한다. 면은 또한 수분을 흡수하는데, 이 성질은 덥고 습한 기후에서 피부에 닿는 촉감을 차게 만들어 준다. 이러한 이유로, 면은 전통적으로 여름용 직물이었다. 그러면서도 면은 용도가 매우 넓어서 여름용으로는 가볍게, 겨울용으로는 무겁게 만들 수 있다. 면직물은 가볍고 투명한 직물(보일, 바티스트)부터 무겁고 두꺼운 직물(코듀로이, 플라넬, 셔닐), 그리고 강하고 질긴 직물(데님)까지 다양하다.

아 마

아마(flax)는 아마 내부의 줄기에 있는 섬유질로부터 만들어진다. 아마는 섬유의 총길이를 보존할 수 있도록 나무를 잡아 뽑아서 수확한다. 아마나무로부터 섬유를 추출하는 일은 시간이 오래 걸리고 복잡한 과정이다. 섬유들을 함께 묶고 있는 아마씨와 접착물질을 침지(retting)라고 하는 과정을 통해 제거해야 한다. 그리고 나서 제선(scutching) 과정에서 섬유들은 줄기의 바깥 껍질과 목질로 된 내부심으로부터 분리된다. 더 나아가, 린넨(linnen)이라는 직물을 만들 수 있는 실로 방적하기 위해 평행한 섬유의 연속상의 리본 모양으로 아마를 만들어 주는

껍질과 줄기로부터
아마 섬유를 분리시키는
제선 과정
(출처 : INTERNATIONAL
LINEN PROMOTION
COMMISSION)

과정에는 즐소(hackling) 또는 정소(combing), 그리고 배향(drawing)이 포함된다.

린넨은 가장 오래된 텍스타일인데, 그 역사는 석기시대로 거슬러 올라간다. 한때 린넨은 침구에 널리 쓰였는데, 이는 왜 우리가 아직도 시트, 타올, 식탁보 등을 포함해서 '린넨'이라고 부르는지에 대한 이유를 설명한다. 아마는 미국에서 1792년 씨아(cotton gin)가 발명되어 면을 더 싸게 생산하게 되기 전까지는 중요한 농작물이었다.

오늘날 아마는 세계 섬유 생산의 1% 미만을 차지하거나 또는 연간 약 6억 킬로그램을 생산한다. 세계 아마의 80%가 러시아에서 재배되고, 프랑스가 서방에서 가장 큰 아마 생산국이다. 프랑스와 벨기에는 최상의 품질을 재배한다는 명성을 가지고 있다. 미국이 더 이상 아마를 재배하지 않기 때문에 수입에 관한 쿼터가 없다. 아마 산업을 부활시키기 위하여 몇몇 러시아 기업가들은 면처럼 부드럽고 유연하지만 면보다 더 질긴 아마 기반 직물을 개발해 왔다.

린넨의 시원하고 까실까실한 성질은 특히 여름용 의복에 적당하다. 재질감과 천연섬유에 대해 다시 새롭게 생긴 관심으로 인해 린넨과 린넨 혼방제품뿐만 아니라 레이온과 다른 섬유와 혼방된 린넨풍의 소재가 다시 인기를 얻고 있다.

대나무

중국은 대나무(bamboo)를 2000년 전에 텍스타일 섬유로 사용했다. 오늘날 약간이나마 다시 의복을 위한 대나무 섬유의 수요가 생겼다. 대나무 섬유를 만드는 과정은 레이온을 만드는 과정과 비슷하다. 대나무 줄기는 텍스타일 수준의 품질을 가지는 섬유로 대나무를 전환시키기 위해 화학약품과 섞이도록 기본적으로 분쇄되고 펄프화된다. 대나무는 가볍고 드레이프성이 좋으므로 란제리에 대한 수요가 있다. 대나무는 또한 견, 면, 스판덱스, 그리고 텐셀과 잘 혼방된다. 하지만 얻기까지의 과정이 어렵고 생산비용도 많이 든다.

저 마

저마(ramie)는 아마와 비슷한 식물성 섬유이다. 저마는 5~6피트 크기의 쐐기풀 같은 관목으로부터 얻는다. 저마는 아열대 기후에서 가장 잘 자라고, 주로 인도, 중국, 필리핀으로부터 수입된다. 저마는 아마보다 더 질기고 매끄럽고 광택이 있다. 저마는 쉽게 염색이 되나, 부서지기 쉽고, 다른 섬유에 비해 방적과 제직이 어렵다. 따라서 저마는 부드럽게 하기 위해 면과 가장 많이 혼방한다.

양 모

양모 섬유(wool fiber)는 동물의 플리스(fleece)로부터, 가장 흔하게는 면양(sheep)으로부터 얻는 천연 자원이자 재생가능한 자원이다. 플리스는 털깎기 과정(shearing process)에서 큰 가위 또는 이발기계를 사용해서 떼어 낸다. 털깎기는 1년 동안 다양한 횟수로 이루어지는데, 이는 섬유 길이에 대한 요구 조건에 따라 달라진다. 비록 양모가 면양의 플리스로부터 얻는 섬유라고 보통 알려져 있지만, 다른 동물섬유도 역시 양모 특수 섬유(wool-speciality fiber)로 분류된다. 양모 특수 섬유는 앙고라, 카멜 헤어, 캐시미어, 모 헤어, 라마, 알파카 그리고 비큐나를 포함한다. 재질감에 대한 패션의 관심으로 특수 섬유가 더욱더 유행하게 되었다.

양모 섬유는 자기 무게의 약 30%까지 수분을 흡수하고 증발시키는 독특한 능력을 가지고 있다. 양모 섬유의 크림프 구조가 스트레치 후에 자연상태의 위치로 되돌아가는 것을 가능하게 하는데, 이것이 레질리언스(resilience)를 주게 된다. 제직 또는 편직될 때 크림프 구조는 공기 주머니를 생성시키고, 이것은 보온성을 가져다준다. 레질리언스 또한 양모직물에 구김 방지성을 부여하고, 양모의 부드러움은 쾌적한 착용감을 가져온다. 양모의 열적 성질로 인해 전통적으로 가을, 겨울용 수트와 코트로 사용되었다. 그러나 세섬유(microfiber)와

양모 섬유를 얻기 위한 양털 깎기
(출처 : JUDITH WINTHROP)

경량의 직물과 편성물의 개발은 양모를 봄과 여름에도 입을 수 있는 섬유로 만들었다. 양모 섬유는 또한 염료를 쉽게 흡수하는데, 밝고 맑은 색을 만들어 낸다.

원모(raw wool)는 불순물을 제거하기 위해 탄화(scour)되고, 섬유를 분리하고 평행하게 하는 소모(card)를 거쳐 긴 섬유로부터 짧은 섬유를 분리해 내기 위한 **정소모(comb)** 과정을 거친다. 긴 섬유들은 개버딘 또는 크레이프 직물로 사용되는 매끄럽고 **빽빽한 소모사(worsted yarn)**로 방적되고, 짧은 섬유들은 재질감이 있는 트위드와 플란넬에 쓰이는 부드럽고 치밀한 **방모사(woolen yarn)**로 만들어진다.

오스트레일리아는 지금까지 세계에서 가장 큰 양모 생산국인데, 그다음이 뉴질랜드 그리고 중국이다. 비록 29억 파운드(13억 킬로그램)의 깨끗한 양모가 해마다 생산되지만, 이것은 전 세계 섬유 생산량의 2%에 불과하다. 양모 공급은 해마다 바뀌는데, 때로는 재고가 생기고 어떤 때는 물량 부족이 된다.

견

견(silk)은 짧은 스테이플 섬유가 아닌 유일한 천연 **필라멘트(filament)** 섬유이다. 견은 누에가 고치를 만들기 위해 분비한 단백질 필라멘트이다. 누에는 나방에서 애벌레로 변화하는 동안 자신을 보호하는 껍질로 누에고치를 사용한다. 전형적인 누에고치는 600~2,000m의 연속적인 섬유를 만드는데, 이로 인해 견이 유일한 천연 필라멘트 섬유가 되는 것이다. 그럼에도, 블라우스 하나를 만들기 위해서는 500개 이상의 누에고치가 필요하다.

견을 생산하는 사람들은 고치로부터 견얼레(reels)를 써서 필라멘트를 풀어 낸다. 견섬유는 세리신 또는 견풀을 제거하기 위해 비눗물에 담겨 끓여진다. 견은 기르는 데 드는 시간과 노동으로 인해 귀한 섬유가 되고, 또 비싼 섬유가 된다. 견의 전 세계 생산량은 연간 겨우 0.2% 또는 6천만 킬로그램이다. 아시아는 전 세계 생사 필라멘트의 거의 전부를 생산한다. 하지만 아시아에서도 생사 수출은 줄고 가공된 견직물의 생산과 수출이 늘었다. 가장 유명한 품질의 견직물 공장은 이탈리아의 코모와 프랑스의 리용에 있다. 그러나 한국인들도 기술을 배웠다.

견 섬유에는 네 종류가 있다. **가잠견(cultivated silk)**은 집에서 기르는 누에로부터 얻는다. 필라멘트는 크기, 즉 데니어(9,000m 실의 그램 단위 무게)라고 부르는 단위에 의해 표시되는 섬도가 균일하다. 가잠견은 크레이프, 태피터 그리고 새틴과 같은 가장 섬세한 견직물에 이용된다. **야잠견(wild silk)** 또는 **타사견(tussah silk)**은 야생 누에로부터 얻는다. 덜 안전한 환경 조건으로 인해 야잠견 필라멘트는 거칠고 더 불균일하다. 그러므로 야잠견으로 만든 직물은 가잠견 직물만큼 매끄럽지 못하다. **듀피오니견(douppioni silk)**은 고치에 필라멘트가 감겨질 때 드문드문 서로 붙어서 생기며 이것은 슬럽(slub), 럼프(lumps)사 또는 불균일사를 만들어

샨퉁(shantung) 직물을 만드는 데 쓰인다. **샤페**(schappe)와 **보레**(bourette; 버리는)견은 쓰기에는 충분히 강하지 못하거나 길지 않은 손상된 고치로부터 나오는 짧은 섬유로 구성되어 있다. 버리는 견으로부터 방적한 실은 역시 이음새로부터 오는 불규칙한 슬럽을 가지고 있어 거친 재질감을 주는 견직물에 사용된다.

견은 늘 가장 섬세한 의복에 사용되어 왔다. 견 섬유는 삼각단면이고 빛을 반사하여 독특한 광택을 보인다. 견은 예외적으로 짙고 선명한 상태로 염색이 되고 고급스러운 촉감을 가지기 때문에, 어떤 의복이든 우아함을 더해 준다. 견은 또한 차단성이 좋아서 여름에는 착용자를 시원하게 하고 겨울에는 따뜻하게 느끼도록 해 준다. 견의 드레이프성은 매우 뛰어나고, 매우 질기면서도 가볍고, 쾌적하면서 동시에 아름답다.

고기능성 천연섬유

대체 천연원료로부터 얻어지는 고기능성 섬유는 현대과학에 의해 개발되고 있다. 거미줄 섬유(spider silk)와 카제인(casein)이 두 예이다. 사사와시 잎(sasawashi leaf), 렌퍼(lenpur),* 해초, 그리고 콩으로 만든 다른 섬유들은 개발을 위한 실험단계에 있다.

거미줄 섬유 직물에 사용할 거미줄 필라멘트의 강도를 얻기 위해, 몬트리올에 있는 넥시아 바이오테크놀로지사가 처음으로 거미 단백질 유전자를 염소의 유전적 보완에 사용하였다(그것은 오직 젖샘에 영향을 미친다). 단백질은 염소의 젖에서 추출되고, 처리되고, 방사된다.

카제인 섬유 또 다른 흥미로운 개발은 우유 단백질인 카제인으로부터 만들어진 견과 유사한 섬유인데, 이는 일본 도요보사에 의해 제조되었다. 《내셔널 지오그래피》 잡지는 저지종 소의 우유에서 만들어진 저지 니트 블라우스가 가능해졌다는 유머를 구사했다.

인조섬유

섬유 산업의 놀라운 성장은 인조섬유의 개발로 가능해졌다.

화학자들은 이미 1850년대에 합성섬유를 만들기 위한 실험을 시작했다. 1844년에 프랑스의 샤르도네(Hilaire de Chadonnet)는 '인조견'이라는 직물을 특허 등록했는데, 이것이 오늘날 레이온(또는 유럽에서는 비스코스)으로 알려져 있다. 그는 누에가 뽕잎으로부터 진짜 견을 만

---

*역자 주 : 지속적 유지를 감안하여 수확된 소나무 목재 펄프로 만든 섬유.

들기 위해서 셀룰로오스를 사용한다는 것을 발견했다. 그래서 그는 그 과정을 화학적으로 재연했다. 레이온은 1910년 미국에서 처음 화학적으로 생산되었으나, 최초의 완전한 화학섬유인 나일론이 듀퐁에 의해 소개된 것은 1939년에 이르러서였다.

원래 합성(synthetic)섬유라는 용어는 모든 화학적으로 생산되는 섬유를 지칭하는 것으로 쓰였다. 그러나 오늘날의 세계 시장에서 합성섬유라는 용어는 비셀룰로오스 섬유만을 지칭한다. 진짜 합성섬유는 석유의 탄소원자 또는 석탄으로부터 만들어지는 반면, 비스코스와 아세테이트는 재생 셀룰로오스 섬유이다. 섬유 산업은 화학적으로 생산된 모든 섬유들을 일컬어 인조(man-made) 또는 제조(manufactured) 섬유라고 한다.

인조섬유 생산자

BASF(Badische Anilin und Soda Fabrik), 듀퐁(Dupont), 셀라니즈(Cellanese)와 같은 규모가 큰 화학회사들이 인조섬유의 개발에 선두 역할을 했다. 이런 회사들은 섬유 부문에서 섬유와 직물에 대한 막대한 연구와 개발을 한다. 그래서 그들의 고객들과 섬유 제조회사들과 긴밀하게 일하고, 제조업자와 리테일러들에게 기술적인 봉사를 한다.

수입에서 오는 강하고 경쟁적인 압박감이 미국 텍스타일 산업을 재구성하게 하고 합병하게 하며, 그들이 가장 잘할 수 있는 일에 중점을 두게 만든다. 이러한 특화가 국제적인 합병안과 인식을 이끌어 왔다. 예를 들어, 오스트리아의 렌징(Lensing)은 BASF의 레이온 부문을 인수하였고 이제는 세계에서 가장 큰 레이온 제조사가 되었다. 듀퐁은 세네카의 나일론 설비들을 사들였고, 그 대신 세네카는 듀퐁의 아크릴 부문을 사들였다.

천연섬유와 대조적으로 인조섬유는 몇몇 화학회사들에 의해 생산되었는데, 그들의 거대한 설비들이 대량생산을 충분히 가능하게 하는 데 장점으로 작용하였다. 이러한 공장들은 원료, 노동, 에너지, 수송과 같은 복합 비용이 가능한 한 가장 저렴한 곳에 위치한다. 인조섬유 생산은 주로 석유제품의 공급에 의존한다. 따라서 물량이 부족하고 값이 계속 올라가는 현상을 겪기 쉽다.

1960년에는 인조섬유 생산량이 세계 섬유 생산량의 22% 정도였으나 오늘날은 50% 이상(이 양의 약 1/3이 의복용으로 쓰인다)이다. 인조섬유의 성장 속도는 많은 요소들이 만들어낸 결과이다. 즉 화학회사들에 의한 섬유 연구와 개발, 섬유의 새로운 다양성을 위한 새로운 기술 개발, 천연섬유의 희귀성과 비용, 향상된 하이테크 생산력, 그리고 증가된 요구와 같은 요소들의 결과이다.

중국이 인조섬유 생산에서 세계를 주도하고 있다. 중국의 생산은 타이완, 일본, 한국의 생산과 더불어 아시아를 가장 큰 생산자로 만들었고, 그다음이 미국이고 그다음이 유럽공동체(첫째는 독일과 이탈리아) 그리고 러시아 순이다.

가장 중요한 것은 인조섬유를 혼방 시에 사용하는 것인데 인조섬유끼리 사용하거나 천연섬유와 사용한다. 혼방은 각 섬유의 최고의 품질을 보장한다. 예를 들어 스판덱스는 스트레치를 주기 위해서 다양한 섬유와 자주 혼방한다. 폴리에스테르는 이지 케어(easy care)성을 주기 위해 면과 혼방한다. 섬유 혼방에 관한 계속적인 실험이 흥분할 만한 새로운 직물을 만들어 낸다.

인조섬유 생산

매우 단순한 말로 표현하여 모든 인조섬유는 셀룰로오스(순화된 목재펄프)의 비스코스 용액 또는 화학원료로부터 사출된다. 원래 화화물질이 고체로 존재하기 때문에 우선 액체 상태로 변화시켜야 한다. 원료는 플레이크, 칩, 부스러기 또는 알맹이 형태로 만들어지고, 그러고 나서 이것들이 용매에 녹고, 열로 용융되거나 시럽상의 액체로 화학적으로 변화되어서 방사구의 작은 구멍들을 통해 연속상의 필라멘트를 형성할 수 있도록 펌프질된다. 사출과 응고 과정은 방사(spinning)라고 불리는데, 이것은 실을 만드는 공정을 의미하는 같은 이름(방적)과 혼동하지 말아야 한다.

천연섬유와 달리 인조섬유는 다양한 단면(예를 들어 속이 꽉 찬 또는 중공)과 데니어(denier)라 불리는 굵기로 사출될 수 있다. 이러한 긴 섬유들은 연속상의 필라멘트로 남겨지거나 스테이플(staple, 짧고 일정한 길이)로 절단되어 다른 섬유들과 혼방될 수 있다.

인조섬유는 천연섬유의 크림프, 길이, 굵기를 쫓음으로써 천연섬유의 재질감을 모방하기 위하여 처음 시도되었다. 그 뒤로 과학자들은 모양, 조성, 섬유의 크기 등을 어떻게 변화시키면서 맘에 드는 미적 효과와 더 높은 수준의 성능을 얻을 수 있는지를 배웠다.

가장 성공적인 인조섬유 개발 중의 하나는 세섬유(microfibers)의 개발인데, 이 세섬유는 견보다 두 배 정도 섬세하고, 1데니어보다 더 가는 개개의 필라멘트를 함유하고 있다. 일차적으로 폴리에스테르에 사용되어, 이 고급스러운 섬유는 폴리에스테르의 르네상스를 가져왔다. 이것은 단독으로 사용되거나 견, 소모, 또는 다른 섬유와 혼방하여 사용될 수 있다.

재생 셀룰로오스 섬유

목재펄프로부터 주로 만들어지는 셀룰로오스 섬유는 화학합성 섬유와 비슷한 태(hand : 직물의 촉감, 힘, 떨어짐)를 창조해 냈다. 셀룰로오스 섬유는 레이온, 아세테이트, 트리아세테이트를 포함한다.

레이온(비스코스)   최초의 인조섬유인 레이온(rayon)은 목재펄프, 면 린터 또는 다른 식물성 물질로부터 얻는 재생 셀룰로오스로 구성되어 있다. 셀룰로오스는 비스코스 용액에 의해 녹아 섬유로 방사된다. 레이온은 부드럽고, 광택이 있고, 광범위한 특성으로 생산되도록 처리되고 가공될 수 있는 다양성을 가진 섬유이기 때문에 매우 유명해졌다.

목재 가격이 오르고 환경을 깨끗하게 하는 데 드는 비용이 레이온 생산을 비싸게 만들었다. 레이온의 습식 방사 과정에 필요한 부식성 물질이 오염을 일으킨다. 이 때문에 레이온 섬유 산업은 보다 엄격한 환경 기준에 부합하기 위해서 막대한 비용을 쓰게 되었다.

리오셀 리오셀(lyocell)은 오스트리아 렌징의 아코디스 파이버 분과의 텐셀(Tencel)사에 의해 생산된 용매 방사 셀룰로오스 섬유라는 새로운 종류를 지칭하는 이름이다. 리오셀은 레이온보다 젖었을 때나 말랐을 때 거의 두 배 정도 더 질기고, 많은 다른 섬유와 혼방하기 좋으며, 염색이 잘된다. 텐셀 A100은 편성물 용도로 개발되었다.

레이온처럼 리오셀도 목재펄프로부터 생산된다. 그러나 리오셀은 녹이는 용매가 회수되는 용매 방사 기술을 사용하여 제조된다. 그래서 환경에 유해한 폐수를 줄일 수 있다. 섬유 생산자들은 또한 지속적 유지를 감안하여 수확된 소나무 목재펄프로부터 만들어진 렌퍼(lenpur)를 가지고 실험 중에 있다.

아세테이트와 트리아세테이트 셀룰로오스 아세테이트 섬유는 1921년에 처음 상업적으로 생산되었으며 합성실크로 광고되었다. 아세테이트(디아세테이트)와 트리아세테이트는 아주 강하지는 않았지만 레이온의 대용으로 받아들여졌다. 트리아세테이트는 이지 케어성을 주기 위해 열가공할 수 있으나, 미국에서는 더 이상 생산하지 않는 매우 강한 용매를 필요로 한다. 디아세테이트는 보다 다루기 쉬운 용매에 녹는다. 그렇기 때문에 더 널리 생산된다.

아세테이트는 부드럽고 실크 같은 태를 가지며, 드레이프성이 우수하고, 염료를 잘 받아들인다. 아세테이트는 단독으로 쓰이거나 다른 인조 또는 천연섬유와 함께 쓰인다. 주로 여성용의 드레시한 의복, 신부복 그리고 안감으로 사용된다.

합성섬유

석유, 석탄, 천연가스의 화학적 유도체로부터 만들어지는 의복용 합성섬유(역시 때로는 비셀룰로오스 섬유로 불린다)로는 나일론, 폴리에스테르, 아크릴, 스판덱스, 폴리프로필렌이 있다. 합성섬유, 특히 세섬유는 가벼운 직물과 고기능성 직물에 대한 요구로 인해 인기가 상승했다.

■ 나일론의 새 용도는 프라다에서 나온 이 퀼트 수트를 포함한다. (출처 : PRADA, ITALY)

나일론, 스판덱스 그리고 폴리프로필렌과 같은 현대의 인조섬유는 스키웨어를 유연하고, 따뜻하고, 건조하게 유지시켜 준다. (출처 : FILA, INC.)

나일론 인조섬유 중 가장 강하고 질긴 섬유 중 하나인 나일론은 긴사슬 합성고분자로 만들어진다. 나일론 필라멘트는 균일하고 실키한 촉감을 가지나 부드럽고 유연하게 텍스쳐화할 수 있다. 나일론은 질길 뿐만 아니라 유연하며, 세탁 가능하고, 염색 견뢰도가 좋다. 나일론은 의류에서 스타킹, 란제리, 수영복 그리고 활동적인 스포츠웨어에 전통적으로 사용되었다. 그러나 이탈리아 디자이너인 프라다(Miuccia Prada)는 모든 의복에 나일론 직물을 패셔너블하게 쓰이도록 했다.

폴리에스테르 다른 종류의 긴사슬 합성고분자인 **폴리에스테르**(polyester)는 세상에서 가장 널리 쓰이는 인조섬유이다. 화학회사들은 폴리에스테르 섬유를 필라멘트, 스테이플 또는 토우(짧거나 부러진 섬유)의 형태로 생산할 수 있다.

폴리에스테르는 내구성이 좋고 이지 케어성이 좋다. 또한 피피(permanent-press) 형태로 개발된 첫 번째 섬유 중 하나이다. 폴리에스테르는 의복의 여러 타입으로 사용되는데, 텍스쳐화 편성물과 제직물, 피피혼방직물, 셔팅, 수팅 그리고 잠옷 등을 포함한다. 천연섬유에 이지 케어성을 부여하기 위해 자주 혼방된다. 세섬유의 개발은 폴리에스테르를 더욱 친근하고 인기 있게 만들었다.

아크릴 아크릴(acrylic)은 역시 긴사슬 합성고분자이다. 섬유의 조성과 단면으로 인해 아크릴로 만든 직물은 무게에 비해 높은 벌크성을 가진다. 이것은 가볍고, 부드럽고, 레질리언스가 좋은 직물에 보온성을 제공해 준다. 아크릴의 최종 용도는 니트웨어, 플리스 활동복, 수트, 코트, 그리고 인조모피 등이다.

스판덱스 세그멘트로 된 폴리우레탄으로 구성된 긴사슬 합성고분자인 스판덱스(spandex)는 300~400% 정도 늘어난 뒤 끊어지지 않고 원래 길이로 돌아갈 수 있다. 탄성은 다른 어떤 섬유와도 같지 않으며, 고무처럼 질이 저하되지 않는다. 굉장한 스트레치 때문에 스판덱스는 일반적으로 면, 나일론, 레이온 또는 양모 같은 다른 섬유들에 약 2~20%의 적은 양을 보태서 스트레치 직물을 만들게 한다. 이러한 스트레치 특성은 수영복, 스타킹, 그리고 활동성이 큰 스포츠웨어에 사용할 우수한 섬유를 만들어 준다. 쾌적성과 맞음새로 인해, 스판덱스는 현재 많은 직물에 널리 쓰인다. 스트레치 직물뿐만 아니라 편성물에 사용되고 이브닝웨어용 스트레치 새틴에도 사용되었다.

폴리프로필렌　고분자로 만든 올레핀 섬유인 **폴리프로필렌**(polypropylene)은 매우 강하고 레질리언스가 좋다. 다른 어떤 섬유보다 파운드당 커버력이 높으면서, 매우 가벼워서 실제로 물에 뜬다. 비록 폴리프로필렌의 주된 용도가 산업용과 카펫용이지만, 좋은 차단력은 수분 이동이 중요한 몇몇 고기능성 스포츠웨어에 유용하게 쓰이도록 해 준다.

고기능성 섬유

인조섬유 회사들은 소비자의 요구를 만족시키는 신섬유를 개발하기 위해 노력한다. 강하고 고온에 견디는 케블러, 노멕스, 그리고 자일론과 같은 신섬유의 대부분은 군대, 소방서, 야외 오락용, 그리고 의류로 사용되는 고기능성 섬유의 예들이다.

현대 기술은 또한 석유 대신 재생 가능하고 생분해성이 있는 생물 원료에 기초한 새로운 세대의 합성섬유를 만들고 있다. 그것들은 천연섬유와 같이 생분해성과 재사용성이 있지만 합성섬유의 성능을 갖추고 있다. 몇몇 신섬유들은 패션 산업에서 관심을 보이고 있다.

PLA　PLA(polylactic acid)는 옥수수 기반 고분자를 위한 일반 분류인데, 카길 다우 폴리머(Cargill Dow Polymers)사에 의해 발명된 최신 섬유이다. 천연섬유와 인조섬유의 교차물질로서, 천연원료인 옥수수로 만든다. 옥수수는 단당류 공정으로 처리된 후 발효되고 고분자로 변화되는데, 여기서 섬유가 사출된다. 인지오(Ingeo)는 PLA에 대한 카길 다우의 상표명인데, 단독으로 사용되거나 혼방되어 니트나 제직 의류 모두에 사용된다.

일반명과 상표명 구분

완전히 새로운 섬유가 개발될 때, 미국 연방무역협회(Federal Trade Commission)는 폴리에스테르와 같은 일반명을 부여한다. 많은 회사들이 폴리에스테르를 생산하지만 그들은 독립적으로 그것을 선전하기 위해서 각각 다른 이름으로 부른다. **상표명** 또는 **트레이드마크**(식별가능한 기호)가 등록되고 제조업자에 의해 소유된다. 예를 들어, 라이크라(Lycra)는 듀퐁의 스판덱스에 대한 상표명이고 데이크론(Dacron)은 폴리에스테르에 대한 상표명이다. PLA는 FTC의 가장 새로운 일반 명칭이다. 텍스타일 섬유제품 확인 법령(Textile Fibers Products Identification Act)은 최종 제품에 사용된 섬유의 일반명과 각 섬유의 퍼센트율을 적은 레이블을 부착할 것을 요구한다.

신합섬을 창조할 수 있도록 섬유의 성질을 변화시키기 위해, 현존하는 일반 섬유의 기본적인 일반 조성 안에서 화학적, 물리적으로 작업하고 섬유를 변경하는 것이 가능하다. **신합섬**(Variants)은 특별 적용을 위한 특별한 섬유이다. 몇몇 신합섬은 천연섬유를 모방하기 위해 의도된다. 몇몇은 이지 케어성을 부여하기 위해 천연섬유와 혼방된다. 다른 것들은 스트레치성, 수분-심지흡수력, 또는 다른 쾌적성을 부여하기 위해 공학적으로 설계된다. 각 섬유 생산자는 각자 고유의 신합섬을 창조하고 그것들에 **상표명**을 붙여 준다.

예를 들어, 서맥스(Thermax)는 듀퐁의 보온성 중공 폴리에스테르에 대한 상표명이며, 쿨맥스(Coolmax)는 수분-심지흡수력 폴리에스테르의 상표명이다. 다른 인조섬유에 대한 많은 신합섬이 있다. 각 생산자는 각각에 맞는 고유의 상표명을 붙인다.

텍스타일 실과 직물 생산자

텍스타일 밀(mills)은 실과 직물을 생산하기 위해 섬유를 사용한다. 컨버터들은 또한 직물을 가공한다. 텍스타일 밀과 컨버터들은 모두 의류 산업에 대한 공급자들이다.

미국 전역에는 현재 오직 약 4,000개 정도의 의복 관련 텍스타일 제조업체(섬유, 실, 직물, 그리고 가공)가 있으며, 약 20만 명이 미국 내 텍스타일 생산직에 고용되어 있다. 그 산업체는 원래 면의 원료 공급이 쉽고 보다 덜 비싼 노동력을 이용할 수 있는 남동부에 위치해 있었다. 캐롤라이나 주와 조지아는 아직도 모든 산업 고용과 생산의 절반 이상을 떠맡고 있다.

하지만 중국과 그 밖의 지역의 텍스타일 산업의 성장과 그들의 저가 수입품과의 경쟁은 미국 내 수많은 공장의 폐쇄를 가져왔다. 다른 공장들은 파산 보호 신청을 해 왔다. 경쟁하기 위해서 많은 미국 회사들은 멕시코와 캐리비안 지역에 시설들을 설치하거나 아시아와 중동 회사들과 동맹을 형성해 왔다. 다른 회사들은 오직 주거용 비품을 위한 직물들을 만든다. 어떤 회사들은 그들만의 해외 소싱(sourcing)을 다루기 위해 전 세계에 작전기구를 열어 왔다. 미국 텍스타일 회사들은 그들 스스로 수입업자가 되어 왔다.

텍스타일 밀

밀(mills)은 실과 직물의 생산자들이다. 어떤 밀은 오직 실만 생산하고 어떤 밀은 그들의 실 또는 구매한 실을 가지고 편성물이나 직물을 생산한다. 어떤 밀은 **생지**(greige goods)라고 불리는 미가공 직물을 생산하는데, 이 직물들은 가공을 위해 컨버터들에게 팔리거나 어떤 곳은 생지와 가공직물을 모두 생산하기도 한다. 작은 밀은 보통 벨베틴 또는 코듀로이 같은 한 가지 형태의 제품을 특화한다. 큰 회사들은 비슷한 직물을 한 분야로 구분함으로써 같은 일을 하기 위한 분리된 분야를 만든다.

텍스타일 생산에서의 다양한 단계는 같은 소유권 아래 있는 회사에 의해 조절될 수도 있고 그렇지 않을 수도 있다. 회사들은 앞으로 또는 뒤로 거대한 수직적 밀을 형성하기 위해 생산 속으로 또는 마케팅 체인 속으로 뻗어 가려는 경향이 있는데, 이것은 '상류에서 하류' (섬유에서 직물)까지 모든 과정들을 수행한다. 최신 경향은 회사들이 의류 생산을 가먼트 패키지 [garment-package, 또는 풀 패키지(full-package)] 정책에 포함시킨다는 것이다. 그러나 이러한 기구들은 특화된 설비로 분리된다. 밀리켄(Milliken)과 벌링톤(Burlington)이 수직적 밀의 예이다.

밀들은 수입을 통한 낮은 노동 비용 이득을 상쇄하기 위해 최신 기술을 사들이기 위한 자본 비용을 증가시켰다. 기계류와 기술에 필요한 막대한 투자와 그것을 바꾸는 데 드는 비용 때문에, 큰 공장들은 대중 시장에 대량으로 취급하는 직물들을 제공하는 경향이 있다. 대부분의 공정들은 컴퓨터화되어 있다. 섬유와 실의 방적과 텍스처링, 고속 제직과 제편, 그리고 자동화된 자재취급, 염색, 가공이 컴퓨터화되어 있다. 대부분의 미국 밀의 크기는 대량생산에 적당하지만 최근에는 수입품과의 경쟁의 결과로서 작은 조업과 보다 많은 디자인 변화를 조화시키기 시작했다.

텍스타일 회사들은 새로운 기술에 많이 투자하고 있다. 그들은 기술적 진보가 21세기 직물 개발의 미래를 안내할 것으로 믿는다. 이는 경량 기능성 또는 스마트 직물, 관리하기 쉽고 인체와 함께 움직이기 쉬운 고기능성 직물의 유행과 함께 특히 그렇다.

컨버터

컨버터들은 오직 생산의 가공 단계를 수행한다. 그들은 수직적으로 통합된 텍스타일 회사의 부분이 될 수도 있고 챠터(Charter)와 프레스만-구트만(Pressman-Gutman)과 같이 독립적일 수도 있다. 오늘날에는 수입품과의 경쟁으로 인해 독립적 컨버터들이 자꾸자꾸 줄고 있다. 따라서 산업체는 수직화함으로써 또는 산업체 단계들 간에 동맹을 형성함으로써 비용을 삭감하려고 노력하고 있다. 결과적으로, 대부분의 큰 텍스타일 밀들은 현재 그들 자신이 컨버팅을 하고 있다.

컨버터들은 생지를 세계의 공장에서 찾는다(최상의 상품을 최적의 가격으로 찾는다). 몇몇 사업을 하고 있는 독자적인 미국 내 컨버터들은 그들 직물의 대부분을 한국, 중국, 타이완, 또는 멕시코와 같이 해외에서 찾고 있다. 그들은 보통 모든 날염, 침염 그리고 가공 공정을 생산설비를 소유하기보다는 특화된 공장에 맡기는 계약을 체결한다. 이것은 그들에게 방법을 바꾸는 데 유연성을 주고 변화하는 패션을 따라갈 수 있는 제품을 제공한다. 수직적 밀은 이제 이 역할을 수행하려고 시도하고 있다.

실 생산

일단 섬유가 생산되면, 실 생산은 직물을 만들기 위한 그다음 단계이다.

텍스타일 제조업자들은 원하는 재질감과 태를 얻을 수 있는 최고의 실 제조 기술을 선택한다. 실은 러그용 실과 같이 거칠거나 또는 재봉실보다 더 가늘게 만들 수 있다. 그러고 나서 가공된 실은 제직 또는 편직용으로 쓰이도록 직물 생산자에게 팔리게 된다.

필라멘트사 공정

필라멘트(filament)는 섬유의 연속상의 가닥이다. 섬유 생산자로부터 직접 받는 한 가닥의 모노필라멘트는 실, 그리고 편물과 직물로 사용될 수 있다. 멀티필라멘트는 꼬임을 주거나 꼬임 없이 실을 이루도록 결합시킬 수 있다. 필라멘트사는 스펀사보다 매끄럽고, 광택이 좋으며 균일하다.

실크 필라멘트(Silk filament)는 특별한 견방적 과정에서 꼬임을 준다. 그리고는 제직이나 편직에 사용될 준비가 된다.

한편 **합성 필라멘트**(synthetic filament)는 벌크, 부품성, 탄성을 주기 위해 일반적으로 텍스쳐링을 한다. 텍스쳐링(texturing)은 필라멘트사의 형태나 특징을 크림프, 루프, 컬 또는 코일의 형태로 바꾸어 주는 과정을 말한다. 이러한 특성들은 특정 최종용도에 맞게 섬유에 주어진다. 텍스쳐링을 마친 인조필라멘트사는 염색과 제직 또는 편직할 준비가 된 것이다.

스테이플 섬유의 방적하기

방적사는 천연섬유와 스테이플(천연섬유를 모방해 짧은 길이로 자른 인조섬유)섬유로부터 만들어진다.

천연섬유(natural fibers)는 면, 마, 양모 같은 실이 되기 위해서 길고 비싼 일련의 과정들을 거쳐야만 한다. 각 섬유는 고유의 특별한 방적 시스템을 가져야 하는데, 예를 들면 린넨 시스템, 면 시스템, 방모 시스템, 소모 시스템이 있다. 이 시스템들을 간단히 설명하면, 첫 단계의 몇 가지 과정으로 개면(clean), 타면(refine), 소면(parallel), 그리고 원료섬유의 혼방(blend)이 있다. 그다음 단계로는 섬유들이 가는 가닥으로 연조(drawn)되고 섬유들을 결합시키기 위해 꼬임을 주게 된다. 이 과정은 방적 과정을 견딜 수 있는 힘을 부여한다.

인조섬유(man-made fibers)는 스테이플로 잘라지고 기존의 면에 사용된 방적 시스템과 같은 방식으로 방적이 되거나 새로운 고속 시스템에 의해 방적이 된다. 그 결과 만들어진 실은 방적된 천연섬유의 특징과 비슷하다. 천연섬유와 인조섬유는 모든 섬유가 같은 품질을 가지지는 않기 때문에 실의 일관성을 얻기 위해 혼방을 한다. 천연섬유와 인조섬유는 함께 혼방되기도 한다. 사실상 스테이플로 절단된 대부분의 인조섬유는 천연섬유와 혼방한다.

직물 생산

방적 후, 실은 제직 또는 편직될 준비가 된다.

직물(fabric)은 천연 또는 인조섬유로부터 다음 중 한 가지 방법으로 만들어진 소재 또는 천을 말한다: 제직(weaving), 편직(knitting), 본딩(bonding), 크로셰(crocheting), 펠팅(felting), 놋팅(knotting), 라미네이팅(laminating). 대부분의 의류용 직물은 제직 또는 편직된다. 제직 또는 편직에 대한 패션 선호도는 보통 주기적이다.

제 직

제직물은 경사(warp yarn)와 위사(filling yarn)[영국과 수직에서는 웨프트(weft)라고 부름]가 90° 각도로 교차함으로써 만들어진다. 제직은 실을 빔에 감는 정경(warping)이라 불리는 과정과 함께 시작한다. 빔들은 경사 풀먹이기(slashing) 과정을 통해 4,000~12,000가닥의 경사를 직기 빔에 놓도록 통합된다.

제직의 전통적 방법에서는 위사가 보빈에 감긴 실을 나르는 북에 의해 직기에 투입된다. 원래 북은 손으로 운반되었다. 현대 기술은 위사를 금속 밴드를 이용해 경사 사이로 운반하는 레피어(rapier) 직기와 같은 더 빠른 방법을 개발했다. 더 빠른 속도는 에어 젯트나 워터 젯트 직기에 의해 얻어지는데, 이것들은 경사를 가로질러 위사를 추진시키는 데 공기나 물의 폭발을 이용한다. 이러한 직기들은 북직기의 4~7배의 속도로 작동하고, 광폭 직물의 7~8배의 양을 생산한다. 그러나 직기의 속도와 제직의 복잡성은 반비례한다. 패턴이 정교하면 할수록, 직기의 속도는 더 느리게 마련이다.

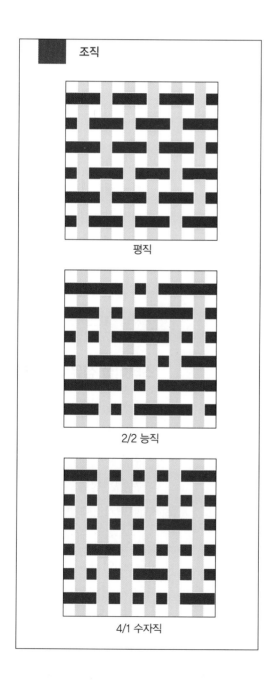

조직

평직

2/2 능직

4/1 수자직

경사는 교대로 분리되어[개구(shedding)라고 함] 위사가 경사를 통과함으로써 경사와 교차하도록 한다. 그다음 단계는 마지막 열의 실을 직물 쪽으로 치는(beating) 것이다.

조직의 종류 기본 조직에는 세 가지가 있다. 평직, 능직 그리고 수자직이다.

평직(plain weave)은 가장 단순하면서 가장 평범한 조직이다. 경사와 위사가 교대로 서로 위아래로 지나가면서, 수평 · 수직 방향으로 표면의 재미를 만들어 낸다. 이 방법으로 짠 직물은 브로드클로스(broadcloth)부터 덕(duck)까지 광범위한 무게의 직물들을 포함한다.

능직(twill weave)은 경사가 한 가닥의 위사 아래로 가기 전에 많은 수의 위사 위로 지나감으로써 짜인다. 같은 패턴이 열과 열에서 반복되지만 매번 반복은 다음 경사에서 시작하여 직물에 강도와 사선의 표면 재미를 주는 능선 조직을 창출한다. 데님이 가장 보편적인 능직물이다.

수자직(satin weave)은 경사 한 가닥이 직물의 표면에 부출을 만들면서 대부분의 위사들을 가로지름으로써 얻어진다(또는 그 반대). 그 부출된 실들은 직물에 광택과 매끄러움을 준다. 그러나 그것들은 비교적 넓은 간격으로 직물에 엮여 있기 때문에 수자직은 다른 조직과 같은 정도의 내구성을 갖지는 못한다.

제직에 의해 형성된 패턴 패턴은 플레이드, 체크 또는 스트라이프를 만들 수 있도록 경사, 위사 또는 둘 다에서 다른 색깔의 실을 사용함으로써 소개될 수 있다. 이러한 선염패턴(yarn-

컴퓨터 시스템이 패턴을 공급하고 이 자카드 직기가 제직하는 것을 관리한다. (출처 : BURLINGTON)

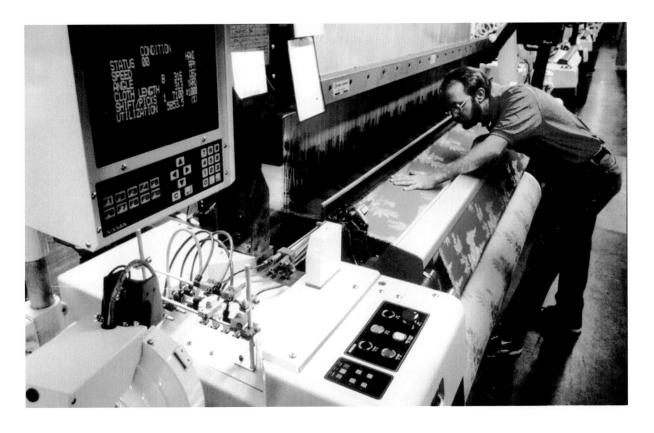

dye pattern)은 패턴이 직물의 앞뒤에서 나타나기 때문에 나염과는 구별될 수 있다. 제직 패턴은 헤링본에서와 같이 어떤 영역에서 조직의 방향을 반대로 바꿈으로써 또는 열에서 반복함으로써 만들어질 수 있다. 많은 삼원조직의 변형조직이 직물에 특별한 디자인이나 패턴을 창조하는 데 사용되며, 이런 것을 **장식조직**(novelty weave)이라고 한다.

직기의 유형 조직은 캠, 도비 또는 자카드 직기에 의해 만들어질 수 있다. 캠 직기는 단순조직을 만들기 때문에 가장 빠르다. 도비 직기는 단순 패턴을 만드는 데 사용된다. 보다 복잡한 패턴은 보다 복잡한 실 투입과 장착(set-up)을 필요로 하기 때문에, 직기의 속도가 떨어지게 된다.

브로케이드(brocade), 다마스크(damask), 태퍼스트리(tapestry) 같은 특수 제직 패턴은 자카드 직기에서 만들어진다. 패턴이 컴퓨터에 프로그램되어 있어서 모든 실을 개별적으로 조절하고 원하는 패턴을 창조한다. 자카드 직기는 가장 유연하지만 그래서 다른 직기보다 더 비싸고 더 느리다.

편 직

편성물은 천을 만들기 위해 다른 일련의 루프(loop)를 통해 나온 루프의 연속적인 열로 형성되는 한 가닥의 연속상의 실 또는 실의 조합으로부터 만들어진다. 최종 제품의 스트레치의 양은 섬유와 실의 구조, 밀도, 편성물의 유형, 스판덱스사의 존재에 달려 있다. 여러 가지 형태의 스티치가 편직의 여러 가지 방법과 조합하여 매우 벌키한 것에서부터 가는 게이지까지 다양한 형태의 편성물을 생산한다. 디자인은 컴퓨터테이프에 저장될 수 있는데, 이것이 전기 편직기를 자동으로 운전한다. 현대의 편직기는 1분당 100만 루프를 짤 수 있다.

게이지(gauge) 또는 컷(cut)은 편직기에서 1인치당 바늘의 개수를 말한다. 즉 10컷 기계는 1인치당 10개의 바늘을 가지고 있다. 그러나 가공된 직물에서 1인치당 스티치(stitches)의 갯수는 1인치당 바늘의 갯수보다 다소 많거나 적을 수 있다.

5개의 바늘을 가지는 5컷 기계는 벌키한 편성물에 가장 널리 사용된다. 그러나 만들어진 편직물은 인치당 3개 정도의 스티치를 가질 수 있거나, 또는 기계에 투입된 실의 양과 크기에 따라 많게는 9개 정도의 스티치를 가질 수도 있다. 섬세한 저지는 28컷 기계로 만들어질 수 있다. 가장 보편적인 컷-앤-소우(cut-and-sew) 저지와 더블니트(double knits)는 18~24컷 기계로 만든다.

위편(weft knitting)과 경편(warp knitting)은 편성물의 두 가지 기본 방법이다.

위편 편성물의 너비를 가로질러 수평으로 루프가 연결될 때, 그 과정을 위편(weft knitting)이라고 한다. 위편성물은 플랫베드(flatbed)나 환편기(circular machine)로 만들 수 있으며, 환편성물은 싱글 또는 더블니트이다. 싱글니트에서 주어진 위사 방향 또는 가로 방향의 모든

환편(오른쪽 전경)과
플랫(배경) 편성기
(출처 : WOOLMARK
COMPANY)

스티치는 단사로 만들어진다. 더블니트에서는 주어진 가로 방향의 스티치가 두 개의 다른 실 투입을 인터록함으로써 만들어진다. 위편은 매우 다양한 싱글과 더블니트로 만들어지고 일반적으로 경편성물보다 더 많은 스트레치성을 가진다.

저지(jersey)는 모든 위편성물의 기본 조직이다. 직물의 앞뒤 모양이 다르다. 수직 방향으로 지나는 스티치의 열(경사와 같이 모서리와 평행한)을 **웨일**(wales)이라 부르고, 직물을 가로로 지나는 스티치의 열을 **코스**(courses)라고 부른다.

저지는 가는 게이지 직물에 가장 보편적으로 사용되는 조직이며, 길이와 너비 방향으로 동일하게 늘어난다. 팬티호즈, 속옷, 그리고 풀패션스웨터에 널리 쓰인다(스웨터와 니트웨어 생산에 대해서는 제10장 참조). 바늘의 배열을 다르게 함으로써 만들어지는 저지 구조에는 다양한 종류가 있다.

- **펄편**(purl knit)은 실제로 저지의 뒷면과 같으며 스웨터에 주로 쓰인다.
- **리브편**(rib knit) 직물은 너비 방향으로 보완된 스트레치를 위해 직물의 양면에 뚜렷한 길이 방향의 고랑(rib)을 가지고 있다. 저지와 펄편의 조합인 리브는 스웨터, 양말, 니트 액세서리 또는 넥밴드(neckband)나 커프스 같은 끝장식에 가장 자주 쓰인다.
- **인터록**(interlock)은 직물의 양면에서 저지처럼 보인다. 스티치들은 직물의 수평 방향으로 지그재그를 형성할 수 있도록 위아래 교대로 반 정도 움직인다.

- **니트와 웰트**(knit and welt)는 웰트를 만들기 위해 편성기의 앞뒤 베드를 사용한다.
- **플로트 자카드**(float jacquard) 니트는 표면에 패턴을 가진다. 패턴에 사용되지 않은 실은 다시 필요할 때까지 뒷면에 떠 있다.
- **풀 자카드**(full jacquard) 니트 역시 표면에 패턴을 가지고 있으나, 뒷면에는 플로트(float) 대신 간단한 패턴이 있다. 이것은 앞뒤 편성 베드가 다 필요하고, 더 무거운 이중직물을 만든다.
- **노벨티**(novelties)는 턱편(tuck stitch), 미스편(miss stitch) 그리고 포인텔레(pointelles)를 포함하는데, 다른 바늘 배열을 가지고 만들 수 있다.

경편 경편(warp knitting)에서는 다수의 실이 사용되고, 루프는 직물을 형성하기 위해서 수직 방향으로 이어지고, 서로 지그재그로 연결된다. 한 열에 있는 각 스티치는 빔에 감긴 한 장의 실에서 투입되는 다른 실로 만들어진다. 패턴과 무늬(inlays)는 다양한 바늘의 배열로 만들 수 있다. 이탈리아 미소니(Missonis)는 그들의 아름다운 경편으로 유명하다. 경편은 트리코와 러셀을 포함한다.

트리코(tricot) 편성물은 보통 가는 데니어의 필라멘트사로 만들어진다. 그것들은 부드럽고, 드레이프성이 좋고 다소 탄성이 있다. 여성용 란제리와 간호사의 유니폼으로 널리 쓰인다.

러셀(raschel)은 가장 복잡한 경편 구조를 가지며 레이스상의 오픈 스티치를 만들 수 있다. 실은 심하게 꼬임을 준 필라멘트사 또는 스펀사를 사용한다. 보온성 언더웨어, 수영복, 보정복, 편성레이스 그리고 크로셰 등으로 사용된다.

부직포

부직포(또는 엔지니어드 직물)는 섬유, 필라멘트 또는 실을 웹(web) 또는 시트(sheet)상으로 기계적(압력, 니들펀치 또는 니들 터프팅), 화학적, 열적(열), 수화 또는 용매에 의해 결속시키거나 얽히게 하여 만들어진다. 그러한 직물의 예는 부직포 안감과 부직포 펠트가 포함된다. 부직포 제조는 네 단계를 거친다: (1) 섬유 준비, (2) 웹 형성, (3) 웹 본딩, 그리고 (4) 후처리 단계. 부직포는 텍스타일 산업에서 가장 빠르게 성장하는 부문 중의 하나이다.

생산센터

중국이 제직방모 의류용 직물을 가장 많이 생산하며 그다음이 이탈리아이다. 홍콩은 방모 니트웨어를 가장 많이 생산하고 그다음이 태국, 중국 또는 이탈리아이다(해마다 다르다). 더 좋은 면은 이탈리아와 스위스에서 온다. 미국은 다른 어느 나라보다 더 많은 데님을 생산한다. 그러나 가장 큰 면직물 생산국은 중국이고 다음이 동유럽, 그다음이 인도와 미국이다. 아마 직물은 이탈리아, 벨기에, 북아일랜드, 프랑스, 중국과 폴란드에서 생산된다. 이탈리아는 프린트 견을 가장 많이 생산하지만, 전 세계 견직물의 1/3밖에 되지 않는다. 다른 2/3는 중국 견을 사용하는 한국에서 생산된다.

인조섬유로 만드는 직물의 생산량을 계산하는 것은 많은 섬유가 혼방되기 때문에, 그리고 대부분의 산업과 무역협회가 자신의 나라에서만 생산량을 계산하기 때문에 어렵다. 인조섬유와 혼방섬유의 3대 주된 세계 센터는 아시아와 유럽, 그리고 미국이다.

염 색

염색은 섬유, 실 또는 직물 생산의 어떤 단계에서도 할 수 있다.

염색의 가장 중요한 방법들은 다음과 같다.

- **생산자염**(producer colored)−생산자 또는 원액염(solution dyeing) 과정은 인조섬유에 사용되는데, 섬유가 필라멘트로 만들어지기 전 용액 상태에 있을 때 피그먼트나 색소를 집어넣는다.
- **원료염**(stock dyeing)−이 방법은 실 제조 전에 느슨한 섬유를 염색하는 데 사용된다.
- **선염**(yarn dyeing)−이것은 스트라이프, 플래이드, 체크와 같은 어떤 제직 패턴을 염색하는 데 사용되는 양질의 방법이다.
- **후염**(piece dyeing)−직물 조각을 제직이나 편직 후에 염색하는 것을 후염이라고 한다. 이것은 단색으로 염색하는 데 가장 비싸지 않고 가장 널리 쓰이는 방법이다.
  - **크로스염**(cross dyeing)−이런 종류의 후염은 단순하고, 덜 비싼 두 가지 색의 패턴을 얻는다. 사용되는 직물은 크로스 염색이 일욕·염욕에서 다양한 색 효과를 낼 수 있도록 하기 위하여 반드시 서로 다른 염료에 친화력이 있는 섬유들로 구성되어야 한다.
  - **의복염**(garment dyeing)−염색 안 한 직물을 미리 수축시키고 의복으로 재봉을 한다. 전체 의복을 재봉한 후에 염색을 한다. 이 방법은 필요한 색을 빠르게 공급할 수 있게 할 뿐만 아니라 서로 어울리는 상하의를 빠르게 공급할 수 있다.

후염되는 직물
(출처 : WOOLMARK COMPANY)

컴퓨터가 롯트(lot)마다 색이 잘 매치되도록 염료혼합을 규제하는 것에 도움을 주어 왔다.

만일 의류 제조업자가 일반적으로 흔치 않은 색으로 직물을 염색하기를 원하면, 그들의 주문은 최소한의 야드 요구사항을 충족시켜야 한다. 용액 염색된 직물은 가장 큰 주문과 가장 긴 발주 시간을 필요로 한다.

비록 미국 내 직물 생산자들은 최소량에 보다 유연하려고 애쓰지만, 대량생산은 기계와 고용인을 바쁘게 만든다. 미국 내 큰 밀들은 리바이 스트라우스(Levi Strauss) 또는 갭(Gap) 같은 큰 제조업자들을 상대하는 데 가장 적당하다. 작은 제조업자들은 최소량이 보다 낮은 미국 밖에서 직물을 찾아보도록 가끔 강요당하기도 한다.

날 염

날염(printing)은 직물에 디자인과 패턴을 적용하는 데 사용된다. 두 가지 기본 날염 기술에는 습식날염과 건식날염이 있다.

습식날염

조각 롤러 날염과 스크린 날염에서, 염료들은 최적의 색 침투를 위해 습식으로 행해진다. 습식날염(wet printing)의 다른 방법인 피그먼트 날염에서는 피그먼트가 직물의 표면에 수지를 가지고 부착된다. 다른 습식날염은 직물섬유에 화학적 친화력이 있는 염료를 사용하여 수지가 필요 없다. 새로운 프린팅 베이스는 우유 단백질로부터 얻어진다. 습식날염으로는 부드럽고 드레이프성이 있는 태를 얻을 수 있다.

플랫베드 스크린 날염
(출처 : WOOLMARK COMPANY)

조각 롤러 날염　이 기술에서는 분리된 롤러 조각판이 패턴에서 각각의 색에 대해 사용된다. 디자인은 직물이 날염기를 통과할 때 직물로 옮겨진다.

스크린 날염　플랫베드 스크린 날염(flatbed screen printing)은 틀이 있는 스크린을 사용한다. 날염될 디자인 부분은 염료가 스크린을 통과하도록 기공이 있는 나일론 직물로 만든다. 날염되지 않는 부분은 덮거나 코팅된다. 염료가 외곽틀에 부어지고 앞뒤로 작동하는 압착기에 의해 나일론을 통해 들어가도록 힘이 가해진다. 플랫베드 스크린 날염은 응용이 자유자재이지만 비싸다. 가장 비싼 실크 스카프는 완벽한 맞춰찍기로 날염될 하나하나의 색으로 50개나 되는 실크스크린을 필요로 한다.

로터리 스크린 날염(rotary screen printing)은 플랫베드 스크린 날염의 기계화된 버전이다. 이 방법은 롤러 자체가 날염될 부분에 기공이 있다. 염료가 롤러실린더 속으로 강제로 유입되고 롤러가 직물 위로 구르게 되면 염료는 기공이 있는 스크린을 통과한다. 이 방법은 플랫베드 스크린 날염보다 훨씬 더 빠르고, 스크린 사이에 쉼 없이 연속적이다.

건식날염

열전사 또는 종이 날염　이 과정에서는 로터리 스크린이나 롤러가 먼저 염료를 종이에 인쇄한다. 이 종이는 어느 때든지 사용할 수 있도록 보관될 수 있다. 이 과정은 오더에 맞춰 염색 안 한 직물이 프린트되고 재고가 남지 않기 때문에 컨버터들의 직물 재고를 최저수준으로 유지해 준다.

직물에 날염하기 위해서는 종이와 직물이 뜨거운 롤러 사이를 함께 지나게 된다. 염료가 기체로 승화되고, 이것이 종이에서 직물로 이동한다. 이 방법의 장점은 니트에 실수나 낭비 없이 깨끗하고 선명한 선을 준다는 점이며, 종이는 다른 방법에 필요한 정교한 설비보다 투자가 더 적다는 점이다. 그러나 이 방법은 제품의 태를 뻣뻣하게 하고 날염된 패턴이 거의 투과되지 않고 직물의 표면으로만 이동되기 때문에, 잠재적으로 직물이 꿰뚫어 보이는(grin-through) 문제를 일으킨다.

낮은 승화염료보다 깊은 투과염료 그리고 다양한 섬유 유형에 대한 보다 질 좋은 잉크를 이용한 날염뿐만 아니라, 개발에 대한 요구로 인해 건식날염(dry printing)이 더욱 널리 받아들여졌다. 이것은 상대적으로 물의 낭비가 거의 없고 유해 유출물도 거의 생기지 않는다.

디지털 날염

사무실과 그래픽아트에서 널리 쓰이던 방법으로, 디지털 날염은 텍스타일 산업에서 새롭게 생긴 과정이다. CAD 파일에 있는 디자인을 직물에 직접 다운로드할 수 있어서 스크린을 준비할 필요성이 없다. 의복 조각의 모양에 따라 프린트 디자인을 설계하는 것이 가능하다. 디지털 날염은 요구가 변화함에 따라 색이나 디자인의 변화에 신속 대응(quick response)할 수 있는 기회를 제공하는 유연한 과정이다. 이 방법은 샘플 만들기와 단기 생산, 그리고 맞춤화 하는 데 점차적으로 사용되고 있다.

가 공

가공은 섬유와 직물의 특성, 성능 또는 태를 급진적으로 변화시킬 수 있다.

가공(finishing)은 직물(보통 침염 또는 날염 후에)을 좋게 하는 모든 과정들을 일컫는 데 사용 되는 용어이다. 가공은 화학적 · 물리적 변화를 수반할 수 있다.

물리적 가공법

- **캘린더링**(calendering)-무거운 롤러 사이로 직물이 지나가게 하는 기계적 과정. 열, 압력 그리고 롤러들의 다른 조합을 사용함으로써 글레이드, 워터마크 또는 모아레와 같은 다양한 효과를 만들 어 낼 수 있다. 캘린더링은 보통 합성섬유에 하게 되는데, 왜냐하면 천연섬유로 만든 직물에는 영 구적이지 않기 때문이다.

- **열 고정**(heat setting)-열가소성 인조섬유 직물(보통 폴리에스테르)을 융점 바로 아래에서 가열 함으로써 행해지는 마지막 가공이다. 이 처리는 직물을 더 이상 사이즈 변화나 형태 변화가 없게 안정화시키고, 따라서 직물의 레질리언스를 향상시킨다.

- **냅핑**(napping)-양모 같은 표면이나 플란넬 같은 표면을 만들기 위해서 직물의 표면을 일으켜 세 우고 회전하는 드럼상의 바늘들을 가지고 잡아 뽑는다.

- **쉬어링**(shearing)-보통 직물 표면에 일정한 파일을 주기 위해서 또는 보플(fuzz)을 떼어 내기 위 해서 깎아 주는 과정이다.

- **샌딩**[sanding, 또는 스웨이딩(sueding)]-부드러운 표면을 갖도록 하기 위해 섬세한 샌드페이퍼 로 둘러싼 롤러로 직물을 기계적으로 문지르는 과정이다.

- **수축 조절**(shrink control)-면직물을 세탁 동안 줄지 않게 하기 위해서 미리 수축시키는 것. 샌포 라이징(sanforizing) 또는 콤팩팅(compacting)이라고 알려져 있다.

화학적 가공법

- **알칼리 감량**(caustic reduction)-폴리에스테르에 실크라이크한 촉감을 주기 위해 일반적으로 하 는 공정. 섬유 표면이 알칼리 용액에서 부식되고, 이로 인해 직물의 무게가 감소한다.

- **데카타이징**(decatizing)-양모직물을 열과 수분을 사용하여 안정화시키는 것

- **듀러블 프레스**(durable press)-면이나 셀룰로오스 직물에 다림질이 거의 또는 전혀 필요하지 않

도록 어떤 수치를 적용시키는 것(또한 퍼머넌트 프레스라고 부른다. 비록 거의 영구적이지는 않지만)

■ **머서라이징**(mercerizing) — 면을 광택 있는 실크라이크 가공 효과를 내기 위해서 차고 강한 알칼리 화학 용액으로 처리하는 것
■ **발수성**(water repellency) — 화학약품 처리한 실 또는 직물로 공기와 수증기는 통과하고 비와 눈은 막아 주도록 제직된 직물

다른 가공은 직물을 방염, UV차단, 변·퇴색 방지, 항곰팡이(mildew resistant), 항박테리아 또는 얼룩방지 효과를 발휘하도록 만들 수 있다. 가공과 워싱 기술의 진보는 표면이 고풍스러운 외관을 갖는 것과 같은 독특한 직물을 만들어 왔다. 최근 과학 기술의 진보로 인해 나노테크놀로지는 1미크론 미만의 초미세한 범위까지 섬유를 영구적으로 부착시켜 섬유의 생명력을 지속시키는 향상을 가능하게 한다.

생산이 완료될 때, 직물은 측정되어 튜브에 감긴다. 피스(piece)라고 불리는 각각의 가공된 롤을 40~100야드를 감을 수 있는데, 이는 제품의 무게에 따라 다르다(무거운 니트와 양모는 다루기 편하게 만들기 위해 한 피스에 더 적은 야드를 감는다). 다수의 피스는 수천 야드에 달할 수 있는 생산 주문을 이행하기 위해서 제조업자에게 운송된다. 더 적은 양이 3~10야드 샘플 커트 형태로 디자이너의 스타일링을 위해 주문되거나, 복사본 야드(duplicate yardage; 아마도 100야드)가 여러 명의 판매 대리인들의 샘플을 위해 주문될 수 있다.

친환경 섬유

친환경 제품에 대한 관심의 증가는 텍스타일 산업의 각 단계에 새로운 의식과 창의력을 형성시켰다.

ATMI(American Textile Manufacturers Institute)는 EEE(Encouraging Environmental Excellence, E3) 프로그램을 만들어 생산자들에게 환경을 보호할 것을 강조하였다. 이것은 재활용과 환경 효율적 제조와 가공 공정을 장려하는 환경 목표와 회계감사를 포함한다. 결과적으로, 많은 텍스타일 회사들이 이제는 환경적 수준 향상을 위한 예산을 세우고 계획을 세운다. 예를 들어, 이제 미국에서 레이온을 생산하는 것은 그 공정이 우리의 물 공급원을 심각하게 오염시키기 때문에 불법이다.

면 재배에서의 대안

면 산업은 세계 살충제 사용의 10%에 대한 책임이 있다고 추정된다. 오늘날 대중들은 면 생

산과 관련한 사회적, 환경적 문제들에 관해 질문하기 시작했다. 새로운 기준이 천연 면직물의 재배, 공정, 날염 그리고 침염을 위해 설정되었다. 방충성이 있고 내수성이 있으며 화학 살충제나 비료가 거의 필요치 않은 새로운 품종의 면이 개발 중이다. 유기농업자는 화학 약품 없는 면 섬유를 위해 노력하고 있다. 몇몇 제조업자들은 그들의 의류에 오직 유기면만을 사용할 것을 공약했다. 하지만 이것은 30% 이상 비용이 더 든다.

재활용 폴리에스테르

재활용 제품의 개발은 불순물을 없애고, 잘게 자르고, 용융시키고, 섬유로 방사하고 대부분 겉옷용 플리스(fleece)로 사용되는 재활용 소다병과 폴리에스테르 제조 쓰레기로부터 만들어지는 직물들을 포함한다.

섬유와 직물 생산과 가공에서의 대안

다양한 회사들이 무해한 살충제를 개발하고 있고, PVA와 가공세제에 대한 환경친화적인 대체물, 즉 인과 염소를 대체할 구연산 세제를 개발하고 있고, 석유계 윤활제를 대체할 천연 오일, 물의 사용과 화학 폐수를 줄일 수 있는 섬유 반응성 염료, 포름알데히드를 대체할 수지, 그리고 산 수세를 대신할 효소들을 개발하고 있다.

'그린' 진('Green' Jeans)

이전에는 텍스타일 산업에서 1년에 약 7,000만 파운드의 데님 쓰레기를 미국 매립지에 실어 날랐다. 노스캐롤라이나 주립 대학교는 벌링톤 인더스트리(Burlington Industries)와 연계하여, 면 쓰레기를 재생하여 실을 만들어 재직조하는 방법을 개발했다. '회수 데님(Reused Denim)'이라고 불리는 이 물질은 50% 재생 데님사와 50% 순수한 면사로 만들어진다. 회사들은 또한 다른 쓰레기를 회수하기 위한 노력을 하고 있다.

환경 향상 비용

몇몇 미국 텍스타일 생산업자들은 비용 때문에 환경 향상에 반대한다. 미국과 유럽의 텍스타일 회사들이 건강, 안전, 깨끗한 공기 그리고 물을 유지하기 위해 들이는 비용은 천문학적이다. 따라서 환경에 책임이 있는 생산업자들이 환경을 깨끗이 유지하기 위해 비용을 지불하지 않아도 되는 타이완이나 중국의 생산업자의 공장으로부터의 낮은 가격과 경쟁하는 것은 매우 어렵다.

미국 텍스타일 제조업자들은 전 세계를 통해서 공평한 경쟁뿐만 아니라 깨끗한 환경을 보장하기 위하여, 수입 텍스타일 제품이 동일한 환경, 건강 그리고 안정 기준하에 만들어지는 것을 요구하고자 한다.

요약

SUMMARY

텍스타일 생산자들은 의류와 액세서리 제조업자들에게 직물을 공급하는 사람들이다. 텍스타일 섬유는 직물의 기초이다. 섬유는 천연섬유(면, 마, 양모 또는 견)와 인조섬유(셀룰로오스 또는 합성)로 분류된다. 실은 스테이플 섬유 또는 필라멘트로부터 만들어지고, 보통 옷감으로 제직되거나 편직된다. 그리고 나서 직물은 제조업자에게 운송될 것에 대비하여 침염 또는 날염되고 가공된다.

텍스타일에서 가장 흥분되는 개발은 재생가능한 자원으로부터 만들어진 생분해성 섬유의 개발이다. 그 산업은 또한 친환경적 생산 개발에서 진보를 보이고 있다. 그러나 미국 내 텍스타일 산업은 보다 낮은 가격의 수입품과의 경쟁으로 인해 엄청나게 수축되어 왔다(제6장 참조).

🔵 용어 개념

다음의 용어와 개념을 간단히 설명하고 논하라.

1. 텍스타일	9. PLA	17. 경편
2. 천연섬유	10. 고기능성 섬유	18. 염색의 유형
3. 아마	11. 일반섬유명	19. 날염기술
4. 카제인 섬유	12. 인조섬유 방사법	20. 가공법
5. 소모사	13. 방적사	21. 밀
6. 합성섬유	14. 필라멘트사 텍스쳐링	22. 컨버터
7. 인조섬유	15. 평직	23. 가먼트 패키지
8. 셀룰로오스 섬유	16. 능직	24. 나노기술

● 복습 문제

1. 의류 생산 분야에서 일하는 사람에게 왜 텍스타일에 대한 공부가 중요한가?
2. 면의 품질은 무엇이 결정하는가?
3. 직물을 만드는 기본적인 두 가지 방식은 무엇인가?
4. 니트 야디지(knit yardage)는 어떻게 만들어지는가?
5. 직물 생산의 세 가지 다른 단계에서 사용될 수 있는 텍스타일 염색 방법의 예를 들라.
6. 텍스타일 산업에서 특화와 합병이 왜 중요한가?
7. 밀과 컨버터의 차이는 무엇인가?
8. 재생 가능한 원료로 만들어진 고기능성 섬유의 예를 세 개만 열거하라.

● 심화 학습 프로젝트

1. 여러분 옷장 속 옷들의 섬유 조성 레이블을 조사해 보자. 천연섬유로 만든 옷은 몇 벌이나 되는가? 인조섬유로 만든 옷은 몇 벌인가? 혼방된 옷은 몇 벌인가? 섬유 조성은 의복의 케어에 어떻게 영향을 미치는가?
2. 직물가게를 방문해서 평직, 능직, 수자직, 특수조직, 경편, 환편, 그리고 부직포의 예를 찾아보라. 각각의 작은 스와치를 요구하거나 여러분이 찾은 것을 설명할 수 있는 만큼의 가장 적은 양을 구매해 보라.

● 참고문헌

[1] David G. Link, textile economist, E-mail correspondence, February 2003.
[2] "Fair Trade Fashion Takes Off in Europe," *Women's Wear Daily*, May 3, 2006, p. 6.

아름다운 실과 직물은 좋은 디자인의 기초가 된다.
랄프 로렌은 고급스러운 니트 웨어를
제작하기 위해 양모 실을 사용하였다.
(출처 : RALPH LAUREN)

6

▶▶▶ 텍스타일 제품 개발과 마케팅

관련 직업 ■□■

텍스타일 제품 개발 분야에는 연구, 디자인 그리고 머천다이징에서 직업 기회가 있다. 마케팅에서는 직책이 신입 주니어 세일즈 책임자에서부터 회계 매니저, 세일즈 매니저, 마케팅 매니저, 그리고 마케팅 디렉터까지 있다. 또한 광고후원 분야와 고려해야 할 공공 관련 분야가 있다. 이러한 기회의 대부분은 뉴욕 시, 로스앤젤레스, 또는 다른 국제적 텍스타일 센터에 있다. 현재 대부분의 직물들이 수입되기 때문에, 마케팅에 관한 미국인의 시각을 그들에게 주기 위해 아시아로 기꺼이 움직이는 미국인들에게는 직업 기회가 있다. 패션 산업에서 일하는 사람이라면 누구나 섬유가 직물로 변환되고, 그 뒤 이 직물들이 의복 디자이너들이나 제조업자들의 손에 들어가는 마케팅 에너지를 이해하는 것은 필수적이다.

학습 목표 ■□■

이 장을 읽은 후…

1. 텍스타일 시장에 미치는 수입(imports)의 영향을 논할 수 있다.
2. 섬유와 직물 모두에 대한 제품 개발의 중요성을 설명할 수 있다.
3. 텍스타일 산업의 마케팅 전략에 대해 논할 수 있다.

텍스타일 생산자들은 그들의 제품 개발과 마케팅적 노력을 통해 소비자의 요구에 응한다. 텍스타일 소비자는 섬유를 사용하는 직물 생산자들과 직물을 사용하는 의류 생산자들, 그리고 의류를 구입하는 마지막 소비자들을 포함한다. 제품 개발은 트렌드와 시장 연구, 머천다이징, 그리고 새로운 제품을 창조하거나 현재 있는 것을 업데이트하는 스타일링을 포함한다. 마케팅은 플래닝, 프로모션, 그리고 상품 판매 – 이 경우에는 텍스타일 – 의 모든 과정을 포괄한다.

이 장에서는 외국으로부터의 경쟁과 소비자의 요구가 산업에 미치는 효과에 대해 논의한다. 또한 산업이 섬유와 직물을 위해 어떻게 제품 개발과 새로운 기술, 그리고 새로운 마케팅 전략을 사용하는지를 묘사한다. 제품 개발, 디자인, 그리고 마케팅 활동들은 파리, 밀라노, 코모, 리용, 런던, 뉴욕, 그리고 로스앤젤레스 같은 텍스타일과 패션의 수도에 중심이 있다.

세계 텍스타일 시장

세계화는 텍스타일 산업에 큰 영향을 미치고 있다.

수 입

제2장에서 논의하였듯이, 세계화는 오늘날 텍스타일 시장의 중심이다. 텍스타일 생산품의 미국 내 수입량은 국외의 값싼 노동력 덕분에 줄곧 증가되어 왔다. 미국 내 제조업자들은 노동비용(labor rates)이 시간당 2.17달러인 멕시코, 60센트인 인도, 그리고 69~75센트인 중국과 경쟁하고 있다.[1] 결과적으로 수입 직물이 미국 내에서 생산된 직물보다 훨씬 싸다.

수입으로부터 야기된 첨예한 경쟁은 미국 산업이 자국 내 시장의 50% 이상을 잃게 하는 원인이 되었고, 남겨진 사업들을 구하기 위한 매점, 경영권 취득, 합병을 야기시키는 결과를 가져왔다. 미국 내 텍스타일 고용인은 1980년에 847,700명이었으나 현재 20만 명에 불과하다. 수천의 국내 공장이 문을 닫았는데, 이것은 1930년대 대공황 이후 어떤 시기보다도 지난 20년 동안 더욱 많은 것이다. 이탈리아 역시 2001년 이후 6,000곳 이상의 텍스타일 회사를 잃었다.[2] 북아메리카와 유럽의 텍스타일 제조 기지들은 모두 사라지고 있다. 이러한 상실은 중국, 멕시코, 캐나다, 파키스탄, 한국, 인도, 타이완, 인도네시아, 온두라스, 타일랜드, 그리고 터키 텍스타일 산업의 엄청난 성장과 부합한다.[3] 중국은 미국과 유럽에 수입 텍스타일을 제공하는 선도적 공급자이다. 그들은 낮은 가격에 품질이 있는 제조라는 명성을 얻어 왔으며, 직업을 얻기 위해 도시로 몰리는 거의 소멸되지 않는 수의 무직자들을 가지고 있다.

미국과 유럽의 텍스타일 회사들은 외국에서 생산되고 가공된 직물이 미국 내에서 생산된 것보다 종종 50% 더 싸다는 것을 알기 때문에, 경쟁하기 위해서 수입을 지지하는 모임에 동참하고 있다. 미국 텍스타일 기업들은 국내에서 스타일링을 완성할지도 모르지만, 거의 대부분 중국, 한국 또는 인도로부터 상품을 구입한다. 미국과 유럽의 의류 제조업자들은 가끔 특별한 한 나라에서 텍스타일을 구입하는데, 그 이유는 의류 생산이 그곳에서 이루어질 것이기 때문이다.

비록 단계적으로 쿼터가 폐지되고는 있지만, 어떤 상품의 경우 유럽 수입품에 12%와 미국 수입품에 20%의 세금을 매기는 것은 수입을 다소 제한하게 만든다. 중국으로부터의 수입품에 대한 특별 제한은 현재 중국이 글로벌 텍스타일 시장을 완전히 장악하는 것을 막아 주는 역할을 하고 있다. 그러나 대부분의 제조업자와 리테일러들은 안전 수단으로서 다른 나라에서 대체 생산을 한다.

해외 투자

노동과 설비가 아시아에서 훨씬 더 싸기 때문에, 많은 미국과 유럽 회사들은 직물을 아시아에서 생산하기 위해 아시아 회사들과 조인트 벤처회사를 세우고 있다. 예를 들어, 인비스타 (Invista), 인터내셔널 텍스타일 그룹(ITG), 그리고 말덴 밀스(Malden Mills)는 중국에 생산기지를 세웠다. 이탈리아의 밀들도 역시 섬유와 직물 생산을 위해 중국에 있는 조인트 벤처 회사들에 참여하고 있다. 게다가 벌링톤(Burlington), 콘 밀즈(Cone Mills), 댄 리버(Dan River) 그리고 길포드 밀즈(Guilford Mills) 같은 몇몇 미국 텍스타일 회사들은 멕시코, 캐리비안 국가들, 그리고 중앙아메리카나 남아메리카의 다른 곳에 설비를 짓고 있는 회사들에 속한다.

새로운 마케팅 전략

수입과 경쟁하기 위해 미국 텍스타일 생산자들은 새로운 마케팅 전략을 개발해 왔다.

미국 텍스타일 산업은 상품을 효율적으로 생산하도록, 그리고 양질의 상품을 현실적인 가격에 제공하도록 큰 규모로 지어졌다. 과거에는 기업들이 상품과 가격, 최소량 그리고 생산 계획을 결정할 수 있었다. 지금은 수입에서 오는 첨예한 경쟁과 공급과잉 그리고 많은 시장이 니치마켓이기 때문에, 텍스타일 회사들은 그들이 생산지향이 아닌 시장지향으로 가야 한다는 것을 깨달았다. 소비자의 섬유, 직물, 텍스타일 생산자에 대한 다양한 요구에 대한 반응은 생산자의 마케팅이 완성되는 것을 앞질러 왔다.

새로운 전략은 어렵고 비용이 많이 든다. 텍스타일 생산자들은 혁신적인 스타일과 향상된 품질, 제안에 대한 유연성, 그리고 시장에 대한 좀 더 빠른 반응들을 제공하기 위해 노력하고 있다. 그러나 유행에 따르고 유연하기 위해서는 보다 적은 양을 생산하는 것이 필요한데, 이것은 야드당 더 많은 비용이 든다.

혁 신

창조력, 연구, 그리고 새로운 기술을 요구하는 혁신은 비즈니스의 중요한 부분이 되고 있다. 텍스타일 회사들은 새로운 제품으로 시장의 선두가 되기 위해 노력한다. 그들은 새로운 섬유, 직물 그리고 가공법을 개발하기 위한 연구에 막대한 예산을 투자한다.

고기능성 섬유와 나노기술　제5장에서 논의한 것처럼 텍스타일 제조업자들은 패션 직물에 적용할 수 있는 거미줄 섬유, 카제인, 그리고 PLA와 같은 새로운 섬유를 개발해 왔다.

분자 수준에서 물질의 구조를 정확하게 조절하는 과학인 나노기술은 텍스타일 산업에서 기존의 방법으로 만들어진 합성섬유보다 직경이 10배 내지 100배 더 작은 고강도, 경량 섬유를 개발하는 데 사용되었다. 나노기술은 텍스타일 산업이 다기능성 섬유를 창조하는 것을 가능하게 했다. 새로운 열적, 내열성, 항균성, 항미생물성 섬유들이 군복 또는 소방복뿐만 아니라 운동복과 여가복을 위해 만들어지고 있다.

퍼포먼스 직물　특수 직물 성능에 대한 소비자의 요구에 부응하여, 텍스타일 생산자들은 특히 운동시합용, 여가스포츠용, 그리고 훈련용 액티브웨어를 위한 '퍼포먼스 직물(performance fabrics)'을 개발하였다. 나노기술은 촉감 또는 직물의 특성을 변화시키거나 성능을 향상시킬 수 있는 특수가공법 또는 처리법을 창조해 왔다. 본래 갖추어진 직물의 성질에는 근육 수축 또는 수분 관리, 개별 용도를 위해 필요한 것은 무엇이든지 포함될 수 있다. 이러한 직물들은 격렬한 활동과 잦은 세탁에 견뎌야 한다.

직물 특수 효과　어떤 디자이너와 텍스타일 밀은 새로운 직물 처리법을 가지고 실험하고 있다. 예를 들어, 파리에 있는 빅토와 롤프는 전자 페인트 처리와 직물 은코팅을 포함하여 47시간의 처리로 메탈 룩(metallic look)을 획득했다. 런던의 자일스 디콘과 텍스타일 디자이너인 플리트 빅우드는 또 다른 메탈 효과를 위해 직물의 표면에 풀을 발라 이를 열 전달 기계로 처리하였다. 마크 제이콥스는 스위스 밀 포스터 위리와 함께 종이 위에 양모로 수를 놓은 후 그 종이를 씻어 냄으로써 기하학적 레이스를 창조하였다. 또 다른 예는 흐릿한 프린트 효과를 위해 풀어서 다시 짠 프린트 직물을 사용한 프라다의 경우이다.

니치 마케팅

직물 생산자들은 제조업 단골들과 소매업 단골들을 위한 보다 나은 서비스를 위해, 주니어용 또는 부인용 여성복과 같은 틈새시장에 따라 그들의 제품들을 분리한다. 그들은 각 단골들의 니즈, 즉 어떤 종류의 의복을 생산하는지, 어떻게 생산하려고 하는지, 그리고 옷감에 얼마를 지불할 수 있는지를 이해하려고 노력한다. 그들은 각 의류 제조업 단골들에게 적합한 직물만을 내놓는다.

가먼트 패키지

많은 소매상들은 텍스타일 생산자들에게 '가먼트 패키지(Garment Packages)'를 공급해 줄 것을 요구

텍스타일 실험실에서 새로운 섬유 가공에 대해 연구하는 모습 (출처 : WOOLMARK COMPANY)

해 왔다. 소매상들은 중간상인과 분배비용을 줄임으로써 완성된 의복의 비용을 줄이길 원한다. 이런 요구에 부응하기 위해 많은 텍스타일 밀들은 완성된 의복을 만들기 위한 수직적인 사업을 확장해 왔다. 비록 이 밀들이 의류를 생산하는 그들의 고객들과 경쟁으로 인해 불화를 일으키길 원하지는 않지만, 그들은 또한 텍스타일을 팔길 원한다. 예를 들어 벌링톤은 멕시코에 있는 생산 공장에서 진을 만들고 있고, 갈리와 로드(Galey & Lord)는 카키(khakis)를 생산하고 있다. 완성된 가먼트 패키지는 낮은 가격의 수입에 대항하는 한 가지 방법이 되고 있다.

리드타임 줄이기

텍스타일 회사들은 이제까지보다 더 빠른 배달 요구를 충족시키기 위해 배달에 속도를 내려고 노력한다. 텍스타일 회사들은 수송에 시간을 뺏기지 않기 위해 의류제조설비 가까이에서 직물을 소싱하고 있다. 물론 아시아에서 만들어진 의복은 아시아 직물로 만들어지는 것을 의미한다. 어떤 미국 텍스타일 생산업자들은 멕시코와 캐리비아 지역의 의류제조 설비를 사용하는 제조업자들에게 팔 수 있다. 그들은 이것이 그들에게 수송에 더 긴 시간이 요구되는 아시아 수입품과의 경쟁에서 장점이 될 것을 기대한다.

섬유제품 개발과 마케팅

소비자의 요구를 충족시키기 위해 섬유 생산자들은 광범위한 연구와 제품 개발을 하고 있다. 그 다음 텍스타일 판매자들은 이 섬유를 실이나 직물 생산자들에게 광고하고 판매한다.

과거에 천연섬유 생산자의 마케팅 역할은 비교적 간단했다. 작물 또는 동물들은 길러지고, 수확되거나 털이 깎여져서, 중앙시장에 섬유를 파는 지방 시장의 도매상들에게 팔렸다. 양을 키우는 사람들과 면화를 기르는 사람들은 섬유와 의복의 판촉에는 신경 쓰지 않아도 됐다.

인조섬유 인조섬유의 개발과 새로운 마케팅 전략들은 섬유 생산자들의 역할을 변화시켰다. 인조섬유를 생산하는 거대한 화학 회사들은 매우 많은 시간과 돈을 연구와 새로운 섬유 개발에 투자한다. 이 과정은 여러 해가 걸린다(표 6.1 참조). 여러 섬유 회사들은 아마도 같은 문제를 동시에 연구하고 비슷하게 경쟁적인 것을 개발할 것이다. 그리고 나서 화학 회사들은 실이나 섬유 생산자와 의류 생산자들과 함께 판촉과 광고를 통해 새로운 섬유를 위한 수요를 창출하려고 노력한다. 그들은 또한 이러한 섬유들의 가치와 용도에 대해 소비자를 교육한다.

천연섬유 인조섬유와의 경쟁의 필요성은 천연섬유 생산자들로 하여금 그들의 섬유를 홍보하기 위해 협회를 조직하도록 압박하였다. 그것들은 재배자들로부터 지원을 받으며, 코튼 인코포레이티드(Cotton Incorporated), 울마크 컴퍼니(the Woolmark Company), 실크 인스티튜트(the Silk Institute), 인터내셔널 린넨 프로모션(International Linen Promotion)이 이에 속한다.

코튼 인코포레이티드는 그들의 본부가 있는 노스캐롤라이나에 연구, 개발 센터를 가지고 있고, 뉴욕에 있는 마케팅부에서 면에 대한 수요를 창출하기 위해 광고와 프로모션을 이용하고 있다. 오스트레일리아에 기반을 두고 있는 울마크 컴퍼니는 영국의 일클리(Ilkley)에 연구소를 두고 있으며 전 세계적으로 사무실이 있다. 양모는 세계 섬유 생산의 4% 이하이기 때문에, 울마크 컴퍼니의 판촉 활동은 보통 연구와 개발, 그리고 제품혁신에 국한된다. 그러나 그들은 지금 북아메리카에서 대규모의 마케팅 캠페인을 벌이고 있다.

모든 천연섬유협회들은 섬유의 질과 공정을 향상시키고, 섬유 개발을 지지하고, 무역업자와 소비자들에게 그들의 섬유를 판촉하기 위해 일하지만, 그들의 작은 시장점유율(면 이외의)이 높은 마케팅 비용을 지원해 주지 못하기 때문에 대대적으로 규모를 줄여야만 했다.

혼방 천연섬유와 인조섬유 생산자들은 또한 섬유혼방을 위해 함께 일한다. 텍스타일 엔지니어들은 인조섬유와 천연섬유 양쪽에서 가장 좋은 속성을 발견하고, 그들의 좋은 특성을 최대화하기 위해 적절한 비율로 이 둘을 결합시킨다. 예를 들어, 면은 관리의 편의성을 위해 폴리

표 6.1 텍스타일과 의류 산업에 있어서 제품 개발 시간
(산업은 지속적으로 대기시간을 줄이기 위해 애쓰고 있다)

활동	판매 시즌 전까지 걸리는 시간
새로운 섬유와 신합섬들의 개발	몇 년
섬유 개발(섬유 회사들은 밀과 함께 새로운 섬유를 연구하고 개발한다)	1~2년
컬러 예상(섬유 단계)	18~20개월
섬유 제작자들에 의한 새로운 섬유 발표회(인터스토프, 프리미에르 비종, 이데아코모 등)	1년
섬유 라인의 구성(디자이너들과 머천다이저들에 의한)	8개월~1년
의류 디자인과 라인 개발	6~9개월
의류 콜렉션 시작, 마켓 주간, 소매상들을 위한 라인 발표, 주문	4~6개월
의류 생산	1~5개월
소매상점으로의 수송	1주~1개월
소매상점에서의 의류 판매	0

에스테르와 혼방되고, 부드러운 감촉을 위해 나일론과 혼방되며, 스트레치성을 위해 스판덱스와 혼방된다. 차례로, 이 섬유들은 새롭고 흥미로운 직물로 창조될 것이다.

판매촉진을 위해 섬유 생산자들은 제품에 대한 대중적인 인지를 향상시키고자 마케팅 캠페인을 만들어 냈다. 합성섬유 산업은 소비자 브랜드 인지에 집중해 왔으며, 새로운 섬유 또는 신합섬의 용도를 설명하는 데 집중해 왔다. 천연섬유 협회들도 또한 대중이 그들의 섬유 속성에 대해 알기를 원한다. 식별을 위해 실 심볼의 울마크 컴퍼니 공과 같은 트레이드마크 또는 로고가 사용된다.

프리미에르 비종(Première Vision) 같은 국제 텍스타일 트레이드 쇼를 준비하기 위해, 섬유 생산자들은 전시를 위해 만들어진 샘플 직물들과 의복들을 가지고 있다. 이 샘플들은 실과 직물 생산자들에게 섬유들이 직물에 어떻게 효과적으로 사용될 수 있는지 보여 준다.

광고와 홍보

광고(advertising)의 목적은 소비자들이 천연섬유 또는 인조섬유의 브랜드를 인지하도록 만드는 데 있다. 광고를 위해서 회사들은 제품에 대해 공표를 하도록 미디어에 비용을 지불한다. 미디어 자체의 비용이 매우 높을 뿐만 아니라, 광고를 제작하는 것도 매우 비싸다. 광고 제작은 디자인, 아트워크, 사진, 인쇄매체를 위한 복사본 또는 각본, 섭외, 예행연습, 그리고 TV를 위한 필름작업 등을 포함한다. 그 결과, 광고는 매우 선택적이고, 일반적으로 새로운 섬유나 제품에 대한 흥미만을 불러일으키는 데서 끝난다. 섬유 제조업자들은 **연합광고** (cooperative advertising)도 사용한다. 광고비용은 섬유 제작자들, 생산자들 그리고 그들의

섬유를 사용하는 소매상들과 공동부담한다. 예를 들어 텐셀사(Tencel Inc.)는 노드스트롬 (Nordstrom)과 블루밍데일즈(Bloomingdale's)와 협력해서 광고한다.

섬유 제조업자들은 거래를 위해 섬유와 의복 생산자들에게 광고한다. 그러나 그들은 일반적으로 잡지나 텔레비전을 통해 일반대중에게 직접 광고한다. 코튼 인코포레이티드사의 "직물은 우리의 생활"이라는 광고는 국제 섬유 광고 캠페인의 한 예이다. 텔레비전과 잡지 광고는 제품과 관련하여 사람들이 실제 생활 속의 상황에서 면을 입고 있는 것을 보여 줌으로써 소비자의 정서에 호소한다. 광고들은 쌍방향 웹사이트와 공동으로 진행된다. 캠페인의 목적은 소비자의 면에 대한 인식과 수요를 증가시키는 것이다. 다른 섬유 협회와 화학 회사들 또한 광고 캠페인을 한다.

홍보(publicity)는 소비자들에게 정보를 전달하는 다른 방법이다. 이 경우에 기업은 미디어의 시간이나 공간을 살 수 없다. 미디어 편집자들은 글로 쓰거나 말할 정보를 선택한다. 섬유 기업이나 협회 또는 홍보 대행사들은 사용되기를 희망하며 섬유에 관해 작성한 정보를 미디어의 보도부에 보낸다. 그들은 구체적인 정보를 독자, 경청자 또는 관찰자의 흥미에 기초한

다양한 미디어에 보낸다. 미디어는 그들이 사용하기 원하는 정보를 선택하고, 독자에게 호소하기 위해 해석한다. 홍보는 구매될 수 없기 때문에 소비자에게 더욱 신뢰를 주므로 특별히 중요하다.

고객 서비스

섬유 제조업자들은 그들의 소비자에게 판매를 권장하기 위해 제조와 리테일 단계에서 많은 서비스들을 제공한다.

기술적 조언 섬유 제조업자들은 의류 생산자뿐만 아니라 실과 텍스타일 밀에도 정보를 제공한다. 섬유 제조업자들은 종종 그들을 위해 새로운 아이디어를 발전시킬 것을 직물 디자이너에게 위임한다. 이 아이디어의 샘플들은 짧은 작업량으로 제직되거나 편직되고, 스와치를 밀에 보낸다. 또한 섬유 제조업자들은 밀에 생산 조언을 제공할 수 있다.

패션 프레젠테이션 몇몇 섬유 제조업자들은 그들의 연구에 기반하여 밀과 컨버터들 그리고 생산자들에게 유용한 트렌드 정보를 일반적으로 1년에 두 번 만든다. 섬유 제조업자를 대표하는 스타일리스트는 생산자들에게 의류와 새롭고 실험적인 직물, 그리고 컬러차트를 보여 주는 프레젠테이션을 만든다. 프레젠테이션은 종종 코트 생산자들을 위한 코트 아이디어나 신사의류 생산자들을 위한 신사의류 아이디어와 같이 특별한 수요를 겨냥한다. 시장 조사와 소싱 정보도 포함된다. 몇몇 회사들은 또한 패션 스타일링 리포트 또는 그들의 소비자들을 위한 실제 직물도 만든다.

컬러 포캐스트 컬러 사이클, 경제, 예술, 그리고 국제 패션 트렌드에 기반한 컬러의 방향은 섬유 단계에서 조사된다. 이들은 컬러스토리를 완성하기 위해 기본 컬러와 시즌 컬러들이 합쳐진 것이다. 몇몇 주요 기업들은 가장 인기 있는 컬러가 될 것 같다고 생각되는 컬러를 결정하고, 실이나 직물 스와치에 염색하여 그들의 소비자들에게 제공한다. 이것이 일반적으로 직물 생산자들, 컨버터들, 그리고 의류 생산자들이 그들의 컬러 스토리를 계획하는 것을 돕는다.

직물 도서관 직물 제작자들의 중요한 서비스는 파리나 런던, 뉴욕, 로스앤젤레스 같은 주요 패션 센터에 위치한 그

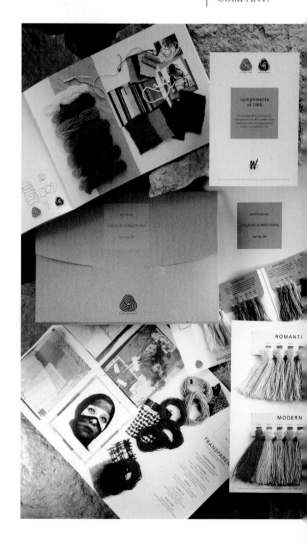

양모 컬러 카드와 실 예측에 대한 발췌물 (출처 : WOOLMARK COMPANY)

들의 직물 도서관이다. 모든 밀이나 컨버터들은 직물 도서관에 그들의 섬유를 사용해 만든 직물 샘플들을 보관한다. 디자이너는 무엇이 가능할 것인가에 대한 전체적인 그림을 그리기 위해 이 도서관을 방문한다. 만약 디자이너가 특별한 직물을 찾고 있다면 이 도서관은 그것을 만드는 밀이나 컨버터를 찾는 데 도움을 줄 수 있다. 어떤 도서관은 현재 직물 샘플의 바코드를 가지고 있다. 스캐너가 자동적으로 밀과 연락 가능한 사람의 이름과 주소를 읽고 프린트한다. 동시에 밀이나 컨버터들이 잠재적인 고객에 대해 알 수 있도록 이들에게 디자이너의 이름이 보내진다.

소비자 교육　섬유 제조업자들은 의류 생산자, 학교, 그리고 일반 대중들에게 그들의 섬유 정보를 브로셔나 전시회, 강의, 시청각 보조자료와 비디오를 통해 지속적으로 제공한다. 이 정보는 역사, 생산, 사용법, 취급법, 그리고 소비자들의 효용을 포함해서 섬유와 직물의 모든 면을 커버한다.

품질표시태그　몇몇 섬유 제조업자들은 의류 생산자들에게 섬유 속성과 취급설명서가 프린트된 품질표시태그(hangtag)를 제공한다. 품질표시태그는 소비자들을 위한 정보일 뿐만 아니라 유용한 홍보 형태가 될 수도 있다.

섬유 유통

천연섬유　섬유들은 실 방적과 제직 또는 제편을 위해 밀에 팔린다. 천연섬유를 생산하는 농부들은 그들의 제품을 다양한 무역 협회들에 의해 조직된 글로벌 소스에 가까운 시장에 판다. 농부들은 가격을 통제하지 못하는데, 가격은 수요와 공급에 의해 시장에서 결정된다.

인조섬유　인조섬유를 생산하는 큰 화학 회사들은 그들만의 판매 부대를 소유하고 그들의 원가에 기반하여 가격을 정한다. 어떤 경우에 섬유 제조업자들과 밀들이 하나의 큰 기업에 수직적으로 연결되어 있을 때, 그 생산 회사들은 그들 자신의 시장이 된다.

섬유들은 품질 표준이 통제될 수 있도록 종종 일정 협정의 의무하에 팔린다. 섬유의 기능에 대한 좋은 평판을 얻기 위해 광고에 많은 노력을 들인 후에, 제조업자들은 그 좋은 이름을 유지하기를 원한다. 따라서 섬유가 상표명(brand name) 또는 라이선스 협정하에서 팔릴 때에는 표준에 대한 제한이 부여된다. 상표명이 사용되지 않은 판매에 대해서는 제한이 따르지 않는다.

직물제품 개발과 마케팅

텍스타일 마케팅 체인에서 다음 단계는 실과 직물의 개발과 마케팅이다.

직물은 패션 산업 안에서 변화를 이끌어 가는 힘이 되고 있다. 칼 라거펠드(Karl Lagerfeld)는 "직물은 지금 큰 변화를 가져오고 있다. 라이크라가 과거에 쿠튀르에서 20번의 피팅을 거치지 않고는 할 수 없었던 것을 실제로 가능하게 하고 있다."라고 설명한다.[4] 직물의 흥미로운 혁신은(특히 혼방) 흥미롭고 새로운 질감을 창조해 낸다.

텍스타일 디자인

전문화 특별한 목표 시장에 초점을 맞추기 위해, 직물 생산자들은 일반적으로 하나 또는 몇 가지 종류의 직물을 전문화한다. 예를 들어, 그들의 콜렉션은 한 가지 섬유 또는 섬유혼방, 특정 품질수준, 혹은 오직 니트나 프린트에만 집중할 수 있다. 이러한 전문화 안에서 그들은 균형이 잘 잡힌 라인의 직물과 가격을 제공한다. 또한 텍스타일 디자이너들은 프린트, 직물

런던의 디자이너 조나단 사운더스(Jonathan Saunders)가 그의 독특한 직물 디자인을 하고 있다
(사진촬영 : 저자)

또는 니트 디자인을 전문화하는 경향이 있다. 그들은 밀이나 컨버터들 또는 디자인 스튜디오의 풀타임 고용인으로 일하거나 그들의 디자인을 텍스타일 회사에 팔기도 한다.

마켓과 기술 연구   직물 머천다이저들과 디자이너들은 철저한 시장 조사를 함으로써 소비자들의 필요를 예측하려고 노력한다. 그들은 또한 세계 패션과 직물 경향에 대해 조사하고, 이상적인 섬유 혼합과 가공, 그 외 속성들을 가짐으로써 최신 유행 제품을 개발하고자 일한다. 머천다이저들과 디자이너들은 섬유의 물리적 속성, 그들이 사용하는 실로 얻을 수 있는 효과와 사용할 직조기 또는 편성기의 가능성과 한계를 이해해야 한다. 그들은 텍스타일 기술자들과 협력하여 일하고 그들의 아이디어가 실행 가능한 것인지 알기 위해 텍스타일 프로세스를 이해해야만 한다.

최종용도에 집중하기   제품 매니저들, 머천다이저들, 그리고 디자이너들이 직물의 최종용도를 고려하는 것은 매우 중요하다.

- 시즌과 제작된 의복의 유형에 적합한 섬유 성분과 실의 크기
- 남성용 의류, 여성용 의류, 또는 아동복에 적합한 직물과 프린트
- 완성된 의류의 가격 범위 안에서 적합한 직물과 프린트

재질감을 먼저 고려하여, 텍스타일 디자이너들은 일반적으로 조직과 패턴 디자인의 시각적 제시를 실험하는 것을 돕는 캐드(CAD) 시스템을 사용한다. 직물의 균형 잡힌 콜렉션은 기업의 제품 라인 안에서 창조된다. 그 후에 컬러 스토리가 전체 콜렉션 또는 그 안에 있는 다양한 그룹들을 위해 선택된다.

프린트 디자인   프린트 디자인 아이디어는 역사적이고 민속적인 모티브들, 벽지, 오래된 직물들, 건축, 자연, 만화 그리고 사람들의 취미와 흥미를 포함한 전 세계적인 영향으로부터 온다. 디자이너들은 세계적인 직물이나 의복들을 새로운 아이디어의 출처로서 구입한다. 많은 직물 기업들은 새로운 프린트를 위한 과거로부터의 아이디어를 디자이너들에게 제공하기 위해 직물 기록을 유지한다. 프린트 디자이너들은 필수요소인 컬러, 재질감, 선, 형태, 그리고 여유 공간을 반드시 고려해야 한다. 프린트를 위한 **모티브들**(반복되는 디자인)은 흥미로운 형태, 즐겁고 리듬 있는 패턴, 그리고 다른 것과의 조화로운 어울림을 가지고 있어야 한다.

디자이너들은 처음에는 평평한 직물인 이차원 표면을 고려한다. 하지만 사용 가능한 디자인을 창조하기를 원한다면 마음속에 반드시 직물의 삼차원적 최종 용도를 고려해야만 한다. 왜냐하면 프린트 디자인은 연속적인 모티브의 반복이어서, 커팅이 어떻게 패턴에 영향을 미칠 것인지 고려해야 하기 때문이다.

다른 종류의 프린트들이 의류 산업의 각각 다른 부분을 위해 디자인된다. 예를 들어, 꽃이

나 여성적인 모티브들은 아마도 여성의류를, 전통적인 기하학 무늬는 남성복을, 그리고 작고 즉흥적인 프린트들은 아동의류를 목표로 한다. 그러나 프린트들의 사용은 또한 주기가 있다. 어떤 종류의 프린트들은 특정한 시즌에는 다른 종류보다 더 대중적이다.

밀이나 컨버터들은 그들만의 디자인 스튜디오를 가지고 있거나 밀라노, 파리, 런던, 도쿄, 뉴욕에 있는 독립적인 프린트 스튜디오로부터 오리지널 디자인을 구입한다. 또한 큰 프린트 스튜디오는 뉴욕이나 다른 텍스타일 중심지의 무역발표회에 그들의 디자인 콜렉션을 가지고 온다. 그다음에 오리지널 크로키(그림)들은 직물에 적용하기 위해 반복되는 디자인으로 변형 된다. 변화를 주는 일, 반복 작업, 리스타일링, 그리고 컬러링은 컨버터 자신의 스튜디오나 독립적인 스튜디오에 의해 완성된다. CAD 시스템이 때때로 오리지널 디자인을 만들 때 사용 되고, 주로 반복작업을 할 때 사용된다. CAD 시스템은 또한 디즈니나 워너의 캐릭터 같은 라 이선스 작품을 티셔츠나 스웨터에 프린트하기 위해 전환할 때도 사용된다.

컬러링 프린트는 일반적으로 여러 가지 컬러계획(컬러 배합)으로 제공된다. 새로운 컬러배 합을 위해 크로키가 텍스타일 회사의 디자인 파트나 컴퓨터에 의해 만들어진다. 만약 이것이 승인을 받으면, **스트라이크 오프**(strike-off)가 테스트를 위해 짧은 조각의 직물 위에 인쇄된다. 주문된 컬러의 최소 필요 야드는 프린팅 방법에 따라 다양하다.

직물 콜렉션 텍스타일 산업은 의류 디자이너들이 적당한 옷감을 발견하고 테스트할 시간 을 가질 수 있을 만큼 충분히 일찍 직물을 개발해야만 한다. 타이밍을 맞추는 것이 매우 중요 하다. 매 시즌마다 직물 생산자들은 의류 디자이너들이나 제조업자들인 그들의 소비자에게 보여 줄 새로운 라인 또는 직물 켈렉션을 준비한다. 예를 들어, 트렌드를 결정하는 취리히의 컨버터인 아브라함(Abraham) AG의 디자이너들은 1년에 두 번 300개 이상의 직물 디자인 콜 렉션을 창조해 낸다.

직물 머천다이저들이나 디자이너들은 라인을 개발하는 동안 의복 제조업자들과 직접적으 로 일하는 것이 매우 중요하다. 벌링턴 퍼포먼스웨어(Burlington Performance Wear)의 여성 의류 머천다이저인 캐시 발렌트(Cathy Valent)는 "누군가가 가장 아름다운 콜렉션을 만들 수 는 있다. 그러나 만약 어떤 사람이 유통망을 가지고 있지 않거나 적절한 시장에 제품을 위치 시키는 능력을 가지고 있지 못하다면, (아름다움은) 중요한 문제가 아니다."라고 설명한다.[5]

각각의 직물 콜렉션은 소비자들이 다른 생산자로부터 온 보다 싼 제품을 사려고 유혹당하 지 않도록 독특함을 가지는 것이 중요하다. 직물 생산자들은 표절이 만연해 있기 때문에 스 와치가 유출되는 것에 주의해야만 한다. 직물 생산자들은 또한 그들의 전문적인 지식을 의류 생산자들에게 제공하며, 직물의 샘플 컷을 테스트 가먼트용으로 판매한다.

여성복 제품 개발과
스타일링 부서의 관
디자인 캐시 발렌트
(Cathy Valent)가
가을시즌 소재와
색상라인을 계획
하고 있다.
출처 :
BURLINGTON
WORLDWIDE)

마케팅

직물 생산자들은 의류 제조업자들의 사업과 경쟁하고, 그들의 상품으로 만들어진 제품이 소매 단계에서 받아들여지게 하기 위하여 경쟁한다. 마케팅은 일반적으로 브랜드 빌딩(brand building)에 초점을 맞춘다. 텍스타일 기업들은 소비자 수요를 창출하기 위해 그들 제품의 특성에 관해 소비자 교육을 실시한다. 소비자는 이들 특성과 상표명을 동일시하며, 그것을 존중하는 것을 배운다. 직물 생산자들은 그들의 소비자에게 그들의 제품을 알리기 위해 광고와 홍보, 그리고 고객 서비스를 이용한다.

광고 큰 직물 생산자들은 그들 제품들의 상표명을 광고한다. 섬유 제작자들처럼(그리고 종종 그들과 협력하여) 그들은 텔레비전, 신문, 그리고 잡지를 사용해 전국 시청자들에게 광고한다. 그들은 또한 의류 생산자들, 그리고 소매상점들과 전국적 또는 지역적으로 협력한다.

홍보 직물 생산자들은 또한 사설보도를 희망하여 언론에 새로운 직물 개발에 관한 정보를 제공할지도 모른다.

고객 서비스 섬유 생산자들과 같이 직물 회사들은 생산과 소매 차원에서 판매를 촉진하기 위해 그들의 소비자들에게 서비스를 제공한다. 하지만 줄어드는 판매와 이익은 많은 회사들로 하여금 이러한 서비스를 없애게 만들었다.

패션 발표회 몇몇 큰 직물 생산자들은 또한 생산자와 리테일러들에게 트렌드를 분석하고 정보를 주는 머천다이징과 마케팅 전문가를 고용한다. 그들은 패션 발표회에 고객들을 초청하거나, 또는 세계에 있는 고객 회사에서 발표회를 열기도 한다. 그들은 유럽으로부터 온 사진, 직물, 그리고/또는 의복뿐만 아니라 그들 자신의 회사에서 만든 새로운 직물들과 그것들을 사용하는 방법에 대한 아이디어를 제공한다.

다른 서비스들 많은 직물 생산업자들은 또한 소비자 그룹, 학교, 대학, 그리고 일반 대중에게 교육 자료를 제공한다. 다른 서비스들은 인쇄물 또는 시각 자료, 품질표시태그, 브로셔, 스토어 내 패션쇼, 소매상들을 위한 판매 훈련 기간, 그리고 소비자 교육을 포함한다.

직물 시장

1년에 두 번, 전 세계로부터 온 텍스타일 생산자들은 그들의 라인을 주요 패션 센터에서 열리는 다음의 중요한 국제적인 직물 쇼들에 전시한다. 텍스타일 거래 주최자들은 구매를 편리하게 만들고 빽빽한 박람회 스케줄을 짜도록 협조하려고 노력한다. 텍스타일 생산업자들은 직물의 최근 동향을 알아보기 위해 이러한 쇼들을 방문한다. 제조업자들과 그들의 디자이너들은 직물을 사고, 그 직물의 사용법에 대한 아이디어를 얻기 위해 쇼들을 방문한다.

파리의 프리미에르 비종 직물 페어의 데님-코듀로이 전시 (출처 : PREMIÈRE VISION)

프리미에르 비종(Première Vision; 'First Look') – 약 650개의 출품자가 참가하며, 4만 명의 방문객이 방문하는 박람회로 파리에서 3월과 10월에 열린다. 트리밍과 자재 박람회인 모드 아몽(Mod'Amont)과 보다 저렴한 직물과 필수품을 전시하는 텍스월드(Texworld)가 프리미에르 비종과 같은 시기에 파리에서 열린다.

티슈 프리미에르(Tissu Premiere) – 약 285개의 출품자가 참가하는 새로운 직물 박람회로, 프랑스 릴르에서 매년 겨울과 여름에 열린다.

유니카(Unica) – 새로 통일된 이탈리아 직물 박람회가 현재 2월과 7월에 밀라노에서 열리는데, 이것은 전에 분리되어 있던 거래 쇼인 모다인(Moda In), 프라토 엑스포(Prato Expo), 이데아벨라(Ideabiella), 그리고 이데아코모(Ideacomo)를 통합한 것이다.

유로투크(Eurotuch; 'Euro-fabrics') – 이 직물 박람회는 약 100개의 출품자가 참가하며, 매년 3월과 10월에 독일의 뒤셀도르프에서 열린다.

인터스토프 아시아(Inrrstoff Asia) – 여러 개의 국제 인터스토프 박람회 중 하나로, 홍콩에서 매년 4월과 10월에 열린다.

인터텍스타일 베이징(Intertextile Beijing) – 메세 프랑크푸르트에 의해 조직된 이 중국 텍스타일 박람회에는 3월과 9월에 18개국에서 온 700개 이상의 출품자가 참여한다.

국제 패션 직물 박람회(International Fashion Fabric Exhibition, IFFE) – 약 380개의 직물 생산자들이 직물을 전시하는 IEFE는 유럽 쇼에 뒤이어 봄과 가을에 뉴욕에서 열린다.

로스앤젤레스 국제 텍스타일 쇼(Los Angeles International Textile Show, TALA) – 캘리포니아 마트와 로스앤젤레스의 텍스타일 협회로부터 지원을 받으며, TALA는 약 140개의 생산자가 매년 4월과 10월 직물을 선보인다.

머티리얼 월드(Material World) – 미국 의류 신발 조합(American Apparel and Footwear Association)의 지원을 받으며, 이 박람회는 소싱, 기술공급, 직물정보에 초점을 맞춘다. 매년 3월 또는 4월에 플로리다의 마이애미 비치에서 열린다.

판 매

매년 5번씩, 직물 생산자들은 새로운 라인을 그들의 소비자들에게 선보인다. 라인에 대한 반응을 얻기 위해 직물들은 처음엔 주요 고객들에게 보인다. 그다음에 일반적으로 1월, 3월 또는 4월, 6월, 8월, 그리고 10월에 직물 생산자의 쇼룸에서 마켓위크가 열린다. 그러나 마켓은 점점 시즌이 없어지고, 새로운 직물이 계속적으로 개발되고 있다. 생산자들은 또한 고객들에게 빨리 염색해서 수송해 줄 수 있는 '열린 라인'을 가지고 있다(주문한 프린트와 제직은 개발하고 생산하는 데 더 오랜 시간이 걸린다).

세계적인 직물 생산자들은 뉴욕, 런던, 파리, 밀라노, 로스앤젤레스와 같은 패션 중심지에 쇼룸을 가지고 있다. 뉴욕에는 이러한 쇼룸이 6번가나 7번가의 의류 구역에 있다. 여러 지역의 의류 기업에서 온 디자이너들과 머천다이저들은 새로운 라인을 보기 위해 이러한 쇼룸에 온다. 텍스타일 기업들은 또한 그들만의 상품을 생산하는 사람들인 '자사 브랜드(private label)' 리테일러들과 직접 함께 일한다. 물론 직물과 의류가 한 회사 안에서 생산되기 때문에 가먼트 패키지 생산업자에게는 세일이 필요 없다.

판매 대리인　각각의 직물 회사는 직물의 헤드엔드인 헤더(headers)로 가득 찬 가방을 보여 주러 생산자들과 그들의 디자이너들을 방문하는 판매 대리인(sales representatives)을 두고 있다. 텍스타일 산업에서 대부분의 판매자는(특히 큰 기업의) 그들이 대표하는 회사의 봉급을 받는 고용인이다. 독립적인 판매 대리인이나 대행자들은 여러 개의 텍스타일 라인을 취급하고 수수료를 받는다. 그들은 일반적인 고객들에게 직물을 보여 주고 팔기 위해서뿐만 아니라, 새로운 거래를 얻기 위해서 접촉을 시도한다.

중개인　중개인(jobbers)은 나머지 직물과 '세컨드(seconds)'(흠집 있는 상품)를 텍스타일 생산자들에게 상당히 디스카운트된 가격으로 사서 싸게 되파는 독립적인 매개인이다. 그들은 여러 다른 경로로부터 구입하여 그들만의 라인에 이들을 합치거나, 수요가 많은 시기에 좋은 차액을 남기고 팔려는 기대를 가지고 상품을 구입한다. 나머지 직물을 판매하는 것은 창고를 깨끗하게 해 주고, 텍스타일 생산자들에게 현금 흐름을 제공한다.

브로커　텍스타일 브로커(brokers)들은 또한 독립적인 매개인으로 의류 생산자들을 원조한다. 일정한 가격에 특정한 종류의 직물이 필요할 경우 브로커들은 이것을 찾으려 노력한다. 그들은 아마도 처음에는 생지를 찾을 것이고, 그 후에 주문을 위해 컨버터들에게 가공을 시킬 것이다. 브로커들은 판매된 직물 부피에 기반한, 일반적으로 1%의 수수료를 받고 일한다.

요약

제품 개발은 매우 중요해지고 있고, 산업은 혁신과 유연성을 위해 노력하고 있다. 텍스타일 산업은 브랜드 인지 광고와 고객 서비스로 섬유와 직물을 판촉하고 있다. 세계 직물 시장과 판매 대리인들은 다음 단계의 패션 산업인 의류 생산자들과의 연결을 제공한다. 아시아 텍스타일 산업은 값싼 노동력으로 인한 낮은 생산 비용으로 현재 세계 텍스타일 시장을 지배하고 있다.

🅞 용어 개념

다음의 용어와 개념을 간단하게 정의하고 논하라.

1. 수입
2. 마케팅 전략
3. 로고
4. 연합광고
5. 소비자 교육
6. 품질표시태그
7. CAD 시스템
8. 모티브
9. 스트라이크오프
10. 브랜드 인지도
11. 고객 서비스
12. 프리미에르 비종
13. 헤더
14. 중개인
15. 브로커

🅞 복습 문제

1. 왜 텍스타일 수입이 미국 내에서 그렇게 큰 시장점유율을 차지하고 있는가?
2. 텍스타일 산업은 수입에 대하여 어떻게 반응해 왔는가?
3. 천연섬유만이 가능하던 과거의 텍스타일 마케팅에 비해 현대의 마케팅은 어떻게 다른가?
4. 천연섬유 생산자들은 어떻게 거대한 화학 회사들과 경쟁하는가?
5. 직물 생산자들은 어떤 종류의 광고를 사용하는가?
6. 섬유 제작자들은 어떻게 스타일링과 컬러 방향에 영향을 주는가?
7. 프린트 디자인의 영향은 무엇인가?
8. 세계의 주요 직물 시장은 어디인가?
9. 중개인과 브로커들은 어떤 기능을 수행하는가?

🅞 심화 학습 프로젝트

1. 역사적인 의복이나 예술에서 좋아하는 그림을 뽑으라. 밑그림을 그리고(필요할 경우 변형하여서) 최근 시즌의 패션 컬러로 그림을 다시 칠해 보라.
2. 디자이너들이나 최신 패션에 사용되는 직물들을 비교하기 위해 근처 백화점을 방문해 보라.
    a. 어떤 직물이 가장 신선하고 흥미로운가?
    b. 어떤 종류의 직물(니트, 직물, 프린트, 단색직물)이 주로 사용되었는가?
    c. 어떤 컬러가 가장 우세한가?
    d. 직물 목차를 위한 품질표시태그(hangtag)와 라벨(label)을 조사해 보라. 의류에서 어떤 종류의 섬유가 자주 사용됐는가? 천연섬유인가 인조섬유인가?
    e. 라벨에 있는 섬유상품명과 일반명을 구별할 수 있는가?
    f. 라벨에 있는 정보로부터 직물 제작자를 구별할 수 있는가?
    g. 섬유와 직물에 대한 충분한 정보가 소비자를 위해 제공되고 있는가?
    h. 당신의 조사 결과를 보고서에 요약하라.
3. 주변의 백화점이나 상점을 쇼핑하고 20가지 의복으로부터 생산국(country-of-origin)과 섬유

함량 라벨을 조사하라.

a. 면으로 된 의류 중 어떤 나라의 직물이 가장 우세하게 나타나는가? 각각의 의류는 어디서 만들어졌는가?

b. 양모, 견, 마, 그리고 합성섬유로 만들어진 의류에서도 같은 정보를 찾으라.

c. 섬유 함량, 직물의 태생국가, 그리고 제작국가와 같은 섬유 정보를 보여 주는 차트를 만들라. 각각의 부분을 (1) 외국 섬유와 라벨, (2) 수입직물이나 미국에서 생산된 것, 그리고 (3) 미국 직물이며 미국 내에서 생산된 것으로 만들어 보라.

d. 패턴의 흐름을 볼 수 있는가? 이 데이터로부터 어떤 결론을 내릴 수 있는가?

e. 모든 의복이 적합한 라벨을 가지고 있는가?

f. 수입된 의복과 미국 내 생산된 의복의 가격을 비교하면 어떤가? 품질과 디테일을 비교하면 어떤가?

⑥ 참고문헌

[1] David G. Link, textile economist, e-mail correspondence, February 2003.

[2] Scott Malone, "Turning to the East," *Women's Wear Daily*, March 22, 2005, p. 16.

[3] "Top Fabric Exporters to U.S.," *WWD Book of Lists*, January 2005, p. 24.

[4] As quoted in "King Karl", *Women's Wear Daily*, November 20, 1991, p. 8.

[5] Cathy Valent, women's apparel merchandiser, Burlington Performancewear, correspondence, June 23, 2003.

레이스, 꽃 그리고 리본 장식이
이 기품 있는 엘리 샤브의 시폰
가운을 우아하게 만들어 준다.
(출처 : ELIE SAAB AND
DENTE & CRISTINA)

7

▶▶▶ 장식재, 가죽과 모피

관련 직업 ■□■

장식재 산업에서의 스타일리스트, 머천다이저, 테크니션 그리고 마케터들을 위한 직업 기회는 텍스타일 산업에서의 기회와 비슷하다. 의복 제작업자들 또한 장식재 바이어가 필요하다. 대부분의 미국 내 가죽과 모피 산업은 수입에 그 자리를 빼앗겼지만, 마케팅에서는 아직 기회가 있다.

학습 목표 ■□■

이 장을 읽은 후…

1. 실, 심, 좁은 직물, 지퍼, 버튼과 벨트가 어떻게 만들어지고 사용되는지 설명할 수 있다.
2. 모피와 가죽의 원료, 그리고 이들의 생산과정에 대해 확인할 수 있다.

패션의 원료에 대한 논의를 완성하기 위해서 이 장에서는 장식재, 가죽과 모피에 대해 알아본다.

　장식재는 이 장의 첫 절반에서 다루어지는데, 의복을 완성하는 데 필요한 이차적 공급품이다. 트리밍의 범주는 매우 다양해서 텍스타일과 비 텍스타일 영역을 모두 포함한다. 실, 심과 내로우 직물 제조는 비슷한 생산과 마케팅 절차를 가지는 텍스타일 산업의 연장이다. 그러나 지퍼와 버튼 제조는 자체의 자재와 생산법을 가지는 완전히 분리된 산업이다.

　가죽과 모피 원료와 처리는 이 장의 두 번째 절에서 조사된다. 가죽과 모피는 텍스타일이 개발되기 오래전부터 의복용으로 사용되었다. 오늘날까지도 가죽과 모피는 패션 산업에서 중요한 재료이다. 가죽은 재킷과 코트뿐만 아니라 구두, 핸드백, 장갑과 벨트 같은 패션 액세서리에 사용된다. 반면 모피는 일차적으로 의복용 소재이다.

장식재

디자이너와 트리밍 바이어들은 다양한 종류의 장식재에 대해 최선의 용도를 아는 것이 필요하다.

장식재(trims)는 의복과 액세서리를 마무리하고 장식하기 위해 필요한 공급물이다. 무수히 많은 장식적 트리밍에는 버튼, 버클, 프로그 클로져(frog closures), 벨트, 브레이드, 리본, 프린지, 보우, 레이스, 엠블렘 그리고 세퀸이 있다. 가끔 실, 탄성물, 테이프, 패스너, 심, 어깨 패드와 같은 기능적 트리밍은 노션(notions)으로 분류된다. 제조업자를 위한 장식재 바이어들은 또한 라벨, 품질표시태그, 옷걸이와 같은 필요한 잡화(sundries)를 구매한다.

　트리밍의 사용은 산업의 각 부문에 따라 다르다. 예를 들어, 신사복 제조업자들은 심, 구성테이프와 기본 단추를 많이 사용하는 반면 스포츠웨어, 수영복과 속옷 제조업자들은 탄성물을 가장 많이 사용한다. 여성복과 아동복 디자이너들은 장식 엠브로이더리, 리본, 레이스 그리고 버튼을 더 다양하게 사용한다.

실

실은 실 제조업자에 의해 섬유로부터 제조된다. 텍스타일 섬유 또는 필라멘트를 연속상의 끈으로 방적하고 꼬임을 주어 만든 실은 의복을 형성시켜 주고, 실의 품질은 의복제조의 내구성에 매우 중요하다.

　이전에는 대부분의 직물들이 천연섬유로 만들어졌기 때문에 면과 다른 천연섬유 실은 내구성, 외관과 재봉성의 요구수준을 만족시켰다. 그러나 인조섬유의 출현은 니트를 포함하여 많은 새로운 직물의 개발을 가져왔다. 인조섬유의 새로운 특징으로 인해 이러한 직물들은 보다 더 강하고, 탄성 있는 실을 요구했다. 이러한 요구수준을 만족시키기 위해 폴리에스테르, 나일론과 리오셀 실이 개발되었다.

요즈음에는 다음과 같이 실 선택이 가능하다.

- **면**은 면과 제품염색 의복에 쓰이는데, 부드럽고, 머서화되고 광택가공이 된다.
- **코어스펀**은 필라멘트 폴리에스테르 심사 주위를 스테이플 폴리에스테르 시스(sheath) 커버로 방적함으로써 만들어진다. 이 실은 강하면서도 가늘어서 보다 질 좋은 의복에 사용된다.
- **스펀 폴리에스테르**는 강하고 합성직물에 적합하며 화학적 · 열적 처리에 잘 견디며 비싸지 않다.
- **연속적 필라멘트**는 나일론 또는 폴리에스테르 섬유로 만들 수 있다.
- **멀티필라멘트**는 꼬임이 있고, 질긴 물질을 꿰매는 데 쓰이는 고강도 나일론 또는 폴리에스테르 필라멘트로부터 만들어진다. 폴리에스테르 멀티필라멘트 실은 기계적으로 '텍스쳐화'될 수 있고, 벌크 유지를 위해 열가공될 수 있다. 멀티필라멘트는 모노코드를 만들기 위해 거의 꼬임 없이 접착될 수 있다.
- **모노필라멘트**는 한 가닥의 연속 합성 필라멘트로 만들지만 뻣뻣하고 의복용으로는 보통 사용하지 않는다.
- **견**은 견직물로 만든 의복이나 약간의 남성복에 사용된다.
- **엠브로이더리 실**은 레이온 또는 폴리에스테르로 만들어지는데 특별한 장식적 재봉에 사용된다.

실은 공장용으로 1,200~30,000야드 길이로 콘에 감겨 있다. 스레드 인스티튜트(Thread Institute)는 현재 사용되고 있는 번수 시스템을 궁극적으로 대체할 현재의 야드 길이를 대신하는 미터 변환을 제안하고 있다.

제조업자들은 직물과 품질 요구도에 따라 다양한 실 사이즈 또는 굵기를 사용한다. '텍스(tex)'라고 하는 미터 시스템은 실 사이즈를 측정하도록 제안되었다. 그레이 얀의 1,000m의 무게를 기초하여, 텍스 번수는 사이즈가 증가할수록 증가한다. 평균 실 사이즈는 10~500까지 있다. 예를 들어, 블라우스용 실 사이즈는 재킷이나 바지용 실에 비해 더 가볍다.

비록 제조비용의 작은 부분이지만, 실의 품질은 의복의 내구성에 막대한 영향을 준다. 실의 무게, 꼬임 또는 의복 구성을 위한 섬유함량을 선택할 때, 재봉성, 강도, 수축, 내마모성, 염색견뢰도 그리고 내열성, 내화학약품성 등을 고려해야 한다. 실의 선택은 또한 강도 요구수준, 스티치의 종류와 인치당 스티치의 수, 사용될 직물의 유형, 사용될 재봉기의 종류, 성능과 품질 기대수준과 비용효율성 등에 기초를 둔다. 예를 들어, 특별히 강한 실은 야외용 스포츠웨어나 아동복에 필요하다.

탄성소재

탄성소재는 오늘날의 의복, 즉 수영복, 속옷, 스포츠웨어, 풀온 팬츠와 스커트 그리고 스트레치 커프스에 자주 사용된다. 그것은 많은 사람이 고맙게 생각하는 의복 착용의 용이함과 쾌적함을 준다.

탄성소재는 '일라스토머(elastomer)'라고 불리는 인조고무나 스판덱스로부터 만들어진다. 탄성사는 폴리에스테르, 면 또는 아세테이트로 둘러싸여 있다. 탄성사는 제직되거나, 꼬임을 주거나, 편직되거나, 평편사로 잘라지거나, 실로 만들어질 수 있다.

탄성소재는 제조업자의 요구에 맞도록 1/8~5인치까지의 넓이로 만들어진다. 탄성소재의 종류는 다음과 같다.

- **편성 탄성소재**는 값이 가장 저렴하고, 스트레치 시 넓이를 유지하기 때문에 가장 보편적으로 사용된다. 이것은 허리밴드에 끼워지는 고무줄에 널리 사용된다.
- **편성 스판덱스**는 염소와 드라이클리닝용 용매에 견디기 때문에 수영복과 드라이클리닝용 의복에 사용된다.
- **좁은 브레이드 탄성소재**는 보통 손목과 목 주름에 사용되지만 넓이는 신장되었을 때 좁아진다.
- **웹 탄성소재**(색사에 감겨 있는)는 스트레치 벨트와 같은 장식적 목적에 사용된다.
- **제직 탄성소재**는 가장 좋은 품질을 가진 가장 비싼 제품이며, 탄성소재에 제직된 로고(logos)와 박서의 짧은 손목밴드와 같이 노출된 용도에 널리 쓰인다.
- **탄성 실**(면, 레이온 또는 폴리에스테르로 둘러싸인 탄성사)은 셔링 또는 스모킹과 같이 스트레치를 더하기 위해 직물 속으로 재봉된다.

심

심은 테일러 재킷과 코트에서 구조를 잡아 주고, 지지를 해 주고, 칼라, 라펠, 커프스, 포켓 뚜껑, 단추 다는 부분과 허리밴드와 같은 디테일을 보강하기 위해 의복 직물 바로 아래에 있는 직물의 층이다. 과거의 심은 일차적으로 린넨, 벌랩 또는 호스헤어로 만들어졌다. 지금은 천연 또는 인조섬유와 혼방섬유가 심을 만드는 데 사용된다.

심의 종류 **부직포**(nonwoven)심은 화학적, 열적 또는 스펀본딩에 의해 접합된 섬유로 만들어진다. 생산비가 적게 들기 때문에 가장 널리 사용되는 심의 종류이다. 부직포는 남성복, 여성복, 아동복에 사용되며 속옷, 겉옷 그리고 다른 의복에도 사용된다.

니트(knit)심은 유연성이 요구되는 디자인에서 부드러운 직물 밑에 사용되도록 개발되어 왔다.

직물(woven)심은 실을 서로 제직하여 만드는데, 대부분의 직물과 같다. 이것은 가끔 사용되고 주로 테일러복에 사용된다.

심은 다양한 무게가 가능하다. 심의 선택은 의복직물의 무게와 요구되는 지지도와 효과에 달려 있다. 이상적인 심은 실제 의복 직물보다 더 무겁지 않다. 심은 또한 꿰매는(sew-in)형과 융착(fusible)형의 두 가지가 있다. 융착형은 직물에 열적으로 접착되게 되는데, 의복에 힘을 주고, 매끄러운 표면을 만들며, 구식의 수공 테일러링을 대체하게 되었다.

내로우 직물

내로우(narrow) 직물은 좁은 레이스, 리본, 브레이드, 다른 제직과 편직의 장식밴드, 파이핑과 코팅을 포함한다. 제직, 편직 그리고 브레이드, 트림은 내로우 직물 제조업자에 의해 생산된다. 과거 미국에서 팔린 대부분의 부자재는 유럽에서 수입되었다. 이제는 90% 이상이 특히 중국과 같은 아시아에서 오고, 미국 제조업자들은 값싼 수입품과의 경쟁으로 인해 사실상 사라졌다.

내로우 직물은 기능적이거나 장식적이다. 장식용 부자재 산업은 비록 계절적 라인은 없지만, 패션 지향 산업이다. 장식재에 대한 패션은 다른 패션처럼 주기적이다. 예를 들어 민속적 룩이 유행일 때 장식용 부자재의 수요가 매우 많다. 유행은 또한 계절, 지역, 그리고 고객에 기초한다.

내로우 직물
제직기
(출처 : JAKOB
MÜLLER AG,
SWITZERLAND)

내로우 직물의 종류　내로우 직물은 매우 다양하고, 다른 용도와 적용 방법을 위해 특별히 만들어진다.

- **밴딩**(Banding)－가장자리, 모서리, 삽입 또는 디자인 라인을 강조하는 데 이상적인 두 개의, 스트레이트하거나 장식적 모서리를 가지는 내로우 직물
- **비딩**(Beading)－내비칭 세공(openwork) 부자재로(보통 레이스 또는 자수), 이것을 통해 리본이 꿰매질 수 있다[이 비딩은 밴딩이나 이브닝웨어용 에징을 만드는 데 쓰이는 비드(beads)와 혼동되지 말아야 한다].
- **바인딩**(Binding)－가공과 장식을 마무리하는 미리 접힌 부자재로, 마무리와 장식을 동시에 한다.
- **에징**(Edging)－한 개의 장식 에지와 한 개의 스트레이트 에지를 가지는 부자재
- **갤룬**(Galloon)－두 개의 모양과 가공된 에지를 가지는 레이스, 자수 또는 브레이드로, 밴딩, 보더 또는 디자인라인 악센트로 사용되거나 인서션과 같이 적용될 수 있다.
- **인서션**(Insertion)－두 개의 스트레이트 에지를 가지는 부자재(또한 직물의 두 개로 잘린 모서리 사이에 장식을 넣어 꿰맴으로써 트림을 적용하는 방법이다)

■ **메달리온**(Medallions) - 밴딩, 에징 또는 갤룬과 같이 연속적으로 사용될 수 있거나, 애플리케처럼 사용되고 잘릴 수 있는 개별적 모티브를 가지는 연속상의 트림

레이스 수공 레이스의 인기는 레이스 기계의 발명을 가져왔다. 비록 내로우 직물 제조업자들이 레이스의 밴드를 일차적으로 생산하지만, 그들의 방법은 레이스 직물의 생산에도 적용될 수 있다. 레이스는 란제리 또는 신부 가운에 일차적으로 사용되지만, 다른 장식용 부자재와 같이 주기적으로 패션에서 중요한 역할을 한다. 오늘날 기계자수에는 기본적으로 네 종류가 있다.

바멘레이스(barmen lace)는 독일, 클루니, 프랑스에 그 뿌리를 둔다. 바멘 기계는 자카드 시스템으로 움직인다. **자카드**(jacquard)는 복잡한 디자인을 생산하는 매우 다재다능한 패턴 메커니즘을 사용하는 제직 시스템이다. 실은 무겁고 크로세 레이스를 닮기 위해 함께 엮인다.

리버레이스(leaver lace)는 기계를 개발한 영국인 존 리버(John Leaver)의 이름을 본뜬 것으로, 투명한 보빈 레이스이다. 리버기계 역시 자카드 프로그램되어 있어서 180밴드까지 가질 수 있는 거대한 웹으로 실을 꼬는데, 각각이 보조실에 의해 연결되어 있다. 밴드를 분리하기 위해 보조실은 손으로 당기거나(유럽에서 보통 하는 것처럼) 또는 아세톤 용액에 녹일 수 있다.

러셀 편성레이스(raschel knitted lace)는 리버보다 생산속도가 빠르기 때문에 덜 비싸다. 이 레이스는 거대한 웹으로 만들어지며, 실의 고리를 연결함으로써 형성된다. 밴드는 졸라매는 끈을 잡아 당김으로써 분리된다.

베니스 레이스(venice lace)는 시플리(다음 절 참조) 자수기로 만든다. 시플리 기계는 자카드 시스템에 의해 조절된다.

엠브로이더리 비록 엠브로이더리(embroidery)가 내로우 직물에 국한되지는 않지만, 레이스 뒷부분에서 생산에 대해 논하는 것이 적당한 것 같다. 전면을 덮거나 트리밍으로 쓰이거나, 엠브로이더리는 란제리와 블라우스에 가장 자주 사용되어 왔다.

시플리(schiffli)는 직물과 장식재에 있는 연속적인 엠브로이더리이다. 제조업자들은 직물 패널을 자수를 놓기 위해 보낼 수 있고, 그것들을 블라우스의 앞판에서처럼 의복에 집어넣을 수 있다. 가장 최신의 시플리 기계는 거대하고 고도로 자동화되어 있지만, 작동시키려면 실을 자르고 조이는 등 약간의 노동이 필요하다. 시플리 기계는 또한 자수가 놓인 아일릿(eyelet, 컷워크 자수)과 레이스를 만드는 데도 사용된다.

프레임워크(framework) 엠브로이더리는 한 개의 모티프가 의복에 필요할 때 사용된다. 컴퓨터에 의해 작동되는 멀티헤드 기계가 한 번에 포켓과 같은 것을 20피스까지 수놓는다. 이러한 피스들은 잘라서 나뉘고 장식으로 붙여진다.

컴퓨터자동화
셔틀 자수기
(출처 : SAURER
TEXTILE
SYSTEMS,
SWITZERLAND)

리본 리본은 내로우 직물의 또 다른 범주이다. 보통은 리본들이 2, 4, 6, 8, 16, 24 또는 48 간격으로 직기에서 한 번에 제직된다. 리본의 너비와 생산량이 사용될 기계의 크기를 결정한다. 새틴과 벨벳리본은 그 직물들과 거의 같게 만들어진다. 그로스그레인(grosgrain)은 벨트 장치(belting) 또는 도비직기로 제직된다.

단색의 리본은 제조업자의 색 명세에 맞추어 제직 후 후염처리될 수 있다. 스트라이프 또는 플레이드 같은 패턴은 선염사로 제직될 수 있다. 복잡한 패턴을 위해서는 자카드 직기가 사용된다. 회사로고와 같은 몇몇 모티프는 제직되고 염색된 리본 위에 인쇄된다.

대부분의 리본들이 아시아에서 생산되지만 좋은 리본들은 유럽에서 수입된다. 프랑스, 독일, 스위스에서는 벨벳을, 영국에서는 플레이드를 수입한다. 중개인들은 필요하면 언제든지 작은 제조업자들에게 줄 수 있도록 제조업자로부터 리본과 장식사를 대량으로 사 둔다.

파세멘터리(passementerie, 브레이드와 코드) 이 범주는 리본보다 더 무거운 브레이드 장식재, 제직 또는 편직된 장식용 부자재를 포함한다. 유니폼과 특수의복 제조업자들이 가장 많은 브레이드(braid)를 사용한다. 브레이드 장식재는 납작하고 내로우 직물을 형성하기 위해 세 가닥 또는 그 이상의 실을 교차시켜서 만든다. 사우타세(soutache), 미디 브레이드(middy braid), 브레이드 코드에징(braided cord edging)과 리크랙(rickrack)을 포함한다.

편성 브레이드(knitted braid)는 경편성기에서 몇몇 바늘에 의해 만들어지는데, 납작하고 접어서 포갠 브레이드를 포함한다.

제직 브레이드(woven braid)는 텍스타일 직기에서 만들어지는데, 납작하고 접어 포갠 브레이드와 바이어스 끈으로 만든 파이핑을 포함한다.

패턴 브레이드(patterned braid)는 리본과 같이 자카드 직기로 만들어진다.

잠금장치

지퍼　시카고 발명가인 위트콤 자슨(Whitcomb Judson)은, 1891년에 처음으로 금속의 '미끄러지는 잠금장치(fasteners)'를 소개했다. 그러나 1912년에 가서야 기드온 선드백(Gideon Sundback)이 내로우 직물에 사용된 실용적인 잠금장치를 개발했다. 이 지퍼들이 펜실베이니아에 있는 훅리스 파스너 컴퍼니(Hookless Fastener Company)에 의해 만들어졌는데, 이것이 탈론사(Talon, Inc.)가 되었다. 1923년에 비 에프 굿리치 컴퍼니(B.F. Goodrich Company)가 잠금장치를 설명하기 위해 처음으로 지퍼(zipper)라는 개념을 사용했고, 제조업자들이 패셔너블한 의복에 그 장치를 사용하기 시작했다. 1960년에 나일론 지퍼가 소개되었는데, 이것은 어떤 옷, 직물과도 어울리도록 염색될 수 있는 대안적인 가벼운 지퍼를 만드는 산업을 제공했다. 오늘날 일본 회사 YKK가 지퍼 산업을 지배하고 있다.

리크랙을 만드는 자동 브레이딩 기계
(출처 : TRIMTEX, WILLIAM E. WRIGHT CO.)

오늘날 지퍼의 세 가지 기본 유형에는 사용하는 재료에 따라 금속, 폴리에스테르 코일과 플라스틱 주물 지퍼가 있다.

폴리에스테르 코일(polyester coil) 지퍼는 가장 널리 쓰이는데, 먼저 코일로 만들어지고 나서 테이프에 꿰매거나 짜여지는 연속상의 폴리에스테르 모노필라멘트로부터 만들어지거나, 직접 모노필라멘트 상태에서 지퍼로 형성된다.

주물(molded) 지퍼는 주물 플라스틱 이빨을 테이프 위로 주입함으로써 만들어진다.

금속(metal) 지퍼는 내로우 직물 테이프 위로 맞물려 있는 금속 이빨을 고정시킴으로써 만들어진다.

지퍼는 연속체인(긴 길이로), 보통(끝이 막힌) 또는 분리형(끝이 열린)의 세 가지 기본 형태로 팔린다. 연속체인(continuous chain)은 야드당 릴에 감긴 상태로 팔리는데, 의복 제조업자에 의해 잘려서 지퍼로 만들어진다. 끝이 막힌 (closed end) 지퍼들은 특별한 길이로 잘리고 나서 금속 스테이플로 맨 아래와 위가 붙여진다. 분리형(separating) 지퍼는 길이로 잘라지고 나서 끝부분을 분리시키는 슬라이더와 맨 위 멈춤 장치가 부착된다. 지퍼의 두께는 매우 작은 사이즈인 02부터 큰 사이즈인 10까지 있다. 길이는 7~9인치와 22~24인치가 스커트, 팬츠, 재킷과 드레스에 가장 널리 쓰인다. 보통 지퍼는 옆 튼 곳 아래 또는 솔기에 숨겨진다. 때때로 패션은 지퍼를 의복 장식으로서 드러나게 만들기도 한다. 이런 경우에는 지퍼의 색, 사이즈와 형태가 디자인의 일부가 된다.

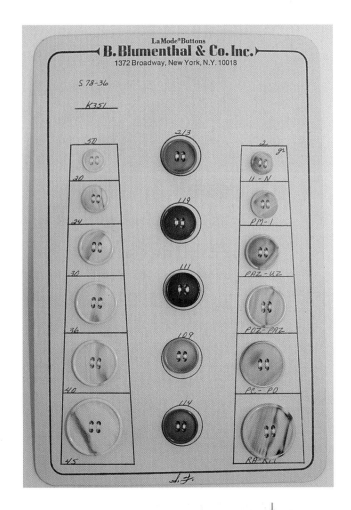

버튼 스타일과 사이즈 차트

버 튼

버튼은 의복에서 기능적 목적과 패션에 대한 관심 모두에서 중요한 측면이다. 패션이 디테일을 강조할 때, 버튼 시장은 더 강해진다. 대부분의 버튼 생산자들은 색과 스타일에서 패션 트렌드를 따른다.

원래 셔팅 버튼은 진짜 진주로 만들었다. 그래서 버튼 생산 센터들은 허드슨 강 주변의 뉴욕과 미시시피 강이 있는 아이오와 주의 머스카틴과 같은 신선한 물이 있는 진주의 보고에서 성장했다. 금속 버튼 생산은 코네티컷에서 생겨났다. 버튼 제조는 그 외 모든 것과 같이, 노동력이 싼 중국이나 타일랜드에 의해 점령당했다. 이탈리아 사람들은 지속적으로 가장 아름다운 버튼을 만들고 있지만, 아시아 인들에 의해 빠르게 복사되고 있다.

소우스로우 버튼(Sew-through buttons)은 적용을 위해 꿰매 넣은 구멍이 2개 또는 4개가 된다. 생크(Shank) 버튼은 기둥 뒷부분의 구멍을 통해 꿰매진다. 두 부분 금속 버튼은 청바지에 사용되는 것처럼 적용을 위해서는 특별한 기기가 필요하다.

버튼은 그로스(144개, 12다스)로 구매되며 모든 사이즈는 리그네(lignes, 1리그네는 0.025인치 또는 0.635mm이다)로 표현된다. 예를 들어 1인치 버튼은 40리그네 버튼과 같다. 셀프 커버 버튼은 의류 제조업자를 위해 계약에 의해 주문되어 만들어진다.

버튼은 천연물질, 금속 또는 플라스틱으로 만들 수 있다.

전통적으로 버튼은 진주, 조개껍데기, 나무, 가죽, 자기와 뼈 같은 **천연물질**로 만들어졌다. 환경을 생각하는 제조업자들은 천연원료의 재활용 자원을 다시 장려하고 있다. 타구아 [Tagua, 또는 코로조(Corozo)라고도 불림] 버튼은, 에콰도르에서 자라는 견과류로 만들며 유행하게 되었고, 이들을 수확하는 것은 우림을 보호하는 데 도움을 준다. 자개, 트로카, 머슬 버튼은 일본, 필리핀, 오스트레일리아 주변의 바다에서 나는 천연 조개 껍데기로부터 만들어진다. 그러나 대부분의 이들 천연 원료는 비싸서 플라스틱으로 복사된다. 또한 미국 피시 앤 와일드라이프 부(Fish and Wildlife Department)의 규제로 인해, 수입업자들은 껍데기가 멸종위기에 있는 조개류로부터 나온 것이 아님을 증명해야만 한다. 규제, 기술적 진보와 합성물의 많은 사용으로 인해, 미국에서 팔리는 모든 버튼의 10% 미만이 천연물질로 만들어진다.

금속 버튼은 놋쇠, 스테인레스스틸 또는 주석으로 만드는데, 압형하거나 주조해서 만든다. 주조가 더 비싸고 사업의 작은 부분만을 구성한다. 압형 금속 버튼과(앞과 뒤가 따로 압형되고 함께 만나는) 금속 리벳과 스냅은 청바지에 많이 사용된다. 환경을 생각하는 몇몇 제조업자들은 전기도금의 부산물인 해로운 침전물을 피하기 위해 부식이 되지 않는 합금으로 만든 버튼을 사용하고 있다.

대부분의 버튼은 비싸지 않게 천연 물질을 모방하여 만들 수 있기 때문에 다양한 종류의 **플라스틱**으로 만들어지며(멜라민, 우레아, 폴리에스테르 또는 나일론), 직물에 어울리게 염색될 수 있다. 이러한 버튼들은 플라스틱 시트로부터 깎아 낼 수 있으며 라인 케스트(line cast)되거나 주물될 수 있다. 나일론의 경우, 아동복에 사용되는 것과 같은 독특한 모양을 창조하기 위해 액체 나일론을 버튼 틀 속으로 부어 넣는다.

다른 금속과 플라스틱 잠금장치에는 버클, 슬라이드 록, 스냅과 후크 앤드 아이(hooks and eyes)가 있다. 택-버튼(tack-button)(진에 사용하는)과 스냅은 특별히 인기가 있다.

후크 앤드 루프 잠금장치   후크 앤드 루프 잠금장치는 의복과 구두를 잠그는 데, 어깨패드를 고정시키는 데, 그리고 많은 다른 용도에 사용될 수 있다. 1940년대에 조지 드 메스트랄 (George de Mestral)은 바지에 도꼬마리를 붙인 채 하이킹을 끝내고 집으로 돌아왔다. 그는 현미경으로 도꼬마리가 수백 개의 작은 후크로 덮여 있으며 그의 바지가 수백 개의 작은 루프로 만들어진 것을 볼 수 있었다. 드 메스트랄은 그의 발견을 실용적인 잠금장치로 전환하기로 결심했다. 그는 그의 새 제품의 상품명을 프랑스 어인 벨루어(velour)와 크로셰(crochet)에서 착안해 '벨크로'로 제안하였다. 의복에서의 첫 번째 적용은 스키웨어였다.

의류 산업에서 대부분의 후크 앤드 루프(hook-and-loop) 또는 터치(touch) 잠금장치는 제직 또는 편직 나일론으로 만들어진다. 후크 앤드 루프 테이프는 여러 가지 색으로 만들고 또는 주문 염색될 수 있다. 이들은 다양한 너비가 있지만 5/8와 3/4인치가 의복에는 가장 보편적인데, 50 또는 100야드 롤(roll)로 팔린다. 현재 다양한 형태가 나와 있는데, 직선상의 테이프와 컷 피스, 스트랩 그리고 주문형을 포함한다. 예를 들어, 아동복을 위해 날카로운 모서리를 제거하기 위해서 잠금장치들은 둥근 코너를 가지도록 형판쇄로 눌러 떼어 내고 재봉으로 처리된다.

벨 트

두 형태의 벨트 제조업자가 있다. 랙 트레이드(rack trade)(제11장 참조)는 소매업자에게 팔고, 컷업(cut-up) 생산자는 덜 비싼 벨트를 드레스, 재킷, 스커트 또는 팬츠에 사용될 수 있도록 의복 제조업자에게 판다.

의복 벨트는 보통 본드레더, 비닐 또는 리본과 같은 덜 비싼 재료로 만든다. 벨트 재료는 접착제로 붙여지거나, 뻣뻣한 심이나 덧단에 박음질된다. 장식 벨트는 가죽끈, 플라스틱, 브레이드, 체인, 로프 또는 고무까지 패션 요구도를 충족시키기에 필요한 어떤 재료로도 만들 수 있다. 셀프 벨트(의복 직물로 만들어진)는 또한 계약자에 의해 주문으로 만들어질 수 있다.

잡 화

라벨 라벨(label)은 의복에 대한 정체 확인의 근원이다. 생산라인에 따라 다양한 라벨이 의복에 부착되어야 한다. 여기에는 제조업자 그리고/또는 디자이너 확인, 섬유조성, 관리 지침, 원생산국, 사이즈, 그리고 만일 미국 유니온 숍에서 만들어진 것이라면 유니온 라벨이 포함된다. 연방 법은 세척 또는 세탁 지침과 함께, 사용된 퍼센트순으로 섬유명을 적을 것을 요구한다.

섬유조성, 관리지침, 원생산국을 나타내는 라벨은 또한 의복 안에도 포함되어야 한다. 이 정보는 보통 브랜드 라벨 밑에 단독의 작은 라벨에 또는 안쪽 솔기에 있다.

정부 규제는 섬유조성과 원생산국 라벨링을 한 페이지에 전념한다. 본래 의복에서 주 섬유는 조성 퍼센트와 함께 먼저 기록되고, 조성의 감소순으로 다른 섬유들이 뒤를 따른다. 관리 지침은 권장되고, 매우 구체적일 수 있다. 이 지침은 소비자를 보호할 뿐만 아니라, 지침대로 그들의 의복을 관리하지 않는 소비자에 의해 반품되는 것으로부터 제조업자를 보호할 수 있다.

원 생산국 라벨은 만일 그 의복이 미국 밖에서 만들어지면 세관에 의해 요구된다. 그 라벨은 반드시 "메이드 인 (국가명)" 또는 "수입 직물로 메이드 인 USA"라고 쓰여져야 한다. "메이드 인 USA" 라벨은 미국 직물을 가지고 미국 안에서 온전히 만들어진 의복에만 사용된다. 부분적으로 외국에서 만들어지거나 부분적으로 미국에서 만들어진 품목은 이 사실을 밝혀야 한다: 예를 들어, 태그에는 "(국가명)에서 만들어진 부품으로 미국에서 조립되고 봉제되었음"이라고 읽힐 수 있다.

라벨은 내로우 직물로 만들어진다. 의류나 액세서리 제조업자의 이름은 라벨에 종종 수로 놓아진다. 정보 라벨은 단순히 프린트된다.

부가적으로 스포츠웨어는 종종, 특히 접혀질 때 의복의 외부에 사이즈를 나타내는 압력에 민감한 라벨을 가지고 있다. 제품 정보를 제공하는 프린트된 카드인 **플래셔**(flashers)는 스포츠웨어의 외부에 고정될 수 있다.

품질표시태그   인쇄된 종이 태그인 **품질표시태그**(hangtag)는 플라스틱 스테이플, 바브 또는 스트링에 의해 의복에 매달려 있을지도 모른다. 품질표시태그는 의복에 관심을 끌도록 디자인되어 있고, 고객이 쉽게 볼 수 있도록 의복의 옆에 매달려 있다. 보통 브랜드명, 아마도 스타일 번호, 색, 사이즈, 그리고 다른 제품 정보를 보여 준다. 때때로 품질표시태그는 섬유 또는 직물 생산자들에 의해 섬유나 가공을 장려하기 위해서 제공된다.

마케팅

대부분의 제조업자들은 그들의 고객을 방문하면서 그 나라를 여행하는 세일즈 대행자에게서 장식재를 구매한다. 제조업자들은 또한 새로운 상품을 보기 위해서 트리밍과 공급품 박람회 중 하나를 방문할지도 모른다.

모다몽(Mod'Amont) – 이 트리밍과 공급품 박람회는 파리에서 프리미에르 비종과 같은 시기에 열린다.

트리밍 엑스포(Trimmings Expo) – 이 시장은 이 중요한 마켓에서 가장 최신의 것을 보려는 디자이너와 제조업자를 위해 뉴욕에서 매년 11월에 열린다.

제조업자들은 또한 도매상인 그리고 중개상을 통해 트리밍을 구매할지도 모른다. 이들은 그들의 고객인 의류와 액세서리 제조업자가 그것들을 필요로 할 때 이용할 수 있도록 많은 재고를 갖기 위해서 장식재 제조업자로부터 장식재를 구입한다.

트리밍 산업은 의복과 액세서리 제조업자에게 주문, 생산, 그리고 유통을 신속히 하기 위해 전자 데이터 교환(electronic data interchange : EDI)과 자동 재저류 선취를 사용한다. SAFLINC(The Sundries Apparel in Findings Linkage Council)는 산업 전반에 유니버셜 코드와 연결 시스템을 개발했다.

가죽 산업

가죽 옷과 액세서리 디자이너, 머천다이저와 제조업자는 원료, 성질, 가죽의 최종 용도를 알아야 한다. 리테일러 또한 그들이 파는 가죽제품의 질에 관심이 있어야 한다.

섬유와 직물 생산보다 훨씬 오래되었지만, 가죽의 처리는 세련되지 못했다. 훨씬 더 시간이 오래 걸린다. 그러나 최근에 생산방법이 개선되어 가죽의 공급과 다양성을 크게 향상시켰다. 그러나 텍스타일에서처럼 미국 내 산업은 수입품과의 경쟁 때문에 상당히 위축되었다.

가죽은 보존된 동물 가죽(hides)과 스킨(skins)인데, 이는 정육 산업의 부산물이다. 소가죽은 가장 많은 가죽을 제공하지만 사슴, 염소, 돼지, 면양피도 역시 널리 쓰인다. 소가죽의 세계 최대 수출국은 미국이며, 대부분의 염소피는 인도와 중국에서 오며, 대부분의 면양은 오스트레일리아에서 온다. 개발도상국들, 특히 아르헨티나, 브라질, 인도와 같이 풍부한 원료 공급을 하는 나라들은 그들만의 태닝(tanning)과 가죽제품 산업의 성장을 장려하기 위해 수출규제와 세금을 부과한다.

가죽과 스킨은 무게로 차별화된다. 염소, 사슴, 돼지, 송아지와 같은 작은 동물로부터 얻는 스킨은 25파운드 미만의 무게가 나간다. 가죽은 수소, 암소, 버팔로, 말과 같은 큰 동물에서 얻으며 각 25파운드보다 더 나간다.

가죽 처리

태닝 회사(tanneries)는 피부와 가죽을 사서 가공하여 가공제품으로 판다. 처리된 피부의 속성과 가죽의 최종용도에 따라 처리방법이 달라지기 때문에 회사들은 보통 전문화되어 있다. 새 설비와 기술은 미국 태닝 산업을 세계 어느 곳보다 더 생산적으로 만들었다. 그러나 개발도상국의 싼 노동력과의 경쟁과 독성의 쓰레기로 인해 미국 태닝 산업은 거의 어디에도 없을 만큼 줄어들었다.

조르지오 아르마니
남성 콜렉션의
양가죽 재킷
(출처 : GIORGIO
ARMANI)

가죽과 스킨이 가죽으로 만들어지는 과정은 6개월 정도 걸리고 막대한 설비와 숙련된 노동이 필요하다. 가죽 처리에서의 세 가지 기본 단계는 태닝 전처리(pretanning), 태닝(tanning), 그리고 가공(finishing)이다.

태닝 전처리 태닝 전처리(pretanning)는 기본적으로 청정 과정이다. 스킨과 가죽에 소금을 뿌림으로써, 소금물에 담금으로써 또는 단순히 말림으로써 썩지 않도록 절여진다. 그 후에 물에 담가서 다시 물을 머금게 하고 더러운 것과 소금, 약간의 단백질을 제거한다. 가죽과 스킨은 부가적인 처리에 의해 제거되는 털과 지방이 있는데, 이것은 스킨의 종류에 따라 다르다.

태닝 태닝(tanning)은 가죽과 스킨이 분해되는 것을 막아 주는 다양한 조제를 적용하는 과정이다. 처리방법은 소킹(soaking)과 파우더링(powdering)이다. 조제의 선택은 주로 가죽의 최종용도에 좌우된다. 태닝 조제는 식물성 제품, 오일, 광물질과 화학약품을 포함한다.

- **식물성 태닝**(vegetable tanning)은 일반적으로 물과 타닌으로부터 얻은 태닝 용액으로 채워진 큰 통에서 이루어진다. 탄닌(tannin)은 다양한 나무나 관목의 뿌리, 껍질, 목질, 잎 또는 열매로부터 얻어지는 쓴 물질이며 단단하고 무거운 가죽을 만든다.
- **오일 태닝**(oil tanning)은 스킨 속으로 비벼 넣는 대구생선 오일을 사용하는데, 샤무스(chamois)와 같은 비교적 부드럽고 유연한 가죽을 만든다.
- **광물성 태닝**(mineral tanning)은 크롬염의 태닝 용액으로 한다. 크롬태닝은 훨씬 빠르고 열과 긁힘에 더욱 잘 견딘다.
- **화학 태닝**(chemical tanning)은 더 새로운 방법인데 황산과 같은 약품을 사용한다.
- **혼합 태닝**(combination tanning)은 원하는 효과를 얻기 위해서 약품을 혼합하여 사용한다. 예를 들어, 많은 가죽들은 크롬으로 태닝 전처리를 하고 나서 식물성 탄닌으로 다시 태닝 처리된다.

가공　가공은 원하는 두께, 수분과 심미적 매력을 만들어 준다. 여분의 물과 주름이 태닝 처리된 가죽에서 제거된 후에, 일정한 두께로 깎아 내거나 분리한다.

색은 브러싱이나 트레이, 드럼, 스프레이, 용매, 진공 또는 탱크염색에 의해 적용된다. 스펀지로 색을 가볍게 두드려 바르거나, 스텐실로 색을 적용하거나, 흩뿌리거나, 스프레이 또는 타이 염색으로 특별한 효과가 창조되기도 한다.

염색된 가죽은 오일과 지방으로 처리되는데, 이것들은 윤활성, 부드러움, 강도 그리고 방수성을 제공한다. 가죽은 그 후에 염료와 오일을 영구적으로 고정시키기 위해 건조된다. 건조된 가죽은 일정한 수분 함량을 얻기 위해 축축한 톱밥으로 처리되고, 그리고 나서 부드러움을 위해 스트레치된다. 마지막으로 가죽은 성질과 특성을 향상시키는 가공제나 완화제로 코팅된다. 가죽은 광택 주기, 광택 없애기 또는 엠보스 효과를 내기 위해 윤 내는 기구, 롤러, 프레스로 더 처리될 수 있다. 중국과 한국의 태너들은 덜 비싼 돼지 스킨이나 염소 스킨을 좀 더 유연한 양가죽 또는 소가죽과 경쟁할 수 있도록 좀 더 비싸 보이게 하기 위해 흠을 내어 골동품처럼 보이게 하는 가공을 한다.

환경 관련　환경보호국(Environmental Protection Agency : EPA)은 태너들이 버리는 설파이드, 크로미움, 산과 같은 오염 폐기물을 통제하는 기준을 세웠다. 이러한 폐기물을 통제하는 것은 비싼 제1, 제2의 처리설비를 필요로 한다. 산업은 크로미움을 대체할 무특성 금속염과 다른 유기 태닝물질을 사용할 새로운 태닝 시스템을 개발하고 받아들이고 있다. 산업은 또한 낮은 용매 또는 무용매 가공제를 사용할 것을 장려하고 있다.

가죽 마케팅

섬유와 직물 생산자처럼 가죽 생산자들은 그들의 제품을 의류 제조업자, 패션에디터, 리테일러와 소비자에게 판매한다. 마케팅은 개인회사에 의해 또는 태너협회(Tanners Council) 같은 거래협회를 통해 이루어진다.

가죽 마켓은 서구국가에 집중되어 있다. 미국은 수출하는 것보다 더 많은 가공된 가죽을 수입한다. 미국은 가죽을 비의류용이지만 80개국 이상에 수출하는데, 일차적으로 일본과 홍콩에 한다. 미국은 아르헨티나와 이탈리아로부터 일차적으로 가죽을 수입한다. 가공된 가죽의 주된 수입국은 유럽과 남아메리카이다. 주된 수출국은 일본과 중국이다. 가죽에서의 국제무역은 1년에 1,000만 달러 이상이다. 신발 산업은 태닝 산업의 가장 큰 시장이다.

가죽을 이용한 새로운 패션과 함께, 세계인구와 소득의 향상은 가죽에 대한 수요를 지속적으로 증가시켜 왔다. 그들의 시장을 보호하고 확장시키기 위해서는 가죽 생산자들이 계속적으로 새로운 가죽 가공과 색을 개발하도록 노력해야 한다.

모피 산업

모피 산업은 패션 산업에 원료를 공급하는 또 하나의 공급원이다. 많은 의류 디자이너들이 모피 제조업자를 위해 콜렉션을 디자인한다.

모피는 포유동물의 털 코트이다. 그러나 양의 경우를 제외하고 모피는 육류 산업의 부산물이 아니다. 선사시대부터 사람들은 동물 모피를 보온과 매력적 외관을 위해 사용해 왔다. 모피는 오랫동안 부와 특권과 관련되어 왔기 때문에, 풍요로움에 대한 요구가 모피 산업의 개발에 주된 역할을 해 왔다. 그러나 최근에는 PETA(People for the Ethical Treatment of Animals)라고 불리는 단체가 패셔너블한 의복에 모피 사용을 반대하는 미국 대중의 의식을 일으켜 왔다. 그러나 아직도 털을 한 번 깎은 양(shearling lamb)의 사용은 양가죽이 육류산업의 부산물이기 때문에 많은 사람들에게 받아들여지고 있다.

이 절에서는 다양한 모피의 특성, 모피의류의 제조에서 모피의 사용을 위해 생모피를 준비하는 과정, 모피의 마케팅에 대해 논의한다. 모피 산업은 세 개의 주된 그룹인 생모피 생산자 또는 사냥군, 모피 가공업자 그리고 소비자를 위해 모피의류를 생산하는 회사로 구성된다(모피 의류 생산은 제11장에서 논의된다).

모피 생가죽 검사하기
(출처 : DEUTSCHES PELZ INSTITUT, GERMANY)

모피 출처

국제 모피마켓은 주로 밍크 생산에 초점을 두고 있다. 스칸디나비아는 세계 밍크 공급의 절반 이상을 생산하며, 미국, 네덜란드와 러시아가 뒤를 잇는다. 미국의 모피 비즈니스를 위해 사육되거나 잡힌 주된 동물은(중요성의 하향성 순서로) 대부분 키운 밍크, 잡아서 키운 여우, 러시아와 캐나다에서 잡아서 수입된 담비이다. 적은 양으로 쓰이는 다른 모피는 사향뒤쥐(머스크랫), 스컹크, 주머니쥐(오포섬), 양, 토끼이다. 산업은 야생 혹은 모피농장 또는 목장에서 모피를 가지고 있는 동물의 생모피나 스킨을 더 자주 얻는다.

야생모피 상업적 용도를 위한 야생모피는 6대주에 있는 80개국 이상에서 오지만 주로 북미에서 오고, 가장 큰 다양성을 가진다(40개의 다른 종류).

멸종위기 종 1960년대 후기에 개인, 국제단체와 정부는 멸종위기 종의 사멸 가능성에 대해 걱정하게 되었다. 그 결과, 몇몇 나라에서 어떤 원숭이와 물개, 표범을 포함하여 특별한 동물들을 상업적으로 사용하는 것을 제한하거나 금지하는 법령을 제정하였다.

사냥하기 야생모피를 가지고 있는 동물들은 보통 미끼를 낀 트랩에 잡힌다. 이 느리고 고통스런 죽음을 겪는 불쌍한 동물에 대한 공공의 관심이 있다. 어떤 종류의 트랩을 반대하는 법령에 의해 보다 인간적인 트래핑을 하게 시도하는 법령이 제정되었다. 실제로 어떤 지역에서는 물개가 곤봉에 맞아 죽었는데, 이것은 야생 물개 모피의 상업적 사용을 금지하는 항의와 운동을 일으킨 사건이었다.

모피농장에서 사육하기 모피농장에서 사육하기는 모피의 공급을 크게 향상시켰다. 일반적인 집합가축 방법은 생모피를 위한 동물의 유지와 사육에 적용되었다. 관리, 먹이기와 사육기술에 대한 연구는 수천의 변종에 있어서 양질의 모피 생산을 가져왔다. 밍크는 가장 유명한 모피가 되었는데, 오늘날의 모피 판매의 약 60~70%에 해당한다. 은여우도 주로 농장에서 사육된다.

■ 딘 클라우즈(Dene-Clouds)의 니트 모피 스웨터 (출처 : 캐나다 모피 협회, MONTRÉAL)

모피 가공

제조업자들이 경매 또는 도매 모피상품으로부터 생모피를 구매한 후에, 그들은 보통 모피를 가공하기 위해 모피 마무리와 최신 염색회사와 계약한다. 뉴욕 시에는 미국에서 가장 큰 모피가공 센터가 있다.

마무리 모피 스킨은 부드럽고, 유연하고 더 가벼운 무게를 주고 그들의 자연적인 광택을 보존하기 위해 마무리 손질이 된다. 마무리 과정은 스킨의 성질과 조건에 따라 다르나 보통 적어도 네 가지 분명한 단계가 있다.

- ■ 생모피의 **예비 클리닝**(preliminary cleaning)과 유연화
- ■ **클리닝**(fleshing)과 스트레칭
- ■ 오일이나 다른 용액을 사용한 태닝과정인 **레더링**(leathering)

■ 모피 천연의 아름다움을 조절하고 발현하는 **가공**(finishing)

염색 현대의 모피 초벌제로 알려진 화학약품의 사용은 모피 염색업자들로 하여금 다양한 색을 생산하는 것을 가능하게 했다. 비록 모든 모피가 염색되는 것은 아니지만, 염색은 천연 색이 매력적이지 못한 많은 스킨의 사용을 이끌어 왔다. 새로운 색은 모피 리테일러 사이에서 중요한 판매 포인트이다. 염색업자들은 종종 시장의 경쟁력을 유지하기 위해 경쟁자들로부터 그들의 기술을 비밀에 붙인다. 가죽 산업에서처럼, 마무리와 염색 공정에서 오염폐기물을 통제하는 노력이 있어 왔다.

마케팅

모피 축산업자들과 목장 사람들은 그들의 생모피를 직접 도매 생모피 상인, 제조업자 또는 커미션 브로커(상인이나 제조업자를 위해 사는 사람)에게 직접 공공 경매에서 판다. 주된 모피 경매 센터는 뉴욕 시, 프랑크푸르트, 세인트 피터스버그와 몬트리올에 있다. 생모피 가격은 공급과 수요에 의해 지배되기 때문에 변동이 심할 수 있다.

사냥꾼들은 보통 그들의 노획물을 수집요원에게 파는데, 그들은 다시 그것들을 경매에 부치거나 또는 도매상인에게 판다. 이 상인들은 제조업자들이 필요로 할 때 그것들을 팔면서 모피 재고를 유지한다. 생모피의 원천은 펠트를 만드는 데 쓰이는데, 제11장에서 제조과정이 다루어진다.

요약

트리밍은 의복과 액세서리를 가공하고 장식하는 데 필요한 재료이다. 장식 트리밍은 버튼, 리본, 레이스, 브레이드와 벨트를 포함한다. 기능적 트리밍은 실, 심, 지퍼, 테이프와 탄성물을 포함한다. 실, 심과 내로우 직물은 텍스타일 산업의 연장이다. 이러한 각각의 장식재는 각자의 재료와 시장을 가지고 있는 개별적인 산업이며, 그 자체가 공부이다. 거의 모든 장식재 생산은 아시아에서 이루어진다.

가죽과 모피는 가장 오래된 인체를 덮는 물질인데, 패션 산업에서 여전히 중요하다. 야생이나 농장에서 사육한 동물은 가죽과 모피의 원천이다. 태닝(가죽을 위한)과 마무리(모피를 위한)는 비슷한 처리이다. 그것들은 스킨, 가죽, 생모피의 세척, 보존, 그리고 천연적 아름다움을 발현시킨다. 비록 현대 기술이 과정을 빠르게 했고 다소 쉽게 만들었지만, 가죽과 모피 생산은 아직 기본적으로 시간이 많이 소모되는 공예산업이다.

SUMMARY

❶ 용어 개념

다음의 용어와 개념을 간단히 설명하고 논하라.

1. 트리밍
2. 심
3. 내로우 직물

4. 자카드 시스템
5. 시플리
6. 파세멘터리

7. 가죽 유형
8. 태닝 회사
9. 모피 마무리

❶ 복습 문제

1. 장식적 트리밍과 기능적 트리밍 사이의 차이를 간단히 설명하라.

2. 다양한 종류의 심과 그것들의 용도를 논하라.

3. 내로우 직물에는 어떤 범주가 있는가?

4. 기계 레이스의 네 가지 기본 종류를 서술하라.

5. 지퍼의 세 가지 기본 유형과 그들의 구조를 서술하라.

6. 왜 인조 버튼이 가장 자주 사용되는가?

7. 가죽 처리에서 기본 단계들에 관해 간단히 설명하라.

8. 동물의 권리 논쟁과 그것이 어떻게 모피 산업에 영향을 미치는지 설명하라.

9. 모피의 마무리 공정에서의 단계들을 설명하라.

❶ 심화 학습 프로젝트

1. 부자재의 한 범주(예를 들어 레이스)를 선택하고 직물 가게에서 다양한 샘플을 찾으라. 각각의 작은 조각들을 가지거나 살 수 있는지 물어보라. 각 유형의 패턴과 구조를 설명하라. 그것들의 최종용도의 예(사진 또는 실제 의복)를 보이라.

2. 도서관에서 특별한 부자재의 기원과 개발을 추적하라. 원래 손으로 만들어진 방법과 오늘날 대량생산되는 방법 간의 차이를 설명하라.

3. 백화점이나 특별 스토어를 방문하여 장식적 트리밍과 기능적 트리밍을 사용한 의복을 5개만 찾으라. 각 의복에 있는 모든 부자재를 적으라. 부자재들이 의복의 전체 디자인에 어떻게 영향을 미치는지 논하라. 제조업자들이 어떻게 트리밍의 추가비용과 직물과 노동비용의 균형을 이루었다고 생각하는가?

4. 유력한 정치적 성향과 경제적 조건은 모피의 판매에 어떤 영향을 주는가?

5. 모피상이나 모피딜러를 방문하라. 다양한 모피를 그것들의 특성을 가지고 알아내는 법을 배우라.

매력적인 레이스와 러플 장식된
엘리 사브(Elie Saab)의 가운
(출처 : ELIE SAAB AND DENTE &
CHRISTINA ASSOCIATES)

패션 제조업과 마케팅

제3부에서는 패션 산업의 핵심이라 할 수 있는 패션 디자인, 제조업 그리고 대량판매 마케팅에 관하여 다룬다.

➡ 제8장에서는 유명 패션 디자이너들에 대한 간략한 소개와 함께, 패션 디자인과 마케팅의 국제적 중심지들을 개괄적으로 소개한다.

➡ 제9장에서는 패션 상품의 개발, 머천다이징과 패션 디자인 및 샘플 개발의 전 과정을 다룬다.

➡ 제10장에서는 글로벌 소싱 의류 생산의 전 과정을 상세히 소개한다.

➡ 제11장에서는 액세서리와 모피의 디자인, 생산, 마케팅에 대하여 다룬다.

➡ 제12장에서는 도매 시장, 세일즈, 패션 상품의 유통, 제조업체와 유통업체 간 연결 기회 등에 대하여 설명한다.

파리 시 몽테뉴 애브뉴의 프랑소아
프리미에(Francois Premier)가의
코너에 소재한 크리스찬 디올의 살롱
(출처 : CHRISTIAN DIOR)

8

▶▶▶ 세계 패션

관련 직업 ■□■

패션 산업체의 전문가들은 세계 패션의 중심 도시들에서 어떤 일들이 일어나는지에 대해 알고 싶어 한다. 대부분의 패션 디자이너들, 그리고 그들의 비즈니스 파트너들과 제품 생산을 담당하는 중역들, 그리고 홍보 기관들은 이 패션의 중심지들에서 활동하고 있는데, 이러한 패션의 중심지에서는 창조적인 영감과 아이디어의 원천을 얻을 수 있고, 중요한 비즈니스 결정들도 이루어진다.

학습 목표 ■□■

이 장을 읽은 후…

1. 세계적인 패션 크리에이터들의 이름을 열거할 수 있다.
2. 프랑스에서 패션 산업이 발달하는 이유를 설명할 수 있다.
3. 프레타포르테의 중요성에 대해 토론할 수 있다.
4. 패션의 중심지로서 뉴욕의 중요성을 설명할 수 있다.
5. 세계적인 패션 중심지와 미국 내 패션 중심지의 역할에 대해 토론할 수 있다.

이 장에서는 새로운 패션을 창조하고, 제조하고 마케팅하는 데 가장 큰 영향을 미치는 중심지인 세계의 주요 패션 도시들을 소개한다. 이 장을 통해서 여러분은 각 도시를 패션의 중심지로 만들어 준 각 도시의 특징들과 패션 크리에이터(creator)들에 대해 알게 될 것이다. 패션의 중심지는 아이디어의 원천(source), 자료 및 재료(supply), 숙련된 노동력, 그리고 창의적인 사람들이 모인 결과로 형성된다. 디자이너들은 다른 디자이너와 예술가들이 창조하는 것으로부터 많은 영향을 받으며, 이러한 새로운 아이디어가 주는 자극은 또 다른 창조를 촉진하는 촉진제 역할을 한다. 이것이 바로 많은 창의적인 사람들이 패션의 주요 도시로 몰리는 이유이다.

패션의 세계성

이제는 개별적인 도시나 국가로 구분하여 패션에 대해 논하는 것이 점점 더 어려워지게 되었다.

파리, 밀라노, 런던 그리고 뉴욕을 패션의 주요 도시라 일컫는다. 미국의 디자이너들과 브랜드들은 마케팅에 있어서, 그리고 미국의 전체 인구에 어필하는 팔릴 만한 옷을 만드는 데 있어서는 월등한 실력을 발휘하고 있으며, 특히 전 세계의 캐주얼웨어 마켓에 막강한 영향력을 미치고 있다.

그러나 패션의 특성을 국가나 패션 도시로 구분하여 설명하는 것은 이제 점점 어려워지고 있다. 이제는 무엇이 외국산 패션 상품이고 무엇이 자국산 상품인지를 명확히 구분하기가 어려워졌는데, 오늘날의 패션은 아이디어, 재능, 재료, 그리고 상품을 전 세계가 교환함으로써 만들어지기 때문이다. 즉 아이디어는 전 세계로부터 조달되고, 텍스타일 소재는 한 국가에서 다른 국가로 수출되며, 생산은 거의 모든 곳에서, 특히 아시아에서 이루어지고 있으며, 여기에는 세계 대다수의 국가들이 어떠한 방식으로든 공헌을 하고 있다. 각국의 회사들은 수출을 통해서 마켓을 확장할 수 있는 길을 찾으며, 이를 통해 이러한 회사들은 세계적으로 알려지게 된다.

디자이너들은 다른 국가로 옮겨 가서 일하기도 한다. 예를 들어 독일인인 칼 라거펠트는 파리에서 일을 한다. 우리는 그를 독일 디자이너로 생각해야 할까, 아니면 프랑스 디자이너로 생각해야 할까? 그런가 하면 영국인인 존 갈리아노는 파리에서 디올의 쿠튀르 콜렉션을 위해 디자인을 하고, 미국인 디자이너인 마크 제이콥스 또한 파리에서 루이뷔통(Louis Vuitton) 콜렉션을 디자인한다. 이러한 사례를 열거하자면 끝이 없으며 이는 곧 국가별로만 디자이너들을 열거하기가 어렵다는 것이다. 몇몇의 디자이너들이 어느 한 나라에서 디자인 작업을 하고 또 다른 나라에서 그들의 콜렉션을 보이는 사례 역시 혼란스러운 사례라 하겠다.

세계적인 디자이너로서 일하기란 결코 쉽지 않다. 라거펠트는 세 개의 주요 콜렉션-그 자신의 시그너처 라인(signautre line), 샤넬의 쿠튀르 라인, 그리고 이탈리아 펜디의 콜렉션-을 위해 디자인한다. 몇몇 디자이너들은 자신의 작품을 디자인하거나 홍보하는 일 외에 시간을 다른 데에도 할애한다. 그들은 몇몇 콜렉션을 위해 만들어진 거대한 디자인 팀을 이끌고, 공장을 방문하고, 유통점의 오프닝에 참석하며, 세계적인 무대에 공식적으로 모습을 드러내기도 한다.

프로모션과 라이선싱

디자이너의 이름은 많은 출판물의 표지 장식, 그들 자신의 광고와 홍보 노력, 그리고 시장에서의 성공으로 인해 세상에 알려지게 된다. 명성을 얻게 되면 라이선싱(licensing)의 제의가 뒤따르기 마련인데, 라이선싱이란 제조업체들이 디자이너 또는 브랜드의 이름을 사용할 수 있다는 허가를 얻어, 일종의 합작기업이 되는 비즈니스를 의미한다(제12장 참조). 패션 비즈니스에서의 하나의 주요 목표는 하우스(브랜드) 이름 아래 액세서리와 향수 제품들을 선보이는 것이다. 패션 제국은 이렇게 만들어진 후 성공적인 디자이너들이 국제적인 스타가 될 때까지 성장해 왔다.

미국인 디자이너 마크 제이콥스는 뉴욕에서 그의 시그너처 콜렉션과 마크 바이 마크 제이콥스(Marc by marc Jacobs)뿐만 아니라 파리에서 루이뷔통(Louis Vuitton)을 디자인한다.
(출처 : LOUIS VUITTON, PARIS)

비즈니스 파트너

성공적인 패션 비즈니스는 훌륭한 디자이너 혼자서 만드는 것이 아니다. 몇몇의 디자인들은 디자이너와 책임 경영 간부직 모두를 수행해 내고자 애를 쓰기도 하지만, 이는 사고방식 간에 있어서의 어려운 도약이라 하겠다. 베라 왕(Vera Wang)은 이러한 두 가지 일을 모두 한다는 것이 "그녀의 일에 있어서 직면했던 가장 심오한 도전이었으며 창조적 과정에 요구되는 자유, 사치 그리고 열정은 종종 비즈니스 경영에 요구되는 자제 그리고 통제와 불균형을 이루곤 한다."[1]는 것을 알았다. 대다수의 디자이너들은 발렌티노의 지안카를로 지아메티(Giancarlo Giametti), 혹은 랄프 로렌의 피터 스트롬(Peter Strom)과 같은 유능한 비즈니스 파트너들과 함께 일을 한다. 이러한 사람들은 비즈니스의 재정적인 측면, 투자, 그리고 마케팅 등의 일을 담당함으로써 디자이너가 창작에만 집중할 수 있도록 도와준다.

기업의 소유권

최근 패션계에서 일고 있는 비즈니스의 흐름을 들자면, 막강한 복합 기업 혹은 법인 그룹이 형성되는 경향을 들 수 있다. 그 결과 패션 비즈니스는 몇 군데 안 되는 거대한 기업들에 의해 좌지우지되고 있다. 유통업체들은 자신들끼리 합병을 하면서 제조업체들도 마찬가지로 합병을 하고, 합병된 모든 거대 체인 유통점들에 제품을 공급할 것을 제조업체에 강요한다. 이들 거대한 복합 기업들은 전 세계적으로 이미지, 원단 조달과 생산, 그리고 유통을 콘트롤할 수 있는 재정적인 힘을 확보하기 위해 매진한다. 거대 기업(mega-corporation)들은 공급업체, 유통업체, 그리고 광고주 등과 협상하는 데 있어서 더욱 막강한 힘을 발휘한다. 이들 기업의 경영진들은 또한 그들이 다각적인 투자를 하는 것이 중요하다고 믿고 있는데, 그렇게 되면 한 브랜드가 약세일 때 다른 브랜드들의 매출을 올림으로써 서로 균형을 맞출 수 있기 때문이다. 그들은 또한 기업의 재고 가치를 유지하고 인상시키기 위해서, 그리고 다른 거대한 기업들과 경쟁할 수 있는 힘을 기르기 위해서 기업의 거대화가 필요하다고 주장한다. 많은 결정들이 증시 평가액(stock market ratings)에 영향을 주기 위해 이뤄지고 있다.

예를 들어 프랑스 기업인 LVMH(모에 헤네시 루이뷔통, Moet Hennessy Louis Vuitton)는 디올, 지방시, 갈리아노, 겐조, 셀린느, 루이뷔통, 로에베(Loewe), 도나 카란(Donna Karan), 푸치(Pucci), 토마스 핑크(Thomas Pink), 조세프(Joseph), 그리고 다른 여러 의류 브랜드들과 겔랑(Guelain) 향수, 세포라(Sephora) 화장품, 르 봉 마르쉐(Le Bon Marche)와 프랑크 앤 피스(Franck & Fils)를 소유하고 있다. 이탈리아의 구찌 그룹(The Gucci Group)은 현재 이브 생 로랑(Yves Saint Laurent), 발렌시아가(Balenciaga), 알렉산더 맥퀸(Alexander McQueen), 스텔라 맥카트니(Stella McCartney), 보테가 베네타(Bottega Veneta) 그리고 세르지오 로시(Sergio Rossi)를 소유하고 있다. 이와 같은 복합 기업들은 일류 럭셔리 브랜드를 위해 적극적으로 서로 경쟁한다. 몇몇의 제조업자들은 그들의 브랜드 생존을 위해 기꺼이 자신을 팔고 모체 기업은 그들의 비즈니스를 확장시키기 위해 그들에게 자본을 주지만 소비자로서, 우리는 각각 하나하나의 기업들이 하나의 거대 기업의 일부임을 지각하지는 못한다.

그러나 이러한 거대 기업들은 반드시 각 브랜드의 정체성과 자율성을 지켜 주어야 할 것이다. 몇몇 디자이너들은 그들의 콜렉션에 대한 통제권을 잃고 있다고 느끼기도 한다.

전 세계적 규모로 경쟁을 하기 위해 디자이너 또는 제조업자는 상점을 열고 비즈니스를 확장할 필요가 있다. 하지만 이는 돈을 필요로 하고, 파트너는 오로지 브랜드의 소유권에 대한 보답으로 재정적 위험을 책임질 것이다. 디자이너가 주로 아이덴티티와 스타일을 창조하는 데 관심을 가지는 반면, 투자자는 투자로 인해 얻게 되는 보답에 대해 주 관심을 가진다. 이러한 모습은 종종 갈등과 불화로 이어지기도 한다. 예를 들어, 만일 디자이너가 그의 이름을 단 자신의 기업을 떠난다면(또는 떠나도록 강요받으면), 그는 새로운 사업을 함에 있어서도 더 이상 자신의 이름을 사용할 권리를 가지지 못하는 것이다. 왜냐하면 그 이름은 여전히 그 기업에 소유되어 있기 때문이다! 질 샌더(Jil Sander), 헬무트 랑(Helmut Lang), 롤랑 뮤레(Roland Mouret), 그리고 에르브 레제(Herve Leger) 등이 이러한 현상을 헤쳐 나가야만 했었다.

페라가모(Ferragamo)와 같은 많은 개인 기업 혹은 가족 운영 기업들은 그들이 독립적으로 남아 있음으로써 더 유연하게 대응할 수 있고, 질 좋은 제품을 생산하는 데 집중할 수 있다고 믿고 있다. 젊은 디자이너들은 사업에 수반되는 높은 비용으로 인해 시작하는 데 있어 어려움을 가지고 있다.

프랑스

파리는 오랫동안 패션 세계에서 제1의 도시로 일컬어졌으나, 밀라노 그리고 뉴욕과 함께 맹렬한 경쟁을 벌이고 있다.

파리는 프랑스의 수도이며, 패션 세계의 할리우드라고 일컬어진다. 패션은 프랑스의 세 가지 최대 수출업종 중 하나로 의류 부문에 10만 명의 근로자(1983년의 절반에 못 미치는 수치임)가 종사하고 텍스타일, 의류, 그리고 관련 산업을 합쳐서 대략 40만 명가량의 고용자들이 종사하고 있다.

파리는 패션의 중심지로 성장하는 데 필요한 자원과 창조적인 분위기를 완벽하게 갖추고 있다. 파리에서는 프랑스의 섬유 공장, 그리고 의상을 보조하는 신발, 모자, 모피, 트리밍 (trimming), 기타 재료, 그리고 자수 산업 등 간의 협업이 놀랍도록 원활히 그리고 탁월하게 이루어진다. 이를테면 디자이너들은 독특한 자수, 직물 페인팅(paintings-on-fabric), 손뜨개 (hand knits), 그리고 다른 특별 효과를 창조해 내기 위하여 전통적이고 경험적인 테크닉을 사용하는 장인들을 찾아다닌다. 또한 독특한 직물을 원하는 디자이너들은 직물을 테스트용 으로 단지 몇 미터만 제직하거나 나염해 주는 공장을 찾기도 한다. 신발 제조업자들은 디자이너의 의상을 완성시키는 신발을 디자인하고, 단추와 트림(trim) 제조업자들은 오로지 한 디자이너만을 위한 아이템들을 제조하기도 한다. 오스카 드 라 렌타(Oscar de la Renta)는 "파리를 특별하게 만드는 것은 특별한 지원 시스템과 여러 장인들이다."[2]라고 말한 바 있다. 하지만 생산이 아시아, 동부유럽, 그리고 그 외 다른 지역들로 옮겨 감으로써, 이러한 제조업자들의 많은 수가 사라져 가고 있다.

레바논 베이루트에서 일하지만, 프랑스 쿠튀르 멤버인 엘리 사브(Elie Saab)의 쿠튀르 가운

(출처 : ELIE SAAB AND DENTE & CRISTINA)

수많은 섬유 및 직물 조합들, 관련 홍보 기관들, 그리고 섬유패션의 정보 기관들은, 파리를 패션의 중심지로 인정하고 그들의 패션 본사를 파리에 설립하였다. 다른 국가에서 온 많은 디자이너들이 현재 자신의 콜렉션을 파리에서 선보이고 있다. 파리는 세계 전역의 재능 있는 디자이너들을 끌어들임으로써 패션의 중심지로서의 위치를 유지하고 있다.

쿠튀르

쿠튀르(couture)란 특정 고객을 위해 맞춤화된 정교한 의상 디자인을 의미한다. 그리고 쿠튀리에(couturier)는 남성 쿠튀르 디자이너를, 쿠튀리에르(couturière)는 여성 쿠튀르 디자이너를 의미한다. 오트 쿠튀르(Haute Couture)란 최고의 디자인과 최상의 직물 그리고 장인의 솜씨를 보증하는 최고급 쿠튀르 사업을 의미한다. 쿠튀르 사업체는 메종(maison, 하우스)이라 불리는데, 처음 하우스를 설립한 디자이너가 은퇴를 하면 그의 보조 디자이너나 다른 새로운 디자이너가 디자인 총괄 업무를 승계하게 된다. 소수의 복합 기업들은 유서 깊은 패션 하우스의 지휘자로 새로운 젊은 디자이너들을 기용해 보기도 했지만, 종종 성공을 거두지 못하기도 했다. 신진 디자이너가 신선한 아이디어들을 신중하게 기존 브랜드의 이미지 위에 섞어 낸다는 것은 어려운 일인 것이다. 어떤 하우스들에서는 한 명의 디자이너가 쿠튀르 콜렉션을 위한 디자인을 전담하고, 다른 디자이너가 프레타포르테 라인을 맡는 방식을 택하기도 한다.

쿠튀르 하우스들과 인근의 일반 부티크(프레타포르테 제품과 액세서리를 파는 유통점)들은 파리의 몽테뉴(Montaigne)가와 포부르그 생 토노레(Faubourg Saint-Honore)가에 밀집해 있다. 고객들은 콜렉션의 샘플 의상들을 보기 위해 살롱－디자인 스튜디오와 같은 건물에 위치해 있는 우아한 신상품 전시장(show room)－으로 찾아온다. 고객이 드레스(dress)나 수트(suit)를 주문하면, 그 의상은 몇 번의 가봉을 거쳐 고객의 정확한 치수에 맞도록 제작되는데 이러한 의상을 제작하는 데에는 대개 몇 주가량이 소요된다. 세계에서 오직 몇백 명의 여성들만이 쿠튀르 의상을 구매할 수 있는 경제적 능력이 있다고 알려져 있는데, 이 의상들의 가격은 수트의 경우 대략 2만 달러에서 5만 달러까지 호가하고, 정교한 이브닝 가운(gown)의 경우에는 10만 달러까지 호가한다. 대부분의 쿠튀리에들은 한 시즌에 100벌 정도의 의상을 팔면 성공적이라고 생각한다.

세미쿠튀르 샤넬, 에스까다(독일), 그리고 돌체엔가바나(이탈리아)와 같은 디자이너들은 '세미쿠튀르(semicouture)' 또는 '특별 주문(special order)'이라는 컨셉을 시도하고 있다. 이는 소비자들로 하여금 여러 번의 피팅을 위해 파리에 가야 하는 수고 없이 조금 낮춰진 비용으로 준 맞춤의상(semi-fitted apparel)을 가질 수 있게 해 준다. 하지만 세미쿠튀르는 특별한 장인 솜씨와 개인 맞춤이라는 진정한 쿠튀르와는 같을 수 없는 것이다.

비용 거대한 하우스에서 쿠튀르 콜렉션을 만들어 내는 데에는 1년에 대략 100만 달러에서 200만 달러의 비용이 든다. 콜렉션에 들어가는 비용에는 원단(때로는 미터당 1,000달러의 가격이 드는), 노동력, 특별히 제작된 액세서리들, 그리고 쇼 자체를 위한 비용(모델, 쇼의 캣워크, 음향 시스템, 극장 대여비, 그리고 바이어를 위한 저녁식사비)이 포함된다. 한 벌의 옷을 만들어 내는 데에는 수천 시간의 노동이 요구되는 것이다. 그러나 여기에는 정부의 지원이 따르고 하우스들은 무엇보다 선전 효과를 얻을 수 있다는 점 때문에 이러한 비용을 들여 콜렉션을 연다. 또한 이러한 콜렉션을 통한 선전은 프레타포르테, 향수, 그리고 라이선싱 비즈니스(라이선스와 선전에 관한 정보는 제12장 참조)의 판매를 촉진시킨다는 점에서 특히 중요하다고 할 수 있다.

창의력 쿠튀르는 순수하게 창의력을 발휘할 수 있는 기회를 패션계에 제공함으로써 프랑스 패션 산업의 연구와 발전에 기여한다. 디올의 존 갈리아노의 의상과 같은 몇몇 쿠튀리에들의 의상은 일반적으로는 매우 대담하고 극단적으로 여겨지나, 그러한 대담함은 가치 있는 주목을 끄는 역할을 하고, 쿠튀르 전체를 위한 대단한 선전 효과를 가져온다. 한편, 발렌티노(작업은 이탈리아에서 하지만, 파리에서 그의 쿠튀르콜렉션을 선보이고 있는) 같은 쿠튀리에들은 자신을 돋보이게 할 수 있고, 잘 팔리면서도 아름다운 의상을 만드는 것이 그들의 의무라고 여긴다. 심지어 과감한 디자이너들은 그들의 고객들에게 보여 주기 위해 신상품 전시장에 야수 훈련사 의상(tamer garments)을 전시하는 경우까지 있다.

프랑스 쿠튀르 연합 프랑스에서는 프랑스 쿠튀르 연합(Fédération Française de la Couture)의 쿠튀르 창업 리스트에 선정된 쿠튀르들만이 오트 쿠튀르의 회원으로 인정된다. 회원의 자격요건은 우수성을 평가하는 높은 기준과 특별한 요구사항에 근거한다. 이 연합은 세 개의 하위 조직들―여성 쿠튀르, 여성 레디 투 웨어(women's ready-to-wear), 남성복(men's wear) 부문―로 이루어져 있으며, 프랑스 쿠튀르 연합의 운영자인 파리 의상조합

(The Chambre Synicale de la Couture)은 쿠튀르들의 작업실이나 콜렉션에 대한 규정을 제정하였다.

쿠튀르는 지난 20년을 거쳐 오면서 그 규모가 크게 줄어들었다. 조르지오 아르마니(Giorgio Armani)는 2005년 그의 "프리베(Prive)" 쿠튀르 콜렉션을 시작할 만큼 쿠튀르가 중요하다고 느끼고 있었다. 랄프 루찌(Ralph Rucci)와 같은 미국 디자이너 역시 파리에서 그의 쿠튀르 콜렉션을 선보이고 있다.

아틀리에 파리 의상조합의 쿠튀르 창업 리스트에 오를 자격을 갖추기 위해서는, 그 하우스는 파리에 적어도 하나의 아틀리에(Ateliers)와 디렉터를 제외한 최소한 15명의 기술인력(이미 설립된 하우스에서는 20명)을 확보하고 있어야 한다. 쿠튀리에는 하나 혹은 여러 개의 아틀리에를 합해서 15명에서 200명의 고용인을 반드시 두어야 하는데, 새롭게 설립된 신진 쿠튀르에는 2년의 유예 기간을 허용하고, 이 기간에는 10명의 고용인만을 고용할 수 있도록 배려해 준다.

거대한 하우스들에서는 훨씬 더 많은 작업들이 이루어지는데, 그중 **모델리스트**(modeliste)들은 수석 디자이너(head designer) 밑에서 일하면서 함께 디자인을 만들어 낸다. 모델리스트들은 아틀리에와 디자이너 사이를 연결하는 역할을 하며, 트왈(toile)의 재단과 샘플 의상 제작을 감독하는 역할을 한다.

아틀리에는 다시 **플루**(flou)와 **타이에르**(tailleur)로 나뉘는데, 플루는 드레스를 만드는 작업실을 지칭하는 말이고, 타이에르는 수트와 코트의 재단을 전문으로 제작하는 아틀리에를 의미한다. 각 타입의 아틀리에는 **프리미에르 다틀리에**(premier d'atelier)라고 불리는 생산 매니저(production manager) 혹은 수석 재봉사(chief technician)에 의해 운영된다. 매니저 아래로는 샵 보조원(shop assistant)들, 피팅모델(fitter)들, **보조 재봉사**(midinette, seamstress)들, 그리고 실습생들이 있다.

파리의 쿠튀리에들

샤넬의 칼 라거펠트(가브리엘 "코코" 샤넬, 1883~1971)는 1983년 샤넬 하우스의 예술 디렉터(artistic director)로 부임해서 세계적인 관심을 쿠튀르 쪽으로 되돌려 놓았다. 1938년에 태어난 라거펠트는 16살이 되던 1954년에 국제 양모 협회(International Wool Secretariat)의 디자인 컨테스트에서 수상함으로써 피에르 발망(Pierre Balmain)의 보조 디자이너로 고용되었다. 1967년 그는 이탈리아의 펜디(Fendi)를 위해 일하기 시작했다. 그는 바이더만(Bidermann Industries)사가 그에게 자신의 시그너처 라인을 열 것을 제의하기까지 19년 동안 클로에(Chloé)에서 디자이너로 활동했다. 그는 또한 샤넬 레디 투 웨어(ready-to-wear), 갤러리 라거펠트(Gallery Lagerfeld), 그리고 펜디(Fendi)를 디자인하고 있으면서 그의 광고를 위한 사

칼 라거펠트는 파리○
는 샤넬의 쿠튀르 라
디자인을 담당한다.
(출처 : KARL
LAGERFELD)

진작업도 직접 하고 있다. 뉴욕에 기반을 두고 있는 보다 낮은 가격대의 그의 새로운 칼 라거
펠트 라인은 사실 토미 힐피거(Tommy Hilfiger) 소유이며, 멜라니 워드(Melanie Ward)가 디
자인하고 있다.

디올의 존 갈리아노(Christian Dior, 1905~1957)는 1960년에 지브랄타(Gibraltar)에서 태어
나 1966년에 런던으로 이사했다. 그리고 그 후에 세인트 마틴 예술 학교(St. Martin's School
of Art)에서 공부했다. 그는 1985년에 그의 첫 시그너처 콜렉션을 발표했고 1990년 파리에서
활동하기 시작하게 될 때까지 런던에서 활약했다. 1995년에는 지방시 하우스의 새로운 디자
이너로 발탁되었으나, 곧 LVMH사의 소유인 디올로 전임하여 그의 첫 콜렉션을 1997년 1월
에 발표했다. 그는 세 번이나 올해 최고의 영국 디자이너상(the British Designer of the Year)
을 수상하는 등 여러 패션 관련 상을 수상한 바 있다.

장 폴 고티에(Jean-Paul Gaultier)는 그의 엉뚱한 디자인들을 이유로 프랑스 패션 산업의
'악동(enfant terrible)'으로 알려져 있다. 1953년 태어나, 1976년 자신의 시그너처 콜렉션을
발표하기에 앞서 고티에는 피에르 가르뎅(Pierre Cardin)과 장 파투(Jean Patou)를 위해 일했
었다. 그는 쇼나 영화를 위한 의상들을 디자인하기도 했고, 1997년에 그의 고티에 파리 쿠튀
르 콜렉션을 시작했다. 그의 다른 콜렉션들로는 고티에 클래식(Gaultier Classiques)과 JPG
Jeans와 모피, 아이웨어 그리고 향수 등이 있다. 그는 또한 165년 전통을 가진 파리 패션 하
우스, 에르메스의 크리에이티브 디렉터를 역임하고 있다.

크리스찬 라크르와(Christian Lacroix, La-kwa')는 호사스러운 무대의상 룩, 실루엣, 칼라 그리고 패턴의 절묘한 믹스로 알려져 있다. 1951년 아를(Arles)에서 태어나 박물관 큐레이터를 꿈꾸며 예술사를 공부했다. 1978년 그에게 온 기회는 그를 에르메스로, 1981년에는 장 파투(Jean Patou)로 이끌어 갔다. 1987년, LVMH의 현 회장인 베르나르 아르노(Bernard Arnault)가 그를 그 자신의 쿠튀르 하우스로 되돌아갈 수 있도록 했다. 오트 쿠튀르, 프레타포르테, 아동복, 진, 그리고 액세서리 등을 디자인함과 더불어 연극과 오페라를 위한 무대의상들을 디자인해 왔다.

엘리 사브(Ellie Saab)는 레바논, 베이루트에 기반을 둔 중동 디자이너이다. 그는 1982년 18세라는 어린 나이에 그의 첫 아틀리에를 오픈했고 그 이래로 귀족들과 세계 유명인들에게 옷을 입혀 왔다. 2003년, 그는 파리 쿠튀르 의상조합의 일원으로 받아들여졌다. 그는 파리에서 프레타포르테 콜렉션 또한 선보이고 있다.

프랑크 소르비에(Franck Sorbier)는 프랑스 프레쥐스(Fréjus)에서 태어나 파리 에스모드 패션스쿨에서 공부했다. 그는 1987년 그의 첫 시그너처 콜렉션을 선보이기 이전 상탈 토마스(Chantal Thomass)와 티에리 뮈글러(Tierry Mugler)를 위해 일했었고 1994년 시작한 까르티에의 후원을 받았다. 1999년 그 자신의 쿠튀르 콜렉션을 시작했으며 또한 코트, 신발 그리고 오페라 무대의상 등도 디자인한다.

다른 쿠튀리에들로는 아들린느 앙드레(Adeline André), 지방시(Givenchy)의 리카르도 티쉬(Riccardo Tisci), 도미니크 시롭(Dominique Sirop), 그리고 이탈리아 출신의 발렌티노와 아르마니의 현지 특파 멤버들이 있다. 펠리페 올리비에라 밥티스타(Felipe Oliviera Baptista), 월터 반 뷔에렌독크(Walter van Bierendonck), 보디카(Boudicca), 바네사 브루노(Vanessa Bruno), 르프랑 페랑(Lefranc Ferrant), 마우리치오 갈란테(Maurizio Galante), 앤 발레리 하쉬(Anne Valérie Hash), 아담 존스(Adam Jones), 크리스토프 요쉬(Christophe Josse), 니콜라스 르 카쇼(Nicolas le Cauchois), 베로닉크 르로이(Véronique LeRoy), 구스타보 린스(Gustavo Lins), 마르탱 마르지엘라(Martin Margiela), 요이치 나가사와(Yoichi Nagasawa), 리차드 르네(Richard René), 월터 로드리게스(Walter Rodrigues), 제랄드 워틀렛(Gerald Waterlet), 빅토르 앤 롤프(Vitor & Rolf), 그리고 워스(Worth) 등은 '초대손님 멤버(guest members)'이다. 가장 뛰어난 두 쿠튀리에들이라 할 수 있는 이브 생 로랑(Yves Saint Laurent)과 엠마뉴엘 웅가로(Emmanuel Ungaro)는 은퇴하여, 현재 그들의 기업들은 오직 프레타포르테만을 선보이고 있다.

프레타포르테

프레타포르테(pret-a-por-tay')란 '기성복(ready-to-wear)'이라는 뜻의 프랑스 어이다. 대부분의 프랑스 패션 제품들은 다른 나라에서와 마찬가지로 대량생산된다. 대량생산은 패션의 가격을 낮춰 주며, 동일한 디자인의 의상이 다양한 사이즈와 컬러로 제작된다. 소비자는 단지 상점에 가서 옷의 맞음새와 외관을 확인하고 그것을 구매한 후, 집으로 가져오기만 하면 된다.

쿠튀르 의상이 더욱 고가가 되면서, 대량생산된 의상들은 점점 더 패셔너블해졌다. 1960년대부터는 디자이너의 프레타포르테가 패션 마켓에 미치는 영향력은 쿠튀르의 영향력 못잖게 강해져서, 이 시기부터 쿠튀리에들은 프레타포르테와 경쟁해야 했고, 더 이상 재정적으로도 성공을 거두지 못했다. 그러므로 이 시기부터 쿠튀리에들은 점차 자신들의 이름을 건 프레타포르테 콜렉션을 만들기 시작했다.

오늘날 디자이너 프레타 포르테 제품의 가격은 과거의 쿠튀르 제품의 가격대에 가까워지고 있다. 현재 쿠튀르 제품의 가격은 1벌당 5,000달러에서 5만 달러 정도이며, 최상급 프레타포르테 제품의 가격대는 1벌당 대략 1,000달러에서 5,000달러이다. 가격은 차이가 있지만 디자이너 프레타포르테 라인에서도 쿠튀르에서처럼 원본 샘플 의상을 만들 때 복잡한 시험 절차를 거치기 때문에, 디자이너 프레타포르테의 가격은 저렴해지지 못하는 것이며, 제품의 품질도 쿠튀르에 비할 때 큰 차이가 없다. 하지만 프레타포르테 제품은 쿠튀르 제품보다는 훨씬 저렴한 소재로 만들어지고 수작업으로 만들어지지는 않는다. 프레타포르테가 이윤이 남는 비즈니스가 될 수 있는 진정한 이유는, 이러한 원본 샘플을 대량생산 방식으로 생산한다는 점에 있다.

프레타포르테 최고 디자이너들

발렌시아가(Christobal Balenciaga, 1895~1972)의 **니콜라스 게스키에르**(Nicolas Ghesquiere)는 1971년 프랑스 루덩(Loudun)에서 출생하였다. 그는 1997년 발렌시아가를 위한 첫 레디 투 웨어(ready-to-wear) 콜렉션을 선보였고 2001년에는 CFDA 뛰어난 세계 디자인 상(Outstanding International Design Award)을 받았으며, 브랜드 발렌시아가는 구찌 그룹에 의해 소유되었다.

알버 엘바즈(Alber Elbaz)는 1962년 모로코에서 출생하였지만, 성장은 이스라엘에서 했다. 그는 텔아비브(Tel Aviv)에 있는 쉥카 컬리지 패션학교(Shenkar College fashion school)를 졸업했으며, 그 후에는 뉴욕으로 가 7년 동안 제프리 빈(Geoffrey Beene)을 위해 일했다. 이후 1996년에는 기라로쉬(Guy Laroche)의 레디 투 웨어 디자이너로, 1998년에는 파리 이브 생 로랑(Yves Saint Laurent)에서 일했다. 2001에는 (1889년 장 랑방에 의해 설립된)랑방의 크리에이티브 디렉터가 되어 신선한 바람을 불어넣어 주었다. 2005년에는 CFDA 국제 상(International Award)을 수상했다.

반짝이고 컬러풀한 자수로 장식된 랑방(Lanvin)의 알버 엘바즈(Alber Elbaz)의 프레타포르테 드레스 (출처: LANVIN, PARIS)

앤드류 지앤(Andrew Gn)은 1967년 싱가포르에서 태어나, 영국으로 이주해 패션 디자인을 공부하고 이후 뉴욕과 밀라노에서 공부를 하였다. 파리 엠마누엘 웅가로의 어시스턴트가 된 뒤 1994년에는 자신의 시그너처 콜렉션을 시작하였다. 또한 1997년에는 짧은 기간이지만 발망(Balmain)의 아티스틱 디렉터(artistic director)를 역임하기도 했다.

니나리찌(Nina Ricci)의 올리비에 데이스켄스(Olivier Theyskens)는 벨기에에서 1977년 태어났으며 바느질하기를 항상 좋아했다. 브뤼셀의 La Cambre Art Academy에 입학했고 1998년 자신의 시그너처 콜렉션을 시작했다. 그는 2003년 로샤(Rochas) 하우스를 위한 그의 첫 콜렉션을 선보였고 CFDA로부터 International Award를 수상했다. 2006년 이래, 그는 니나리찌(Nina Ricci)를 위해 디자인하고 있다.

빅토르와 롤프[Victor(Horsting) & Rolf(Snoeren)] 두 사람 모두 1969년 네덜란드에서 태어나, 1992년 Academy of the Arts를 졸업하고 이듬해 함께 패션 비즈니스를 시작했다. 1996년 시작해, 5년 동안 그들의 오트 쿠튀르 콜렉션을 선보였다. 현재 그들은 프레타포르테 여성복과 남성복 콜렉션을 진행하고 있으며, 극적인 볼거리가 있는 콜렉션 프레젠테이션으로 이름을 떨치고 있다.

드리스 반 노튼(Dries Van Noten)은 1958년 벨기에 앤트워프에서 태어나 Antwerp Academy에 입학했고, 1985년 그의 남성복 콜렉션을 시작했다. 그의 플래그십 스토어인 Het Modepaleis를 1989년 앤트워프에 오픈했다. 반 노튼은 1991년 파리에서 남성복 콜렉션을 선보이기 시작했고, 이어 2년 후에는 여성복 콜렉션을 시작했다.

이브 생 로랑의 스테파노 필라티(Sephano Pilati)는 1966년에 출생하여 밀라노에서 성장했고, 이브 생 로랑 톰포드의 어시스턴트로 오기 전에는 조르지오 아르마니와 프라다에서 일을 했었다. 구찌 그룹이 1999년 이브 생 로랑을 사들이면서, 필라티는 2004년 디자인 디렉터가 되었다.

대다수의 쿠튀리에들은 프레타포르테 콜렉션도 가지고 있으며, 종종 분리된 디자이너들

을 가지고도 있다. 그들은 또한 그들의 액세서리 디자이너들과 같은 전문가들을 따로 가지고
있기도 한다. 다음은 수백이 넘는 프레타포르테 디자이너들 중 몇 안 되는 디자이너들이다
(어떤 디자이너들은 다른 나라 출신으로 파리에 콜렉션을 위해 오기도 했다). 하이더 아커만
(Haider Akermann), 아크리스(Akris)의 알버트 크림러(Albert Kriemler), 안토니오 베라르디
(Antonio Berardi), 베로니크 브란퀴노(Véronique Branquino), 라파엘 보리엘로 & 줄리랑
데셀(Raffaele Borriello & Julien Desselle), 셀린느(Céline)의 이바나 오마직(Ivana Omazic),
끌로에(Chloé)의 파올로 메린 앤더슨(Paolo Merin Anderson), 타오 콤므 데 가르송(Comme
des Garçons)의 타오 쿠리하라(Tao Kurihara), 커스튬 내셔널(Costume National)의 엔니오
카파사(Ennio Capasa), 앤 드멜레미스터(Ann Demeulemeester), 디올 남성복의 에디 슬리
먼(Hedi Slimane), 페로드(Féraud)의 이반 미스펠라레(Yvan Mispelaere), 지방시 남성복 콜
렉션의 오즈왈드 보텡(Ozwald Boateng), 마르탱 그랑(Martin Grant), 제롬 륄리에(Jerome
l'Huillier), 겐조(Kenzo)의 안토니오 마라스(Antonio Marras), 소피아 코코살라키(Sophia
Kokosalaki), 기 라로쉬의 에르베 레록스(Herve Leroux), 마르탱 마르지엘라(Martin
Margiella), 이세이 미야케(Issey Miyake)의 나오키 타키자와(Naoki Takizawa), 루시앙 펠라
피네(Lucien Pellat-Finet), 파코 라반(Paco Rabanne)의 패트릭 로빈슨(Patrick Robinson),
길 로시에(Gilles Rosier), 소니아 리키엘(Sonia Rykiel), 웅가로(Ungaro)의 피터 던다스
(Peter Dundas), 에이에프 반데보스트(AF Vadevorst), 지암바티스타 발리(Giambattista
Valli), 루이뷔통(Louis Vuitton)의 마크제이콥스(Marc Jacobs), Y's와 Y-3 for Adidas 또한
진행하고 있는 요지 야먀모토(Yohji Yamamoto).

더 넓은 고객층을 확보하기 위해서 대부분의 디자이너들은 요지 야먀모토(Yohji
Yamamoto)의 Y's collection과 같이 가격대를 조금 저렴하게 낮춘 '디퓨전 라인(diffusion
line)'을 가지고 있다. 또한 값이 비싸지 않은 여러 프레타포르테 라인이 베르사이유 궁(Porte
de Versaille)에서 전시회 형식으로 선보인다(제12장 참고). 이 중 어떤 브랜드들은 세계적으
로 유명하고 영향력 있는 브랜드로 성장하기도 한다.

이탈리아

과거 이탈리아에 있어 패션은 대단한 수익을 거둬들이는 수출산업이었으나, 다른 유럽국가들과 마
찬가지로 이제는 생산기지의 상당 부분을 아시아에 빼앗기고 있는 실정이다.

1940년경에는 단지 30개의 패션 제조업체들만이 이탈리아에 있었고, 그들이 생산하는 것은
대체로 남성복에 국한되어 있었다. 그러나 그때 이후로, 이탈리아 인들은 창의력, 아름다운

조르지오 아르마니가
그의 디자인을 가봉하
고 있다.
(출처 : GIORGIO
ARMANI, MILAN,
ITALY)

직물, 니트웨어, 가죽용품, 테일러링, 그리고 고품질 생산을 통해 세계적인 패션 명성을 키워 나갔다. 이탈리아 패션 산업은 주로 레디 투 웨어 액세서리에 주력하였다.

디자이너들, 제조업체들, 그리고 소재 회사들은 종종 한 대규모 수직 통합형(vertical company) 회사에 소속되어 협업한다. 패션 회사들 중 몇몇은 대규모의 텍스타일 기업에 소속되어 있는 경우도 있다. 그러나 불행히도 이러한 많은 기업들이 아시아와의 경쟁으로 인해 문을 닫아야만 했다. 이탈리아 무역 조직들은 젊은 세대들을 제조업으로 유치하고자 많은 노력을 하고 있다. 브리오니(Brioni)와 키톤(Kiton)과 같은 기업들은 인턴사원들에게 봉제와 테일러링을 가르치는 회사 내부 프로그램을 만들어 내기도 했다. 구찌 그룹의 보테가 베네타(Bottega Veneta)와 비첸자(Vicenza) 무역학교는 함께 럭셔리 핸드백 생산을 가르치는 3년 과정의 프로그램을 신설하기도 했다.

밀라노는 원단을 구할 수 있는 코모(Como), 비엘라(Biella), 그리고 토리노(Torino)로부터 인접하게 위치해 있기 때문에 모다 프론타(moda pronta, 기성복)의 중심지가 되었다. 이탈리아의 플로렌스(Florence)도 이탈리아의 작은 패션 중심지이며, 이탈리아 전역에 걸쳐 패션 회사와 액세서리 회사들이 산재해 있다.

디자이너들

조르지오 아르마니(Giorgio Armani)는 1934년에 태어나 니노 세루티(Nino Cerruti)에서 의류 생산 공정을 배웠다. 1974년 아르마니라는 브랜드명을 내건 그의 첫 남성복 콜렉션을 발표하게 되었으며, 1975년에는 여성복 라인을 추가했다. 수백만 달러 규모에 달하는 그의 패션 제국은 엠포리오 아르마니(Emporio Armani)(가격대가 조금 낮은 콜렉션), 아르마니 익스체인지(A/X Armani Exchange)(베이직 상품들과 진 상품 중심의 라인), 마니(Mani)(이탈리아에만 존재하는 라인), 그리고 아르마니카사(Armani Casa)와 같은 라이선스 브랜드들로 구성되어 있다. 그의 테일러드 스타일은 세계적인 트렌드로 자리 잡았으며 그는 일생을 건 대가로 얻은 CFDA상을 포함하여 여러 국제적인 상을 수상했다.

2005년, 그는 파리에서 선보이는 조르지오 아르마니 프리베 쿠튀르 콜렉션을 시작했으며, 합작사업 형태로 아르마니 익스체인지(A/X Armani Exchange) 사업을 전 세계적으로 확장시키고 있다.

로베르토 카발리(Roberto Cavalli)는 1940년 그의 어머니가 테일러로 있었던 플로렌스에서 출생했다. 화가셨던 그의 할아버지의 전통에 따라, 그 역시 예술학교에 입학했다. 1972년 그의 첫 콜렉션을 선보였고 1990년대 초반 그의 아내인 에바 더링거(Eva Duringer)와의 동업으로 다시 시작했다. 그의 콜렉션으로는 여성복, 남성복, 저스트카발리(Just Cavalli), 클라스(니트웨어), 프리덤(캐주얼), 엔젤스(아동복), 로베르토 카발리 홈, 그리고 아이웨어 등이 있다.

도메니코 돌체와 스테파노 가바나(Domenico Dolce and Stefano Gabbana)는 1982년부터 함께 일하기 시작했다. 돌체(Dolce)는 시실리아(Sicily)에 있는 그의 가족이 운영하는 의류 공장에서 기술을 익혔고, 가바나(Gabbana)는 디자인 학교에서 그래픽을 공부했다. 그들은 1980년에 다른 디자이너를 위해 일하면서 만나게 되었다. 1985년에 그들은 돌체 앤 가바나(Dolce & Gabbana)라는 브랜드명을 건 첫 여성복 콜렉션을 발표했고, 그 후에 남성복, 니트웨어, 란제리, 그리고 수영복 라인을 추가 설립했다.

지안프랑코 페레(Gianfranco Ferré) 기업은 IT Holding의 소유로 1978년 설립되었다. 1944년에 태어난 그는 이탈리아 패션의 건축가로 여겨지고 있으며 1980년대 세계 패션에 지대한 영향을 미쳤다. 그의 여성복과 남성복 콜렉션과 더불어, 또한 1989년에서 1996년까지 파리 디올의 쿠튀르를 디자인하기도 했다. 기업은 더욱 커져서 다양한 부차적인 라인들을 포함하게 되었고, 거기에는 향수, 아이웨어, 모피, 아동복 그리고 비치웨어들이 있다. 안타깝게도 페레는 2007년 62세의 나이로 숨을 거두었지만, IT Holding은 새로운 크리에이티브 디자이너를 고용해 럭셔리 기업을 계속해 나갈 계획을 세우고 있다

톰 포드(Tom Ford)는 미국인이며 1986년 뉴욕의 파슨스(Parsons)에서 대학 과정을 마쳤다. 졸업 후 그는 파리의 클로에(Chloé)에서 보조 디자이너로 그의 커리어를 시작했고, 1990년에 구찌에 합류하여 1994년부터 2004년까지 예술 디렉터직을 맡게 되었다. 2006년 그와 그의 파트너 도메니코 드 솔레(Domenico de Sole)는 이탈리아 거대 남성복 에르메네질도 제냐의 라이선스 생산과 유통의 남성복 콜렉션을 론칭하였다. 포드는 CFDA(미국 패션 디자이너 협회, Council of Fashion Designers of America)가 주는 올해의 세계 디자이너 상(International Designer of the Year Award)을 포함한 수많은 패션 상들을 수상했다.

구찌(Gucci)**의 프리다 지아니니**(Frida Giannini)는 1972년에 태어나, 로마의 패션 아카데미에서 수학했다. 이전에는 펜디(Fendi)에서 디자이너로 일했으며, 2002년 구찌 그룹에 합류하여 2004년 액세서리의 크리에이티브 디자이너로 임명되었다. 2006년, 그녀는 액세서리, 여성복, 그리고 남성복을 포함하는 라벨 전체의 크리에이티브 디렉터로 승진했다(구찌 그룹은 또한 이브 생 로랑과 보테가 베네타 라벨도 소유하고 있다).

미우치아 프라다(Miucia Prada)는 1913년에 그녀의 할아버지 마리오 프라다(Mario Prada)가 시작한 가죽용품 사업을 부활시켰다. 가방과 액세서리로만 시작한 사업에 그녀는 1985년

신발 라인을 추가했고, 1989년에는 여성복 콜렉션을 런칭했다. 1990년대 중반 무렵 그녀의 의상과 액세서리들은 세계적인 트렌드의 중심이 되었다. 1990년대에 프라다(Prada)는 남성복 콜렉션과 미우미우(Miu Miu)라는 제2라인(secondary line)을 런칭했다. 그녀의 남편인 파트리치오 베르텔리(Patrizio Bertelli)와 함께 그녀는 밀라노로부터 시작되는 그들의 비즈니스를 총감독하는데, 그들의 제품은 밀라노에서 디자인되어 투스카니(Tuscany) 지역에서 생산되며, 부티크는 세계 전역에 걸쳐 퍼져 있다.

발렌티노(Valentino Garavani)는 직업적으로 그의 성이 아닌 이름만을 사용한다. 그는 1932년에 태어났고, 17세의 나이에 기라로쉬(Guy Laroche)에서 일하기 시작했고, 그 후에 파리에서 장 데세(Jean Desses)에서 일했다. 그는 1960년에 로마에 자신의 하우스를 열었고, 얼마 후에 지앙카를로 지아메티(Giancarlo Giametti)가 그의 사업 파트너가 되었다. 발렌티노는 이탈리아에서 가장 성공한 쿠튀리에였으므로 그는 파리와의 주요 연결고리 역할을 하였고, 현재 그의 콜렉션은 파리에서 매년 열리고 있다. 올리버(Oliver)는 그의 가장 중요한 프레타포르테 라인이다. 그는 빈틈없이 일하는 디자이너로서, 그리고 우아한 콜렉션으로 유명하다.

1978년 지아니 베르사체(Gianni Versace)에 의해 시작된 **베르사체**(Versace)는 여성복 비즈니스에서 큰 성공을 거두었다. 1979년에는 남성복 라인이 추가 설립되었다. 1997년 마이애미에서 지아니 베르사체(Gianni Versace)가 죽게 되자, 그의 여동생 도나텔라(Donatella)는 디자인 팀을 이끌고 있고, 그녀의 남동생 산토(Santo)는 사업을 운영하고 있다. 베르사체의 제2라인으로는 베르수스(Versus)와 이스탄테(Istante)가 있다.

이 밖에 세계적인 이탈리아 디자이너와 제조업체들로는 발리(Bally)의 멜리사 마이쉬(Melissa maish), 오이자 베카리아(Ouisa Beccaria), 라우라 비아조티(Laura Biagiotti), 블루마린(Bluemarine)의 안나 몰리나리(Anna Molinari), 보테가 베네타(Bottega Veneta)의 토마스 마이어(Tomas Maier), 세루티(Cerruti)의 이스트반 프랑서(Istvan Francer), 피에로 앤 미리암 치비디니(Piero & Miriam Cividini), 알레산드로 델라쿠아(Alessandro Dell' Acqua), 캐나다 인 댄 앤 딘 카텐(Dan & Dean Caten)의 디 스퀘어드(D-squared), 베로니카 에트로(Veronica Etro), 레코팽(Les Copains)의 세파노 게리에로(Sefano Guerriero)와 트렌드 레 코팽(Trend Les Copains)의 안토니오 베라르디(Antonio Berardi), 익스템포어(Extempore)의 이틀리에르(Itlierre), 스테판 페어차일드(Stephen Fairchild), 펜디(Fendi)의 칼 라거펠드(Karl Lagerfeld), 페라가모(Ferragamo)의 그레엄 블랙(Graem Black), 알베르타 페레티(Alberta Ferretti)의 필로소피(Philosophy), 안토니오 퓌스코(Antonio Fusco), 제니(Genny)의 죠세퓌스 티미스터(Josephus Thimister)(네덜란드 인), 아이스버그(Iceberg)의 로메오 질리(Romeo Gigli)와 파올로 제라니(Paolo Gerani), 루카루카(Luca Luca)의 루카 오란디(Luca Orlandi), 말로(Malo), 크리지아(Krizia)의 마리우치아 만델리(Mariuccia Mandelli), 막스마

라(Max Mara)의 로라 루스아디(Laura Lusuardi), 마르니(Marni)의 콘수엘라 카스틸리오네 (Consuela Castiglione), 마스카(Maska)의 시몬 킨(Simon Keene), 막스 마라(Max Mara), 로베르토 메니체티(Roberto Menichetti), 안젤라 미소니(Angela Missoni), 몰리나리의 로셀라 타라비니(Rossella Tarabini), 모스키노(Moschino)의 로셀라 자르디니(Rosella Jardini), 피아자 셈피오네(Piazza Sempione)의 마리사 구에리치오(Marisa Guerrizio), 푸치(Pucci)의 매튜 윌리엄슨(Matthew Williamson), 루포 리서치(Ruffo Research)의 하이더 아커만(Haider Ackermann), 샘소나이트(Samsonite)의 시지 베촐라(Sigi Vezzola), 질 샌더(Jil Sander)의 밀란 부크미로빅(Milan Vukmirovic), * 스포트막스(Sportmax), 로렌스 스틸(Lawrence Steele), 스트레네스(Strenesse)의 가브리엘레 슈트렐(Gabriele Strehle), 그리고 프란세스코와 베아트리체 트루사디(Trussardi) 등이 있다. 최고의 남성 테일러드 기업으로는 에르메네질도 제냐(Ermenegildo Zegna), 카날리(Canali), 브리오니(Brioni), 포랄(Forall, Pal Zileri), 코르넬리아니(Corneliani), 유르비스(Urbis), 베스티멘타(Vestimenta), 파올로니(Paoloni), 루치아노 바르베라(Luciano Barbera), 캄파냐(Campagna), 키톤(Kiton), 그리고 자넬라(Zanella) 등이 있다.

영국

영국의 수도 런던은 패션 산업의 중심지이기도 하다.

런던은 남성복의 테일러링(tailoring), 클래식한 양모와 캐시미어(cashmere) 여성의류, 그리고 혁신적인 젊은층의 패션(young fashion) 등으로 세계적 명성을 지니고 있다.

새빌로우

런던은 유명한 새빌로우(Savile Row) 테일러들과 셔츠 전문업체(shirtmaker)들이 밀집한 지역으로, 클래식한 남성 비즈니스 정장과 테일러링이 잘된 군복으로 세계적인 명성을 얻어 왔다. 런던에서 오랫동안 명성을 날린 테일러점으로는 앤더슨 앤 셰퍼드(Anderson & Sheppard), 데게 앤 스키너(Dege & Skinner), 프렌치 앤 스텐베리(French & Stanbury), 지브스 앤 혹스(Gieves & Hawkes), 윌리엄 헌트(William Hunt), H. 헌츠맨 앤 선즈(H. Huntsman & Sons), 리차드 제임스(Richard James), 킬거(Kilgour), 헨리 풀 앤 코[Henry

---

* 역자 주 : 현재는 라프 시몬스(Raf Simons)가 역임하고 있다.

새빌로우 1번지에 소재한
테일러링 전문점
지브스 앤 혹스
(출처 : GIEVES &
HAWKES)

Poole & Co.(새빌로우에서 가장 오래된 회사)], 스트릭랜드 앤 선즈(Strickland & Sons), 턴불 앤 애서(Turnbull & Asser), 그리고 버나드 웨더릴(Bernard Weatherill) 등을 들 수 있다. 새빌로우에는 100명이 훨씬 넘는 테일러들이 일하고 있다. 맞춤 수트(bespoke)는 2~3번의 피팅을 해야 하고, 완성되려면 6주 정도를 기다려야 하며, 2,000파운드에서 5,000파운드(대략 3,600~9,000달러) 정도의 비용을 감수해야 한다. 이러한 테일러들은 임대비 상승에 위협받고 있으며 영국 테일러링을 보호하고자 새빌로우 맞춤 로비 그룹(Savile Row Bespoke lobbying group)을 결성하였다.

그러나 지난 몇 년 동안 맞춤 수트의 판매가 거의 절반으로 떨어졌다. 부진한 판매량과 구식이라는 이미지에서 벗어나기 위해 몇몇 새빌로우의 테일러들은 젊은 고객과 여성들에게 어필하려는 노력을 기울이고 있다. 이에 따라 그들은 최신 마케팅과 광고전략을 도입하고, 상점을 새롭게 개조하고, 넥타이나 시계와 같은 브랜드 상품들을 함께 판매하며, 자신들의 이름을 라이선싱하여 외국으로 내보내고 있다.

영국의 가장 잘 알려진 남성 프레타포르테 라인으로는 체스터 베리(Chester Barrie), 오즈왈드 보텡(Ozwald Boateng), 세인트 조지(St. George)의 더퍼(Duffer), 티모시 에베레스트(Timothy Everest), 리차드 제임스(Richard James), 그리고 폴 스미스(Paul Smith) 등을 들 수 있다.

여성복

메리 퀀트(Mary Quant), 장 뮈르(Jean Muir), 그리고 잔드라 로드(Zandra Rhodes)와 같은 1960년대의 젊은 디자이너들은 런던을 패션의 도시로 만들었다. 1970년대에는 주니어 패션에 '펑크 룩(Punk look)'을 선보였고, 런던 디자이너들은 또다시 젊은 층을 위한 패션 트렌드를 만들어 내고 있다. 그들 중 대부분은 작고 부족한 자본으로 사업을 하고 있지만, 그들의 위트 있고 별난 콜렉션은 다른 이들로 하여금 아이디어 영감을 얻게 해 주는 등 아주 좋은 자료로도 활용된다. 이들 중 몇몇은 다른 나라에서 자신들의 디자인 콜렉션을 선보이고 있기도 하다.

크리스토퍼 베일리(Christopher Bailey)는 버버리 프로섬(Burberry Prosum)을 위해 일하고 있으며 1971년 영국 요크셔에서 태어나 런던 Royal College of Art에서 수학했다. 1994년에서 1996년, 그는 도나카란(Donna karan)의 여성복 디자이너로 일했으며, 1996년에서 2001년, 밀라노 구찌(Gucci)에서 일했다. 2001년 5월 버버리의 크리에이티브 디렉터로 합류했고, 기업 전체 이미지뿐만 아니라 모든 상품들의 디자인에 대한 총 책임을 맡고있다.

스텔라 맥카트니(Stella McCartney)는 1995년에 센트럴 세인트 마틴 디자인 칼리지(Central Dt. Martin's design college)를 졸업하고 곧바로 의류 사업을 시작했다. 1997년부터 2001년까지 그녀는 파리의 클로에의 디자이너로 활동했다. 2001년 구찌 그룹의 후원을 받아 그녀의 시그너처 콜렉션을 시작했고, 이는 레디 투 웨어와 액세서리까지 포함하고 있었다. 2004년, 그녀는 아디다스와 함께 스포츠 기능 의류를 디자인했고, 2005년, H&M을 위해 디자인한 그녀의 콜렉션이 한 번에 모두 매진되어 버리기도 했다.

알렉산더 맥퀸(Alexander McQueen)은 1969년에 태어나 새빌로우의 테일러점에서 인턴으로 활동하고 밀라노에서 로메오 질리(Romeo Gigli)의 어시스턴트로 활동했다. 세인트 마틴 예술 학교(St. Martin's School of Art)를 졸업한 후, 1994년 그의 시그너처 콜렉션(signature collection)을 시작했다. 1996년에 그는 올해 최고의 영국 디자이너

영국인 디자이너 알렉산더 맥퀸이 CFDA 어워드를 수상하고 있다.
(출처 : 미국 패션디자이너협회)

상(the British Designer of the Year)을 수상했고, 2003년 CFDA International Designer of the Year를 수상했다. 맥퀸은 1996년에서 2001년에는 지방시의 쿠튀르를 디자인했으나 현재는 (구찌 그룹의 후원을 받아) 자신의 시그너처 콜렉션, 세컨더리 라인인 McQ, 새빌로우의 헌츠맨 앤 선즈(H. Huntsman & Sons)를 위한 맞춤 남성복 콜렉션에 전념하고 있다.

폴 스미스(Paul Smith)는 영국의 가장 성공적인 디자이너 중 한 명이며 1947년에 태어났다. 그는 뛰어난 테일러링(tailoring) 솜씨와 30년 동안 남성복 디자이너로만 일한 것으로 유명하다. 1995년에 그는 여성복 콜렉션을 추가했고, 현재는 밀라노, 파리, 그리고 뉴욕의 유통업체들과 액세서리를 포함시켜 그의 사업을 확장시키려는 노력을 기울이고 있다.

세계적으로 잘 알려진 영국 프레타포르테의 다른 디자이너들로는 안토니(부라코우스키) 앤 앨리슨(로버츠)[Antoni(Burakowski) & Alison(Roberts)], 루엘라 바틀리(Luella Bartley), 바소(부르노) 앤 브룩(크리스토퍼)[Basso(Bruno) & Brooke(Christopher)], 후세인 샬라얀(Hussein Chalayan), 클레멘트-리베이로(Clements-Ribeiro)[Suzanne Clements와 Inacio Ribeiro, 이들은 또한 파리의 카샤렐(Cacharel)도 디자인한다], 엠마 쿡(Emma Cook), 니콜

파리(Nicole Farhi), 존 갈리아노(John Galliano)(그는 또한 파리의 디올 쿠튀르도 디자인한다), 고스트(Ghost), 마가렛 하우웰(Margaret Howell), 엘리 키시모토(Elly Kishimoto), 줄리앙 맥도날드(Julien McDonald), 롤랑 뮤레(Roland Mouret), 리파트 오즈베크(Rifat Ozbek), 프링글(Pringle)의 클레어 와이트 켈러(Clare Waight Keller), 안토니아 로빈슨(Antonia Robison), 로드닉(Rodnik)의 필립 콜버트(Philip Colbert)와 리처드 애스코트(Richard Ascott), 템펄리 (앨리스) 런던[Temperley (Alice) London], 비비안 웨스트우드(Vivien Westwood), 매튜 윌리엄슨(Mattew Williamson), 안나 발렌타인(Anna Valentine), 오스만 유스프자다(Osman Yousefzada), 그리고 로니트 지카(Ronit Zikha) 등이 있다. 이 중 몇몇 디자이너들은 그들이 주목을 받기에는 파리와 밀라노, 혹은 뉴욕 등이 더 월등하다고 보고, 영국을 떠나 다른 나라에서 그들의 콜렉션을 열기도 한다.

영국은 또한 아쿠아스큐텀(Aquascutum), 오스틴 리드(Austin Reed), 버버리(Burberry), 닥스 심슨(Daks-Simpson), 제거(Jaeger), 맥조지(McGeorge), 프링글(Pringle)과 같은 회사의 클래식한 의류, 컨츄리풍의 울 제품 의상, 트렌치 코트, 그리고 카디건 등으로 국제적인 명성을 얻고 있다.

런던의 옥스퍼드 스트리트(Oxford Street)의 북단에 위치한 마가레트 스트리트(Margaret Street) 근방에는 '웨스트 엔드(West End) 중고시장(rag trade)'이라는 지역이 있는데, 이 지역은 패션 재료들, 스튜디오, 신상품 전시장 등이 밀집한 지역이다. 하지만 실제적인 제작 생산은 저임금의 아시아, 동부 유럽 등 다른 나라들로 대다수 옮겨 간 실정이다.

캐나다

캐나다의 디자이너들은 패션에 대한 유럽적인 접근방식과 미국적인 접근방식을 혼합하고 있으며, 캐나다 상품의 많은 부분을 미국으로 수출하고 있다.

캐나다 통계청(Statistics Canada)과 캐나다 산업청(Industry Canada)에 따르면, 캐나다의 의류 산업은 캐나다에서 10번째로 큰 제조 산업이다. 의류산업체들은 대개 캐나다의 거의 모든 주와 도에 분산되어 있으나, 특히 퀘벡, 온타리오, 마니토바, 그리고 브리티시 콜럼비아 지역에 집중되는 경향을 보인다. 실제적인 생산은 아시아로 옮겨 가고 있다.

캐나다의 패션 산업은 상당히 다양한 성향을 지니고 있음에도 불구하고, 특히 남성복, 아우터웨어(outerwear), 모피, 가죽용품, 여성 캐주얼웨어, 아동복 등으로 잘 알려져 있다. 침체된 경기 속에서도 캐나다 제조업체들은 자국에서 생산되는 의류의 30%를 미국, 영국, 그리고 일본 순으로 해외에 수출한다. 1988년 캐나다-미국 간의 북미자유무역협정(Canada-

U.S. Free Trade Agreement)(현재는 NAFTA의 한 부분이 되어 버린 내용)이 실행되면서부터 캐나다의 대미 의류 수출량은 550%가 증가하였고, 여전히 증가 추세에 있으며, 그 결과 미국은 캐나다 의류 생산에 사용되는 재료의 주요 수입국이 되었다.

몬트리올, 퀘벡

퀘벡(Quebec)은 대략 57%의 의류 노동인구, 그리고 캐나다의 총생산량 중 62%를 차지하는 캐나다의 가장 큰 패션 생산지이다. 퀘벡 패션 산업과 모피 산업의 큰 부분은 몬트리올(Montreal)에 집중되어 있는데 사실상 의류산업은 몬트리올의 가장 큰 산업 부문이다. 샤바넬 스트리트(Chabanel Street)와 플레이스 보나벤쳐(Place Bonaventure) 지역에 있는 패션 제조업체들의 신상품 전시장에서는 바이어 상담 주간(Buyer's weeks)이 열린다.

몬트리올의 유명한 디자이너와 브랜드로는 장 에롤디(Jean Airoldi), 헬렌 바르보(Helene Barbeau), 보즈(Boz)의 디나 메룰라(Dina Merulla), 아놀드 브랜트(Arnold Brant), 리노 카탈라노(Lino Catalano), 사이먼 창(Simon Chang), 미쉘 데쟈르뎅(Michel Desjardins), 필립 뒤뷔크(Philippe Dubuc), 에프에프아이 어패럴(FFI apparel), 디타 마틴(Dita Martin), 마리사 미니쿠치(Marisa Minicucci), 뮤즈(Muse)의 크리스찬 셰나일(Christian Chenail), 파라수코(Parasuco), 피어레스(Peerless), 힐러리 라들리(Hilary Radley), 루드색(Rudsak)과 맥키지(Mackage), 마리 생 피에르(Marie Saint Pierre), 사뮤엘슨(Samuelson), 데비 슈샤(Debbie Schuchat), 나디아 토토(Nadya Toto), 그리고 재크 빅토르(Jack Victor) 등이 있다.

토론토, 온타리오

온타리오(Ontario)는 총 노동인구의 28% 이상이나 차지하고 있는 캐나다의 두 번째로 큰 패션 중심지이다. 토론토(Toronto)에서만 해도, 킹 스파디나(King

캐나다 인 디자이너 필리페 두벅(Philippe Dubuc)이 그의 디자인 핏(fit)을 체크하고 있다. (출처 : PHILIPPE DUBUC, 사진촬영 : MARTIN RONDEAU)

Spadina)라는 패션 구역을 포함해 의류 제조업체들이 도시 주변에 위치하고 있다. 토론토는 매년 2번의 토론토 패션위크(Fashion Week)를 개최하며 여기에는 2개의 액세서리 무역쇼뿐만 아니라, 패션 디자이너들의 프레타포르테 쇼와 마켓위크(market week) 등도 포함된다.

토론토 지역의 정상급 프레타포르테 디자이너들과 콜렉션들로는 리다 배데이(Lida Bayday), 브라이언 베일리(Brian Bailey), 도미니크 벨리시모(Dominique Bellissimo), 미수라(Misura)의 조퍼 카오크(Joeffer Caoc), 서니 최(Sunny Choi), 웨인 클라크(Wayne Clark), 콤레그스(Comrags)의 주디 코르니쉬(Judy Cornish)와 조이스 건하우스(Joyce Gunhouse), 레이어스(Layers)의 제니퍼 대어스(Jenifer Dares), 데이비드 딕슨(David Dixon), 혹스 쿠튀르(Hoax Couture)의 짐 서를(Jim Searle)과 크리스 티렐(Chris Tyrell), 머시(Mercy)의 제니퍼 할척크(Jenifer Halchuk)와 리처드 라일(Richard Lyle), 핑크 타탄(Pink Tartan)의 이안 하일톤(Ian Hylton)과 킴 뉴포트-밈란(Kim Newport-Mimran), 티엔 르(Thien Le), 울브스(Wolves)의 조이스 로(Joice Lo)와 사브리나 알마네제(Sabrina Albanese), 린다 룬스트롬(Linda Lundstrom), 로스 메이어(Ross Mayer), 패트 맥도나우(Pat McDonah), 아더 멘돈카(Arthur Mendonca), 프랑코 미라벨리(Franco Mirabelli), 하레벨(Harebell)의 쉘리 오(Shelli Oh), 크리스탈 시멘스(Crystal Siemens), 그리고 올레나 질락(Olena Zylak) 등을 들 수 있다. 세계적으로 성공한 토론토 출신의 제조업체 유통업체들에는 클럽 모나코(Club Monaco)(현재는 랄프 로렌사가 소유하고 있는), 다니에 레더(Danier leather), 그리고 루츠(Roots) 등이 있다.

미 국

미국의 의류 제조업체들의 본사는 주로 뉴욕에 모여 있고, 그다음으로는 캘리포니아 그리고 기타 지방의 패션 중심지에도 의류 제조업체들이 밀집되어 있다.

미국 디자이너들과 제조업체들은 당연히 자국 시장을 가장 잘 알고 있다. 미국의 패션 산업은 파리로부터의 최신 유행 소식이 끊겨 버린 제2차 세계대전 때부터 꽃피기 시작했다. 그때부터 캐주얼웨어(sportswear)라고 불리는 미국 스타일이 발전했으며, 현재 미국의 캐주얼웨어 산업은 전 세계적으로 높은 평가를 받게 되었다. 최근에는 기업합병과 기업폐쇄, 그리고 저임금 노동국가로의 생산 이주 등의 결과로, 수많은 의류 제조업체들이 극적으로 감소하고 있다.

회사의 규모와 소유권　전통적으로 패션 사업은 소규모였고 가족이 공동으로 소유하며 운영했었다. 이러한 작은 규모의 사업에서는 디자인과 생산 양쪽에 있어서 융통성을 발휘할 수 있었고, 이로써 마켓의 요구에 따라 신속하게 대응하는 것이 가능했다. 그러나 오늘날에는 대규모 기업들의 막대한 광고와 마케팅 경비 때문에 작은 회사들은 경쟁하기가 힘들어졌다. 그 결과, 작은 회사들은 큰 회사들에게 매입되어 의류 회사들의 수가 전체적으로 감소하게 되었다. 예를 들어, 존스 어패럴 그룹(Jones Apparel Group)은 이제 존스 뉴욕, 에반 피콘 (Evan Picone), 세빌(Seville)의 레나 로완(Rena Rowan), 선 어패럴(Sun Apparel), 나인 웨스트(Nine West)를 포함하고, 랄프 로렌(Ralph Lauren)의 로렌(Lauren)과 랄프(Ralph)를 생산할 수 있는 라이선스를 보유하고 있다. 또 다른 예로는 리즈 클레이본사를 들 수 있는데, 리즈 클레이본사는 리즈 클레이본, 리즈 스포츠, 리즈웨어, 리즈 앤 코(Liz & Co.), 엘리자베스(Elizabeth), 다나 버크맨, 시그리드 올슨(Sigrid Olsen), 러스(Russ), 그리고 케네스 콜 (Kenneth Cole)의 여성복 라인을 소유하고 있으며 DKNY 진즈(DKNY Jeans)의 라이선스를 보유하고 있다.

세계화 미국 디자이너들과 브랜드들 중에는 이제 세계적으로 매우 유명해진 것들이 많다. 미국 패션은 세계의 모든 주요 도시의 상점들에서 판매되고 있다. 또한 점점 더 많은 숫자의 미국 디자이너들이 유럽이나 일본 기업들에 진출하고 있다. 이러한 예로는 이탈리아의 구찌에서 일했던 톰 포드, 파리의 루이뷔통에서 일하는 마크 제이콥스를 들 수 있다. 게다가 많은 타국 회사들도 회사나 생산 설비를 매입하는 방식으로 미국 패션 산업계에 투자를 하고 있다. 일본 기업인 타키요(Takihyo)사는 디자이너 도나 카란(Donna Karan)에게 그녀 자신의 사업을 시작할 수 있도록 후원해 주었고, 이와 비슷한 예는 미국 패션 산업계에 수없이 많다.

디자이너들 중가 혹은 저가의 의류를 생산하는 기업들의 디자이너들의 이름은 유명해지기 어렵게 마련이다. 기업들은 보통 '엘렌 트레이시(Ellen Tracy)'와 같은 가공의 이름을 사용한다. 자신의 능력을 입증한 디자이너들은 '쉘리 시걸 포 라운드리(Shelli Segal for Laundry)'처럼 기업의 상표에 자신의 이름을 덧붙이기도 한다.

어떤 디자이너들은 자기 자신의 이름을 내걸고 비즈니스를 전개하기도 하는데, 이를 '시그너처 콜렉션(signature collection)'이라고 부른다. 그들은 랄프 로렌이 넥타이 비즈니스로부터 시작했던 것처럼 작은 규모로 자신의 비즈니스를 시작하거나, 혹은 어떤 제조업체에서 일하는 디자이너 중 평판이 좋은 사람에게는 자본가 측에서 자금후원을 제의하는 경우도 있다. 만일 콜렉션이 성공을 거두고, 사업을 운영하는 능력이 뛰어나고, 훌륭한 재정적인 파트너가 있으며, 고품질 생산을 할 수 있고, 탁월하게 광고를 할 수 있다면 그 디자이너의 이름은 곧 유명해질 것이다.

또한 쇼 비즈니스 셀레브리티들도 패션 비즈니스에 뛰어들고 있다. 예를 들어 그웬 스테파니(Gwen Stefani)는 그녀의 L.A.M.B collection을 만들어 냈고, 제니퍼 로페즈(Jenifer

베라 왕의 디자인 본부는
뉴욕에 자리하고 있다.
(출처 : 미국 패션디자이
너협회, 사진촬영 : DAN
LECCA)

Lopez)는 토미 힐피거에 의해 제조되는 J-Lo Collection에 그녀
의 이름을 빌려 주었다. 셀레브리티 브랜드들은 그들이 보여 주
는 라이프스타일 덕분에 성공을 거두고 있다. 기업들은 그들의
이름과 이미지에 대해 막대한 로열티를 지불하고 의류와 액세서
리 라인들을 론칭하기 위해 연예인들을 유혹하고 있다.

　쇼 비즈니스에서처럼 디자이너들은 마지막 디자인 작품과 마
찬가지로 취급받는 일도 허다해서, 디자이너들 중에는 오늘의
스타였다가도 내일은 잊혀지는 사람들도 많다. 이렇듯 상황은
매 시즌마다 달라지는데, 상황이 매해 바뀌기 때문에 가장 중요
한 미국 디자이너들의 이름을 대는 것은 점점 더 어려워지고 있
다. 따라서 패션 관련 출판물들을 정기적으로 읽는 것만이 최신
디자이너들과 최신 인기 스타일에 대해 알 수 있는 방법이다.

뉴 욕

뉴욕에는 창조적인 재능을 갖춘 재원, 자원, 그리고 숙련된 노동
력 등이 집중되어 있다는 여건으로 인해, 미국 패션의 중심지가
되었다. 하지만 맨해튼, 뉴욕 시티의 패션 산업 고용은 디자인,
제조, 마케팅, 그리고 관련 활동 분야를 통틀어 대략 32,000명 정도로 줄었다.

패션 특구로 불리는 7번가　'7번가' 란 뉴욕의 패션 산업체 밀집 구역(The Seventh Avenue
Garment District)을 지칭하는 이름으로, 뉴욕 시 맨해튼(Manhattan)을 지칭 지역 중 남북 방
향으로는 40번가부터 34번가까지에 이르는 지역, 동서 방향으로는 5번가부터 9번가까지 이
르는 지역이 여기에 해당한다. 7번가의 1920년대에 지어진 아르 데코(Art deco)풍 건물들 내
부에는 디자인 스튜디오, 신상품 전시장, 그리고 사무실들이 즐비하게 들어서 있는데, 바깥
에서 보이는 건물 정면 쪽의 화려한 신상품 전시장들의 모습과 건물 뒤쪽에 있는 어지럽혀진
디자인실의 모습은 매우 대조적이다. 이 패션 특구에 있는 많은 건물들은 특정한 의류 제조
업체들이 입주해 있는 것으로 유명하다. 예를 들어, 512번지는 코트와 수트 건물이라 알려져
있다. 의류 산업개발 조합(the Garment Industry Development Corporation)과 패션 센터
비즈니스 발전 디스트릭트(FCBID Fashion Center Business Improvement District) 등과 같
은 기관들은 의류제조 설비들을 개선 혹은 확장하고, 의상 구역을 깨끗이 유지하기 위해서,
즉 이 구역이 일하기에 더 쾌적한 곳이 되도록 하고, 다른 도시에서 온 바이어(buyer)들에게
는 더 매력적인 지역으로 보이도록 가꾸기 위해, 세금 감면 등의 인센티브 제도도 실시하고
있다. FCBID는 7번가의 보도에 디자이너들에게 경의를 표하기 위해서 브론즈 패(牌)를 설치

하기도 했다. 그러나 광고와 미디어 테크놀로지 회사들이 이 지역으로 옮겨 오면서 임대료가 올라가자, 여러 의류 회사들은 임대료가 싼 맨해튼의 외곽 지역이나 뉴욕 시의 다른 지역으로 옮겨 갈 수밖에 없게 되었다.

판매시장과 근접하게 위치한다는 장점에도 불구하고, 지난 30년간 뉴욕은 노동력이 저렴한 다른 나라들에게 의류제조업의 선위를 빼앗겼다. 오직 1,400개 정도의 공장들만이 남아 주로 차이나타운, 퀸즈, 그리고 브룩클린에 위치하고 있다. 뉴욕이 제조기지로서의 위치를 잃어 감에 따라, 많은 공급업자들 또한 비즈니스로부터 자리를 잃을 수밖에 없었다.

주목할 만한 뉴욕 디자이너들　　**토미 힐피거**(Tommy Hilfiger)는 1969년 그의 고향인 뉴욕의 엘미라(Elmira)에서 150달러의 자본으로 작은 가게를 열어 그의 사업을 시작했다. 1980년에 그는 뉴욕 시로 옮겨서 7번가의 의류회사들에서 디자이너로 일했다. 1985년 그는 자신의 남성복 콜렉션을 제작하도록 후원받았다. 그의 회사는 그때부터 남성 테일러드 의복, 캐주얼웨어, 남자 아동복 부문에서 엄청난 성장을 거듭하였다.

마크 제이콥스(Marc Jacobs)는 1963년에 뉴욕 시에서 태어나 하이스쿨오브아트앤 디자인(High School of Art and Design)과 파슨즈 디자인 스쿨(Parsons School of Design)에서 교육을 받았다. 그의 파트너인 로버트 듀피(Robert Duffy)와 함께, 그의 첫 시그너처 콜렉션을 1986년에 선보였다. 1989년부터 페리 엘리스(Perry Ellis)에서 몇 년간 근무하다가, 그와 듀피는 마크 제이콥스라는 다국적 회사를 런칭했다. 그는 1996년에 남성복 콜렉션을 설립했고, 1997년부터 파리의 루이뷔통의 예술 디렉터로 활동하고 있다. 그는 1992년과 1997년에 CFDA의 올해 최고의 여성복 디자이너 상을 수상했고, 1999년과 2005년에는 올해 최고의 액세서리 디자이너 상을 수상하기도 했다.

도나 카란(Donna Karan)은 1948년에 뉴욕에서 의류재료 상점을 하는 부모님 밑에서 태어나 파슨즈 디자인 스쿨을 졸업하고 앤 클라인(Anne Klein)의 보조 디자이너가 되었다.

1974년 앤 클라인이 사망하자, 그녀는 루이 델롤리오(Louis Dell' Olio)와 함께 앤 클라인의 수석 디자이너가 되었다. 미국 패션 기업이 창립 시의 디자이너 없이 사업을 성공적으로 지속할 수 있었던 것은 이 경우가 처음이었다. 1985년에 일본인 자본가 토미오 타키(Tomio Taki)는 카란이 럭셔리 캐주얼웨어로 그녀 자신의 사업을 시작하는 것을 후원해 주었다. 그녀의 브릿지 라인인

미국 디자이너 도나 카란의 콜렉션 오프닝에서의 모습
(출처 : DONNA KARAN COMPANY)

미국인 디자이너 마이클 코어스가 CFDA상을 수상하고 있다.
(출처 : 미국 패션디자이너협회)

DKNY(Donna Karan New York)는 크게 성공하였다.

프란시스코 코스타(Francisco Costa)가 있는 브랜드 **캘빈 클라인**(Calvin Klein)은 1968년 여성복으로 시작되어 스포츠웨어, 진, 그리고 액세서리로 확장되었다. 필립-반 호센(Philip-Van Heusen)이 2003년 캘빈 클라인 브랜드를 획득하였고, 브라질 인 프란시스코 코스타가 디자인 디렉터를 역임하게 되었다. 1867년생인 그는 1989년 Hunter College와 FIT를 졸업했고 2002년 캘빈 클라인에 오기 전 오스카 드 라 렌타와 구찌의 톰 포드를 위해 일을 했었다. 코스타는 2006년 CFDA 올해의 여성복 디자이너 상을 수상하였다.

마이클 코스(Michael Kors)는 뉴욕 주의 롱아일랜드(Long Island) 메릭(Merrick)에서 자랐으며 어린아이처럼 행동하는 것을 좋아했다. 후에 FIT에서 패션을 공부했고, 1982년 자신의 사업을 시작하기 전에는 로타스 부티크(Lothar's boutique)에서 일했다. 그는 자신의 시그너처 콜렉션인 '마이클코어스의 코어스(Kors by Michael Kors)' 라인을 디자인하고 있고, 파리로 옮겨 다니면서 LVMH가 소유하고 있는 셀린느의 디자인을 1999년부터 2004년까지 담당했다. 그는 1999년에 CFDA의 올해 최고의 여성복 디자이너 상을 수상했다.

데렉 램(Derek Lam)은 1966년 샌프란시스코에서 태어나, 1990년 파슨스를 졸업했고 8년 동안 마이클 코어스를 위해 일했다. 2003년, 그의 이름을 건 콜렉션을 론칭하였고, 2005년에는 CFDA 신인디자이너를 위한 페리 엘리스(Perry Ellis) 상을 수상했다. 2006년, 램은 이탈리아 가죽제품 기업인 토즈(Tod's)의 레디 투 웨어 신발과 핸드백의 크리에이티브 디렉터를 역임하게 되었다.

랄프 로렌(Ralph Lauren)은 1940년에 뉴욕 시에서 태어나 브룩스 브라더스(Brooks Brothers)에서 판매 점원으로 그의 커리어를 시작했다. 1967년에 그는 넥타이를 디자인하기 시작했고, 1968년에는 노만 힐튼(Norman Hilton)의 후원을 받아 폴로 남성복(Polo men's wear)을 설립했다. 폴로(Polo)라는 이름은 고급스런 원단으로 만들어진 그의 클래식한 아이비리그 룩(Ivy League look)에 완벽히 들어맞는 것이었다. 그리고 로렌은 그의 여성복, 그리고 챕스(Chaps)라는 가격대가 조금 낮은 남성복 콜렉션, 남자 아동복, 여자 아동복, 액세서리, 그리고 홈 퍼니싱의 라이선스로 그의 수백만 달러 비즈니스를 이루었다.

1986년에 그는 메디슨 애비뉴(Madison Avenue)에 1,400만 달러 규모의 유통점을 세웠고,

세계 전역에 걸쳐 폴로 숍들을 가지고 있다. 그는 라이프스타일에 기반을 둔 컨셉으로 패션 제국을 이룩한 좋은 본보기가 되고 있다.

자크 포센(Zac Posen)은 1980년생이며 St. Ann's School for the Arts를 졸업하고 런던 세일트 마틴에서 패션 프로그램을 시작했다. 뉴욕에 돌아와 2년간 Metropolitam Museum's Institute에서 인턴으로 활동했고 2002년 그의 첫 콜렉션을 선보였다.

프로엔자 슐러(Proenza Schouler)의 **잭 맥컬러프**(Jack McCollough)와 **라차로 헤르난데즈**(Lazaro Hernandez)는 1979년 생이며 뉴욕 파슨즈에서 함께 수학했다. 그들은 2002년 파트너 셜리 쿡(Shirley Cook)과 그들의 비즈니스를 시작했고 2003년 CFDA/Vogue 패션펀드 상과 CFDA Perry Ellis 여성복 상을 수상했다.

오스카 드 라 렌타(Oscar de la Renta)는 1933년에 도미니카 공화국(Dominican Republic)에서 태어나 회화를 공부했고, 마드리드에서 발렌시아가(Balenciaga)에게 패션 스케치를 판매했다. 그리고 그 후에, 랑방의 디렉터인 카스틸로(Castillo)의 보조 디자이너가 되었다. 1962년에 그는 뉴욕의 엘리자베스 아덴(Elizabeth Arden)에서 디자이너로 일했고, 1965년에는 제인 더비(Jane Derby)의 비즈니스 동업자가 되었으며, 1966년에는 그 사업을 이어받게 되었다. 우아함으로 명성이 나 있는 그의 작품은 이브닝웨어, 수트와 드레스, 캐주얼웨어, 남성복, 액세서리, 그리고 가격대가 조금 낮은 미스 오(Miss O) 콜렉션을 포함한다. 그는 또한 파리에서 발망의 쿠튀르를 디자인했고, 그는 미국 디자이너로서는 파리에서 쿠튀르를 하고 있는 두 번째 디자이너이다.

나르시소 로드리게즈(Narciso Rodriguez)는 쿠바계 미국인이며 1982년 뉴욕의 파슨즈 디자인 스쿨을 졸업했다. 그는 앤 클라인의 액세서리를 디자인하는 것으로부터 그의 커리어를 시작하여, 캘빈 클라인의 보조 디자이너가 되었다. 그 후에, 그는 뉴욕의 TSE와 파리의 세루티(Cerruti)에서 디자이너로 일했다. 로드리게즈의 시그너처 콜렉션은 이탈리아 기업인 AEFFE에서 생산되었고 그의 콜렉션은 밀라노에서 발표되었다. 그는 또한 파리에서 전개되는 스페인 기업인 로웨베(Loewe)(LVMH사 소속)의 콜렉션을 디자인한다.

랄프 루치(Ralph Rucci)는 1980년 FIT 졸업 후, 그의 첫 쿠튀르 콜렉션을 선보였다. 그는 아름다운 패브릭과 뛰어난 테일러링과 테크닉으로 유명했다. 1994년, 그는 일본의 다도를 반영하여 그의 기업 이름을 Chado Ralph Rucci라고 새롭게 명명하였다. 그의 쿠튀르 콜렉션은 프랑스 쿠튀르 연합의 일원으로 1년에 두 번씩 파리에서 선보이고 있다. 그는 많은 패션상

미국 디자이너 랄프 로렌의 콜렉션 오프닝에서의 모습 (출처 : RALPH LAUREN, 사진촬영 CORINA LECCA)

들을 수상했으며 또한 성공한 화가이기도 하다.

베라 왕(Vera Wang)은 1950년에 뉴욕에서 태어나 사라 로렌스 칼리지(Sarah Lawrence College)에서 미술사를 전공하였고, 파리의 소르본느(Sorbonne) 대학에서도 공부했었다. 23세의 나이에 그녀는 미국 《보그》지에서 에디터로 활동했고 그 후에 그녀는 랄프 로렌에서 액세서리 디렉터로 1년간 일했다. 그녀는 1990년에 그녀의 웨딩드레스 사업을 시작했고, 나중에 이브닝웨어, 프레타포르테, 모피, 그리고 신발 콜렉션을 추가 설립했다. 그녀의 의상은 많은 여배우들이 공적인 자리에 참석할 때 입고 나오는 것으로 유명하다. 그녀는 2005년 CFDA 올해의 여성복 디자이너 상을 수상하기도 했다.

남성복 및 여성복 분야에서 성공한 다른 디자이너들로는 조셉 어부드(Joseph Abboud), 베이비 팻(Baby Phat)의 키모라 리 시몬스(Kimora Lee Simons), 배들리 미슈카(Badgley Mischka)[마크 배들리(Marc Badgely)와 제임스 미슈카(James Mischka)], 존 바틀렛(John Bartlett), 빌 블라스(Bill Blass)의 마이클 볼브라크트(Michael Vollbracht), 톰 브라운(Thom Browne), 스티븐 버로우(Stephen Burrows), 줄리 카이켄(Juliee Caiken), 케네스 콜, 제임스 코비엘로(James Coviello), 에일린 피셔(Eileen Fisher), 브루노 그리조(Bruno Grizzo), 카롤리나 헤레라의 에르베 피에르 브라일라드(Herve Pierre Braillard), 헬무트 랑 라벨의 니콜과 마이클 콜로보스(Nicole and Michael Colovos), 벳시 존슨(Betsey Johnson), 카우프만 프랑코(Kaufman Franco)의 켄 카우푸만(ken Kaufman)과 아이작 프랑코(Isaac Kaufman), 앤 클라인(Ann Klein)의 크리스티안 프란시스 로스(Christian Francis Roth), 캐더린 말란드리노(Catherine Maladrino), 니콜 밀러(Nicole Miller), 아이작 미즈라히(Isaac Mizrahi), 조시 나토리(Josi Natori), 노티카(Nautica)의 데이빗 츄(David Chu), 찰스 놀란(Charles Nolan), 페리 엘리스(Perry Ellis)의 패트릭 로빈슨(Patrick Robinson), 윌리엄 라이드(William Reid), 신시아 로리(Cynthia Rowley), 베나즈 사라포어(Behnaz Sarafpour), 션 존(Sean John), 피터 섬(Peter Som), 신시아 스테피(Cynthia Steffe), 안나 수이(Anna Sui), 엘리 타하리(Elie Tahari), 비비안 탐(Vivien Tam), 레베카 테일러(Rebecca Tayler), 장 토이(Zang Toi), 리처드 차이(Richard Chai), 툴레(Tuleh)의 브라이언 브래들리(Brian Bradley), 카르멘 마크 발보(Carmen Marc Valvo), 존 바바토스(John Vavatos), 다이앤 폰 퍼스텐버그(Diane Von Furstenberg), 여리(Yeohlee) 등이 있다.

젊은 세대 디자이너들 지난 몇 해 동안 흔치 않은 새로운 많은 콜렉션들이 생겨났다. 이러한 디자이너들의 상당수는 앞서 기술된 다른 디자이너들을 위해 어시스턴트로 활동했던 경력을 가지고 있다. 주목할 만한 콜렉션 이름들로는 이갈 아즈로엘(Yigal Azrouel), 옥타비오 칼린(Octavio Carlin), 길레스 데콘(Giles Deacon), 크리스토퍼 딘[크리스토퍼 앤 안젤라 딘(C. Crawford & Angela Deane)], 콜레트 디니간(Collette Dnnegan), 조셉 도밍고(Joseph

Domingo), 두리[두리 정(Doori Jung)], 샤리 구에론(Shari Gueron), 더글라스 한난트 (Douglas Hannant), 피터 히달고(Peter Hidalgo), 헨리 제이콥슨(Henry Jacobson), L.A.M.B.(Gwen Stefani), 나넷 레포르(Nanette Lepore), 죠안나 마스트로이안니(Joanna Mastroianni), 로재 니콜스(Rozae Nichols), 타쿤 파니취걸(Thakoon Panichgul), 메리 핑 (Mary Ping), 포츠 1961(Ports 1961)의 티아 치바니(Tia Cibani), 란디 람(Randi Rahm), 림 아크라(Reem Acra), 트레이시 리즈(TracyReese), 브라이언 라이에스(Brian Reyes), 호세 라 몬 라이에스(Jose Ramon Reyes), 로다트(Rodarte)의 케이트와 라우라 멀리비(Kate and Laura Mulleavy), 질 스튜어트(Jill Stuart), 그리고 토카[Tocca(Samantha Sung)] 등이 있다.

미국 내 다른 지역의 패션 중심지들

뉴욕은 여전히 가장 큰 패션 마케팅 중심지로 꼽히고 있지만, 미국의 패션 산업은 여러 도시 로 분산되는 동향을 보인다. 몇몇의 제조업체들은 더 넓은 공간을 쓰기 위해 뉴욕을 떠나는 가 하면, 또 다른 기업들은 지방에서 비즈니스를 시작하기도 했다. 그 결과, 지방의 패션 중 심지들이 늘어나게 되었다.

캘리포니아 캘리포니아 의류 산업은 혁신적인 스타일링과 엔터테인먼트 산업에 관련되어 있다는 점, 그리고 멕시코와 환태평양 지역으로부터 재료를 공급받는 데 유리한 근접 위치에 있다는 점 등으로 잘 알려져 있다. 캘리포니아는 또한 주요 전문 소매점들을 위한 프라이빗 라벨 브랜드들을 개발하는 것으로 명성을 가지고 있다.

성공을 거둔 캘리포니아 디자이너 대다수의 성공 비결은 특정한 소비자 라이프스타일에 기초하여 패션 상품을 기획·생산했다는 점이다. 캘리포니아는 특별히 캐주얼웨어 (sportswear), 수영복, 그리고 젊은층을 위한 컨템포러리 스타일로 유명하다. 미국인들이 점 점 더 여가 지향적이 되어 감에 따라, 그리고 인구가 선벨트(Sunbelt) 쪽으로 이동함에 따라, 캘리포니아 룩(California look)의 판매량은 점점 더 증가하고 있는 것으로 보인다.

로스앤젤레스 로스앤젤레스는 미국에서 가장 큰 의류 제조 중심지라 하겠다. 패션과 텍스 타일 또한 로스앤젤레스의 가장 큰 제조 분야이기도 하다. 패션지구는 1920년에서 1940년 사이에 지어진 시내 역사 중심지의 일부로 자리하고 있다. 이러한 아름다운 건물들은 현재 쇼룸, 로프트, 그리고 현장 작업 공간 등으로 개조되고 있다. 그러나 더욱 높아진 임대료의 초래는 많은 봉제업자들, 패브릭 공급업자들과 재단사들 그리고 작은 규모의 제조업자들을 거리로 내몰게 되었다. 로스앤젤레스는 또한 미국에서 두 번째로 중요한 패션 마케팅 중심지 이기도 하다.

로스앤젤레스에서 성공한 디자이너와 브랜드들로는 에이비에스(ABS)의 앨런 슈와츠 (Allen Schwartz), BCBG의 맥스 아즈리아(Max Azria), 브래들리 베이유(Bradley Bayou),

마그다 베를리너(Magda Berliner), 비쥬 비쥬(Bisou Bisou)의 미셸 보보트(Michele Bohbot), 데이비드 카르도나(밀라노의 Cerruti 또한 디자인하고 있는 David Cardona), 랜돌프 듀크(Randolph Duke), 데상카 파시스카(Desanka Fasiska), 게렌 포드(Geren Ford), 안토니 프랑코(Anthony Franco), 겐 아트(Gen Art)의 하즈날카 만둘라(Hajnalka Mandula), 쟈레드 골드(Jared Gold), 케반 홀(Kevan Hall), 민티 칼라(Minti Kalra), 케이트 앤 카스(Kate amd Kass)의 안냐 테레세(Anya Teresse), 제니 카인(Jenni Kayne), 쥬이시 쿠튀르(juicy Couture), 셸리 세갈(Shelli Segal)의 런드리(Laundry), 신디 리(Cindy Lee), 모니크 휠리어(Monique Lhuillier), 린다 로우더밀크(Linda Loudermilk)의 헬렌 유안(Hellen Yuan), 미쉘 메이슨(Michelle Mason), 레온 막스(Leon Max), 데이비드 마이스터(David Meister), 모시모(Mossimo)[지안눌리(Giannulli)], 후안 카를로스 오반도(Juan Carlos Obando), 릭 오웬스[파리 Revillon furriers 또한 디자인하고 있는 Rick Owens], 로다트(Rodarte)[라우라 앤 케이트 멀러리(Laura & Kate Mulleary)], 카를로스 로자리오(Carlos Rosario), 센 존(Saint John)의 팀 가드너(Tim Gardner), 제레미 스콧(Jeremy Scott), 미숀 셔(Michon Shur), 트리나 터크(Trina Turk), 루이 베르다드(Louis Verdad), 수에 웡(Sue Wong), 칼롤 영(Carol Young), 그리고 페트로 질리아(Petro Zillia) 등이 있다.

샌프란시스코, 캘리포니아 샌프란시스코는 세계의 가장 큰 의류 제조업체인 리바이 스트라우스(Levi Strauss)의 본사가 있는 곳이다. 샌프란시스코의 잘 알려진 디자이너들 중에는 줄리 카이켄(julie Chaiken), 이스다 프나리(Isda Funari), 크리스티안 허비스(Christian Hurvis), 에린 마호니(Erin Mahoney), 제시카 맥클린토크(Jessica McClintock), 캐더린 제인 멘도자(Catherine Jane Mendoza), 콜린 쿠엔(Colleen Quen), 릴리 사미(Lily Samii), 비벌리 시리(Beverley Siri), 셀리아 테자다(Celia Tejada), 그리고 진 왕(Jin Wang) 등이 있다.

기타 지역의 패션 중심지들

그 밖의 중요한 의류 제조업 부문과 디자인의 중심지들은 미국 전 지역 곳곳에 걸쳐 존재한다.

일리노이 주(Illinois)의 **시카고**(Chicago)는 여성복, 남성복 그리고 아동복을 생산하는 200여개의 작은 회사들을 가지고 있다. 그들은 시카고 패션 자문회와 패션 포커스 그리고 가을 패션페스티발을 만들어 냈다.

텍사스 주의 **달라스**(Dallas)는 마이클 페어클로스(Michael Faircloth), 하거(Haggar), 그리고 제럴(Jerrel) 등의 디자이너 또는 패션회사들의 고향이다. 텍사스 주에는 텍스타일, 의상, 신발, 액세서리 제조업체들과 도매업체들이 있다.

플로리다(Florida) 주의 **마이애미**(Miami)에는 아동복, 수영복, 스포츠웨어, 그리고 액티브웨어(activewear)의 제조업체들이 많이 있다. 마이애미 시는 "트로피쿨(Tropicool)"이라는 브랜드 명의 수영복 및 의류 라인-시가 운영하는 라인-을 전개하고 있다.

워싱턴(Washington) 주의 **시애틀**(Seattle)에는 유니온 베이(Union Bay), 퍼시픽 트레일 (Pacific Trail)(현재 런던 포그사가 소유하고 있다), 그리고 헬리 핸슨(Helly Hansen) 등이 있다. 에디 바우어(Eddie Bauer)는 카탈로그 통신판매를 통해서 판매되는 캐주얼웨어와 아우 터웨어를 생산한다.

오리건(Oregon) 주의 **포틀랜드**(Portland) 지역의 의류 제조업체들로는 나이키(Nike), 잔첸 (Jantzen), 팬들튼(Pendleton), 한나 앤더슨(Hanna Anderson), 그리고 콜롬비아 스포츠웨어 (Columbia Sportswear)가 있다. 펜실베이니아 주의 필라델피아(Philadelphia)에는 존스 뉴 욕, 제이지 후크(J. G. Hook)의 본사도 있고 몇몇 아동복 제조업체들도 있다. 세인트루이스 (St. Louis)와 보스턴은 의류와 액세서리 제조업의 작은 중심지라고 일컬어진다. 오시 코시 (Osh Kosh)와 조키(Jockey)는 위스콘신(Wisconsin)에 위치하고, 리 진(Lee Jeans)과 캐주얼 웨어는 켄자스(Kansas) 지방에, 런던 포그(London Fog)는 매릴랜드(Maryland)에, 그리고 랭글러(Wrangler)는 노스캐롤라이나(North Carolina) 주에 위치한다.

기타 지역의 의류제조업이 발전함에 따라, 본래의 패션 중심지들의 전문성은 점점 떨어지 고 있다. 또 이와 같이 미국과 세계 전역에서 패션 중심지들이 분산되는 경향으로 인해, 각 지역들이 패션계에 미치는 영향에는 균형이 잡혀 가고 있으며 패션 스타일은 더욱 다양화되 고 있다. 한편 여러 대규모 기업들은 나라 전체에 소재해 있는 다양한 종속 업체들을 소유하 고 있다. 예를 들어, 브이 에프사(VF Corporation)는 펜실베이니아에 기반을 두고 있지만 노 스캐롤라이나의 랭글러, 오리건의 잔첸, 켄자스의 리, 그리고 펜실베이니아의 베니티 페어 (Vanity Fair)를 소유하고 있다.

그 외의 다른 세계 패션 중심지들

패션은 이제 세계적인 현상이 되었다.

세계 도처의 패션 중심지들은 점차 커져 가고 더욱 중요해지고 있다. 독일의 에스까다[브라 이언 레니(Brian Rennie)], 레나 랑에(Rena Lange), 그리고 휴고 보스(Hugo Boss) 등은 국제 적으로 잘 알려진 브랜드들이다. 소매상 바이어들이 새로운 재원들을 찾아 세계를 샅샅이 찾 아다님에 따라 덴마크, 오스트레일리아, 뉴질랜드, 일본, 남아프리카, 인도, 터키 그리고 브 라질의 디자이너들이 국제적으로 알려지고 있다.

예를 들어, 저렴한 가격의 패브릭과 노동력으로 잘 알려진 중국은 그들만의 패션 산업과 디자이너들을 개발해 내고 있다. 제프리 챠우(Jeffrey Chow), 애드류 젠(Andrew Gn), 피터

썸(Peter Som), 비비안 탐(Vivienne Tam), 장 토이(Zang Toi), 그리고 베라 왕(Vera Wang)과 같은 디자이너들은 뉴욕 또는 파리에서 활동하고 있다. 현재 점점 거대화되는 중국 패션 산업과 더불어, 뉴욕 디자이너 한 펭(Han Feng)은 중국으로 돌아가 활동을 하고 있다. 커져 가는 패션 산업에서 특히 상하이의 중국 디자이너들과 브랜드들로는 후 롱(Hu Rong), 장 다(Zhang Da), 왕 이양(Wang Yiyang), 왕 웨이(Wang Wei), 루 쿤(Lu Kun), 완 이 양(Wan Yi Yang), 그리고 상하이 탕(Shanghai Tang), 그리고 홍콩의 바니 쳉(Barney Cheng) 등이 있다. 중국 탑 디자이너들을 기리기 위해 중국 패션 상(The China Fashion Awards)이 만들어졌다.

요약

패션은 이제 세계적인 현상이 되었다. 자원, 자료 혹은 재료, 숙련된 기술과 노동력, 그리고 창조력 때문에 파리는 세계적인 패션 수도가 되었다. 파리는 과거에 쿠튀르로 명성을 얻었지만 현재는 프레타포르테로 이익을 얻고 있다. 최근에는 밀라노가 파리와 함께 유럽의 주목을 받고 있는데, 밀라노와 런던 또한 중요한 세계적인 디자인 중심지들이다. 캐나다는 몬트리올과 토론토라는 두 곳의 스타일 중심지를 가지고 있다. 뉴욕, 특히 7번가 지역은 제조 기지로서의 위상을 잃고 있음에도 불구하고 여전히 미국 내 패션 수도로서의 위상을 유지하고 있다. 로스앤젤레스와 샌프란시스코는 고용에 있어 캘리포니아 주를 미국 내 최대 중심지로 만들어 주고 있다. 현대에 있어 패션은 큰 산업이 되었으며 정상급 디자이너들은 패션계의 스타가 되곤 한다.

용어 개념

다음의 용어와 개념을 간단히 설명하고 논하라.

1. 패션의 중심지로서의 파리
2. 쿠튀르
3. 프레타포르테
4. 아틀리에
5. 트왈
6. 살롱
7. 패션 중심지로서의 밀라노
8. 새빌로우
9. 패션 중심지로서의 런던
10. 7번가

복습 문제

1. 파리는 왜 계속해서 패션의 도시로 불리는가?
2. 파리 의상조합에 회원사로 가입하기 위해 갖추어야 할 조건은 무엇인가?
3. 아틀리에의 두 가지 종류와 아틀리에의 전형적인 인력 구성에 대하여 설명하라.
4. 쿠튀르와 프레타포르테의 차이점은 무엇인가?
5. 캐나다의 패션 중심지들은 어디인가? 캐나다 디자이너들은 미국과의 무역 협약에 의해 어떤 영향을 받고 있는가?
6. 뉴욕의 패션특구(New York's garment district)를 가리키는 이름은 무엇인가? 왜 그 이름이 생겼는지에 대해서도 설명하라.
7. 미국의 지방 패션 중심지들의 성장에 관해 설명하라.

심화 학습 프로젝트

1. 패션 잡지 속에서 가장 마음에 드는 의상의 사진을 찾은 후, 사진 설명 속에서 그 의상을 디자인한 디자이너의 이름을 알아보라. 그런 다음, 그보다 더 오래된 패션 잡지들 속에서 그 디자

이너의 다른 의상을 10개(10개는 모두 서로 다른 잡지에서 찾도록 한다) 더 찾아보라. 그 디자이너의 스타일의 독특한 특징을 분석하라.

2. 이탈리아 패션 상품 또는 프랑스 패션 상품을 보여 주는 잡지들을 정독하라. 이 장에서 거론된 다섯 명의 디자이너 이름들을 광고나 기사 사진 속에서 찾아보라. 각 디자인의 스타일 특성에 대하여 레포트로 논해 보고, 가능하다면 연필로 스케치도 하라.

3. 백화점에 가서 400달러에서 600달러 선 사이의 이브닝드레스나 수트를 살펴보라. 그러고 나서 할인점에 가서 100달러에서 200달러 선 사이의 이브닝드레스나 수트를 살펴보라. 이때 직물, 구성, 그리고 스타일링의 질을 비교하여 적어 보라. 또한 설명과 스케치도 함께 해 보라.

● 참고문헌

[1] "The Transformation of Vera Wang," *Women's Wear Daily,* November 16, 2005, p.6.

[2] As quoted in "The Concorde Couturier," *Women's Wear Daily,* November 17, 1992, p.24.

9

▶▶▶ 의류 상품과
디자인 개발

관련 직업 ■□■

의류제조업에는 창의성을 요하는 부분이 있으며, 이로 인해 의류제조업에는 디자이너, 머천다이저, 생산 매니저, 패턴 메이커 등과 같이 고도의 경쟁력을 필요로 하는 직업이 존재한다. 대규모 의류회사에서는 디자이너, 머천다이저, 생산 매니저와 그들의 부하직원들이 각 팀별로 묶여서 각자 특정군의 상품만을 전담하여 개발한다. 의류학과를 갓 졸업한 사람은, 위에서 말한 직책의 보조역으로 취업할 수 있다.

학습 목표 ■□■

이 장을 읽은 후…

1. 상품 종류별 또는 그룹별로 상품 라인의 개발 과정을 기술할 수 있다.
2. 의상 디자인의 요소 및 원리와 의류 라인 개발에 적용되는 방식을 설명할 수 있다.
3. 샘플 의상의 창작 과정을 기술할 수 있다.

의류 제조업체 내의 디자인 및 상품 개발 부서는 그 회사의 이미지 또는 정체성을 유지하는 한도 내에서 새로운 스타일을 계획하고 창조하는 일을 수행한다. 이 장에서는 의류 제조업체에서 상품 라인이 어떻게 개발되는가를 기술하는 데서부터 시작하도록 한다. 이 장의 내용을 학습하기 위해서는 반드시 제 2, 3, 4장을 먼저 읽고 표적시장 소비자, 디자인의 원천과 영향 요인 등을 이해해 두는 것이 중요하다. 또한 이 장에서는 앞의 내용에 이어 색채 및 소재의 선정, 샘플 라인의 개발 과정 등에 관련된 패션 디자인의 요소와 원리를 다루고자 한다.

의류 상품의 개발

머천다이저, 생산 매니저, 디자이너와 그 부하직원들은 소속 회사가 생산하는 상품의 한 라인 또는 하나의 콜렉션을 개발하는 일을 담당한다.

표적시장에 대한 접근

모든 의류 제조업체들의 특성은 그들이 겨냥하는 소비자가 어떤 사람들이며 그 회사가 생산하는 스타일이 어떤 것인가에 따라 달라진다. 또한 의류 제조업체들에 있어서 특정한 라이프스타일이나 소비자 니즈를 공략할 수 있는 틈새 시장—다른 의류 제조업체들이 제대로 공략하고 있지 못하는 마켓의 한 부분—을 발견하는 일도 중요하다. 크리스챤 디올사의 남성복 디자이너인 헤디 슬리만(Hedi Slimane)은, 자신이 소비자 니즈에 어떻게 접근하는가에 대해 이렇게 말한다. "나는 소비자가 어디에 살고, 어떤 집에서 살며, 어떤 자동차를 타고 다니며, 어떤 음식을 먹는지 등등에 대해 관심을 갖고 본다. 미국에서는 이를 가리켜 소비자의 라이프스타일이라고 한다."[1] 의류 제조업체들은 자신들이 표적으로 하는 소비자 집단의 특성을 파악하고, 그 집단의 정체성에 맞으면서 그들이 수용할 수 있는 상품을 개발한다.

정체성의 유지   디자이너 또는 의류 제조업체는 매우 일관된 스타일을 개발하면서도, 한편으로는 트렌드를 그 스타일에 반영시켜 매 시즌마다 스타일을 새롭게 만들며, 이러한 작업을 통해 매 시즌마다 바이어의 주목을 이끈다. 랄프 로렌과 제시카 맥클린토크(Jessica McClintock)는 이러한 일관된 스타일 특징을 유지하는 뛰어난 디자이너들 중 두 사람이라 생각된다. 랄프 로렌은 "디자이너들에게 있어 일관된 정체성을 유지한 디자인을 해낸다는 것은 가장 중요한 일이다."[2]라고 강조한 바 있다.

의류 제조업체들은 과거부터 지금까지 그래 왔던 것처럼, 특정한 부류의 스타일, 가격대, 소비자의 성별, 제품의 사이즈 범위 중 한 가지를 전문적으로 취급한다. 그러다가 회사 규모가 커지면, 다양한 라인을 추가함으로써 규모를 확장한다. 수많은 제조업체들은 새로운 카테

보조 디자이너들과 함께 머천다이징 회의를 하고 있는 러너 뉴욕 (Lerner New York) 사 디자인실의 부사장 샤롯 뉴빌(Charlotte Neuville)

(사진 촬영 : 저자)

고리의 스타일이나 새로운 사이즈 또는 새로운 가격대를 추가시킴으로써 자신들의 상품 라인을 확대해 왔으며, 이를 위해 부서를 분리하기도 하고 새로운 라벨을 만들기도 했다. 한 예로서 리즈 클레이본사는 여성용 캐주얼웨어에서 출발한 후 드레스, 수트, 액세서리, 남성복 브랜드를 추가시켜 왔다. 랄프 로렌과 조르지오 아르마니는 남성복으로 출발한 후에 여성복 콜렉션을 추가하였다.

한편 대형 사이즈나 소형 사이즈 상품만을 전문으로 하는 부서들은 새로운 디자인을 필요로 하지 않고 새로운 패턴만을 필요로 하므로, 이 부서를 설치함으로써 의류 제조업체들은 크게 성장할 기회를 얻기도 한다. 그러나 취급 상품의 라인이 다양화된다 해도 의류 제조업체는 자신들의 소비자에게 초점을 맞춘 정체성을 일관되게 유지해야만 한다. 조르지오 아르마니는 "스타일의 일관성을 유지한다는 것은 그 회사가 성공을 거두기 위해 한결같이 갖추어야 할 비결이다. 언제나 일관성을 잃지 않는 나의 디자인의 저변에는 나의 철학이 깔려 있다."[3]라고 말했다.

의류 상품 개발 팀

의류 상품의 개발, 디자인, 머천다이징에 대한 총 책임자는 의류업체에 따라 다른데, 그 이유는 의류 상품 개발이란 마켓과 트렌드 조사 분석, 머천다이징, 디자인, 최종상품의 개발에까지 이르는 일련의 과정이기 때문이다. 규모가 작은 회사는 디자인 팀이 단지 소수의 인원으로 구성되기도 한다. 규모가 큰 회사에서는, 개발부서마다 한 명씩의 디자이너, 머천다이저, 생산 매니저와 그들의 부하직원들이 배치된다.

H&M에서는 95명의 디자이너들을 확보하고 있고, ZARA는 디자이너들이 300명이나 된다!

디자이너가 대표를 겸하는 의류업체에서는, 그 디자이너가 의류 상품 개발을 책임지고 총괄한다. 리즈 클레이본사나 엘렌 트레이시사와 같이 디자인에 중점을 두고 상품을 개발하는 회사에서는 각 라인의 디자이너들이 상품 개발의 책임을 맡고 총괄한다.

한편 레비 스트러스사와 같이 마케팅이나 머천다이징에 중점을 두는 회사에서는 머천다이저, 브랜드 매니저, 생산 매니저 등이 상품 라인의 개발을 주도한다. 그러나 두 가지 중 어느 유형에 해당하건 관계없이 모든 회사에서 매니저, 디자이너, 머천다이저가 함께 협조하여 일하는 팀워크에 의해 상품 개발이 이루어진다.

머천다이징

머천다이징(merchandising)이란 표적시장 소비자들의 니즈를 충족시키기에 가장 적합한 상품을 최적의 시기에 최적의 수량으로, 그리고 최적의 가격으로 제시하기 위한 기획(planning)을 의미한다. 또한 한 라인 또는 한 그룹의 의류 상품을 홍보하는 것과 상점에 그 라인을 배치, 전시하는 방식을 계획하는 것도 머천다이징의 영역에 포함된다.

머천다이저나 생산 매니저는 상품 라인의 청사진을 만들어 가면서, 전 과정을 감독하는 업무를 담당한다. 머천다이징 업무의 내용은 회사에 따라 조금씩 차이가 있는데, 일반적으로 매출목표를 세우고 이를 위한 예산을 수립하며, 제품원가와 가격을 결정하기, 머천다이징 계획을 수립하고 상품 라인의 규모를 계획하기, 원단 구매 및 사입을 계획하기, 생산 및 납품 스케줄을 수립하기, 상품 생산의 흐름(flow)을 컨트롤하기, 영업부서 측에 완성된 라인을 프레젠테이션하기, 때로는 각 유통점에 맞는 상품군의 구색을 미리 만들어 놓는 일까지도 모두 머천다이징 업무에 속한다.

머천다이징 비용 지난 시즌의 의복 스타일을 위해 지출했던 비용에 근거하여 머천다이저들은 디자인할 의복의 적정 가격을 책정한다. 이는 소비될 직물에 따른 총 의복 생산량이 어떻게 가격에 영향을 미치는지를 잘 이해해야 하는 작업이므로 머천다이저들과 디자이너들에게는 매우 중요하다. 예를 들어, 고가의 직물은 단순한 의복 구성으로 가격균형을 이룬다.

비용 면에 있어서 또 다른 중요한 점은 의복의 인정 가치에 따라 가격도 같이 변동한다는 것이다. 그러므로 의복의 품질과 스타일 모두 의복의 가격에 반영되어야 하며, 소매 매장에 있는 다른 경쟁 의복과도 잘 비교될 수 있어야 한다. 때때로 출시할 의복의 잠재적인 매출에 영향을 주고자 의복의 스타일에 대한 비용을 약간 올리거나 내릴 수 있다. 매우 가끔씩, 제조업자가 구매자에게 영향을 미치기 위해 가격 인상폭이 작게 의복에 로스 리더(loss leader)를

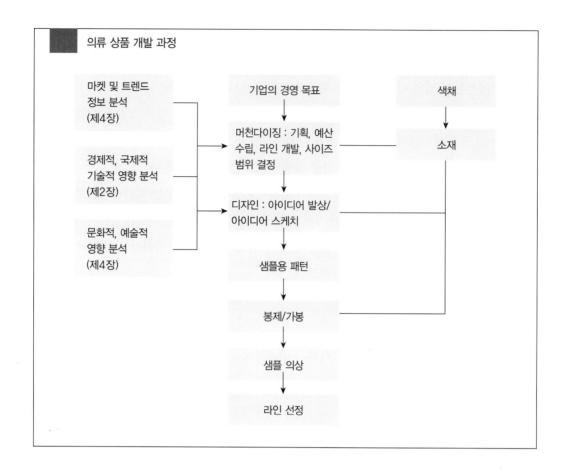

적용할 때도 있다.

어떤 회사들은 **평균가격폭**(average markup)을 파악하여 의복의 적정가격대를 맞춘다. 예를 들어, 스포츠웨어 제조에 있어서 바지와 스커트는 직물과 작업 공정에 비용이 더 많이 들기 때문에 셔츠는 가격을 낮게 책정한다. 따라서 셔츠 가격이 낮으므로 더 쉽게 받아들여지는 반면(이를 *low-balling*이라 하고), 스커트와 바지의 가격은 높이는(이를 *high-balling*이라 한다) 이러한 방식으로, 평균 가격대가 인정될 수 있는 범위를 형성시킨다.

심지어 초기 가격을 예상되는 할인가격에 대비하여 부풀려 형성시켜야만 하는 상황도 자주 있을 수 있다. 가격에 있어서 이러한 여유분은, 만약 적정 시기에 의복이 소비되고 25%의 가격인하를 기대할 수 있을 때 소비자 가격의 8%로서 책정되어야만 한다.

제조업자들은 만약 의복이 출시되는 데 중요한 라인에서 의심이 생기게 되면 목표 가격에 맞추기 위해 처음 생산되는 의복의 구성을 재조정한다. 이는 소요되는 직물량이나 노동력을 절감하기 위해 포켓이나 단처리를 단순화시키고 생략함으로써 보완된다. 비용(pricing)에 관해서는 제10장에서 자세히 살펴보도록 한다.

스케줄의 수립　머천다이징이란 디자인과 생산을 포함하는 상품 개발의 전 과정을 총합하는 업무이다. 머천다이저나 생산 매니저는 스타일 기획, 샘플 제작 완료, 정해진 납기를 맞추기 위한 생산 마감일 등의 스케줄을 세운다. 물론 이러한 마감일의 스케줄은 생산부서의 일정과도 연결되도록 수립된다. 머천다이저들은 디자이너, 영업부서, 생산 매니저들과 정기적으로 만나서 회사의 경영목표, 예산, 라인의 규모, 납기마감일, 제품의 사이즈 범위 등에 대해 의논한다. 이때 머천다이저와 디자이너들은 그 제품 라인이 유통점에서 그룹, 색채, 사이즈에 따라 얼마나 판매될 것인가를 생각하고 이에 기초하여 생산을 계획해야 한다.

시즌 매 시즌마다 부서의 디자인실 및 머천다이징실의 스태프들은 새로운 제품 라인, 즉 그 시즌의 콜렉션을 개최하기 위한 책임을 맡아 업무를 수행하는데, 시즌 콜렉션이란 의류 제조업체가 유통점의 바이어들에게 새로운 상품을 판매하는 것을 의미한다. 여기서 사용된 두 가지 용어는 유사한 의미를 지니는데, **콜렉션**(collection)이라는 용어는 유럽에서는 문자 그대로 콜렉션의 의미로, 그러나 미국에서는 고가의 의류제품을 의미하기도 한다. 한편, 라인(line)이란 미국에서는 대중적이며 적당한 가격대의 패션을 의미하는 말로 통용된다.

다음 시즌을 위한 새로운 라인의 준비업무는 판매시점으로부터 약 8개월 전부터 시작된다(즉 12월에 판매되는 벨벳 드레스는 늦어도 5월에는 디자인되어야 한다). 캐주얼웨어의 경우에는 판매시즌으로부터 1년 전에 이미 디자인이 이루어진다. 예를 들면, 캐주얼웨어 회사에서는 이듬해 봄 시즌을 위한 라인을 올해 2월부터 준비하기 시작한다. 디자인 및 머천다이징 팀은 약 두 달 반에 걸쳐 한 라인 개발을 완료하게 된다. 한 예로 존스 뉴욕사의 경우, 디자이너와 머천다이저는 (이듬해 봄 시즌의 라인을 준비하기 위해) 2월에는 소재를 물색하고, 3월에는 머천다이즈 계획 및 상품 그룹의 컨셉을 수립하고, 4월에는 소재를 선정하거나 나염하고, 스웨터 샘플을 만들고, 디자인을 수행하며, 5월에는 라인의 최종 선정작업을 마친다. 그러나 이렇게 해서 만들어진 봄 신상품 라인은 9월이 이르러 유통점 바이어들에게 선보인다.[4] 그리고 이 라인은 겨울 시즌이 끝날 무렵에 유통점에 입고되어, 이듬해 봄에 판매된다.

디자이너들과 머천다이저들은 생산 예정된 한 라인의 샘플들을 점검하면서, 다음 시즌의 콜렉션을 디자인하는 식으로, 동시에 두 개 이상의 라인 업무를 수행한다. 즉 봄 시즌용 라인 업무를 마무리하면서 동시에 여름시즌용 라인을 위한 원단 물색을 시작한다. 말하자면 상품개발이란 새로운 상품을 창출하는 과정을 의미한다.

대부분의 여성복 회사에서는 1년에 4~5개 시즌[봄, 여름, 간절기(transitional), 가을, 연말연시 또는 휴가철 등]을 위해 라인을 만들어 낸다. 한편 남성용 수트 제조업체는 1년의 비즈니스가 단 두 번의 시즌만으로 운영되는 데 비해, 남성용 캐주얼웨어 업체들은 연간 네 번의 시즌을 위해 라인을 준비한다. 또한 아동복 회사들은 그 회사가 치중하는 제품의 성격에 따라, 연간 3~4개의 시즌 라인을 선보인다. 또한 대개의 의류 제조업체들은 한 라인 내의 각 그룹별 납기일이 서로 엇갈리도록 스케줄을 수립해 놓는데, 이렇게 하는 이유는 매월 상품을 입고시킴으로써 유통점에 끊임없이 새로운 상품을 제공하는 효과를 내기 위한 것이다. 유럽의 회사들이 전통적으로 매년 2회의 콜렉션을 여는 것도 새로운 상품을 필요로 하는 유통업체의 수요를 인식하고 이에 부응하기 위한 것이다. ZARA나 H&M와 같은 회사에서는 각각의 시즌 계획을 세우지 않고 지속적으로 새로운 디자인을 진행한다.

어떤 의류 제조업체들은 유통 업체의 판매대금결제 일정에 맞추어, 예를 들면 1~3월을 봄 시즌으로 규정하는 식으로, 상품라인 스케줄을 재구성하려는 움직임을 보이고 있다. 이렇게 한다면 유통업체가 수주 및 납기 계획을 세우는 것은 훨씬 수월해질 것으로 보인다. 한편, 카탈로그 통신판매를 하는 업체들은 전통적인 방식의 시즌을 사용하지 않으며, 그 대신 이 업체들은 카탈로그의 우편 발송 일정 계획에 맞추어 시즌 라인을 계획한다.

상품화 계획 매 시즌, 머천다이저들은 상품화 계획 또는 업무 계획을 수행해야 한다. 이들은 유통업체 및 소비자의 요구에 부응하면서도 자신의 매출목표 및 예산을 충족시키기 위해서는, 어느 정도 수량의 의류 상품 그룹 또는 액세서리 제품의 그룹들이 필요한가를 결정해야 한다.

이때 1년 전의 판매실적은 각 상품 그룹의 매출목표를 수립하기 위한 기준치로 사용된다. 이를 기준으로 머천다이저는 무엇을 생산해야 하는지와 월별 매출목표 및 순이익 등을 제시하는 계획표를 작성한다.

이때 머천다이저는 이러한 판매목표를 달성하기 위해 필요한 상품 그룹의 수, 소재의 종류 수 및 종류별 수량, 스타일 수 등을 결정해야 한다. 즉 이 작업은 각 그룹당 스타일의 수, 각 소재(일반 지염물, 니트류, 선염물, 나염물, 기타 특수 소재)가 소요되는 스타일의 수, 각 스타일당 컬러 종류의 수(보통은 스타일당 2~5개 컬러임) 등을 결정하는 것이다. 그리고 원단 가격 및 공임의 결제가능 범위를 결정하기 위해 가격대가 설정된다. 또한 이러한 계획에는 총 생산 예정량을 말하는 **총 생산단위**(total unit)와 그 제품의 금전적 가치를 의미하는 순이익 **총액**(total net dollars)도 포함된다.

디자인 개발

디자이너는 패션 아이디어를 시각적 형태로 만들어 내고, 콜렉션을 위한 스타일을 창조한다.

유행과 유니크함을 추구하는 소비자의 수요가 증가함으로써 패션에 있어 디자인은 그 어느 때보다 중요해졌다. 쿠튀르계 및 고급 프레타포르테의 디자이너들은 제품의 가격이 고가격대이므로, 값비싼 원단과 고가의 수공을 들여 자신들의 창의성을 한껏 발휘할 수 있다. 즉 이들은 자유롭게 디자인할 수 있으며, 이들이 누리는 디자인의 자유는 곧 트렌드 창출로 이어진다. 반면 일반적인 패션업체의 디자이너들은 이와 같이 새롭게 창출되는 트렌드를 자신들의 소비자에게 맞추어 해석할 줄 알아야 할 뿐 아니라, 자사 제품의 가격대에 맞는 원단을 선택할 줄도 알아야 한다. 이들은 디자인 컨셉, 스타일 기획, 컬러 선택 등의 업무를 수행한다. 또한 디자이너들은 패턴 제작, 보정, 샘플 제작부터 완성도 있는 라인 완료까지 감독해야 한다.

라인(line)과 그룹(group) 컨셉 단계의 경우, 한 콜렉션을 준비하기 시작할 때 대다수의 디자이너들은 컨셉 보드(concept board)에 자신의 아이디어를 제시하고 이를 팀을 지휘하는 방편으로 사용한다. 이들은 컬러, 직물스와치, 아이디어 스케치, 잡지 등에서 발췌한 아이디어 사진(swipes) 등으로 된 일종의 콜라쥬형 컨셉 보드를 만들고 이를 통해 디자인의 분위기나 주제를 제시한다. 이러한 컨셉 보드 작업은 컴퓨터를 사용하여 제작되기도 한다. 컨셉이 통과되고 나면, 디자이너들은 컨셉을 몇 개의 그룹으로 세분화한 후 다시 각 의류 제품으로 개발한다.

그 룹

콜렉션 또는 라인은 몇 벌의 의상으로 구성된 몇 개의 그룹으로 나뉜다. 그 예로서, 리즈 클레이본사나 존스 뉴욕사에서는 각 부서마다 각 라인을 6~8개의 그룹으로 나누어 구성한다. 각 그룹에는 사용하는 원단의 유형, 사용하는 컬러군, 또는 패션 트렌드에 따라 설정된 특정한 주제가 각기 다르게 부여된다.

이때 그룹에 부여되는 주제는 소비자 마켓 조사인 마켓 환경분석 결과를 토대로 하여 결정된다. 각 그룹 내 의상들의 스타일은 다양하면서도 그룹의 주제에도 부합되는 방향으로 기획된다. 드레스, 가운, 캐주얼웨어, 수트 및 코트 등의 그룹들을 성공적으로 스타일링하기 위해서는, 각 공통된 디자인 요소를 갖는 스타일을 디자인할 필요가 있다. 절충적인 룩(look)을 연출시키기 위하여 특색 있는 단품을 조합시키는 최근 패션 경향은 의류 제조업체들에게 의류를 상품화시키는 데 어려움을 주고 있다.

원피스 드레스 그룹 원피스 드레스류로 된 그룹의 스타일 기획은 지난 시즌의 베스트셀러 스타일에 컬러나 원단을 바꾸어 주는 것에서부터 시작된다. 경우에 따라 원피스 드레스를 담당하는 디자이너들은 몇 종의 실루엣—일명 바디스(bodies)라고도 불리는 것—에 초점을 두고, 그 실루엣에 여러 가지 나염 원단을 사용하는 방식으로 스타일 기획을 전개하거나, 반대로 한 종류의 나염 원단을 여러 스타일에 사용하기도 한다. 각 그룹 내의 의상들은 다양한 실루엣, 다양한 종류의 소매와 네크라인 및 디테일을 지니도록 스타일링되어야 한다. 여성용 수트와 코트의 스타일 기획도 마찬가지 방식으로 전개된다.

수트 및 재킷 그룹 **남성용 수트**(men's suit)는 각 의상이 하나의 기본 실루엣을 공통으로 하면서 조금씩 다르도록 스타일링된다. 남성 수트 전문 제조업체는 유통점 바이어 및 소비자에게 폭넓은 선택 범위를 제공하기 위해, 한 라인에 다양하면서도 차분한 수트 컬러와 다양한 원단을 적용한다. 남성 수트의 스타일 기획에 있어 가장 중요한 요인은 원단과 실루엣이며, 시즌이 바뀌어도 디테일은 거의 변화하지 않는다. 이상적인 수트는 유행에 관계없는 클래식 스타일의 수트이다.

반면, **여성용 수트**(women' suit)는 패션 트렌드 지향적으로 전개되거나 클래식 스타일을 고수한다. 여성 수트의 스타일들은 드레스 그룹의 경우와 마찬가지로 다양한 실루엣, 칼라디자인, 디테일, 원단 등을 지닐 수 있도록 기획된다.

캐주얼웨어 그룹 캐주얼웨어의 제품들은 서로 함께 착용될 수 있도록 디자인된다. 스커트, 재킷, 셔츠나 블라우스, 기타 상의 등이 한 그룹 내에서 서로 조화될 수 있도록 디자인함으로써 소비자에게 스타일 선택을 제공하게 된다. 일반적으로는 모든 하의(스커트 또는 바지류)와 조화될 수 있는 2~3개의 상의를 한 그룹 안에 기획한다. 한 그룹은 기본적으로 기본 재킷과 유행 스타일의 재킷, 다양한 길이의 스커트, 기본 팬츠와 유행 스타일의 팬츠, 셔츠, 다양한 네크라인의 상의(top) 등으로 구성된다. 한 그룹에는 동일한 컬러 또는 동일한 문양(줄무늬 또는 체크무늬 등)의 원단이 사용된다.

조르지오 아르마니의 남성복 콜렉션에서의 우아한 남성복 정장 (출저 : GIORGIO ARMANI)

- **코디네이트형 캐주얼웨어**(coordinated sportswear) 라인은 서로 코디네이트시켜 가며 바꾸어 입을 수 있도록 디자인되며, 이는 유통점에 의해 어울리는 상품들을 묶은 패키지 단위로 수주된다.

- **통합형 캐주얼웨어 또는 진즈웨어**(integrated sportswear or jeanswear) 라인도 그룹단위로 기획된다. 이 그룹을 이루는 의상들은 서로 함께 착용될 수도 있으나, 코디네이터형 캐주얼웨어처럼 서로 간의 코디네이션을 중심으로 구성되지는 않는다.

- **단품**(separates)이란 다른 의상과 관계를 짓지 않고 기획되는 것으로, 각기 별도로 판매되는 상품 그룹을 의미한다.

- **남성용 캐주얼웨어**(men's sportswear)는 통합형 그룹 또는 단품 단위로 기획된다. 하나의 그룹

은 팬츠, 재킷, 조끼, 셔츠, 스웨터 등으로 구성된다. 기본 스타일 제품이 특별히 크게 달라지지 않는 한, 남성용 캐주얼웨어의 기획에 있어 서로 조화될 수 있는 몇 가지 원단을 한 그룹에 적용하는 것은 대단히 중요한 일이다.

한 그룹을 구성하는 스타일의 수는 다음 두 가지에 의해 정해지는데, 그 첫째는 그 회사의 방침이며, 두 번째는 상품화계획에 따라 추가, 보완할 스타일이 얼마나 다양한가의 문제이다. 어느 스타일과 어느 스타일을 함께 입어 볼 수 있는가를 미리 생각해야 하며, 그 그룹이 한 점포 안에서 어떻게 보일 것인가를 생각하여 상품을 디자인해야 한다. 예를 들어 셔츠나 니트 셔츠와 같은 상의는 한 가지 이상의 재킷이나 한 가지 이상의 하의와 어울리도록 디자인되어야 한다. 오늘날의 마켓에서는 다양한 용도의 의상이 특히 중요해졌다.

레비 스트러스사나 에디 바워사와 같은 큰 캐주얼웨어 회사에서 일하는 디자이너들은 하의, 니트 톱, 셔츠나 블라우스와 같이 한 그룹 내의 한 가지 카테고리만을 전담하기도 한다. 이러한 경우에는 그룹 내 스타일들 간의 조화성 문제는 디자인 디렉터가 총괄한다.

유행상품 대 기본상품　모든 상품 그룹 내에서는 유행상품과 기본상품 간의 균형이 잘 이루어져야 한다. 의류제조업은 디자인과는 다른 일이긴 하나, 의류 제조회사가 패션 트렌드를 알고 있다는 것을 유행상품을 통해 유통업체 바이어에게 보여 준다면, 그만큼 그 회사에 대한 신뢰도는 상승될 수 있을 것이다. 반면 의류 제조회사는 기본상품들을 판매함으로써 수익을 올리게 되고, 그 수익으로 유행상품을 만들 수 있게 된다. 랄프 로렌사와 같은 유명 디자이너 라인들에서도 매출과 수익의 대부분을 차지하는 상품은 카키색 팬츠나 폴로셔츠 등의 한두 가지 인기가 높은 기본 상품들이다. 디자이너 토미 힐피거는 언제나 기본 상품들로 그의 남성복 콜렉션의 핵심 스타일을 채우고 난 후, 새로운 스타일 또는 유행상품을 거기에 추가해 나가는 방식으로 라인을 기획한다고 말한다.[5]

몇몇 큰 규모의 의류 제조회사들에서는 상품 그룹들을 유행상품과 기본상품으로 다시 세분화시키기도 한다. 면 트윌(twill) 팬츠나 터틀 네크라인의 스웨터와 같은 기본상품은 상당히 오랫동안 창고에 비치해 두었다가, 새로운 출시 상품이 부족할 때 보충 상품으로 활용하는 경우도 흔히 있다. 새로운 유행 스타일 상품은 2~8주 간격으로 줄지어 유통업체에 입고되며, 이를 통해 신선하고 새로운 상품구색을 갖출 수 있게 된다.

아이템

어떤 의류 제조업체들은 다른 아이템(items)과 관련되지 않은 단일 아이템을 생산하기도 한다. 이들 아이템은 대체로 소비자가 자신의 의상 구색(wardrobe)을 새롭게 하기 위해 구입할 만한 인기 스타일들이다. 각 의상은 같은 그룹 내의 다른 의상들의 개성 정도와는 관계없이 단독으로도 팔릴 수 있을 만큼 충분히 개성적이어야 한다. 이러한 의상들은 유통업체의 프라이빗 라벨(private label)(제12, 13장 참조)을 위한 상품이나 모방(knockoff)형 회사에 의해 중가 또는 저가격대 제품으로 생산된다.

디자인 모방 제품 디자인 모방(knockoffs)이란 다른 사람의 디자인, 보통은 베스트셀러 상품의 디자인을 모방한 아이템을 의미한다. 디자인 모방 제품을 만드는 회사들은 그 제품을 구입해서 그것으로부터 패턴을 만들어 내고 같은 원단이나 유사한 원단을 대량으로 사들여 그 제품을 생산한다. 대량으로 생산하기 때문에 생산 원단에 드는 원가는 매우 저렴해진다. 디자인 모방 제품의 제조업체는 (1) 유통점에서 어떤 상품이 잘 팔리고 있는지를 정확히 알아야 하며, (2) 그 스타일의 인기가 사라지기 전에 신속히 생산할 수 있는 체제와 능력을 지니고 있어야 하며, (3) 낮은 소매 가격대를 제시할 수 있어야 한다.

많은 수의 디자이너들은 이러한 디자인 모방에 대해 분개하지만, 디자이너 오스카 드 라렌타는 "모방이야말로 가장 듣기 좋은 말이며, 만약 아무도 나의 디자인을 카피하지 않는다면 그것이야말로 정말 화를 내야 할 일"이라고 말하기도 했다. 디자인 모방의 왕임을 자처하는 ABS의 앨런 슈바르츠(Allen Schwartz)는, "세계 패션에 있어 오리지널이라는 말은 이제는 더 이상 존립하지 않는다. 모든 디자인은 다른 디자인에서 영감을 받아 탄생되기 때문이다."[6]라고 말했다.

그러나 이런 디자인 모방은 원창작자에게는 매우 부당한 일이기 때문에, 어떤 디자이너들은 자신들의 디자인에 법적인 지적재산권을 부여받으려 노력하기도 한다. 그러나 유감스럽게도 패션 산업의 빠른 회전속도로 인해 패션의 지적재산권을 보장받는 것은 실제적으로 거의 불가능한데, 그 이유는 한 디자인에 지적재산권이 부여될 때가 되면 그 스타일은 이미 지나간 유행이 되어 버리기 때문이다. 그러한 이유로 인해, 어떤 디자이너들은 자신이 창작한 디자인을 가격이 조금 낮은 자신의 라인을 위해 복제하여 한 시즌 뒤에 마켓에 내놓기도 한다.

디자인 요소

디자이너는 자신이 담당한 그룹의 주제를 머릿속에 그리면서, 각 의상에서 컬러, 직물, 실루엣과 형태 등 디자인 요소들이 서로 조화될 수 있도록 이들을 조합시켜 나간다. 디자인 요소를 잘 조화시키는 것은 모든 조형 예술에 있어 중요한 것으로, 미리 정해질 수 있는 것도 아니고 무조건 경험을 통해 얻어지는 것도 아니다. 디자이너들은 이러한 것을 의식적으로 생각하지 않으며, 그들은 이러한 능력을 타고난다. 또한 패션은 끊임없이 변화하기 때문에 여기에는 어떠한 정해진 규칙도 존립하지 않는다. 더구나 트렌드에 따라서는 좋은 디자인이 오히려 밀려나는 경우도 있다.

소재 컬러는 디자이너의 표현 매개체인 소재를 통해 구현된다. 디자이너와 머천다이저는

독특한 텍스쳐의 혼합으로서 니트와 우븐 직물을 사용한 미우시카 프라다 (Miuccia Prada)의 여러 겹으로 디자인된 드레스 (출처 : PRADA)

라인 내의 각 그룹에 맞는 직물 또는 각 스타일에 맞는 소재들을 미리 선정한다.

소재 선정　소재 선정(fabrication)은 하나의 소재에 적합한 스타일을 만들어 내거나 혹은 반대로 어떤 디자인에 적합한 소재를 고르는 작업이다. 이와 같이 특정한 스타일에 잘 맞는 소재를 고르는 일은 의류 상품 개발을 위한 디자인 과정에 있어 소비자의 니즈를 파악하고 트렌드를 해석하는 일 다음으로 중요한 일이다. 디자이너들은 패션 트렌드와 소재의 질, 소재의 성능, 가격, 스타일과의 적합성 등을 고려하여 소재를 선정한다.

때에 따라 디자이너들은 소재 자체로부터 디자인의 영감을 받기도 한다. 예를 들어, 부드럽고 드레이프성이 있는 저어지 니트(jersey knit) 소재에서 영감을 얻어 개더가 잡힌 드레스를 디자인하게 되는 경우가 그것이다. 디자이너 크리스찬 디올은 "내 디자인들 중 많은 것들은 순수하게 그 소재에서 영감을 얻어 만들어진 것들이다."[7]라고 말한 바 있다. 한편 어떤 디자이너들은 이와는 다른 방식으로 일을 하는데, 이를테면 우선 아이디어를 내고 그것을 스케치한 후 그 디자인에 맞는 소재를 찾아내는 식으로 디자인을 진행하기도 한다. 어느 방식으로 진행하던 간에, 결국 디자이너들은 각 디자인과 가장 잘 어울리는 소재 또는 그 반대－소재에 잘 맞는 스타일－를 결정해야만 한다. 그러므로 디자이너는 자신이 디자인한 의상이 소재로 만들어졌을 때의 모습을 예측하는 능력을 갖도록 노력해야 한다. 그리고 이러한 능력은 관찰과 경험을 통해서 습득된다.

많은 패션회사들은 이를테면 데님이나 스톤워싱이 된 실크(stone-washed silk)와 같은 특정 소재를 늘 같은 스타일군에 사용하기도 한다. 캐주얼웨어의 경우, 기본 소재(base fabric)는 항상 재킷, 팬츠, 스커트 등에 사용된다. 또 예를 들어 진즈웨어의 라인에서는 기본 소재는 언제나 데님으로 정해져 있으며, 그 외에 기본 소재와 어울리는 솔리드 소재 또는 문양이 있는 소재는 그 라인 내의 그룹들에 추가된다. 이때 디자이너와 머천다이저는 유행하는 소재와 클래식 소재 간의 균형이 유지되도록 주의해야 할 뿐 아니라, 한 라인에 사용되는 소재들이 무게, 재질감, 문양 등에 있어 다양성을 갖출 수 있도록 고려해야 한다.

소재의 특성　소재의 섬유성분, 조직, 재질감, 성능, 태, 문양, 색채 등의 특성에 따라 각 원단이 그 라인에 적합한지 여부가 결정된다.

　재질감(texture)은 디자인의 감각적 요소로서, 이는 소재의 제직 방식이나 빛의 반사 특성 등에 의해 결정되는 소재의 표면 특성이다. 즉 빛을 얼마나 반사 또는 흡수하는가에 따라 사람들은 그 소재가 매끄러운 표면으로 된 것인지 거친 표면의 소재인지를 구분한다. 또한 사람들은 손으로 소재를 만져 봄으로써, 때로는 타프타(taffeta) 소재의 바스락거림과도 같이 소재를 만질 때 나는 소리를 들음으로써 그 소재의 표면 특성을 파악한다. 저어지 바닥의 인조 스웨이드(부드러운 소재와 거친 것이 혼합된 경우)와 같이 혼합형 표면감을 갖춘 소재를 사용하면 흥미로운 의상이 탄생하게 된다. 즉 소재의 재질감이란 오늘날의 패션에 있어 매우 중요한 요소이다.

　소재의 성능(performance)이란 그 섬유성분, 직조, 가공 등에 의해 결정되는 속성으로서 의상으로 완성되었을 때의 착용 특성 및 세척 특성 등을 가리킨다. 즉 소재의 성능은 특히 액티브웨어와 외출복 등에 있어 의복의 기능 및 내구성에 결정적인 영향을 미친다. 예를 들어 스키재킷은 영하의 외기 속에서 착용자의 체온을 유지시켜 줄 수 있는 소재로 만들어져야 한다.

　소재의 무게와 **태**는 의상의 실루엣을 결정하는 특성이다. 무게(weight)는 그 소재의 무겁거나 가벼운 정도, 두껍거나 얇은 정도를 의미한다. 태(hand)는 그 소재의 느낌, 늘어짐, 떨어짐(feel, body, fall) 등을 의미한다. 모든 의상은 목표하는 실루엣에 부합되는 소재로 만들어져야 한다.

- 소모 직물, 개버딘, 린넨 등과 같이 **뻣뻣한 직물**들은 테일러 룩을 만드는 데 사용되는 것이 적합하다. 왜냐하면 이러한 직물들을 사용하면 뻣뻣한 외관 및 의도했던 태를 얻을 수 있기 때문이다. 의상의 내부에 재봉질 또는 다림질을 통해 들어가는 인터페이싱은 네크라인, 칼라, 커프스, 여밈 부위 등에 필요한 만큼의 뻣뻣함을 추가하기 위한 목적으로 사용된다.
- 크렙(crepe), 저지, 쉬폰(chiffon), 샬리스(challis) 등과 같이 **부드러운 직물**은 인체의 형태를 드러내는 디자인을 하는 데 안성맞춤인 직물들이다. 게다가 직물을 바이어스 방향으로 재단한다면 그 부드러움은 한층 더해져서, 직물은 착용 시 올의 사선방향으로 떨어지게 된다. 그런 반면 바이어스 재단을 할 경우 패턴을 마킹하기가 어려워지므로 이는 생산비를 증가시켜, 결과적으로 생산원가를 올리는 요인으로 작용하기도 한다. 개더(gather)나 셔링(shirring), 스모킹(smocking), 풀어 놓은 플리츠(unpressed pleats) 등을 디자인에 적용한다면 더욱 부드러운 실루엣을 만들 수 있다.

　소재의 무게는 그 의상의 복장 유형하고도 잘 맞아야 한다. 예를 들어 블라우스 소재의 무게는 일반적으로 하의용(스커트나 팬츠) 소재의 무게보다 가볍다. 의류업체의 실무자들은 셔츠용 소재로는 야드당 5온스가 나가는 소재를 사용한다든지, 청바지 등으로는 야드당 11온스가 나가는 소재를 사용한다든지 하는 식으로 직물마다 적정한 무게를 정해 두고 그에 맞는 소재를 구매한다. 소재의 무게는 직물(woven)의 경우는 평방야드당 무게를 말하며 편성물(knit)의 경우는 길이 방향으로 1야드당 무게를 의미한다.

섬유성분 소재 섬유는 또한 시즌과 스타일에 적합해야 한다. 따뜻한 소재는 겨울철 의류용으로 적합하고, 가볍고 시원한 소재는 여름철 의류용으로 적합하다. 천연섬유들 중에는 전통적으로 특정 시즌에 적합하다고 알려져 온 것들도 있다. 그중 울은 따뜻하기 때문에 가을, 겨울용으로 주로 사용되며, 린넨과 면은 가볍고 시원하면서도 세척이 용이해서 더운 날씨를 위한 소재에 주로 사용된다. 그런 반면 특별히 정해진 시즌이 없는 섬유들도 많이 있다. 예를 들어 저지 같은 것은 사시사철용으로 사용될 수 있고, 여름용 섬유라고 알려져 있는 면도 코듀로이(corduroy)와 같은 추동용 두툼한 직물로 짜이기도 한다. 울 또한 봄철용 가벼운 직물을 짜는 데 사용되기도 한다. 천연섬유와 합성섬유의 혼방은 흥미로운 새로운 직물을 창출하기 위한 중요한 수단이기도 하다. 예를 들어 스판덱스가 섞인 직물은 신축성이 향상되며, 이는 오늘날의 신체라인을 강조하는 스타일을 창조하기 위한 필수적 재료로서 사용된다.

환경친화적인 직물 많은 직물제조업체에서는 환경보존의 조건을 고려하여 직물을 생산하며 주변의 환경을 개선시키고자 노력하고 있다. 이러한 제조업자들은 패션이 대중에게 가치를 부여할 수 있는 중요한 전달자라고 여기기 때문에, 환경보호적인 직물을 유행시키는 책임이 패션 산업에 있다고 본다. 이를 실행하기 위하여 이 제조업자들은 유기농에 의한 면(organic cotton), 인지오(ingeo), 대나무, 린넨, 울, 리오셀, 적은 영향(low-impact)을 미치는 염료이거나 다기능 염료로서 처리된 재생물질 등을 재료로 선정하여 사용하며, 효소 세척과 안전한 후가공들을 적용시켜 직물을 제조하고 있다. 린다 로우더밀크(Linda Loudermilk)와 캐롤 영(Carol Young)과 같은 소수의 디자이너들은 재생직물을 사용하여 디자인하고 있다. 몇몇 회사들에서도 천연 재질의 단추에 다시 관심을 보이고 있고 비전도성의 금속장식을 사용하고 있다.

직물의 문양 같은 문양이라 해도 그 문양의 크기에 따라 디자인이 달라진다. 커다란 나염 문양 직물을 최대한 활용하려면 봉합선이나 디테일에 의해 그 문양이 잘리지 않도록 디자인해야 하며, 문양이 그 의상의 가장 중요한 요소가 되도록 만들려면 전체적 형태는 매우 단순해야 한다.

반면, 디자인의 핵심이 선과 디테일에 있는 경우에는 소재는 주목을 끌지 않는 것으로 선정해야 한다. 또한 아동복의 경우 의복의 크기가 작으므로 문양의 크기는 아동복에 있어서도 신중히 고려되어야 한다.

나염 문양의 리피트(repeat)란, 꽃문양이나 기하학적 문양을 반복인날하기 위해 필요한 면적을 의미한다. 큰 사이즈의 리피트는 트림이나 아동복용 직물에는 맞지 않다. 보더(border)

문양이 들어간 의상은, 보다 문양이 생산 시 재단과정에서 잘려 나가지 않도록 신중히 고려하여 디자인되어야 한다.

문양 종류에 따라서는 그것을 의상에 사용했을 때 다른 문양을 사용한 경우보다 소재 사용량이 늘어나고 이는 원가 상승으로 이어지는 것들이 있는데, 이러한 특별한 문양의 종류에 대해 디자이너는 잘 알고 있어야 한다. 예를 들어 커다랗고 과감한 체크무늬와 불규칙한 줄무늬가 함께 봉재되는 경우가 여기에 해당한다. 단일방향의 나염 문양이나 첨모/기모 직물을 사용하는 경우에는 반드시 한 방향으로만 재단되어야 하기 때문에 일반 원단에 비해 원단 소모량이 늘어난다. 그 외에도 요즘에는 방향성이 있는 문양을 사용한 직물이 많이 생산되는데, 이러한 직물을 선정하는 경우에는 재단 방향이 다른 데에서 기인한 이색 현상이 하나의 제품 내에서 발생하는 것을 미리 방지하기 위해 일정한 방향으로만 직물을 재단하게 된다.

소재의 기획 의류 제조업체마다 디자이너가 소재 기획에 개입되는 정도나 양상이 다르다. 때로 디자이너들이 소재 기획을 전담하기도 한다. 큰 회사에서는 제품의 한 그룹에 한 종류의 소재만을 사용하는 경우, 디자이너는 소재 기획 담당 머천다이저와 함께 소재 기획 작업을 수행한다. 이때 소재 기획 담당 머천다이저는 이 작업 외에도 트렌드와 구입 소스를 조사하며, 소재 발주까지의 업무를 전담하게 된다.

스트라이프와 도트를 독특하게 결합시킨 조르지오 아르마니의 스트라이킹 슈트(striking sui
(출처 : GIORGIO ARMANI SPA)

시즌에 앞서 디자이너들은(혹은 디자이너와 머천다이저들은) 소재 트렌드를 파악하기 위해 소재마켓의 현황을 면밀히 분석한다. 이때 디자이너들은 프리미에르 비종(Premier Vision)과 같은 국제 원단 박람회를 방문한다. 그러한 박람회에 가면 원단과 의류 제품 모두에 있어 아이디어의 원천이 되는 새로운 섬유나 소재 개발 현황의 최신 정보를 얻을 수 있다.

또한 디자이너와 머천다이저는 뉴욕처럼 수많은 소재 생산업체와 컨버터들의 본사와 자료실이 있는 주요 패션 도시로 출장을 가서(제6장 참조), 차기 시즌에 생산될 소재의 전반적 동향을 조사하기도 한다. 또한 이러한 업체들을 방문하면, 디자이너들은 텍스타일 디자이너나 태크니션들과 직접 그들의 아이디어에 관해 토론하기도 한다.

소재 생산업체나 컨버터의 영업 책임자가 패션 디자이너를 자사로 초청해서 소재에 대해 토론하는 경우도 종종 있다. 매 시즌마다 사용할 수 있는 수많은 소재에 대해 많은 것을 알기 위해서, 디자이너는 가능한 한 많은 소재 업체와 접촉하려 한다.

가격　소재의 품질과 품질에 대비한 가격도 제품라인의 가격대에 적합해야 한다. 고가의 디자이너 콜렉션이라면 최고급 소재를 사용할 수 있겠으나, 중가의 라인이라면 너무 비싸지 않은 소재를 사용해야 한다. 일반적으로는 소재와 트리밍 등에 의한 원가는 공임보다 비싸지 않아야 하는 것이 원칙이라고 알려져 있다.

샘플용 옷감의 주문　소재 회사들이 제작 배포하는 컬러 카드(color card)나 스와치 카드(swatch card)는, 디자이너나 머천다이저가 수행하는 소재 기획 작업에 유용하게 사용된다. 어떤 소재를 시험적으로 사용하여 제품을 위한 샘플 의상을 만들기 위해, 디자이너들은 3~5야드의 샘플용 소재를 주문하기도 한다. 이때 만약 디자이너와 머천다이저가 각별히 관심을 가지는 소재라면, 여러 가지 스타일의 샘플을 만들어 보기 위해 100야드 정도를 선주문하기도 한다. 또한 이때 담당자는 소재 발주 시의 생산 용이성 및 납품 용이성 등도 미리 고려해야 한다. 이와 같이 소재가 선정되고 나면 디자이너는 스타일을 기획하기 시작한다.

색채　색채(color)는 소비자들이 가장 빠르게 반응하는 디자인 요소로서, 그 상품의 색채 때문에 그 의상을 선택하거나 선택하지 않게 되는 일이 종종 일어나곤 한다. 그만큼 색채는 현대 패션에 있어 중요한 디자인 요소이다. 그러므로 디자이너는 고객의 니즈를 파악하고 그들의 마음에 드는 색채를 제시해야 한다. 어떤 색채들은 연말연시나 계절과 밀접하게 연관되어 있다. 예전에 비해 예측하기가 훨씬 어려워지기는 했으나, 소비자들은 가을 의상의 색채로는 갈색 계열을 기대하며, 연말연시 의상의 색채로는 보석을 연상시키는 색채를, 초봄에는 파스텔조의 색채를, 여름에는 흰색의 의상을 흔히 찾는다. 대개의 의류 제조업체에서는 이러한 색채들 중의 일부를 라인에 포함시킨다.

색채 차원　색채는 명도, 채도, 색상이라는 3대 차원(dimensions)을 지닌다.

색상(hue)이란 빨간색과 녹색과 푸른색의 차이처럼, 한 색채를 다른 색채로부터 식별할 수 있도록 만드는 색채의 속성이다.

명도(value)는 명암의 사용 또는 색채에서 빛의 강도의 변화를 말한다. 명도의 범위는 흰색부터 검은색까지이며, 여기에서 흰색이란 순수한 빛을, 검정은 빛이 전혀 없는 상태를 의미한다. 흰색을 더하면 색채는 밝아지고 검정을 더하면 어두워진다. 밝은 명도를 '틴트(tints)'라 하고, 어두운 명도를 '셰이드(shades)'라 한다. 모든 의상의 색채에는 명도 대비가 있으며, 의상의 개더나 주름만으로도 명도대비가 생겨나는 경우도 있다. 강한 명도대비는—순수 흰색과 순수 검정의 대비가 가장 강하다—극적인 효과를 불러일으킨다.

채도(intensity or chroma)는 색채의 상대적인 채도(saturation)로서 맑은 정도(강한 정도), 혹은 탁한 정도(약한 정도)를 의미한다. 맑은 색들은 높은 채도이고 흐린 색들은 낮은 채도이다. 예를 들어서 페인트에 물을 넣어서 색을 흐리게 했다면 채도가 낮아진 것이다. 예를 들면 마린 블루는 채도가 높은 색이고, 연한 파스텔 블루는 채도가 낮은 색이다.

난색 사람들은 흔히 빨강, 노랑, 주황과 같은 색을 난색(warm colors)으로 분류하는데, 이는 그것들이 불이나 태양을 연상시키기 때문이다. 난색들은 자극적이고 공격적이고 활달하다.

빨강은 발렌타인, 사랑, 로맨스와 같은 심장과 관련된 것을 연상시킨다. 또한 흥분, 분노, 위험을 연상시키기도 한다. 또한 이 색채들은 여성복에서 인기 있는 색채로, 매 시즌 옷에 많이 사용되는 몇 안 되는 색채 유형에 속한다. 노랑은 밝고, 태양을 연상시키며, 즐겁고 친근하고 긍정적이다. 주황은 활동적인 스포츠웨어 시장에서 인기가 상승하고 있다.

한색 한색(cool colors)인 파랑, 녹색, 보라는 하늘이나 바다를 연상시킨다. 파랑은 조용하고 편안하며 수줍은 느낌을 준다. 데님블루와 네이비블루는 의상에서는 고전적으로 쓰여 온 색채이다. 그렇기 때문에 대부분의 의류 제조업체의 봄이나 여름 시즌의 라인에는 특히 블루 계열의 색채가 빠지지 않는다. 녹색은 마음을 진정시키는 색채이며 평화와 고요를 연상시킨다. 녹색 계열은 가을의 캐주얼웨어 라인에 어두운 명도로 사용되거나, 중성 색채들과 함께 갈색조를 띤 올리브 그린색이나 암녹색의 상태로 사용된다. 보라색은 역사적으로 왕위와 관련된 색채로 알려져 있으며, 부와 권위, 드라마를 대표하는 색채가 되었다.

중성색 의복에서 베이지, 황갈색(tan), 짙은 회갈색(taupe), 갈색, 흰색, 회색, 검정 등은 위에 언급된 색들보다 훨씬 빈번하게 쓰인다. 그 이유는 아마도 이들 색채들이 주의를 끌지 않고 배경 색이 되어 주기 때문일 것이다. 또한 중성색(neutral)들은 모든 시즌의 패션 기획에ㅡ패션을 설명할 때나, 색채를 설명할 때도ㅡ언제나 포함된다.

독특한 칼라 결합에 의한 마크 베드글리(Mark Badgley)와 제임스 무시카(James Mischka)의 사랑스런 느낌의 가운
(출처 : BADGLEY MISCHKA, NEW YORK)

흰색은 순수함과 깨끗함을 연상시킨다. 흰색이 빛을 반사하기 때문에, 여름에는 시원한 색채로 사용된다. 서구 문화에서는 검정이 옛날에는 악한이나 죽음과 연계되어 왔지만, 지금은 그러한 연상을 극복하고 가장 인기 있는 기본 색채가 되었다.

색채 관계 색채를 사용하는 데 있어서 확고한 법칙은 없다. 한 색채가 다른 색채의 아름다움을 강조하도록 사용되면 조화롭다고 생각된다. 최근에 들어와 색채들은 예전보다 훨씬 독특한 방법으로 조합되는 경우가 많아졌다. 민속풍(ethnic)이 패션에 미친 영향으로 인해, 색채 조합을 보는 시각은 달라졌고 색채 조합에 관한 새로운 아이디어는 더 잘 받아들여지고 있다. 또한 색채들도 스타일과 마찬가지로 주기적으로 유행한다.

상의 몸통에서 하의 스커트로 이어지는 수직라인의 드레이프성을 이용한 베라 왕의 실크 시폰 드레스
《출처 : VERA WANG, NEW YORK》

색채 명칭 흥미로운 색채 명(color naming)은 패션 룩을 촉진하는 데 중요한 역할을 하기도 한다. 패션 색채는 때때로 신선하게 보이게 하는 새로운 이름으로 다시 나타난다. 어느 한 해에 '무화과빛(plum)'이라는 이름으로 쓰인 자주 색채는 다른 해에 '가지색(aubergine)'이라는 이름으로 돌아오기도 한다.

꽃, 나무, 과일, 채소, 향신료, 와인, 보석, 동물 등을 다룬 책들과 유화물감 색채 목록들은 색채 명명을 위한 아이디어의 조달처이다. 시즌 컨셉에 맞는 분위기를 만들기 위해 컬러리스트와 패션 저널리스트들은 '중국풍의 블루(China Blue)'나 '독약 같은 그린(Poison Green)'처럼 이국적인 이름들을 색채에 붙이기도 한다.

색채 선택 한 라인에서 일반적으로 둘 이상의 색채들로 구성된 색채 계획인 '컬러 스토리(color story)'가 각 그룹에 배치된다. 컬러 스토리는 전부 밝은 색들로만 구성되는 경우도 있고 모두 바랜 색들일 수도 있으며, 명암의 균형을 이루는 다양한 색채들로 구성될 수도 있다. 또한 그 그룹에는 중성색, 어두운 색, 흰색 또는 검정도 있을 것이다. 트렌드 지배자인 쿠튀르나 정상급 기성복 라인의 디자이너들은 그들에게 영감을 준 것들을 기초로 하여 색채 스토리를 만들기도 한다.

대부분의 주류 패션업체의 디자이너들은 색채나 디자인 정보 서비스, 각종 조합, 또는 섬유 회사들이 내놓는 색채 예측에 의존한다. 색채 스토리의 일부분은 이러한 트렌드 예측 정보 자료에 기초하여 만들어지는데, 이때 디자이너들은 그 색채군이 아마도 패션의 흐름과 맞아떨어질 것이라고 확신한다. 또한 디자이너들은 컬러스토리를 독특하게 만들기 위해 자신들이 선택한 색채와 트렌드 색채를 조합한다.

또한 색채를 선택할 때에는 시즌, 기후, 의상의 종류(category)를 고려해야 한다. 예를 들어 액티브 캐주얼웨어에는 비즈니스 정장에서보다 훨씬 강렬한 색채들이 적용된다. 모든 라인은 고객의 다양한 니즈에 부응할 수 있는 다양한 색채들을 포함해야 한다.

선 원단을 선택한 후에는, 디자이너는 좋은 디자인을 창출하기 위해 다른 디자인 요소들을 고려해야 한다. 이 절에서 '선(line)'이라는 용어는 솔기와 트림, 플리츠, 개더, 턱, 상침 스티칭 그리고 트림 등의 디테일에 의해 만들어지는 시각적 흥미의 방향을 의미하는 개념으로 사용된다. 어패럴 산업에서의 라인이라는 용어는 의상 콜렉션에서도 사용되기 때문에 혼동이 일어나기도 한다. 선의 방향은 의상의 어느 한 부분에서 다른 부분으로 흐르며 이유 없이 끊어지는 경우는 없다. 직선은 테일러드 의상과 같은 딱딱한 느낌(간결함)

엠파이어 웨이스트 라인과 버블 스커트의 드레이프성을 흥미 있게 적용시킨 베라 왕의 매력적인 트위드 (tweed) 드레스 (출처 : VERA WANG NEW YORK)

을 일으키고, 곡선은 유동적 느낌을 제공한다. 그러나 단지 직선으로만 디자인된 의상은 너무 단순하고, 모두 곡선으로만 이루어진 의상은 너무 불안정하며, 최적의 아름다움을 위해 이 두 가지가 함께 쓰여야 한다. 직선은 인체의 곡선에 의해 부드러워지고, 곡선은 인체형태에 적합하도록 변형되어야 한다. 선은 분위기와 감정을 창출하는 힘을 가진다. 세로선은 수직적이고 위엄 있는 형태를 상기시키고, 안정감을 준다.

가로선은 휴식을 주는 선으로, 차분함과 조용함, 고요함을 준다. 부드러운 곡선은 우아함을 표현하고, 대각선은 힘이 넘치는 움직임과 활력을 준다.

형태 선이 지닌 또 하나의 기능은 형태(shape)를 만드는 것이다. '실루엣'이라는 용어는 전체 의상의 외곽선을 설명하는 데 쓰인다. 왜냐하면 실루엣은 거리가 떨어진 곳에서 그 의상을 바라보는 것으로, 의상으로부터 받는 최초의 인상을 의미하기 때문이다. 또한 실루엣의 유행은 역사적으로 반복되어 왔다. 인체에 대한 자각이 더욱 고조된 시기에는 자연스러운 모래시계형 실루엣이 더욱 널리 받아들여졌다. 그런가 하면 어떤 시기에는 몸의 선을 강조하지 않는 장방형이나 역삼각형, 튜브형 실루엣이 유행한다.

실루엣은 인체 형태를 기본으로 하여 만들어지지만, 흥미를 더하기 위해 부분적인 변형이 가해지기도 한다. 즉 때로 소매나 힙 또는 어깨와 같은 실루엣의 한 부분이 강조될 수 있다. 한 시즌에 성공한 실루엣은 대체로 다음 시즌에도 다시 사용되는데 이럴 때에는 이 실루엣에 새로운 소재와 컬러가 적용된다.

선은 하나의 실루엣을 솔기나 트임, 플리츠와 턱 같은 작은 부분으로 분리하는 역할을 하기도 한다. 잘록한 허리선으로 인해 전체 의상이 몸통과 스커트라는 두 가지 형태로 나뉘는 것이 그 예이다. 소매는 또 다른 실루엣을 만들어 내는 부분이다. 칼라나 포켓과 같은 더 작은 디테일들을 추가한다면 하나의 실루엣 내에 더욱 작은 공간들을 만들어 낼 수 있다. 또한 문양이 있는 원단을 사용하면 한 의상 내에 더 작은 형태들을 창조할 수 있다.

알베르 엘바즈
(Alber Elbaz)의
흥미로운 초콜렛
그린색의 새틴
비대칭 드레스
(출처 : LANVIN,
PARIS)

디자인의 원리

디자인 요소들이 성공적으로 사용되었는지의 여부는 하나의 의상 안에서 그들이 서로 어떠한 관계를 갖고 있는지에 달려 있다. 디자인 원리(design principles)는 디자인 요소들을 조합하기 위한 가이드라인으로 제공된다. 디자이너는 이러한 원리들을 그들이 일하는 데 의식적으로 생각할 필요는 없지만 디자인에 있어 어떤 것이 잘되지 않을 때, 조화로운 디자인을 창조하기 위해 문제를 비례, 균형, 반복, 그리고 강조 등의 측면에서 분석해 볼 수 있다. 이러한 디자인 원리들은 언제나 최신 패션 트렌드에 따라 새롭게 해석할 수 있는 유동성을 지닌다.

비례　비례(proportion)란 단순히 의상의 모든 부분의 크기들 간의 바람직한 관계를 의미한다. 스타일을 계획할 때, 디자이너는 실루엣이 나뉘는 방식을 고려해야 한다. 구조적인 선 또는 디테일에 의한 선들은 새로운 공간을 창조하는 역할을 하지만 이것들 간의 관계, 즉 비례도 중요하다.

일반적으로 균등하지 않은 비례는 균등한 비례보다 더욱 흥미로운 느낌을 준다. 많은 수학적인 공식이 좋은 비례의 가이드라인으로 제안되었지만, 가장 훌륭한 결과는 좋은 디자인을 관찰하고 분석하는 것에서 도출된다. 바람직한 비례란 유행에 따라 달라지는데, 그 이유는 패션 변화에 따라 이상적인 실루엣과 선도 달라지기 때문이다.

디자인 과정에 있어 한 디자인 내 모든 부분의 높이와 너비는 신중히 비교되어야 한다. 의상의 각 부분들, 예를 들어 소매, 포켓, 그리고 칼라 등은 전체적인 실루엣뿐 아니라 각각이 크기와도 서로 관련지어 결정되어야 한다. 이를테면 재킷의 길이와 형태는 스커트나 팬츠의 길이나 형태와도 조화되어야 한다.

트리밍과 플리츠, 턱 등이 차지하는 공간의 크기도 전체 디자인에 적합해야 한다. 트리밍은 너무 무겁거나 가볍지 않아야 하고, 그것들을 둘러싼 나머지 부분에 비해 너무 크지도 작지도 않게 조화를 이루는 것이어야 한다. 모든 선, 디테일 또는 트림에 의해 비례는 달라지기도 하는데, 그 이유는 이러한 것들로 인해 한 공간이 여러 개의 공간으로 나뉘기도 하기 때문이다. 디자이너는 각 선의 위치, 끝단의 길이, 트림의 크기와 위치의 적합성 등을 미묘하게 바꾸어 봄으로써 비례를 다양하게 변화시키는 시도를 계속해야 한다. 또한 디자이너는 이렇게 하여 얻은 디테일의 치수나 위치를 패턴 제작자에게 알려 주어야 한다.

균형   균형(balance)이란 디자인에 있어 '시각적 무게'가 균형을 이루는 것을 뜻한다. 의상은 시각적으로 만족스럽게 균형이 잡혀 있어야 한다.

대칭균형   의상의 양쪽 면이 같은 디자인이라면, 그 디자인은 신체의 자연 형태처럼 좌우대칭이거나 균형 잡혀 보이는 것으로 인식된다. 즉 인간이 두 개의 눈, 두 팔, 그리고 두 다리를 가지고 있는 것처럼, 대칭적 의상은 의상의 양쪽이 거의 같은 디테일을 가져야 한다. 대칭균형은 안정성을 가지는 가장 쉽고도 논리적인 방법이므로, 디자인에 있어 가장 일반적으로 사용된다. 옷의 양쪽의 사소한 디테일들이 정확히 똑같지 않고 약간 변형되어 있을 때에도 전체 의상은 거의 대칭인 것처럼 인식된다. 소재를 섬세하게 사용하거나, 리듬을 만들거나, 각 공간들 간의 관련을 다르게 연출함으로써 대칭균형의 디자인은 지루한 느낌을 피할 수 있게 된다.

비대칭 균형   더 큰 흥미와 드라마틱한 효과를 얻기 위해 비대칭 균형 혹은 비정형의 균형이 사용된다. 비대칭 디자인 구성은 의상의 한쪽이 반대쪽과 다르므로 시각적인 효과에 의한 균형을 가진다.

한쪽에서의 작고 독특하며 눈길을 끄는 형태 또는 집중된 디테일은 의상 반대쪽의 더 넓고 덜 인상적인 부분과 만날 때 균형을 만들 수 있다. 또한 시선을 끄는 선과 색채, 직물 등은 별

직물로 장식된 꽃을
포인트로 장식한
엘르 사브의
드레이프성 드레스
(출처 : ELIE SAAB
AND DENTE &
CRISTINA)

특징이 없는 넓은 부분과 균형을 이루면서 디자인에 사용될 수 있다. 비대칭 균형은 대개 이브닝웨어 등에 사용되는데, 이는 드라마틱하고 기술적으로 더욱 어려운 패턴 전개를 필요로 하기 때문이며, 이로 인해 이러한 디자인의 가격은 더 비싸다.

반복 반복(repetition) 운동감은 흥미로운 디자인을 창조하고 주요한 테마를 이끌어 내는 데 필수적인 디자인 원리이다. 이는 선과 형태 그리고 색채의 반복에 의해 얻어질 수 있다. 플리츠, 개더, 그리고 티어즈(층) 혹은 트림의 줄, 끈, 단추 등에서 선과 형태의 리듬을 발견할 수 있다. 주조 색채와 선, 형태 또는 의상의 디테일 등은 변형되면서 한 스타일 내의 여러 군데에서 반복되면, 미묘하게나마 운동감이 느껴지게 된다.

같은 디자인 요소를 반복하여 사용하는 방법은 디자인에 있어 유용한 가이드라인의 하나이다. 의상의 여러 부분에서 반복된 디자인 선, 형태 또는 디테일은 전체 디자인을 통해 테마를 전달하는 데 도움을 준다. 예를 들어 브이 네크라인(V-neck)은 몸통 부분에서 위아래가 바뀌어서 반복되거나 스커트의 인버티드 플리츠에서 반복될 수 있다. 목 부분의 부드러운 개더는 디자인을 통일시키기 위해 힙 부분에서 반복되곤 한다.

강조 강조(focal point, 흥미의 중심)는 의상에 시선이 집중되도록 창조시키는 작업이며, 다른 모든 디자인 요소들이 의상을 더욱 시각적으로 매력을 느낄 수 있도록 뒷받침하게 만듦으로써 디자인 메시지를 표현해야 한다. 다시 말해 강조란 의상의 주제를 강하게 표현하는 것이다.

강조는 색채의 악센트, 중요한 형태나 디테일, 선의 조합, 디테일 그룹, 또는 대조를 통해 표현된다. 이러한 방식들을 병행하면 시선이 모이는 부위를 더욱 눈에 띄게 하거나, 구조적으로 중요한 포인트를 장식적으로 강조하게 된다. 칼 라거펠트는 금빛 단추로 이루어진 선을 사용하여 강조 효과를 불러일으키는 디자인을 샤넬 브랜드를 위해 디자인하였다.

캐주얼웨어 라인의 디자인에서 각 아이템은 마치 한 의상의 한 부분처럼 취급된다. 비록 단순한 기본 아이템이라 할지라도, 그것들은 재킷과 함께 착용되었을 때 전체 차림에서 재킷을 강조시키는 배경 역할을 하거나 혹은 반대로 강조점의 역할을 하게 된다.

성공적인 디자인 성공적인 디자인은 디자인의 모든 요소들과 원리들이 조화롭게 조합될 때 이루어진다. 그리고 그것은 의상의 주제를 지나치게 과장하지 않으면서 잘 살리고 있을 때 이루어진다. 과장되게 디자인된 패션은 잘 팔리지 않는다.

효과적인 디자인은 잘 개발된 아이디어나 주제에서부터 나온다. 예를 들어 만약 디자인의 주제가 드라마틱하면 디자인은 선의 대담한 사용과 과장된 실루엣, 커다란 공간의 분할, 밝은 색채들과 어두운 색들, 강한 대비, 큰 프린트 또는 과도한 질감 등을 포함해야 할 것이다. 아이디어와 주제를 발전시키는 데는 여러 가지 방법들이 있다. 뭔가 특별한 것이 어울리는 때에 입는 이브닝 가운의 경우는, 디자인의 요소와 원리를 심사숙고하여 디자인을 하는 것이 대단히 중요하다. 이에 반해 일상복은 단순하고 실용적인 의상들이므로 디자인 요소들은 상대적으로 중요하지 않다.

디자인의 경험을 얻기 위한 가장 좋은 방법은 시험적 시도를 해 보는 것이다. 디자이너는 그들의 업무에 관한 한 항상 배우는 자세를 가진다. 디자이너는 균형, 비례, 강조, 그리고 반복을 제대로 사용하기 위해, 그리고 원단과 색채, 선 그리고 실루엣의 조합 등을 완벽히 갖춘 디자인을 위해 하나의 디자인을 다양하게 변형시키는 작업을 시도한다. 디자이너들은 대개 스케치를 함으로써 그들의 아이디어를 정리한다. 이 때 디자이너는 모든 디자인 요소들이 함께 작용하여 조화롭고 일관된 시각적 효과를 창출하는지를 객관적으로 판단해야 한다.

아이디어 스케치

때로 디자인 아이디어는 드로잉으로부터 시작되기도 한다. 프랑스 쿠튀르 디자이너인 크리스챤 라크르와(Christian Lacroix)는 "나는 수백 장의 드로잉을 쌓아두고 있다."[8]고 말하기도 했다. 실루엣이나 네크라인에 대한 아이디어를 가지고 스케치를 시작한 후, 디자이너는 그 디자인을 완벽하게 만들기 위해 많은 대안들을 스케치해 보곤 한다. 종이에 그려진 스케치들을 비교해 봄으로써, 디자이너는 어느 쪽 디자인의 디자인 요소들이 더 좋은 조화를 이루고 있는가를 알 수 있

사무실에서 아이디어를 스케치하고 있는 제시카 무클린톡 (Jessica Mcclintock) (사진촬영 : 저자)

게 된다. 또한 디자이너는 그 디자인들이 원단으로 만들어져서 입체적인 형태가 되었을 때 어떻게 보일 것인가에 대해서도 예측할 수 있어야 한다.

디자이너는 도식화(working sketch)라는 기술적 스케치를 작성하는데, 이 스케치에는 봉제선이나 트림의 상세한 모습과 각 부분들의 비례가 정확히 묘사된다. 이 기술적 스케치는 패턴 제작자가 이를 패턴 제작의 기준으로 사용할 수 있을 정도로 명확하게 작성되어야 한다. 그리고 이 스케치에는 대개 의복 구성 방식이나 치수 등에 대한 노트도 함께 제시된다. 디자이너들은 흔히 팩스를 사용하여 해외에 있는 생산 기지와 디자인 아이디어에 관해 커뮤니케이션한다.

CAD 디자이너들은 컴퓨터를 사용하여 디자인 아이디어를 스케치하기도 하지만 이는 쉽지 않다. 컴퓨터 프로그램에 따라서 파리, 밀라노, 뉴욕 현지의 콜렉션에서 제시된 의류 디자인을 부분적으로 가져다가 서로 연결시킴으로써 디자인을 완료할 수 있는 것도 있다. 컴퓨터 그래픽스를 사용하면 직물 문양의 리피트를 화면상에서 미리 만들어 볼 수 있고, 인체 위에 그 문양직물이 의상으로 착장된 상태를 시뮬레이션해 볼 수도 있으며 같은 문양에 여러 가지 컬러와 원단을 바꿔 가며 적용시켜 볼 수도 있다(텍스타일 디자인에 대해서는 제6장을 참조).

또한 하나의 의류 라인 전체는 조직화되어 상품생산관리(Product data management, PDM)라는 컴퓨터 시스템에 입력된다. 한편 어떤 컴퓨터 회사들은 디자인 아이디어의 스케치가 자동적으로 제1차 패턴으로 변환되도록 하는 방안을 고안하고 있다(프로덕션 패턴메이킹에 대해서는 제10장을 참조).

스타일 보드 한 라인 전체의 개발 결과를 차트화하기 위해 디자이너들은 커다란 보드 위에 모든 소재별 그룹 또는 컬러별 그룹의 스타일 스케치를 붙이는데, 이것이 곧 그 라인의 마스터 플랜을 담은 스타일 보드이다. 일반적으로 디자이너들은 스타일보드(style board)를 디자인실의 벽에 붙여 놓고, 그 라인이 완성될 때까지 계속 스타일들을 추가하거나 삭제해 나간다. 큰 회사의 경우에는, 대개 이러한 스타일 보드 작업을 CAD나 PDM 시스템을 사용하여 수행한다.

샘플 의상의 제작

일차 샘플 의상이나 **프로토타입**은 디자인이 성공적인지의 여부를 테스트하기 위해 제작된다.

일차 패턴의 제작

상품 개발의 그다음 과정은 패턴을 만드는 일인데, 이는 **프로토타입**(prototype) 또는 샘플 의상을 재단하고 바느질하는 것이다. 패턴은 샘플 사이즈로 제작되며, 이것은 테스트 용도나 파는 용도로 사용된다. 샘플 사이즈로는 주니어 의상은 7호 혹은 9호, 여성복의 경우에는 8호 또는 10호, 남성용 바지는 34호, 남성용 수트로는 38호 등이 일반적으로 사용된다. 패턴 제작자는 패턴을 만드는 데 입체재단, 평면패턴 또는 컴퓨터를 이용한 방식 등 세 가지 방식을 사용할 수 있다.

입체재단　패턴 제작자나 보조 디자이너는 패턴을 만들기 위해 머슬린(muslin) 또는 그 의상에 쓰이는 소재를 재단하는데, 이때 흔히 **입체재단**(draping) 방식을 사용한다. 입체재단이란 마치 조각품을 만들듯이 소재를 다루는 방식으로, 선이 부드럽게 흘러내리는 디자인에 이상적인 재단 방식이다. 이 방법은 쿠튀르 드레스나 이브닝웨어 라인에서 주로 사용된다. 또한

지안프랑코 페레가 이탈리아 밀라노에 있는 자신의 디자인 스튜디오에서 재킷의 맞음새를 점검하고 있다.
(사진촬영 : ARNAL CASTOLDI MILAN ITALY)

이 방법은 패턴 제작자나 디자이너가, 그 디자인의 선과 비례를 실제 착용 상태와 같은 3차원의 상태에서 파악하는 데 매우 적합한 방식이다. 왜냐하면 흔히 평면적 디자인을 입체적 형태로 만들고 난 후 다시 디자인을 조정하는 경우도 생기기 때문이다.

입체재단의 모든 부분은 신중하게 표시되어야 하는데, 앞중심선, 어깨라인, 솔기, 진동둘레, 그리고 단춧구멍 등이 특히 그러하다. 디자이너가 외형과 맞음새에 만족하면, 머슬린은 다시 인대에서 분리되고 보정된다. 보정(truing)은 원래의 선들을 곡자나 각도기, 직선자 등을 사용하여 수정하는 작업을 말한다. 마지막에는 두꺼운 종이에 그 패턴을 옮겨 그린다.

평면재단　바디스나 소매, 팬츠나 스커트 등과 같은 기본적인 패턴들이 평면재단 방식으로 만들어진다. **평면패턴**(flat pattern)의 제도란 정해진 방식과 수치에 따라 종이에 패턴을 그리는 작업을 말한다. 이렇게 제도된 패턴은 정확하게 제작되었는지에 대한 검토 과정을 거쳐, 다트나 솔기 등을 옮기면 새로운 스타일로 변형될 수 있는 패턴 원형, 즉 블럭(block) 또는 슬로퍼(sloper)가 된다. 평면재단 방식은 각도기, 직선자, 곡선자 등을 사용하여 기존의 패턴이나 슬로퍼를 변형시키는 작업이다.

컴퓨터 패턴　컴퓨터 패턴(computer Pattern) 제작에 대해서는 제10장의 패턴 제작 부분에서 충분히 언급하였으니 참조하기를 바란다.

패턴을 원단 위에 펼치고 옮긴 다음, 보조 디자이너나 재단사는 1차 샘플 또는 프로토타입 의상으로 봉제하기 위하여 원단을 재단한다.

프로토타입

프로토타입(prototype)은 공장에서 가장 기술이 좋은 재봉사인 샘플 메이커에 의해 만들어진다. 샘플 메이커는 공업 재봉 기술을 알아야 하고, 전체 의상을 어떻게 다루어야 할지에 대해서도 알아야 한다. 디자인 팀은 샘플 메이커와 함께 일하면서 샘플 제작의 문제들을 풀어 나가야 한다. 또한 그 의상이 봉제될 때 공장의 봉제 방법도 함께 연구되어야 한다. 많은 의류 제조업체에서는 생산의 질을 미리 검토하기 위해 일부러 해외에 있는 생산 공장에서 샘플 의상을 제작한다.

맞음새　다음 단계는 샘플의 맞음새(fit)와 전체적인 외관, 느낌을 테스트하는 단계이다. 좋은 맞음새를 만드는 기술력은 샘플 개발에서 가장 중요한 부분이다. 만들어진 샘플 의상은 모델이 입었을 때 편안한지와 움직이기에 편한지 등이 평가된다. 디자이너 도나 카란은 자사 라인의 샘플을 입어 보는 것을 즐긴다고 한다.

디자이너의 작업지시서

모든 스타일이 개발될 때마다 이는 기록되고 보관된다. 모든 디자이너는 그 스타일의 생산원가와 원단이나 트림에 관한 내용(원단이라면 원단이 생산되는 공장의 이름도 포함된다) 등을 직접 생산부서에 알려 주기 위해, 그러한 내용을 담은 작업지시서를 작성한다. 많은 회사들에서는 이러한 정보를 집적시키기 위해 상품생산 데이터 관리 시스템(PDM)을 사용하고 있다. 이러한 경우에 각 부분(원단이나 트림, 디자인 등)을 담당하는 부서들은 각자의 담당 업무와 관련된 데이터를 컴퓨터에 입력한다.

상품생산 데이터 관리 시스템(PDM)의 작업지시서에는 보통 다음과 같은 정보들이 포함된다.

1. 그 의상이 디자인된 날짜
2. 판매 시즌
3. 디자인이 제작될 사이즈 범위
4. 디자인에 부여된 스타일 번호(각 제조업체에는 시즌과 원단 그리고 패턴을 나타내는 코드 부여 방식이 있다.)
5. 그 의상에 대한 간략한 설명
6. 그 의상을 쉽게 알아보기 위한 간략한 스케치
7. 디자인에 사용되는 색채나 배색
8. 의상에 쓰이는 원단 스와치
9. 사용되는 원단의 유형과 공급처, 야드당 폭과 가격 등을 포함하는 재료 정보들
10. 마커의 너비, 대개는 원단보다 1인치 좁다.
11. 트리밍 정보들 : 종류, 공급처, 사이즈, 그리고 버튼이나 지퍼, 브레이드, 레이스, 벨트, 고무줄 등의 가격, 그리고 주름잡기 또는 가죽으로 된 스파게티 굵기의 끈, 매듭 등 외주 업체가 공급한 특별한 처리에 관한 정보
12. 패턴의 그레이딩, 마킹, 재단, 봉제, 후가공, 염색, 수세까지의 공임, 이러한 정보는 디자이너의 작업지시서에 기록될 뿐 아니라 가격 관리부서의 서류에도 기록된다(제10장 참조).

라인의 선정

디자이너는 각 라인마다 수많은 디자인을 개발한 후 그중에서 선택한다.

디자이너는 각 디자인을 객관적으로 판단할 수 있어야 하며, 자신의 창작물을 판단한다는 어려운 작업을 제대로 수행하기 위해서는 공정하고 예리한 눈을 가져야 한다.

품평회

의류 제조업체에서는 개발된 라인을 분석하기 위한 품평회(editing)가 매주 혹은 매월 규칙적으로 열린다. 이 자리에서 매니저, 디자이너, 머천다이저들은 모든 샘플들 중 라인에 가장 적합한 것을 선택하며 이를 위해 생산 담당자나 판매 전문가들과도 상담한다. 디자이너들은 새로운 스타일을 만들어 내는 것을 선호하는 데 반해, 세일즈 매니저들은 그동안의 판매 기록을 바탕으로 하여 선택하려 하며, 생산 매니저는 이전에 생산해 본 디자인의 의상을 선호한다. 물론 그들은 서로의 의견을 수렴하여 균형을 이루려고 노력한다. 때로는 고객의 선호를 잘 아는 유통업체 바이어에게 의견을 묻기도 한다.

　품평회를 거치면 소재, 스타일, 가격 간의 조합이 가장 성공적인 것들만 남고 다른 스타일

개발한 잠옷 의류를 품평하고 있는 캐롤 호크만(오른쪽)과 그의 동료들
(출처 : CAROLE HOCHMAN, 사진촬영 : 저자)

들은 추려진다. 어떤 디자이너들은 소비자들에게 혼란을 주지 않도록 라인을 더 엄정하고 간결하게 간추려야 한다고 생각한다. 반면 큰 회사들은 소비자들에게 더 많은 선택의 여지를 주어야 한다고 생각한다. 예를 들어 존스 뉴욕사는 한 시즌에 일반적으로 32벌씩 5개의 그룹(1년에 800벌)을 선보인다. 반면 벳시 존슨(Betsey Johnson)사는 시즌당 평균 100벌을 선보여, 매월 40벌 정도가 출하된다(1년에 500벌).

최근 의류 제조업체들은 시즌에 제시되는 스타일의 수를 줄이고 대신 스타일당 판매를 늘리기 위해 시즌 라인에서 더 많은 스타일들을 추려 내고, 생산에 비해 판매량이 적을 것으로 예상되는 스타일들은 기피하는 경향을 보인다.

머천다이징 계획의 재평가

이 시점에 이르면 머천다이징 계획이 재조율되어야 한다. 만약 라인 내의 어떤 그룹이 유난히 강하게 보인다면 새로운 스타일이나 색채가 그 라인에 추가되어야 할 것이다. 이 장의 첫 부분에서 언급한 바 있는 머천다이징 계획은, 이 단계에서는 선택된 스타일의 정확한 수와 선택된 소재의 실제 가격과 각 스타일의 소재 사용량을 정확히 기술하는 내용으로 수정되어야 한다.

라인 프레젠테이션

예정된 라인 혹은 콜렉션 오프닝 날짜 바로 전에 라인은 판매 담당 부서에게 선보인다. 디자이너나 머천다이저는 라인의 컨셉, 현재의 패션 트렌드, 그리고 소재 선정에서의 새로운 점 등을 판매부서의 대표나 유통업체의 바이어들에게 설명해야 한다.

잘 개발된 테마로부터 탄생한 일관된 시각적 이미지를 갖춘 라인이라면, 도매업계에서도 소매업계에서도 성공적으로 판매될 수 있을 것이다. 실제로 디자이너나 고객에게 스타일 아이디어에 대해 설명을 할 수는 없기 때문에, 제품 자체가 고객에게 그 아이디어를 전달해야 한다.

제품과 디자인의 개발과정은 일종의 도전이다. 디자이너는 창의적이어야 할 뿐 아니라 생산을 이해해야 하고 무엇이 팔리는지도 알아야 한다. 에르메스사의 패션 디렉터인 클라우드 브루에(Claude Brouet)는 "재능 있는 디자이너는 매우 많다. 그러나 디자이너는 재능을 갖추는 것 외에도 생산과 제품 유통과 정확한 납기의 엄수 등에 대해서도 잘 알고 있어야 한다. 그렇지 않으면 아무리 아름다운 콜렉션도 쓸모가 없게 된다."[9]라고 말했다.

샘플 복제

라인이 완성된 후 출하일이 되기 전에, 의류 제조업체들은 라인에서 선택된 샘플 의상들의 복제품(duplicates)들을 바이어들에게 보여 주기 위해 신상품 전시장에 진열하거나, 세일즈 담당자들에게 선보이게 된다. 이들은 공장의 생산을 시험하기 위해 제작된다. 기본 스타일들은 라인이 판매되기에 앞서 생산에 들어간다.

요약

이 단원에서는 제품 개발, 머천다이징, 디자인에 대해서 다루었다. 회사는 특정한 이미지와 표적시장에 어필할 수 있는 제품들을 설정한다. 머천다이저는 판매목표를 달성할 계획을 준비하고 소비자 니즈를 만족시키기 위한 계획을 수립한다. 디자인 부서는 각 아이템 혹은 그룹들로 이루어진 시즌 라인을 만들어 낸다. 디자이너는 특히 색상과 소재, 그리고 다른 디자인 요소들을 고려하여 매력적인 의상을 만들어 낸다. 스케치와 일차 패턴 제작이 끝나면 디자인과 소재를 테스트하기 위해 샘플 의상이나 프로토타입을 제작한다. 마지막으로 라인이 선택되고 나면 마켓에 출시하기 위해 쇼를 준비하거나, 또는 개인적으로 라벨을 보유한 소매 상인들은 시장에 판매할 준비를 한다.

🅞 용어 개념

다음의 용어와 개념을 간단히 설명하고 논하라.

1. 콜렉션 또는 라인	10. 디자인 요소	19. 도식화
2. 시즌	11. 컬러 스토리	20. 일차 패턴
3. 머천다이징	12. 소재 선정	21. 입체재단
4. 머천다이징 계획	13. 재질감	23. 평면패턴
5. 디자이너	14. 소재의 성능	24. 디자이너의 작업지시서
6. 아이템	15. 샘플용 옷감	25. 스타일 보드
7. 디자인 모방	16. 비례	26. CAD
8. 그룹	17. 비대칭 균형	
9. 주제	18. 반복	

🅞 복습 문제

1. 의류회사의 세 가지 주요부서의 명칭을 들고 그들의 관계에 대해 토론하라.
2. 디자인 업무와 연관된 머천다이징 업무를 논의하라.
3. 캐주얼웨어의 머천다이징과 정장 드레스의 머천다이징 간의 기본적인 컨셉 차이를 토론하라.
4. 디자인 요소를 들어 보라. 그리고 디자인 요소들을 디자인에 담는 것이 왜 중요한지 토론하라.
5. 디자인의 원리는 무엇인가? 또한 디자인의 효과를 분석하는 데 있어 디자인 원리는 어떻게, 얼

마나 유용하게 사용될 수 있는가?

6. 샘플 의상의 개발과정을 간략히 설명하라.

❶ 심화 학습 프로젝트

1. 가상의 또는 실제 하는 어떤 사람에 대해 간단히 기술해 보라. 이때 그 사람의 연령, 체격, 직업, 거주지, 흥미나 관심, 라이프스타일 등에 대해 기술하라. 이 사람이 8개월 후 시즌에 선보일 새 캐주얼웨어 라인의 전형적인 소비자라 가정하고, 그 소비자의 라이프스타일에 따른 가격대 및 스타일군을 선정해 보라. 또한 20벌의 코디형 단품 의상으로 구성된 그룹을 디자인하라. 이를 위한 컬러 스토리를 구성하고 원단을 선정해 보라(머천다이징 전공자들은 디자인하는 대신, 잡지의 캐주얼웨어 아이템들의 사진을 오려서 보드에 붙여도 좋다).

2. 유럽과 미국의 패션 잡지에서 100벌의 훌륭한 디자인을 골라 보라. 그리고 각 디자인들의 라인, 실루엣, 형태와 의상의 공간적 구조, 색채, 재질감(원단, 문양, 트림) 및 그 디자인의 균형, 비례, 리듬, 강조에 대해 기술하라. 모든 디자인 요소와 원리들이 조화롭게 적용되어 있는지, 어떠한 디자인 요소가 가장 두드러지는지 등을 기술하라. 또한 이번에는 좋지 못하다고 생각되는 두 벌의 의상을 선택하고 이들을 앞에서와 같은 방식으로 분석한 후, 이 의상들에서 어떠한 디자인 요소나 원리가 제대로 적용되지 못했는지를 생각해 보라.

3. 인근의 전문점이나 백화점에서 판매되는 상품 중, 비슷한 가격대이면서 서로 다른 제조업체에 의해 제조된 두 벌의 수트나 드레스를 골라 비교해 보라. 직접 입어 보고 나서 어느 것이 더욱 잘 맞는지 비교하라. 또한 어느 쪽이 더 질 좋은 소재를 사용했는지, 디자인은 어느 쪽이 더 나은지, 스타일링은 어느 쪽이 더 좋으며, 어느 쪽이 더 혁신적인 스타일인지를 비교하라. 이러한 점들을 함께 고려할 때 어느 쪽을 구입하게 될 것인가를 생각하고, 그 내용을 리포트로 작성하라. 이때 리포트에는 비교한 의상의 특징을 기술하거나 스케치한 내용을 포함시키라.

❶ 참고문헌

[1] "Slimane Talks About Dior, YSL," *Women's Wear Daily*, July 5, 2000, p. 9.

[2] As quoted in "Lauren at 25," *Women's Wear Daily*, January 15, 1992, p. 7.

[3] Deborah Ball, "Armani Stands at Crossroads Amid Consolidation," *Wall Street Journal*, October 24, 2000, p. B17.

[4] Robin Howe, former design director, Jones New York, interview, May 4, 2000.

[5] Tommy Hilfiger, interview, September 23, 1994.

[6] As quoted in "The Culture of Copycats," *Women's Wear Daily*, November 2, 1999, p. 8.

[7] Christian Dior, *Talking about Fashion* (New York: Putnam's, 1954), p. 35.

[8] "Lacroix Tells Us about Christian," *Marie Claire*, October, 1998, p. 1.

[9] As quoted by Katherine Weisman, "Hermès, Loosening the Reins," *Women's Wear Daily*, March 2, 1994, p.15.

루이뷔통 작업실에서의 피팅 작업
(출처 : LOUIS VUITTON)

10

▶▶▶ 어패럴 생산과
글로벌 소싱

관련 직업 ■□■

어패럴 생산 분야에서는 기술직이 가능하며 글로벌 소싱이 이루어진다. 패턴 설계 분야에서 일을 하기 위해서는 패턴 설계와 컴퓨터 패턴 제도에 관한 교육을 받아야 한다.

소재 관련 분야의 직업으로는 원자재나 부자재 바이어와 같은 직종이 있다. 수학적인 측면에 재능이 있는 사람은 소싱 업무나 원가 분석, 생산 기획에 관한 업무가 적당하다. 그러나 이와 같은 어패럴 생산에 관한 대부분의 업무는 이제는 해외 공장에서 이루어지고 있다. 효율적인 업무 추진을 위해서 소싱 관리자들은 생산에 관한 지식이 필요하며, 해외 공장 출장 업무가 증가하고 있다.

학습 목표 ■□■

이 장을 읽은 후 …

1. 의류 원가 계산 방법을 이해할 수 있다.
2. 의류 생산 절차를 이해할 수 있다.
3. 위탁 가공 생산의 종류를 파악할 수 있다.
4. 생산에 사용되는 컴퓨터 시스템 종류를 파악할 수 있다.
5. 신사정장 생산방식과 캐주얼웨어 생산방식의 차이를 이해할 수 있다.
6. 니트웨어 생산방식의 특성 두 가지를 비교할 수 있다.
7. 품질 관리의 중요성을 이해할 수 있다.

어패럴 생산은 패션 제조업을 구성하는 3대 요소인 디자인, 생산, 판매 중 하나로 매우 중요한 분야이다. 패션 제조업을 구성하는 이 세 가지 요소는 서로 밀접한 관계를 가지고 있어 디자인이라는 요소가 없이는 판매할 제품을 생각할 수 없고, 판매가 없다면 제품 생산을 생각할 필요도 없다. 또한 상품의 구매 주문이 배송 시간에 대한 개념을 가지고 정확하게 이루어지지 않는다면 판매가 지속적으로 이루어질 수도 없다. 따라서 고객을 지속적으로 유치하기 위해서는 의류 제조업체도 가격을 갑자기 올리거나 내리지 않아야 하며, 제품의 품질, 스타일, 판매 시기 등을 안정적으로 관리해야 한다. 제10장에서는 원가 계산에서부터 품질 관리에 이르기까지 어패럴 생산에 관여되는 부분들을 구체적으로 설명하고자 한다.

생산 계획

주문 및 수요 예측에 근거하여 제조업자는 각각의 스타일에 대한 생산 규모를 결정해야 한다.

제품이 매장에 선보이기 전부터 판매를 예측한 데이터에 의존하여 생산에 대한 기획이 이루어지고 구체적인 생산 작업에 착수하게 된다. 생산 계획에는 주문생산과 기획생산의 두 가지 방식이 있다.

주문생산

주문생산(cut-to-order) 방식은 주문한 물량만을 생산하는 방식이므로 재고 염려가 전혀 없는 생산방식이다. 이 생산방식은 주문이 이루어질 때까지 기다렸다가 신속하게 재단과 봉제 공정을 거쳐 생산하여 배송해야 된다. 따라서 이 방식은 높은 가격대의 쿠튀르나 유명 디자이너 제품 생산 또는 판매 예측이 불투명한 최신 유행의 패션 상품을 생산하는 데 활용한다.

기획생산

기획생산(cut-to-stock) 방식은 재고의 부담을 안고 판매량을 예측해서 제품이 일정 수량을 미리 생산하는 방식이다. 생산 물량을 예측하기 위해서는 판매 시점의 경제 흐름, 비슷한 스타일 의류 제품의 과거 판매 실적, 시즌, 해당 제품 라인에 대한 시장의 반응을 반영하여 결정한다.

　공장의 가동이 계속되도록 하기 위해서 유행에 민감하지 않은 기본 스타일 제품에 대해서는 기획생산 방식을 택하는 것이 필요하다. 이 방식은 공장의 생산물량이 비교적 적은 한가한 기간에도 공장을 가동시켜 판매수요가 높은 시즌에 판매할 수 있다는 장점도 있다. 이 외에도 선염과 같이 소재 생산에 장기간이 소요되는 경우나 멀리 떨어진 지역에서 생산한 제품을 수입하는 경우에도 기획생산 방식을 택하는 것이 유리하다.

글로벌 소싱

제조업무가 글로벌화되고 있다.

대부분의 제조업체(전통적인 제조업체와 자사상표 의류를 생산하는 유통업체를 모두 포함)들은 더 이상 자체 공장에서 의류를 생산하지 않는다. 디자인부터 원자재 구입과 운송 작업까지 생산에 관여하는 여러 가지 업무들을 **외부 생산업체**(contractor)에 위탁하여 처리한다. 외부 생산업체는 의류업체의 재단이나 패턴 설계부터 봉제까지 생산 업무들을 위탁받아 자신들의 공장에서 생산하는 독립된 생산업체이다.

많은 제조업체들은 외부 생산업체에 위탁하게 됨에 따라 비수기에 생산자들에게 임금을 지불하지 않아도 되고, 생산자 고용에 따른 재교육이나 임금 협상 등의 문제를 고민하지 않아도 되는 장점이 있다. 또한 장비의 교체나 시설 설비 투자가 필요 없으므로 초기 투자 비용에 대한 부담이 적은 장점이 있다.

외주 생산 체제는 생산의 유연성을 확보할 수 있다는 장점이 있기는 하지만 단점도 있다. 가장 큰 단점은 품질관리가 용이하지 않다는 점이다. 또한 협력 공장까지 물품을 이송해야 하는 점은 생산비용의 증가를 가져오기도 하고, 손실도 발생한다. 작업 진행상 의사소통이 부정확할 수 있으며, 납품 기한이 늦어지는 문제점이 발생하기도 한다. 그러나 제조업체들은 외부 생산업체와 장기적인 신뢰관계를 유지하는 방법을 채택하고 있다. 글로벌

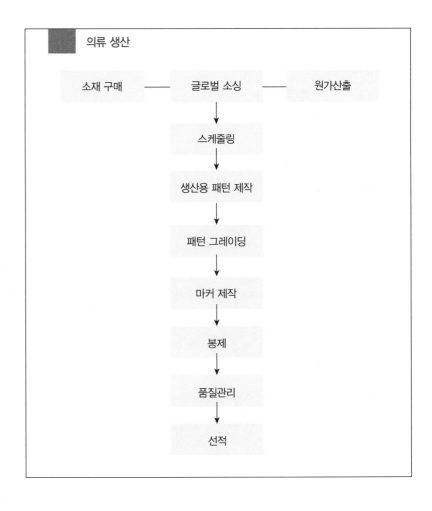

의류 생산

소재 구매 ── 글로벌 소싱 ── 원가산출

↓

스케줄링

↓

생산용 패턴 제작

↓

패턴 그레이딩

↓

마커 제작

↓

봉제

↓

품질관리

↓

선적

컴퓨터 네트워크 시스템을 구축하고, 디자인, 스펙 관리, 소재, 구매, 패턴 제작, 생산에 관한 정보를 생산업체와 공유하는 방식을 사용한다. 컴퓨터 기술의 발달에 따라 해외에서의 생산도 국내에서 조율한다.

전략적 소싱

생산책임 관리자는 세계 각국의 공장을 방문하고 공장 주인들을 만난다. 그들은 협력 공장의 생산규모, 기술 정보화 수준, 장비, 작업장의 청결성, 작업자의 수준을 평가하여 주문할 제품의 생산 작업에 가장 적합하고 믿을 만한 파트너를 찾는다. 협력 업체들은 대부분 특정 작업을 잘 처리하는 특징이 있다. 예를 들어 니트나 우븐 소재 작업을 특히 잘 처리하는 공장이 특화되어 있다. 주문업체로부터 샘플 의류가 제공되면 공장에서는 시제품을 제작하게 된다. 주문 계약이 이루어지면 협력공장은 납품 일정에 맞추어 작업을 완료해야 하며, 제조업체가 규정한 품질 규격에 합당하도록 작업을 수행하는 조건에 합의하게 된다. 어떤 제조업체들은 한두 곳의 협력업체와 밀접한 관계를 맺기도 한다. 그들은 신뢰를 바탕으로 장기적인 파트너십 관계를 이루어 상호 성공할 수 있는 관계로 발전시킨다.

의류 생산 분야는 기술적인 발전이 거듭되고 있어도 여전히 노동력이 많이 요구되는 분야이다. 협력 공장은 세계 각 지역에 세워져 있다. 해외 협력 공장의 선정 조건은 다음과 같다.

- 풍부한 노동력이 제공되는가?
- 임금 수준은 적당한가?
- 장비나 운송 설비들의 기술적인 투자가 되어 있는가?

따라서 미국의 제조업체들은 값싼 노동력이 제공되는 아시아, 동유럽, 멕시코, 캐러비안 지역을 선호한다. 최저의 원가로 좋은 품질의 의류 제품을 만들 수 있는 곳이면 어디든지 협력 공장을 만든다. 미국의 의류업체들은 가장 좋은 조건으로 글로벌 소싱이 가능한 업체를 발굴하기 위해 홍콩에서 열리는 중국 소싱 박람회와 같은 곳에 참여한다. 미국의 의류 수입은 매년 증가하고 있다. 예를 들어 리즈 클레이본(Liz Claiborne)사는 35개 국가의 300개의 해외 협력공장에서 총 생산물량의 95% 정도를 생산한다.[1] 최근 미국 의류업체가 가장 활발하게 이용하는 소싱 국가는 중국, 멕시코, 인도, 인도네시아, 파키스탄, 방글라데시, 온두라스, 캐나다, 필리핀 등이다.

미국이나 유럽 시장을 겨냥한 의류 생산은 제3세계의 발전과 관련해 밀접한 영향을 받는다. 제2차 세계대전 이래로 많은 아시아 국가들은 섬유와 의류 생산으로 자국의 경제 성장을 도모하였고, 생활수준의 향상을 가져오는 데 활용하였다.

일부 미국과 캐나다의 제조업체들은 아시아나 캐러비안, 멕시코 지역에 자체 소유의 생산

기지를 설치하거나 소유하기도 한다. 아시아의 제조업체들은 미국, 멕시코, 중남미, 캐러비안 지역에 생산기지를 설립하여 협력생산을 추진하기도 한다.

아시아   아시아의 공장들은 매우 유연하고 효율적으로 생산이 진행되며, 품질이 우수한 제품을 생산하므로 패션 상품을 생산할 수 있다. 아시아 지역의 의류제조 본산은 홍콩으로, 많은 업체들이 해외생산 기지 확보를 홍콩에서부터 시작하였다. 지금은 홍콩 작업자들의 기술 수준이 높고, 임금 수준도 높기 때문에 홍콩에서는 최고 품질의 제품을 위주로 생산된다. 홍콩 이후에 값싼 노동력을 제공한 지역은 대만, 중국, 한국 등이었다. 그러나 이들 국가도 작업자의 기술 수준과 임금 수준이 상승함에 따라 이제는 인도, 방글라데시, 베트남, 캄보디아와 같은 개발도상국과 인도네시아, 말레이시아와 같은 동남아시아 지역에서 해외생산이 주로 이루어지고 있다. 또한 지역별 기술 특화 현상도 일어나서 인도와 스리랑카는 자수나 구슬 장식 작업의 생산이 주류를 이루고 있다. 작업자의 임금 수준을 비교해 본다면, 미국의 평균 섬유 산업 노동자 임금이 시간당 12.97달러인 것과 비교해서 인도는 0.6달러, 중국은 0.62달러 수준이다.[2]

미국의 의류 및 섬유 제품의 최대 생산 지역은 중국이다. 중국에는 수백 개의 의류업체가 있고, 규모 면에서는 작은 작업장부터 대규모의 공장까지 다양하고, 공산주의식으로 국가 소유의 공장과 자본주의식의 개인 소유 공장도 있다. 예를 들어 루엔타이홀링스(Luen Thai

15개 건물에서 14,000명의 작업자가 일하는 중국 동관의 루엔타이(Luen Thai) 공장
(출처 : LIZ CLAIBORNE)

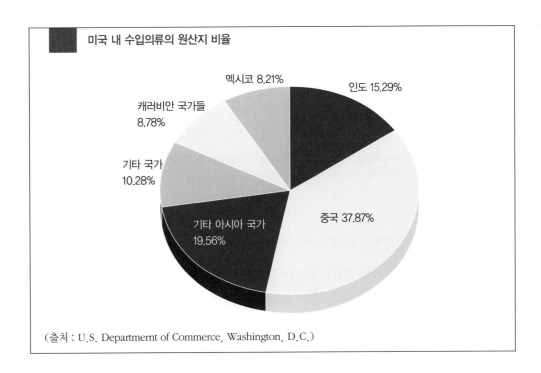

미국 내 수입의류의 원산지 비율

멕시코 8.21%
인도 15.29%
캐러비안 국가들 8.78%
기타 국가 10.28%
중국 37.87%
기타 아시아 국가 19.56%

(출처 : U.S. Departmernt of Commerce, Washington, D.C.)

Holdings Ltd.)는 동관(Dongguan)에 15개의 공장 건물에서 14,000명의 작업자가 일을 하는 대규모 공장이다. 리즈 클레이본의 전 생산 책임자인 밥 제인(Bob Zane)은 "중국 생산은 앞으로도 지속적으로 증가할 예정이며 미국에서 소비되는 의류의 50~80%를 차지할 것이다."[3] 라고 예측했다. 제2장에서 논의한 바와 같은 미국의 대중국 무역 적자로 인해 중국 수입 협정에 대한 새로운 규제를 가져올 것이다.

멕시코와 캐러비안 지역　미국산 섬유를 보내어 재단과 봉제를 할 수 있으므로 미국의 섬유업체들은 멕시코와 캐러비안 지역에서 재단과 봉제 작업을 하는 생산방식을 적극 지원하고 있다. 또한 북미자유무역협정(NAFTA)이 발효된 이후 멕시코로부터의 수입은 관세가 부여되지 않는다. 미국과 멕시코의 대규모 직물업체들은 멕시코 시의 남쪽 산업기지에 텍스타일 도시(Textile City)를 조성함으로써 미국 내 의류 제조업체들에게 생산단지를 제공하고 있다. 멕시코는 이미 세계 6위의 의류 생산국이다.

최근에는 미국산 원사와 직물을 사용하던 캐러비안 지역과 중미에 대해 세금과 쿼터에 관한 규정이 만료되었다(제2장 참조). 중앙아메리카무역자유협정(The central American Free Trade Agreement, CAFTA)에 포함된 국가는 도미니카공화국, 코스타리카, 과테말라, 온두라스, 니카라구아, 엘살바도르 등이다. 미국 제조업체들은 미국에 근접한 국가들을 활용해서 신속한 생산방식을 유지하는 것을 좋아하며, 이들 국가에서는 기본 스타일 상품을 생산하여 신속하게 재주문에 응하고 있다.

동유럽　냉전시대에 소련의 공급처로 사용되던 폴란드, 헝가리, 몰도바, 슬로바키아와 같은 동유럽의 국가들은 이젠 유럽 제조업체에 값싸고 질 좋은 노동력을 공급하고 있다. 리즈 클레이본사나 리바이스(Levi Strauss)사와 같은 미국의 일부 의류 제조업체들은 동유럽 생산공장을 활발하게 사용하고 있다. 동유럽의 협력 공장들은 명령 체계로 작업하는 경제 활동 방식에 익숙해 있으므로 작업 마감 시기에 둔감하다. 따라서 이들도 시장중심경제에서 요구하는 빠르고 정확하게 납기 일정을 맞추어야 하는 생산 체계에 적응해야 할 것이다.

수입절차

외국에서 제품을 수입하는 경우 많은 협상과정을 거치게 된다. 제조업체는 생산기지가 있는 현지에서 제조업체를 대표해서 작업을 할 에이전트와 제품의 통관을 위해 미국 정부에 제출할 서류를 작성하는 업무를 담당하는 중간 중계인, 물품을 운송하는 업무를 중계하는 운송담당 에이전트가 필요하다. 해외생산의 경우 품질 관리와 납기일 준수의 문제를 해결해 주고 언어 불편사항으로 오해가 발생하지 않도록 중간에서 의사 전달을 도와줄 유능한 에이전트나 대행 회사의 도움이 필요하다. 또는 이 모든 일을 협력업체가 책임지고 수행하기도 한다. 일반적으로 환율 변동에 따라 문제점이 발생하는 것을 방지하기 위해 미국 달러로 가격 협상을 하고 있다.

　해외 생산으로는 세 가지 방식이 있다: 패키지 생산방식(production package), 임가공방식(cut, make, and trim, CMT), 해외 봉제(offshore assembly).

패키지 생산방식　이제 많은 생산기지들의 생산 수준이 상당히 향상되어 완제품 포장단계까지 전 생산단계를 완벽하게 수행한다. 따라서 해외 생산공장에 제품의 스케치(인터넷으로 보내진다)나 샘플과 회사의 제품 사이즈별 치수 규격을 제공하고, 원단과 부자재에 대한 정보를 보내면, 공장에서는 패턴 설계, 재단, 봉제, 품질관리, 출하까지 일괄적으로 수행한다. 위탁 생산업체가 생산과 품질관리, 선적 스케줄관리까지 일괄적으로 처리한다.

CMT　제조업체나 대리인이 원단을 한 나라에서 구매해서 생산공장이 있는 또 다른 국가로 원단을 보내어 생산 공장에서 재단, 봉제, 가공, 라벨작업을 수행하도록 하는 방식이다. 예를 들어 한국에서 실크를 수입해서 중국에서 재단, 봉제, 가공, 라벨작업을 한다.

해외 봉제　미국 국내에서 원단을 구입하여 재단까지 마친 상태에서 중남미의 멕시코나 캐러비안 지역에 보내서 봉제를 하는 방식이다. 이 방식은 해외 생산에서 미국산 원단을 사용하는 것을 지원하는 정책이다. 따라서 이 항목에 대해서는 대량 쿼터를 부여한다. 현재는 Harmonized Tariff Schedule의 9802항으로 분류된다(이전에는 '807프로그램'이라고도 하였음). 이 경우 관세는 외국에서 실행된 노동임금에 대해서만 부과된다.

산업적인 관심사

국내 제조업의 침체   낮은 의류 가격에 대한 소비자들의 요구와 높은 수익을 찾는 투자자들의 요구를 맞추어 주기 위해 의류 제조 업체들은 해외의 저렴한 임금수준을 유지하기 위해 해외생산을 증가시키고 있다. 미국 의류생산노동자조합(Garment Worker's Union)은 자신들의 직장 선택의 범위가 축소되므로 해외생산을 반대하는 입장이다. 북미자유무역협정(NAFTA)이 통과된 이후, 미국의 많은 의류산업 종사자들은 직장을 잃었다. 이것은 미국이 제조중심산업으로부터 탈피해서 서비스중심산업으로 옮겨 갔기 때문이다. 비록 미국이나 캐나다, 유럽국가에서 제조산업이 위축되는 것은 불행한 일이지만 대부분의 미국 젊은이들은 의류산업에서 생산자로 일하는 것을 원치 않는 추세이다.

노동착취 생산업체(Sweatshops)   미국인들은 미국과 제3국에서 일하고 있는 의류생산 공장의 작업자들이 매우 열악한 환경에서 작업하고 있다는 사실에 깊이 우려하고 있다. 아시아 지역의 많은 노동자들은 육체적으로 · 언어적으로 학대받고 있으며, 사소한 실수에도 벌을 받고, 시간외 근무를 강요당하고 있다.

정부의 의류산업 위원회의 전문인들과 인권보호단체, 노동단체들은 전 세계 의류 생산 공장에 대한 노동환경 표준을 설정하는 작업에 착수하였다. 노동현장권리선언문은 아동노동착취, 학대와 차별, 건강과 안전노동단체 설립, 노동시간 확보, 저임금 문제 등에 대해 기준을 제정하였다. 추진위원회는 노동자들이 하루에 10시간 이내로 작업하며, 일주일에 48시간 이내로 작업하는 것을 원칙으로 하며, 시간외 근무를 포함해서 일주일 60시간 이상 노동하지 않도록 입법화하고 있다. 임금은 각국의 수준에 따라 식생활과 주생활의 최저수준을 유지할 수 있는 정도로 제공되어야 한다고 밝히고 있다. 이와 같은 권리선언 내용을 지키지 않는 업체는 공장환경감시 프로그램에서 특별단속을 실시하도록 하였다. 그러나 노동착취가 전혀 발생하지 않는 우수기업의 제품에 대해서는 이러한 내용에 대하여 광고를 할 수 있도록 하였다. 미국 의류업체 중에는 회사 내규로 종업원들의 작업환경에 대한 사항을 정기적으로 감사하는 기업들도 있다. 이러한 기업들은 인권보호에 관한 모범적인 기업들이다. 국제노동조합은 캄보디아의 한 공장에 공장 근무환경 모니터링 프로그램을 만들어서 개발도상국의 노동작업 환경의 개선 현상을 살펴보는 모델로 삼고 있다. 이들은 인권보호의 좋은 본보기를 세우기 위해 노력하고 있다.

원가계산

의류 생산원가는 제조업체와 위탁 생산업체 간의 상호 협의에 의해 결정된다.

위탁 생산업체는 의류 제품을 생산하기 위해 구매한 원단이나 부자재, 임금 비용에 근거하여 생산원가를 산출한다. 제조업체와 위탁 생산업체는 디자인 작업지시서, 샘플용 의류와 생산용 패턴을 근거자료로 하여 작업단계별로 소요되는 작업시간과 원자재와 부자재의 종류별 소요 물량을 분석하여 원가를 산출한다. 일반적으로 최종 원가는 지난 시즌에 생산하였던 유사한 제품의 생산원가에 근거하여 제조업체와 위탁 생산업체가 협의하여 결정한다.

표 10.1 제조업체의 도매가격 산출 예 : 드레스
(각 제조업체는 각 사에서 정한 가격 책정 방식을 사용함)

직접 비용	비용($)	평균비율(%)
원단(구입단가는 총 구입물량에 따라 책정됨)	22.14	18
4.5야드 소요, 야드당 4.29달러		
부자재	2.46	2
노동임금과 위탁생산 비용	23.37	19
(작업수량과 제조국가에 따라 원가 조절 가능)		
관세 또는 소싱 에이전트 비용	4.92	4
국제운송/항공비용	9.84	8
직접비용 총액	**62.73**	**51**
간접비용		
디자인 및 머천다이징 직원 봉급	4.92	4
일반 간접비 : 관리 및 사무 직원 봉급,	14.76	12
건물 임대료, 보험료, 부대비용		
판매 커미션	8.61	7
소매거래 할인료	9.84	8
소매가격 할인	4.92	4
광고/홍보	4.92	4
간접비용 총액	**47.97**	**39**
총 제조원가	**110.70**	**90**
조세 부가 이전 이윤	**12.30**	**10**
드레스의 도매가격	**123.00**	**100**

원가 산출

원단 비용 - 해당 제품을 생산하는 데 필요한 총 원단 소요량을 계산한 뒤, 야드(마)당 가격을 곱하여 제품 생산에 소요되는 원단비용을 산출한다. 대량생산을 하는 경우에는 마커 제작기술에 따라 원단을 효율적으로 사용할 수 있으므로 원단 비용을 다소 절감할 수 있다.

부자재 비용 - 부자재 비용은 총 생산 수량에 소요되는 여러 가지 부자재를 모두 합한 뒤, 생산하는 제품의 수량으로 나누어 제품 한 벌 생산에 필요한 총 부자재 비용을 산출한다.

생산용 패턴, 마커, 그레이딩 작업 비용 - 대부분의 기업들이 생산용 패턴을 제도한 후, 그레이딩하고 마커를 만드는 과정에 소요되는 경비를 간접비에 포함시켜 산출하거나, 생산 가공 비용에 포함시켜 외부 생산업체에 지불하기도 한다.

연단과 재단비용 - 외부 생산업체에 지불할 생산 가공 비용에 포함시키며, 각 제품을 연단하고 재단하는 데 소요된 비용은 생산할 제품 수, 해당 스타일의 패턴 개수, 재단물의 연단 직물 물량에 따라 계산된다.

봉제비용 - 위탁 생산업체는 의류 제품 한 벌 완성에 소요되는 평균 봉제시간을 계산한 뒤, 그 공장 작업자의 평균 시간당 임금으로 곱하여 봉제비용을 산출한다. 봉제비용은 비수기와 성수기에 따라 차등 책정된다. 예를 들어, 베이직 스타일 스웨터의 경우 작업 물량이 적은 비수기인 1월에는 공장을 쉬지 않고 계속 운영하기 위하여 낮은 봉제비용을 제안한다.

가공비용 - 가공비용에는 제조 공정의 마지막 단계인 물류 운송비용이 포함된다. 디자이너 제품은 수공예에 소요되는 경비가 추가된다. 일반적인 스타일 제품의 경우 프레싱 비용, 상품을 접어서 포장하는 비용들을 포함된다. 상자에 넣어 운송할 준비를 하는 과정에 소요되는 비용도 포함된다.

운송비용 - 공장에서 생산이 완료된 제품을 생산공장에서 제조업체의 물류 창고로 옮기는 데 소요되는 운송비이다. 각 제품 원가에는 항공이나 해운 운송에 소요되는 비용이 더해져야 한다.

관세와 쿼터 - 수입품의 경우 관세와 쿼터 비용이 추가로 원가에 포함된다. 현재 쿼터는 중국과 WTO에 가입하지 않은 국가로부터의 수입품에 대하여 적용되고 있다.

간접비 - 간접비는 비즈니스를 수행하는 데 소요되는 일상적인 경비를 포함한다. 고정간접비(fixed overhead)는 매달 고정적으로 지불되는 비용으로 임대료, 전기요금, 난방비, 쓰레기 수거료, 보험료, 직원인건비, 세금, 경비업체에 지불할 비용 등을 포함한다. 변동간접비(variable overhead)는 광고, 홍보비용 등이나 장비 보수료, 재고원단이나 재고에 따른 손실비용, 화재나 도난에 따른 손실 비용 등을 포함한다.

도매가격 산정

제품의 도매가격은 위탁 생산업체에 제공하는 임금, 원단과 부자재 비용(외부 생산업체에 일괄적으로 지불하지 않은 경우), 운송료, 부가비용 등을 합산하여 산출된다. 부가비용은 통상 7~10%의 판매 커미션과 제조자가 취득할 이윤, 일반간접비 등을 포함한다.

　대부분의 제조업체들은 산출된 도매가격의 28~44%의 이윤을 부가한다. 저가품을 제조하는 회사들은 단위 제품당 회사가 취할 이윤을 적게 책정하는 대신, 대량 판매로 총 이윤 수준을 유지하는 정책을 사용한다. 최근에는 소매업체와 제조업체 사이에 파트너 관계가 돈독하게 유지되는 정책을 펴서 소매업체가 원하는 가격으로 적정가격의 산출이 이루어지는 경향이 있다. 즉 소매 가격이 먼저 책정되면 제조업체는 책정된 가격으로 판매할 수 있는 제품을 생산하도록 생산관리를 조절한다.

재료 구매 업무

의류 제품을 생산하는 데 필요한 물품은 제조업체의 원단과 부자재 구매 바이어나 해외 생산업체가 주문 구매한다.

원단과 부자재 바이어는 소재 공급업체나 생산공장과 제조업체 또는 위탁 생산업체 간의 중재자 역할을 담당한다. 소재 바이어는 원단의 특성을 잘 알고 있어야 하며 가격정보, 소재공급가능성, 공급 일정 등의 정보를 알고 있어야 한다. 때로는 원단과 부자재를 해외 생산 패키지의 일부분으로 구매하기도 한다. 이 경우 소재바이어는 원단과 부자재구매 정보를 위탁생산업체에 제공하게 된다. 현대에는 컴퓨터를 이용하여 전자데이터교환방식(EDI)을 활용함으로써 물품구매 의뢰 정보를 교환한다. 제2장에서 설명한 바와 같이 이와 같은 업무처리 방식을 활용하여 제조업체와 공급업체 간의 파트너 관계가 유지되므로 구매업무가 간편하게 이루어진다. 생산물량에 따라 자동적으로 생산계획이나 필요한 원단과 부자재의 소요량을 조절할 수 있는 컴퓨터 소프트웨어를 사용하기도 한다.

　다음은 물품 구매업무에서 참고해야 할 항목들이다.

환경문제　소비자들의 환경보호 및 안정성에 대한 관심이 높아짐에 따라 업체들도 환경문제에 대한 인식이 높아지고 있다. 따라서 제조업체들은 원단을 선택할 때 유기농법으로 재배한 면, 공정거래로 구매한 면, 마, 모 섬유와 라이오셀 제품에 대한 구매 선호도가 높아지고 있으며, 직물의 프린트에 사용하는 잉크도 식물성이나 수용성 재료를 선호한다. 또한 저자극성 염료나 인체에 안전한 가공방식을 선호한다. 이에 따라 피플트리(People Tree)와 같은 몇몇

품데이터관리시
템(PDM)의 출력
료는 원단과
자재 구입이
퓨터로 관리됨을
여 준다.
처 : LECTRA
STEMS,
RANCE)

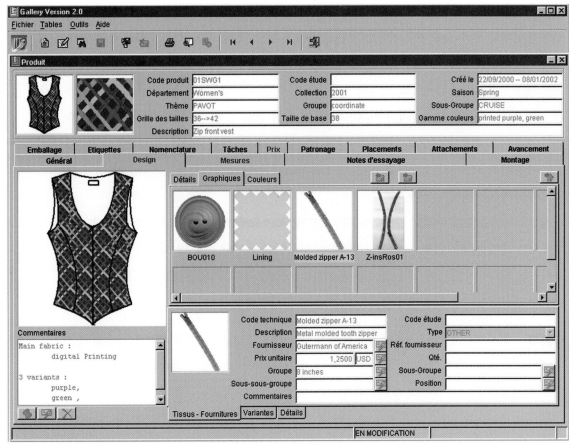

제조업체는 친환경적인 의류 제품이나 공정거래 제품을 다루는 특수 생산라인을 가동하기도 한다.

대량구매　일반적으로 대량생산을 하는 제조업체들은 대규모 원단업체로부터 대량으로 원단을 구매한다. 대량구매는 구매단가를 낮출 수 있는 이점이 있다. 이들 기업은 대량생산한 제품을 저가의 상품으로 각 지역에 대량 공급하는 방식으로 이윤을 취한다.

소량주문　대량구매 기업과 달리 소량 생산을 위주로 하는 소규모의 제조업체들은 대기업보다는 주문에 빠르게 대응해 주는 소규모 원단업체나 소재 중간 상인으로부터 소재를 구매한다. 작은 규모의 생산시설은 소량주문에 맞추어 제품을 공급하는 것이 가능하다. 최저주문 물량의 수준이 낮아짐에 따라 소량주문이 가능한 아시아지역의 직물업체들이 성공적으로 비즈니스를 운영하고 있다.

주 문

제조업체나 위탁 생산업체의 원단 바이어는 다양한 원단 공급업체와 컨버터의 가격수준을 파악하고 있어야 최저가격으로 원단 구매를 협상할 수 있다. 또한 원단 바이어는 재단 주문 물량에 필요한 원단의 총 물량을 산출할 줄도 알아야 한다. 원단 재고 비축 물량은 과거 판매 실적과 앞으로 진행될 판매를 예측한 자료에 근거해서 원단 구매주문을 준비해야 한다. 소재 판매 대행업체는 제조업체에게 시즌 초기에 구매할 원단의 물량을 미리 알려 줄 것을 당부하는 것이 좋다. 주문을 미리 파악하여 준비해 두면 특정 원단의 수요가 많아져 공급물량이 부족한 경우에도 필요한 물량을 원하는 기간에 공급받을 수 있기 때문이다. 대량 원단 구매주문은 배송까지 6~8주가 소요된다. 많은 아시아 지역의 위탁 생산업체들은 원단을 아시아 지역에서 구매하는 경향이 있다.

제조업체들은 추가 주문이 발생하는 경우 심각한 리스크를 받게 된다. 위험부담을 낮추기 위해서는 생지를 재고로 확보한 후 판매경향이 확실하게 파악된 후 후염 처리하는 방법을 사용하기도 한다. 이 방법은 판매 정보를 분석하여 색상별 추가 주문물량을 파악해서 수요가 발생한 색상별 물량을 신속하게 가공 생산할 수 있는 방법이다.

부자재 부자재는 원단이나 부자재 바이어가 구매한다. 부자재는 의류 제품을 가공하거나 마무리하고 액세서리를 가공할 때 필요한 물품이다. 라벨이나 옷걸이, 꼬리표, 포장용 플라스틱 커버 등은 부자재 바이어가 구매한다.

부자재 바이어의 임무는 각 의류 제품에 가장 적합한 부자재를 찾아서 구매하는 것이다. 이때 주의해야 할 점은 해당 의류 제품에 사용하는 부자재는 원단의 세탁관리 방법과 동일한 방법으로 관리할 수 있어야 한다는 점이다. 예를 들어 사용된 원단이 물세탁이 가능하다면, 해당 의류에 사용한 부자재로 물세탁이 가능해야 한다. 모든 주문한 부자재가 각각의 부자재 공급업체로부터 계획한 배송 시기에 맞추어 생산 공장에 배달되도록 관리해야 한다. 위탁 생산업체가 부자재를 구입할 수도 있다.

원단 품질과 염색 과거에는 의류 생산공장에서 원단의 불량이나 색상 불일치 등을 검사했다. 만약 불량 부위가 너무 많으면 해당 주문원단은 직물공장으로 반품된다. 그러나 오늘날은 직물공장에서 미리 불량검사를 마친 후 합격된 직물을 의류공장으로 선적한다. 수입원단의 경우 제조업체는 외주 검단요원을 고용하여 원단이 직물업체에서 의류 생산공장으로 운송되기 전에 검단과정을 거치도록 한다. 또는 위탁업체가 검사하기도 한다.

품질 검사기준을 엄격하게 관리하는 어패럴 제조업체들은 물세탁, 드라이클리닝, 스팀공정, 프레스공정 테스트를 거쳐 소재의 강도, 내구성, 염색 견뢰도, 수축률, 물 빠짐에 대한 이화학 테스트를 자체적으로 수행한다. 이 외에도 바느질 공정에서의 안정성도 테스트한다. 상의와 하의를 세트로 생산하는 제품의 경우, 상의와 하의가 같은 염색 탕에서 가공된 것이나, 가먼트(garment) 염색 방식을 사용해야 한다. 만약 여러 염색 탕에서 가공된 소재를 사용한 제품의 경우에는 같은 판매처로 배달되는 제품들이 동색상 허용기준 내에 속하는 제품들인지, 마지막 배송 단계에서 반드시 확인한 후 운송해야 한다(제6장, 가먼트 염색에 관한 내용 참조).

패턴 제작

정확한 패턴 제작은 성공적인 어패럴 생산의 매우 중요한 요소이다.

생산용 패턴

생산용 패턴을 제대로 제작하기 위해서는 각 치수별로 설정한 표준 측정치, 여유분 부여량을 반영하고 치수규격표에 따라 생산용 패턴이 생산되도록 주의를 기울여야 한다. 또한 면직물과 같이 수축이 예상되는 직물을 사용할 경우에는 직물의 수축을 감안해서 생산용 패턴을 제작해야 한다. 생산용 패턴에서는 함께 봉제할 부분들의 바느질선 길이가 정확하게 일치하는지, 너치 표시들은 정확하게 설정되었는지, 식서 표시, 줄무늬 등도 패턴에 정확하게 표시되었는지 확인해야 한다.

소규모 의류 공장에서는 샘플 개발실에서 사용하는 방법과 동일한 방법으로 생산용 패턴

거버(Gerber)의 Accumark 패턴 제작 시스템을 사용해서 자동으로 패턴을 입력하는 모습. 컴퓨터 모니터에 작업 결과가 작업과 동시에 나타난다. (출처 : GERBER TECHNOLOGY, INC.)

을 제작한다. 즉 입체재단이나 평면제도로 패턴을 제작하거나, 표준화된 블록패턴을 사용한다. 또한 샘플실에서 샘플도 제작하고 생산용 패턴을 제작하기도 한다.

컴퓨터 패턴 설계   그러나 대부분의 의류 제조업체나 위탁 생산업체들은 컴퓨터를 활용하여 패턴을 설계한다. 캐드(CAD) 시스템이나 패턴 설계용 컴퓨터 프로그램, 패턴 설계자가 실제 수작업과 같은 느낌으로 컴퓨터 모니터를 보면서 패턴 설계를 할 수 있도록 하는 장비를 활용하여 새로운 패턴을 제도하기도 하고, 이미 입력시켜 놓은 기존 패턴을 여러 가지 모양이나 치수로 변환시켜 수많은 다양한 디자인의 패턴을 제작할 수 있다. 예를 들어 주름을 새로 넣은 디자인으로 바꾸거나 품을 넓게 고친다든가, 시접을 추가하는 작업도 컴퓨터를 이용하면 단시간에 손쉽게 이루어진다.

실물 사이즈의 패턴을 특수 처리된 전자인식 작업대와 컴퓨터에 연결된 전자인식 펜과 일반적인 자를 사용해서 컴퓨터 패턴 설계를 하면, 모니터를 통해 방금 작업한 선을 볼 수도 있고, 그 선을 선택해서 다른 작업을 할 수도 있다.

이 두 가지 방식 모두 컴퓨터로 제작된 패턴은 그레이딩, 마커 제작하는 작업자에게 실시간으로 제공된다. 글로벌 네트워크 시스템을 이용하여 패턴 작업물은 디자이너나 머천다이저, 위탁 생산업체에서 제공된다.

그레이딩 사이즈

그레이딩(grading) 작업은 생산할 모든 사이즈의 생산용 패턴을 제작하기 위해 기본 사이즈 생산용 패턴을 큰 사이즈와 작은 사이즈의 패턴으로 변환시키는 작업이다. 예를 들어 기본 사이즈(사이즈 10)의 패턴은 사이즈 12나 14, 16과 같은 큰 사이즈 패턴으로 확대되기도 하고, 사이즈 8이나 6과 같은 작은 사이즈 패턴으로 축소되기도 한다. 각 업체는 자체적으로 사용하는 그레이딩 기준을 가지고 있다. 예를 들어 미시(missies)사이즈 의류 제품을 생산하는 업체는 사이즈 편차를 너비는 $1\frac{1}{2}$ 인치, 길이는 $\frac{1}{4}$ 인치로 규정하는 경우도 있다.

최근에는 거의 모든 업체들이 컴퓨터 CAD 시스템을 활용하여 패턴을 그레이딩한다. 패턴사는 컴퓨터 커서(cursor)를 디지타이저 위에 올려놓은 샘플 패턴의 가장자리에 위치시킨 다음에 선위의 각 중요한 포인트에서 커서의 단추를 눌러서 해당 제도 선의 그레이딩 포인트를 컴퓨터에 입력시킨다. 각 포인트는 컴퓨터에 내장시켜 놓은 그레이딩룰값(패턴을 축소시키거나 확대시킬 때 사용하기 위해 미리 입력시켜 놓은 계산값)과 이중으로 체크된다.

패턴이 처음부터 컴퓨터로 제작된 경우에는 그레이딩 작업이 한두 단계의 명령으로 미리 입력된 프로그램에 따라 각각의 그레이딩 포인트에서 자동적으로 확대 또는 축소된다. 자동으로 축소 또는 확대된 다양한 사이즈의 패턴들은 출력기(plotter)에서 바로 출력이 된다. 의류업체에 따라서는 패턴 제도, 그레이딩, 마커 제작 업무를 외부 업체에 용역을 주기도 한다.

해외 생산 협력 업체들은 자신들의 공장에서 직접 패턴을 제작하기도 한다.

마커 제작

다양한 치수의 패턴 조각들을 배치하여 재단에서의 기준으로 사용하는 마커는 원단과 같은 폭의 얇은 종이 위에 패턴 조각들의 배치도를 그린 것이다. 마커의 제작 목적과 원칙은 세 가지이다. 1) 재단사가 재단할 재단 선을 알려 주는 것, 2) 원단의 사용효율을 높이기 위해 패턴 조각들을 겹치지 않을 정도로 매우 밀집시켜 배치하는 것, 3) 각 사이즈별 **재단 요구 물량** (cutting order)을 정확하게 반영시켜 패턴을 배치하는 것이다. 원단의 손실을 최소화하여 최대 원단사용률을 확보한 마커를 **타이트마커**(tight marker)라고 부른다. 마커 제작 시 생산 계획에 맞추어 각각의 계획된 사이즈의 제품이 생산되도록 마커 제작 계획을 세운다. 따라서 판매 수요가 많은 사이즈는 하나의 마커 속에 반복해서 배치된다. 마커를 제작할 때 직물의 식서 방향이나 프린트 방향, 줄무늬, 파일의 방향 등을 세심하게 살펴서 패턴 배치 방향을 결정해야 한다.

대부분의 공장에서는 캐드 시스템을 이용하여 직접 마커를 제작하거나 외부에 용역을 주어 제작한다. 축소한 여러 가지 치수의 생산 패턴 조각들을 컴퓨터 모니터상에서 그래픽으로 배치하여 마커를 제작한다. 이 경우 마커 제작자는 스크린상에서 커서로 패턴 조각들의 위치

컴퓨터를 이용해서
제작한 마커
(출처 : GERBER
TECHNOLOGY,
INC.)

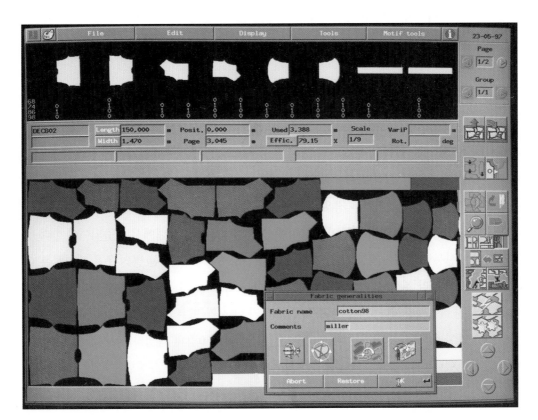

를 조절하면서 원단 효율이 가장 좋은 패턴 조각들의 배치도(마커)를 제작한다. 마커가 완성되면 실물 사이즈의 마커를 출력기로 프린트한다. 실물 사이즈 마커를 최종 출력하기 전 확인을 위해 모니터상에서 오류를 검토하기도 하고 축소된 마커를 프린터로 출력해서 오류를 검토하기도 한다. 축소하여 제작한 완성된 마커는 해외 공장에 팩스로 보내기도 한다. 또는 마커 파일을 전송하면 재단을 하는 공장에서 바로 플로터로 실물 사이즈 마커를 출력해서 사용하기도 한다.

생산 일정 스케줄

위탁 생산업체는 최종적인 완성제품의 출하 일정에 맞추어 재단이나 봉제 일정 계획을 세운다.

생산 일정 스케줄

생산 일정 스케줄(issue plan)은 출하 일정에 맞추어 컴퓨터로 산출된다. 생산 일정 스케줄은 역 산출 방식으로 세워지며 대부분 6개월 단위로 구성된다. 첫 번째로 소매매장의 주문일정에 맞도록 배송일자를 책정한다. 그다음에는 제품 생산완료 일자, 재단 일자, 원단과 부자재 배송 일자의 순서로 결정된다. 생산 일정 스케줄 작성은 공장의 생산 가능 일자와 운송 일자를 모두 고려해서 공장작업 물량관리를 최적화시키도록 설정되어야 하므로 매우 어려운 작업이다.

공장의 생산능력

공장의 생산능력(plant capacity)은 주어진 기간 안에 공장에서 생산해 낼 수 있는 제품의 수로 측정한다. 의류 생산 일정을 수립하기 위해서는 공정의 난이도가 고려되어야 한다. 예를 들어 어떤 스타일은 다른 스타일보다 공정이 까다롭기 때문에 공정에 소요되는 시간이 길게 요구되고, 새로운 작업이 주어지는 경우 작업자들의 작업 속도가 초기에는 대부분 느리다. 따라서 공장의 생산능력은 작업자가 주어진 작업에 충분히 익숙해진 상태에서 산출되어야 한다.

공장의 생산능력은 원가계산 시 한 개의 작업을 완수하거나 또는 한 벌의 옷을 생산하는 데 소요된 시간에 따라 계산된다. **표준작업시간**(standard allowed hours)은 특정 작업을 완수하는 데 소요된 작업시간이다. 이것은 표준시간(분)인 한 시간 또는 하루에 얼마나 많은 의류 제품을 생산할 수 있는지 파악하는 데 활용된다. 예를 들어 50명의 작업자가 1시간에 100벌의 바지를 생산했다면 이 공장은 하루(8시간 작업)에 800벌의 바지를 생산할 수 있는 생산능력을 가졌다고 평가된다.

재고관리

컴퓨터 재고관리시스템(computerized inventory control)의 도입은 생산 계획의 오차를 획기적으로 감소시켰다. 컴퓨터를 활용한 생산 일정 관리에서는 모든 원단과 중간 생산물들이 UPC(Universal product codes) 코드를 부여받게 된다. UPC 코드는 스타일, 색상, 사이즈, 가격, 소재 특성에 관한 정보를 코드 안에 부여하는 것이다. **상품생산데이터관리**(product data management, PDM) 시스템은 하나의 프로그램 안에 생산에 관한 데이터를 모아 놓은 것이다. 즉 PDM은 디자이너의 그림 삽화에서부터 공급 물자, 패턴, 그레이딩, 작업지시서, 원가계산서, 재단에 관한 정보까지 수록한 전자파일 캐비닛인 셈이다. PDM은 또한 재단 공정 중에 있거나 봉제 공정 또는 재고로 남은 물량까지도 포함한 생산 현황 파악을 위한 자료를 제공한다. 이와 같은 데이터를 토대로 수요를 충족시키기 위한 생산 일정이나 원자재 구매 업무를 추진시키게 된다.

연단과 재단 공정

그레이딩된 패턴으로 제작한 마커를 생산 일정 스케줄에 따라 원단을 재단하고 봉제 작업을 시작할 준비를 하는 단계이다.

생산 일정 스케줄에 표시된 재단주문서는 어떤 스타일을 재단할지, 어떤 소재를 재단할지, 어떻게 재단할지에 관한 정보를 포함하고 있다. 컴퓨터에 저장된 재단주문서에는 마커를 만드는 프로그램 데이터까지도 저장되어 있고, 옷감은 어떻게 연단되고 재단되어야 하는지, 가장 적절한 파일의 높이(겹쳐질 옷감의 두께), 색상, 사이즈, 조합에 관한 정보도 포함되어 있다.

연 단

옷감롤로부터 연단 장비에 펼치기 위한 기계(hopper)에 옷감이 걸리게 되면 재단대 위에 마커에서 지정한 길이로 맞추어 옷감이 반복적으로 펼쳐진다. 정해진 길이로 첫 단의 옷감이 펼쳐지면 일단 그 길이로 옷감이 잘려지고, 옷감을 펼치는 기계는 다시 처음의 위치에서부터 펼쳐진 옷감 위에 다시 옷감을 펼친다. 이와 같은 작업이 반복해서 진행되면 재단 주문에 따라 정해진 단수만큼 옷감이 쌓인다. 이와 같이 여러 겹의 옷감이 같은 길이로 준비가 되면 이 옷감들은 마커에 그려진 패턴의 배치도에 따라 재단이 된다. 연단 작업을 하는 작업자들은 옷감의 가공 특성, 파일 유무, 줄무늬나 꽃무늬의 방향성 등을 살펴서 작업해야 한다. 연단하

컴퓨터로 제어되는 연단 장비는 빠른 속도로 직물을 평평하게 연단할 수 있다.
(출처 : GERBER TECHNOLOGY INC.)

는 옷감 단의 적정한 높이는 직물의 두께에 따라 결정되지만, 200단 이상의 옷감을 한 번에 재단하도록 연단을 하는 경우도 있다. 얇은 옷감은 재단이나 연단하는 과정에서 미끄러지기 쉬우므로 손질의 편이성을 높이기 위해 연단의 높이는 낮추며, 지나치게 여러 겹의 직물을 한 번에 재단하지 않는다.

오늘날 대부분의 공장은 컴퓨터가 장착된 자동 연단 장비를 사용하고 있다. 자동 연단 장비는 자동으로 왕복하면서 1분에 약 80야드를 연단한다.

재단기술

연단된 직물더미 위에 마커가 놓이면 재단을 시작할 준비가 된 것이다. 전통적인 재단방식은 세로로 진동하는 재단용 수직 나이프기계를 한 손으로 작동시켜 마커 위에 그려진 패턴 선을 따라 재단하면서 다른 손으로는 옷감이 밀리지 않게 밀면서 작업한다.

자동재단   대부분의 재단은 이제 컴퓨터를 이용하여 자동재단된다. 자동재단 장비는 노동 임금비용을 절감시키는 동시에 재단의 정확도를 높인다. 재단장비(나이프에 해당됨)가 재단대 위에 모든 장소에서 재단이 될 수 있도록 재단장비는 상하로 움직이게 빔지지대에 연결되어 사용된다. 자동재단 방식은 컴퓨터를 이용하여 CAD 시스템에 저장된 마커에 관한 데이터로 재단장비를 자동으로 조작하여 재단장비의 나이프를 수직으로 진동하면서 직물 파일을 재단한다.

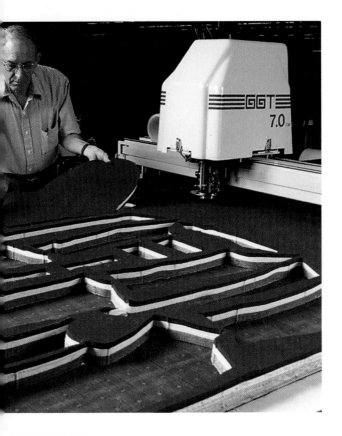

컴퓨터로 자동 제어되는 재단 장비. 재단 부위(cutting head), 빔지지대, 일정한 두께의 직물이 재단된 모양을 보여 준다. (출처 : GERBER TECHNOLOGY, INC.)

레이저빔 재단장비(laser-beam cutting)는 고가의 남성 신사복의 재단처럼 한 장씩 재단해야 하는 경우에 사용된다. 레이저광 재단장비도 컴퓨터로 제어된다. 워터젯재단기(water jet cutting)는 특수직물이나 가죽의 재단과 신발 산업에서 주로 사용되며, 컴퓨터로 제어되는 아주 가늘고 빠른 물줄기를 아주 가는 노즐에 뿜어서 발생하는 열로 재단할 옷감의 선을 순간적으로 녹여서 재단하는 방식이다.

환경친화적인 생산

의류 제조업체들은 자원을 절약하고 재생산하는 생산 방법을 고안하는 친환경적인 생산에 대해 관심을 높여 가고 있다. 우선적으로 관심을 갖는 분야는 생산과정에서 발생하는 쓰레기인 재단 후 버려지는 옷감 조각들의 재활용이다. 지금까지 사용된 방안은 발전용 소각 재료로 사용하거나 잘게 부숴서 새로운 원사로 다시 가공하는 것이었다. 리바이스(Levi Strauss)사는 청바지용 직물의 조각쓰레기를 이용해서 푸른색 편지지를 만드는 방법으로 재활용 방식을 이용하고 있다. 그러나 친환경적인 생산이나 재활용에 투입되는 비용이 너무 높아 더 많은 연구가 요구되고 있다.

번들링

번들링은 재단된 옷감 조각들을 봉제 순서에 맞추어 선별하고 정리해서 해당 봉제에 필요한 부자재와 함께 각각의 봉제 작업자에게로 보내는 작업이다. 각각의 재단된 옷감 묶음에는 옷감 조각의 색상이나 치수에 따라 바코드를 붙여서 작업의 흐름 파악이 가능하도록 작업한다. 번들링 작업이 완료된 작업물은 공장 안의 봉제 작업자에게 분배된다.

의류 봉제작업

다음은 생산현장에서 주어진 물량의 재단 작업물을 의류로 봉제하는 과정의 설명이다.

봉제작업

옷 조각들을 꿰매서 만드는 과정을 봉제작업(operation)이라고 한다. 신사복의 경우 약 200 단계의 봉제과정을 거쳐 완성된다. 각 제조업체는 자신들이 작성한 작업방법에 따라 봉제를 하지만, 기본적인 작업순서는 같다. 작업반장은 해당 의류를 봉제하기 위한 가장 빠르고 좋은 봉제방법이나 순서에 따라 작업을 하도록 지침을 제공한다. 작업공정지시서는 작업해야 할 일들을 순서대로 그리거나 설명한 자료이다. 작업공정지시서는 특정 의류 스타일의 생산에 관한 모든 정보를 수록하고 있는 상품생산데이터관리 컴퓨터 시스템에 포함되어 있다.

새로운 장비가 도입되거나 특수 봉제 방식이 도입되면 작업자를 재교육시키는 것이 필요하다. 이 경우, 재교육에 따른 비용 증가가 불가피하다. 의류제조업은 여전히 노동집약적인 산업 특성을 가지고 있으므로 작업자의 개인적인 기술이나 소규모 생산그룹의 작업기술에 대한 의존도가 높은 편이다.

거버의 PDM 시:
에서 재킷 봉제에
한 스펙을 운영 :
하고 있는 모습
(출처 : GERBEF
TECHNOLOGY
INC.)

모듈라 생산시스템은 한 집단의 작업자가 협동하여 완제품을 생산한다.
(출처 : [TC²], TEXTILE/CLOTHING TECHNOLOGY CORPORATION)

개인별 성과급제도　일부 봉제업무나 가공, 프레싱 작업자들은 개인별 성과급제에 따라 임금을 지급받는다. 이들은 시간당 임금을 받는 대신, 완성하는 작업의 물량에 따라 보수를 받는다. 이들이 받는 임금은 작업의 난이도나 숙련도 요구 정도에 따라 차등 지급된다. 작업을 완료했음을 입증할 수 있는 증거로 등록 티켓에 사인을 하거나 꼬리표를 떼어서 완성한 작업의 물량을 확인한다. 실직적으로 대부분의 업체들은 기본급을 지급하고, 추가적인 성과에 따라 성과급을 지급함으로써 더 많은 작업이 빨리 완료될 수 있도록 독려한다.

봉제시스템　봉제공정은 일정한 순서에 따라 이루어진다. 봉제시스템은 크게 점진적 번들시스템, 테일러(혹은 한 벌 완성)시스템, 모듈라 생산 방식으로 나뉜다.

　점진적 번들시스템(progressive bundle systems) 방식은 스포츠웨어 생산에서 가장 일반적으로 사용되나 차츰 사라지고 있는 봉제시스템이다. 점진적 번들시스템은 한 작업자가 하루 종일 주머니만 박거나 어깨솔기만 박는 식으로 작업자 각각이 자신에게 주어진 한 가지 작업만 반복적으로 하는 시스템이다. **집단작업**(section work)이라는 시스템에서는 연결하여 이루어지는 작업에 따라 작업자들을 소집단으로 묶어서 작업 순서에 따라서 차례대로 작업하는 것으로 20~30개 묶음의 작업 물량을 한 집단에서 완료하면 다음 집단으로 옮겨서 다음 작업을 수행하는 방식이다. 점진적 번들시스템의 장점은 각각의 작업에 가장 적합한 장비와 숙련된 작업자를 투입해서 해당 작업을 완수할 수 있다는 점이다.

　테일러시스템(whole-garment system)은 한 작업자나 복수의 작업이 가능한 작업자들의 소집단이 의류 한 벌을 완성시키는 방식이다. 이 방식은 샘플용 제품을 제작하는 방식과 비슷한 방식이다. 이 방식의 경우, 봉제가 완성된 제품을 전문 프레싱 작업자가 가공하는 방식을 사용한다. 이 방식은 여성용 드레스나 쿠튀르 생산에 적합한 방식이다.

모듈라 생산(modular manufacturing) 방식은 일본에서 시작한 방식으로 여러 가지 작업을 수행할 수 있도록 훈련 받은 작업자가 협력해서 작업을 완성하는 방식이다. 모듈라 시스템은 4~17명의 작업자가 그들의 작업원칙을 나름대로 세워서 완성된 제품을 제작하는 방식이다. 팀에 속하는 각각의 작업자는 한 가지 이상의 작업을 수행하며 팀별로 성과급을 받는다. 모듈 생산 방식의 장점은 작업 회전의 단축, 품질 향상, 작업사고의 감소, 병목 현상의 감소, 작업자의 지루함 감소 등이다.

인간공학(ergonomics)은 작업자가 작업능률, 건강, 안정을 도모하기 위해 작업장이나 장비를 개발하는 것이다. 정부의 규정에 따르면 인간공학적 접근을 필요로 하는 이유는 안전사고에 따른 작업자 상해 배상의 비용 상승과 의료비의 증가 문제를 해결하는 방안으로 가능성이 있는 대안이기 때문이다. 결과적으로 새로운 기술의 개발로 작업장의 소음이 낮아지고 작동이 편리한 기계의 개발로 작업장에서 발생하는 사고와 스트레스를 줄여 나가고 있다.

컴퓨터 기술을 활용한 봉제작업

생산 속도를 빠르게 하고 제조 공정 기간을 단축시키기 위해서 많은 공장들은 공장 자동화 시스템을 도입하고 있다. 위탁생산 업체들은 새로운 기술을 조사하고 기계를 구입하기 위해 국제박람회에 참여한다.

CAM(computer-aided manufacturing)은 컴퓨터로 작업이 제어되는 시스템을 활용해서 재단이나 봉제 장비를 이용하여 자동으로 업무를 수행하는 생산방식이다.

UPS(unit production system)은 각 작업자가 수행할 작업물이 컨베이어를 따라 자동으로 작업자에게 다가가는 방식이다. 작업이 완료된 작업물은 다음 작업자에게 자동으로 옮겨진다.

CIM(computer-integrated manufacturing)은 전체 작업을 자동화하도록 자동생산장비의 시스템을 연계시키고 데이터를 공유하는 제조방식이다. 예를 들어 컴퓨터 패턴설계나 그레이딩, 마커 제작에 관한 컴퓨터 저장정보가 네트워크로 공유되어 CAM의 재단장비로 전송되는 시스템이다.

컴퓨터 시뮬레이션은 작업장에 장비를 실물 배치하기 전에 컴퓨터 모니터상에서 시뮬레이션해 보는 것으로 해당 작업의 효율성을 극대화시킬 수 있도록 장비의 종류, 수, 배치도를 검증하는 데 사용된다.

유연 생산(flexible manufacturing)은 한 작업자가 다양한 작업을 수행하는 전략을 의미한

다. 모든 제품이 전통적인 생산기술이나 자동화 생산 기술로만 생산될 필요는 없다. 여러 가지 생산방식을 유연하게 활용하는 이 방식은 다양한 기술을 유연하게 적용한다.

자동화 재봉장비

전통적인 의류 공장에서 사용하는 세 가지 타입의 전기식 재봉기는 로크스티치 기계, 체인스티치 기계, 오버로크 기계이다.

로크스티치 기계(lock-stitch machine)는 가정용 재봉기와 같은 원리로 주로 직선 박음에 사용되는 재봉기이다. 이 재봉기는 밑실과 윗실로 재봉이 되며, 북집이 필요한 재봉기이다. 로크스티치의 장점은 안정성이 우수하다는 것이고 단점은 끝이 풀리고, 올이 잘 풀리는 직물에는 적합하지 않다는 것이다. 북집에 밑

UPS에서는 작업 시간을 줄이기 위해 작업물을 옷걸이에 걸어서 이동시키고 작업물을 옷걸이에 건 상태로 작업한다. (출처 : GERBER TECHNOLOGY, INC.)

실을 감아서 사용하므로 밑실을 새로 갈아 넣기 위해 작업이 자주 단절되므로 생산성이 낮은 것도 단점이다.

체인스티치 기계(chain-stitch machine)는 연속적인 루프를 형성하여 바느질 선이 만들어지는 재봉기이다. 위쪽에 있는 바늘이 직물의 아래에 실로 루프를 만들어 놓고 다시 위로 올라온 뒤 다음 스티치에서 바늘이 직물 아래로 내려갔을 때 이전에 만들어 놓은 루프를 걸어서 직물의 안쪽에 연속적으로 루프를 형성해 나가는 스티치이다. 체인스티치는 로크스티치보다 안정성은 적지만 북집이 필요 없고 윗실만으로 작업이 이루어지므로 실을 갈아 끼우느라 작업을 멈출 필요가 없으므로 생산성이 높다.

오버록 기계(over lock, serging machine)는 체인스티치와 같은 원리를 사용하며 로크스티치에 비해 안정성이 낮다. 가장 큰 장점은 옷감의 가장자리가 풀리지 않게 처리를 하는 동시에 스티치가 가능하다는 것이다. 한 번의 작업으로 가장자리 마무리를 처리하고 풀린 옷감 끝을 다듬는 작업도 하면서 스티치하므로 옷감 끝 올이 풀리지 않는다. 옷감의 가장자리를 풀리지 않도록 다듬으면서 실로 감싸서 깔끔하게 처리한다. 단순한 형태의 오버로크 기계는 바늘 1개에 끝이 구부려진 바늘 형태인 고리 2개로 구성되며 각각의 바늘과 고리에 각각의 실을 사용한다. 바늘과 고리들이 동시에 각각의 정해진 방향으로 움직이면서 작업이 이루어진다. 오버로크 스티치는 신축성이 있으므로 니트와 같이 신축성이 있는 소재에 적합하다.

안전한 오버로크 기계(safety overlock machine)는 기본적인 오버로크 기계를 한 단계 발전시킨 것으로 체인스티치와 오버로크 스티치가 동시에 이루어진다. 따라서 체인스티치나 오버로크 스티치 중 한 가지가 풀어져도 다른 스티치가 남아 있어 안정성이 높다. 이 기계의 작동을 위해서는 바늘 2개, 고리 3개, 실 5개가 사용되며 마치 봉합을 하는 체인스티치 기계와 오버로크 스티치 기계를 합해 놓은 것과 같은 기능을 한다. 직물 가장자리를 정리하는 스티치와 봉합하는 직선의 체인 스티치가 동시에 이루어진다.

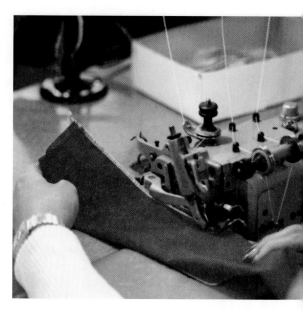

단처리 기계(blind-stitch hemming machine)는 체인스티치의 원리를 이용한 것으로 단을 뒤로 접어 넣은 상태를 유지하면서 일정한 간격으로 접은 단의 끝을 스치듯 바느질한다.

단추달이 기계(button machine)는 기계에 2개 혹은 4개의 구멍을 가진 단추를 물려 놓고, 단추 달 위치에 표시를 한 후, 기계로 단추를 단다. 위가 막혀 있고, 기둥에 구멍이 있는 단추(shank button)는 옆으로 뉘어서 작업을 한다. 기계에 따라서는 자동으로 단추의 위치를 잡아서 자동으로 단추를 계속 넣어 주는 장치가 있는 기계도 있다.

단춧구멍 기계(button-hole machine)는 기계에 입력한 정해진 단춧구멍 길이에 맞추어 자동으로 짧은 지그재그 스티치로 단춧구멍을 만든다. 단춧구멍 스티치가 완료되면 중앙에 칼집을 내어 단춧구멍을 만드는 작업까지 완료한다.

프로그래밍이 가능한 자동재봉기계

자동재봉기계는 작업자가 작업물을 기계의 입구에 위치를 맞추어 놓은 후 시작 단추를 누르면 자동으로 바느질이 되는 장비이다. 완전한 자동기계에는 마이크로프로세서가 장착되어 있어서 작업자 대신 옷감을 제 위치에 놓고 작업이 끝나면 옆으로 밀어 놓는 동작까지 가능하다. 가장 성공적으로 많이 사용되는 자동재봉기계는 옷감 가장자리를 오버로크하거나 간단한 직선박기 작업을 하는 기계이다.

그러나 자동으로 재봉하는 기계의 개발을 위해서는 다양한 무게와 질감을 가진 소재를 감지해서 작업해야 하므로 많은 어려움이 뒤따른다. 예를 들어 실크와 모는 무게나 질감이 상당히 다르므로 이에 대한 적절한 조정이 어려운 편이다. 어패럴 산업은 여러 가지 이유로 아직도 노동집약적인 특징을 가지고 있다. 직물은 부드럽고 흐느적거리므로 로봇이 자동적으로 작업을 하기 어렵고 다양한 형태를 컴퓨터로 시뮬레이션하는 것이 쉽지 않다. 또한 프로그램을 변형시키는 데 비용이 많이 소요되므로 빠른 패션의 변화를 맞추어 매번 새로운 기계를 개발해서 자동화시키는 것은 많은 문제점을 안고 있다.

마무리 공정

보이지도 않는 부분에까지 품질 높은 손바느질이 요구되는 재킷이나 코트의 칼라나 라펠의 형태를 안정시키는 작업이 요구되는 테일러링은 전문인력을 고용해야 하는데 생산비용이 높아지므로 점차 사라지고 있다. 오늘날 대부분의 테일러링은 손바느질로 옷의 모양을 만드는 방식이 아닌 접착 심지를 사용하거나 기계로 시침을 하는 방식으로 대체되고 있다.

손바느질 가공은 오늘날에는 맞춤형 쿠튀르에서 사용할 뿐이고 가끔 고가의 의류 제품의 안감의 마무리 과정의 일부분이나 단추달이에서 사용되고 있다. 중저가 의류에서는 모든 마무리 공정이 기계화되어 있다.

신사복의 생산 공정

신사복의 생산 공정에서는 여전히 테일러링 공법이 사용되고 있다.

전통적으로 남성복 제조 산업은 수트나 코트, 바지를 생산하는 테일러링 공정을 사용하는 분야와 셔츠나 넥타이, 속옷, 잠옷 등을 생산하는 분야로 나뉘어 있다. 테일러링 공법을 사용하는 제조업체가 주류를 이루어 왔지만, 단품에 대한 수요가 증가하면서 남성용 캐주얼웨어를 제조하는 업체의 비중이 높아지고 있다. 남성용 캐주얼웨어 생산 공정은 여성용 캐주얼웨어 생산 공정과 유사하다.

남성용 수트 제조 공정은 일반적으로 200개 이상의 공정을 필요로 한다. 테일러링의 특징인 옷의 입체적인 형태를 만드는 세부 공정의 필요성에 따라 남성복 제조공정은 복잡한 여러가지 공법이 사용되며, 생산 단가가 높게 책정된다. 과거에는 남성 신사복의 품질 수준을 1~6까지 등급으로 표시하였다. 1등급은 기계로 제작한 신사복이고 6등급은 대부분을 수작업으로 제작한 신사복이다. 하지만 현재는 수작업으로 제조하는 신사복이 거의 없으므로 이러한 등급제는 더 이상 사용하지 않는다.

과학 기술의 발전은 과거 손으로 작업하던 제조 산업에 자동화의 변화를 가져왔다. 입체적인 모양을 만들기 위해 가슴부위나 어깨와 라펠, 칼라와 단추 다는 부위에 대는 캔버스 심지들은 손으로 작업하는 대신 접착 심지를 사용하게 되었다. 손바느질로 테일러링하는 신사복은 최고가의 신사복으로 미국에서는 히코리프리만(Hickey-Freeman)사와 옥스포드(Oxford)

사에서 제작하며, 유럽이나 홍콩에서도 고품질의 맞춤복업체에서 제작한다. 예를 들어 옥스포드사에서는 지금도 신사복 한 벌에 2,000번 이상의 손바느질이 들어가는 방식으로 라펠을 만들어 라펠의 꺾임선이 오랫동안 안정적인 모양을 유지하면서 입을 수 있도록 제작한다.

생산단계 남성 신사복의 대량생산에서 사용하는 기본 생산단계는 다음과 같다.

1. 앞판 가슴부위에 접착심지나 바느질로 가슴용 심지(chest pieces)를 시침한 후, 라펠의 꺾임선 지지를 위해 테이프(bridal tape)를 댄다.
2. 포켓을 프레스하고 위치를 표시한 후 스티치한다.
3. 주요 부위를 봉합한다.
4. 소매의 위치를 맞추어 단다.
5. 기계로 안감을 대거나, 안감을 대지 않은 재킷은 시접 가장자리 처리 가공을 한다.
6. 단추를 달고, 단춧구멍을 만든다.

니트웨어의 생산 공정

니트웨어의 생산을 위해서는 특수 기술과 장비가 요구된다.

니트웨어의 생산방식은 봉제니트와 풀패션니트로 분류된다.

봉제(cut-and-sew)니트는 니트 조직의 직물을 재단해서 봉제하는 방식으로 일반직물로 의류를 제작하는 공정과 같은 공정을 거친다. 다만 다른 점은 패턴 설계에 있어서 소재의 신축성을 고려해서 제작해야 한다는 것이다. 신축성은 니트웨어의 가장 큰 특징이다. 따라서 소재의 신축성을 견딜 수 있는 오버로크스티치를 사용한다. 부자재도 신축성이 있는 소재를 사용한다. 예를 들어 소매단 부위도 일반적인 단처리 방식 대신에 신축성이 비슷한 니트 밴드를 사용한다.

스웨터와 같은 **풀패션**(full-fashioned)니트는 편직기에서 옷본 패턴의 모양으로 조각을 편직한다. 각 패턴 조각의 모양은 편직기에 입력한 프로그램에 따라 편직하는 과정에서 각 단의 가장자리에서 코를 늘리거나 줄이는 방식으로 옷본 모양으로 편직된다. 이렇게 편직된 각각의 조각들이 봉합되어 니트웨어가 완성된다. 이와 같은 방식으로 제작되는 니트웨어는 값싼 노동력과 다양한 생산이 가능한 아시아 지역에서 주로 이루어진다.

니트웨어 공장들은 생산비용을 낮추고 시간을 절약하기 위해서 컴퓨터를 활용하고 있다. 니트 샘플을 만들어 보는 대신, CAD 시스템을 이용해서 컴퓨터 스크린상에서 니트 조직이나 옷의 디자인을 미리 실행시켜 보고 종이로 프린트해 보는 방식으로 작업한다. 컴퓨터 디자인 스크린과 연계된 편직기를 사용하게 되면서 패턴이나 스티치를 변경하는 데 몇 시간씩 소요되던 공정이 몇 분으로 획기적으로 단축되었다. 이러한 장점으로 과거보다 디자인을 다양하게 개발하는 실험이 간편하게 이루어지고 있다. 인타샤, 자카드, 쉐이커, 케이브와 같은 여러 종류의 스웨터들은 필요한 실의 무게와 질량, 게이지, 후처리 가공과 특수 기술이나 장비의 수요에 따라 다양한 제조공정 시간이 요구된다.

패턴은 자카드나 인타샤니트시스템에서 만들어지는데, 자카드패턴은 전자편직기를 사용하며, 수동편직기를 사용하는 경우 여러 가지 바늘 배열 방식에 의해 만들어진다. **플로트자카드**(float jacquard)는 패턴에 따라 필요한 실이 편직물의 뒷면으로 건너뛰게 해서 겉면에 패턴이 나타나도록 하는 것이다.

링킹 장비로 스웨터 조각들을 연결시키는 모습
(출처 : KATRENA BOTHWELL MEYER)

풀자카드(full-jacquard)는 편직기 베드의 앞과 뒷면이 모두 사용되는 것으로서 더 무거운 이중 직 니트를 생산할 때 사용된다. 이 방식은 앞면에 디자인 패턴이 세밀하게 나타나고 뒷면에 는 실이 건너뛰지 않고 앞면보다 단순화된 디자인 패턴이 나타난다. 인타샤패턴은 앞면 패턴 에 더 이상 사용되지 않는 실을 뒷면에서 잘라 묶는 방식으로 패턴이 앞면에만 나타나고 뒷면 에는 끊어진 실의 매듭이 보인다.

손으로 짠 스웨터들은 스티치나 표현 방식이 상당히 다양하다. 그러나 수공예 스웨터는 제 작 기간이 오래 소요되므로 가격이 비싸다. 수공예 니트 옷은 대부분 낮은 임금의 노동인구 가 풍부한 해외에서 제작된다.

의류 생산의 마지막 단계

프레싱, 제품 접기, 워싱, 가먼트 염색, 라벨 부착 작업과 품질관리는 의류 생산의 마지막 단계이다.

염색과 워싱

세트로 함께 착용할 옷 색깔이 잘 맞도록 하기 위해서 소수의 제조업체들은 생지로 옷을 만든 후에 완성품 상태에서 염색하기도 한다. 이 방식은 소매업체로부터 실질적인 주문이 발생한 후 주문에 따라 색상을 맞추어 생산하여 선적할 수 있다는 장점이 있다. 그러나 이 방식은 염 색 비용 단가가 높고, 이색 현상을 막기 위해 염색을 하는 탕을 컨트롤하는 고도의 기술이 필 요하다.

청바지류는 대부분 워싱공정을 필수적인 가공과정으로 사용한다. 탈색된 효과를 내기 위 해서 과거에는 화학적으로 가공하기 위해서 산을 처리하였으나 지금은 친환경적인 효소나 돌, 자갈을 이용하여 워싱가공을 한다. 최근 데님을 비롯한 스포츠웨어에 많이 사용하는 가 공방식은 단순히 빨아서 접어 놓는 방식이다.

프레싱

프레싱 공정은 완제품의 외관을 훨씬 더 좋아 보이게 만들어 준다. 예를 들어 쭈글거리는 바 느질 선이나 떠 보이는 칼라의 모양을 납작하게 펴 주는 효과로 불량을 감추어 줄 수도 있다. 의류를 제작하는 공정에서는 봉제공정 사이사이에 프레싱 작업을 하기도 하지만, 봉제공정 이 완료된 상태에서 전체적인 프레싱 작업을 한다. 프레싱기계가 구석구석 프레싱하지 못한 부분은 스팀다리미로 프레싱한다. 테일러링을 하는 신사복 제조 공장에서는 전문 세탁소에 서 볼 수 있는 장비인 재킷의 가장자리를 평평하게 마무리하는 데 사용하는 프레스기나 바지

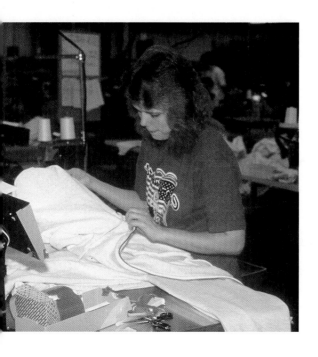

품질관리는 의류 제품
생산의 중요한 부분이다.
(출처 : THE
NATIONAL COTTON
COUNCIL)

주름을 잡는 프레스기 등 다양한 모양의 프레스기를 사용한다. 컴퓨터로 컨트롤되는 자동프레싱 장비도 사용된다.

품질관리

제품 생산 공정이 작업지시서에 표시된 표준화된 방식에 따라 진행이 되었는지 검사하는 작업이 품질관리이다. 공장에서 생산되는 의류 제품은 첫 제품부터 마지막 제품까지 샘플 옷과 다름 없이 생산되어야 한다. 샘플 옷을 제작할 때는 한 벌만 제작하는 것이므로 꼼꼼하고 정확하게 작업할 수 있지만 500~1,000벌을 대량으로 생산하는 경우에는 품질을 일정하게 유지해서 생산하는 일이 결코 쉽지 않다. 반품 비율을 낮추기 위해서는 생산 작업이 정확하게 잘 이루어지고 있는지 검사해야 한다. 검품은 작업 도중에 실시하기도 하고, 완제품이 나온 다음에 전수검사나 무작위 샘플 검사를 하기도 한다. 품질관리에서는 바느질이 잘못된 부분에 대한 검사뿐만 아니라 제품 치수가 설계한 것과 일치하는지 측정하는 검사도 필요하다. 본사의 품질관리 팀이 생산 공장을 돌아다니면서 부분작업에 대한 품질 관리를 수행하기도 한다. 생산라인에서 불량을 발견했을 때에는 생산반장이 재단이나 봉제공정을 다시 검토해서 불량발생 원인을 파악해서 바로잡아야 한다.

정상가격 판매율을 높이고, 제조업체의 명성이 유지되기 위해서는 생산품질 규정이 매우 중요한 역할을 한다. 설계 기준에 어긋나게 제품이 생산되면 아무리 디자인이 멋있다고 해도 우수한 제품으로 평가받지 못한다. 설계기준에 미흡하게 제작된 제품은 상점에서 제조업체로 반품되기 마련이고 매장에서도 소비자의 마음에 구매욕구를 일으키지도 않는다. 이러한 불량품들은 제조업체의 신용을 잃게 만들어 후속판매율을 낮추는 결과를 초래한다.

의류 제품마다 부착되는 라벨에 적힌 스타일넘버나 제품의 바코드를 검색하면 그 옷을 제조한 공장을 알 수 있으므로 불량품을 생산한 공장이 바로 추적되며, 제조상의 봉제 작업 실수 외에도 소재 불량이나 염색 불량 등이 반품의 원인이 된다. 따라서 제조업체는 후속 선적에서는 이러한 실수가 발생하지 않도록 예방에 노력한다.

라벨 작업

라벨은 의류 제품에 관한 구체적인 정보를 제공해 준다. 생산 과정을 거치면서 여러 가지 라벨들이 의류 제품에 부착된다. 옷 한 벌에 붙여지는 라벨은 제조업체 또는 디자이너를 나타내는 브랜드(제조사)라벨과 섬유조성, 제품 관리 방법, 제조국가, 치수를 나타내는 라벨이 부착된다. 이외에도 미국 노동자조합에 속한 업체에서 제작한 제품의 경우 조합라벨이 부착된다. 미국 연방법에서는 사용한 소재의 섬유조성비율이 높은 순서대로 섬유함유율을 표시하도록 하고 있으며 드라이클리닝이나 세탁에 관한 설명도 표시하도록 규정하고 있다.

라벨은 여러 가지 정보를 소비자에게 제공해 줄 뿐만 아니라 회사의 이미지를 전달해 주는 도구로 사용될 수도 있다. 라벨을 통해 소비자에게 브랜드의 이름이나 디자이너의 이름을 전달한다. 소비자들 중에는 품질이나 피트성이 우수한 특정 브랜드를 선호하는 경향이 있다. 브랜드를 알리는 라벨은 보통 새틴이나 트윌테이프에 자수를 놓아서 상의 뒷목 중심 안쪽이나 바지의 허리밴드 안쪽에 부착된다. 일부 스포츠웨어의 경우, 라벨 자체를 장식으로 바깥에 보이는 부분에 부착하는 경우도 있다. 청바지류는 넓적한 조각에 브랜드를 알리는 디자인을 프린트하여서 옷의 바깥 부분에 붙이기도 한다.

이 외에도 소재의 섬유 조성, 관리 방법, 제조국가를 표시한 라벨도 반드시 옷의 안쪽에 붙여야 한다. 이와 같은 정보는 브랜드 라벨 하단에 별도로 작게 붙인다거나 안쪽 솔기 부분에 부착한다.

섬유 조성이나 제조 국가를 라벨에 표시하는 정부의 규정이 있다. 특히 소재의 섬유조성 표기라벨은 가장 함유율이 높은 섬유명과 함유율을 먼저 적고 그다음으로 많은 함유율을 나타내는 섬유명과 함유율을 적는 방식으로 반드시 표시하도록 규정되어 있다. 그러나 관리방법에 관한 설명은 권고 사항이다.

제조국가에 대한 표시라벨은 미국 외 국가에서 생산한 경우 반드시 부착하도록 규정되어 있다. 라벨에는 "Made in (국가 이름)"이라고 표시하거나 "Made in USA of Imported fabric"과 같이 구체적으로 명확하게 표기하도록 한다. 미국산을 나타내는 "Made in USA"라는 문구는 미국산 원단으로 미국에서 제조된 제품에만 허용되는 표시이다. 만약 제품이 미국 국내와 외국에서 부분적으로 제작되었다면 더 구체적인 내용을 밝혀야 한다. 예를 들어 부품을 A국에서 제조한 후, 봉제를 미국 내에서 작업한 제품은 "Assembled and sewn in the USA of components made in A"라고 명시해야 한다.

또한 접어서 판매하는 스포츠웨어의 경우 옷의 바깥부분에서 옷의 사이즈를 파악할 수 있도록 라벨이 부착되어야 한다. 제품의 정보를 인쇄한 카드(flasher)는 스포츠웨어의 바깥 부분에 부착할 수 있게 달아 놓기도 한다.

행택(hangtags)은 종이에 제품 정보를 인쇄한 부착물로 옷에 플라스틱 낚싯줄 같은 것을 이용해 달아 놓는다. 행택은 대부분 옷에 대한 주의를 집중시키기 위해 눈에 띄게 디자인되며, 소비자들이 쉽게 볼 수 있도록 한다.

행택에 포함된 정보는 브랜드 이름이며, 때로는 스타일 번호, 색상, 치수와 그 외 정보를 포함하기도 한다. 특수 직물이나 가공을 사용하는 제품의 경우, 직물이나 가공방식을 적어 주어 소재에 대한 광고 효과를 얻기도 한다.

발송대기규칙

신제품을 신속하게 매장에 전시하고 유통 비용을 절감하기 위해 많은 소매업자들은 제조업체에 발송대기규칙을 따라 줄 것을 요청한다. 이것은 소매업체가 제공하는 가격표시 바코드 태그를 미리 부착시켜 제품을 납품하도록 가격표 사전부착을 요구하는 것을 포함해서 사업체 간 커뮤니케이션에 관한 자율규정을 제조업체에 요구하는 것이다. 이와 같은 자율규정을 따르면, 제품을 선적할 때 미리 공장에서 가격표와 행택을 부착시키고 옷걸이에 건 상태로 각 매장에 선적하므로, 물류센터에서 다시 포장을 뜯어서 매장별로 상품을 재정리하는 과정을 생략할 수 있다. VISC는 또한 유니버설 안정 태그나 옷걸이 회수, 매장으로의 직접 운송에 관한 규정의 개선에 대한 방안을 추천하고 있다. RF(Radio-frequency)는 옷에 부착시킨 태그에 옷감, 제조공장, 운송, 수입에 관한 정보들을 옷에 부착시킬 수 있는 기술을 제공한다.

선 적

제조업체가 처리해야 할 추가적인 복잡한 문제는 다양한 선적 방법 중 하나를 협상을 통해 선택해야 한다는 것이다. 제조업체들은 협력 생산공장과 직접 협상하거나, 중간대행업체나 에이전트와 선적 방법을 상의해야 한다.

- FOB(free on board)는 제품 생산 국가에서 완성품을 선박이나 항공편으로 선적시키는 비용만 포함해서 위탁 생산업체에 비용을 지불하는 방식이다. 이 방식은 생산을 주문하는 제조업체가 관세나 운송비, 수입에 따른 세금을 별도로 지정하여 지불한다.
- LDP(landed duty paid)는 위탁 생산업체에 관세를 포함해서 주문한 제품이 지정한 날짜에 제조업체의 물류센터에 도착하는 것까지 전체 업무를 위탁 생산업체가 책임지도록 계약을 하는 패키지 계약방식이다. 이 방식은 제조업체의 업무를 간편하게 하나 비용이 다소 높게 소요된다.
- CIF(cost, insurance, freight)는 최종적인 운송비용이나 보험료 지불까지 위탁 생산업체에서 처리하도록 하는 계약방식이다.

생산 지역과의 거리에 따라 다르지만 아시아나 유럽으로부터의 운송 소요시간은 선박 운송의 경우에는 4~35일이 소요되고, 비행기를 이용한 경우에는 3~10일을 예상한다. 여기에 미국에 물건이 도착한 후 트럭으로 이동하는 시간이 추가된다. 매장에 주문한 상품이 도착하기 위해서는 일단 완성된 제품이 생산공장에서 제조업체의 물류창고로 운반된다.

매장으로의 선적

유통물류센터에서는 각 제조업체로부터 생산된 물품들이 수집되면 물량 확인을 한 후 제품들을 스타일, 치수, 색상에 따라 분류한 뒤, 보관 장소에 따라 옷걸이에 걸거나 선반에 쌓아올려 배치한다.

소매점으로부터의 주문은 주문서에 스타일번호, 색상번호, 단위당 가격 등을 표시해서 신용등급에 따라 주문이 신청된다. 구매의뢰서는 주문과 운송의 효율적인 업무진행을 위해 표준화된 문서를 사용하고 있다. 다음 단계는 주문에 따라 작업할 충분한 물량이 확보되어 있는지 검색하는 과정이다. 소매점들의 주문업무가 중복되는 경우에는 물량이 많은 주문과 주요 고정고객의 주문부터 우선 해결해 준다. 주문된 제품들은 보관하고 있는 물량에서 스타일, 치수, 색상에 맞추어 물품을 구비해서 운송시킨다. 전자데이터교환방식(EDI)으로 전송받은 주문은 자동적으로 선발주통지서(ASN)와 송장으로 옮겨진다. 선발주통지서는 주문한 물품이 주문처에 도달하기 전에 어떤 물품들이 도착할 것인지를 미리 주문자(매장)에게 알려주는 것이다.

주문한 물품은 상자에 포장이 되어서 소매업체가 지정한 운송 방식으로 배송된다. 대규모 제조업체들은 신속한 패킹 작업을 위해 물류창고에 자동로봇시스템 장비를 갖추기도 한다. 패킹을 위해 사용하는 (가격에 표시되지 않은) 송장은 포장 상자 안에 넣어서 포장하고 가격이 표시된 실제 송장은 대금 지불을 위해 별도로 우편으로 보낸다. 내용물을 확인할 수 있는 방법으로는 바코드가 붙은 포장박스를 사용하기도 한다. 포장된 상자들은 수신자 주소가 적힌 라벨이 붙여져서 컨베이어벨트나 자동이송장비를 이용하여 트럭에 실어져 소매업체에게 보내진다.

주문취소를 방지하기 위해서는 납기일을 정확하게 지키는 것이 매우 중요하다. 신뢰성 있는 생산과 배송규정 준수, 창의적인 스타일 개발에 대한 노력은 제조업체들이 추구해야 할 최고의 경쟁력이다.

요약

이 장에서는 의류 제품의 원가 계산, 가격 설정, 생산 스케줄을 포함하여 글로벌 소싱과 관련된 모든 요소를 검토하였다. 구체적으로는 의류제품이 어떻게 제조되는지 알아보기 위해 원단의 구매와 검단, 패턴의 설계와 그레이딩, 표시, 재단, 봉제, 가공 마무리, 품질 관리에 관한 업무를 살펴보았다. 또한 많은 제조업체들이 생산성을 향상시키기 위해 생산의 속도를 빠르게 하고 원가를 절감시키기 위해 패션 설계, 그레이딩, 마커 제작, 연단, 재단, 봉제에 이르기까지 컴퓨터의 활용률이 높아지고 있으며 EDI와 재고관리를 포함한 새로운 컴퓨터 기술을 도입하여 공장을 운영, 관리하려고 노력하고 있다. 신사복 생산이나 니트웨어 생산은 특별한 생산 공정을 사용하고 있다. 품질 관리와 납기일 준수는 의류업체가 신뢰와 명성을 유지하는 데 중요한 요소이다.

용어 개념

다음의 용어와 개념을 간단히 설명하고 논하라.

1. 도매가격	9. 소재	17. 모듈라 생산 방식
2. 원가 계산서	10. 외주 생산 체제	18. UPS
3. 가격중시 머천다이징	11. 글로벌 소싱	19. 테일러링
4. 유인상품	12. 레이저 빔 재단장비	20. 봉제니트
5. 그레이딩	13. 해외 봉제	21. 풀패션니트
6. 타이트마커	14. 개인별 성과급제도	22. 품질관리
7. 생산 일정 스케줄	15. 점진적 번들 봉제시스템	23. 가격표 사전 부착
8. 주문생산과 기획생산의 비교	16. CIM	

복습 문제

1. 제품의 원가와 가격을 책정할 때 고려해야 할 요소들은 무엇인가?

2. 원단을 구매할 때 고려해야 할 점은 무엇인가?

3. 주문생산과 기획생산의 차이점을 설명하라.

4. 컴퓨터를 이용하는 패턴 설계나 그레이딩, 마커 제작에 대해 설명하라.

5. 주요 재단 방식들의 차이점을 설명하라.

6. 컴퓨터를 이용한 의류제작 방식 세 가지를 설명하라.

7. 의류 봉제 시스템의 여러 가지 방식에 대해 설명하라.

8. 제조업체가 위탁 생산업체를 사용하는 목적은 무엇인가?

9. 해외 생산에 관련된 업무에 대해 설명하라.

10. 지난 수십 년 사이 이루어진 남성 신사복 제작 공정의 변화에 대해 설명하라.

11. 니트 의류를 생산하는 두 가지 방법을 설명하라.
12. 품질관리가 중요한 이유는 무엇인가?

● 심화 학습 프로젝트

1. 주변에 있는 의류 제조업체나 생산 공장에 연락하여 공장 견학을 하라. 생산방식을 관찰하라. 작업자들은 분업을 하고 있는가? 아니면 혼자서 전체 옷 제조 공정을 담당하고 있는가? 공장에 도입된 컴퓨터 기술은 무엇인가? 제품 생산에 특별하게 사용되는 생산방식은 무엇인가? 제품 생산 품질 수준과 제품의 도매 가격을 비교하라.

2. 유명 의류업체의 담당자를 인터뷰하거나 해당 업체의 연간 보고서, 신문, 잡지에 나온 기사를 종합하거나 개인적으로 회사에 관한 정보를 수집해서 회사를 연구하라. 회사의 특징, 소유주, 각 브랜드에서 생산되는 의류 제품의 타입, 목표, 고객 타입, 생산방식, 가격 정책 판매지역에 관한 사항을 파악해 보라.

● 참고문헌

[1] Bob Zane, former head of Manufacturing and Sourcing, Liz Clairborne, interview, April 30, 2003.

[2] David G. Link, textile economist, E-mail correspondence, February 2003.

[3] Zane, interview, April 30, 2003.

오스카 드 라 렌타의
원피스와 핸드백 프린트를
일치시킨 스타일
(출처 : OSCAR DE LA RENTA,
사진촬영 : DAN LECCA)

11

▶▶▶ 액세서리와 모피 제조업

관련 직업 ■□■

거의 모든 액세서리 종류는 각각 독립된 산업군에서 생산된다. 각 산업군은 해당 산업의 제품 개발 전문가 및 머천다이저, 디자이너, 패턴 설계사, 생산 관리사, 마케터, 판매 책임자들을 필요로 한다. 미국 내 모피 제조산업에서는 생산 관련 직업이 부족한 편이지만, 판매와 관련한 직업은 주요 모피 센터에서 필요로 하는 분야이다.

학습 목표 ■□■

이 장을 읽은 후 …

1. 다양한 액세서리의 독특한 디자인 설계에 관해 논의할 수 있다.
2. 주요 액세서리에 대한 생산방식을 학습할 수 있다.
3. 액세서리 디자인과 생산 센터에 대해 설명할 수 있다.
4. 액세서리 제품의 마케팅 측면을 논의할 수 있다.
5. 모피 의류 생산 방법에 대해 설명할 수 있다.

이 장은 액세서리와 모피 제품 관련한 디자인, 생산, 마케팅 분야에 대해 논의한다. 일반적으로 핸드백, 구두, 벨트, 장갑, 모피제품들의 재료로 동물의 가죽을 재료로 사용하는 전통을 가지고 있다. 구두, 핸드백, 벨트, 장갑, 모자, 스카프, 스타킹, 보석류, 모피제품은 의류를 생산하는 패션 산업의 일반의류품과는 생산 방법이 다르므로 별도의 산업에서 기술을 축적하여 제품을 디자인하고 생산한다. 따라서 모피 코트나 재킷은 의류 제품이기는 하지만 이 장에서 다루도록 하겠다.

패션 액세서리

액세서리 산업은 패션 산업의 중요한 분야로서 패션 산업을 종합적으로 조망하게 한다.

과거 수년 사이 액세서리 산업은 제조업과 리테일링 분야에서 가장 각광받는 산업으로 부상하고 있다. 액세서리는 기성복보다 더 중요하게 여겨지기도 한다. 액세서리 네트워크 그룹 (Accessory Network Group)의 회장인 아베 체흐바(Abe Chehebar)는 액세서리는 매장에 제품을 진열할 때 가장 눈에 띄는 부분이기 때문에 새로운 패션 아이디어나 유행 색, 디자이너나 브랜드를 소비자들에게 인식시키는 중요한 역할을 한다고 주장한다. 또한 디자이너들도 전달하고자 하는 이미지를 액세서리를 이용해서 전달하기도 한다.

구두나 스타킹 산업체들은 대기업들이 점유하고 있다. 세계적인 규모를 가진 대기업들은 명품 액세서리 브랜드를 소유하고 있다. 최대 기업은 LVMH(Moet Hennessy Louis Vuitton) 이며, Compagnie Financière Richemont(카르티에), 구찌 그룹(보테가 베네타 또한 소유), 샤넬, 프라다 그룹이 그 뒤를 잇고 있다. 미국에서는 핸드백, 장갑, 스카프, 모자, 보석류와 같은 산업이 뉴욕 시나 여러 지방에서 많은 소기업 규모로 운영된다.

그러나 의류 산업과 마찬가지로 액세서리 산업에서도 합병이나 폐사가 빈번하게 이루어지고 있으며, 수입품과의 경쟁도 증가하고 있다. 따라서 미국 기업들은 가격 경쟁력을 높이기 위해 해외 생산을 증가시키고 있다.

제품 다양화   널리 알려진 브랜드와 디자이너들은 액세서리 산업으로 진출하고 있다. 토털 패션을 연출하기 위해서는 의류뿐만 아니라 함께 착용하는 구두, 핸드백, 벨트, 모자, 보석류와 같은 액세서리의 역할이 매우 중요하다. 액세서리는 패션 디자이너들이 디자인한 제품을 제안할 때 디자인을 돋보이게 해 주는 역할을 하고 있다.

의류 브랜드들의 액세서리 산업 진출 의류 디자이너들은 그들의 의류 콜렉션과 잘 어울리는 액세서리를 원한다. 이러한 이유로 많은 의류 회사들은 액세서리 사업부를 액세서리 업체와 합자 회사나 라이선싱 방식으로 확대하고 있다(제12장 참조). 매장에서 판매되는 상품에 디자이너의 이름이 사용되지만 실제로 제품의 생산이나 디자인, 마케팅까지도 액세서리 업체나 마케터나 해당 분야의 전문 수입업체가 담당하는 경향을 보인다. 액세서리 마케팅 분야에서는 디자이너 의류 브랜드의 인지도를 활용하는 것이다. 예를 들어 디올(Dior)은 총 매출의 반 이상을 액세서리 산업에서 벌고 있다.

액세서리 브랜드의 의류 산업 진출 오늘날 액세서리 산업에서 브랜드나 디자이너 이름에 대한 유명도는 매우 중요한 역할을 담당하고 있다. 패션 사이클의 변화에 균형을 맞추며 강한 브랜드 이미지로 비즈니스를 성장시켜 나갈 목적으로 많은 액세서리 산업체는 의류 사업으로 영역을 다각화시켜 나가고 있다.

예를 들어 구찌(Gucci), 에르메스(Hermès), 페라가모(Feragamo), 루이뷔통(Louis Vuitton), 케네스 콜(Kenneth Cole by Liz Claiborne), 나인웨스트(Nine West by Jones New York) 등은 최근 의류 산업에도 진출하고 있다. 예를 들어 에르메스는 1997년 처음으로 기성복 콜렉션을 론칭하였고, 2004년에는 장 폴 고티에(Jean-Paul Gaultier)를 디자이너로 영입하였다.

유명한 제화 업체인 페라가모는 구두뿐만 아니라 핸드백, 보석류로도 사업을 확장하였으며 이제 기성복 라인까지 함께 운영한다. 에르메스는 주력 제품라인인 스카프나 각종 제품들 외에 기성복 라인도 추가로 운영하고 있다. 핸드백 전문 디자이너인 케이트 스페이드(Katte Spade)는 기존의 디자인 영역에 잡화와 구두, 파자마, 여행용 가방, 스카프, 장갑까지 디자인 영역을 넓혀 가고 있다. 구두 디자이너인 케네스 콜은 30개 이상의 라이선스를 가지고 있으며 이 중에는 리즈 클레이본(Liz Claiborne)의 스포츠웨어도 포함된다. 그러나 대부분의 매출은 액세서리 사업에서 이루어지고 있다. 구찌, 루이뷔통, 에르메스, 프라다, 샤넬과 같은 명품 브랜드들도 대부분의 수익을 하나의 액세서리 그룹에서 산출하고 있다.

유명한 액세서리 디자이너 케네스 콜은 기성복 디자이너로서도 영역을 넓혀 가고 있다.
(출처 : COUNCIL OF FASHION DESIGNERS OF AMERICA, 사진촬영 : MARY HILLIARD)

제품 개발과 디자인　여러 가지 액세서리에 대한 유행은 순환하는 경향이 있다. 패션의 변화에 따라 필요한 액세서리들도 변화하게 된다. 의류 패션에서 허리를 강조하는 디자인이 유행하면 벨트 산업도 활발해진다. 또한 클래식하거나 단순한 스타일의 의류가 유행을 하면 보석류나 스카프 산업이 활발해지는 경향이 있다. 반면 모자의 유행은 헤어스타일의 변화와 날씨에 민감하게 반응한다. 현대에는 한 가지만 유행을 하는 것이 아니고 캐주얼한 스타일과 과장된 우아한 스타일이 동시에 유행하는 것과 같은 다양성이 동시에 나타나는 경향이 보이므로 액세서리 산업도 여러 가지가 동시에 활발해지는 경향을 보이기도 한다.

의류 산업과 마찬가지로 액세서리 산업에 종사하는 디자이너, 머천다이저, 생산 관리자들도 패션 트렌드에 대해 잘 인지하고 있어야 한다. 이들은 패션 트렌드 경향을 파악하기 위해 파리에서 1년에 두 번 개최되는 프리미에르 클라세(Premiere Classe) 액세서리 쇼에 참석하기도 한다. 액세서리 산업 종사자들은 패션 의류 사업 종사자들과 마찬가지로 각 시즌별로 새로운 콜렉션을 선보인다.

액세서리 제조 산업에서는 1년에 1~5회의 시즌 라인을 운영하고 있으며, 횟수는 액세서리의 종류, 가격대에 따라 다양하게 운영된다. 각각의 라인에서 제조업체들은 액세서리의 기능, 소재, 품질, 가격 등에서 제품의 독자성을 유지한 제품을 개발하여 제안한다.

생산　액세서리에 사용되는 소재나 기능의 차이를 바탕으로 각각의 액세서리 산업은 매우 다양하게 전개되고 있다. 따라서 각 액세서리 산업의 생산 방식을 각각 분리하여 언급하고자 한다.

구두, 핸드백, 장갑은 동일한 재료를 사용하지만 제작 기술은 매우 다르다. 스카프는 직물로 만든다. 모자는 직물, 밀짚, 가죽으로 제작된다. 주얼리 산업에서는 금속, 보석을 사용하며 다른 액세서리 산업과는 매우 다르다.

스타킹을 제외한 액세서리들은 대부분 수입품들이다. 구찌, 페라가모와 같은 최고급의 액세서리는 주로 소매상들이 수입한 후 리테일 점포의 자사 브랜드(private label)로 판매된다. 액세서리 제조업 또한 노동집약적인 산업이므로 많은 미국 내 제조사들은 노동임금이 저렴한 지역들에서 제품을 생산한다. 예를 들어 중국을 포함한 아시아 지역, 필리핀, 동유럽, 중앙과 남아메리카 등에서 생산한다. 반면 해외로 수출하는 대표적인 미국 액세서리 제조업체로는 나이키(Nike), 리복(Reebok), 베트마(Betmar) 등의 몇몇 기업이 있다.

모조품　명품 액세서리 업체의 가장 어려운 문제는 트레이드 마크의 위조와 불법적으로 판매되는 모조품이다. 명품 브랜드들은 광고를 통해 소비자에게 강한 구매 욕구를 일으킨다. 따라서 모든 사람들은 명품을 원하게 된다. 모조품은 명품을 거의 완벽하게 위조하여 명품 브랜드도 믿지 못할 정도이다.

모조품은 전 세계적으로 성행하고 있으나 단속이 어려운 이유는 세계 각 지역의 시장에 대해서 각각 디자인 등록을 해야 하기 때문이다. 등록비와 법적인 비용은 너무 비싸고, 각 나라별로 비용을 지불해야 한다. 명품업체들은 조사비용과 소송비용으로 모조품 유통을 막기 위해 수백만 달러를 투자하고 있다. 따라서 명품의 가격은 매우 높아지게 된다. 업체에 따라서는 진품에 홀로그램 처리를 하기도 하고, 적외선이나 자외선 잉크를 사용하기도 한다.

미국 세관에서는 수백만의 모조품을 압수하고 있으며 대부분 핸드백과 시계이다. 이 중 약 70%는 중국으로부터 들어온다. 미국과 중국은 트레이드 마크의 보호를 위한 협정은 맺었으나 강제력을 갖는 것이 어렵다.

마케팅　액세서리의 종류나 가격대에 따라 마케팅 방법은 회사마다 다르다. 대부분의 제조업체들은 새롭게 개발한 신제품을 마켓 주일 동안 뉴욕의 쇼룸을 통해서 공개한다. 또한 업체들은 로스앤젤레스, 댈러스, 애틀랜타, 시카고와 같이 전국적으로 퍼져 있는 주요 마켓 센터에 신제품 전시장을 가지고 있기도 하며, 전국적으로 리테일업체의 바이어와 네트워크를 가지고 있는 판매 대행업체를 활용하기도 한다. 또한 제조업체들은 뉴욕에서 1년에 세 번씩 개최되는 액세서리 박람회(Accessories Circuit)나 액세서리 전시회를 통해 그들의 제품을 소개한다. 일반적으로 춘하절기 판매용 액세서리는 1월에 선을 보이며 가을 판매용은 5월에 소개되고 겨울 크리스마스 시즌용은 8월에 소개된다. 추가적인 쇼가 8월에 라스베이거스에서 열리기도 한다. 액세서리 브랜드들은 광고를 집중적으로 하며, 명품 브랜드는 총 매출의 6~10%를 광고비용으로 사용한다.

액세서리 제조업체들은 전자 상거래를 사용하고 있으며 웹사이트를 가지고 있는 업체도 상당히 있다. 초기에는 소비자들에게 인터넷을 통해 브랜드를 홍보하는 목적으로 활용하기 시작하였다. 선도 기업에 해당하는 루이뷔통(Louis Vuitton), 두니엔보크(Dooney & Bourke)나 퍼시(Fossi)는 온라인 카탈로그를 운영하기도 한다. 온라인 카탈로그를 이용해서 소비자들은 제품을 자세히 확대해서 보기도 하고 입체적으로 살펴볼 수도 있다. 사이트에는 시즌별 신상품을 보여 주기 위해서 수시로 새로운 제품으로 바꾸어 올려 준다.

브랜드의 이미지와 제품 이미지를 관리하는 방안으로 대부분의 업체들은 직영 전문판매점을 통해 소비자와 직거래를 한다. 유럽에서는 일반적으로 페라가모(Ferragamo), 구찌, 아이그너(Aigner)와 같은 업체들이 직영점을 운영한다. 미국에 기반을 둔 제화업체들도 전통적으로 직영점을 운영함으로써 재고 물량을 관리하고 전문적으로 판매 직원들을 교육시키고 관리하고 있다. 그러나 대부분의 미국 액세서리 업체들은 직영점을 운영하지 않는다. 근래에 들어와서 나이키나 캐롤스 팔치(Carols Falchi), 로버트 리 모리스(Robert Lee Morris), 캐롤리(Carolee) 등이 전문점을 운영하는 형태로 정착되어 가고 있다. 이러한 직영점을 통해서 액세서리 업체들은 바이어에 의해 편집되지 않는 전 제품 구색으로 각 업체의 모든 생산 제품들을 소비자들에게 소개함으로써 브랜드를 소비자들에게 인식시키고 소비자와 직접적인 관계

이탈리아의 제화 디자이너인 안드레아 피스터가 그의 스튜디오에서 작업하는 모습 (출처 : ANDREA PFISTER, 사진촬영 : MARY TRASKO)

를 맺어 나가고 있다.

또한 액세서리 제조업체들도 다양한 브랜드를 취급하는 상점들의 판매 직원을 교육하고, 제품 디스플레이와 고객을 상담하는 머천다이즈 총괄책임자를 고용하고 있다. 액세서리 디자이너들도 가끔씩 상점에 들러 제품을 홍보하기도 하고 신제품에 대한 소비자의 반응을 테스트하기도 한다. 또한 많은 상점에서는 내부에 유명 브랜드나 디자이너 부티크를 별도로 마련해 액세서리를 판매하기도 한다. 예를 들어 블루밍데일즈(Bloomingdale's) 백화점에서는 페라가모, 루이뷔통, 샤넬, 쥬디라이버 액세서리 부티크를 운영한다.

대규모 리테일점에서는 직접 기획·생산한 액세서리를 판매하기도 한다. 일반적으로 상점에서는 액세서리 판매처를 1층에 배치한다. 근래에는 액세서리 판매처를 기성복을 판매하는 같은 층에 배치해서 기성복을 구입하면서 구입한 옷에 어울리는 액세서리를 같은 층에서 함께 구입할 수 있도록 배려하기도 한다. 유통업체에서 자체적으로 판매하기 위해 액세서리를 제조하기도 한다.

신 발

구두, 샌들, 부츠를 포함하는 신발 산업은 액세서리 산업에서 비중이 큰 산업이다. 매년 전 세계에서는 70억 컬레의 신발이 제조되고 있다. 기능적인 신발이거나 유행에 민감한 신발이거나 신발에는 여러 가지 소재가 사용된다. 예를 들면 송아지 가죽, 양가죽, 스웨이드, 파충류 가죽, 인조가죽, 캔버스나 나일론 같은 직물 등 다양한 소재가 사용된다.

오늘날 신발 산업은 클래식한 트렌드와 캐주얼한 트렌드가 공존한다. 스포츠풍의 신발이 크게 유행한 결과로 편안함이 신발 디자인의 중요한 요소로 자리 잡게 되었다. 뷰티필(Beauty feel)이나 페라가모와 같은 세계적으로 유명한 제화브랜드들은 운동화의 편안함과 스타일적인 측면을 고루 갖춘 제품을 개발하는 추세이다.

가죽 패션 구두의 디자인　신사용 구두의 디자인 흐름은 대부분 유럽으로부터 시작된다. 신발 디자이너들은 옷과 어울리는 신발 디자인을 제공하기 위해 패션 트렌드를 분석한다. 여성용 패션 구두의 세계적인 디자인 흐름은 안드레아 피스터(Andrea Pfister), 마놀로 블라니크

(Manolo Blahnik)와 로버트 클리제리(Robert Clegerie)와 같은 세계적으로 유명한 신발 디자이너에 의해 제시된다.

새로운 신발 디자인에 대한 아이디어를 수집하기 위해 대부분의 구두 제조업체의 디자이너와 제품 개발 관리자들은 독일 뒤셀도르프와 이탈리아 밀라노에서 열리는 MICAM, 볼로냐에서 열리는 Lineapelle의 신발 박람회에 참가한다. 의류 산업의 머천다이저와 마찬가지로 신발 산업의 제품 개발 관리자들은 신발의 스타일을 여러 가지로 개발하는 디자이너들과 함께 디자인의 컨셉을 잡고, 디자인 개발에 참여한다. 신발 디자이너들은 소재의 종류, 색상, 모양, 프로포션 등에 우선 관심을 갖는다. 신발 디자인을 개발하기 위해서는 모든 가능한 각도에서의 신발 모양에 대해 관심을 가지고 디자인한다.

많은 신발 제조업체들은 캐드(CAD)를 활용해서 갑피(신발 발등을 덮는 부분) 디자인이나 신발 패턴을 사이즈별로 그레이딩하는 이차원적인 디자인과 구두 골(라스트)의 투시도를 그리거나 발모양의 틀이나 화형 디자인 작업을 위한 삼차원적인 디자인을 수행한다.

라인 개발자는 신발 박람회나 스튜디오를 방문해서 모델 제작자의 샘플 신발을 구입하기도 하고, 때로는 디자이너의 스케치를 신발 모델 제작자에게 보여 주고 샘플용 신발을 제작하기도 한다. 만약 라인 개발자가 지방에 있는 신발 모델 제작자와 공동으로 작업을 진행해야 하는 경우에는 디자인 아이디어와 샘플을 인터넷이나 팩스로 주고받는다. 최종적인 생산용 콜렉션으로 완성되기 위해서는 수차례 편집 과정을 거친다. 완성된 콜렉션은 여러 개로 생산되어 판매부서, 쇼룸, 트레이드 쇼에 보내진다.

몇몇 제화 제조업체들은 의류 디자이너와 공동으로 콜렉션을 개발하기도 하고 라이선싱을 하기도 한다. 제화 디자이너들은 의류 디자이너의 스타일이나 색상과 어울리도록 구두 디자인을 한다. 의류 디자이너들은 구두 디자인을 최종 선택하는 역할을 하기는 하지만 실제로 구두 디자인을 하지는 않는다.

가죽 재료 소싱 가죽 재료 소싱은 주로 생산기지와 근접한 지역에서 이루어진다. 예를 들면 이탈리아에서 생산되는 신발은 이탈리아산 가죽을 사용하고 브라질에서 생산되는 신발은 남미산 가죽을 사용하고 아시아 지역에서 생산되는 신발은 중국산 가죽을 사용한다. 그러나 한 지역에서 가죽을 총괄적으로 구입한 후 신발을 생산하는 다른 여러 생산국으로 보내는 경우도 있다.

수입 신발 수입 신발의 물량이 증가함에 따라 미국 신발 산업은 큰 타격을 입고 있다. 신발 수입에는 쿼터 제도가 없으므로 미국 내에서 판매되는 1.1조 켤레 신발(고무 제품 제외)의 약 98%가 수입되고 있으며 그중 80%는 중국에서 수입된다.[2] 중국은 미국의 최대 신발 수입대상국이며, 브라질, 인도네시아, 베트남, 이탈리아가 그 뒤를 잇는다.

최고급 품질의 숙녀용 패션 구두들은 대부분 이탈리아에서 최고급 가죽을 재료로 해서 수공으로 만들어진다. 이러한 제품에는 로버트 클리제리(Robert Clegerie), 마놀로 블래닉(Manalo Blahnik), 안드레아 피스터, 패트릭 콕스(Patrick Cox), 브루노 마리(Bruno Magli), 페라가모(Ferragamo), 크리스티앙 로보틴(Christian Loubouten), 서지오 로시(Sergio Rossi), 스튜어트 와이즈만(Stuart Weitzman) 등이 있다. 캘빈클라인과 같은 의류 디자이너들은 이탈리아 신발 제조업체와 합작 회사를 만들거나 라이선스 계약으로 신발 제품 콜렉션을 운영한다. 마리나 페라가모와 같은 여성용 제품 제조업체들도 보리(Borri)나 로렌조반피(Lorezo Banfi)와 같은 신사용 신발 제조 회사와 같이 남성화도 제작하는 경향을 보인다.

중간 고급가격대의 제품을 생산하는 아드리엠 비타디미(Adriemme Vitttadimi), 앤클라인(Anne Klein), 비아 스피가(Via Spiga), 아말피(Amalfi), DKNY 등은 이탈리아나 스페인에서 신발류를 생산한다. 중간가격대의 리즈 클레이본, 니켈스(Nicklels), 카레사(Caressa), 디파갈로(Deppagallo) 등은 스페인이나 브라질, 중국 공장에서 신발류를 생산하는 대표적인 기업들이다.

이제 미국에서 판매되는 모든 종류의 신발 중 80%는 중국산이다. 중저가 신발과 스포츠용 신발은 대부분 중국, 한국, 멕시코 등에서 생산된다. 제조업체들은 항상 값싼 노동력을 제공하는 새로운 생산기지를 찾아 다닌다. 기업에 따라서는 해외 공장에서 제품을 생산하도록 하청 계약을 하기도 하지만, 또 다른 기업들은 아예 이탈리아, 스페인, 남미에서 자체 공장을 운영하기도 한다.

전통적인 가죽 신발 제조　전통적인 신발 제조 공정은 여러 가지 발길이나 너비의 측정을 필요로 한다. 여성용 신발 사이즈 5호부터 10호까지 생산하는 데는 약 103가지의 길이나 너비치수가 조합된 자료가 필요하다. 미국에서 판매되는 신발은 미국 신발 사이즈 스펙을 사용한다. 유럽인용 신발은 한 가지 볼너비로 생산되지만, 미국에 수출하는 유럽산 신발은 네 가지 볼너비의 다양한 사이즈의 신발이 생산된다.

구두 제조공정의 복잡성에 기여하는 또 다른 요인은 많은 제조공정을 다룰 수 있는 전문 기술자를 필요로 한다는 것이다.

수공업으로 품질이 좋은 패션 신발 한 켤레를 생산하는 데는 200~300여 가지의 공정을 필요로 한다. 신발을 공장에서 생산하는 경우에는 약 80여 가지 종류의 기계를 사용한다. 신발을 봉제하는 작업은 조각들이 잘 맞추고 부드럽게, 각이 만들어지지 않도록 만든다. 수작업으로 생산하거나 대량생산 방식으로 신발을 제작하는 데는 다음과 같은 9단계의 작업을 거치게 된다.

1. **라스트 제작** — 라스트는 발 모양으로 만든 구두(신발)의 골이다. 오리지널 라스트는 나무로 제작이 되며 라스트 제작에는 35가지의 발 측정치가 필요하다. 신발 공장에서는 수천 개의 라스트를 필요로 하며, 신발의 사이즈, 볼너비, 뒷굽높이, 베이직 스타일별

나무 구두 골●
이 패턴을 맞
테스트한다.
(출처 : FER-
RAGAMO,
FLORENCE
ITALY)

로 각각 다른 라스트를 필요로 한다. 전문가가 제작한 나무 라스트를 폴리에틸렌을 재료로 복제해서 구두 제작을 위한 틀로 사용한다.

2. **패턴 설계** — 구두 제작을 위한 재단용 패턴은 구두 골을 측정한 측정치와 오리지널 모델로부터 측정치를 기초해서 설계한다. 각각의 패턴 모양으로 재단이 된 조각들은 봉제된 뒤 구두 골에 고정된다. 샘플 사이즈 신발은 이 패턴으로부터 만들어진다. 라인 개발자는 이 단계에서 스타일을 선택하고, 수정 보완을 요구하게 된다. 이와 같은 과정을 거쳐 최종 라인이 결정된다. 최종 라인의 스타일을 여러 컬레로 만들어 판매 대행자에게 보내게 된다.

3. **재단** — 종이로 만들었던 최종 라인 구두 생산용 패턴을 재단하기 위해 철판으로 패턴 모양 커터(die)를 만든다. 최신 설비를 갖춘 공장에서는 캐드로 작업한 패턴 정보를 재단기로 연속으로 보내서 워터젯 재단기로 가죽을 재단한다.

4. **봉제와 피팅** — 신발의 갑피 부분에서 필요한 부분을 봉제하고 필요에 따라 단춧구멍이나 장식 박음도 한다. 모든 갑피 부분 디자인을 처리한 뒤 안감을 붙인다.

5. **형 만들기** — 봉제가 완성된 갑피 부분을 해당 사이즈와 스타일의 구두 골 위에 씌운 뒤 구두 안창 바닥을 댄다.

6. **바닥 만들기** — 구두 바닥을 갑피에 붙인다. 붙이는 방법은 바느질, 시멘트 작업, 징을 박는 방법, 몰드시키는 방법, 가황시키는 방법 등 다양한 방법이 사용된다. 대부분의

구두형을 만들기 위해 갑피를 구두 골에 고정시키고 있다. (출처 : BALLY OF SWIZERLAND)

신발은 접착제로 바닥을 갑피에 붙인다.

7. **뒷굽 달기** — 플라스틱으로 만든 뒷굽을 가죽이나 나무로 씌워서 미리 뒷굽 모양을 만든 뒤 바닥의 위치에 맞추어 고정시킨다.

8. **가공** — 완성된 신발은 광을 내고 구두 골을 빼낸다.

9. **건조 및 검수** — 구두를 건조시키고 최종 점수를 받는다. 신발 모양을 일정하게 유지시키도록 구두 속에 종이와 플라스틱 막대를 넣는다.

대형 제화 회사들은 최신 장비와 컴퓨터 기술 장비에 대한 투자비용이 요구되므로 경쟁적으로 사업을 진행시킨다. 제화 산업에서 널리 사용되는 컴퓨터 장비를 사용한 신발 제조 시스템은 생산시간을 단축시키며 품질을 높이고 노동임금 부담을 낮추는 효과를 제공하고 있다. 프로그램으로 제어되는 기계장비를 도입함으로써 봉제와 형 만들기 작업을 포함한 거의 모든 생산 공정이 자동화되고 있다.

미국 내 제화 생산이 감소되면서 미국 내에는 이제 단지 60개 제화업체가 남아 있으며 미국 내에 남은 소수의 신발 제조업체는 신사화 공장이 대부분이며 공장들은 뉴잉글랜드 지역과 중서부 지역에 편중되어 있다. 이 공장들 중 고급 신사화 제조업체들은 존스톡엔머피(Johnstonk & Murphy), 알렌-에드몬드(Allen-Edmonds), 콜한(Cole-Hann), 알덴(Alden) 등이고 중저가 신발 업체는 플로쉐임(Florsheim), 바스(Bass), 덱스터(Dexter), 보스토니안

(Bostonian) 등이다. 미국 신발 제조 산업에서는 작은 기업체들은 계속 폐업될 것으로 예상되며, 경쟁력 있는 기업체들은 공장을 합병 정리하고 새로운 기술에 투자하여 미국과 해외 노동임금의 차이를 줄여 나갈 것으로 기대된다.

마케팅 슈와니즈엔벤자민(Schwaniz & Benzamin)과 같은 신발 수입 업체는 본질적으로 마케터이다. 그들은 디자인을 라이선스 계약하거나 구입해서 하청 생산을 한다. 이들은 미국 고객들이 원하는 바를 매우 정확하게 파악하고 있다고 스스로 판단하기 때문에 이와 같은 방법으로 신발을 제조·판매하고 있으며, 해외 제조업체보다 효율적으로 신발 산업체를 운영한다.

신발 회사들은 모든 가격대와 카테고리들의 제품을 취급하기도 한다. 예를 들어, 나인웨스트(Nine West)사는 US Shoe Co. 회사로부터 반돌리노(Bandolino)와 이지스피릿(Easy Spirit) 브랜드를 인수했다. 리테일 바이어들은 전 세계의 많은 상품을 동시에 볼 수 있도록 하는 중요한 슈즈 박람회에 참여한다.

국제적으로 유명한 신발 박람회인 MICAM은 가을용 신발 스타일 전시를 위해 매년 3월 열리고, 봄에 판매되는 신발 스타일 전시는 9월에 밀라노에서 열린다. 이 외에도 독일 뒤셀도르프의 GDS, 프랑스 파리의 MIDEC, 스페인 엘다의 FICC와 같은 신발쇼가 개최된다. 뉴욕의 Fashion Footwear Association(FFANY)은 뉴욕 힐튼호텔에서 1년에 여섯 번 마켓 행사를 갖는다. 6월과 11월에는 뉴욕 신발 박람회가 열리며, 1월과 8월에는 콜렉션을 개최하고, 4월과 10월에는 마켓데이가 열린다. 가장 큰 신발 전시회는 World Shoe Association(WSA)이 주관하는 전시회로 2월과 8월에 라스베이거스에서 열린다. 바이어들은 다음 해 초봄에 판매할 스타일은 6월에 구입하고 가을과 크리스마스 시즌용은 2월에 구입한다.

신발 산업은 스타일별, 색상별, 사이즈별, 볼너비별로 재고 물량을 보유해서 판매를 해야 하므로 많은 신발 업체들은 직영점을 운영하는 경향을 보인다. 예를 들어 존스 어패럴(Jones Apparel)이 소유한 나인웨스트와 플로쉐임(Florsheim)은 직영점을 가지고 있다. 일부 업체는 백화점에 매장을 임대하기도 하고, 전문점을 운영하기도 하지만 이러한 경향은 감소하고 있다.

신발 제조업체들은 인터넷이나 세미나를 개최해서 소비자와 판매 직원을 대상으로 구두의 스타일과 품질에 대한 기준을 교육한다. 페라가모나 나인웨스트와 같은 일부 신발 업체들은 핸드백도 제조한다.

핸드백

핸드백은 필요한 물건들을 편하게 가지고 다닐 수 있으면서 옷차림과 잘 어울려야 하므로 기능성과 장식적인 면이 요구되는 액세서리이다. 토트백이나 백팩과 같은 큰 사이즈의 백은 기능적인 특징이 강조되어 제작되고, 크러치와 같이 작은 사이즈의 핸드백은 장식적인 특성이 강조되어 제작되는 핸드백이다. 핸드백의 스타일은 클래식한 스타일에서부터 직물로 부드럽게 제작되는 스타일까지 다양하다. 핸드백의 소재 중 약 50% 정도는 스웨이드와 파충류 가죽을 포함한 가죽소재가 사용된다. 나머지 50% 정도는 비닐과 캔버스, 나일론, 실크, 울, 자수직물, 테피스트리와 같은 직물이나 짚이 사용된다. 핸드백의 재료는 패션 트렌드에 따라 해마다 변화한다. 루이뷔통(Louis Vuitton), 보테가 베네타(Bottega Veneta)는 특수 디자인 직물로 제작된다. 펜디(Fendi), 마크 제이콥스(Marc Jacobs), 프라다(Prada), 토드(Tod's)는 핸드백 디자인의 경향을 선도하는 브랜드이다.

최고급 핸드백은 여전히 장인에 의해 수공으로 제작된다. 비아트리스 엠블라드가 April in Paris에서 핸드백을 꿰매고 있다.

(사진촬영 : 저자)

제품 개발과 디자인   핸드백 디자인 개발에 영향을 미치는 요소들은 소재(가죽 또는 직물), 실루엣, 색상뿐만 아니라, 기성복이나 신발의 유행 경향이다. 초기 샘플은 디자인 스케치를 기본으로 하여 광목이나 인조가죽으로 제작된다. 그러나 최종 샘플은 가죽이나 직물을 사용하고 내부 지지대를 사용해서 제작된다. 펠트직물이나 부직포, 직물 충전재로 지지대를 감싸서 사용함으로써 핸드백의 촉감을 좋게 하고 쿠션도 좋게 한다. 하드웨어는 디자인의 주요 요소이고 때로는 중심 요소이기도 하다. 핸드백의 제조에 필요한 장식, 잠금 장치, 지퍼, 손잡이들은 핸드백 소재와 형태와 어울리도록 선택해야 한다. 핸드백 내부의 안감은 핸드백 소재와 핸드백의 종류에 따라 선택한다.

콜렉션 안에는 소재나 색상, 실루엣, 하드웨어, 주제에 따라 그룹이 형성된다. 일반적으로 다양한 소재에 대하여 다양한 실루엣의 디자인이 만들어진다. 안정적인 콜렉션 내에는 다수의 그룹이 형성된다.

　최종 샘플 핸드백은 제품 개발 팀, 디자이너, 패턴 설계자, 샘플 제작자, 생산 책임자, 판매 책임자들이 평가하여 샘플 중 평가 점수가 가장 좋은 것을 생산용 스타일로 선정한다.

생산　최종적으로 생산할 라인이 선택되면, 핸드백용 패턴으로부터 재단틀을 만들어 가죽을 찍어서 재단하거나 워터젯 재단기로 재단한다. 최근 들어 가죽 원료 공급이 축소되고, 가격도 상승함에 따라 핸드백의 스타일과 생산에 큰 영향을 주고 있다. 직물을 소재로 한 핸드백은 수작업으로 재단하거나 작은 둥근 재단칼을 사용하여 재단한다.

명품 핸드백　핸드백 제조 기술의 수준과 종류는 매우 다양하다. 에르메스(Hermès) 핸드백과 같은 최고급 핸드백은 완전히 수공예로 제작되므로 생산에 소요되는 시간이 길고, 생산물량도 제한된다. 예를 들어 제작 시간이 16시간 이상 소요되는 켈리 핸드백(Kelly handbag)은 원가가 5,000달러 이상이고, 각각의 제품에는 제작 기술자의 이니셜과 제작 일자를 찍어서 제작한다. 특별한 수요만을 만족시키기 위해 유통도 매우 제한적으로 이루어진다.

　명품 핸드백 제조사들은 더 많은 소비자들을 대상으로 하기 위해 다양한 가격대의 제품을 개발한다. 예를 들어 디올(Dior)의 새들 백(Saddle bag)은 캔버스 직물로 만든 600달러 가격의 상품부터 악어가죽으로 만든 10,500달러 가격의 제품까지 125가지 종류가 생산된다. 셀린느, 샤넬, 보테가 베네타, 프라다, 펜디, 토드, 페라가모와 같은 대부분의 명품 핸드백은 이탈리아에서 만든다.

　예술적인 기술과 전통적인 방식에 대한 고집은 유럽이나 북미에서는 사라지고 있다. 이탈리아의 회사 중에는 젊은이들에게 기술적인 테크닉을 배울 것을 권하고 있고, 명품 가죽 제품을 전통적인 품질을 갖추어 생산하는 방식을 계승시키기 위해 노력한다. 예를 들어 보테가 베네타는 지역의 전문 학교와 함께 3년 교육 과정의 실습 교과 과정을 운영하고 있다.

디자이너 브랜드와 고급 핸드백　고급 핸드백의 생산은 직물이나 가죽을 재봉기로 기계적으로 제작하지만, 잠금장치, 안감부착, 장식, 손잡이 부착 등은 여전히 수공 작업으로 제작된다. 비록 수공임 가격이 높지만 아직도 소수의 고급 핸드백은 주로 미국 뉴욕 주에서 생산되며, 이 외에도 메인 주, 코네티컷 주, 메사추세츠 주와 플로리다 주에서 생산되고 있다. 그러나 생산 단가를 줄이기 위해 많은 제조업체들은 노동 임금이 저렴한 해외에서 생산하는 경향이 있다. 고급 핸드백을 제조하는 해외 생산 기지로는 홍콩이 주로 활용되고, 이 외에도 남아메리카, 인도네시아, 한국, 대만, 중국, 인도에서도 제작되고 있다.

　미국산 디자이너 핸드백 라인은 람버트슨 트루스(Lambertson Truex), 칼로스 팔치(Carlos Falchi), 케네스 콜, 케이트 스페이드(Kate Spade) 등이다. 의류 제품 디자이너 브랜드인 미카엘 콜(Michael Kors), 오스카 드 라 렌타(Oscar de la Renta), 마크 제이콥스, DKNY 등은 로열티를 받고 핸드백 제조업체에 라이선스를 주고 있다. 중간고급 브랜드로는 스위스의 발리(Bally)와 코치(Coach), 에티엔느 아이그너(Etinne Aigner), 두니엔보크(Dooney & Bourke) 등이다. 코치 핸드백은 미국에서 제조되고 있다. 브릿지 라인 브랜드는 코치, 아이그너, 두니앤보크이다.

중간 가격의 핸드백   중간 가격의 핸드백은 대부분 비닐이나 직물로 제작되지만, 가죽으로 제작되기도 한다. 중간 가격 핸드백 브랜드로는 케네스콜, 나인웨스트, 리즈 클레이본, 에스프리 등이 있다. 중간 가격의 핸드백들은 수입품이 대부분이다. 미국에서 소비되는 핸드백의 약 80%는 수입품이며, 수입품의 대부분은 중국에서 수입된다. 판매가를 낮추기 위해 많은 스토어들은 자사 브랜드 핸드백을 모든 카테고리에서 생산하고 있다. 많은 유통업체들의 자사 브랜드 핸드백은 제조자와 직접 기획하여 제작하거나 수입하며 중간 마진을 없애어 높은 수익을 얻는 제품이다.

마케팅   고급 핸드백 업체들은 매년 두 차례 밀라노에서 개최되는 이탈리아 무역 박람회인 Mipel에 그들의 콜렉션을 선보인다. Accessories Circuit과 Accessories Show와 같은 미국 콜렉션은 뉴욕에서 이루어지고 있으며 다른 마켓 센터에 위치한 쇼룸과 패션 액세서리 박람회에서도 이루어지고 있다. 가을 상품을 소개하는 대규모 마켓은 2월에 열리며 봄 상품을 소

액세서리 네트워크 그룹 쇼룸에서 마케팅 디렉터 카렌 와이스 (Karen Weiss)가 핸드백 라인을 소개하고 있다.
(사진촬영 : 저자)

개하는 대규모 마켓은 8월에 개최된다.

명품 핸드백 제조업체들은 수천 달러에 이르는 가격으로 주의를 끈다. 최근 달러화의 약세에 따라 유럽의 수입품 가격은 빠르게 상승하고 있다. 따라서 미국 내 공급업체들은 저가의 상품들을 찾고 있다. 이제 덜 비싼 가격대의 디자이너 핸드백들도 덩달아 400~700달러의 가격대로 진입하고 있다. 그러나 비록 명품 핸드백의 판매량이 7%에 이르지만 대부분의 여성들은 낮은 가격대의 상품을 구매한다.[4]

벨트

여성용 의류에서 벨트는 주기에 따라 유행이 되고, 의류 디자인의 유행이 허리 부분을 강조하는 경향일 때 관심이 집중되는 액세서리이다. 여성의류 패션이 클래식한 경향을 보일 때 벨트 패션도 중요성이 높아진다. 숙녀용 패션 벨트 소재로는 가벼운 가죽, 스웨이드, 금속, 직조 끈, 금속 체인, 직물, 탄성 직물 등 다양한 재료가 사용된다. 반면 남성은 일상적으로 바지 허리에 벨트를 착용하므로 신사용 벨트는 기능적인 측면이 강조된다. 따라서 남성용 벨트 소재는 전통적으로 5~6온스 정도 무게의 가죽을 사용한다. 특히 전통적인 스타일의 벨트는 버클이 매우 중요한 부품이다.

의류 브랜드인 샤넬, 도나 카란, 캘빈 클라인, 리즈 클레이본은 의류와 어울리는 액세서리로 벨트를 제작하는 경향이 있다. 또한 에르메스, 페라가모, 구찌와 같은 액세서리 전문 제조업체들은 핸드백과 어울리는 액세서리로 벨트를 제작한다. 이와 같이 벨트는 액세서리 브랜드의 제품 라인을 종합적으로 구성하는 한 요소로 포함된다. 예를 들어, 체인형 벨트와 체인 끈이 달린 핸드백 디자인을 하나의 라인으로 하기도 하고, 핸드백 잠금 장치의 장식을 벨트의 버클 장식과 동일하게 제작하기도 한다.

생산 벨트의 제작을 위해서는 일반적으로 가죽이나 인조가죽을 자동 재단기나 특수 재단기(strap-cutting machine)로 일정한 너비의 긴 끈으로 자른다. 반면 약간 휜 모양의 벨트를 재단하기 위해서는 형태에 따라 찍어 내는 재단기와 플랙스그래스(plexiglas) 패턴으로 재단한다. 찍어 내는 방식으로 재단하는 경우 찍어 내는 틀의 날카로운 면을 가죽 위에 올려 놓고, 크리커(clicker)기계로 눌러서 재단한다. 플랙스그래스 패턴은 옷을 제작하기 위해 만드는 옷 본처럼 흠 없는 가죽 위에 펼쳐 놓고 가장자리를 따라 조심스럽게 재단한다. 이 외에 자동 재단기는 생산의 속도를 빠르게 하고 작업의 정확도도 높다.

재단된 가죽과 벨트 뒤에 대는 (안감의 역할을 하는) 소재는 특수 장비(walking-foot machine)나 자동화 기계로 박거나 접착시킨다. 벨트 버클은 금속, 나무, 플라스틱으로 제작되며 고급 벨트 버클은 이탈리아에서 제작되는 경향이 있고, 대만에서도 벨트 버클을 생산한다. 서부 웨스턴 스타일 벨트에는 은장식 벨트 버클을 많이 사용한다. 벨트의 다른 쪽 끝부분에는 압축 기계로 벨트 구멍을 뚫는다. 버클을 끼울 구멍과 벨트의 끝부분도 재단 틀로 재단한다. 특수 재단 틀을 이용해서 가죽에 요철효과를 내는 경우도 있다.

벨트 제조업체는 규모가 작은 편이며, 벨트 산업은 공급업체와 근접한 곳에 모여 있기 때문에 뉴욕 시에 집중되어 있다. 캘리포니아에도 새로 대규모 벨트 공장이 들어서고 있다. 벨트 제작용 가죽을 가공하기 위해서는 많은 자본 투자가 필요한 장비를 필요로 하지만 이와 같은 가죽 소재 가공 작업은 외주로 해결하기도 한다. 다른 액세서리 제조업체들과 마찬가지로 벨트 생산 기지도 아시아 지역으로 이주하는 경향이 있다. 특히 중국에서 수입이 증가하고 있다.

마켓 핸드백과 마찬가지로 벨트 마켓은 1년에 다섯 번 뉴욕과 마켓 센터 신제품 전시장에서 열린다. 벨트 제조업자들도 패션 액세서리 박람회에 참여한다.

장갑

장갑은 기능적이면서 장식적인 기능을 갖는 액세서리이다. 장갑은 작업이나 스포츠, 추위로부터 손을 보호한다. 패션 장갑은 주로 우아한 스타일의 의류 패션이 유행할 때 수요가 높아지는 패션 소품이다.

제품 개발과 디자인 계절적인 수요 특성으로 장갑 제조업체들은 1년 중 한 번 11월에 가을과 겨울을 대비해서 라인을 개발한다. 장갑 디자이너들은 판매될 시점보다 2년 앞서 디자인을 해야 한다. 장갑은 의류, 특히 겉옷과 어울리게 착용해야 한다는 특성이 있으므로 장갑 디자이너는 적절한 디자인 시기를 독자적으로 결정할 수 없다. 따라서 장갑 디자이너들은 의류 패션 트렌드의 변화를 주의 깊게 파악하고 있어야 한다. 유럽으로 패션 공부를 하러 여행하는 디자이너들은 의류뿐만 아니라 이탈리아 장갑 마켓에 대해서도 공부를 하는 것이 좋다.

다른 액세서리들이나 의류와 마찬가지로 장갑 콜렉션도 보통 몇 개의 집단으로 분류된다. 분류 기준은 스타일에 따라 드레시하고 고급스러운 스타일, 테일러드한 클래식 스타일, 아웃도어의 스포티한 스타일로 나뉜다. 또한 소재에 따라 사슴가죽, 돼지가죽, 스웨이드, 양가죽, 캐시미어니트, 울니트, 플리스 나일론 등으로 구분된다. 장갑의 안감은 겉감 다음으로 가장 중요한 요소이다. 안감으로 주로 사용되는 소재는 실크, 캐시미어, 마이크로 파이버, 올레핀, 폴리에스터 충전 소재, 플리스, 울 등이다.

각각의 분류된 그룹 안에서는 여러 가지 색상의 장갑이 만들어진다. 드레시한 스타일의 장갑으로 가장 많이 사용되는 색상은 검은색이다. 그러나 밝은 색상 또한 장갑 콜렉션에 포함되는 색상이다. 자연스러운 색상은 캐주얼한 가죽 장갑 디자인에서 많이 사용되며, 플리스 장갑이나 스키 장갑이 가장 다양한 색상으로 제조된다.

생산 미국의 장갑 생산은 뉴욕 주의 풀턴(Fulton) 카운티에서 시작되었다. 그러나 미국 내 장갑 산업 종사자는 약 2,000명으로 축소되었으며, 미국 내에 남아 있는 장갑 제조회사는 수공예 공정을 필요로 하는 특수 장갑을 생산하는 소규모 업체들이다. 대부분의 장갑들은 아직도 잔손질이 많이 필요한 복잡한 공정을 거쳐 생산된다.

고품질의 장갑은 아직도 테이블 위에 하나하나 패턴을 놓고 조심스럽게 재단을 하는 경향이 있다. 필요한 패턴은 손등과 손바닥, 엄지손가락과 손가락 측면을 덮는 조각들로 구성된다. 고품질의 장갑은 여기에 손가락들과 손바닥의 경계선을 잇는 삼각형 모양의 작은 무를 끼워 넣어 생산하기도 한다. 가죽은 재단이나 바느질 공정 중에 축축하게 유지되도록 한다. 장갑을 제작하는 데는 짧은 곡선 바느질 선이 많이 요구되므로 보통 작업자 한 명이 하루에 12벌 정도의 장갑을 박을 수 있다. 장갑 봉제에 사용하는 기계는 프렌치피케(French pique)이며, 손으로 바느질하는 경우도 있다. 장갑 목 부분은 단 처리를 하며, 안감으로 니트나 파일 직물, 보온 직물을 사용한다. 드레스용 장갑은 장갑 목 부분을 모피나 인조모피, 단추, 리본, 자수, 레이스, 술 지퍼 등으로 장식한다. 완성된 장갑은 젖은 수건 사이에 말거나 겹쳐 놓아 습기를 준 후, 따뜻하게 한 놋으로 만든 손 모형에 끼워서 프레스 과정을 거친다. 이 과정에서 가죽이 주름진 부분도 펴고 바느질 선도 바르게 펴는 효과를 낼 수 있다. 완성된 장갑은 광택을 내는 마무리 공정을 하게 된다.

낮은 가격으로 판매되는 장갑은 값이 비싸지 않은 소재로 제작이 되고, 재단하는 패턴 조각 수도 많지 않다. 철로 만든 재단틀로 찍어서 재단하므로 생산이 빠르게 진행된다. 가죽 위에 재단틀을 배치시키고 압축 기계로 눌러 찍어서 재단한다. 니트 장갑도 손가락 부분은 수작업이 요구되므로 제조 공정이 여전히 노동 집약적인 경향이 있다.

장갑 제조업체들은 스카프, 모자, 양말 등도 제조하는 경우가 있다. 예를 들어, 아리스 이스토너(Aris Isotoner)는 슬리퍼나 양말, 우산들도 생산한다. 대표적인 미국 장갑 제조업체는 아리스 이스토너, 파운스(Fownes), 게이츠(Gates), 그랜도(Grandoe) 등이다. 라크라시아(La Crasia), 캐롤라이나(Carolina), 아마토(Amato)는 고급 패션 장갑을 주로 생산한다. 장갑 업체들은 끊임없는 기술 개발로 방수와 세탁이 가능한 가죽장갑도 개발하고 있다.

수입 이제 미국에서 판매되는 대부분의 고급 장갑들은 수입품이다. 이탈리아는 전통적으로 장갑 산업에서 선두주자이다. 이탈리아의 장갑 업체들은 자신들의 브랜드 제품도 생산하면서 디자이너의 제품도 생산하고 있다. 예를 들어 포르토라노(Portolano)는 자신들의 제품 외에 모스키노(Moschino), 펜디(Fendi), 배리 키셀스타인 코드(Barry Kieselstein Cord)의 제품도 생산하고 있다. 많은 유럽과 미국의 장갑 제조업체들은 중국, 홍콩, 필리핀에 있는 생산 공장에 위탁 생산하거나 현지 공장을 매입해서 생산하기도 한다. 예를 들어 그랜도는 필리핀, 중국, 인도에 자체 공장을 소유하고 있다. 이 외에 샬리마(Shalima)와 같은 도매업자들도 이탈리아, 포르투갈, 루마니아에 있는 공장으로 장갑을 구입해서 판매한다.

마케팅 장갑 제조업체들은 드레시한 스타일은 11월에, 스포티한 스타일은 1월에 뉴욕의 신제품 전시장에서 전시하거나 액세서리 박람회에서 신제품을 전시한다. 대부분의 장갑 제품들은 제조업체의 이름보다는 유통업체의 브랜드 라벨로 판매된다. 예를 들어 제조업체인 그랜도는 엘엘빈(L. L. Bean), 노드스트롬(Nordstrom), 삭스 핍스 애브뉴(Saks Fifth Avenue)에 제품을 납품하고 각각의 유통업체는 자사 브랜드로 표시하여 판매된다. 게이츠(Gates)는 에디 바우어(Eddie Bauer)에게 장갑을 제조해서 납품한다. 브랜드 장갑에 대해서는 제조업체들이 제품 관리 방법이나 판매 사원 제품 관련 교육, 판매 광고 등의 업무를 대신 해 주기도 한다. 다른 액세서리 제조업체들과 마찬가지로 몇몇 장갑 제조업체들은 직영점을 운영하기도 한다. 예를 들어, 라크라시아(La Craisia)는 글러브 스트리트(Glove Street)라는 직영점을 운영하고 있다.

모 자

과거에는 모자가 가장 중요한 액세서리였다. 숙녀들은 눈에 띄는 장식을 더한 옷차림을 위해 새 모자를 구입하고 신사들은 길거리에 나설 때면 늘 모자를 착용하였다. 그러나 생활 방식이 점점 더 캐주얼한 오늘날에는 패션 습관이 변하면서 모자 제조 산업이 상당한 타격을 입게 되었으나 추위로부터 체온을 보존해 주는 방한모자나 햇볕으로부터 머리를 보호해 주는 기능성을 추구하는 모자는 여전히 착용되고 있다. 최근 패션의 흐름이 변함에 따라 모자를 즐겨 착용하는 모습들이 되살아나고 있기도 하다. 모자 수요의 증가 원인은 패션의 변화에 따른 영향과 함께 멋 내기에 대한 소비자 수요의 증가에 있다.

제품 개발과 디자인 모자 제조업체들은 1년에 두 번 콜렉션을 개최한다. 봄 시즌 콜렉션은 밀짚과 면, 마와 같은 소재를 중심으로 다양한 스타일의 디자인이 선보이게 된다. 반면 가을 시즌 콜렉션에서는 펠트와 벨벳, 벨벳틴, 인조 모피, 코듀로이 등을 주요 소재로 하여 제조된 제품들이 선보인다.

모자 콜렉션은 소재, 색상, 주제, 가격대에 따라 소그룹으로 분류된다. 모자 디자이너는 패션 트렌드를 파악하고 있어야 하며, 특히 유행 색의 변화에 주의를 기울여야 한다. 모자 디자인에서도 의류 디자인과 마찬가지로 디자인 소스를 사용한다.

디자이너와 제조업체 유명한 모자 디자이너로는 에릭 자빗(Eric Javits), 스텝 존스(Stephen Jones), 코킨(Kokin), 필립 트레이시(Philip Treacy), 페트리시아 언더우드(Patricia Underwood) 등이 있다. 이 외에도 의상 디자이너인 도나 카란, 랄프 로렌, 캘빈 클라인도 어패럴 라인을 보완하는 목적으로 모자 라인을 운영하기도 한다. 이들은 대부분 규모가 작은

모자 디자이너인 패트리샤 언더우드가 그녀의 뉴욕 스튜디오에서 작업하는 모습
(사진촬영 : 저자)

업체이고 규모가 큰 업체는 몇 군데 되지 않는다. 베트마(Betmar), 코모도(Commodore), 리즈 클레이본은 큰 제조업체에 속한다. 미국 내에서 모자를 제조하는 업체 수는 약 100개 업체이며, 대부분 업체는 뉴욕과 로스앤젤레스 지역에 밀집해 있으며, 시카고, 텍사스, 플로리다에도 모자 제조업체가 있다. 모자 제조의 세계적인 산지들은 파리, 밀라노, 독일, 영국, 오스트레일리아에 있다.

생산　디자이너 브랜드의 고급 모자(millinery)는 고급스런 소재를 사용한다. 천연 밀짚은 중국, 인도네시아, 일본, 에콰도르, 필리핀에서 수입되고, 펠트는 증기 처리 후 나무로 만든 틀에 맞추어 손으로 짜 맞춘다. 이 작업을 블로킹(blocking)이라고 하는데, 이 작업은 머리에 맞도록 밀짚이나 펠트로 모자의 머리를 커버하는 부분을 만드는 것이다. 머리 부분이 완성되면, 가장자리는 손으로 정리하거나 와이어나 리본으로 형태를 잡거나 장식을 한다. 최고 품질의 모자는 리본, 꽃 장식들을 손으로 달아서 완성한다.

　중간 가격대의 모자는 금속 틀에 기계로 두드려서 작업을 하기도 하고 금속 틀 사이에 고무를 끼워서 작업을 하기도 한다. 이탈리아에서 개발한 최신 기계는 열처리에 필요한 시간을 자동으로 조절해서 작업하고 모자 틀 만드는 작업도 자동으로 진행된다. 그러나 이 경우에도 장식적인 마지막 가공은 손으로 작업한다.

　부드러운 형태의 모자나 캡은 직물로 만든다. 재단을 위해 패턴을 만들어 사용하는데 패턴

기계로 모자 틀을
만드는 모습
(사진촬영 : 저자)

은 머리 부분과 모자의 가장자리 부분에 대해 만든다. 각 패턴 조각들을 이어 박아 모자를 완성시킬 때 지지대가 필요한 부분은 딱딱한 소재로 처리한다. 완성된 모자는 수작업으로 마무리 가공을 한다.

마케팅 신제품 모자를 출시하여 전시하는 일정은 다음과 같다. 초봄 상품은 11월, 봄과 여름 상품은 1월, 가을 상품은 5월, 크리스마스 상품은 8월에 행사를 갖는다. 제조업체들은 뉴욕에 있는 쇼룸에서 신제품 쇼를 갖고 난 후, 각 지방을 순회하며 전시를 한다. 신제품을 전시하는 행사는 이 외에도 패션 액세서리 박람회나 1월, 5월, 8월에 개최하는 액세서리 순회 일정에 맞추어 공개된다. 디자이너에 따라서는 의상 패션쇼와 동시에 모자 디자인 쇼를 겸하여 개최하는 경우도 있다. 또한 제조업체가 주관하여 판매대행업체들을 대상으로 로스앤젤레스, 애틀랜타, 시카고, 달라스에 소재한 마켓 센터에서 행사를 갖기도 한다. Head Wear Information Bureau에서는 매년 우수한 모자 디자인에 대해서는 '밀리(Milli)' 상을 수여한다. 판매 촉진을 위해 모자 업체들은 소매점을 방문하거나 판매 교육을 시키기도 한다. 많은 고급 백화점에서는 고객들이 모자를 써 보고 모습을 비추어 볼 수 있도록 의자나 거울, 특별 조명시설을 갖춘 공간을 제공하기도 한다. 의류 판매하는 층에서 모자를 판매함으로써 소비자들이 구입하는 옷에 어울리는 모자 구입이 편리하도록 배려하는 백화점도 있다.

스카프

스카프나 숄, 스톨과 같은 액세서리는 다른 액세서리와 마찬가지로 특정한 유행 주기를 갖는다. 스카프 디자인은 일반적으로 고풍스러운 직물 디자인이나 예술품, 건축 장식과 의상 트렌드에서 디자인 아이디어를 가져온다. 스카프는 모티브나 소재, 색상, 스카프 형태를 기준으로 다시 세분화된다. 스카프 제조업체는 디자인 스튜디오에서 프린트 디자인을 구매하거나 회사에 근무하는 아티스트가 디자인하기도 한다.

스카프의 소재로는 실크, 울, 캐시미어, 면, 인조섬유가 주로 사용된다. 카프라 히커스 산에서 자라는 염소 털로 만드는 고급스러운 캐시미어인 파시미나는 숄의 재료로 인기가 높고, 실크와 혼방하여 사용하기도 한다. 소재에는 샬리천, 투명한 직물, 금속 소재, 니트를 사용하며 프린트, 자수, 구슬로 장식한 소재들이 사용된다.

스카프 디자이너와
컬러리스트가 뉴욕
시에 소재한 액세서
리 스트릿사에서
작업하는 모습
(사진촬영 : 저자)

생산 실크, 레이온, 폴리에스터 등 스카프용 직물 생산은 다른 직물 생산방식과 동일하다. 스카프 생산의 특징적인 측면은 프린트와 마무리 가공이다. 최고급 스카프는 소량으로 이탈리아와 프랑스에서 제조된다. 프린팅 작업은 대부분 실크스크린으로 하며 정사각형이나 직사각형 모양으로 프린트한다. 에르메스와 같은 고급 스카프 제조업체는 스카프 한 장의 프린트를 위해 평균 24개의 컬러 스크린을 사용하고, 최고 품질의 스카프를 제조하기 위해 50개까지도 사용한다. 가격이 낮은 제품의 생산에는 보통 4~10개의 컬러 스크린이 사용된다. 프린트된 직물은 재단한 후 손이나 기계로 말아서 가장자리를 감치거나 술을 만들어서 마무리 가공한다.

대부분이 스카프 생산은 노동 임금이 저렴할 뿐만 아니라 상당한 기술을 보유한 아시아에서 생산된다. 대부분의 미국 제조업체들은 스카프용 소재 구입과 프린트 작업을 일본, 한국, 중국에서 한다. 별도의 프린트 작업이 필요하지 않은 스카프는 직물 회사에서 소재를 구입해서 재단과 봉제 과정만을 거쳐 생산된다.

랄프 로렌이나 도나 카란과 같은 디자이너들도 라이선스 방식이나 합작 회사를 차려서 스카프를 제조한다. 예를 들어 Collection XIIX는 앤클라인을 위해서 제조되며, 엘렌 트레이시(Ellen Tracy)는 자사 스카프 브랜드를 소유하고 있다. 오스카 드 라 렌타와 아디렌느 비타디니(Adirenne Vittadini)는 각각 의상에 어울리는 스카프를 엑세서리 스트릿(Accessory Street)

사로부터 공급받는다. 마찬가지로 에코(Echo) 사는 랄프 로렌, 로라 애쉴리(Laura Ashley), 코치에서 요청하는 스카프를 제작해 주고 있다.

스카프 라인에서는 바이어에게 세 번의 시즌을 통해 신제품을 소재한다. 봄, 여름 상품은 11월과 1월에 소개되고, 가을 상품은 3월에 소개되며, 크리스마스 시즌용은 5월과 8월에 소개된다. 고가의 실크 가격과 노동 임금은 스카프 업체들의 경쟁을 치열하게 만든다. 해외 생산은 소요 기간이 길기 때문에 주문한 일정에 맞추어 납품받기 위해서는 유통 업체들은 주문을 미리 한다. 유통 업체들 중에서는 스카프를 외국에서 수입한 후, 스토어의 자사 브랜드 라벨을 붙여서 판매한다. 판매를 촉진하고 소비자에게 정보를 제공하기 위해 스카프 착용법과 같은 자료를 브로셔나 비디오로 제작해서 배포하기도 한다.

스타킹

스타킹은 패션 소품이기도 하지만 발과 다리를 따뜻하게 보온해 주기 위해서 착용하는 액세서리이기도 하다. 여성용 스타킹 산업에서 일어난 중요한 변화는 다음과 같다. 1940년대에는 나일론 스타킹이 개발됨으로써 이전까지 사용되던 실크 스타킹보다 질기고 균일한 품질의 스타킹이 제조되었다. 1965년에는 팬티 스타킹이 개발됨으로써 밴드 스타킹의 시대가 물러가고 스타킹 산업은 짧은 시간 사이에 큰 변화를 겪게 되었다. 오늘날 스타킹 종류는 니트

팬티 스타킹의 좌우를 봉합하는 봉제 작업을 하고 있는 모습 (출처 : WOLFORD, AUSTRIA)

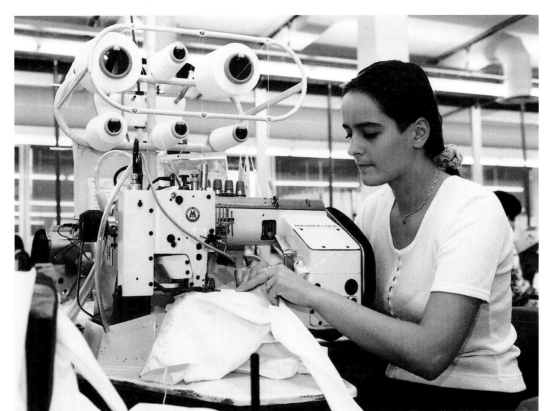

조직, 색상, 투명도, 체형 보정 기능에 따라 세분화된다. 또한 타이츠나 양말도 스타킹 산업에 포함된다. 남성용 양말도 스타킹 산업에서 취급한다.

트렌드 여성용 스타킹 제조업체들은 이제 소비자들에게 더 다양한 사이즈를 제공함으로써 큰 치수나 작은 치수의 여성들도 자신에게 잘 맞는 스타킹을 구입할 수 있게 되었다. 또한 컨트롤탑 팬티스타킹은 체형 보정 효과도 제공하며, 스판덱스를 사용한 스타킹은 피트성을 향상시킨 기능을 제공하기도 한다. 팬티호스에는 레깅스, 투명한 타이츠, 마이크로메쉬 스타킹, 레이스 스타킹, 반짝이는 스타킹, 다양한 배색 패턴을 가진 스타킹 등 다양한 스타일이 있다. 캐주얼 드레스의 유행 스타일의 변화에 따라 투명한 스타킹 스타일 소비량이 줄어들고 있다. 반면 타이츠나 캐주얼 양말은 스타킹 산업에서의 비율이 증가하고 있다. 다리에 대한 패턴이나 색상의 패션은 다른 액세서리와 같이 매우 중요한 위치를 차지하고 있고, 디자이너 패션쇼에서 스타일이나 스커트의 길이의 변화에 영향을 받는다.

제품 개발 신제품 스타킹을 선보이는 시즌은 2~4회이며 이는 제조업체나 가격대에 따라 다르다. 얇은 스타킹이나 타이츠를 주로 생산하는 업체도 있고, 모든 제품들을 다 취급하는 업체도 있다. 스타킹 콜렉션은 스타킹의 형태 특성에 따라 세분화된다. 예를 들어, 팬티스타킹, 판타롱 스타킹, 양말로 나뉜다. 스타킹 산업의 연구팀은 형태를 개선시키고, 면, 나일론과 마이크로파이버나 스판덱스의 혼용 방법을 다양화시키는 연구를 계속하고 있다. 각각의 소그룹 안에는 다양한 색상의 제품들로 구성되며, 양말은 패턴에 따라 제품의 구성 비율을 정한다.

생산 스타킹은 24시간 가동되는 편직기로 생산된다. 팬티스타킹과 양말은 뒤꿈치 부분의 모양을 만들기 위한 특수 기능을 갖춘 환편직기에서 자동으로 편직되어 생산된다. 양말을 생산하는 기계는 사용하는 실의 굵기도 굵고 바늘도 많이 필요로 하지 않는다. 편직은 컴퓨터로 한 땀 한 땀 디자인을 제어하는 기능을 갖추고 있는 장비를 활용하여 전자식으로 패턴 모양을 다양하게 변경하여 생산할 수 있으므로 신속하고 유연한 생산 시스템을 유지할 수 있다. 스타킹의 제조 공정 단계는 편직, 염색, 건조, 열처리가공, 짝을 맞추는 작업, 라벨 붙이기, 포장 등의 작업을 거치게 된다.

미국 내에는 약 800개의 스타킹 제조공장이 있으며 대부분 노스캐롤라이나에 소재하고 있다. 스타킹 산업은 액세서리 산업 중에서 두 번째로 큰 사업이며, 베릌스하이어(Berkshire), 이타카(Ithaca), 카이젤로스(Kayser-Roth), 페나코(Pennaco), 사라리(Sara Lee)와 같은 대기업이 운영하고 있다. 예를 들어 사라리는 헤인즈(Hanes)와 레그스(L'eggs)를 소유하고 있으며, 도나 카란(Donna Karan), DKNY 타이츠, 리즈 클레이본과 라이선스 계약을 맺고 있다. 카이젤로스(Kayser-Roth)는 노-넌센스(No-Nonsense), 벌링턴(Burlington)을 소유하고 있으며 휴 호저리(Hue Hosiry), 캘빈 클라인(Calbin Klein)과 라이선스 계약을 맺고 있다. 양말 제조업체로는 보니 둔(Bonnie Doon), 벌링턴, 골드 토우(Gold Toe, Great American Knitting Mills), 핫삭스(Hot Sox), 트림피트(Trimfit)가 있다. 조르지오 아르마니(Giorgio Armani), 케네스 콜, 크리스찬 디올(Christian Dior), 지방시(Givenchy), 도나 카란, 캘빈 클라인, 랄프 로렌과 같은 디자이너 브랜드들과 디자이너들은 스타킹과 양말을 라이선스 계약을 맺어 생산하고 있다.

스타킹 제조업체들이 참여하는 스타킹 전시회는 2년마다 4월에 노스캐롤라이나의 샤를로트(Charlotte)에서 열린다. 스타킹 전시회에서는 자동 봉제기계나 링킹 기계, 라벨링 장비, 포장장비, 디스프레이용 다리 모양 마네킹 등 새로운 장비와 서비스에 대한 정보를 얻는다.

마케팅　스타킹 제조업체는 뉴욕 시에 전시관이나 본사를 두고 판매망 관리를 하고 있으며 판매 대행 업체들은 전국 각처에 있는 유통업체들과 직접 거래를 한다. 가을 신제품 마켓은 3월에 형성이 되고, 봄 상품 마켓은 9월에 형성된다. 그러나 카이젤로스가 공급하는 캘빈 클라인 스타킹과 같은 패션 스타킹은 의상 콜렉션이 열리는 것과 때를 같이하여 1년에 네 번 마켓이 형성된다. 유행의 변화가 심하지 않은 기본 스타일 스타킹은 매장에 계속적으로 일정한 재고 수준을 유지하도록 공급된다.

스타킹 산업도 경쟁이 매우 치열하다. 스타킹 제조업체들이 광고비에 들이는 예산 비중은 매우 높다. 각종 광고 홍보물을 제조하여 배포하며, 포장지에도 많은 정보를 포함하여 제공하고, 판매시점에서 소비자가 제품의 특성과 품질을 평가할 수 있도록 여러 가지 정보를 제공하며, 판매장에서 펼치는 이벤트 행사도 있다. 스타킹 머천다이저들은 매장의 제품 정리 방식 및 판매원 교육을 포함하여 제품이 매장에서 효과적으로 판매되어 판매율을 높일 수 있도록 모든 필요한 부분을 보완하는 역할을 한다.

매장에 재고가 바닥나지 않도록 적정선의 재고율을 유지시키는 것은 스타킹 비즈니스에서 매우 중요한 일이다. 제조업체는 상점에 각 스타일 카테고리별로 모든 사이즈의 제품들이 일정한 수준의 재고율을 유지하고 있는지 파악하는 책임이 있다. 제조업체들은 EDI와 바코드를 활용하여 상점의 재고 수준을 일정하게 유지할 수 있는 정보를 수집하고 있다. 몇몇 공장들은 염색을 하지 않은 생지 수준의 재고를 유지하는 새로운 전략을 사용하기도 한다. 유통업체들의 소비자의 수요를 반영한 특수한 색상에 대한 특수한 주문도 단시간 내에 맞추어 줄 수 있다.

주얼리

주얼리는 금속이나 광석으로 만들기 때문에 가죽이나 섬유소재를 사용해서 제품을 만드는 다른 액세서리 제조 산업과는 완전히 다른 특성을 가지고 있으므로 주얼리의 디자인, 생산, 마케팅에 관하여 자세히 설명하려면 책 한 권의 분량이 될 것이다. 보석과 패션 주얼리 모두 패션 디자이너들이 패션쇼에 활발하게 도입하고 있다. 따라서 이 책에서는 고급 주얼리와 중간 가격 패션 주얼리에 대해서 간략히 설명하였다.

고급 주얼리　고급 주얼리(fine jewelry)는 금, 은, 보석으로 만든다. 제조과정은 완전한 수공예나 주물 방식으로 복제하는 세팅 방식을 사용한다. 진품 보석의 가격은 공예기술, 디자인, 금속이나 재료의 가치에 따라 결정된다. 최근에는 진품 보석 액세서리에도 패션이나 재가공에 대한 수요가 증가하는 경향을 보인다.

금속　진품 보석 액세서리 제조에 사용되는 금속으로는 10K, 14K, 18K의 금과 백금, 은 등이 사용된다. 순금이나 은은 단단하지 못하므로 진품 주얼리에 사용되는 금속은 진품 보석이 안정되게 위치를 잡아 줄 수 있도록 금이나 은을 합금하여 사용한다. 금과 주로 합금하는 재료는 구리, 은, 팔라듐, 니켈, 백금 등이다. 합금이 함유하고 있는 금의 비율은 캐럿(karat)으로 표현한다. 24K는 순금이고, 14K는 금의 함유량이 58.3%인 경우이다. 팔라튬은 백금과 같은 은색 종류 금속의 합금에 사용된다. 은이 92.5% 함유된 경우 '스털링(sterling)'으로 간주된다. 최근에는 밝고 반짝이는 최고급 은인 '999 슈퍼 화인(super fine)' 은이 어원 펄

주얼리 디자이너 로버트 리 모리스(Robert Lee Morris)가 스튜디오에서 작업하고 있는 모습 (출처 : ROBERT LEE MORRIS)

(Erwin Pearl)에 의해 개발되었다. **금세공인(goldsmith)**들은 주얼리를 생산하기 위해 이와 같은 귀금속을 사용하여 보석을 셋팅한다.

보석 원석　자연석으로부터 채취한 보석 원석은 보석 액세서리로 가공하기 위해 커팅과 광택 가공을 한다. 보석 원석에는 다이아몬드, 루비, 에메랄드, 사파이어, 아쿠아마린, 토파즈, 가넷, 수정, 오팔, 전기석, 철금석, 터키석, 진주 등이 있다. 희귀 광석인 청금석이나 터키옥도 사용된다. 보석 원석의 가격은 순도, 색상, 컷, 희귀성, 크기에 따라 결정된다. 보석 원석의 무게는 캐럿(carot) 단위로 측정된다. 1캐럿은 200mg이다. 캐럿의 어원은 지중해 지역에 서식하는 콩과 나무를 의미하는 것으로, 한때 그 나무의 씨를 원석의 무게를 판단하는 추로 사용하기도 하였다. 보석 원석은 대부분 아시아 지역에서 많이 발견되며 특히 태국이 유명하다.

다이아몬드　다이아몬드는 전통적으로 가장 값비싸고 탐스러운 보석이며, 가격이 상승하고 있다. 다이아몬드는 천연 물질 중에 가장 강하다고 알려져 있으며, 다이아몬드는 다이아몬드로만 커팅이 가능하다. 세계 다이아몬드 생산의 65%는 남아프리카의 거대한 조직인 드비어스(De Beers)에 의해 관리된다. 보스와나, 러시아, 캐나다, 남아프리카, 앙고라는 세계적인 다이아몬드 원석 공급처이다. 세계 최대 다이아몬드 마켓은 이스라엘에 있다. 드비어스는 다이아몬드 브랜드를 개발하고 홍보하는 조직으로 육안으로는 식별이 어려운 로고를 다이아몬드에 새겨 넣는다. 유명한 다이아몬드 브랜드는 티파니(Tiffany)와 자레(Zale)이다. 최근에는 여러 공급업체가 추가되고 있다. 예를 들어 라자레 카프란(Lazare Kaplan International), 코디암(Codiam Inc.), 샤츠러엔남다(Schachter & Namdar)와 에스카다(Escada)나 루이뷔통(LVMH) 등도 브랜드화된 다이아몬드를 판매하고 있으며 각 회사는 고유한 컷과 스타일을 보여 준다. 그러나 이러한 브랜드화 현상은 신용과 인맥에 근거해서 사업을 하는 전통적인 다이아몬드딜러(diamantaires)의 영향력을 약화시키고 있다.

보석 커팅　다이아몬드나 아쿠아마린(남옥)과 같이 투명한 보석은 **래피더리(lapidary)**라는 보석 커팅 장비로 대칭이 되는 면을 갖도록 커팅됨으로써 광채를 더하게 된다. 커팅되는 과정에서 보통 50%는 깎여 나가게 된다. 비취나 오팔이나 산호와 같은 불투명한 캐버천(Cabachon) 보석들은 둥근 반구형으로 만들거나 조각을 하거나, 자연스러운 모양 그대로를 유지시키는 모양으로 가공된다. 불투명한 캐버천 루비나 사파이어도 이와 같은 방식으로 가공되어 스타루비나 사파이어로 만들어진다. 최근에는 컴퓨터를 이용해서 원석의 커팅이 프로그램 방식으로 자동 커팅이 되기도 하지만 보석 커팅은 아직까지는 전문 커팅 예술가들에 의해 작업이 이루어지고 있다. 대규모 보석 커팅 센터는 벨기에의 엔드워프(Antwerp), 이스라엘의 텔아비브(Tel Aviv), 런던, 뉴욕 시와 인도의 뭄바이(Mumbai, Bombay)에 위치하고 있다.

중간 가격 주얼리　중간 가격 주얼리(bridge jewelry)는 고급 주얼리와 코스튬 주얼리(costume jewelry)의 중간에 위치하는 카테고리이다. 가격은 고급 주얼리보다 저렴하나 은에 금을 도금한 청동이나 순은, 14K 금, 준보석, 다이아몬드와 비슷한 외관을 가진 큐빅을 재료로 사용한다. 패션 주얼리에도 준보석들이 사용되므로 주얼리 카테고리의 경계는 모호한 편이다.

코스튬 주얼리　패션 주얼리는 다양한 스타일로 대량생산되어 판매되며, 옷의 스타일에 따라 어울리게 착용되는 것이다.

클래식한 코스튬 주얼리(classic costume jewelry)는 고급 주얼리의 모양을 모방하여 만들어지며, 동, 알루미늄, 놋쇠, 납, 팔라듐, 주석, 크롬과 같은 금속을 금이나 은으로 도금한 것을 만들어진다. 모양을 만드는 과정은 디자인한 귀금속을 만든 후에 가장자리는 금으로 도금을 한다. 플라스틱이나 유리로 만든 가짜 진주와 에나멜 처리는 클래식한 코스튬 주얼리에서 자주 사용되는 재료이다.

패션 주얼리(fashion jewelry)는 고급 주얼리에 비해 트렌드에 민감하고 모조금이나 은, 나무, 플라스틱, 가죽, 구슬, 조개껍데기, 유리, 진흙, 새 깃털 등 다양한 재료를 사용한다. 패션 주얼리는 색깔이 다양하고, 의상과 맞추어서 계절에 따라 스타일의 변화도 다양하다. 패션 주얼리는 진품처럼 보이는 모조품을 만드는 것보다 패션 지향적인 디자인으로 생산된다.

제품 개발 및 디자인　패션 의상을 생산하는 회사들과 마찬가지로 주얼리 제조업체들도 표적 소비자의 특징을 파악하고 니치 마켓을 찾아 새로운 제품을 개발한다. 이들 회사들은 특정 재료에 따라 특화되는 경향을 보인다. 주얼리 산업은 패션화가 이루어져 활성화되는 경향을 보인다. 주얼리 디자인은 나뭇잎이나 꽃과 같은 자연물이나 순수예술로부터 영감을 받아 금속, 구슬, 돌을 이용하여 표현된다. 보석 디자이너들도 의류 디자이너들이 패션쇼에서 보여 주고자 하는 것을 잘 이해하고 해당 스타일에 어울리는 주얼리를 디자인한다.

주얼리 디자이너들이 제품 개발 트렌드를 연구하기 위해 매년 4월 스위스 바젤(Basel)에서 개최되는 국제 주얼리쇼에 참석한다. 주얼리의 트렌드는 여러 가닥의 각각 다른 목걸이들을 레이어링하는 스타일이나 금색 체인, 패브릭 느낌이 나는 주얼리, 희귀 광물로 만든 주얼리 등 다양하며 최근에는 남성을 위한 주얼리도 트렌드에 나타난다.

대표적인 주얼리의 종류에는 반지, 목걸이, 귀걸이, 팔지 등이 있다. 제조업체에 따라서는 더 세분화해서 다이아몬드, 금, 보석, 준보석, 모조품 등으로 나누어 가격대에 따라 분류하기도 한다. 각 콜렉션은 시즌과 착용법에 따라 다양한 디자인, 소재를 균형 있게 사용한다.

주얼리 생산　주얼리의 생산 기술은 주얼리의 종류만큼 다양하다. 기술자들은 조각하고, 드릴로 뚫고, 줄로 갈고, 망치질하고, 디자인된 형틀에 금속을 녹여 붓는 등 다양한 기술을 사용한다. 장신구를 대량으로 생산하는 데는 금속 시트나 금속 주물 틀에 부어 만드는 방식이나 철사를 사용하는 방식을 사용한다. 2006년 미국 주얼리 제조업체와 공급업체협회(Manufacturing Jewelers and Suppliers of America, MJSA)는 로드아일랜드(Rhode Island)의 프로비덴스(Providence)에서 주얼리 취급업자와 공급업체 간의 교류를 활발하게 하기 위해 처음으로 박람회를 개최하였다.

납작한(flat) 모양은 주로 금속 시트를 찍어서 모양을 만든 다음 엠보싱이나 조판으로 장식을 더한다.

주물(casting)은 3차원적인 입체 모양이 장신구를 제작하는 데 사용된다. 주석 합금과 같은 낮은 온도 용해 금속을 형틀에 붓는 데는 거푸 형틀이 주로 사용된다. 왁스를 벗겨 내는 주물은 금, 은, 동과 같은 높은 온도 용해 금속의 형을 잡는 데 사용한다. 왁스를 녹여 고무 틀에서 우선 형태를 만든 후에 왁스로 만든 형상 위에 석고 틀을 씌워서 틀을 만든 후 왁스는 태워 소각시킨다. 마지막으로 석고 틀을 깨고 석고 틀에 부어 만든 금속 장신구 모양을 완성한 뒤 지지대에서 분리해 내고 광택을 낸다.

전자도금(electroform)방식은 기본 금속 심을 전기 도금한 후 금속 심을 화학적으로 녹여 버림으로써 이음새 없이 매끄러운 표면의 속이 빈 금장식을 만드는 데 사용된다.

와이어(wire)는 여러 가지 모양의 목걸이나 팔지, 체인을 만드는 데 사용된다. 밴드 모양의 반지는 튜브 형태의 금속을 반지의 두께만큼 잘라서 만들기도 한다. 모조 장신구나 진주 같은 것들은 유리로 만든다.

각종 장신구들은 에나멜로 부착하며, 에나멜 작업은 부착방식에 따라 여러 가지로 나뉜다. 예를 들어 칠보, 샹르베칠보, 페인팅 등이다.

주요 생산 지역

고급 주얼리 고급 금 주얼리의 세계적인 생산 지역은 인도, 터키, 이탈리아, 뉴욕, 이스라엘 등이다. 미국 내에는 약 2,000개의 고급 주얼리 회사들이 있고, 대부분 뉴욕, 로드아일랜드, 캘리포니아에 집중되어 있다. 주요 고급 주얼리 브랜드로는 카르티에(Cartier), 쉐리올(Charriol), 그라프(Graff), 해리 윈스턴(Harry Winston), 티파니(Tiffany) 등이 있다. 현대적인 고급 주얼리 디자이너로는 헨리 듀네이(Henry Dunay), 존 하디(John Hardy), 데이빗 유만(David Yurman) 등이 있다. 패션 고급 주얼리 디자이너인 오스카 드 라 렌타, 캐롤라이나 헤레라(Carolina Herrera), 베라 왕(Vera Wang), 다이앤 본 푸스텐베르그(Diane Von Furstenberg) 등이 새롭게 론칭하였다.

미국의 최대 고급 귀금속 회사는 타운엔컨트리(Town & Country Co.)와 앤딘 인터내셔널(Andin International)이다. 현대적인 디자인의 고급 주얼리 디자이너들로는 엘사 프레티(Elsa Peretti), 헨리 듀네이(Henry Dunay), 마이클 굿(Michael Good) 등을 꼽을 수 있다.

중간 가격과 코스튬 주얼리　미국 내에는 약 750개의 패션 주얼리 제조회사들이 로드아일랜드, 뉴욕 등에 모여 있으며 이 외에도 소규모 회사들이 전국에 걸쳐 있지만, 점차 감소하고 있다. 그러나 티파니(Tiffany)와 제이 스트롱 워터(Jay Strong Water)와 같은 업체는 프로비덴스(Providence)에서 여전히 생산하고 있다. 한국, 대만, 싱가포르, 홍콩으로부터의 수입도 꾸준히 증가하고 있어 이들 수입품들과의 경쟁도 점차 치열해지고 있다.

유명한 중간 가격대 주얼리의 디자이너로는 도미니크 오리엔티스(Dominique Aurientis), 테드 뮬링(Ted Meuhling), 로버트 리 모리스(Robert Lee Morris) 등이 유명하다. 디자이너 주얼리 제조업체로는 벤 아문(Ben Amun), 캐롤리(Carolee), 캐롤 다플라즈(Carol Dauplaise), 샤넬(Chanel), 크리스찬 디올(Christian Dior), 시너러(Ciner), 그라지아노(R.J.Graziano), 쥬디스 잭(Judith Jack), 케니스 제이 레인(Kenneth Jay Lane) 등이 있다.

디자이너들은 경험이 많은 주얼리 제조업체에게 자신들의 이름을 라이선싱해 주기도 한다. 예를 들어 칼 라거펠트(Karl Lagerfeld)와 지방시(Bijoux Givenchy)를 라이선스하는 빅토리아 크리에이션(Victoria Creation)과 같은 회사도 있고, 리첼리엔(Richelien)처럼 본인의 이름을 딴 진주 장신구 브랜드를 가진 경우도 있고, 제이시페니(J.C.Penny)를 위한 워링턴(Worington)도 있다.

마케팅　고급 귀금속 업체들은 통상 1년에 두 번 콜렉션에 참여한다. 귀금속 콜렉션으로는 매년 2월과 7월에 뉴욕에서 열리는 Jewelers of America(JA) 쇼와 6월에 애리조나(Arizona)주 스콧데일(Scottsdale)에서 열리는 JCK 쇼가 있다. 홍콩, 방콕, 뭄바이와 같은 아시아 마켓은 가격이 비싸지 않은 자원을 찾는 유통업체들에 의해 성장하고 있다. 예전에는 고급 주얼리는 산업교역 박람회와 고급 행사를 통해 거래되었다. 그러나 이제 많은 주얼리와 의류 디자인들이 함께 작업하여 패션쇼를 개최하여 자신들의 디자인 완성도를 높이고 있다. 예를 들어 보석 디자이너 로버트 리 모리스(Robert Lee Morris)는 수년 동안 의류디자이너 도나 카란(Donna Karan)과 공동작업을 하고 있다.

코스튬 주얼리쇼인 뉴욕 시의 JA 주얼리쇼와 유나이티드 주얼리쇼(United Jewelry Show)는 매년 3월, 6월, 8월 로드 아일랜드의 프로비렌스(Providence)에서 개최된다. 일부 코스튬 주얼리 업체들은 1월, 3월, 5월, 8월, 11월에 새로운 콜렉션을 선보인다.

고급 주얼리는 전통적으로 고급스러운 살롱에서 판매된다. 그러나 많은 잠재적인 고객들은 거부당하는 느낌을 받는다. 따라서 고급 주얼리 업체들은 크고, 방문 가능한 스토어 빌딩을 지어서 수많은 제품들을 보여 줌으로써 브랜드 이미지를 높이려고 노력한다. 예를 들어, 에이치 스턴(H.Stern)은 뉴욕 시에 5,500ft^2 규모의 매장을 가지고 있으며 160개의 대형매장을 가지고 있다. 심지어 월마트(Wal-Mart)나 제이시페니(J.C Penny)에서도 판매된다.

대규모의 장신구 중계업자들은 판매를 홍보하기 위해 소비자와 판매직원들을 대상으로 교육을 실시한다. 예를 들어, 트리파리는 매장에 전문 패션 액세서리 컨설턴트를 고용하여 판매를 촉진시키며, 컨설턴트의 임금은 트리파리와 판매점이 반반씩 부담한다. 장신구 디자이너들도 자신들의 제품을 홍보하기 위해 매장에서 직접 고객 서비스를 하기도 하고 고객으로부터 의견을 수렴하기도 한다. 제조업체들은 소비자들에게 액세서리 착용법이나 얼굴의 특징에 따른 목걸이 스타일 선택 방법 등 다양한 정보를 제공하는 소책자를 소비자에게 발송하기도 한다.

어윈 펄(Erwin Pearl)과 같이 패션 장신구만을 전문적으로 판매하는 점포를 운영하는 경향도 있다. 캐롤리(Carolee)와 같은 장신구 제조업체는 단독 매장이나 백화점, 다양한 전문 판매점에 부티크를 마련해서 판매하기도 한다. 이 외에도 QVC와 같은 TV쇼핑채널이나 홈쇼핑 네트워크, Shop NBC와 같은 홈쇼핑 채널로 대형 주얼리 판매업체들이 사용하는 판매망이다.

손목시계

손목시계는 이제는 패션 액세서리로 분류된다. 소비자들은 핸드폰을 이용해서 시간을 확인하므로 손목시계는 패션 스타일을 완성하는 기능을 가진 소품이 되었다.

새로운 사실은 아니지만 최근에는 다양한 기능을 가진 시계가 유행이다. 예를 들어 음력을 나타내는 기능이나 세계 각국의 시각을 알려 주는 시계, 시간 경과를 알려 주는 기능, 달력, 누적 시간 등 여러 가지 시간에 관련된 기능을 제공하는 시계들이 개발되어 있다. 많은 시계들이 갖추고 있는 기능으로는 충격 방지 기능이나 방수 기능 등이 있다.

고급시계들은 신분 상징적인 의미를 갖기도 한다. 고급시계들에는 다이아몬드나 18K와 같은 장식이 사용된다. 최고급에 해당되는 브랜드로는 브레켓(Brequest), 블랑펜트(Blancpain), 패텍(Patek), 필리페(Philippe) 등이 있다. 최고급 시계의 가격은 100만 달러 이상이다. 이 외에도 최고급 시계로는 어데말스 피구엣(Audemars Piguet), 제랄드 젠타(Gerald Genta), 율리세 날딘(Ulysse Nardiin), 바쉐론엔콘스탄틴(Vacheron & Constantin) 등이 있다. 이보다 약간 저렴한 고급시계로는 로렉스(Rolex), 에벨(Ebel), 카르티에(Cartier), 보메엔메르시에(Banme & Mercier), 코룸(Corum), 피아제(Piaget), 오메가(Omega) 등이 있다.

프라다, 루이뷔통, 버버리, 에르메스와 같은 명품의류와 액세서리 회사들은 손목시계 콜렉션을 가지고 있고, 시계 제조회사와 라이선스 계약을 통해 생산한다. 예를 들어 섹토 그룹(Sector Group)은 발렌티노(Valentino), 피레리(Pireli), 모스키노(Moschino), 로베르토 카발리(Roberto Cavali) 브랜드의 시계를 제조한다. 이 외에도 덜 비싼 브랜드에 시계를 제조해 주는 회사도 있다. 예를 들어, 칼라넨 인터내셔널(Callanen International)은 노티카(Nautica)와 게스(Guess) 브랜드의 시계를 제조한다. 비싸지 않은 브랜드들, 예를 들어 부로바

(Bulova), 시티즌(Citizen), 게스, 포실(Fossil)은 달력 기능, 이중 시계판, 음력 등의 기능을 부가하여 명품 브랜드의 트렌드를 추종한다. 새로운 브랜드들은 시계를 옷에 맞춘 새로운 패션 소품으로 소비자들이 구매하도록 지속적으로 노력하고 있다.

생산　역사적으로 스위스의 시계 제조산업은 세계 최고이다. 스위스산 시계는 영구적인 품질관리를 보증한다. 명품 시계의 95%는 스위스에서 제조되지만 중저가 시계는 대부분 일본과 중국이 생산하고 있다.

　1967년 한 스위스 업체가 처음으로 수정발진식 시계를 생산해 낸 이래로 일본과 미국의 패션손목시계 생산 업체들도 수정발진식 시계를 생산해 내고 있다. 1970년대 후반까지 일본이나 동남아시아의 가격이 저렴한 시계 생산의 영향으로 스위스의 세계 시계 시장의 점유율은 43%에서 15%까지 낮아졌다. 이와 같은 가격 경쟁의 여파로 1982년도 Societe Suisse de Microelectronique et d' Horlogerie(SMH)에서 밝은 색상의 팝아트적인 스와치(Swatch)를 개발해 낼 때까지 많은 스위스 시계 제조회사들은 부도를 맞기도 하였다. 좋은 시계를 제조하는 데 필요한 부속의 수를 줄이고, 소재도 합성소재로 바꾸어 나가는 기술혁신으로 SMH는 원가가 저렴한 대량 생산용 시계를 개발할 수 있는 기술을 갖추게 되었다. 스와치라고 하는 저렴한 가격대의 패션시계의 개발로 새로운 시장의 등장이 패션의 새로운 방향을 제시하게된 것이다. 가격을 낮추기 위해 홍콩이나 아시아에서 조립하는 스위스 시계 업체들도 많다.

　시계 제조를 위해서는 고도의 정밀한 기계 제조 기술이 필요하고, 수동 태엽식, 자동태엽식, 수정발진식으로 만들어진다.

- **기계식 시계** – 수동으로 태엽을 감는 방식
- **자동시계** – 배터리가 필요 없으며, 손목의 움직임이 에너지로 이용되는 방식
- **수정발진식 시계** – 배터리로 작동되는 방식

마케팅　세계적인 시계 마켓은 4월에 제네바(Geneva)에서 열리는 Salon International de la Haute Horlogerie와 바젤(Basel)에서 역시 4월에 열리는 Baselworld, the Watch, Clock and Jewelry Show이다. 미국은 스위스산 시계의 최대수입국이다. 세계 최대 규모인 16,000ft^2 사이즈 시계 전문 매장인 투어뉴(Tourneau)가 뉴욕 시에 있다.

모피의류 생산

모피는 인류가 최초에 착용한 의류이며, 가죽의류나 액세서리와 마찬가지로 동물의 스킨을 재료로 한다.

모피펠트의 제조과정은 제7장에서 논의하였다. 모피의류 제조는 모피원단 펠트 가공이 완료된 후부터 시작된다.

제품 개발

모피의류 제품 개발은 펠트의 색상과 재질을 가공하는 과정에서부터 시작된다. 일반 코트 제품의 스타일링 작업의 일부로 모피제품 디자이너는 가을과 겨울 시즌을 위해 1년에 한 번의 콜렉션을 계획하여 작업한다. 콜렉션에서는 코트와 재킷이 주로 제안되며, 한 가지 종류의 모피만을 가지고 콜렉션을 꾸미기도 하지만, 여러 가지 모피를 사용해서 콜렉션을 꾸미기도 한다. 콜렉션의 주제에 맞추어 다양한 실루엣이나 목 부위의 장식이나 다양한 잠금 장식 등을 사용하고 있으며, 디자이너에 따라서는 재킷이나 코트와 어울리는 모자와 같은 액세서리도 디자인해서 제안하기도 한다. 모피의류 디자인에서 중요한 요소는 맞음새와 제품의 무게를 가볍게 생산해야 한다는 점이다. 모피 제품은 가격대가 높으므로 콜렉션은 대부분 클래식한 스타일이 주를 이룬다. 그러나 새로운 혁신적인 스타일도 제시됨으로써 디자이너의 역량을 보여 주기도 한다.

　모피 의류 디자이너들은 적절한 맞음새(fit)와 가벼운 무게를 가진 제품을 만드는 것을 중요시한다. 모피의류는 고가의 제품이므로 콜렉션에는 여전히 클래식하고, 유행을 크게 타지 않는 스타일이 많이 소개된다. 그러나 많은 디자이너들은 콜렉션에 흥미를 더하는 품목으로 모피의류를 디자인하지만 트렌디한 룩(look)이나 혁신적인 스타일로 자신의 특징을 보여 주는 디자이너도 있다.

스타일 트렌드　과거에는 모피코트가 신분의 상징이며, 평생을 거쳐 간직하는 고가품목으로 인식되어 클래식한 스타일이 주류를 이루었다. 최근에는 모피 제품이 패션에 어필하는 제품으로 변화하였다. 패션 트렌드는 모피 제품의 디자인과 특정 모피에 대한 유행에 큰 영향을 준다. 양털 모피, 깎아 낸 모피, 재생 모피, 니트 모피, 뒷면이 가죽인 모피, 뒷면을 직물 소재로 만든 모피 코트도 모피 패션 트렌드의 영향을 받는다. 사가(Saga)는 물세탁이 가능한 밍크로 개발되어 시장의 큰 관심을 받았다.

　모피는 모피의류뿐만 아니라 재킷, 수트, 코트의 가장자리 장식으로도 사용 빈도가 높아지고 있다. 모피는 모자나 스카프, 핸드백 등 액세서리의 소재로도 많이 사용되고 있다. 의류 디자이너들은 모피 재킷이나 코트, 액세서리를 모피 제조업체에서 라이선싱 방식으로 제작하여 일반 의류 콜렉션에 같이 선보이기도 한다. 또 다른 디자이너들은 스포티한 스타일의 모피 조끼나 재킷을 제작하기도 하고 모피의 가격을 낮추기 위해 가공 과정을 단순화시킨 모피를 사용한 캐주얼웨어로의 접근이 이루어지고 있다. 이러한 경향으로 직물 의류와 모피 의류 사이의 경계가 허물어지는 경향이 있으며, 이러한 변화의 영향으로 새로운 젊은 고객들의 관심을 모으는 데 성공하고 있다.

산업구조

모피의류의 스타일은 밀라노, 파리, 프랑크푸르트, 홍콩, 몬트리올, 뉴욕을 중심으로 이루어진다. 모피 제품으로 유명한 패션 브랜드는 알렉산드라(Aleixandre), 데니스 바소(Dennis Basso)의 니콜라스 페트로(Nicolas Petrou), 벤칸(Ben Kahn), 벌저 크리스티앙(Birger Christiansen), 카신(Cassin), 코니크(Corniche), 단지(Danzi), 골딘펠드만(Goldin-Feldman), 데이빗 굿맨(David Goodman), 지안 크리산(Jean Crisan), 아드린 란두(Adriene Landou),

캐나다 디자이너 파울라 리시만은 니트 모피 재킷 디자인으로 유명하다.
(출처 : PAULA LISHMAN, 몬트리 캐나다 모피협회)

멘델(J.Mendel), 뮤시(Musi), 파울라 리시만(Paula Lishman), 레블론(Revillon)의 릭 오웬(Rick Owens), 펜디(Fendi), 맥시밀리안(Maximilian), 소레치(Solecitti), 데오(Theo), 주키(Zuki) 등이 있다. 알렉산더(Aleixandre)의 오스카(Oscar), 몬디아페리(Mondiapelli)의 페레(Ferre), 폴로조지(Pologeorgis)의 마이클 콘츠(Michael Konts) 등은 모피 제조업체에 라이선스 계약으로 스타일을 제공해 주는 유명 의상 디자이너들이다.

생산 지역 소량의 모피제조업이 미국이나 유럽의 소규모 업체에서 아직도 생산되고 있다. 수입 모피와의 경쟁 증가로(특히 중국산) 미국이나 유럽의 소규모 업체들은 고가의 명품 모피와 혁신적인 스타일로 특화하고 있다.

미국 내에서는 뉴욕 시의 6번 에비뉴와 12번 에비뉴, 26번 스트리트와 30번 스트리트 구역이 고급 모피 제품의 집산지이다. 모피 제품은 많은 디자이너들이 디자인하며, 발렌티노 (Valentino)와 칼 라거펠트는 뉴욕을 무대로 활동하고 있다.

캐나다의 모피제조업체는 야생모피로 유명하며 80%의 모피 회사가 몬트리올에 위치하고 있다. 캐나다 모피협회는 소규모의 모피 제조업체들이 공동으로 시장조사를 하고 마케팅을 펼칠 수 있도록 "Fur Works"라는 그룹을 형성시켜 주었다.

세계적인 모피 제품의 최대 생산기지는 중국이며, 그리스, 캐나다, 한국에서도 생산이 이루어지고 있다. 중국은 농장에서 사육한 밍크로 대량생산을 전문적으로 한다.

생 산

모피는 자연산이므로 완벽하게 동일한 모피 펠트는 존재하지 않는다. 따라서 모피원단 가공 기술자는 완성된 모피제품의 색상이나 재질이 일정하게 유지될 수 있도록 모피의 색상이나 품질에 따라 펠트를 선택해야 한다. 모피의 봉제에는 고도의 기술이 필요하며, 이러한 점 때문에 대량생산이 쉽지 않다.

모피의류 제조 기술은 크게 스킨온스킨(skin-on-skin) 방식과 레팅아웃(letting-out) 방식으로 나뉜다.

스킨온스킨(skin-on-skin) 방식　이 방식은 가격대가 낮은 모피 제품의 생산 방식으로 한 마리에서 취한 전체 모피를 계속 옆으로 이어서 원단을 만드는 방식이다. 이 방법은 스포티한 스타일의 모피의류를 만들 때 보편적으로 사용한다.

축축하게 만든 모피 조각들을 패턴 모양에 맞추어 고정시키는 공정
(출처 : DEUTSCHES PELZ INSTITUTE)

레팅아웃(letting-out) 방식　민크와 같은 고급 모피 제품의 생산방식이다. 길이를 위주로 생산되며 폭은 최대의 길이를 얻기 위해 좁은 폭으로 연결되며, 레팅아웃 방식의 장점은 드레이프성이 좋아진다는 점이다. 이 방식에서는 한 마리에서 벗긴 모피스킨을 길이 방향으로 반으로 자른 후 각각의 반쪽을 다시 1/8~1/4인치의 너비로 대각선 조각으로 나누어 작업한다. 각각의 조각들은 제작하고자 하는 옷 길이를 충분히 충당할 수 있을 만큼의 길이로 다시 짜 맞추어 봉제하여 붙이는 방식이다. 이렇게 가공된 모피원단은 스킨온스킨 방식으로 제작된 모피원단보다 좁고 긴 원단으로 가공되며, 초기 스킨원단보다 더 아름다운 모양이 된다. 레팅아웃 방식 제품은 보통 1,000~20,000개의 조각들이 이어져서 만들어지며 이것은 모피제품의 가격 상승의 원인이 되기도 한다.

모피 봉제(sewing)　대각선으로 갈라 놓은 조각들은 자켓이나 코트의 패턴에 다라 조각조각이 이어져 봉제된다. 공정 순서는 우선 축축하게 만든 조각들을 잡아당긴 후 옷본 패턴을 붙여 놓은 나무 널빤지에 단단하게 고정시킨다. 이렇게 패턴에 따라 각 조각들을 건조시킨 후에 봉제된다.

봉제가 완료된 모피는 광택을 내는 단계(grazing)로 가공된다. 광택을 내기 위해서는 다시 모피를 축축하게 한 뒤 모피의 털 부분을 원하는 방향으로 빗겨 준다. 이와 같이 가공된 모피 제품은 서서히 건조시키고, 안감을 처리하여 완성시킨다.

몇몇 모피 디자이너나 제조업체들은 독자적으로 개발한 방식을 사용하여 모피 펠트를 긴 끈으로 잘라 낸 후 이것을 다시 직조하거나 편직하는 방식으로 옷을 제작한다. 루츠(Roots)라는 회사는 재생모피를 가지고 가방(back pack)을 제조하기도 한다.

모피제품 품질 표시(fur labeling)　미국의 모피제품 품질기준표시법(Fur Labelling Act)은 제품에 부착하게 되는 라벨과 광고에 명시해야 할 사항을 규정하고 있다. 모피의 종류, 모피 원산지, 가공방식과 염색방식, 재생모피 여부, 모피 제품에 발가락이나 꼬리부분이 사용되었는지 명시하여 소비자가 제품의 품질을 판단할 수 있는 정보를 제공해야 한다.

마케팅

세계 각국의 제조업체에서 제공하는 모피 제품을 바이어에게 소개하기 위한 연례 모피 제품 박람회가 정기적으로 개최되고 있다. 국제적인 모피 제품 박람회는 3월에는 Hong Kong Fur Fair와 파리에서 열리는 Fur Industry International Salon(FIIS), 밀라노에서 열리는 Milan's MiFur, 프랑크푸르트에서 열리는 Fur & Fashion Frankfurt가 있다.

5월에는 캐나다 몬트리올에서 열리는 The North American Fur and Fashion Expo(NAFFEM)이 있고 6월에는 뉴욕에서 열리는 Fur Fashion Week이 있다.

캐나다 모피협회에서는 리테일러들을 대상으로 모피 제품 판매방법, 좋은 품질의 모피 제품 판별법과 모피 제품의 관리에 적합한 광선, 온도와 도난방지 방법 등을 교육하는 세미나를 개최한다.

모피 제품의 수요 변화에 영향을 주는 요소로는 기후, 세계 모피 공급 현황, 경제상황, 희귀성, 동물보호운동에 따른 영향 등이 있다. 모피의 재활용과 명품에 대한 수요 증가로 러시아, 중국, 동유럽에 새로운 모피 시장이 형성되고 있다. 밍크는 전 세계적으로 가장 많은 사랑을 받는 모피이며 전 세계 판매량의 55%를 차지한다. 멘델(J.Mendel)과 같은 새로운 모피 전문 판매업체들은 다양한 스타일과 높은 고객 서비스를 제공한다.

요약

액세서리의 패션 흐름은 의류와 마찬가지로 주기적으로 변화하며, 의류의 스타일에 따라 변화한다. 많은 의상 디자이너들은 자신이 고안한 제품의 완성도를 높이기 위해 액세서리 개발에도 참여하고 있다.

구두 제화 산업에서는 모델리스트가 구두 디자인을 새롭게 선보이면, 구두 스타일 라인을 개발하는 라인 개발자가 각각을 재조합하여 전체적으로 균형 잡힌 콜렉션을 내놓게 된다. 구두의 제조는 구두 골의 제작에서부터 가공까지 매우 복잡한 공정을 거치게 된다. 많은 구두 제조업체들은 생산을 가속화시키고, 생산 노동원가를 절감하기 위해 컴퓨터를 이용한 생산 장비를 사용한다. 핸드백의 생산 공정에서는 디자인에 대한 반응을 살펴보기 위해 시제품을 먼저 만들어서 테스트 과정을 거친다. 고급 핸드백은 고급 가죽을 사용해서 수작업으로 제작되지만, 중저가의 핸드백은 모조 가죽이나 직물을 사용해서 제조된다. 벨트를 생산하는 업체들은 대부분 영세한 규모이며, 장갑의 생산에는 많은 수작업 공정이 필요하다. 디자이너 브랜드의 모자는 수작업으로 기초단계에서부터 블록 작업이 이루어지며, 소재도 고급품을 사용하는 반면, 가격이 낮은 모자들은 고급이 아닌 직물을 사용하여 봉제방식으로 생산된다. 최고급품의 스카프는 최고의 직물로 많은 컬러 스크린을 사용하여 이탈리아에서 제작되는 반면, 가격대가 낮은 스카프는 아시아 지역에서 제조된다. 스타킹 제조는 대규모의 편직 공장에서 생산된다. 고급 장신구는 고급 보석과 금속으로 만들어지며, 디자인도 클래식하다. 준보석 장신구는 도금이나 합금으로 만들어지며, 금속 시트에서 찍어 낸 모양이나 철사를 가지고 제작된다.

대부분의 액세서리 제조업체는 고도의 기술을 가진 공예가들에 의해 운영되는 소규모의 회사들이다. 그러나 제화나 스타킹 제조업체는 대규모 업체들이다. 대부분의 구두, 핸드백, 장갑, 스카프들은 값싼 노동력이 제공되는 국가들에서 제작된 제품들이 미국으로 수입된다.

모피 제조업체들은 코트, 재킷, 모자 등을 주로 생산하며, 직물 의류나 가죽 의류의 가장자리 장식으로도 모피가 사용된다. 세계적으로 규모가 큰 모피 제품 생산 센터는 중국, 캐나다, 한국, 그리스 등에 있다. 모피 생산방식은 스킨온스킨 방식과 레팅아웃 방식으로 나뉜다. 레팅아웃 방식은 가공 공정에 시간과 노력이 많이 소요되는 관계로 이와 같은 방식으로 생산되는 모피의류는 가격이 매우 높게 책정된다.

🔲 용어 개념

다음의 용어와 개념을 간단히 설명하고 논하라.

1. 액세서리	7. 에르메스	13. 캐럿(carat)과 캐럿(karat)의 차이
2. 구두 골	8. 클리커 장비	14. 래피더리
3. 라인 개발자	9. 고급 모자	15. 은도금
4. 모델 제작자	10. 블로킹	16. 주물
5. CAD	11. 보석 원석	17. 전자도금
6. MICAM	12. 캐버천 원석	18. 레팅아웃 방식

🔲 복습 문제

1. 패션 사이클이 액세서리 생산에 어떻게 영향을 미치는지 설명하라.

2. 의류 제조회사가 액세서리 콜렉션까지 사업영역을 확장하는 것의 장단점을 논의하라.

3. 국제적인 산업구조에서 드레스용 구두와 캐주얼 구두를 주로 생산하는 국가가 구분이 되는 이유에 대해 설명하라.

4. 전통적인 구두제조 공정에 대해 설명하라.

5. 신발의 대량생산에 컴퓨터가 어떻게 활용되고 있는지 설명하라.

6. 유명한 신발 디자이너나 제조업체의 이름을 5개 적으라.

7. 미국 신발 산업에서 수입제품이 차지하는 역할을 설명하라.

8. 핸드백 제조공정을 간략하게 설명하라.

9. 의상에 따라 벨트의 스타일이 어떻게 분류되는지 설명하라.

10. 유명한 모자 디자이너 3명의 이름을 적으라.

11. 고급 모자인 밀리너리(millinery)와 저가인 햇(hat)의 차이점에 대해서 설명하라.

12. 최고급품의 스카프 생산에 사용되는 것들에 대해 설명하라.

13. 스타킹 제조의 기본 공정에 대해 설명하라.

14. 대부분의 액세서리가 해외에서 생산되는 것에 비하여 스타킹 제조산업은 여전히 미국에서 유지되고 있는 이유에 대해서 설명하라.

15. 고급 주얼리의 제조에 사용되는 원료는 무엇인지 설명하라.

16. 준보석 주얼리는 어떤 것인지 설명하라.

17. 주얼리 생산의 두 가지 타입에 대해 간략히 설명하라.

18. 저가 시계의 공세에 대해 스위스 시계 사업이 어떻게 대응하였는지 설명하라.

19. 액세서리 제조산업에 있어 수입품의 영향을 설명하라.

20. 모피의류 제조산업이 기본적으로 대량생산 체제를 갖추지 않는 이유를 설명하라.

21. 모피의류 제조업의 생산방식을 분류하는 두 가지 방식에 대해서 설명하라.

22. 동물보호활동이 모피 산업에 어떻게 영향을 미치는지 설명하라.

● 심화 학습 프로젝트

1. 백화점의 모피 전문점이나 그 외 전문점을 방문하여 다양한 모피를 만져 보고 특징을 파악하라. 현대 모피 제품의 패션 스타일에 대해 살펴보고 착용 소감을 적어 보라.

2. 모자 전문점을 방문해서 일반적인 모자와 고급 부인용 모자의 기능, 스타일의 차이점을 비교하라. 점포 내에서 고급 부인용 모자의 스타일과 의상 디자인의 트렌드는 어떻게 연관되어 있는지 관찰하라.

3. 패션잡지에 실린 구두광고를 살펴보고, 다섯 가지 유행하는 드레스용 구두와 다섯 가지 캐주얼 구두를 스크랩하라. 기능이 스타일에 영향을 어떻게 미치는지 설명하라.

● 참고문헌

[1] Abe Chehebar, CEO, Accessory Network, New York City, interview, May 4, 2000.

[2] Nate Herman, international trade advisor, American Apparel and Footwear Association, e-mail, August 11, 2003.

[3] "The Giants," *WWD Book of Lists*, March 7, 2005, p.25.

[4] "A Rally in Mid-Cap Purses," *The Wall Street Journal*, March 11, 2006, p.6.

파리에서 개최한 엘리 사브의
콜렉션 오프닝에 선보인 아름다운
실크 타프타 드레스
(출처 : ELIE SAAB AND
DENTE & CRISTINA)

12

▶▶▶ 도매 마케팅과 유통

관련 직업 ■□□■

제조업체들은 리테일러와 소비자들과 관계를 맺기 위해 제품을 공급할 스토어와 좋은 관계를 맺기도 하고, 소비자들과 직접적인 관계를 맺는 활동도 한다. 이러한 작업들을 위해서는 제조 관리 업무 담당자, 디자이너, 머천다이저, 판매 관리자와 총괄책임자, 고객 서비스 총괄책임자, 머천다이즈 총괄책임자를 포함한 마케팅과 관련된 모든 사람들과의 협력이 필요하다. 이 외에도 카탈로그를 제작하는 감독, 작가, 사진작가, 홍보요원 비디오 제작자, 모델, 패션쇼 코디네이터, 텔레비전 패션 스페셜리스트, 트레이드 협회 직원 등과도 관계를 맺고 있다.

학습 목표 ■□■

이 장을 읽은 후 …

1. 주요 국제 어패럴 마켓의 종류를 알 수 있다.
2. 콜렉션 개최, 라인 발표, 마켓 행사 주간의 종류를 알 수 있다.
3. 유통 정책의 특성을 알 수 있다.
4. 판매 촉진 보조 장치를 알 수 있다.
5. 마케팅의 다양한 형식을 알 수 있다.
6. 유통에서의 전자데이터 교환(EDI) 활용 현황을 알 수 있다.

브랜드

패션 제품은 브랜드 이름으로 소개된다.

브랜드 이름의 중요성

브랜드 이름은 패션 사업에서 매우 중요한 의미를 갖는다. 브랜드 이름(brand name)은 그 브랜드 제품을 제조하는 제조업체와 동일시된다. 브랜드 이름은 엘렌 트레이시(Ellen Tracy)처럼 브랜드의 이름으로 작명이 되거나 조르지오 아르마니(Giorgio Armani)나 샤넬(Chanel)과 같이 최초의 디자이너 이름을 그대로 사용하기도 한다. 또는 폴로(Polo)나 갭(GAP)처럼 제조업체가 추구하는 제품 라인의 스타일이나 감성에 적합한 목표고객들에게 어필하는 이름을 붙인다. 브랜드 이름은 제조업체가 추구하는 이미지와 스타일, 옷이나 액세서리에 맞고 목표고객에 어필하도록 지어져야 한다. 제조업체가 브랜드 이름을 짓는 궁극적인 목표는 고객들이 다른 경쟁사 브랜드보다 자사 브랜드를 더 선호하게 만드는 것이며, 이러한 현상을 소비자 프랜차이징(consumer franchising)이라고 한다.

인기가 있는 브랜드를 영입하기 위해서 리테일러들은 브랜드가 요구하는 최소한도의 물량을 주문해서 해당 브랜드 콜렉션의 머천다이징을 적절하게 제공해야 한다. 리테일 예산은 제한된 규모의 자금으로 운영해야 하므로 고객에게 인기 있는 브랜드 제품을 더 많이 구비하도록 자금을 사용하게 된다. 따라서 유명한 브랜드를 영입하게 되면 같은 제품군에 속하는 다른 제조업체의 제품은 충분히 고객들에게 소개될 기회를 잃게 된다. 그러나 유명브랜드가 소비자의 구매 결정에 중요한 단서가 되기는 하지만, 브랜드의 명성을 뒷받침할 만한 품질과 가치가 지속적으로 제공되지 않는다면 브랜드의 명성은 오래 지속될 수 없다.

제조업체들은 브랜드 보전(brand integrity)을 위해 독특한 패션과 품질관리를 하고 라이선스를 남발하지 않는 것이 필요하며, 적합한 광고 홍보 및 이미지 관리를 위한 매장 내부구조 관리, 리테일러나 고객에 대한 서비스 방식 등을 관리한다. 이러한 관리를 철저히 하기 위해 제조업체가 리테일 스토어를 직접 소유하기도 한다. 브랜드에서 일정한 수준의 패션, 맞음새, 가치, 품질을 제공하도록 관리하며 소비자들은 해당 브랜드에 어떤 특성을 기대해도 되는지 알게 된다. 성공적인 제조업체들의 특징은 목표고객에 매우 밀착된 명확한 목표를 세우고 관리하며, 지나치게 목표를 부풀려 잡지 않고, 브랜드의 이미지를 지켜 가면서 제품과 서비스 제공을 위한 효율적인 관리를 철저히 하는 것이다.

간판 브랜드

간판 브랜드는 판매율을 높이기 위해 패션 비즈니스를 시작할 때 영입하는 브랜드 이름이다. 브랜드의 명성을 대중들에게 호감도 있게 각인시키기 위해 자본을 투자하는 것이다. 브랜드에서 원하는 룩(look)을 만들기 위해 디자이너를 고용하기도 한다. 대표적인 예가 지웬 스테파니(Gwen Stefani)의 L.A.M.B., 제니퍼 로페즈(Jennifer Lopez)의 Sweetface와 J Lo Collection, Sean "Diddy" Combs의 남성복 라인, Sean by Sean Combs의 여성복 콜렉션이다. 또한 힐러리 더프(Hilary Duff), 비욘세 노윌(Beyonce Knowles), 메리 케이트(Mary-Kate), 에쉴리 올슨(Asley Olsen) 등도 여기에 동참했다. 그들 역시 향수나 미용 산업에도 진출하였다.

랄프 로렌은 세계적인 브랜드로 그의 이름을 사용했다.
(출처 : RALPH LAUREN)

브랜드 만들기

패션 사업을 성공적으로 이끌어 나가기 위해 제조업체들은 브랜드 강화에 많은 노력을 기울인다. 예를 들어 프라다(Prada), 자라(Zara), 에이치엔엠(H&M), 리즈 클레이본(Liz Claiborne), 토미 힐피거(Tommy Hilfiger)와 같이 성공적인 제조업체들은 미국 전역과 전 세계에서 명성을 얻고 있다. 이들의 성공을 가능하게 했던 요소에는 다양한 제품의 제조, 수출시장의 확대, 자체 리테일 스토어의 운영 등이다.

제품군의 다양화 비즈니스의 확대를 위해서는 새로운 카테고리를 추가하거나, 다양한 인구통계적 특성을 가진 소비자들을 목표로 한 브랜드 포트폴리오와 제품군의 다양한 방안의 모색이 필요하다.

라인 추가 디자이너 브랜드들의 경우 약간 가격이 저렴한 라인을 추가하여 복수의 라인을 운영하는 방법을 흔히 사용한다. 마크 바이 마크 제이콥스(Marc by Marc Jabobs), 프라다의 미우미우(Miu Miu), 도나 카란의 DKNY가 예이다.

치수 범위의 확대 여성복 제조업체들은 기존의 생산 치수 범위 외에 키가 작은 여성들을 위한 프티트(petite) 사이즈와 큰 체격의 여성들을 위한 라지(large)

사이즈를 추가하는 경향이 있다. 엘리자베스(Elizabeth) 콜렉션을 성공적으로 추가한 리즈 클레이본이 대표적인 예이다. 치수 범위를 추가하는 전략은 기존에 사용하던 치수 패턴을 그레이딩하여 비교적 손쉽게 이룰 수 있다.

신규 제품군의 개척　제조업체는 새로운 소비자 집단을 위한 제품을 제공하는 방식을 사용한다. 캐주얼웨어 제조업체가 드레스 제품을 위한 라인을 추가하거나 여성복 업체가 신사복 라인을 추가하는 것이 가능하다. 반대의 경우도 가능하다. 예를 들어 캘빈 클라인(Calvin Klein)과 도나 카란은 여성복 디자이너로 출발하였지만 남성복을 추가하였고, 랄프 로렌은 남성복 전문디자이너로 출발하였지만 여성복을 추가하였다. 리즈 클레이본은 계속적인 라인의 추가로 의류 왕국을 건설하였다. 예를 들면, 리즈스포츠(Liz Sports), 리즈웨어(Lizwear) 등이 있고, 다양한 가격선의 고객들을 목표고객으로 영입하기 위해 다나 부크만(Dana Buchman)과 같은 중간 가격대의 브랜드를 탄생시켰다.

브랜드의 매입　새로운 제품군을 갖기 위한 방안으로 현재 영업 중인 브랜드를 매입하는 방법도 사용된다. 브랜드를 매입하는 방법은 자신들의 상품 제공을 균형 잡히게 이루어 다른 브랜드에 의존하지 않도록 하는 방법이다. 새로운 상품라인의 확대나 브랜드 매입을 통해서 제조업체는 백화점과 같은 거대한 유통체인과의 협상력을 키울 수 있게 된다. 예를 들어 리즈 클레이본은 케이트 스페이드(Kate Spade), 엘렌 트레이시, 쥬시 쿠튀르(Juicy Couture)를 매입하여 유통 범위를 넓혔다. 매입을 통해 메가 브랜드 회사로 성장한 기업은 LVMH, 구찌(Gucci), 리즈 클레이본, 켈우드(Kellwood) 등이다.

액세서리 콜렉션　제조업체들은 액세서리를 제품라인에 포함시키는 방법으로 주로 라이선싱이나 합작 투자하는 방식을 사용한다. 토털패션을 제안하기 위해 액세서리 분야까지 사업을 확대한 대표적인 브랜드는 도나 카란, 리즈 클레이본을 포함한 많은 디자이너 브랜드를 예로 들 수 있다. 어떤 제조업체들은 액세서리 사업부가 의류 사업부보다 더 성공적이기도 하다. 역으로 페라가모(Ferragamo), 에르메스(Hermèss), 토드(Tod's)와 같은 액세서리 업체는 의류 콜렉션까지 사업을 확장하였다.

　　이와 같이 다양한 제품군을 생산하는 업체로 회사의 규모를 키워 나가는 경우에도 해당 브랜드가 목표로 하는 고객의 나이, 라이프스타일과 같은 부분을 흔들림 없이 유지함으로써 브랜드의 고유성을 유지할 수 있다. 이를 위해서는 공동투자하거나 라이선싱한 업체의 제품 개발이나 마케팅 전략을 세심하게 관리 감독해야 하는 경우가 많다.

라이선싱

라이선싱은 추가적인 자본투자의 위험이나 생산에 대한 부담감 없이 브랜드의 해당 제품군을 다양화시키는 방안이다. 라이선싱은 계약에 따라 유명한 디자이너나 유명한 제조업체 브랜드가 다른 제조업체에게 자신들의 브랜드 명을 사용할 수 있도록 허가해 주는 것이다. 이 경우 브랜드의 이름을 사용하도록 허가받은 기업은 라이선스 허가를 주는 기업에 도매가 판매금액 중 계약한 비율에 따라 **로열티**로 지불해야 한다. 예를 들어, 랄프 로렌은 여성복 콜렉션, 화장품. 안경, 스타킹, 가죽 의류, 챕스(Chaps) 남성 의류, 여행용 가방, 핸드백 등에 대해 라이선스를 제공하고 있다. 대형 유통점과 라이선스 계약을 하는 디자이너들도 있다. 예를 들어 디자이너 베라 왕(Vera Wang)은 유통업체 콜스(Kohl's)에 콜렉션을 판매하고 신시아 로리(Cynthia Rowley), 토드 올드햄(Todd Oldham), 아이삭 밋라히(Isaac Mizrahi)는 유통업체인 타겟(Target)을 위해 콜렉션을 판매한다.

라이선싱은 패션의 완성도를 높이기 위해 필요한 일부 품목, 예를 들어 코트나 액세서리의 생산라인을 라이선싱 방식으로 생산하여 추가 투자비용의 투입에 대한 부담이나 새로운 품목에 대한 전문성 부족에 따른 위험 부담 없이 브랜드의 이미지를 높여 가는 방안이다. 라이선스를 받아 가는 기업은 해당 제품에 대한 생산이나 마케팅의 전문성을 가지고 있으나 브랜드 이미지가 취약하므로, 디자이너나 유명브랜드의 라이선스를 취득함으로써 디자이너의 이미지를 구매하는 방법을 취하는 것이다. 즉 라이선스는 구입한 제조업체는 구입한 브랜드의 디자이너나 브랜드 명이 뒷받침됨으로써 판매율이 높아지는 효과를 볼 수 있다.

라이선스를 제공한 디자이너들은 제품의 품질과 관련된 그들의 이미지 관리를 위해서 라이선스를 제공해 줄 업체의 선정기준을 강화하고, 제품의 디자인이나 마케팅 프로세스에도 이전보다 더 깊숙이 관여한다.

합작투자

합작투자는 라이선스를 제공하는 것과 같은 목적으로 이루어지지만 방법은 다르다. 합작투자는 디자이너나 유명브랜드와 생산이 전문인 제조회사가 동등한 파트너십을 갖는 것이다. 예를 들어, 코트 제조 전문회사가 디자이너와 합작투자하여 디자이너 브랜드의 코트를 제조하는 것이다. 이 방식은 제품라인의 마케팅과 머천다이징을 서로 주고받는 형식을 취하는 것이다. 이 방식의 특징은 디자이너는 제품 개발 관리에 집중하고, 라이선스를 받은 제조업체는 이윤을 낸 것에 기초하여 디자이너와 이윤을 나누게 되므로 라이선싱보다는 위험부담이 적은 방식이다.

유통

제조업체들은 제조한 의류나 액세서리에 적합한 머천다이징을 확보하기 위해 유통정책을 결정한다.

유통정책

샤넬과 디올을 소유하고 있는 모엣 헤네시 루이뷔통(Moet Hennessy Louis Vuitton, LVMH)의 대표인 베르나르 아르노(Bernard Arnault)는 "유통을 잘 관리할 수 있다면 브랜드의 이미지도 잘 관리할 수 있다."[1]라고 주장한다. 제조업체의 이미지, 품질수준, 가격수준은 해당 제조업체의 표적고객이 주로 이용하는 리테일 스토어에 적합한 수준으로 제공되어야 한다. 예를 들면, 디자이너 브랜드의 패션 제품을 생산하는 제조업체는 고급 백화점이나 고급 전문점에서 판매할 제품을 제조하지만, 중간 가격대의 의류나 액세서리를 생산하는 제조업체는 다양한 백화점이나 전문점에서 판매될 제품을 생산한다. 또한 저가의 제품을 제조하는 제조업체는 할인점과 같이 가격이 저렴한 제품을 주로 판매하는 상점에서 팔릴 물건을 제조한다. 따라서 제조업체도 유통계획을 세울 때 다음과 같은 점을 염두에 두어야 한다.

1. 제품을 구입한 적절한 상점은 어디인가?
2. 제품을 소비할 지역의 수요는 어떠한가?
3. 공정한 경쟁구조를 갖추고 있는가?
4. 비즈니스 규모는 적절한가?

제조업체들은 **개방형 유통정책**(open distribution policy)을 선택해서 대가를 지불하는 사람이라면 누구에게나 특별한 제한 없이 판매할 것인지, 아니면 **선택적 유통정책**(selected distribution policy)을 선택해서 특정 지역에 제한된 수의 스토어에만 상품을 유통시킬 것인지를 결정해야 한다. 예를 들어, 조르지오 아르마니는 아르마니부티크를 서독에 처음 열었을 때 자신의 제품 가치를 높이는 방안으로 이전까지 아르마니 제품을 취급하던 매장 150군데에 엠포리오 아르마니(Emporio Armani) 라인을 공급하지 않는 방식으로 라인의 차별화 정책을 사용했었다. 또 다른 예로 에르메스와 샤넬은 제품 제조 물량과 유통 물량을 제한함으로써 희귀성을 높이는 전략을 사용하기도 하였다. 유통업체들은 때때로 디자이너 라인을 유지하기 위해 경쟁한다.

제조업체에 따라서는 특정 라인의 상품을 특정 스토어에 공급하는 **포지셔닝** 방식을 사용하기도 한다. 예를 들어, 리즈 클레이본의 빌리저(Villager) 라인은 콜스(Kohls's)와 머빈스(Mervyn's) 백화점으로 납품할 목적으로 개발한 것이다. 또한 리즈엔코(Liz&Co.)는 제이시

페니(J.C.Penny) 백화점용으로 개발한 라인이다. 엠마 제임스(Emma James)는 그 외 기타 일반 지방 백화점에 납품을 목적으로 개발한 라인이다.

수 출

미국의 제조업체들이 수출업체로서의 면모를 갖추어 가는 속도는 매우 느린 편이다. 미국 내 시장이 확장되지 않는 환경에서 제조업체들의 시장점유율 경쟁은 치열하다. 따라서 외국 유통업체에 제품을 판매하는 방법과 해외에 점포를 개장하는 방식으로 수출 시장을 개척하여 기업의 성장을 꾀하고 새로운 시장을 개척하고 있다. 미국에 비해 유럽의 제조업체들은 수출 경험의 뿌리가 깊다. 예를 들어 프랑스의 패션하우스들은 생산 제품의 80%를 수출한다. 예를 들어 아르마니는 중국 상해에 스토어를 열었고, 샤넬은 쿠튀르 콜렉션을 홍콩에 선보인다. 이제 미국의 업체들도 유럽에 마케팅을 하고 있으며, 아시아, 러시아, 중동에서도 마켓이 확장되고 있다(제13장 참조).

이제 많은 미국의 디자이너와 브랜드도 캐나다, 멕시코, 남미, 유럽, 아시아에 현지 스토어를 개장하고 있다. 따라서 아시아, 러시아, 중동 지역에서의 시장 확대를 위한 투자를 계속 증가시키고 있다.

세계 최고 수준의 테일러링을 보여 주는 조르지오 아르마니는 특별함을 유지하는 방법으로 선택적 유통정책을 사용한다.
(출처 : GIORGIO ARMANI SPA)

무역협정들이 많은 장애 요소를 제거하는 효과를 거두기 시작했지만, 수출을 활성화하기 위해서는 제조업체들이 외국소비자를 이해하고, 외국의 판매 에이전트들과 리테일 전문가들과의 관계를 모색하고, 외국의 관세정책을 이해하며, 외환관리나 신용에 대한 문제 등을 해결해야 한다. 많은 제조업체들은 미 상무국이 이러한 일에 많은 도움을 주기를 원하고 있다. 디자이너나 제조업체들 중에는 특정 국가의 지역 제조업체와 디자인 라이선스 계약을 하는 경우도 있다.

리테일러 역할을 겸하는 제조업체

많은 제조업체들은 본사 직영의 리테일 스토어를 운영함으로써 업체의 이미지를 높이고 관리하며, 본사가 원하는 방향으로 콜렉션의 완성도를 높이고, 새로운 아이디어도 시험가동시켜 봄으로써 고정 고객의 수를 확장하는 비즈니스 방식을 사용하고 있다. 제조와 유통이라는 두 가지 수준의 마케팅 연결 고리를 수직 통합(vertical integration)한 것이다. 이러한 유형의 리테일스토어는 조르지오 아르마니, 페레가모, 샤넬과 같은 디자이너들이 전통적으로 전용 리테일스토어를 운영해 오던 유럽에서는 흔한 일이다. 대표적인 유럽의 수직적 유통업체인 자라(Zara)와 H&M은 세계적인 기업체가 되었다. 미국에서는 브룩스 브라더스(Brooks Brothers)가 수직체제를 사용하였다. 1970년 갭이 수직적 제조업체/유통업체로 등장했다.

그러나 이와 같은 운영체제는 여성복 제조업체에서는 거의 시행되지 않는 새로운 개념이다. 이제 점점 더 많은 디자이너 브랜드나 유명 제조업체 브랜드들이 자사 브랜드의 제품만을 취급하는 자체 운영 리테일 스토어를 운영하는 경향이다. 예를 들어, 랄프 로렌, 니콜 밀러, 리즈 클레이본, 비씨비지(BCBG), 나이키(Nike), 에스프리(Esprit)와 같은 브랜드는 자체 운영 스토어를 소유하고 있다. 많은 수직적 운영 유통업체들은 캐나다, 멕시코, 아시아 등 전 세계에 매장을 오픈하고 있다.

자체 운영 스토어를 운영하여 얻는 장점은 어패럴 회사가 소비자와 직거래함으로써 유통 비용을 절감하여 기업체는 원가 절감의 효과를 볼 수 있고, 소비자는 가격인하의 이점을 나눌 수 있다는 것이다. 또한 회사 이미지 마케팅을 시도할 기회를 갖게 되며 액세서리를 포함

도나 카란이 개설한 화려한 DKNY 매장의 모습 (출처 : DONNA KARAN COMPANY, 사진촬영 : DAVID TURNER)

한 브랜드의 토털 컨셉을 소비자에게 직접 소개할 기회를 갖게 됨으로써, 바이어에 의해 브랜드의 이미지나 컨셉이 편집되어 소개되는 것을 방지할 수 있다. 그러나 많은 리테일러들은 지금까지 공급자적 역할을 담당하던 제조업체들과 직접적으로 경쟁을 해야 하는 상황을 별로 달갑게 여기지는 않는다.

창고형 아울렛 스토어　지금까지 제조업체가 운영하던 리테일 스토어의 유형은 생산 단지 가까이에 위치한 창고형 아울렛 스토어이다. 여기에서는 약간의 흠이 있는 제품이나 스토어가 구매하지 않은 재고(overruns)들을 저렴한 가격으로 판매하였다. 그러나 요즘은 생산 제품들의 불량률도 낮고, 반응 생산의 영향으로 재고 제품이 거의 없다. 창고형 아울렛 스토어는 도시 외곽에 아울렛 스토어가 밀집한 변두리에 전문 상가 단지가 형성된다. 공급업체들이 할인된 가격으로 판매하는 이러한 리테일 방식을 유통업체들이 반가워하지 않는 것은 당연하다.

입점 부티크　인기가 높은 디자이너나 브랜드들은 자사에서 생산한 어패럴이나 액세서리 제품을 판매할 수 있도록 백화점이나 전문점 안에 매우 좋은 위치의 매장을 요구하며, 특별한 매장 장식을 요구하기도 한다. 스토어 내의 소규모 개념인 이러한 컨셉은 유명 디자이너나 브랜드에 최고의 판매 장소를 내주게 되는 것이며, 유통업체에서 자체적으로 머천다이징이나 브랜드의 이미지 관리를 하지 않는다. 때로 매장의 장식이나 구조는 양측이 합의하에 이루어지는 경향도 있다.

카탈로그, 텔레비전, 인터넷 판매　리테일러를 활용하지 않고 우편으로 카탈로그를 발송해서 일반소비자와 직거래하는 마케팅을 하는 제조업체들은 QVC나 홈쇼핑 방송을 사용하여 제품을 판매한다. 또 다른 제조업체들은 웹사이트를 활용하여 제품을 판매하고 있으며, 이러한 판매 방식이 성공적으로 성장할 것으로 기대하고 있다. 소비자들은 이제 인터넷을 이용해 전 세계의 상품들을 만나고 있다.

　이러한 기업들은 통신판매 방식의 운영을 위한 부서를 갖추어 마케팅과 머천다이징을 하는 전략을 가지고 있다. 산업계 전문가들은 소비자들의 바쁜 생활 패턴의 영향으로 미래에는 카탈로그나 텔레비전, 인터넷을 이용한 직접 마케팅이 중요한 역할을 할 것으로 기대하고 있다. 따라서 전통적인 리테일러들은 이러한 직접 마케팅을 하는 기업들로부터 위협을 느끼고 있으나(제13장 참조), 그들도 이러한 마케팅 방식을 수용하는 경향을 보인다.

기타 유통 유형

프랜차이징　프랜차이징 협약(franchising agreement)에 따라 제조업체들은 리테일러들에게 자신들의 머천다이즈나 제품 라인에 대한 권리를 판매하기도 한다. 프랜차이징으로 제조업체가 갖게 되는 장점은 제품이 제조업체의 브랜드 명을 가지고 판매되면 제조업체의 이미지를 보호할 수 있는 조건으로 머천다이징이 이루어진다는 점이다. 리테일러의 입장에서의 장점은 판매 물량을 충분히 확보할 수 있다는 것과 광고에 브랜드 이름을 사용할 수 있다는 것과 제조업체가 펼치는 전국규모나 국제적인 광고효과도 함께 누린다는 것이다. 스토어는 제조업체의 라인 중 특정 제품만을 선택할 권리는 없지만 협약한 제조업체의 전체 범위의 제품을 유치하여 판매할 수 있다. 독일의 에스카다(Escada), 프랑스의 에르메스, 이탈리아의 베네통(Benetton), 미국의 니콜 밀러(Nicole Miller) 등은 프랜차이즈를 거느리고 있는 기업들이다.

백화점 내의 임대 점포　미국에서는 매우 드문 경우이지만 제조업체들이 백화점 내에 일정한 공간을 임대하여 제품을 판매하는 방법도 있다. 이러한 경우에는 유통업체의 리테일 바이어 업무가 필요 없다. 백화점 내 공간을 임대하는 방식은 특별한 전문적인 기술이 필요한 의류나 액세서리 판매의 경우에 적합한 방식이다. 예를 들어, 모피나 쥬얼리, 구두 제조업체들은 제품에 대한 전문적인 지식을 가지고 고객에게 서비스를 해야 하므로 이러한 방식을 사용하는 것이 좋은 경우도 있다.

위탁 판매 점포　규모가 작은 제조업체들은 위탁 판매 방식을 사용할 수 있다. 이 경우는 유통업체가 일정한 공간과 판매원을 제공하고 상품 판매 재고에 관한 위험 부담을 지지 않는 방법이다. 이 방법은 제조업체가 스토어에게 상품을 빌려 주고, 스토어는 판매 분량에 대해서만 제조업체에 지불하는 방식이다. 따라서 제조업체는 모든 안 팔린 상품들을 회수해야 하며, 다시 이 상품들을 다른 장소에서 팔아야 하므로 제조업체의 입장에서는 그다지 만족스럽지 못한 방식이다.

중간거래　패션 산업에서는 제품들을 제조업체가 유통업체에게 직접 도매로 판매하는 방식이 일반적으로 사용되고 있다. 중간거래(jobber)는 예외적인 방식으로 중간거래상이 다수의 제조업체로부터 도매로 제품을 구입해서 소매상에 다시 판매하는 방식이다. 이 방식은 제조업체가 사업을 정리하거나, 제조업체의 창고를 정리할 때(특히 제조업체가 아울렛 스토어를 가지고 있지 않을 때) 시즌의 마지막에 가격 인하가 거듭된 잔여 물량에 대해 매우 저렴한 가격으로 물건을 대량 처분하는 방식이다. 중간거래 상인들이 이와 같이 사들인 물건들은 소규모 상인들에게 무게로 팔거나, 자신들이 소유한 할인 매장을 통해 일반 소비자들에게 판매한다. 러스(Ross)나 마샬(Marshalls)은 이러한 중간거래 방식으로 성장한 유통업체이다.

마 켓

어패럴과 액세서리를 거래하는 국제적인 도매시장마켓은 생산된 제품을 리테일러에게 공급하는 기능을 가지고 있다.

마켓(market)은 바이어와 공급업체들이 비즈니스를 위해 함께 모이는 장소, 지역, 시간, 제품을 필요로 한다. 이 장에서 다루는 **도매 패션 마켓**에서는 공급업체는 패션 제조업체이고 바이어는 유통업체들이다. 이 장은 제조업체의 입장에서 논의하는 것이며, 제14장은 바잉을 리테일러의 입장에서 머천다이징 프로세스의 일부분으로 논의하고자 한다.

전통적으로 패션 마켓은 제조업체나 공급업체들과 가까운 위치에 열리게 된다. 그러나 글로벌 소싱이 보편화됨에 따라 이러한 현상은 더 이상 일반적이지 않다. 새로운 마켓 센터들은 바이어에게 편리한 위치에 만들어지기도 하며, 컨벤션 센터나 호텔이 풍부한 라스베이거스(Las Vegas)와 같은 곳에서 개최되기도 한다.

여기서는 미국 국내 마켓과 미국 내의 지역적 마켓뿐만 아니라 국제적인 글로벌 마켓 등을 언급하고자 한다. 이 장에서는 도매의 관점에서 대표적인 국제 패션센터, 지역 패션센터와 도매시장에서의 바잉과 판매업무에 대하여 논의하고자 한다. 연중 내내 판매와 구매 업무가 이루어지기는 하지만, 바이어와 공급업체가 함께 만날 수 있는 콜렉션 행사주간이 일정 기간 열린다.

글로벌 마켓

마켓은 판매와 구매가 이루어지는 시간, 공간의 개념이다.

제조업체가 콜렉션이나 라인을 디자인한 후, 상점에서 판매할 제품 구매를 담당하는 리테일 바이어를 대상으로 신상품을 보여 준다. 제품을 공개하는 방법은 패션쇼, 마켓행사주간, 상설 신제품 전시장, 판매 총괄책임자와의 면담 등 다양한 방식이 사용된다. 인터넷, 모바일폰, 팩스, 항공여행, 컨테이너 선적의 활용이 증가함에 따라 국제적인 마켓의 공간적 개념은 점점 좁아지고 있다.

'콜렉션 오프닝(collection opening)'이나 '라인 릴리즈(line release)'는 동의어로서 리테일 바이어에게 새로운 패션 상품들을 처음 볼 수 있는 기회를 제공한다. 대부분의 여성복 콜렉션은 연중 4회 이상의 라인을 공개한다. 자라(Zara)나 H&M과 같은 수직형 브랜드는 시즌의 개념 없이 새로운 상품을 계속적으로 매장에 공급한다.

디자이너 브랜드만 패션쇼(runway show)를 한다. 이들은 연중 4~5번의 콜렉션(Fall, Holiday/Cruise, Spring, Summer, 때로는 Pre-fall을 추가함)을 제공하지만 다소 과장된 표현이 이루어지는 패션쇼는 바이어와 미디어를 대상으로 봄과 가을 2회만 개최한다. 국제적인 패션쇼와 개별 기업의 독자적인 개별 패션쇼를 모두 준비하는 것은 어려운 일이다. 디자이너들은 각각 특정 시간에 패션쇼를 하기 원하므로 모든 디자이너의 의견을 조율하는 데 불협화음이 생기기도 한다. 경우에 따라서는 패션쇼가 있기 전에 리테일 고객에게 신상품이 판매되기도 한다(프리콜렉션).

랑방(Lanvin)의 프레타포르테 콜렉션에서 발표된 알버 엘바즈(Alber Elbaz)의 파란색 트위스트 드레스 (출처 : LANVIN, PARIS)

유럽의 콜렉션 오프닝

쿠튀르 파리는 전통적으로 세계적인 쿠튀르의 중심지이다. 미국의 랄프 루치(Ralph Rucci)나 이탈리아의 대표적인 디자이너인 발렌티노나 베르사체도 쿠튀르 콜렉션 쇼는 파리에서 개최한다. 봄 콜렉션은 1월에 개최되고 가을 콜렉션은 7월에 개최한다. 이러한 쿠튀르 콜렉션은 개인적으로 친분이 있는 고객이나 미디어만을 초대하여 개최한다. 전 세계적으로 쿠튀르에 초대되는 개인적인 고객은 300명에 불과하다(대부분 미국, 유럽, 중동의 여성들이다). 몇몇 쿠튀르에서는 관심을 끌기 위해 과장된 패션이나 무대의상 같은 제품들을 포함하기도 한다. 대표적인 제품들로 구성한 **프리콜렉션**(pre-collection)은 바이어를 대상으로 패션쇼 전에 공개되기도 한다. 콜렉션은 대부분 루브르 근처의 Place du Carrousel 아래의 새로운 패션센터나 근처에서 개최된다.

쿠튀르의 개최는 프랑스 산업자원부와 Federation Francaise la Couture의 엄격한 통제를 받는다. 쿠튀르에 참여하는 디자이너는 최소한 50벌의 제품을 준비해야 하고, 시즌이 바뀌는 기간의 새로운 쿠튀르는 각각 25벌이 소개되어야 한다. 대형 쿠튀르 하우스에서는 연중 2회의 쿠튀르 쇼에서 공개한 제품의 제작비용으로 약 400만 달러의 경비를 사용한다. 이 경비는 고급소재의 구입, 수공재봉, 액세서리 제작, 모델, 무대설치, 쇼를 위한 고품질 음향 설비를 위한 비용을 포함한다. 이 외에도 쿠튀르 업체들은 콜렉션 상황을 비디오테이프나 CD-ROM에 담아서 개인 고객에게 배송하는 비용까지도 부담해야 한다. 그러나 이러한 비용은 커뮤니케이션과 비즈니스를 발전시키는 자금으로 충당한다.

이러한 경비에 대한 보조수단으로 프랑스 정부에서는 쿠튀르의 수출을 홍보한다. 예를 들어 섬유, 어패럴을 홍보하는 기관인 DEFI는 "La Mode de France"라는 캠페인을 발족시키기도 했고, 프랑스 공영 텔레비전 방송을 통해 쿠튀르를 무료 방영시키기도 한다. 이러한 공공기관을 활용한 홍보는 사적으로 투자한 광고에 비하여 디자이너의 기성복, 향수의 판매에 매우 효과적이며 라이선스 계약사업에도 효과적인 수단으로 활용되고 있다. 이와 같은 방식을 사용함으로써 최근 수년 동안 쿠튀르들은 전 세계 언론의 표적이 되어 세계적으로 널리 알려지게 되었다. 각각의 쿠튀르 쇼에서는 1,000명 이상의 프랑스와 외국의 언론들이 참석한다.

프레타포르테 콜렉션　유럽 디자이너들의 기성복 쇼인 프레타포르테 콜렉션은 1년에 두 번 개최된다. 가을 콜렉션은 2/3월에 개최되고 봄 콜렉션은 9/10월에 파리, 런던, 밀라노에서 개최된다. 3개 도시에서 개최되는 쇼를 모두 참관하려면 2주 이상 걸린다. 외국에서 참여하는 디자이너들은 자신들의 작품을 더 잘 보여 주기 위해 파리나 밀라노에서 그들의 콜렉션을 개최한다. 바이어들은 파리에서 열리는 콜렉션은 지나치게 장기간이며, 많은 쇼들이 제시간에 시작하지 않으며, 프로그램이 너무 길고 많은 의류들이 편집의 목적만으로 전시된다는 불만을 토로한다.

고급 리테일러 스토어의 바이어들과 약 2,000명의 저널리스트가 세계 각국으로부터 많은 디자이너의 프레타포르테 콜렉션을 보기 위해 모여든다. 대부분의 바이어들은 스타일을 기억하려고 노트 기록을 하면서 새벽부터 밤늦게까지 하루에 10개 정도의 콜렉션을 참관하는 강행군을 하기도 한다. 바이어들은 콜렉션을 보면서 자신들이 관리하는 점포에 필요하다고 생각되는 제품을 디자이너의 쇼룸에서 주문하거나, 각 도시에 있는 자신들의 바잉 오피스를 통해 구매요청을 한다. 기성복

디자이너 앤드류 지엔(Andrew GN)이 그의 프레타포르테 콜렉션에서 보여 준 로맨틱한 파도 물결 모양 러플 드레스 (출처 : ANDREW GN, PARIS)

콜렉션도 패션쇼 대신에 회사가 가지고 있는 신상품 전시장인 쇼룸에서 바이어에게 보여 주기도 한다. 많은 미국 제조업체들은 이와 같은 방법으로 매년 4회 이상 콜렉션을 보여 준다. 고객들의 관심을 끌기 위해 새로운 상품이 주기적으로 매장에 도착하도록 스케줄을 짠다.

마켓 주간과 박람회   제조업체들은 마켓 주간 행사나 무역 박람회를 활용하여 새로운 제품을 제안하고, 판매하기도 한다. 패션 마켓은 콜렉션이 열리는 때와 동시에 열리기도 한다. 주요 패션센터에서 마켓이 열린 후 이어서 주요 지방 마켓이 열리게 된다. 마켓은 특정하게 설치된 박람회 장소나 컨벤션 센터, 호텔에서 열린다. 마켓은 보통 3일부터 2주 정도 열리게 된다. 유럽에서 열리는 무역박람회는 단지 새로운 디자인을 보여 주는 기능뿐만 아니라 실질적인 거래가 성사되는 시장의 역할도 한다. 예를 들어, 독일에서는 업체들이 마켓에 참여해서 약 75%의 물량을 판매하는 성과를 거두고 있다. 마켓은 새로운 의류업체들이 점포를 개척하고, 새로운 거래를 시작하는 데 큰 도움이 되며, 바이어의 입장에서도 새로운 거래 상대 의류업체를 탐색하는 기회가 된다. 마켓 주간은 바이어의 시간과 자본의 투자를 끊임없이 요구하는 행사이다.

파리   프랑스의 프레타포르테쇼는 디자이너 콜렉션으로만 이루어지는 것이 아니라, 파리 전역에 걸쳐 다양한 패션 관련 협회들에 의해 개최되는 다양한 쇼와 전시가 이루어진다. 파리의 프레타포르테(The Prete)는 The Porte de Versailles에서 행해진다. 이외에도 Who's Next, Paris surmode, Atmosphere, Workshop, Le Dome, Tranoi 등 다양한 전시가 이루어진다. 업체에 따라서는 호텔이나 레스토랑에서 전시를 하는 경우도 있다. 이러한 행사의 성공을 위해 파리 시는 "Paris Capitable de la Mode"라는 캠페인을 내걸고, 시 차원에서 각종 교통편 제공이나 호텔예약, 지도 배포, 안내서 배포와 같이 방문바이어들을 위한 각종 서비스를 제공한다.

밀라노   밀라노 패션 주간(Milan Fashion Week)은 이제 패션 밀라노 센터(Fashion Milano Center)와 3개 지역과 Vigorelli Velodrome에서 개최된다. The

베이루트(Beirut)의 디자이너 엘리 사브의 파리 기성복 콜렉션
(출처 : ELIE SAAB)

Italian Chamber of FASHION은 이탈리아 패션을 세계에 알리는 역할을 한다.

런던 많은 런던 디자이너는 지금까지 뉴욕, 파리, 밀라노에서 열리는 패션쇼에 참가해 왔다. 따라서 영국 패션 협회(British Fashion Council, BFC)는 런던 패션 주간(London Fashion Week)을 개최하여 그들이 고국으로 돌아오도록 하고 있다. 또한 런던 마켓 주간이 파리와 밀라노 패션쇼의 중간에 개최되도록 스케줄을 조정한다.

기타 세계각국 세계 주요도시들에서는 패션쇼가 마켓 주간에 열리고 있다. 예를 들면 베를린(Berlin), 뒤셀도르프(Dusseldorf), 마드리드(Madrid), 이스탄불(Istalbul), 뭄바이(Mumbai), 홍콩(Hong Kong), 도쿄(Tokyo), 시드니(Sydney), 리우데자네이루(Rio de Janeiro) 등이다. 연중 내내 세계 각국에서는 콜렉션 오프닝, 패션 박람회, 마켓 주간이 열리고 있다. 표 12.1은 세계 주요 어패럴 액세서리 박람회와 마켓 주간을 표시한 캘린더이다.

표 12.1 세계 유명 국제 패션 마켓과 콜렉션
(세계적인 규모의 주요 패션 관련 마켓이 연중 세계 각 지역에서 열리고 있다)

1월

Pitti Uomo and Uomo Italia (men's)	Florence
Milano Collezioni Uomo (men's)	Milan
Designer Men's Wear Collections	Paris
The Accessories Show, Accessories Circuit, and Accessories Market Week	New York
Hong Kong Fashion Week	Hong Kong
NAMSB-National Association of Men's Sportswear Buyer Show	New York
Haute Couture collection (women's, spring)	Paris
Market Week (women's ready-to-wear)	New York
Los Angeles Market	Los Angeles
Pitti Bimbo (children's wear)	Florence
Salon de la Mode Enfantine (children's wear)	Paris
SHIM — Salon International de I' Habillement Masculin (men's)	Paris

2월

Prêt-à-Porter Paris (women's ready-to-wear)	Paris
Première Classe (accessories)	Paris CPD
(Collecttions Premieren Dusseldorf) Woman · Man	Düsseldorf
FFANY — Fashion Footwear Association of New York and National Shoe Fair	New York
WSA — Shoe Show	Los Angeles
Mercedes Benz Fashion Week (7th on Sixth) and Market Week	New York

표 12.1 세계 유명 국제 패션 마켓과 콜렉션(계속)

Prêt-à-Porter Designer Collection Shows	Paris
London Fashion Week	London
Milano Moda Donna and MilanoVendaModa (women's ready-to-wear)	Milan
MAGIC (men's and women's)	Las Vegas
The Super Show (sporting goods)	Las Vegas

3월

MIDEC — Mode Internationale de la Chaussure (shoes)	Paris
MIPEL (leather accessories)	Milan
MICAM (shoes)	Milan
NAMSB Show (men's wear)	New York

4월

Los Angeles women's market	Los Angeles

5월

The Accessories Show and Accessories Circuit	New York

6월

Moda Prima (knitwear)	Milan
Milano Collezioni Uomo (men's designer collections)	Milan
Pitti Uomo and Uomo Italia (men's wear)	Florence
Pitti Bimbo and Moda Bimbo (children's wear)	Florence
NAMSB Show (men's wear)	New York
Market Week (women's ready-to-wear)	New York
Los Angeles Women's Market	Los Angeles
FFANY-Fashion Footwear Association of New York and National Shoe Fair	New York

7월

Mode Enfantine (children's wear)	Paris
Designer Men's Wear Collections	Paris
SIHM — Salon International de l'Habillement Masculin (men's)	Paris
Haute Couture Collections (fall-winter)	Paris
Hong Kong Fashion Week	Hong Kong
Market Week (women's ready-to-wear)	New York

8월

CPD Woman · Man	Dusseldorf
The Accessories Show and Accessories Circuit	New York
Los Angeles Ready-to-Wear market	Los Angeles
MAGIC	Las Vegas

FFANY — Fashion Footwear Association of New York and National shoe Fair	New York
WSA Shoe Show	Las Vegas
Salon de la Mode Enfantine (children's wear)	Paris

9월

MIDEC—Mode Intenationale de la Chaussure (shoes)	Paris
MICAM (shoes)	Milan
MIPEL (leather accessories)	Milan
Mercedes Benz Fashion Week (7th on Sixth and Market Week)	New York
Prêt-à-Porter Paris (women's ready-to-wear)	Paris
Milano Moda Donna and MilanoVendaModa (women's ready-to-wear)	Milan
London Fashion Week (women's ready-to-wear)	London
Montreal Fashion Week	Montreal

10월

NAMSB Show (men's wear)	New York
Market Week (women's ready-to-wear)	New York
The Accessories Show, Accessories Circuit, and Accessories Market Week	New York

11월

Los Angeles market (women's ready-to-wear)	Los Angeles

12월

Moda Prima (knitwear)	Milan
FFANY — Fashion Footwear Association of New York and National Shoe Fair	New York

남성복　남성복에 관한 국제적인 쇼인 The Salon International de l'Haillement Masculin(SIHM)은 매년 1월과 9월에 파리에서 열린다. 밀라노 남성복 디자이너 콜렉션 (Milan men's designer collection)과 Pitti Immagine Uomo 남성복 전시회가 매년 1월과 6월에 플로렌스에서 개최된다. 이 외에 여러 남성복 마켓이 런던에서 1월 또는 2월에 개최되고, 다시 8월 또는 9월에 개최된다. 현재 많은 디자이너 콜렉션과 패션 마켓은 남성복과 여성복을 혼합하여 실시하고 있다.

캐나다

센세이션 모드(Sensation Mode)가 주관하는 몬트리올 패션위크(Montreal Fashion Week, MFW)는 매년 3월과 10월에 개최된다. NSIA(액티브웨어, 신발, 액세사리)도 몬트리올에서 열린다. 세계 3대 모피와 가죽 박람회인 북아메리카 모피와 패션 박람회(NAFFEM)도 몬트리올에서 열린다.

CIMM(The Centre International de Mode Montreal, The Montreal International Fashion Center)도 연중 4회의 패션 위크를 개최한다.

The Fashion Design Council of Canada가 주관하는 토론토 패션 위크(Toroto Fashion Week)는 매년 3월과 10월에 디자이너들의 패션쇼를 지원한다. 온타리오 패션 행사 관리사 (The Ontario Fashion Exhibitor)는 토론토 국회 회관에서 여성복과 아동복을 거래하는 대형 트레이드쇼를 매년 2회 운영한다. 세계 주얼리 박람회(The Jewelry World Expo)는 매년 8월에 토론토에서 열리고, 액세서리 쇼(The Mode Accessories Show)는 토론토와 캘거리 (Calgary)에서 개최된다. 여성복 박람회(FashionNorth Womenswear Show)와 남성복 박람회(FashionNorth Menswear Show)는 토론토 국제센터(Toronto's International Center)에서 1년에 두 번 개최된다.

국내 마켓 (미국)

미국 내수 의류업체들을 위해 뉴욕 시, 캘리포니아와 다른 여러 지역에서 개최되는 마켓 주간이나 트레이드쇼는 미국 내 유통업체들의 바이어에게는 매우 중요한 도매시장이다.

뉴욕

뉴욕은 미국 패션 마켓의 중심지이다. 매년 콜렉션, 마켓 주간, 트레이드쇼를 참관하기 위해 뉴욕 시를 방문하는 어패럴 바이어는 23,000명 이상이다.

여성복 벤츠(Mercedes Benz)가 후원하는 **패션위크[7th on Sixth**(Seventh Avenue on Sixth Avenue)]가 주관하는 계절별 디자이너 콜렉션은 여성복 패션쇼로 브라이언 파크 (Bryant PARK)에 설치한 2개의 대형 텐트 안에서 이루어진다. 가을용 여성복 콜렉션은 2월에 소개되고, 봄 콜렉션은 9월에 공개된다.

디자이너에 따라서는 유럽에서의 쇼에 앞서 제품의 생산과 운송을 위해 일찍 행사하기를 원하는 경우도 있으며, 또 다른 디자이너들은 소재의 구매나 준비할 시간을 확보하기 위해 유럽 행사 이후에 국내용 패션쇼를 진행하기를 원하기도 한다. 열흘 동안 무려 60~80개의 쇼가 진행되므로 3개의 쇼가 같은 시간대에 개최되기도 하고, 바이어로서는 참석할 쇼를 선정하는 데에도 혼란스러울 정도이다. 유럽 디자이너들도 뉴욕의 패션쇼에 참여하는 경향을 보여 뉴욕 패션쇼는 더욱 붐비게 된다.

이 외에 **뉴욕 트레이드쇼**(New York Trade show)는 사회단체나 중개역할을 하는 회사들의 주관으로 뉴욕시의 호텔이나 컨벤션센터에서 마켓 주간 동안 이루어진다. 이들 주관회사에서는 쇼룸이나 부스를 미국과 세계 각처의 제조업체에게 임대해 준다. 주관회사가 트레이드쇼를 통해서 제조업체들이 자신의 제품들을 바이어에게 보여 줄 기회를 갖게 해 주는 것이다. 대형 그룹으로는 Fashion Coterie, Intermezzo, Solo Commerce, Femme, Designers & Agents, Moda Manhattan, AccessoriesTheShow, FAME, Workshop NY 등이 있다. 신진 디자이너를 위한 소규모 행사로는 MAO Space, Gen Art, South of Seventh, Designer Debut가 있다. 이 외의 소규모 호텔 행사로는 American International Designers, Designers at the Essex House, Atelier, Pacific Designer Collections가 있다.

트레이드쇼는 바이어에게 신상품을 보여 주는 제조업체의 신제품 공개 행사로 같은 시기에 개최되며, 보통 1년에 다섯 번 개최된다.

- 여름신상품 – 1월
- 초가을 신상품 – 2월 초
- 가을 2차 신상품 – 3월 말, 4월 초
- 새해 명절, 휴가철 신상품 – 8월
- 봄 신상품 – 11월

뉴욕의 벤츠가 후원하는 패션위크의 '7th on Sixth' 행사에서 보여 준 베라 왕의 하늘거리는 쉬폰 드레스
(출처 : VERA WANG)

아동복 아동복은 전통적으로 1년에 두 번 신상품을 공개하는 쇼를 개최하였지만 최근 아동복의 패션성이 중요시되면서 제품의 종류에 따라 1년에 3~4회 신상품을 공개한다. 예를 들어 아동용 드레스 제조업체들은 명절용과 봄 신상품을 공개하는 쇼를 가장 큰 행사로 치르는

반면, 캐주얼웨어 제조업체들은 신상품 공개 행사를 서너 계절에 실시하고, 트렌드를 중요시하는 7~14세용의 경우에는 거의 매달 신상품 공개 행사를 갖는 업체도 있다.

뉴욕에서 개최되는 국제 아동복 패션쇼(International Kids Fashion Show)를 통해 가을 패션은 3월에 공개되고, 봄 패션은 8월에 공개된다. 플로리다 아동복 업체 협회쇼(Florida Children's Guild Show)는 매년 9월 마이애미에서 개최된다. 하지만 대부분의 아동복 제조업체는 신상품 공개를 자사의 쇼룸에서 실시하는 수준에 머무르고 있다.

남성복　고급 테일러드 수트를 공개하는 디자이너 콜렉션 쇼는 1월 말에 가을 신상품을 공개하고 8월 말이나 9월 초에 봄 신상품을 공개한다. '7th on Sixth' 쇼에서도 매년 2월과 7월에 디자이너 남성복 콜렉션을 보여 준다. 의류제조자협회(Clothing Manufacturers Association, CMA)에서는 남성복 트레이드 기관으로 1월에 가을 신사용 정장 신제품을 소개하는 마켓 주간 행사를 갖고, 8월이나 9월에는 봄 신상품을 소개하는 행사를 갖는다. 세계적으로 캐주얼웨어 시장이 확대됨에 따라 내셔널 남성캐주얼웨어 바이어협회(National Association Men's Sportwear Buyer, NAMSB)에서는 1년에 네 번 쇼를 진행하고 있다. 1월에는 여름 상품이 소개되고, 3월이나 4월 초에는 가을 상품이 소개되고, 6월에는 명절이나 휴가철 상품이 소개되며, 10월에는 봄 신상품이 소개된다. NAMSB 쇼가 마감된 후에는 각 지역별로 쇼가 진행된다.

패션쇼와 쇼룸의 비교

디자이너 나르시소 로드리구르(Narciso Rodriguez)는 "패션쇼에서 쇼를 돋보이게 하는 것은 쉬운 일이나 마무리가 깔끔하고, 재단이 훌륭하게 제작된 새로운 스타일을 보여 주는 것은 어려운 일이다."라고 하였다.[2] 갈리아노(Galliano)나 맥킨(McQueen), 고티에(Gaultier)와 같은 디자이너들은 관객의 이목을 집중시키기 위해 과장된 작품을 패션쇼에서 보여 준다. 그러나 그들의 쇼룸(바이어들이 주문을 하러 방문하는 곳)에서는 판매용 상품들을 준비해 두고 있다. "충격 대비 상품(Shock versus Stock)"이라는 표현은 패션쇼와 쇼룸 사이의 전통적인 차이를 보여 주는 말이다.

쇼룸(showroom)은 제조업체의 판매 총괄책임자들이 리테일 바이어에게 샘플을 보여 주는 장소이다. 많은 제조업체들은 디자인 스튜디오 옆에 자리 잡은 회사의 신제품 전시장에서만 샘플을 공개한다. 디자이너들은 패션쇼에서는 많은 쇼 관람객의 관심을 끄는 작품을 보여 주며, 정작 판매할 수 있는 상품은 쇼룸에서 볼 수 있는 것이다. 쇼룸은 리테일 바이어에게 판매한 상품을 전시하는 최일선의 장소이며, 그곳에서 주문이 이루어진다.

디자이너 신제품 전시장에서는 제품들을 마네킹에 입힌 상태나 모델이 입을 상태로 보여 주며, 중간 가격이나 저가품 어패럴 업체의 신제품 전시장에서는 옷걸이에 걸어 놓은 상태로

전시되는 경향이 있다. 신제품 전시장에 전시된 제품들은 옷걸이 대에 걸어서 보여 주기도 하지만 전시 효과를 위해 아예 벽에 부착시키는 방법을 사용하기도 하고, 방문객이 편하게 앉을 수 있는 의자나 탁자를 비치하기도 한다. 신제품 전시장은 제품 라인을 계속적으로 공개하는 장소이다.

　뉴욕 시 맨해튼에서는 전통적으로 의류업체의 쇼룸들이 의류전문거리인 42번가와 33번가 사이에 브로드웨이와 7번가 주변에 밀집되어 있다. 이 지역은 흔히 말하는 '7번가(Seventh Avenue)'이다. 신제품 전시장들은 가격대나 제품군에 따라 구분된다. 이와 같이 가격이나 제품군에 따라 분류하는 것은 바이어들이 특정 카테고리나 가격대에 따라 특화되어 있기 때문에 모든 지역을 돌아다닐 필요 없이 편리하게 업무를 볼 수 있도록 한 것이다. 예를 들어, 7번가의 530과 550에 의치한 신제품 전시장들은 전통적으로 고급 디자이너 드레스 제품을 전문적으로 취급한다. 중간 가격대의 여성복을 취급하는 신제품 전시장은 대부분 브로드웨이에 위치해 있다. 란제리와 속옷 신제품 전시장은 메디슨 가(Madison Avenue)에 있고 아동복 신제품 전시장은 34번로나 6번가 사이나 33번로 6번가 사이에 있다. 1290가에 있는 큰 빌딩에는 남성복 내수업체 약 75% 정도의 신제품 전시장이 밀집해 있다. 엠파이어스테이트 빌딩에 있는 신제품 전시장들은 남성용 소품들을 판매한다.

그러나 이제 이 빌딩들의 쇼룸 전문 지역이라는 지역적인 특성은 점차 약해지고 있다. 임대료의 상승이나 더 넓은 공간에 대한 수요로 특정 지역에 있던 신제품 전시장들이 점차 다른 곳으로 옮겨지는 경향이 있다. 이 지역의 임대료가 상승함에 따라 광고회사나 인터넷 관련 회사들이 쇼룸이 있던 자리를 차지하는 경향이 보인다. 많은 패션 회사들이 다른 지역으로 옮겨 가는 추세를 보이며, 특히 맨해튼의 서쪽지역으로 옮겨 갔다.

가상쇼룸　인터넷 환경은 제조업체들에게 온라인 판매 기회를 제공한다. 예를 들어, Stylemart.com 사이트를 이용하여 디자이너나 제조업체들은 제품을 리테일러에게 공개할 수 있다. 디자이너나 제조업체들은 웹사이트에 바이어들이 실제 신제품 전시장에서 물품을 살펴보듯이 클로즈업시키거나 입체적으로 살펴볼 수 있는 기능을 제공한다. 인터넷 신제품 전시장은 전 세계의 리테일러들이 언제든지 접속해서 사업관계를 이룰 수 있다는 것이 가장 큰 장점이다.

전국 규모의 트레이드쇼

캘리포니아 남성복조합의 MAGIC(Men's APPAREL guild in California)쇼는 지역 규모로 시작했지만 전국적인 규모로 성장한 트레이드쇼이다. MAGIC쇼는 세계에서 가장 큰 남성복 트레이드쇼로 3,500업체가 참여하고 8만 명 이상의 바이어가 참가하는 국제 규모의 행사이다. 또한 흥미로운 점은 MAGIC쇼가 더 이상 캘리포니아에서 개최되지 않고, 상설 마트로 형성되지도 않는다는 것이다. MAGIC쇼는 남성복뿐만 아니라 아동복, 젊은이를 위한 패션을 공

MAGIC에 참가한 기업들의 쇼룸 모습 (출처 : MEN'S APPAREL GUILD IN CALIFORNIA)

개하는 마켓과 WWD(Women's Wear Daily)와 함께 공동으로 여성복 마트까지 포함시켜 총 4개의 마켓이 동시에 개장된다.

라스베이거스에서 개최되는 컨템퍼러리 패션 트레이드쇼인 프로젝트(Project)는 약 600개의 남성복, 여성복, 아동복, 액세서리 업종의 벤더들이 참여하며, 새로운 업체들과 신규 브랜드들이 참여한다는 특징이 있다.

세계에서 가장 규모가 큰 스포츠용품 트레이드 슈퍼쇼(Super show)는 매년 2월에 개최되며, 네바다(Nevada) 주의 라스베이거스(Las Vegas)와 플로리다(Florida) 주의 올란도(Orlando)에서 개최된다.

지역 마켓 센터

지역 마켓은 뉴욕 트레이드쇼와 마켓 주간 행사에 뒤이어 열린다. 이러한 지역 마켓들은 초기에는 제조업체가 모인 센터를 중심으로 시작되었다. 뉴욕 쇼에 참석할 경비나 여유가 없는 패션 전문점이나 지역의 소규모 상점주들을 위해서 각 지역에서 열린다. 많은 지역 마켓들은 각기 전문성을 가지고 있다.

많은 도시에는 **마트(marts)**라고 불리는 쇼룸들을 갖춘 대형 빌딩이 지어져 있다. 쇼룸들은 제조업체의 판매 대행 업체가 장기간 임대하여 사용하거나 임시로 마켓이 형성되는 동안 임대해 주기도 한다. 마트 내에는 바이어의 편의를 위해 카테고리별로 신제품 전시장이 지정된다. 예를 들어, 남성용 단품이나 잡화를 한 개 층에 주고, 여성용 란제리는 또 다른 층에 배열하는 식이다.

이러한 모든 지역적인 패션 마트들은 연중 많은 행사들을 개최하고 있다. 예를 들어, 마켓 주간, 패션쇼와 비주얼 머천다이징, 매니지먼트, 패션쇼 기획과 같은 테마의 교육 세미나도 시행하고 있다. 부대시설로는 레스토랑, 강연회장, 호텔, 미장원, 헬스클럽, 프린팅 서비스와 포장센터들도 갖추고 있다. 리테일러들의 관심을 끌고, 비즈니스를 활성화시키는 방안으로 지역 마트들이 공격적인 전략을 펼치기도 한다. 여성용의류, 남성용의류, 아동용의류와 액세서리 마켓을 함께 여는 **메가마트(megamarts)**를 새롭게 제공함으로써 바이어들이 여행 비용을 줄이면서 효율적으로 업무를 수행할 수 있는 방안을 내놓는다. 이 외에도 무료나 할인 호텔을 제공하는 비행기 티켓이나 특수한 수요를 겨냥한 특수 이벤트도 제공한다. 주요 지역 마켓 센터는 다음과 같다.

로스앤젤레스 — 로스앤젤레스는 미국에서 두 번째로 큰 패션 마켓 센터가 되었고, 주니어와 컨템퍼러리한 스타일을 주로 다루는 캘리포니아 지역 디자이너들의 신제품 전시장으로 활용되고 있다. 캘리포니아의 의류회사들은 주요 전문 유통점을 대상으로 하는 PB브랜드 상품을 개발한다. New Mart, Cooper Design Space, Gerry Building, California Market

Center의 4개 지역 마트는 공동으로 홍보활동을 하고 있다.

달라스 — 의류와 액세서리 쇼룸들이 최근 재구성되고 있다. 이들은 달라스 세계무역센터에 있는 Fashion Center Dallas와 Historic Mercantile빌딩에 있는 Fashion District Dallas이다. 달라스 마트는 이브닝 드레스, 웨딩드레스, 웨스턴 패션 상품으로 특히 유명하다. 달라스 시는 10월에 열리는 Dallas Fashion Awards 행사를 후원하고 있다.

시카고 — 1977년 오픈한 Chicago Merchandise Mart는 미국 중서부를 대표하는 지역마트로 장기 임대 쇼룸과 Pavilion Suit라는 임시 임대 쇼룸을 운영하고 있다. 많은 캐나다 의류 상품들이 Chicago Merchandise Mart에 소개된다. 시카고 마트에서는 전시용 스타일 의류를 보여 주는 StyleMax라는 쇼를 3월과 10월에 열고 있으며 6월에는 'urbanwear'라는 마켓을 연다.

애틀랜타 — 남동 지역을 대표하는 아메리카스마트(AmericasMart)는 1979년 개장하였다. 아메리카스마트는 바이어들의 편이를 위해 머천다이즈 관련 선물 마트로 크로스 마케팅을 제공하고 있다. 최근에는 더 낮은 연령층을 위해서 새롭게 리모델링하였다. 아메리카스마트에서는 1년에 두 번 Premier Show를 진행한다.

마이애미 — 1968년 개장한 마이애미 인터내셔널 머천다이즈 마트는 지역의 지정학적 특성으로 아메리카스마트의 도매시장 역할을 하고 있고, 많은 남미와 캐러비안 바이어들이 참여하는 16개의 트레이드 마켓을 매년 개장하고 있다. Swimwear Association of Florida는 수영복 쇼를 열고 있다. 마이애미 패션위크의 프로듀서인 Sobol Fashion Production은 멀티 컬쳐 라이프스타일을 보여 주는 "City Style"을 론칭하였다.

기타 지역 마트로는 콜로라도 주의 Denver Merchandise Mart, 노스캐롤라이 주 샬롯(Charlotte)의 Carolina Trade Mart, 플로리다의 Miami Merchandise Mart, 매사추세스 주 워번(Woburn)의 Northeast Trade Center, 미네소타 주 미네아폴리스(Mineapolis)의 Radisson Center, 미주리 주 캔사스 시(Kansas City)의 Trade Center가 있다.

마케팅 지원 전략

제조업체들은 일반 소비자에게 광고를 하거나 리테일 바이어와 일반 소비자들에게 자사의 상품을 알리기 위한 활동을 한다.

효과적인 마케팅 수행 여부는 의류업체의 성공과 실패를 좌우하기도 한다. 비록 **마케팅(mar-keting)**이라는 용어가 제품을 제조하고 판매하는 전체 프로세스를 의미하기는 하지만, 여기에서는 광고나 홍보 등 브랜드 명을 일반 소비자에게 알리고, 판매를 촉진시키기 위한 활동으로 제한하여 설명하고자 한다. 마케팅 전략은 세계 각 지역의 독특한 관습이나 스타일, 취향에 따라 적응하여 수행된다. 국제적인 활동을 하는 업체들은 유럽이나 아시아, 미국에 각각 적합한 마케팅 캠페인을 활용한다.

콜렉션과 마켓 주간

디자이너 제조업체들은 콜렉션이나 마켓 오프닝에 관한 복잡하고 많은 일들을 도와주고 관장해 줄 홍보 전문회사를 고용하거나 언론 담당 부서를 두거나 교역 협회를 활용하기도 한다. 대규모의 콜렉션에서는 초청장을 전 세계의 저널리스트와 제조업체나 디자이너의 단골고객에게 보낸다. 초청장에는 쇼에서 보일 모델들의 명단도 함께 알린다. 새로운 제품들을 선보이는 쇼와 마켓 주간이 마감되면, 보도 자료(Dossier, Press Kit)가 작성되어 각 저널리스트에게 보내진다. 보도자료에는 콜렉션을 대표하는 제품의 사진이 첨부되며, 콜렉션에 대한 비평이 포함되며, 디자이너의 양력도 첨부된다. 이 기간에는 바이어들이 일일이 기억하기 어려울 만큼 많은 물량이 공개되므로 바이어의 관심을 집중시키기 위해 독특한 초청장이나 기념품을 제공하기도 한다. 제조회사의 이름이 새겨진 티

엘리 사브의 콜렉션 홍보용 보도자료 사 (출처 : ELIE SAAB AND DENTE & CRISTINA ASSOCIATES, INC.)

셔츠나 쇼핑백과 같은 홍보용 물품들을 나누어 줌으로써 광고효과를 더하기도 한다. 배포한 물품을 참관인이 가지고 다니는 것만으로도 걸어다니는 광고물이 되는 셈이다. 연예인과 같은 축하객들을 고용해서 맨 앞자리에 좌석을 배치함으로써 언론의 관심을 집중시키기도 한다.

　대규모의 디자이너 패션쇼를 위해서는 많은 경비가 소요된다. 바이어와 언론에 한 시즌의 콜렉션을 공개하는 데만 적어도 20만 달러가 소요된다. 일반적인 경비 사용내역으로는 일일 모델사용료 20명분, 조명, 무대 디자인, 비디오 촬영, 액세서리, 장비대여료, 헤어스타일리스트, 음악, 메이크업 아티스트의 고용 비용 외에도 초청장 인쇄 및 발송 비용이 사용된다. 결국 이러한 비용 부담으로 디자이너에 따라서는 패션쇼의 규모를 축소하거나, 자체적으로

소유하고 있는 신제품 전시장을 사용하는 경향도 있다.

스타일리스트   스타일리스트는 패션 산업에서 가장 중요한 역할을 하는 직업이다. 스타일은 콜렉션 발표의 전체적인 룩을 결정하는 역할을 한다. 스타일리스트의 주관적인 관점은 디자이너가 콜렉션을 편집하는 데 도움이 되며, 액세서리의 코디네이팅을 포함해서 어떤 작품을 쇼에 올릴지를 결정하기도 한다. 경우에 따라서는 쇼에서 보여 줄 작품을 전체적으로 코디네이팅하거나 편집용 사진을 결정하기도 한다.

홍 보

홍보(publicity)는 제품, 정책, 인물, 활동, 서비스에 관해서 일반인에게 정보를 제공하는 것이다. 패션업체들은 회사 내에 홍보 담당 직원을 두거나, 컨설턴트, 에이전시를 이용해서 홍보자료를 만들고, TV, 잡지, 신문에 보도되는 제품 홍보에 관한 사항들을 수집하여 편집한다. 언론사나 TV의 패션담당 편집자들은 제조업체에서 보내온 사진이나 정보로부터 홍보자료를 선택한다. 비록 대중 홍보물을 제작할 때는 제조업체에서 비용을 부담하지만, 기사를 통한 홍보에 비용을 부담할 필요는 없다. 많은 소규모 업체들은 일반적인 대중적인 미디어 매체에는 접근이 어려우므로 개별적인 블로그를 이용하여 홍보하기도 한다. 광고업자들은 편집되는 홍보에 더 중요도를 둔다. 디자이너인 마이클 코스(Michael Kors)는 잡지의 신제품 편집 뉴스가 중요한 이유에 대해서 다음과 같이 말한다. "광고는 제품(업체)의 이미지를 만드는 데 사용될 뿐이고, 제품의 가치를 더해 주고 인증을 해 주고 판매율을 높이는 일은 잡지의 신제품 편집 뉴스에 의해 이루어진다."[3]

텔레비전과 영화   텔레비전의 패션 프로그램들도 패션 제품들을 홍보하는 수단이 된다. 오락프로그램 중심의 채널들, CNN 방송의 "E! Enterainment's Style"이나 MTV의 "House of Style" 프로그램은 디자이너나 브랜드에 대한 무료 홍보기회를 제공하고 있다. 영화인의 아카데미 시상식은 이미 세계에서 가장 큰 패션쇼로 자리 잡았다.

많은 업체들은 가장 인기 있는 TV쇼나 프로그램, 영화에 자신들의 제품을 협찬하고자 경쟁이 치열하다. 기업의 표적고객에게 제품을 알리기 위해 가장 적합한 연예인이나 프로그램을 선택하여 제품을 협찬하기도 하며, 가장 인기가 좋은 연예인에게 의상이나 액세서리를 협찬한다.

연예인과 홍보 효과   디자이너 콜렉션에 연예인 모델을 동원하는 일은 대중의 관심을 끌기에 충분하다. 조르지오 아르마니가 연예인의 시상식이나 대중적인 행사에 입을 옷을 협찬하기 시작한 이후로 스타급 연예인에게 자사의 옷을 입히려는 경쟁이 매우 극심하다. 과거에는 여배우에게 많은 디자이너 의상이 제공되었고, 마지막 순간까지 어떤 옷을 입을지 결정을 내리지 않기도 하였다. 이러한 관행에 따른 경비 지출, 실망감 등을 극복하기 위해 시스템이 바뀌었다. 이제 디자이너와 연예계 스타가 협약에 의해 특정 디자이너의 의상을 착용하고 있다. 연예인이 시상식에서 협약한 디자이너의 의상을 착용함으로써 디자이너의 홍보역할을 담당하도록 고용되는 현상이 일반적이다.

광 고

광고(advertising)는 제조사의 제품을 구매할 만한 잠재고객의 관심을 이끌어 내기 위해 일정한 금액을 지불해서 계획과 시나리오와 연출과 스케줄링을 거쳐 제작되는 것이다. 광고를 제작하기 위해서는 회사 내 조직을 활용하기도 하지만 외부 에이전트나 컨설턴트에 용역을 주기도 한다. 대규모의 의상, 스타킹업체나 구두업체들은 브랜드 광고를 전 세계와 전국을 무대로 실시한다. 대체로 광고 예산은 전체 사업예산의 2~4%를 차지한다. 갭(GAP), 나이키(Nike), 폴로 랄프 로렌(Polo Ralph Lauren), 리바이스(Levi Strauss & Co.)는 광고에 가장 큰 비용을 사용하는 브랜드이다.

광고 매체　제조업체들은 목표 시장의 접근을 위해 교역 매체를 사용하거나 소비자 매체를 사용한다. 매체 바이어들은 너무나 많은 방법 중에서 선택할 것을 요구받는다. 예를 들어 실외 광고 매체로는 도로 옆에 세워진 대형 입간판, 벽면 페인팅, 버스 광고, 버스 정류장의 대기장소, 택시, 공중전화 부스 등 많은 매체가 있다. 실외 광고 매체나 라디오나 TV나 인터넷을 통한 광고 외에도 특정 행사의 스폰서 역할을 하면서 광고하기도 한다.

막스 마라(Max Mara)의 광고
(출처 : DENTE & CRISTINA ASSOCIATES, INC.)

일반적으로 광고는 여러 가지 매체를 다양하게 사용한다. 토미 힐피거(Tommy Hilfiger Corp.)의 피터 코놀리(Peter Connolly) 마케팅 담당 부회장은 모든 사람들이 잡지만 구독한다든지 TV만 시청한다든지, 실외광고 간판만을 보는 것이 아니기 때문에 가능한 한 다양한 광고 매체를 사용하는 것이 바람직하다고 충고한다.[4] 만약 신규 브랜드를 빨리 대중에게 알리고 싶다면 실외 간판을 사용하기를 원할 수 있다. 기존의 비즈니스를 다시 알리는 것이라면 사용도가 높은 패션에 관한 책을 이용할 수도 있다. 그런 책에서는 해당 브랜드 자체가 광고 효과를 보는 것과 같은 중요도가 있다. 브랜드 이름의 인지도를 얻기 위해 비즈니스용 잡지와 소비자용 잡지 모두 4~26페이지에 달하는 광고를 싣고 있는데, 이러한 수단을 통해 광고업자들은 소비자에게 끊임없이 광고를 퍼붓는다. 광고업자들은 가장 효과가 좋은 위치와 행사를 알리는 기사 옆 위치에 광고를 실으려고 한다.

제조업체에게 텔레비전은 광고 매체로서의 중요성이 매우 높게 인식되고 있다. 또한 많은 카탈로그나 인터넷 웹사이트들이 단지 광고의 목적으로만 제작되는 경향도 있다. 예를 들어 토미 힐피거사는 '더 하우스파티(The Houesparty)'라는 10대 대상 연속극을 웹상에 올려서 광고 도구로 활용하고 있다. 또한 잡지 판매 시 사은품으로 광고용 CD를 끼워 주거나 디자이너 인터뷰나 제품을 여러 가지 각도에서 세밀하게 볼 수 있는 기회를 제공하는 방식의 흥미 위주 프로그램을 제작한다.

이미지 광고 디자이너나 제조업체들은 브랜드나 디자이너의 이름을 소비자들이 인식할 수 있도록 이미지 광고를 사용하기도 한다. 이미지 광고(image advertising)는 제품이 추구하는 가치관이나 브랜드의 특성을 소비자들에게 이미지로 광고하는 방식이다. 이 경우 제품 자체는 브랜드 이미지를 새기는 데 부산물처럼 사용된다. 이미지 광고의 목적은 먼저 소비자들이 심리적, 감정적으로 이미지 광고가 주는 라이프스타일을 흠모하게 하여 제품을 소비하게끔 유도하는 것이다. 이제 시장에는 너무나 많은 브랜드들이 넘쳐나므로 마케터들은 경쟁 브랜드보다는 자신들의 브랜드를 선택할 수 있도록 소비자들을 감동시킬 수 있는 무언가를 찾고 있다. 가장 성공적인 광고는 소비자를 감동시키는 광고이다. 소비자의 감성을 움직이는 수단으로 가장 많이 사용되는 것이 이미지를 볼 수 있도록 만드는 것이다.

최근에는 광고가 다양한 연령층을 대상으로 어필하는 경향을 보인다. 예를 들어 엘렌 피셔(Eileen Fisher)나 랄프 로렌, 도나 카란, 갭(GAP)은 폭넓은 고객층을 형성하기 위해 다양한 연령의 모델을 사용하고 있다.

마케터들은 소비자의 관심을 받기 위해 색다른 방법을 사용한다. 역설적이라든가, 유머러스한 방식이나, 축하하는 분위기나, 섹시함, 쇼킹함을 사용하여 주의를 끌려고 한다. 브랜드마다 독특한 이미지로 인식이 되고 있다. 예를 들어, 캘빈 클라인(Calvin Klein)은 히피를 연상시키고, 랄프 로렌은 부유함, 토미 힐피거는 미국식 애플파이, DKNY는 도회적 세련됨,

디젤(Diesel)은 과장됨(outrageous), 베네통은 극과 극을 대립시키는 이미지를 연상시킨다.[5] 대규모 패션업체들은 연간 수백만 달러를 이미지 광고에 쏟아 붓고 있다.

연예인 모델을 이용한 광고　의류업체의 이미지를 형성하기 위해 센존(St. John) 브랜드의 안젤리나 졸리(Angelina Jolie), 갭(GAP)의 사라 제시카 파커(Sarah Jessica Parker)와 같은 연예인 모델을 사용하는 데 많은 비용을 지불한다. 연예인 모델들은 일회성으로 계약하기로 하고 수년간 고정적인 계약을 하기도 한다. 브랜드의 표적고객에 어필할 수 있는 연예인이 모델로 선정된다. 연예인이 해당 브랜드 콜렉션을 착용한 사진은 홍보 광고나 포스터, 잡지 광고 등에 사용된다. 수영복이나 스포츠웨어 모델로는 스포츠 스타를 사용하기도 한다. 예를 들어 스피도(Speedo)사는 수영, 다이빙, 철인 3종의 올림픽 메달리스트들을 후원한다. 해당 사의 카탈로그에도 스포츠 스타들이 모델로 사용된다.

특정 아이템 광고　특정 제품을 대표적으로 광고하기를 원하는 경우 콜렉션에서 가장 우수한 스타일을 선택해서 광고 사진으로 사용한다. 특정 아이템을 광고에 활용하는 방식은 직접적인 판매율에 미치는 영향을 눈으로 확인할 수 있다. 예를 들어 다나 부크만(Dana Buchman) 브랜드는 1년에 2개의 제품을 대표적으로 광고하는 방식을 사용한다.

　그러나 패션의 변화가 너무 빠르고 새로운 특정 스타일을 전국적인 규모의 미디어 홍보용으로 광고 사진을 배포하는 일이 불가능하기도 하다. 또한 모든 매장이 모두 동일한 스타일을 취급하지는 않으므로 특정 스타일을 홍보용으로 촬영해서 모든 매장에 공급하는 것이 불가능하기도 하다.

협동광고　많은 제조업체들은 원단업체나 유통업체와 함께 브랜드의 이름을 소비자들에게 알리는 합동광고를 한다. 제조업체와 유통업체가 제품 광고 비용을 분담하기도 하고, 직물을 사용한 스타일에 대해 직물 원단업체가 광고 비용의 일부를 부담하기도 한다. 원단업체와 의류 제조업체가 협동광고를 하는 경우 유통업체에게 광고 비용의 50%를 지급하기도 한다. 협동광고의 경우 참여하는 브랜드나 유통업체의 이름이나 로고 등이 나타나도록 광고한다.

유통업체를 대상으로 한 기타 마케팅　제조업체들은 가끔 유통업체에 광고나 홍보를 하기도 한다. 각 제조업체들은 판매와 홍보를 위한 도구를 개발하기 위해 끊임없이 노력하고 있다. 제조업체가 자사 제품을 구매하는 점포들에게 제공하는 서비스는 다음과 같다.

디자이너 방문　많은 디자이너들은 일반 대중의 관심을 끌기 위해 소매점포에 개인적인 방문 서비스를 제공하기도 한다. 이런 행사는 대부분 패션쇼나 대화의 시간과 더불어 간단한 다과 회와 함께 이루어진다.

디자이너 트렁크쇼　이 방식은 개인적인 방문과 비슷한 성격이다. 그러나 이 경우 디자이너

는 일부분이 아닌 전체 콜렉션을 가지고 와서 보여 주는 행사이다. 트렁크쇼는 그만큼 준비
에 많은 노력이 필요한 작업이지만 바이어에 의해 콜렉션이 편집되지 않기 때문에 행사효과
가 매우 큰 방식이다. 이 방식은 쇼가 끝난 후 고객이 자신의 사이즈 의류를 직업 주문하는 방
식이므로 직접적인 거래가 이루어지는 장점을 가지고 있다. 전국적인 광고를 할 수 없는 소
규모 제조업체의 경우 이 방식은 매우 이윤이 높은 마케팅 방식이다. 특히 맞춤 의류업체의
경우 이 방식을 사용하여 스토어에서 쇼를 마친 후 가봉할 시간을 예약해 두기도 한다.

매장 방문 행사   많은 제조업체들은 판매원이나 소비자들에게 제품에 대해 좀 더 상세하게
설명하는 것이 판매에 도움이 된다는 것을 경험하게 되면서, 디자이너가 제조업체의 제품 홍
보자들이 스토어를 방문해서 판매원과 고객을 대상으로 슬라이드 쇼나 대화의 시간을 갖기
도 하고, 착용법 등에 대한 시연회를 갖기도 한다.

비디오   판매기술이나 단품들을 코디네이션하는 방법을 보여 주고 교육시키는 비디오도 제
공된다. 맞춤복 제조업체들은 단골고객에게 비디오를 보내기도 한다. 스토어에서는 패션쇼
를 담은 비디오를 틀어 놓기도 한다. 액세서리 업체들은 모자 착용법이나 스카프 연출법을 보
여 주는 비디오테이프를 스토어에 틀어 놓도록 해서 고객에게 이런 내용을 보여 주기도 한다.

이미지 책자   소책자는 콜렉션의 샘플을 보여 주는 미니 카탈로그이다. 소책자는 리테일러나

언론사, 고객들에게 발송된다. 예를 들어 다나 부크만은 고객과 판매원들에게 제품을 소개하고, 제품들의 코디네이션을 보여 주기 위한 책자(룩북, look-book)를 배부한다. 발송되는 책자의 크기나 발송 부수에 따라 차이는 있지만, 5,000부에서 250,000부가 발송되고 여기에 소요되는 액수는 4만 달러에서 10만 달러 정도이다.

디스플레이 장비 스토어의 디스플레이 효과를 높이기 위해 디스플레이 장비를 제공하는 제조업체들도 있다. 예를 들어, 엘렌 트레이시(Ellen Tracy)는 마네킹이나 사인과 같은 디스플레이 장비[매력 증대 패키지(enhancement package)]를 상점에 제공하기도 한다.

라디오나 TV광고 제조업체들은 라디오나 TV광고를 통해 제조업체의 제품을 광고하기도 한다. 이러한 광고는 각 지방의 사정에 맞추어 조정된다.

사진 광고 제품영상을 담은 사진을 광고에 사용하도록 스토어에 제공하기도 한다. 맞춤복 업체들은 단골고객에게 사진이나 스케치, 스와치 등을 보낸다.

소형 우편물 광고 제품의 사진이 실린 카탈로그의 한 페이지와 같은 소형 우편물을 소비자에게 보낼 수 있도록 준비하여 소매업체에 제공함으로써, 소비자들이 매달 받는 우편물에 동봉하여 보내게 된다.

행택 의류제품에 붙이는 품질 표시 행택(hangtags)을 비롯한 포장방법을 브랜드나 디자이너의 이미지를 표현할 수 있도록 일정하게 유지시켜 줄 것을 제조업체가 백화점이나 유통업체에 요구하기도 한다.

패션홍보협회

1931년도에 창설된 국제패션그룹(Fashion Group International)은 패션 산업의 후견단체로서 초기에는 패션 산업을 홍보하고 교육을 목적으로 활동하였다. 국제패션그룹에 가입된 기관은 미국 33개 도시지역 총회의 6,000개 회관 외에 외국 회원국도 9개가 등록되어 있다. 패션그룹의 프로그램에는 콜렉션의 슬라이드 쇼와 산업의 대표자들의 강연 등을 포함하고 있으며, 유방암 퇴치나 "Rising Star Awards"와 같은 활동을 위한 기금 모금도 포함하고 있다.

패션상 시상 일반인들의 흥미와 관심을 불러 모으는 효과를 위해 패션 시상식들이 여러 단체들에 의해 실시된다. 미국 패션디자이너협회는 최소한 4개 부분의 시상식을 매년 실시한다. 남성복, 여성복, 액세서리와 신진 디자이너를 위한 페리엘리스(Perry Ellis) 상이다. 수상자는 소매업자들과 패션편집인으로 구성된 위원회에서 선정한다. CFDA의 또 다른 활동으로는 에이즈(AIDS) 퇴치기금 마련을 위한 "7th on Sale"과 같은 행사도 있다.

CFDA로부터 올해의 여성복 디자이너상을 수상한 오스카 드 라 렌타와 올해의 국제디자이너상을 수상한 장 폴 고티에
(출처 : COUNCIL OF FASHION DESIGNERS OF AMERICA, 사진촬영 : DAN LECCA)

1976년 시작된 달라스 패션상은 역량 있는 미국 디자이너를 발굴하는 것으로 유명한 지방 단체의 상이다. 여러 부문에서 3명의 디자이너들이 추천되며, 전국의 소매상들이 우편으로 투표하여 최종 수상자를 결정한다.

유통업체들을 대상으로 한 판매

판매 총괄책임자들은 유통업체들을 대상으로 패션제품을 판매하는 활동을 한다.

제조업체와 유통업체의 관계에 있어 제조업체는 벤더(vendor)로 불리기도 한다. 판매 총괄
책임자와 벤더 판매관리팀은 유통업체들을 대상으로 디자인과 제품의 컨셉에 대해 의견을
나눈다. 판매팀은 각각의 유통업체가 독특한 제품 구색을 갖출 수 있도록 개별적인 맞춤형으
로 제품 제공을 마련해 준다(맞춤형 어소트먼트). 벤더들은 점포의 이미지, 고객층, 수요를
감안하여 제조업체의 제품 중 어떤 제품을 구비하는 것이 좋은지 추천을 한다.

소매점에서 패션 제품을 판매하는 두 가지 기본적인 방법은 협력적 판매방식과 제조판매
총괄책임자를 통한 방식이다.

협력적 판매방식

디자이너 브랜드나 대규모 제조업체들을 포함한 대부분의 대규모 벤더들은 이제 더 이상 판
매 총괄책임자를 활용하지 않는다. 대형 판매점의 체인에 패션제품을 유통시키는 것은 매우
복잡해졌으며, 대량 판매의 중요성이 커짐에 따라 이제는 '회사 대 회사'의 차원에서 판매가
이루어진다. 마케팅 담당 부서는 제품의 품질을 일정하게 유지하는 것에도 관여하면서 유통
업체와 좋은 관계를 유지하도록 업무처리를 한다. 따라서 제조업체와 유통업체들은 보다 나
은 사업 발전을 위해 상호 협조하는 파트너십을 이루도록 노력하고 있다.

판매 총괄책임자 방식

아직도 업체에 따라서는 제품 구매를 위해 뉴욕까지 출장을 올 시간적, 재정적 여유가 없는
전문점들의 수요를 채우기 위해 판매 총괄책임자를 고용한다. 판매 총괄책임자들은 소매업
자가 최종적으로 구매한 제품의 판매대금의 5~10%에 해당하는 수수료를 받거나 봉급을 받
는다. 대부분의 판매 총괄책임자는 신제품 전시장 임대 경비나 출장 경비, 판매에 소요되는
경비를 본인이 받는 수수료에서 지출하며, 여기에 소요되는 금액은 수수료의 최고 1/3 정도
이다. 자유계약 판매 총괄책임자들은 다양한 경쟁력이 있는 소량의 제품들은 주로 취급한다.

마켓 주간 행사를 후원하는 협회들에 속한 판매 총괄책임자들도 있다. 제조업체가 신제품
을 공개한 후에는 판매 총괄책임자들이 제품 샘플을 받아서 자신에게 할당된 지역에 속한 도
시나 지역들을 찾아다니며 소규모의 마켓 주간 행사를 열기도 한다. 판매 총괄책임자들은 그
지역의 중심 상권에 있는 신제품 전시장이나 호텔의 전시실을 임대하여 행사를 주관하여 근
처의 소매상들이 전시에 참석하여 주문하도록 한다. 지역의 바이어들은 신제품 라인을 파악

하기 위해 여기저기 돌아다닐 시간이 없으므로 바이어의 새로운 거래를 성사시키거나 신제품을 소개하기 위해서는 이러한 행사가 필요하다.

판매 인센티브 제공 방식

유통업체들이 원하는 제조업체는 매 시즌 일정한 스타일 수준을 유지하고 품질도 일정하게 유지하여 신뢰를 주는 업체이다. 소매업체가 제조업체에게 바라는 점은 다음과 같다.

- 지속적으로 유지되는 품질 (품질 수준에 대한 신뢰)
- 스타일의 연계성 (주문한 스타일을 안정적으로 생산하여 공급할 것이라는 믿음)
- 정시 물품 도착 (바이어의 주문이 늦어지더라도 원하는 시점에 정확하게 주문품이 도착함)
- 가치 있는 제품의 제공에 대한 신뢰
- 재주문 가능 (재주문 물량에 대해서도 추가 제조가 가능함)

그러나 유통업체의 이와 같은 요구 외에 유통업무를 전적으로 자체적으로 운영·관리할 수 있는 유통업체의 수가 점점 줄어 감에 따라 유통업체들은 공급업체에게 가격 할인이나 광고, 홍보에 대해서 일정 부분 책임을 질 것을 요구하기도 한다. 따라서 소규모 제조업체들은

달라스 마켓에서 판매 대행업자가 바이어에게 제품을 소개하고 있는 모습
(출처 : DALLAS MARKET CENTER)

이윤을 더 감소시키는 결과를 가져오는 소매업체의 많은 요구들을 수용하면서 다른 업체들과 경쟁해 나가는 데 많은 어려움을 겪게 된다. 유통업체들이 일정 수준의 이윤을 확보할 수 있도록 제조업체들이 유통업체에게 제공하거나 유통업체들이 요구하는 사항들은 다음과 같다.

- 인센티브 가격제 (이윤을 확대시키기 위한 방편)
- 가격 인하 요구 또는 홍보용 물품 제공 (낮은 가격대로 특가 상품을 제공해 줄 것을 요구함)
- 외상거래
- 할인가 판매 상품에 대한 할인 비용 일부분의 외상거래
- 교환 또는 반품 수용 (유통업체가 다 판매하지 못한 상품에 대해 제조업체가 반품을 받아 주거나 다음 구매에서 손실 금액을 환급해 주기를 바람)
- 정시 결제에 대한 8% 할인 요구 (입금이 늦어지더라도 요구하기도 함)
- 티켓팅, 포장, 운송의 규약을 위반했을 때 벌금 부과
- 제조업체와 광고비 분담 (협동 광고)
- 매장에서의 디자이너 트렁크쇼나 고객 상담, 소책자 발급의 홍보 후원
- 재주문 업무 보조(EDI)를 이용해 재주문이 가능하도록 시스템을 제공하거나 직접 재주문을 받아 가도록 함
- 머천다이징 업무 협조
- 고객 서비스 업무 협조

주 문

전자데이터교환(EDI)은 소매점의 구매 주문을 공급업자에게 자동적으로 연계시켜 주는 정보 처리 방식이다. 전 세계 어디에서든지 전화나 컴퓨터 네트워크를 통해 주문이 이루어지고 있다. 재고관리시스템(Inventory Management System, IMS)은 물품을 분류하고 갖추어 놓도록 물품정보를 정리함으로써 주문한 상품이 언제 소비자에게 배송되어야 하는지, 구매를 원하는 물품의 재고가 있는지 바로 파악할 수 있도록 해 준다.

고객 서비스   컴퓨터 정보기술은 자동으로 판매 영수증을 발급하고 재주문 처리와 유통업체를 위해 사전에 처리하는 판매원 티켓팅, 판매점 박스마킹과 같은 고객 서비스 부서 업무를 처리하는 데 활용된다. 정확한 정보를 입력하면 IMS 시스템은 운송 상태를 추적하고, 재고 기록을 자동으로 변경하는 데 사용된다. 제조업체들 중에는 전국 각처에서 실시간 재고관리 시스템을 이용해서 판매상황을 제품이 판매된 후 몇 분 안에 파악한다. 이러한 시스템을 활용하여 판매 경향을 계속적으로 파악하게 되고, 판매 경향을 반영하여 생산 계획을 맞추어 변경한다. 고객 서비스를 관리자들은 주문 특성을 파악하고, 리테일러들의 의견을 수집하여 소비자의 만족도를 높이는 방안을 실행하게 된다.

머천다이징 총괄책임자 많은 제조업체들은 대부분의 상점주들이 판매직원들을 제대로 교육시켜 판매를 하지 않는다고 생각하기 때문에 판매 현장에서 전문적으로 컨설팅을 할 관리자를 고용한다. 머천다이징 총괄책임자들은 단독적으로 대규모 유통업체에서 작업하기도 하지만 규모가 작은 상점들을 관리하기 위해서는 지역을 단위로 묶어서 관리하는 방안도 사용되고 있다. 이러한 직종을 엘렌 트레이시사의 경우는 '리테일 머천다이저'라고 하며, 로드리(Laundry)사는 '판매 전문가'라고 부른다. 이들이 하는 주요 업무는 상점에 제품의 재고관리와 디스플레이 상태를 체크하는 것이다. 또한 제품을 어떻게 착용하고, 치장할 수 있는지 소비자나 판매직원들을 대상으로 교육하기도 한다. 이들의 주요임무는 회사의 제품들이 경쟁사 제품에 비해 소비자로부터 어떤 반응을 얻고 있는지 업체에 시장의 반응을 전달해 주는 것이다. 이러한 컨설턴트를 관리하는 비용은 상당하지만 이들의 활동이 정상가 판매율을 높이고 판매 총액을 증가시키는 데 기여하고 있다.

판매 분석가 시즌이 마감되는 시점에 머천다이저와 판매 관리자들은 IMS의 기록을 분석하여 판매액과 이윤을 비교함으로써 계획했던 사업 목표가 달성되었는지 분석한다. IMS의 기록은 머천다이저나 디자이너들에게 어떤 색상과 스타일, 소재, 가격대의 제품이 가장 잘 판매되었는지에 관한 정보를 제공함으로써 다음 시즌의 제품을 구성하는 데 활용된다.

제조업체와 유통업체의 관계

지금까지 유지되었던 소매업체와 전형적인 제조업체 사이 구매-판매 관계는 변화하고 있다. 시장점유에 대한 심한 경쟁으로 제조업체와 소매업체들은 위험부담이나 예측정보를 함께 나누는 새로운 파트너 관계를 이루어 협력하여 제품을 기획하고, 생산 스케줄을 조정하고 유통 물류 계획을 함께 수립하는 방법을 배워 나가고 있다. 이와 같이 유연한 수직통합의 파트너십을 발전시켜 나가는 방안을 이용하여 정보의 교환에 의해 비용을 효율적으로 사용하며, 빈틈없는 마케팅, 생산, 유통 물류 시스템을 구축해 나가고 있다. 이러한 협력관계의 수립을 위해 일반적으로 대규모 제조업체는 대규모 유통업체와 관계를 맺고 소규모 제조업체는 소규모 유통업체와 관계를 맺고 있다.

자동재발주 공급업체와 소매업체 간의 합의는 매장의 재고수준이 낮아지면 제조업체에서 자동으로 상품을 공급하는 방향으로 나아갈 수 있다. 제품의 색상, 소재, 사이즈에 관한 정보를 내포한 제품 스타일 정보를 코드화함으로써 원단 제조업체는 의류 제조업체가 필요로 하는 원단을 바로 보낼 수 있도록 정보를 제공하고, 제조업체로서는 재주문량을 생산할 수 있도록 하는 데 도움이 된다. 이러한 방안이 완성되기 위해서는 섬유, 의류 산업의 모든 관련 세부 산업 간 재주문에 대해 기꺼이 협력하겠다는 의지와 소량의 재주문에 대한 원단공급이나 의류 제조 업무를 기꺼이 협력하겠다는 유연한 생산체제와 전체적인 협력을 기초로 해서 이루어진다. 이와 같은 생산방식은 판매 데이터에 근거해서 판매시점에 근접한 작업이 이루어지도록 하는 것이다.

요약

지금까지 전통적으로 별개의 비즈니스로 이해되어 왔던 제조업과 소매업은 도매시장에서 서로 관계를 맺어 왔었다. 세계 각처의 마켓 센터에서는 1년 내내 패션의 흐름을 소개하고, 구매와 판매가 이루어지는 방식으로 활동해 왔다.

각 브랜드와 디자이너들은 제품 라인을 추가하고, 수출시장을 개척하고, 소매업체를 개장하는 방식으로 사업 영역을 확대하였다. 제조업체들은 자사의 제품이 적합한 방식으로 머천다이즈되도록 하기 위해 다양한 유통정책을 사용하고 있다. 이를 위해 제조업체들은 홍보나 광고를 활용하여 판매를 향상시킬 수 있는 방안들을 활용한다.

컴퓨터 기술은 판매와 재고에 관한 데이터를 기록하여 서로 공유함으로써 공급업체나 제조업체, 소매업체가 서로 신속한 생산 유통체계를 이루어 가는 데 활용되고 있다.

패션 머천다이즈의 마지막 단계의 테스트는 소비자가 소매업체에서 제품을 구매할 것인지를 파악하는 것이다. 매 시즌 패션업체들은 성공과 실패를 거듭하고 있다. 따라서 어패럴 산업에서 신경이 곤두서는 경쟁이 극심하게 발생하고 있는 것은 당연한 일이다.

SUMMARY

🄘 용어 개념

다음의 용어와 개념을 간단히 설명하고 논하라.

1. 마켓
2. 라인 릴리즈
3. 7th on Sixth
4. MAGIC
5. 쇼룸
6. 다양화
7. 선택적 유통정책

8. 협력적 판매
9. 브랜드 보전
10. 라이선싱
11. 프랜차이징
12. 창고형 아울렛 스토어
13. 재고
14. 트렁크 쇼

15. 협력적 광고
16. 이미지 광고
17. 브랜드 만족도
18. 룩북
19. 머천다이즈 총괄책임자
20. 매력 증대 패키지
21. 맞춤형 어소트먼트

🔵 복습 문제

1. 도매 패션 마켓의 역할은 무엇인가?
2. 국제적으로 유명한 의류 또는 액세서리 마켓이나 전시회의 이름을 5개 적고 각각의 개최 장소를 적으라.
3. 국제적으로 유명한 디자이너 콜렉션을 5개 적고, 각각의 개최 장소를 적으라.
4. 쿠튀르 쇼에 관한 2개의 전제 조건은 무엇인가?
5. 지역적 규모, 전국적 규모, 국제적 규모의 패션 마켓이 발달하는 이유는 무엇인가?
6. 고가품의 콜렉션이 중간 가격이나 저가품의 제안 방식과 다른 차이점은 무엇인가?
7. 개방적 유통정책과 선택적 유통정책의 차이를 설명하라.
8. 제조업체는 어떻게 다양하며 다양하게 발전하는 이유는 무엇인가?
9. 미국의 의류 산업에서 수출이 중요한 이유는 무엇인가?
10. 제조업체는 어떻게 유통업체와 같은 역할을 담당하는가?
11. 제조업체가 소매업체에 제공하는 프로모션적 성격의 협조 다섯 가지 예를 적으라.
12. 컴퓨터 기술이 어떻게 마케팅에 활용되고 있는지 설명하라.

🔵 심화 학습 프로젝트

1. 대형 소매점에서 판매되고 있는 수입 패션 머천다이즈와 액세서리를 분석하라. 수입국의 리스트를 만들고, 각 머천다이즈의 특성을 파악하라.
2. 판매 관리자가 개최하는 라인 제안쇼를 참관할 수 있는지 지역 바이어에게 문의하라. 라인이 그룹의 형태로 제안되었는가? 판매 관리자는 소매업체의 수용을 반영하여 머천다이즈로 미리 선별 진행하였는가? 라인 제안이 성공적이었다고 평가하는가? 그 이유는 무엇인가? 참관 소감을 리포트 형식으로 제출하라.
3. 제9장에서 디자인한 라인을 학급 학생들을 대상으로 판매하기 위해 라인의 특성과 컨셉을 설명하라.

🔵 참고문헌

[1] As quoted in "Liberté, Fraternité – But to Hell with Égaloté," *Forbes*, June 2, 1997, p. 88.

[2] As quoted in "Narciso's Homecoming," *Women's Wear Daily*, December 6, 2000, p. 8.

[3] As quoted by Teri Agins, "Editorial Plugs for Apparel Are in style," *Wall Street Journal*, October 6, 1992, p. B-I.

[4] Quoted in "The Media Maze," *Women's Wear Daily*, May 28, 1999, p. 6.

[5] Lisa Lockwood, "Image, Is It Everything?" *Women's Wear Daily*, March 28, 1997, p. 16.

블랙과 화이트가 대비를 이루는
오스카 드 라 렌타의 글래머러스한 드레스
(출처 : OSCAR DE LA RENTA,
사진촬영 : DAN LECCA)

제4부

패션 리테일링

제4부에서는 리테일링 센터에서 마케팅에 이르는 패션 리테일링과 관련된 모든 부분들을
다루게 된다. 여기서 다루게 될 장들을 읽기 전에 제2, 3, 4, 8장, 그리고 제12장에서 다루어
진 기본 개념들을 먼저 이해하는 것이 중요하다.

➡ 제13장에서는 리테일링 센터들, 리테일링 형태, 그리고 리테일링 조직에 대해서 논의한다.

➡ 제14장에서는 리테일링 상품 기획과 함께 구매와 판매에 관한 모든 사항들을 다룬다.

➡ 제15장에서는 광고, 홍보, 특별 이벤트, 그리고 비쥬얼 머천다이징을 포함하는 패션 마케팅을 살펴본다.

뉴욕 시 5번가에 위치한
버거도프 굿맨 백화점
(출처 : BERGDORF GOODMAN)

13

►►► 리테일링

관련 직업 ■□■

소매점의 조직 관리는 매장 대표(CEO), 매장 연출가, 개인 매장 관리자들, 층별 그리고 부서별 상품 매니저, 백화점 관리자들, 그리고 직원들로부터 시작한다. 유통 관련 직업들은 우편 주문, 전자상거래, 그리고 텔레비전의 영역에서도 발견할 수 있다. 상품 기획 분야는 제14장에서 논의될 것이다.

학습 목표 ■□■

이 장을 읽은 후…

1. 오늘날의 리테일링 상황과 변화 방향들을 설명할 수 있다.
2. 소매점들의 다양한 형태에 대해 토론할 수 있다.
3. 단일 매장과 복합 매장 조직의 차이점에 대해 설명할 수 있다.
4. 주요 국제적인 소매점들과 유명한 쇼핑 지역들에 대해 알 수 있다.
5. 작은 매장의 조직 구조를 체인점의 조직 구조와 비교할 수 있다.
6. 증가하고 있는 무점포 리테일링의 중요성에 대해 토론할 수 있다.

리테일링(retailing)은 생산자와 소비자를 연결시키는 매개체이다. 리테일 업자들은 세계 각 국의 중간상인과 생산업자들로부터 패션 상품을 사거나 자신들만의 브랜드를 개발한다. 그 들은 매장이나 카탈로그, 혹은 인터넷이나 텔레비전을 통해 상품을 판매한다. 패션 비즈니스 에 있어서 진정한 성공은 결국 소비자의 수용 정도를 판단하는 구매가 이루어지는 판매현장 에서 판가름이 난다.

성공적인 소매점을 만들기 위해서는 숙련된 관리, 철저한 계획과 실행, 편리한 위치, 쾌적 한 환경, 효율적인 공급, 흥미로우면서도 적절하게 진열된 상품, 고객의 필요를 잘 이해하는 바이어들, 친절한 판매 사원들, 그리고 고객 서비스 같은 많은 요소들이 필요하다. 리테일 업 자들은 독특한 비전이 필요하고 이러한 비전을 효과적으로 수행하는 것이 가장 중요하다. 종 종 성공은 뛰어난 상품 기획의 비전이나 혁신보다도 보이지 않는 곳에서 비롯된다.

이 장의 초반에서는 최근의 리테일링 현황, 국제 리테일링, 패션 매장의 유형, 무점포 리 테일링, 단일 또는 다점포 매장의 조직과 회사들에 대해서 조사한다. 제14장은 패션 상품의 구매와 판매를 하는 머천다이징의 역할에 대하여 다룬다.

리테일링 현황

리테일링에 장기적인 영향을 줄 수 있는 리테일링 방법, 경영, 소유권에서 거대한 변화가 있었다.

도심 속 리테일링의 근원

대부분 세계 최고의 소매점들은 파리, 런던, 도쿄, 로마, 밀라노, 뉴욕 같은 생산과 마케팅 센터에서 시작한다. 특정한 도시 거리들과 지역은 리테일링으로 유명세를 이어 왔다. 뉴욕의 5번가, 매디슨 거리, 소호, 시카고의 오크 거리, 샌프란시스코의 유니온 광장, 비버리힐즈의 로데오 거리, 호놀룰루의 파보 거리, 파리의 몬테인, 하우스만 블로바드, 루 드 파시, 르 할 레스, 그리고 성 게르만 거리, 로마의 콘도티 거리, 밀라노의 몬테나폴레옹과 델라 스피가 거 리, 도쿄의 긴자, 홍콩의 코즈웨이 거리, 런던의 리젠트 거리, 본드 거리, 나이트 브릿지 지 역이 이에 해당한다. 리테일링 체인의 최초 또는 주요 매장인 **대표매장(flagship store)**의 대부 분은 이러한 도시들에 남아 있고 새로운 본점들도 속속 생겨나고 있다.

도시가 패션 리테일링의 중심이 되어 왔던 유럽에서는 **다운타운과 주요 도로 리테일링의 재 개발**을 위해 많은 거리들이 자동차의 출입을 막고 소비자들이 매장 사이를 쾌적하게 다닐 수 있도록 보도를 만들고 있다. 미국에서는 소매업자들과 지역 단체들이 도시 리테일 점포의 필 요와 지역 주민의 필요가 서로 만나는 것에 대한 소비자들의 요구에 대응하기 시작했다. 많은 도시들과 타운들은 노후된 백화점이나 리테일 점포를 새 단장하거나, 시카고의 워터타워 플레이스, 시애틀의 퍼시픽 플레이스, 웨스트필드 샌프란시스코 센터 같은 쇼핑몰을 건설하는 재개발 프로젝트를 진행하고 있다. 뉴욕 시의 메디슨 에비뉴는 전 세계의 고급 상품 소매업자들을 유혹해 왔다. 도시와 타운들은 국가적이고 세계적인 매장들과 지역 매장들, 레스토랑 그리고 서비스업체들을 그들만의 독특한 방식에 따라 배치함으로써 지역의 독특성을 유지하기 위해 노력하고 있다.

쇼핑센터

전 세계 대다수 고속도로를 따라 자리 잡은 쇼핑센터들은 제2차 세계대전 이후 도심 외곽으로 향한 대규모 이주에 따른 결과로 개발되었다. 이러한 센터들의 성장은 부동산 개발업자들에 의해 지속적으로 추진되고 있다. 지역 인구유형에 적합한 위치 선정은 쇼핑몰 개발에 있어서 가장 중요한 관심사이다. 리테일링 시설의 집합지로 정의되는 **쇼핑센터**는 하나의 소유권에 의해 계획되고 개발되고 소유되고 관리된다. **몰**(mall)은 길을 따라 마주보고 있는 매장들 사이에 위치한 기후조절이 가능한 복도들로 구성된 건물이다. 반면에 **스트립 센터**(strip center)는 매장 사이에 지붕으로 덮인 통로 없이 쭉 들어선 매장들로 구성된다. 여기서는 어패럴과 액세서리 매장들을 보유하고 있는 센터들에 대해서만 논의한다.

쇼핑센터를 만드는 것에서는 세계 각국은 미국의 모델을 따르고 있다. 미국은 현재 1,175개의 지역 쇼핑몰을 포함한 45,000개의 센터들을 가지고 있고 캐나다, 오스트레일리아, 영국, 프랑스, 독일, 스웨덴, 그리고 스위스가 그 뒤를 따르고 있다. 세계에서 가장 큰 쇼핑센터는 중국 동관에 있는 700만 평방 피트의 華南몰이다. 중국 북경의 金源時代 몰, 필리핀 마닐라의 아시아 SM몰(The SM Mall of Asia), 캐나다 앨버타의 웨스트 에드몬톤(West Edmonton)몰이 세계에서 가장 큰 몰들이다. 웨스트 에드몬톤몰은 서구에서 가장 큰 쇼핑몰로 520만 평방 피트의 넓이에 800개 이상의 점포가 몰 내에 있다. 미네소타에 있는 아메리카몰(The Mall of America)은 미국에서 가장 큰 쇼핑센터로서 420만 평방 피트의 넓이에 520개의 매장을 보유하고 있다. 펜실베이니아의 킹오브 프러시아에 위치한 프라자 앤 코트(The Plaza & Court)몰과 캘리포니아 사우스 코스트 플라자(South Coast Plaza)가 그 세 번째, 네 번째로 큰 몰들이다.

지역 센터 전통적인 센터와 몰(mall)에서는 적어도 두 곳의 매장이 거점이 되고 그 중간에 많은 다른 전문점들이 위치한다. 예전에는 백화점이 거점이었지만 지금은 몇몇 이름만 남아 있다. 형식에 얽매이지 않는 거점 매장이 빈 백화점 공간을 메우고 있다. 현재 다양한 틈새시장을 공략하는 다양한 전문점들의 등장과 함께 메이시즈(Macy's)처럼 중간 가격대의 백화점일 수도 있고, 타깃(Target)처럼 할인점이거나, 시어즈(Sears)와 같이 대량유통업체(mass

캐나다 앨버타에 위치한 유로파 대로의 웨스트 에드몬톤 몰
(출처 : WEST EDMONTON MALL)

merchant)일 수도 있다. 전형적인 지역 센터는 규모가 40만 평방 피트에서 80만 평방 피트에 이른다.

불행하게도 많은 몰들이 안 봐도 알 정도로 내용이 빈약하고 비슷해졌다. 최근에 만들어진 대부분의 몰은 인구밀도의 변화에 의해 쇼핑 패턴이 변화하는 것에 따라 기존의 몰에서 시장 점유율을 빼앗을 뿐이다. 미국의 많은 몰들이 비어 있고 일부는 문을 닫았다. 많은 몰들이 대안을 개발하여 경쟁하고 있다.

패션 전문 센터 이 센터들은 주로 화려한 실내장식에 고품질, 고가격을 위주로 하는 고급 의류 매장들로 구성된다. 이 센터에서는 니만 마커스(Neiman Marcus)나 노드스트롬(Nordstrom)과 전문 백화점이 거점이 되고 중간에 조금 더 작은 전문점들이 대다수 위치한다. 워싱턴 D.C. 근방 쉐비 체이스에 위치한 더 콜렉션(the Collection)이 럭셔리 패션 센터의 사례이다.

파워 또는 가치센터 가치 또는 원가쇼핑센터(strip shopping center)는 할인점들(discount stores)만으로 구성되는데, 수효, 규모, 인기 면에서 성장하고 있다. 새로운 몰로부터 압도적인 경쟁에 직면할 때, 기존의 몰들이 선택할 수 있는 대안의 하나는 가치 센터로 전환하는 것이다. '파워' 센터는 대규모 할인점, 오프 프라이스(off-price) 매장 또는 창고형 클럽(warehouse clubs)이 중심이 되면서 최소한의 소규모 전문점들이 함께하는 형태이다.

아울렛 센터   제조업체나 유통업체의 아울렛 또는 재고처분 매장들은 대개 시골에 특별히 조성된 몰에서 발견된다. 이 몰들은 전통적인 백화점과 전문점들과의 경쟁을 피하기 위하여 이들에게서 멀리 떨어져 위치하고 있다. 아울렛 센터와 가치 센터, 오프 프라이스 소매점이 혼합된 대규모 몰의 예로는 프랭클린(Franklin), 포토맥(Potomac), 구니(Gurnee), 소그래스 밀즈(Sawgrass Mills) 등이 있다.

레크리에이션 또는 테마 센터   경쟁으로 인해 일부 몰들은 고객을 끌어들이는 방법으로 엔터테인먼트를 사용하고, 쇼핑의 레크리에이션 측면을 상업화하게 되었다. 이러한 리테일-테인먼트 센터들은 새로운 놀이 공원이 되어 가고 있다. 앨버타(Alberta)에 있는 웨스트 에드몬톤 몰은 얼음놀이 지역, 깊은 바다 테마파크, 골프코스, 영화관과 110개의 레스토랑 · 스낵바를 가지고 있으며 앨버타의 가장 큰 관광 명소가 되었다. 미네소타 주의 블루밍턴에 있는 아메리카 몰은 영화관, 실내 테마파크, 롤러 코스터와 미니 골프코스를 가지고 있다.

타운 센터 몰   몰의 과포화와 점진적인 거래 감소에 맞서서 일부 몰은 자신들을 '타운 센터'로 재인식시킴으로써 경쟁우위를 확립하려고 노력하고 있다. 고전적인 타운 계획과 리테일

미네소타 주의 블루밍턴에 위치한 아메리카 몰은 14개의 극장, 실내 테마공원, 롤러코스터, 모형골프 코스가 있다.
(출처 : MALL OF AMERICA)

몰의 급성장에 따라 이러한 생활/일/놀이/쇼핑 환경들은 전 미국에 걸쳐 등장하고 있다. 리테일 몰을 지역문화와 건축 환경을 반영한 중심 센터로 만들기 위하여 쇼핑 기능 외에 카페, 레스토랑, 영화관, 도서관, 회의실, 사무 공간, 심지어 주거공간까지 제공한다. 백화점이 문을 닫아 생겨난 큰 빈 공간이 때로는 주거공간으로 변경되기도 한다. 부동산 개발자들은 이러한 공간을 재활용하여 주거, 공원, 매장, 극장, 사무실이 어우러져 과거의 구식 이웃관계를 연상시키는 개방형 마을 형태의 신복합용도 쇼핑몰로 변신시킨다. 예를 들면 앨라배마의 타터솔(Tattersal) 파크는 1940년대 주도로가 완성된 작은 다운타운을 새롭게 만든 것이다. 플로리다 올란도의 윈터파크빌리지(Winter Park Village)나 콜로라도 레이크우드몰처럼 리노베이션 개선사업은 노후된 몰에 새로운 생명을 불어넣는 것이다. 기타 신복합용도 쇼핑몰은 플로리다 잭슨빌의 세인트 존스 타운 센터(St. John's Town Center)와 애리조나의 산탄 빌리지(San Tan Village)가 있다.

도심 몰 시내 거주자들에게 쇼핑몰의 편리함을 주기 위하여, 개발자들은 도심(downtown) 지역에 쇼핑몰을 만들었다. 이러한 도심 쇼핑몰을 통해 부동산 가격이 높은 지역 내의 한정된 공간, 일반적으로 한 블록에 해당하는 좁은 지역에 많은 매장을 만들 수 있다. 고객들은 매장의 한 층에서 다음 층으로 에스컬레이터로 이동한다. 예를 들어 샌프란시스코 센터(San Francisco Center)는 단지 43,000평방 피트의 대지 위에 세워져 있지만, 9층 빌딩으로 세워져 50만 평방 피트의 매장 면적을 제공한다. 로스앤젤레스에 위치한 헐리우드 앤 하이랜드(Hollywood & Highland)는 고급 매장과 호텔, 여러 개의 극장들, 아카데미의 고향이 되는 코닥 극장을 포함하는 8.7에이커의 도심 쇼핑몰이다. 조지아의 애틀랜타 북쪽에 위치한 애틀랜틱 철강 공장 자리에 세워진 애틀랜틱 스테이션(Atlantic Station)도 그러한 사례에 해당한다.

운송 센터 일부 공항과 철도역이 쇼핑센터로 변모되고 있다. 거기에는 고수입 승객들의 꾸준한 흐름이 있어서 전통적인 몰보다 훨씬 더 많은 단위 면적당 매출액을 가져다줄 수 있기 때문에, 공항과 역은 이상적인 몰의 입지이다. 런던 근교의 히드로(Heatrow) 공항, 두바이 공항, 암스테르담의 스킬폴(Schiphol) 공항, 독일의 프랑크푸르트암마인(Frankfurt-Main) 공항이 성공적인 공항 몰의 사례이다. 피츠버그(Pittsburgh) 공항과 워싱턴 D.C.의 유니온(Union) 역은 미국의 아이디어 성공 사례이다. 많은 유통업체들이 이제 운송 센터가 혁신적인 대안 입지라는 것을 깨닫기 시작했다. 쇼핑 센터들은 식료품 판매 공간, 드라이크리닝 센터, 기타 서비스를 추가하는 데 유연할 필요가 있으며 더 상상력을 자극하고 흥미로운 공간이 되어야 할 필요가 있다.

리테일링 업체의 파산과 통합

어느 지역이든 일단 견실한 회사가 문을 닫게 되면 다른 회사에 인수되거나 통합된다. 1980년 이래 에이브라함 앤 스트라우스(Abraham & Straus), B. 알트만(B. Altman), 본윗 텔러(Bonwit Teller), 프레드릭 앤 넬슨(Fredrick & Nelson), 가핑컬즈(Garfinkel's), 짐벨즈(Gimbel's), I. 마그닌(I. Magnin), 워즈(Wards) 및 여타 많은 회사들이 다른 유통업체에 인수되고 흡수되거나, 과중한 부채, 첨예한 경쟁, 조달과 재고 통제 문제, 부동산 코스트, 서투른 경영 등의 이유로 문을 닫았다. 많은 유통업체들이 여전히 통합(consolidation), 구조개선(restructuring), 청산(closing) 과정에 있다. 최근에는 미증유의 폐업과 통합이 일어나고 있다. 2006년에는 페더레이트(Federated) 백화점이 메이(May) 기업에 팔렸고 마샬필드(Marshall Fields), 스트로브릿지(Strawbridge's), 헤치츠(Hecht's), 파일린스(Filene's)는 문을 닫았고 이러한 매장들의 대부분이 메이시즈(Macy's)의 브랜드로 바뀌었다. 현재 메이시즈는 45개 주에 800개 이상의 매장을 거느리게 되었다. 에임즈(Ames), 브레들즈(Bradlees), 칼도(Caldor), 힐즈(Hills)는 문을 닫았다. 시어스는 케이마트(Kmart)와 합병되었다. 그 결과 독립적이고 개인소유의 의류 유통업체들이 크게 감소하였다. 생존한 매장은 수요보다 공급이 많은 고도 경쟁 시장에 대처하기 위하여 분투하고 있다.

너무 많은 매장 수

파산과 통합에도 불구하고 소비자의 수에 비해서는 아직도 너무 많은 매장이 존재한다. 등록된 소매점 상호의 수는 줄어들었지만 매장의 수는 예전에 비해 더 증가했다. 미국에서 인구 1인당 소매점 면적은 1970년대에는 7평방 피트로 추정되는 데 비해, 현재는 18평방 피트에 이른다. 그러나 대규모 유통업체들은 여전히 더 커지고 있다. 월마트(Wal-Mart) 같은 대규모 체인들은 계속하여 신규 매장을 개설하고 있다. 하지만 일부 소매업자들은 수익성이 떨어지는 부분들을 잘라 내기 위해 매장을 폐점시키기도 하고 확대를 중지시켰다. 사실 리테일링은 정체된 시장 때문에 성장의 여지가 없는 성숙 산업이다. 오늘날 리테일링은 한정된 시장 내에서 점유율을 차지하기 위해 경쟁하고 있다.

21세기를 위한 리테일링 전략

치열해진 경쟁과 정체된 시장, 유통업체들은 생존하고 이윤을 확보하기 위하여 소비자의 쇼핑 습관과 생활 스타일 경향을 반영하려고 노력한다.

유통업체들은 경쟁하기 위하여 여러 가지 접근을 한다. 판매에 성공하고 생산성(단위 면적당 매출)을 개선하기 위하여 유통업체들은 더 우월하고 특별한 어떤 것을 제공함으로써 자신을 차별화해야 한다. 여섯 가지 핵심영역, 즉 가치 서비스, 독특성, 엔터테인먼트, 도시로의 회귀와 도심매장, 그리고 글로벌 확장이 가장 유망해 보인다.

런던의 헤롤드 백화점은 엔터테인먼트로서의 쇼핑을 할 수 있는 주요 관광 볼거리이다. (출처 : HARROD's)

독특한 머천다이징

너무 빈번한 통합의 결과로, 대다수 전국적인 리테일링 업체들이 동일한 대규모 어패럴 제조업자들로부터 상품을 받아 유통하게 되었기 때문에 리테일링 업체 각각의 독특함이 상실되었다. 리테일링 업체들이 구매 경로를 한정시킴에 따라 많은 매장들이 너무 평범하고 지루한 것이 되어 버렸다. 프랑스 파리의 갤러리 라파에트(Galeries Lafayette) 백화점의 총책임자 폴 드라우트르(Paul Delaoutre)는 "우리는 그저 브랜드를 걸어 놓는 장소는 아니다."라고 말했다. 차별화가 열쇠이다. RYA 디자인 컨설턴트의 CEO인 톰 헌돈(Tom Herndon)은 "매장의 브랜드명을 설립하는 것이 우선이다. 그다음에 매장 내에서 팔 브랜드를 설립하여야 한다."라고 지적하였다.[1] 소비자들은 특별한 경험을 제공하는 매장에서 쇼핑하는 것을 좋아한다. 리테일링 업체들은 자사 브랜드(PB) 상품(제14장의 '자사 브랜드' 항목 참조)을 통해 독특한 스타일링을 제공하는 것으로서 매장의 새로운 활로를 찾기 위해 노력하고 있다. 패션에 대한 새로워진 관심과 더불어, 이것은 매우 중요한 현상이다.

새로운 스핀 오프 컨셉들

전문단독브랜드 소매업자들은 더 넓은 인구유형으로 시장을 확장하기 위하여 또는 다른 유형의 의류를 현재 소비자들에게 판매하기 위하여 새로운 유통 브랜드를 만들고 있다. 이러한 새로운 전문점 브랜드의 사례로는 아베크롬비 앤 피치(Abercrombie & Fitch's)의 '루엘(Ruehl)', 갭의 '포스앤타운(Forth & Towne)', 아메리칸 이글즈(American Eagles)의 '마틴 앤 오사(Martin + Osa)', 폴로 랄프 로렌의 '럭비(Rugby)', 그리고 제이크루의 '크루컷츠(Crewcuts)'가 있다. 멀티브랜드 전문점인 니먼 마커스는 젊은 고객들을 대상으로 한 새로운 브랜드 '커습(Cusp)'을 선보였다. 니먼 마커스의 전형을 탈피한 이러한 작은 유형의 매장은 극적인 장식과 유행을 앞서 가는 의상과 액세서리를 보여 준다. 결국은 사업을 성장시키는 새로운 방법은 매우 어렵다. 채울 필요가 있는 넘쳐나는 공간뿐이다.

가치 지향 리테일링

소비자들은 가치와 편리함, 그리고 합리적인 가격을 추구한다. 가치지향 유통업체들에는 상설할인매장(discounter), 아울렛 매장, 창고형 클럽, 카탈로그 판매, 또는 그 매장 내의 가격이 어떻든지 그 돈이 가치를 한다고 소비자들에게 인식된 모든 유통업체가 포함된다. 할인 유통업체들은 백화점으로부터 상당한 고객을 빼앗았다. 성공적인 유통업체들은 적절한 가격/가치 비율 및 구색(assortments)을 제공하고 있다. 그들은 고객이 원하는 것을 고객이 원하는 장소에서, 고객이 원하는 때에, 합리적인 가격으로 고객에게 준다. 유통업체들은 비용을 줄이고 저가격을 유지하기 위한 효율성을 높이려고 노력하고 있다.

서비스 지향 리테일링

리테일링 업체들은 고객 주도적(고객의 필요를 예상하고 거기에 초점을 맞추는 것)이 되려고 하며, 사실 고객의 기대를 넘어서고 있다. 그들은 고객들이 즐기게 될 만큼 쇼핑을 더 편리하고 더 친근하게 만드는 시도를 하고 있다. 많은 리테일링 업체들이 자본 투자를 통해 기존의 매장(unit)을 리노베이션(renovation)하여, 따뜻하고 환대하는 분위기를 창출하고 있다. E-커머스(E-commerce)와 E-카탈로그(E-catalog)를 통해 편리함을 최대한 제공한다. 고객 서비스는 또한 세심한 재고 유지관리에 의해 뒷받침된다. 서비스 지향 리테일링 업체에는 노드스트롬, 월마트, L. L. 빈(L. L. Bean)이나 랜즈엔드(Lands' End)와 같은 많은 우편주문 유통업체들이 포함된다.

엔터테인먼트

매장을 생기 있게 유지하기 위한 노력으로, 많은 리테일링 업체들이 매장 내 쇼핑 경험에 재

런던의 패션 소매점인 하비 니콜스는 전 세계에 매장을 열었다. 그림은 사우디아라비아 리야드의 매장
(출처 : HARVEY NICHOLS)

미를 더하려고 노력하고 있다. 매장들은 라이브 뮤직, DJ, 유명인사 초청, 특별 이벤트, 비디오 마당, CD 들어 보기 코너, 컴퓨터 게임존 등 고객을 끌어들이는 여러 가지 볼거리와 들을거리를 제공하고 있다. 예를 들어 리바이스(Levi's)는 DJ 댄스 뮤직, 번쩍이는 네온, 멀티컬러 스포트라이트 등을 가진 클럽 분위기의 환경을 만들어 냈다. 때때로 '라이프스타일 테마 매장'은 고객들을 끌어들이기 위한 환경을 만들고 있다. 매장에 엔터테인먼트가 더해지면 사람들은 매장을 갈 만한 곳으로 여기게 될 것이지만, 이때 상품도 반해서 사게 될 만큼 매혹적인 것이어야 한다.

글로벌 확장

글로벌화가 제조업에 영향을 끼친 것과 꼭 같이, 많은 리테일링 업체들은 시장점유율을 높이는 하나의 방법은 글로벌 확장이라고 믿는다. 이탈리아의 프라다(Prada), 스페인의 자라(Zara), 스웨덴의 H&M(Hennes & Mauritz)과 같은 유럽 기업들은 일본, 중국, 러시아, 중동을 포함한 전 세계에 매장을 열었다. 런던의 하비 니콜스(Harvey Nichols)는 사우디 아라비아의 리야드에 매장을 열었고, 국제적으로 10개 또는 그 이상의 체인 매장을 두는 것을 계획하고 있다.

미국인들도 마찬가지다. 갭은 전 세계에 매장을 가지고 있으며 2010년 싱가포르와 말레이시아에 30개 이상의 매장을 계획하고 있다. 도나 카란(Donna Karan)과 같은 미국 디자이너들은 유럽에 매장을 가지고 있다. 삭스 핍스 애브뉴(Sacs Fifth Avenue) 백화점은 중동에 2개의 매장을 가지고 있다. 일본은 이미 바니스(Barneys), 브룩스 브러더스(Brooks Brothers), 탈보츠(Tabots), 랄프 로렌(Ralph Lauren) 등 여러 미국 리테일링 업체를 끌어 들였다. 브룩스 브러더스는 일본에 31개 프리스탠딩(freestanding) 또는 인스토어(in-store) 숍을 가지고 있다. J.C. 페니(J.C. Penney), 딜라즈(Dillard's), 시어즈(Sears), 프라이스클럽(Price Club), 월마트는 멕시코에 매장을 만들고 있다. 월마트는 멕시코에서 세력을 확장하고 있다.

해외에 매장을 개점하는 것에 추가하여, 기업들은 해외 리테일링 사업체에 투자하고 있다. 예를 들면 영국의 아쿠아스큐텀(Aquascutum)은 일본의 레나운이 소유하고 있다. 이런 현상의 이면에는 모든 주요 도시에 매장을 오픈하고 있는 국제적인 유통업체들 때문에 세계 어디서나 똑같은 상품을 발견할 수 있게 됨에 따라, 지역 시장들은 고유의 정체성을 잃어 가고 있다.

매장 기반의 리테일링 업체들

많은 리테일링 운영 형태가 고객의 필요를 채워 주기 위하여 개발되어 왔다.

과거 수백 년에 걸쳐서 전문점, 백화점, 대량판매업체, 카탈로그, 그리고 흔히 'E-커머스(E-commerce)'라고 불리는 오늘날의 전자 리테일링 등을 포함하여, 여러 가지 유형의 리테일링 방법이 시도되고 발전되어 왔다. 이렇게 서로 다른 리테일링 형태 간의 구별은 흐릿해지고 있다. 각 범주들 사이에는 많은 중첩이 있으며, 심지어 리테일링 전문가들조차도 매장들을 어떻게 분류할 것인지에 대하여 의견이 일치되지 않고 있다. 리테일링은 계속하여 진화하고 있으며, 새로운 형태가 등장하고 기존 형태가 새로운 형태와 결합하고 있다.

전문점

전문점(specialty stores)은 상품 구색의 범위를 한정시킴으로써 특정한 표적고객에게 상품을 공급한다. 대부분의 전문 리테일링 업체는 특정한 카테고리뿐만 아니라 특정한 가격대 내의 상품을 취급한다. 유럽에서는 전문점이 패션 리테일링을 계속해서 지배해 왔다. 국제적인 전문점의 예로는 런던에 있는 하비 니콜스(Harvey Nicols), 펜윅스(Fenwick's), 브라운즈(Brown's)와 파리에 있는 르 봉 마르셰(Le Bon Marche), 프랑케필(Franck et Fils)과 파리, 밀라노, 플로렌스, 로마에 있는 헤르메스(Hermès), 샤넬(Chanel), 프라다(Prada) 등과 같은 전통적인 소규모 디자이너 숍을 들 수 있다.

전문점들은 소비자에게 명확한 머천다이징 메시지를 표현하고 있다. 소비자는 상품, 프레젠테이션, 광고이미지에 의하여 쉽게 특정 리테일링 업체를 구별할 수 있다. 소규모 형태의 전문 리테일링 업체는 도심과 주거지 인근 쇼핑구역에 위치할 수 있다. 전문점은 지난 20년 동안 성장해 왔으며 시장점유율에 있어서 백화점을 추월하고 있다.

전문점에는 네 가지 일반적인 유형이 있다. 첫째 **단일 제품라인**은 오직 한 상품 카테고리만을 취급한다. 둘째 **단일 브랜드**는 오직 업체 자사 브랜드 상품만을 취급한다. 셋째, **제한된 제품라인**은 제공 상품이 소수 몇 개의 카테고리에 속한다. 넷째 **복합 제품라인**은 다수의 카테고리를 취급한다. 이 경우에 때때로 전문 백화점으로 분류된다.

단일 제품라인 매장   단일 제품라인 매장(single-line stores)은 특정한 제품 분류의 상품을 깊이 있게 취급한다. 이 매장들은 특정한 소비자의 필요에 부응하는 매우 좁은 범위에 초점을 맞추고, 고객에게 한 카테고리의 제품에서 폭넓은 선택을 할 수 있게 한다. 이들은 액세서리만 판매하거나, 운동화만, 넥타이만, 또는 양말만 판매한다. 이 매장들은 독립적인 작은

매우 인기 있는 스웨덴의 자사 브랜드 소매점인 H&M은 전 세계적으로 판매된다.
(사진촬영 : 저자)

것일 수도 있지만, 성장한 것은 지역 규모나 전국 규모이다('복합 제품라인 매장' 참조).

단일 브랜드 또는 자사 브랜드 매장　단일 브랜드(single-line) 매장은 그 매장의 이름이나 자사 브랜드로 파는 상품만을 취급한다. 자사 브랜드를 가진 리테일링 업체는 그들의 제품라인을 디자인하기 위하여 자신의 디자인 부서를 운영하거나, 보스톤에 있는 매스트 인더스트리(Mast Industry)나 파리에 있는 도미니크 페클러즈(Dominique Peclers)와 같은 디자인 스튜디오의 서비스를 사용한다. 이 리테일링 업체들은 대개 공장들과 자기 제품의 위탁생산 계약을 하거나 합작회사(Joint Venture)를 설립하곤 한다(자사 브랜드 머천다이징에 대한 정보는 제14장 참조). 만일 리테일링 업체가 직접 생산을 한다면, 그들은 패션 산업의 두 수준에서 기능을 수행하고 있기 때문에 수직적 리테일링 업체라고도 불린다. 이 리테일링 업체들은 수직적 통합 기업이기 때문에 유연성이 있어서 트렌드에 신속히 극대화할 수 있다. 갭과 브룩스 브러더스와 앤 테일러(Ann Taylor)는 단일 브랜드 또는 자사 브랜드 판매상들의 사례들이다. 이들은 자기 매장의 이름을 유명한 브랜드로 만들었다.

제한적 제품라인 매장　제한적 제품라인 리테일링 업체들은 좁은 영역의 소비자 그룹에게 제품을 공급한다. 예를 들어 그들은 오직 여성용 의류와 액세서리만을 취급하거나 아니면 아동복만 또는 남성복만 취급한다. 그리고 그 제한된 카테고리 내에서 여러 가격대와 여러 브랜드의 제품을 취급한다.

복합 제품라인 매장　복합 제품라인(multiple-line) 리테일링 업체들은 남성복, 여성복, 액세서리를 함께 취급하는 등 보다 다양한 제품 카테고리의 제품들을 취급한다. 나아가 아동복과 화장품, 심지어 선물용품까지 함께 취급하기도 한다. 그들은 많은 부서를 가지고 있기 때문에 어떤 연구자들은 '전문 백화점'이라고 부르기도 하고 어떤 경우는 백화점으로 분류하기도 한다. 북아메리카의 선도적인 복합 제품라인, 복합 브랜드 패션 전문점에는 달라스에 근거를 두고 있는 버거도프 굿맨(Bergdorf Goodman), 삭스 핍스 애브뉴, 니만 마커스와 시애틀에 근거를 둔 노드스트롬, 캐나다에 있는 홀트 렌프루(Holt Renfrew) 등이 있다. 보다 작은 독립 명품 복합 제품라인 매장들은 로스앤젤레스의 프래드 시걸(Fred Segal), 코네티컷의 미첼스(Mitchells), 뉴욕의 스쿱(Scoop), 샌프란시스코의 윌키스 바쉬포드(Wilkes Bashford), 달라스의 스탠리 코샥(Stanley Korshak) 그리고 루이스 보스톤이 있다.

백화점

1950년 호황기에 백화점은 중산층의 고급 취향의 기준으로 자리매김하였다. 1800년대 후반에 시작한 백화점은 미국의 도시 중심의 소매업계를 지칭하는 것이었다가 나중에는 지역 쇼핑몰들에게 성공을 안겨 주는 거점 매장들을 의미하는 것으로 사용되었다. 백화점(department stores)이라는 용어는 많은 다른 종류의 상품이 각각 분리된 코너(department)에 배치되어 있는 것을 나타내기 위해 사용한 관례로부터 유래했다. 이곳에서는 남성, 여성과 아동을 위한 의류와 액세서리를 가구, 램프, 마직물, 테이블용품 등과 같은 가정용품과 함께 판매한다. 예전에 백화점은, 요즘은 개별 전문점에서 거래되는 가전, 장난감 등등의 상품 코너를 가지고 있었다. 백화점에서는 대개 중간 또는 중상의 가격대가 상품의 70~80%를 차지한다. 여성복이 대개 매출액의 반 이상을 차지한다.

국제적으로 보면, 일본의 세이부(Seibu)가 세계에서 가장 큰 백화점이다. 모스크바에 있는 GUM이 동유럽에서 가장 크고, 런던에 있는 해로즈(Harrod's)가 유럽에서 가장 크며, 메이시즈(페더레이트 백화점 그룹의 하나)가 미국에서 가장 크다. 그 외의 선도적인 국제적 백화점으로는 런던에 있는 리버티(Liberty), 셀프리지스(Selfridges), 파리의 갤러리 라파예트(Galeries Lapayette), 프랭탕(Prentemps), 이탈리아의 리나센트(Linascente), 독일의 카데웨(KaDeWe), 카르스타드(Karstadt), 카우프호프(Kaufhof), 그리고 일본의 마츠조가야(Matsuzokaya), 미츠코시(Mitsukoshi), 이세탄(Isetan) 등이 있다.

존 워나메이커(John Wanamaker), 마샬 필드(Marshall Field), 스트로브릿지, 헥스, 필렌즈, 조단 마쉬(Jordan Mash), 아브라함 앤 스트라우스(Abraham & Straus), 블록스(Bullocks), 더 브로드웨이(The Broadway)와 같은 많은 기존의 지역 백화점들은 과거 30년

뉴욕 헤럴드 스퀘어에
자리 잡은 메이시즈
백화점은 미국에서
가장 큰 백화점이다.
(출처 : MACY'S)

동안 사업을 중단하거나 전국적인 규모의 리테일링 업체에 인수되었다. 미국 내 백화점 분야는 현재 단지 5개의 거대 소매업자에 의해 지배되고 있다. 잘 알려져 있는 이들 미국 백화점들은 페더레이티드 백화점(Federated Department Stores; 메이시즈, 블루밍데일즈 소유)과, 딜라즈(Dillard's), 콜즈(Kohl's), 시어즈-K마트(Sears-Kamrt), J. C. 페니(J. C. Penny)이다. 시어즈, J. C. 페니, 콜즈는 종종 중간시장, 백화점 또는 전국적 체인 백화점으로 따로 분류된다.

처음에 백화점은 대단하고 주목할 만한 서비스와 다양한 구색의 상품들로 소비자들을 끌어들였다. 커트 살몬 위원회의 워터 레비(Walter K. Levy)는 "예전에 백화점들은 컨셉을 만들어 내고 그 컨셉에 적합한 상품들을 선보였었다."고 설명한다.[2] 하지만 지금은 모든 백화점들이 비슷한 브랜드를 선보임으로 인해 개성을 잃어 가고 있다. 백화점들은 비록 전국 규모의 브랜드와 디자이너 브랜드들을 선보이고 있지만, 고객들과 소통하는 데 어려움을 겪고 있으며 활력을 잃고 있는 곳이 대부분이다. 의류 시장에서 백화점의 시장점유율은 20년 동안 70%에서 40%로 떨어졌다.

대량 유통업체

대량 상품 유통업체들은 기본 상품을 저가격으로 공급하면서 최소한의 매장 환경과 제한적인 서비스만을 제공한다. 현재 이러한 매장들의 대다수는 기본 상품뿐만 아니라 패션 상품을 선보이는 데도 매우 뛰어난 역량을 선보이고 있다. 대량 유통업체들은 대량으로 구매할 수 있는 능력 때문에 낮은 가격으로 살 수 있고 그 절감분을 고객에게 전달한다. 대부분의 소매 유통 컨설턴트들은 할인점과 오프 프라이스 유통업체와 공장 아울렛을 대량상인의 범주에 포함시킨다. 오늘날 의류의 50% 이상이 대량 유통업체에 의해 구매된다(이들 대부분은 일반 상품 유통업체들 중 패션 의류와 액세서리를 취급하는 유통업체들이다).

할인점(Discounter) 할인점들은 저가상품을 대량으로 구매하고 낮은 임차료, 단순한 실내장식, 소수의 영업사원, 축소된 고객서비스를 통해 비용을 낮게 유지함으로써 낮은 가격을 제공한다. 고객의 가치 추구와 캐주얼 의상의 인기 상승으로 할인점의 성장이 촉발되었다. 생산업자들은 할인 제품을 공급하는 데 점점 더 적극적이 되고 있으며 타겟(Target)을 위한 아이작 미즈라히 디자인(Isaac Mizrahi for Target)처럼 브랜드 유명 디자이너들을 고용하여 할인점 고유의 브랜드를 개발함으로써 자신들의 이미지를 향상시키기 위하여 노력하고 있다.

상설할인매장은 과거 20년 동안 두 배 이상 증가하면서 전통적인 백화점과 전문점의 시장을 잠식해 왔다. 월마트와 타깃을 필두로 할인업체들은 미국에서 가장 큰 소매 유통업체가 되었다. 요즘 일부 할인점들은 '수퍼 센터', 즉 의류, 일상용품, 잡화와 서비스를 갖추고서 가격지향의 소비자에게 어필하는 대규모 거대매장들을 가지고 있다.

오프 프라이스 유통업체(Off-Price Retailers) 어떤 유통업체들은 특별행사상품, 떨이상품, 과잉생산 재고상품, 이월재고상품, 변색 상품 및 제조업체의 반품 상품을 취급하여, 저가로 상품을 파는 것을 전문으로 한다. 낮은 매장 임대비용이 필수적이기 때문에 그들은 임대료가 높은 몰이나 다운타운 중심지역을 피한다. 오프 프라이스 유통업체들의 예로는 로스(Ross), 로만스(Loehmann's)와 마샬즈(Mashalls)가 있다.

아울렛 매장(Outlet Store) 과잉재고상품과 이월재고상품을 자신의 아울렛 매장에서 판매하는 제조업체들처럼(제12장 참조), 유통업체들도 이월상품과 저회전율 상품을 위해서 자신의 재고처리 매장(clearance store)을 갖는 것이 유익하다는 것을 발견했다. 메이시즈와 니만 마커스와 노드스트롬은 노드스트롬 랙과 같은 자기 자신의 아울렛을 갖고 있는 본보기이다.

창고형 클럽(Warehouse Clubs) 이 유통업체는 소액의 회비를 부과하는 회원제로 운영되며, 일반 상품에 대하여 창고형 진열을 하면서 높은 할인율을 제공한다. 이들 업체는 비록 약간의 의류를 판매하기는 하지만 그것은 주로 캐주얼이거나 스프츠웨어이다. 이들은 4만 평방 피트에서 16만 평방 피트에 이르는 넓이의 매장에서 3,000~5,000종의 제품을 가득 쌓아

두고 판매한다. 예로는 월마트가 소유한 샘즈 클럽(Sam's Club)과 코스트코(Costco)가 있다.

판매촉진형 매장

전문점이든 백화점이든 대량유통업체이든 가격지향적인 매장은 일종의 판매촉진형 매장이다. 이 매장들은 제조업체들로부터의 특가품과 빈번한 세일을 제공하여, 고객들을 매장으로 끌어들인다. 많은 고객들은 싸게 물건을 산다는 믿음 때문에 세일 때 물건 사기를 좋아한다. 판매촉진형 매장의 예로는 메이시즈, 메이 컴퍼니(May Company), 머빈즈(Mervyn's)와 타깃이 있다. 어떤 매장들은 보다 판매촉진형이 되어 가는 반면, 다른 매장들은 이러한 전략을 떠나 일정한 가격을 유지하려고 노력하고 있다.

위탁 매장

리테일링에서 매우 작은 부분을 차지하지만 위탁 매장과 위탁 판매가 돌아오고 있다. 위탁(consignment)은 소매업자가 그들의 매장에 상품을 가져다 놓고 그것이 판매될 때만 벤더에게 돈을 지불하는 것이다. 만약에 상품이 판매되지 않는다면 벤더에게 반품된다. 일부 소매업자들은 위탁 판매가 그들에게 위험부담 없이 새로운 제품을 매장에 선보일 수 있는 기회를 제공한다고 주장한다. 일본에서는 일반적인 판매형태이지만 미국에서 위탁 판매는 큰 백화점과 작은 디자이너 부티크의 보석 코너나 빈티지 의류 매장에서 주로 행해진다.

소매점 조직

소매점 조직은 다양한 역할과 책임을 경험할 수 있는 많은 기회를 제공한다.

소매점 조직 내 기능은 일반적으로 여섯 개의 책임영역 – 머천다이징, 매장운영, 마케팅, 재무관리, 재산관리, 인사관리 – 으로 나뉜다. 머천다이징, 매장운영, 마케팅은 모두 판매를 책임진다. 그런데 각각의 매장 또는 회사는 그 자신의 독특한 조직구조를 가지고 있다.

머천다이징(merchandising) 조직은 상품을 기획하고 구매, 판매하는 것을 책임지며, 조직목표는 매장의 목표고객에게 적절한 상품을 적절한 시기에 제공하는 것이다(제14장 참조).

매장운영(retail operation) 조직은 소매 건물을 기획하고 관리, 유지하며, 매장 및 상품을 보호하고, 고객 서비스를 제공하며, 건물 내에서의 상품과 사람의 움직임을 조정한다. 카탈로그와 인터넷 쇼핑업체에게 이 영역은 창고, 주문, 배송을 관리하는 것이다.

마케팅(marketing)은 매장의 핵심사업과 이미지를 지휘하고, 광고 · 디스플레이 · 홍보 · 특

별 이벤트 · PR을 통하여 고객에게 상품과 서비스에 대한 정보를 제공하는 것을 책임진다(제
15장 참조).

　재무관리(finance) 조직은 비용 지출을 통제하고, 입출금, 매입채무(account payable; 상품
을 납품받았으나 아직 대금을 지불하지 않은 것), 급여, 세금, 매출채권(credit) 및 재고에 대
한 기록을 관리한다.

　재산관리(real estate or store planning) 조직은 매장 위치, 실물자산 투자, 건축, 고정설비
를 감독한다.

　인사 관리(human resources) 조직은 자격과 업무 처리 스킬(skill)을 갖춘 인력을 매장에 충
원하고 노동법에 위배되지 않도록 처우한다.

소규모 매장

전형적인 소규모 매장은 종종 한 사람(대개 소유자)에 의하여 관리된다. 한 사람이 매니저,
구매담당, 판매원, 재고담당, 회계담당과 같은 매장 운영의 많은 역할을 담당하는 것이다.
어떤 경우에는 여러 사람이 동업하여 각자가 가장 잘 할 수 있는 직무를 담당하면서 한 매장
을 운영하기도 한다. 판매가 증가함에 따라 소유자는 넓은 영역의 활동을 수행하는 종업원을

뉴욕 시의 작은 패션
매장인 제프리의
구두 판매 코너
(출처 : JEFFREY
KALINSKY, NEW
YORK)

고용한다. 성공적인 매장은 규모가 점점 증대하거나 또 다른 지역에 매장을 오픈하게 된다.

소규모 매장들은 의상 연출 계획안과 같이 큰 매장들이 제공할 수 없는, 고도로 개인화된 서비스를 그들의 고객에게 제공할 수 있으며, 또한 개인적인 접촉을 통하여 고객의 필요를 알 수 있게 된다. 그들은 대규모 제조업체들의 높은 최소 판매단위 때문에, 흔히 대규모 제조업체로부터 직접 상품을 구매할 수는 없지만, 소규모 제조업체로부터 구매하거나 다른 소규모 매장들과 공동으로 바잉 오피스를 구성하여 구매할 수 있고, 개성 있는 제품을 독특하게 전시하여 고객에게 제공할 수 있다(제14장 참조).

소규모 독립 전문점들에게는 지금이 경쟁하기 어려운 때이다. 어떤 조사연구자들은 오늘날 소비자의 필요는 니만 마커스나 삭스 핍스 애브뉴가 가지고 있는 것과 같은 구색을 갖추지 못하는 소규모 전문점에 의해서는 충족되지 않는다고 말한다. 하지만 다른 한편으로 소규모 전문점은 소규모 제조업체에 의하여 만들어진 개성적인 패션을 위해 남겨진 유일한 판로일 수 있다. 이런 이유로 베를린즈(Berlin's), 자넷 브라운(Janet Brown), 린다 드레스너(Linda Dresner), 프레드 시걸, 제프리(Jeffrey), 줄리안 골드(Julian Gold), 릴리 도손(Lilly Dodson), 루이스(Louis), 그리고 스쿱과 같은 소규모 패션 부티크(boutique)가 부활하고 있다.

대규모 매장

판매가 증가함에 따라 매장 경영자들은 보다 많은 종업원을 고용하고 공간을 확대한다. 추가적으로 매니저들이 고용됨에 따라 전문화가 일어난다. 즉 소매 기능들이 각자의 직무에 적합한 전문가들 사이에 나뉘는 것이다. 각 매니저들은 머천다이징, 매장운영, 인사관리, 재무관리와 같은 분리된 기능에 대한 책임을 맡게 된다. 매장은 외부의 재무 서비스를 이용하거나, 광고와 홍보를 수행하는 대행사를 이용할 수도 있다. 총 매출액이나 단위면적당 매출액, 매장의 수에 있어서 매장의 규모가 크면 클수록 그 조직구조는 보다 복잡해진다.

매장 내의 매장들

매장 내 디자이너 부티크 인기 있는 디자이너나 브랜드 벤더는 종종 소매점이 매장 내에서 그들만의 상품을 위한 항구적인 위치와 공간을 제공할 것을 요구한다. 리테일링 업자들은 공간을 제공하고 그들의 제품을 구매한다. 디자이너나 브랜드 벤더들은 자신들의 상품이 시각적으로 어떻게 진열되고 장식되어야 하는지를 규정한다. 그들은 매장환경의 조성에 관하여 매장 조사자들과 협상하고 비품을 공급한다.

매장 내 부티크들의 디자이너와 브랜드 벤더들은 자신들의 전 콜렉션을 매장에 진열하여 브랜드 이미지를 강화할 수 있도록 하고 있다. 또는 그들의 액세서리들을 그들의 옷과 함께 진열할 수 있다. 그렇게 함으로써 그들은 소비자들에게 조르지오 아르마니(Giorgio

헨리 벤델에 입점한 D&G(Dolce and Gabbana)
(출처 : HENRI BENDEL, 사진촬영 : 저자)

Armani), 캘빈 클라인(Calvin Klein)이나 랄프 로렌(이들 디자이너와 제조업체들 중 많은 수가 그들 자신의 독립 매장을 갖고 있다)의 '세계'를 선사한다. 심지어 월마트는 제조업체가 그들 자신의 상품을 선택하고 디스플레이하는 것을 책임지는 '벤더 매장'을 개설하기도 했다.

응집력 있는 매장 이미지를 제공하기 위하여, 그리고 자체 브랜드를 판촉하기 위하여, 백화점들은 의류를 품목별로 전시하여 소비자들이 쇼핑하는 것이 편한 옛날 모습으로 돌아가고 있다.

임대 코너   고객에게 추가적인 서비스를 제공하기 위하여 많은 매장들이 어떤 코너를 특별한 전문제품을 더 잘 다룰 줄 아는 외부 조직에게 임대한다. 소매점 내의 임대된 코너는 보통 매장 운영자 자신보다는 외부업체가 기획하고, 소유·운영한다. 모피제품, 신발, 고급보석과 같은 상품 코너는 판매사원에 대한 특별한 교육이 필요하기 때문에 때때로 임대된다. 오늘날에는 매장 운영자가 직접 코너를 운영하는 것이 비용 효과가 크기 때문에, 코너 임대가 예전보다 덜 이용되고 있다.

다점포 매장

성공적인 **단일점포** 매장이 타 지역 점포를 오픈하게 되면 그것은 **다점포** 운영조직으로 성장하게 된다. 이것은 소수의 지역점포를 가진 소규모 리테일링 조직으로부터 시작하여 수백 개의 매장과 수천 명의 종업원을 보유한 전국적인 리테일링 '체인'에까지 걸쳐 있다. 다점포 유통업체의 성공은 대량으로 구매하고, 상품과 운영비용을 전 조직으로 배분하는 능력에 기초하고 있다.

갭이나 테일러와 같은 전국적이고 전 세계적인 단일 브랜드 매장들과, 시어즈와 J. C. 페니와 같은 백화점들이 체인 조직이다. 많은 고급 디자이너 브랜드들조차 체인이 되어 가고 있다. 폴로 랄프 로렌은 350개의 체인망을 가지고 있으며 조르지오 아르마니는 30개 이상을 보유하고 있다. 어떤 체인 조직들은 거대유통업체가 되었다. 세계에서 가장 큰 유통업체인 월마트는 1,570개 매장과 1,250개의 슈퍼센터, 그리고 520여 개의 샘스클럽을 가지고 있다. 갭은 갭 키즈(Gap Kids), 올드네이비(Old Navy), 바나나 리퍼블릭(Banana Republic)을 포함하여 전 세계적으로 3,000개의 매장을 운영하고 있다. 스페인의 자라는 전 세계적으로 5,000개 이상의 매장을 가지고 있으며, 스웨덴의 H&M은 14개 국가에서 1,000여 개의 매장을 운영하고 있다. 리테일링은 점점 대규모 체인에 의하여 지배되고 있다.

체인 조직　당연히 체인의 경영은 소규모 리테일링 업체의 경영에 비해 더 복잡한데, 그것은 특히 '도어(doors)'라고 불리는 개별 매장들이 흔히 지리적으로 멀리 떨어져 있기 때문이다. 대부분의 체인들은 비슷한 조직 구조를 가지고 있다. 최고경영자(CEO), 회장 또는 사장이 경영층의 수장이다. 부사장은 머천다이징, 마케팅, 매장운영, 지역매장, 기획, 비주얼 머천다이징, 재무관리, 인적자원, 고객서비스 등과 같은 각각의 기능을 책임지고 있다. 매장운

전국적인 체인으로 조직된 탈보츠(Talbots)
(사진촬영 : 저자)

영 사업부 안에서는 총괄 매니저 또는 매장 매니저가 각각의 매장을 책임지고 있다. 그룹 판매 매니저와 판매 매니저, 판매 사원은 각 매장의 특정 영역에서 고객과 함께 일한다.

고위 간부들은 회사 본부에서 일한다. 또 머천다이징 매니저와 구매 매니저는 아마 주요 시장에 근접해 있기 위하여 뉴욕 시에 사무소를 가지고 있을 것이다(머천다이징 사업부의 조직은 제14장에서 논의됨). 중앙 집중 방식으로 구매된 상품은 중앙이나 지역 물류 센터를 통해 모든 매장에 배송된다. 개별 매장 매니저와 그 종업원은 각지의 체인매장에서 일한다.

소유권의 유형

리테일링 업체를 분류하는 다른 방법은 소유권의 유형에 따르는 것이다.

개인 소유 회사

대부분의 독립 패션 매장은 한 사람 또는 단독 재산권자에 의하여 소유된다. 이러한 형태의 사업체가 매우 많지만, 그들은 전체 리테일링 사업에서 단지 작은 부분만 차지한다. 이러한 형태의 매장은 대부분 소유주 경영 체제이다. 그들은 고객과 직접 접촉하고, 회사 규칙에 구속되지 않으며, 따라서 고객의 니즈에 빠르게 응답하고 신축적이다. 그러나 이들 매장을 소유주이자 매니저들은 그들의 사업을 효과적으로 운영하기 위하여 넓은 범위의 업무능력을 보유하고 있어야 한다. 그들은 대개 외부의 재무관리 서비스와 광고 대행업체를 이용한다. 백화점과 전국규모의 체인점들의 비슷한 제품에 소비자들이 매력을 못 느끼게 됨에 따라, 작고 독립적으로 소유된 회사들은 다시 찾아온 활황에 즐거워하고 있다.

합병회사

합병회사는 계약을 통해 두 명 이상의 사람에 의하여 소유되는 기업형태이다.* 이 경우에 각 파트너가 개별 기능들에 대한 책임을 분담한다. 예를 들어 한 소유자가 머천다이징을 관리하고 다른 쪽은 재무관리와 매장운영을 담당할 수 있다. 매장이 더 많은 종업원을 고용함에 따라 직무는 보다 전문화된다. 사업이 성장함에 따라 그것은 대개 주식회사로 전환된다.

주식회사

거의 모든 패션 리테일링 체인들은 주식회사이거나 대규모 주식회사나 지주회사의 사업부이

---

*역자 주 : 각각의 공동 소유자를 파트너라 함.

다. 주식회사에서는 주주들이 회사에 자금을 공급하고 회사를 운영할 이사회 이사를 선임한다. 이사들은 다시 회장과 회사를 운영할 다른 본사 임원들을 선임한다. 경영층의 주 기능은 정책을 수립하고 전략이 적절히 수행되는 것을 보장하는 것이다. 임원들은 그들의 전문성에 따라 특별한 책임 영역을 관리하게 된다.

이 장의 시작 부분에서 논의된 대로, 리테일링 체인에서 상당한 수준의 통합과 구조개선이 있었다. 각각의 인수된 리테일링 업체들은 그 주식회사 내에서 하나의 별도 사업부가 된다. 대개 각각의 사업부는 그것을 소유한 중앙의 머천다이징과 경영으로부터 준 독립적인 단위이다. 그러나 전반적인 조직, 전략기획, 재무는 본사 경영층이 다룬다. 모든 사업부는 통신·정보·물류 시스템과, 브랜드 개발, 카탈로그 생산, E-커머스 개발을 공유하며 원가 절감을 돕는다. 리테일링 업계 임원들은 대규모 기업이 더 큰 구매력을 가진다는 사실 때문에 기업 간 통합이 필요하다고 생각한다. 소수의 주식회사 체인들이 오늘날 패션 리테일링을 지배하고 있으며, 그들은 새로운 매장을 추가함으로써 계속 성장하고 있다.

무점포 리테일링

무점포 리테일링은 소비자의 편의를 위하여 개발되어 왔다.

많은 소비자들은 번잡한 교통, 주차, 군중, 그리고 잘 맞는 의상을 찾아서 매장에서 매장으로 이동하는 것의 불편을 싫어한다. 또한 많은 바쁜 사람들은 쇼핑하러 갈 시간도 없다. 그들은 옷과 액세서리를 신속하고 효율적으로 구입할 수 있기를 원한다. 그들의 필요에 답하여, 우편주문배송·케이블TV·인터넷 쇼핑이 소비자들에게 홈쇼핑이라는 편리함을 제공하고 있다. 대규모 리테일링 주식회사들은 카탈로그와 E-커머스를 다루는 별도의 사업부를 운영하고 있다.

홈쇼핑은 아직 리테일링의 작은 세분 시장에 불과하지만 빠르게 성장하고 있다. 많은 주요 매장 기반 유통업체들은 카탈로그와 인터넷을 이용해서도 판매를 하고 있다. 미래에는 소비자들이 언제 어디서나 상품을 구매할 수 있기를 기대하기 때문에, 전통 매장, 카탈로그, 웹이 함께하는 다채널 리테일링이 미래의 물결이 될 것이다. 무점포는 비록 편리하기는 하지만, 소비자들이 상품을 접촉하거나 세부사항을 가까이서 볼 수 없고 그것을 시험해 볼 수도 없다는 단점이 있다.

우편주문배송 업체

우편주문배송 리테일링은 카탈로그나 직접 우편을 기반으로 소비자들에게 상품을 제공한다. 우편주문 카탈로그는 소비자들에게 집 안에 편히 앉아서 상품과 가격을 비교할 수 있는 기회를 제공한다. 직접 우편으로 보내지는, 소매점 청구서가 동봉된 브로셔로 상품정보를 제공하는 것이다(제15장 광고 참조).

탈보츠와 J. C. 페니를 포함하여, 많은 우편주문배송 사업체들은 소매점을 갖고 있다. 어떤 업체들은 그들의 카탈로그 사업이 성공한 후에 매장을 개설하는 반면, 어떤 업체들은 기존 리테일링 업체가 참여한 경우이다. 사실 모든 리테일링 업체들은 우편주문배송이 그들의 매장 머천다이징을 보완하고 사업성을 증진시킨다는 것을 발견하고 있다. 의류 카탈로그 유통업체로는 제이크루(J. Crew), 랜즈엔드, L.L. 빈, 탈보츠(Talbots) 등이 있다. 카탈로그의 크기는 J. C. 페니의 반년 단위 1,000페이지 책에서부터 탈보츠의 48페이지 카탈로그에 이르기까지 다양하다. 이들 회사 중 일부는 특정 틈새시장에 초점을 맞춘 미니 카탈로그를 내놓고 있다.

카탈로그 유통은 어려운 사업이고 그 성공은 흔히 회사가 상품과 물류를 어떻게 체계적으로 운영하는가에 달려 있다. 카탈로그를 디자인하고 개발하고 배포하는 데 소요되는 시간 때

에디 바우어(Eddie Bauer) 카탈로그의 첫 번째 교정본의 한 페이지
(출처 : EDDIE BAUER)

문에 새로운 패션 트렌드에 신속하게 반응하기 어렵고, 높은 재료비, 인쇄비, 우송료로 인해 카탈로그를 생산하여 배포하는 데 비용이 많이 든다. 제이크루의 경우, 연간 약 8천만 개의 카탈로그를 고객우편목록에 있는 고객들에게 우송한다. 고객이 수신자부담 전화로 주문을 할 때, 상담자는 그 고객의 과거 구매정보에 접속하여 고객이 좀 더 쉽게 주문하도록 도와줄 수 있다.

일부 우편주문배달 업체들은 사업 확대를 위하여 세계 각국으로 배송 범위를 확대해 왔다. 하지만 그렇게 하는 데는 외국어, 고가의 우송료, 무료전화 서비스 불가 등의 장벽이 있다. 온라인 쇼핑의 도전에 대응하기 위해 많은 카탈로그 유통업체들은 인터넷 판매도 겸하고 있다.

E-테일링

E-테일링(E-tailing)은 인터넷상의 온라인 리테일링을 지칭하기 위하여 산업계에서 흔히 사용하는 용어로 E-커머스라고도 한다. 고객과 소매업자는 컴퓨터를 통해 쌍방향으로 대화할 수 있다. 유통업체는 정보와 그래픽을 인터넷을 통해 고객의 컴퓨터에 전달하고, 고객은 자신의 컴퓨터를 통하여 직접 상품을 주문할 수 있다. 컨설팅 회사인 프라이스 워터하우스 쿠퍼스(Price-Waterhouse-Coopers)의 분석가들은 인터넷을 '지구상의 모든 사람들을 위한 거대한 전자자동판매기'와 같은 것으로 보았다.

인터넷은 세계 시장을 열었다. 점포를 빌리는 비용 없이 많은 사람들에게 판매할 수 있다. 온라인 시장에서 의류 판매는 미디어(서적과 음악), 여행 서비스, 컴퓨터 소프트웨어 다음으로 네 번째로 큰 시장이다. 현재 Scoopy.com 같은 작은 부티크를 포함하는 거의 대부분 유통업체들은 웹사이트를 가지고 있다.

소비자들은 밤낮없이 어느 때든지 쇼핑할 수 있는 편리함을 좋아한다. 그들은 사이트에 쉽게 접속하고, 그들이 원하는 것을 빨리 찾고, 개인적 서비스를 받고, 상품을 신속하게 배달 받기를 원한다. 사이트는 접속하기 쉬워야 하고, 자주 업데이트되어야 하며, 유통업체의 이미지를 전달하는 선명한 그래픽을 가지고 있어야 한다. 얼마나 재고를 잘 모니터링하고, 주문을 이행하고, 고객서비스를 다루느냐 하는 것도 E-커머스 성공의 관건이다. E-커머스를 하는 것은 카탈로그 업체가 가장 손쉽다. 이미 창고와 물류시스템을 적절히 갖추고 있기 때문이다.

조사연구에 따르면 소비자들은 이미 알려진 매장과 연계되어 있는 웹사이트들에 쇼핑의 비중을 두고 있으며, 이런 사이트가 반품하기 더 쉽다는 것을 알고 있다. 웹사이트를 갖고 있는 매장들은 흔히 언론에서 '브릭 앤 클릭(brick and click)' 유통업체로 불린다. 가장 큰 규모의 의류 판매 온라인 업체는 이베이(eBay), QVC, 빅토리아 시크릿(Victoria Secret)이다.

그 뒤를 J.C. 페니, 콘드워터클릭(Coldwater Creek), 홈쇼핑네트워크, 랜즈앤드, 올드네이비, 에디바우어(Eddie Bauer), L.L. 빈이 따르고 있다.[3]

　Style.com, ShopVogue.com, 그리고 Glam.com 같은 온라인 서비스 업체들은 다양한 유통업체에서 쇼핑할 수 있는 기회를 제공한다. 미래에는 전자 카탈로그를 이용해서 쇼핑하는 사람들은 여러 유통업체들 가운데서 크기, 브랜드 및 가격대별로 제품을 맞춤 검색할 수 있고, 물품의 근접한 모습을 보기 위해서 이미지 확대(zoom)를 할 수 있게 될 것이다. 리테일링의 미래는 복합채널화(Multichanneled)됨으로써 소비자들에게 전화, 인터넷, 실제 매장 방문 같은 쇼핑의 여러 가지 방법을 제공할 것이다.

텔레비전 쇼핑

TV 홈쇼핑에는 전국에 있는 소비자들이 자신의 거실에서 상품을 보고, 전화로 주문해서, 거실까지 배달받는 쇼핑 네트워크와 인포머셜(infomercial)이 있다. 대표적 케이블 네트워크는 QVC와 홈쇼핑 네트워크(HSN)인데, 그들 사업의 단 20%만이 패션 상품이다. 일부 디자이너들은 케이블 텔레비전을 위한 특별 콜렉션을 선보이기도 한다. HSN을 위한 랜돌프 듀크(Randolph Duke) 콜렉션과 QVC를 위한 캐롤 호치만(Carole Hochman) 콜렉션이 있다.

　산업분석가들은 TV홈쇼핑의 잠재적 성장률을 그리 높게 보지 않고 있다. 사람들이 어떤 상품이 선보이는 특정 시간을 위해 기다리려 하지 않을 것이기 때문이다. 예상한 대로 쇼핑 네트워크회사 둘 다 인터넷을 그들 사업의 자연스런 확장 대상으로 본다. HSN은 인터넷 쇼핑 네트워크(Internet Shopping Network)를 인수했고, QVC는 웹상에서 그 자신의 QVC 쇼핑 서비스를 개시하였다.

요약

SUMMARY

이 장에서는 격렬한 경쟁으로 인한 폐업, 청산, 통합이라는 현재의 리테일링 상황을 검토하였다. 리테일링 업체는 가치, 서비스, 엔터테인먼트, 독특한 머천다이징, 글로벌 확장이라는 형태로 소비자의 필요를 맞춤으로써 이러한 상항에 대응하려고 노력하고 있다. 도심 리테일링에 대한 새로운 관심이 나타나고 있고, 몰들은 생존하기 위하여 다양화되고 있다.

리테일링 운영 형태에는 전문점, 백화점, 대량유통업체, 우편주문배송 업체, 전자 리테일링 업체가 있다. 단일점포 매장도 있고 다점포 매장도 있으며, 일부는 대규모 체인으로 성장하고 있다. 소매점 운영을 위한 기능으로는 마케팅, 머천다이징, 매장운영, 재무관리, 부동산 관리, 인사관리 등이 있다. 소규모 매장에는 이들 직무 모두가 단지 소수의 사람에 의하여 다루어지는 반면, 대규모 매장에서는 각 기능을 각각 다른 담당 임원이 지휘한다.

경쟁력 있는 위치를 유지하기 위하여 리테일링 업체들은 표적고객의 필요에 초점을 맞추어야 한다. 표적고객에게 어필하기 위하여 매장은 자신들의 상품, 마케팅, 서비스에서 전달되는, 독특하면서도 적절한 이미지를 갖추고 있어야 한다.

⬤ 용어 개념

다음의 용어와 개념을 간단히 설명하고 논하라.

1. 리테일링
2. 라이프스타일 센터
3. 5번가
4. 체인스토어
5. 백화점

6. 전문점
7. 작은 틈새 리테일링
8. 대표매장
9. 자사브랜드 유통업체
10. 오프 프라이스 유통업체

11. 판매촉진형 매장
12. E-테일링
13. 매장 내 부티크

⬤ 복습 문제

1. 리테일링의 목적은 무엇인가?

2. 리테일링에서의 구조개선과 합병의 이유는 무엇인가?

3. 1990년대에는 유통업체들이 경쟁을 위하여 무슨 전략을 사용했는가? 여러분이 생각하기에 가장 효과적인 것은 어느 것이며 그 이유는 무엇인가?

4. 글로벌화는 리테일링에 어떤 영향을 주는가?

5. 그동안 미국에서 나타난 쇼핑몰의 다섯 가지 유형을 설명하라.

6. 백화점은 전문점과 어떻게 다른가?

7. 소규모 매장과 대규모 매장 간에 존재하는 조직상의 차이점들을 설명하라.

8. 오프 프라이스, 상설할인, 창고형 리테일링이 증가하는 이유는 무엇인가?

9. 우편주문배송 리테일링의 성장을 간략하게 설명하라.

10. 인터넷 리테일링이 미래에 어떤 영향을 끼칠 것인가?

11. 리테일링 조직의 기본 기능을 설명하라.

12. 소규모 매장은 어떻게 대규모 매장과 경쟁하는가?

● 심화 학습 프로젝트

1. 여러분의 지역공동체 내의 백화점 또는 전문점 중에 유통회사에 의해 소유된 매장이 하나라도 있는지 찾아보라. 같은 회사에 소속된 또 다른 매장들이 있는지 조사하라.

2. 여러분의 거주 지역 내에 있는 대규모 매장의 역사와 성장을 연구 조사하라. 그 매장의 홍보 부서와 접촉하여 정보를 구하고, 더 많은 정보를 얻기 위하여 소속 대학이나 지역의 도서관을 찾아보라.

3. 어떤 사이트가 여러분이 좋아하는 사이트인가? 이유는 무엇인가? 제공되는 제품과 그래픽, 그리고 주문판매 편리함에 대해 분석하라.

● 참고문헌

[1] As quoted by Melissa Drier, "Department Store Parley Focuses on Adaptation," *Women's Wear Daily,* May 22, 2006, p. 5.

[2] Walter K. Levy, managing director of retail trends, Kurt Salmon Associates, as quoted in "In the Black or in the Red," *FGI Bulletin,* Fashion Group International, Issue 4, 2003.

[3] "Retail Therapy Online," *Women's Wear Daily,* April 6, 2006, p. 12.

이탈리아 프로렌스의 에밀리오
푸치(Emilio Pucci) 매장
(출처 : EMILIO PUCCI SRL)

14

▶▶▶ 리테일 패션 머천다이징

관련 직업 ■□■

패션 머천다이징은 주로 유통업체 경영진, 상품 매니저, 때로는 패션 디렉터가 관장하며, 실제 구매와 상품의 정상 판매는 바이어, 기획자와 그를 돕는 부서원들의 책임이다.

학습 목표 ■□■

이 장을 읽은 후…

1. 상품의 구매 측면과 판매 측면을 이해할 수 있다.
2. 시장에서의 구매 과정을 설명할 수 있다.
3. 재고 관리와 평가에 대하여 모든 측면을 묘사할 수 있다.
4. 고객 서비스와 판매 사원들의 중요성에 대해 설명할 수 있다.

상품(merchandise)은 판매를 위한 물품을 나타내는 데 사용되는 용어로, 실제 판매자 또는 소매업자라는 뜻의 상인(merchant)이라는 단어에서 유래하였다. 패션 머천다이징(fashion merchandising)은 고객의 패션 욕구와 필요를 채우기 위해 필요한 모든 계획과 활동을 포함한다. 과거에는 패션 머천다이징이 주로 여성 어패럴과 액세서리와 연관되었지만, 오늘날에는 남성복과 아동복 분야에서도 공격적인 머천다이징 테크닉을 사용한다. 패션의 영향력은 화장품과 침장에서부터 식기에 이르는 모든 리테일링 영역에 확산되어 왔다.

이 장에서는 바이어의 담당 업무와 더불어 구매와 판매 활동의 계획과 실행에 대해 알아보고, 이어서 상품의 매장 도착에서부터 소비자에 의한 구매에 이르는 상품의 흐름을 다룬다.

머천다이징 조직

머천다이징이 적절하게 제 기능을 하고 구매와 판매의 성공을 확고히 하기 위해서는, 머천다이징 책임을 필요로 하는 모든 영역에서 계획과 조직이 필요하다.

작은 점포에서는 소수의 사람들이 외부 프리랜서와 에이전시의 도움을 바탕으로 구매와 판매기능을 모두 책임진다. 큰 유통 체인에서는 머천다이징 책임은 크게 두 가지 조직 체계로 나뉜다. 구매 조직(buying line)은 상품 내용과 구색을 책임지고, 매장 조직(store line)은 상품 구성과 고객 사이의 연결을 책임진다. 구매 조직 구성원들은 보이지 않는 곳에서 일하고, 매장 조직 구성원들은 매일 고객을 응대한다. 이 두 부서의 공동의 목표는 상품을 판매하는 것이다.

매장 조직의 책임

매장 조직의 주요 책임 영역은 매장을 운영하는 것이다.

- 매장 내 사람과 상품을 받고 이동시키기
- 판매 사원들을 훈련시키기
- 고객서비스를 제공하기
- 비용을 관리하기
- 매장 건물을 관리하기
- 안정을 유지하기

특히 매장 담당 임원은 긍정적인 판매 결과를 위해서 판매사원, 바이어, 상품 매니저와 함께 일해야 한다. 매장 운영에 관련된 모든 것들과 모든 사람들은 목표를 성취하기 위하여 조직된다.

여러 매장을 운영하는 조직(multi-unit organizations)에서 매장 조직을 총괄하는 직책인 매장 디렉터는 회사 내의 개별 매장 매니저들을 지휘 감독하며, 매장 매니저들은 매장의 머천다이징, 판매, 고용, 그리고 전반적인 성공을 책임진다. 매장 매니저들은 대개 그 책임을 다시 각 매장코너를 담당하는 판매 매니저, 층별 또는 구역 매니저에게로 배분시킨다. 판매부서 매니저와 그들의 부서원들은 그 부서를 운영하고, 상품에 대한 정보를 경영부서로부터 바이어들에게, 바이어로부터 경영층으로 전달·배포하고, 재고를 처리하고, 판매 상품을 체크하고, 판매 사원들을 감독한다. 비록 대다수의 유통을 배우는 학생들은 바이어라는 직업에 관심이 있지만 매니저라는 직업에 더 많은 취업기회가 있다. 매장 담당 부서에서 고객들을 대해 본 경험은 바이어들에게 무척 중요하다. 많은 리테일링 훈련 프로그램은 고객 만족에 대한 더 좋은 이해를 획득하기 위하여 매장 라인 경험을 가지는 훈련을 가진다.

구매 조직의 책임

구매 조직의 상품 매니저와 바이어는 매장의 고객들을 만족시키기 위하여, 적합한 상품(right merchandise)을 적합한 시간(right time)에 매장으로 가져오는 데 필요한 모든 계획과 활동들을 해야 한다.

총괄 상품 매니저　유통업체의 최고경영자(Chief Executive Officer, CEO)는 총괄 상품 매니저(General Merchandise Managers, GMMs) 또는 회사 상품 매니저(Corporate Merchandise Managers, CMMs)에게 머천다이징 책임을 위임한다. 그들은 전체 매장을 고려한 머천다이징 기본 정책을 세우고 판매 물량을 책임진다. 총괄 상품 매니저 또는 회사 상품 매니저들은 여러 사업부를 책임진다. 그 사업부들은 여성복과 액세서리 담당 총괄 상품 매니저처럼 상품 간에 서로 연관되어 있을 수도 있고 서로 전혀 연관되지 않을 수도 있다.

사업부 상품 매니저　머천다이징 책임은 사업부 상품 매니저(Divisional Merchandise Managers, DMMs)에 의해 관리되는, 여성 캐주얼이나 남성 액세서리 같은 단위 사업부로 나뉜다. 여성복 분야의 경우, 각 사업부는 미시 정장, 미시 캐주얼, 주니어 정장, 또는 주니어 캐주얼을 각각 책임질 것이다. 분산된 구매를 하는 전국적 소매업자들(retailers)의 경우에는 사업부 상품매니저 대신에 지역 상품 매니저(Regional Merchandise Managers, RMMs)를 둘 것이다.

바이어　각 사업부는 구매과들로 구성된다. 구매과들은 라이프스타일, 스타일링 카테고리, 가격대, 또는 거래업체에 바탕을 두고 구성된다. 라이프스타일에 따르는 경우, 여성복은 사

블루밍데일즈
(Bloomingdale's)의
기성복 상품매니저
마리안 굿맨(Marian
Goodman)이 스태프
들과 함께한 모습
(사진촬영 : 저자)

회적 상황, 직업에 의해 분류될 것이다. 가격대에 의해 구성한다면 각 과들은 디자이너, 브릿지, 고가, 컨템포러리, 중가, 저가로 구분될 수 있다. 대규모 체인에서는 구매 책임이 더 세부적으로 나뉜다. 액세서리는 핸드백, 양말류, 모자, 보석 등으로 더 세부적으로 나뉜다.

각 과들은 상품의 관련 그룹인 **분류**(classification)로 더 분화된다. 매장크기에 따라서 한 바이어는 하나 또는 더 많은 분류의 성공을 책임진다. 한 명의 바이어는 한정된 수의 브릿지 또는 디자이너 콜렉션들로부터 구매한다. 각 유통업체들은 업체 특성에 맞는 고유의 분류 체계와 바이어 책임 영역을 가지고 있다.

패션 머천다이징 방향

패션 머천다이징 방향은 독특한 매장 이미지에 부응하는 일관된 패션 머천다이징을 유지하기 위하여 확립된다(제15장 참조). 단일점포 매장에서는 일반적으로 소유주가 패션 디렉터와 바이어의 역할을 동시에 한다. 대규모 매장 또는 체인에서 경영자는 패션 디렉터를 고용할 수 있다. 패션 디렉터는 회사의 마케팅 정책과 실제 구매 결정 사이의 다리 역할을 한다. 패션 디렉터는 어떤 상품을 선택할 것인지, 어떻게 전시할 것인가를 제안하기 위하여 상품 매니저, 바이어, 그리고 판매촉진 전문가들과 함께 일한다.

경영자, 디자이너 콜렉션 바이어들과 함께 패션 디렉터는 패션 트렌드를 알기 위해 유럽 또는 미국 콜렉션의 전시회와 패션쇼에 참석한다. 패션 트렌드는 스토어 이미지와 연관되어 분석되고(제4장 참조), 이러한 분석 결과는 상품 계획과 광고 지침의 하나로서 바이어들에게 전달된다. 패션 디렉터는 적당한 상품을 선택하고, 매장의 자사 브랜드를 개발하고, 구매상품을 다른 부서의 상품과 코디네이트하기 위하여 바이어와 함께 일하기도 한다. 패션 디렉터는 판매 사원들이 새로운 패션 컨셉과 매장 머천다이징 방향을 이해하고 고객들을 설득하는 데 도움이 되도록 시즌 패션 경향 발표도 준비한다.

구매 준비

바이어들이 상품을 효율적이고 성공적으로 구매하기 위해서는 철저한 구매 계획이 필요하다.

상품 계획

경영자는 패션 머천다이징 정책, 패션 상품의 구매·판매 및 관련 활동에 대한 광범위한 기본지침을 결정한다. 소매업자들은 경영자가 정한 정책, 목표, 패션 방향의 테두리 안에서 상품 계획을 수립한다. 컴퓨터예측 계획시스템에 저장된 전년도 해당 시즌 판매 외형과 실적 평가 결과(이 장의 마지막 참조)는 새로운 계획을 위한 기초 자료로 사용된다.

상품 계획은 소비자 수요와 판매 목표에 부응하는 적절한 구색의 상품 구매를 위하여, 각 부서나 사업부에 적절한 금액을 배분하는 재무 계획이다. 일반적으로 경영자는 전사적인 회사 재무 계획을 결정하고, 총괄 상품 매니저에게 경영자에 의해 계획된 금액을 부서별로 배분하고 책임 판매 목표를 정해 준다. 이렇게 부서별로 배분된 금액은 또다시 부서 내에서 각자 맡은 부분의 계획 수립을 담당하는 사업부 매니저와 소속 바이어들에게 재배분된다.

판매 목표 계획   소매업자의 목표는 자신이 세운 상품 계획을 초과 달성하는 것이다. 판매 전망을 현실적으로 예측하기 위해서는 바이어가 반드시 다음 사항을 고려해야 한다.

- 경제상황 – 불황을 예측하면 바이어들은 보수적으로 구매하는 경향이 있다. 반면에 좋은 때에는 아마 매출 증가를 기대하여 더 많은 양을 구매할 것이다.
- 시장과 패션 트렌드 분석(제4장 참조)
- 인구의 증가
- 지역 내 유통 경쟁
- 소비자 수요의 변동
- 계절적인 소비자 수요 – 예를 들면, 리조트와 여름 나기를 위한 수영복, 개학으로 인한 변화
- 날씨 – 예를 들면, 따뜻한 겨울로 인한 코트 세일의 감소
- 휴일 – 쇼핑일수, 주말, 추수감사절과 크리스마스 사이, 부활절이 전년보다 앞인가 또는 뒤인가, 부활절에서 어머니의 날까지 어느 정도 걸리는가, 아버지의 날, 노동자의 날들을 포함하는 휴일이 구매 패턴에 어떤 영향을 끼칠 것인가?

런던 리버티의
상품 계획은 최근의
인테리어 변경을
반영하는 것이다.
(출처 : LIBERTY
OF LONDON,
사진촬영 : 저자)

■ 매장에서 요구되는 물리적인 확장이나 변경사항들
■ 상품을 효과적으로 보관하고 전시하는 각 부서의 능력
■ 상품을 보완하기 위하여 어떤 마케팅 활동이 필요한가?
■ 기본 재고, 해마다 또는 특정 계절마다 일정한 수요를 가진 기본 상품
■ 일하는 장소에서 캐주얼 의상의 효과 – 캐주얼 의상은 정장보다 가격이 저렴한 편이다. 이것은 평균 판매가 낮다는 것을 의미할 수 있다.
■ 평균 구매금액 – 고객들이 고가 의상과 액세서리를 여러 벌 구매하는가, 아니면 저가 단일 아이템을 구매하는가?

상품 계획은 회계 일정에 따라 판매 시즌 4개월 전에서 1년 전에 결정되며 봄/여름과 가을/겨울로 진행되는 6개월 단위 또는 1년 단위 기간의 예산을 다룬다. 상품 계획은 판매와 이윤 목표를 달성하기 위하여 1개월간 구매되고 판매되어야 하는 금액을 보여주는 컴퓨터 정산표로 작성된다.

상품계획구성

■ 인수 계획 – 매장에서 판매하기 위해 구매해야 하는 상품의 금액
■ 판매 계획
■ 마크업 계획 – 원가에 마진을 덧붙여 가격을 책정하는 것
■ 마크다운 계획 – 상품의 판매를 위해 가격을 낮추는 것
■ 판매촉진용 세일
■ 월초 재고물량 – 매장에 들어오는 물량
■ 월말 재고물량 – 매장에 남은 제품의 물량
■ 공급 주기 – 상품이 매진되는 데 걸리는 시간
■ 재고 부족분
■ 총수익 – 이윤
■ 상품회전율 – 판매를 평균 재고로 나눈 것으로 추정
■ 할인 – 소매업자들은 벤더의 송장가격에서 6% 할인을 받는다.

■ 수량 – 계획은 이러한 판매 목표를 달성하기 위해 구매되는 의상들과 액세서리들의 분류별 수량 (units) 또한 상세하게 기입한다.

재고 계획　계획의 다음 단계는 소비자 수요량에 맞추기 위해 필요한, 즉 계획된 매출을 지탱할 수 있는 재고량을 투자 관점에서 결정하는 것이다. 판매가 최고에 달할 것으로 예상되는 시점 직전에 반드시 최고로 충분한 재고 물량이 매장 내에 있어야 한다. 재고 계획은 컴퓨터로 조직화된 유통업체 재무 시스템의 일부이다.

구매 계획

상품 계획을 바탕으로 바이어들은 상품 구매 전략을 수립한다. 구매 계획은 바이어가 일정 기간 안에 생산업자나 중간상인으로부터 구매하기를 기대하는 유형, 물량, 가격, 상품의 사이즈에 대한 묘사이다. 판매목표, 상품 계획과 함께 부서별 분류된 상품별 투자 계획이 정확하게 기재된다.

구매 계획이 자세할수록 구매 결정은 더 명확해질 것이고 바이어들은 짧은 마켓 기간에 상품의 패션 측면에 집중할 수 있다. 구매 계획은 원하는 것을 시장에서 발견할 수 없는 경우처럼 환경이 변화하는 경우를 대비해서 계획 변경이 가능할 만큼 유연해야 한다.

상품구색 계획　상품구색(assortment)은 일반적으로 한 부서나 과내에서 분류에 의해 나뉜 다양한 스타일들, 물량들, 상품의 가격 모음이다. 바이어는 자신들의 표적고객의 수요에 부응하는 조화로운 상품구색의 구매를 계획한다.

구매한도　해당 월초와 월말의 보유 재고량을 고려하여, 바이어는 재고량과 판매량이 조화를 유지하도록 구매 물량을 계산해야 한다.

현재 필요한 재고와 발주된 재고 사이의 차이는 구매한도(open-to-buy)와 동일하다.

　　현재 필요한 재고 – 발주된 재고 = 구매한도

구매한도 예산은 사업 경기에 따라 적용된다. 사업이 잘되면 재고는 낮아질 것이고 보충되어야 할 필요가 있

■ 메이시즈의 구매 계획이라 일하고 있는 바이어 리 필립(Holly Philip)과 롤린 펜토프러스(Caro Pentopoulos)
(사진촬영 : 저자)

다. 사업이 잘 안 되면 구매를 줄여야 한다. 덧붙여서 구매한도는 종종 바이어에게 주어진 특정 브랜드나 특정 카테고리와 상품을 전시할 부동산, 즉 공간의 넓이에 기초를 두고 계산되지만, 한편으로는 특별한 경우에 대비한 여유자금을 고려하여 구매한도는 넉넉하고 유연해야한다.

구 매

바이어는 머천다이징 계획, 매출, 이윤 목표에 따라 상품을 구매한다.

사전 준비

경험 바이어의 상품에 대한 지식은 교육과 경험 모두에 뿌리를 두고 있다. 상품을 평가하고 고객을 위해 적합한가를 판단하는 능력은 여러 해를 보내며 품질, 스타일링, 가격을 위한 상품의 모든 유형을 시험해 보면서 발전한다. 바이어가 매장조직 경험을 가지는 것은 매우 중요하다. 고객의 욕구와 필요에 대해 배우려면 매장에 근무해 보는 것이 필요하다. 리미티드(Limited)의 창업자인 레슬리 웩스너(Leslie Wexner)는 그의 '매장에서 일하면서 고객의 상품과 전시에 대한 반응을 관찰하고 그들의 불만사항들을 어깨 넘어 들으면서 얻은 경험'이 유통 감각을 개발하는 데 도움이 되었다고 말했다.[1]

조사연구 시장과 패션 트렌드 조사연구는 바이어에게는 후천적 본성이 되어 가고 있다. 제2장과 제4장에서 논의되었다시피 바이어는 다음 영향 요인들을 지속적으로 관찰해야 한다.

- 인구 통계와 인구 심리학
- 어떤 유형, 가격, 상품의 수요에 미치는 경제적 상황과 효과
- 스타일링과 외주에 있어서 국제적인 영향 요소들
- 시장과 패션 트렌드들
- 미디어와 패션 유명인사들의 영향들
- 경쟁업체에서 제공되는 상품들

구매의 손익 측면 대 창의성 측면

구매 과정은 일부는 분석적이고 일부는 창의적이다. 이러한 메커니즘은 판매 역사와 머천다이징 계획의 개발과 관련이 있다. 손익에 대한 책임의 증가로 인해, 많은 바이어들이 단지 구매집행자로 남을 수밖에 없었다. 업계에서 흔히 하는 말로 표현하자면, '숫자를 따르는 것'과 '상품을 따르는 것' 사이에서 바이어들은 균형을 잡아야 한다. 구매의 창조적인 측면은 유

행을 파악하여 고객들을 끌어당길 만한 재미를 가진 상품을 살 수 있는 능력이다. 백화점 바이어들은 안전하게 승부를 지으려는 경향이 있지만, 좀 더 위험을 감수하는 것이 필요하다. 특히 최근 시장이 다시 패션 지향적으로 되고 있는 만큼 위험 감수는 더더욱 필요하다.

편집자로서의 바이어   바이어들은 그들의 상품 선택에 의해 소비자의 선택 폭을 좁히게 됨으로써 소비자 구매에 대단한 수준의 영향을 끼칠 수 있다. 매장에서 콜렉션의 어떤 부분이 어느 정도 물량으로 팔릴 것인가를 결정함으로써 바이어는 한 브랜드의 상품 특성에 대한 소비자의 인식에 영향을 끼칠 수 있다. 하지만 그들은 자신을 적절하게 대표하기 위한 라인이나 콜렉션을 충분히 보여 줄 필요가 있다.

바이어-기획자 시스템   일부 소매업자들은 구매 기능을 바이어-기획자 시스템(buyer-planner system)으로 분리시킨다. 이 시스템하에서는 바이어들이 자금관리와 동시에 마켓에서 구매와 상품 선택을 하는 데 집중할 수 있다. 반면에 기획자는 분배에 집중할 수 있다.

기획자(planner)는 구매의 규모와 매장별 분배 계획을 수립한다. 기획자들은 특정 매장을 위해 적합한 상품을 지정하기 위하여 색상 선호, 라이프스타일 필요들, 기후 차이, 민족적 취향 등의 과거 판매 결과를 바탕으로 지역 차이를 분석한다. 그들은 또한 상품이 잘 팔리는 매장에 상품을 재배치시키고 기본 상품 재고가 있는지 확인한다. 대부분 매장들은 지금 상품 배치를 포함한 컴퓨터 기반의 예측 계획 시스템을 가지고 있다.

마이크로 대 매크로 머천다이징

표적고객   바이어는 그들의 표적고객을 위하여 적당한 가격에 적당한 직물, 색상 구색, 직물을 선택하기 위해 노력한다. 바이어들은 고객들의 필요에 맞는 상품을 사기 위하여 고객의 라이프스타일에 지속적인 관심을 기울일 필요가 있다. 샌프란시스코에 사는 어떤 긴 정장 및 이브닝드레스 바이어는 젊은 사람들이 어떤 졸업파티 드레스를 선호하는지를 알기 위하여 시내 호텔의 로비에 앉아 늦은 봄 저녁을 보낸다(표적고객 결정에 대한 배경 정보를 위해 제2장 참조).

마이크로 머천다이징   연령, 민족, 라이프스타일에 바탕을 둔 단위 시장의 광범위한 규모 때문에 맞춤 상품에 대한 필요가 증가하고 있다. 하나의 틈새시장을 선정해서 공략하는 마이크로 머천다이징(micromerchandising)은 다양한 취향과 필요와 함께 다양한 사회에 대한 인식으로부터 나왔다. 전국적 유통망을 가진 소매업자는 그들의 상품을 지역과 지역, 매장과 매장을 차별화시켜야 한다. J.C 페니 같은 소매업자는 지역 바이어들로 하여금 각 매장의 필요에 따라 상품구색을 달리할 수 있게 한 분산 구매 시스템을 가지고 있다. 중앙집중 시스템을 가진 유통업체에서 기획자는 상품을 적절하게 분배시키기 위하여 컴퓨터를 이용한 분배 시

스템을 사용한다. 마이크로 머천다이징은 한정된 시장에 초점을 맞추는 것이 유리한 소규모 유통업체와 생산업체를 위해서는 일종의 기회이다.

매크로 머천다이징 갭(Gap) 같은 일부 전국적인 유통업체들은 유통 경로 전반에 통일된 이미지를 유지하기를 선호하는 매크로 머천다이저들(macromerchandisers)이다. 그들은 회사의 기풍을 세우기 위해 일부 양보하기도 하지만 소비자들이 모든 매장에서 똑같은 갭 상품을 발견하기를 원한다.

마케팅에 있어서 바이어의 역할

상품을 어떻게 시장화하고 팔 것인가에 대한 결정은 판매 시즌 이전에 철저하게 이루어진다. 바이어는 우편광고와 전자상거래, 비주얼 머천다이징, 특별 이벤트와 함께 광고에 대한 계획을 설립한다(제15장 참조).

광고 바이어들은 그들의 상품 계획에 바탕을 두고 광고를 요청하고 거래업자들이나 투자자들과 협상한다(제15장 참조). 그들은 직물, 색상, 스타일링 디테일, 가격, 사이즈를 포함한 상품에 대한 모든 정보를 광고 카피라이터에게 제공한다. 의상 또는 액세서리 제품 자체도 일러스트레이터, 레이아웃 디자이너, 사진가에게 주어져야 한다. 바이어는 광고의 횟수와 방향을 결정하는 것을 돕고 정확성을 위해 광고 카피를 주의 깊게 점검해야 한다. 광고하는 동안 바이어는 상품이 매장에 배달되고 정확한 표시와 함께 매장에 전시되어 있는지 확인해야 한다.

비주얼 머천다이징   바이어들은 특정 상품을 위한 윈도우와 매장 내부 디스플레이를 요구할 수 있다. 그들은 또한 잠재적인 고객의 구매에 있어서 매장 내에 있는 상품들이 좋은 선택이었는지 확인해야 한다.

특별 이벤트   바이어들은 특별 이벤트와 패션쇼를 시도할 것이다. 예를 들면, 한 디자이너 콜렉션의 바이어는 패션 오피스와 함께 디자이너가 새로운 콜렉션을 소개하고 무대 인사를 하는 것을 계획 조정할 수 있다.

마케팅 전략을 평가하기 위하여 바이어들은 광고, 쇼, 이벤트의 전과 후 판매 데이터를 비교한다. 그들은 마케팅 전략들이 판매를 촉진시키는 데 성공적이었는지를 측정하기 위해 노력한다.

구매와 판매 사이클

구매와 판매 사이클은 소비자 수용에 따른 패션 사이클과 관계가 있다(제3장 참조). 그러므로 바이어의 책임은 모든 사이클에 해당한다. 무엇을 살 것인가를 계획하고, 시장을 조사하고, 올바른 상품을 선택하고, 상품의 판매를 촉진하기 위한 광고, 디스플레이, 특별 이벤트를 위해 일하고, 판매 사원들을 훈련하고, 남은 상품을 할인판매한다.

구매와 판매 사이클은 계속적으로 겹쳐진다. 새로운 상품이 매장에 들어오고 반면에 다른 상품들은 판매의 정상에 도달하거나 또는 하강한다. 지난주나 지난달의 판매 외형과 특정 스타일의 현재 판매 현황을 비교함으로써 바이어는 판매가 증가하거나 줄어드는지 알 수 있다. 그러므로 소비자 수요를 해석하고 분류하는 일 그리고 최근 판매를 평가하는 바이어의 업무는 지속적인 프로세스이다.

폭넓은 구색의 구매   바이어들은 이상적으로는 소비자 반응을 시험하기 위해서 시즌 초에는 넓지만 얇은 상품 구색을 구매하기를 원한다. 그런 다음 특정 스타일이 베스트셀러가 될 것 같으면 그 상품의 깊이를 더한다. 특정 스타일의 판매가 상승 중일 때에는 더 많은 양을 주문하고자 하지만 생산업자가 더 이상 그 상품을 생산할 수 없어서 재주문은 종종 어려움에 처한다.

좁고 깊은 구색의 구매   상품의 카테고리가 매우 인기가 있거나 바이어가 한 스타일에 대해 강하게 느끼고 있다면 바이어는 좁고(소수의 스타일) 깊게(각 사이즈와 색상마다 대량) 구매할 수 있다.

단주기 구매   바이어들은 유행에 민감한 주니어 제품이나 패션 의류의 시장 상황과 트렌드를 판단하고 빠르게 시장에 대응하기 위하여 단주기 구매(short-cycle buying)를 할 수 있다. 실시간 머천다이징(just-in-time merchandising)이라고도 일컬어지는 단주기 구매는 재고를 줄이

유행에 민감한 상품의 주문을 위해 짧은 주기의 구매 주문을 실행 중인 런던 펜윅(Fenwick) 백화점에 위치한 L.K. 베네트(L.K. Bennett) 매장 (출처 : FENWICK, 사진촬영 : 저자)

는 데 도움이 된다. 이러한 단주기 구매는 전적으로 생산 주기와 상품의 확보 가능성 여부에 달려 있다.

판매촉진 계획 바이어들은 할인 가격에 특별 판매 같은 판매촉진에 앞서 계획을 세워야만 한다. 예를 들어 캐시미어 스웨터처럼 특정 아이템이 인기가 있을 때, 바이어는 대량으로 구매함으로써 가능한 특별 할인가격으로 구매한 후 그 차액만큼 고객에게 할인해 줄 수 있다. 많은 소매업자들은 지속적인 할인과 판매촉진의 관례에서 벗어나고 싶지만 사실상 고객들이 그런 것들을 기대하고 매장을 찾기 때문에 실제로는 어렵다.

가격인하의 계획 바이어들이 완전한 정상 판매와 함께 상품을 선택하기를 원하지만 부득이한 가격인하를 고려하고 계획을 세워야 한다. 많은 매장들은 대략 8~12주 동안 상품을 정상으로 판매한 후 가격인하를 단행한다. 소매업자들은 가격인하를 함으로써 묵은 상품을 치우고 상품의 회전을 빠르게 할 수 있다. 인기가 없어졌거나 어긋난 사이즈나 색상 구색(소비자들이 특정 상품을 구매함으로써 팔고 남은 완전하지 못한 상품구색) 때문에 상품이 남을 수 있다.

소매업자들은 생산업자들에게 일반적으로 그들의 손실을 보충하기 위하여 가격인하로 인한 손실에 대한 배상을 요구한다. 일부 생산업자들은 새로운 상품 조달을 위한 여지를 만들기 위해 상품 가격인하를 허용하는 기간을 제안하기도 한다. 많은 소비자들은 할인된 상품만을 구매하는 '가격인하 심리'를 가지고 있다. '이러한 심리에 대항하기 위해' 삭스 핍스 애비뉴(Saks Fifth Avenue) 백화점의 브릿지 콜렉션 바이어 줄리 두고프(Julie Dugoff)는 "소매업자들은 정상가 판매를 증가시키기 위하여 재고를 줄이고 그들의 구매를 조심스럽게 계획한다."[2]고 지적했다.

마켓에서 구매

구매 계획이 설립되고 나면 패션 바이어들은 다가오는 시즌에 구매 가능한 상품을 보기 위해 마켓으로 쇼핑을 간다. 소매업자들에게 생산업자들은 패션상품의 공급자, 중간상인 또는 거래처이다. 구매를 위한 출장은 바이어의 특정 상품 카테고리에 있어서 영향력이 있는 마켓을 돌아보기 위한 시간이다.

바이어들은 다양한 필요를 위해 다양한 마켓 센터들을 방문한다. 많은 사람들은 바이어의

파리의 프레타포르테 전시장을 찾은 세계 각국의 바이어들 (출처 : PRÊT-À-PORTER PARIS, 사진촬영 : JEAN-MARK HANNA)

업무가 유럽으로 자주 출장을 떠나는 우아한 것으로 상상한다. 하지만 오직 큰 매장의 디자이너 브랜드 담당 부서 바이어들과 패션 디렉터들만 유럽 콜렉션에 참가한다. 이들에게조차 밥 먹고 쉴 시간도 부족한 꽉 짜인 스케줄 때문에 사업상의 여행은 여유 있는 우아함이라고는 남지 않는다. 많은 프랑스, 이탈리아 디자이너들은 현재 뉴욕에 신상품 전시장을 가지고 있어서 바이어들이 꼭 유럽에 가야 할 필요는 없다.

개성 있는 제품을 찾기 위해 작은 전문점 바이어들은 전 세계 멀리는 중국, 오스트레일리아, 뉴질랜드, 터키, 브라질, 인도, 남아프리카 공화국 같은 먼 곳까지 가서 새로운 재능을 가진 디자이너를 발굴한다. 셀프릿지 백화점의 대표인 애나 가너(Anna Garner)는 "우리는 새로운 디자이너를 찾기 위하여 전 세계를 돌며 1년 내내 패션 페어에 참석할 수 있습니다. 하지만 그런 행동은 경제적이지 않습니다."[3]라고 지적했다. 바이어들은 다른 바이어들이 찾아내기 전에 멋진 것들을 먼저 찾고자 노력한다. 그들은 종종 새로운 디자이너를 찾기 위해 각국의 지역 전문가를 고용한다.

디자이너와 브릿지 바이어들은 미국 기성복 콜렉션을 보러 뉴욕에 간다. 컨템포러리, 고가상품, 주니어, 특별 사이즈 바이어들은 그들의 상품을 취급하는 특별 마켓 위크(market week) 동안 뉴욕에 간다. 남성복과 아동복 바이어들 역시 그들의 마켓 위크 동안 뉴욕에 간다. 중가와 저가의 어패럴 바이어들은 지역 마켓 내 생산자들의 신상품 전시장에 갈 것이다.

지역 점포들은 지역 패션 마켓에서도 구매를 할 수 있다. 딜라즈(Dillard's)의 바이어들은 예를 들면 텍사스 주 달라스(Dallas)의 신상품 전시장에서 그들의 구매물량의 반을 구입한다. 마켓에 갈 수 없는 작은 매장 주인들의 편의를 위해 전화주문에 의해 생산업체의 판매 책임자가 상품을 가져다줄 수 있다. J.C. 페니 같은 일부 유통업체들은 텍사스에 있는 그들의 바이어들에게 화상회의를 통해 선택된 상품을 보여 준다.

라인 구매 대 트렌드 구매　바이어는 주요 거래처와 새로운 거래처 양측으로부터 새로운 패션을 구입한다. 주요 거래처 또는 핵심 벤더(vendor)들은 신뢰할 수 있는 곳으로 명성을 유지해 오고 있으며 스타일링, 품질, 가격, 전국적으로 유명한 브랜드 상품의 공급자들이다. 이러한 주요 거래처들로부터 구매를 하는 관례를 **라인 구매**(line buying)라고 한다.

매트릭스 시스템　일부 소매업자들은 핵심 벤더로부터 모든 상품의 80~90%를 구입하고 있다! 딜라즈에 의해 개발된 엄격한 중앙 집중 머천다이징인 **매트릭스 시스템**(matrix system)이 가장 한정적이다. 그들은 큰 소매업자들은 그들의 모든 매장에 상품을 공급할 수 있는 대형 공급처만이 제대로 거래를 할 수 있다고 생각한다. 바이어들에게 핵심 벤더 명단을 한정해 주고 다른 생산업자들로부터의 구매를 허용하지 않는다. 물론 이 시스템은 큰 유통 체인 또는 합동 그룹의 모든 매장에 공급할 수 없는 작은 어패럴 생산업체들은 제외시키고 소비자들을 위한 선택의 폭을 좁히는 데 기여한다.

트렌드 구매　진보적인 스타일링을 위한 상품을 구매하는 것은 트렌드 구매(trend buying)로 명명된다. 트렌드 구매는 앞서 가는 패션 매장들을 위해 특별히 중요하다. 바이어들은 항상 새로운 거래처를 찾기 위한 시간이 없기 때문에 일부 소매업자들은 생산업자들이 찾아와서 그들의 상품을 보여 줄 수 있는 벤더 데이를 제공한다. 흥미롭고 특별한 거래처를 발견하는 것은 패션 매장에는 중요한 상품 상황을 의미한다. 패션, 새로움, 그리고 독특함에 대한 관심이 고조되고 있다. 그러므로 모든 매장들, 특히 작은 전문점들은 어느 정도 트렌드 구매를 해야만 한다.

마켓 진행과정　바이어들은 그들이 필요로 하는 특정 상품 유형과 가격대를 만드는 생산업자의 신상품 전시장을 방문한다. 경영자, 머천다이저, 판매 책임자에 의해 상품 구성 전부가 전시되었기 때문에, 바이어들은 벤더가 준 작성명부(line sheet)를 이용하여 스타일번호, 묘사, 사이즈, 색상 범위, 직물, 도매가에 대한 기록을 한다.

　바이어들은 스타일링, 직물과 생산의 품질, 맞음새, 상품을 지원하는 튼튼한 회사 경영과 은행 보조, 배달시간 엄수 등을 고려한다. 삭스의 줄리 두고프(Julie Dugoff)는 "바이어는 거래처를 믿어야 하고 장기적인 가능성을 볼 수 있어야 한다."[4]고 말했다. 바이어들은 스타일링

트렌드 구매에 주력하는 헨리 벤델(Henri Bendel) 매장의 다양한 색상의 상품들
(출처 : HENRI BENDEL, 사진촬영 : 저자)

과 품질이 같은 가격대에서 본 다른 상품들과 비교할 때 유리한지 평가해야 한다. 유통 매장의 평수는 한정되어 있다. 바이어가 새로운 거래처를 시도할 때는 다른 업체의 상품을 들어내야 한다. 바이어들은 또한 그들 매장을 위한 각 스타일의 판매 가능성과 그 의상들이 '매장에서' 어떻게 보일 것인가를 고려해야 한다. 마켓 출장의 막바지에는 바이어는 돌아본 상품들에 관한 노트를 재검토하고 덜 적합한 스타일들과 중복된 것을 제거한 후 구매할 스타일을 결정한다.

법인 구매 대량 구매를 하는 대형 매장의 경우, 구매는 종종 바이어를 포함한 중역 그룹에 의해 경영자 선에서 이루어진다. 예를 들면 월마트는 이러한 방법으로 그들 구매의 대부분을 진행하기 위해 노력한다. 이러한 경우 바이어는 구매 팀의 일원이다.

소매업자와 벤더의 협약 생산업자들과 소매업자들은 공동의 성공을 향해 함께 일하려고 노력한다. 벤더 중역들, 디자이너들, 머천다이저들, 판매 책임자들은 각 소매업자의 특정 고객들을 위해 적합한 상품을 제안한다. 생산업자들은 고객에게 맞는 상품을 선별한다. 바이어들과 판매 책임자들은 광고, 재주문, 가격인하, 정상가 판매와 관련해서 판매 시즌 내내 함께 일한다. 바이어들은 또한 주간 판매 리포트를 벤더들에게 제공한다.

구매 주문 상품 주문을 배정할 때는 매장과 벤더 사이의 계약이 고려된다. 그러므로 주문서를 쓰는 것은 만약 품질 기대수준과 배달 요구사항에 부응할 때만 매장이 상품을 확보한다는 것을 서약하는 것이다. 모범적인 구매 주문들은 구매일자, 거래처의 이름과 주소, 판매기간, 운송방법, 매장의 배달주소, 부서명, 주문량, 주문된 스타일의 묘사와 가격을 구체적으로 명시한다. 구매 주문은 어떤 상품이 주문 가능한지 또는 생산 중인지 그리고 어느 정도의 운송 기간이 걸리는지의 정보를 즉석에서 알려 주는 컴퓨터 시스템에 연결된 인터넷 벤더에 의해 가장 효과적으로 이루어진다. 구매 주문 정보는 상품이 주문되고, 배달되고, 마침내 팔려 나가는 과정을 추적하는 전체 상품정보시스템(MIS)의 일부가 되고 있다.

소비자 수요 사이클의 다양한 변동 폭에 부응할 효과적인 상품 물량들이 매장에 전시될 수 있도록 하기 위해 상품 배달은 특정 시간에 맞춰진다. 벤더는 이러한 배달 기간에 부응하기 위하여 헌신적이다. 그렇지 못할 경우 주문은 취소되거나 할인을 해 주어야 하기 때문이다. 이른 배달은 상품이 매장에 오랫동안 전시되고 정상가로 판매될 기회를 더 많이 제공한다.

자동 보충 기본 상품의 재고를 유지하기 위한 노력의 일환으로 소매업자들은 벤더와 연결된 전자문서 교환 시스템에 의해 가능해진 자동 보충 시스템을 사용한다. 자동 보충 시스템을 운영하기 위해서 소매업자들은 공급업자들이 아무런 유통 경영자의 승인이나 재확인 없이 보충할 수 있도록 허용된 기본 상품을 위한 지속적인 구매한도 영역을 기꺼이 지정해야만 한다. 큰 유통업체들은 공급처에서 항상 각 매장에서 재고를 보충할 수 있도록 하는 시스템

을 개발하였다. 이러한 시스템들은 판매와 재고 정보를 곧바로 벤더에게 보내 줌으로써 생산
계획을 돕는다. 언더웨어, 양말류, 신발 매장에서는 모든 사이즈, 색상 등등의 재고 보유를
명확히 하기 위한 자동 재발주의 사용이 특히 중요하다. 다른 상품 영역에서도 자동 재발주
의 사용은 증가하고 있다.

내셔널 브랜드 대 자사 브랜드

소매업자들은 고객들에게 경쟁자로부터 그들을 차별화시켜 주는 고유 브랜드를 제공한다.

전국적인 유통망을 가진 멀티 브랜드 소매업자들은 고객들에게 인기 있는 내셔널 브랜드를
제공한다. 전국적으로 발견할 수 있는 생산업자의 브랜드인 내셔널 브랜드(national brand)는
매장이 매 시즌마다 스타일링, 맞음새, 품질의 한결같은 수준을 갖추고 있다고 고객들이 생
각하도록 돕는다. 하지만 매장들이 점점 더 똑같은 내셔널 브랜드를 보유하게 되면 독점성은
사라지게 되고 매장들은 다 비슷하게 보인다.

　독점성은 패션 소매업자의 독특함의 중요한 측면이 되어 왔다. 바이어들은 다른 어떤 매장
도 가지고 있지 않은 것들을 고객들에게 제공하기 위하여 외국 시장 또는 잘 알려지지 않은,
이제 막 주목받기 시작한 젊은 디자이너들로부터 남다른 패션 룩을 찾았다. 일부 소매업자들
은 그들을 위한 독점적인 브랜드(exclusive brand)를 만들기 위해 내셔널 브랜드 생산업자들과
함께 일한다. 많은 소매업자들은 또한 자사 브랜드에 손을 댄다.

자사 브랜드

원가를 절감하고 품질, 가치, 독특함을 제공하기 위한 노력의 일환으로 대부분 다수 매장을
보유한 소매업자들은 자사 브랜드 상품을 판매하고 있다. 자사 브랜드(Private Brand, PB)*
상품은 '삭스 핍스 애비뉴 리얼 크로즈(Saks Fifth Avenue Real Clothes)' 처럼 매장의 이름을
그대로 유지하거나 메이시즈/페더레이티즈의 'I.N.C.' 나 노드스트롬의 '클라시크 앙티에
(Classiques Entier)' 같은 가상의 이름을 가지게 된다. 자사 브랜드는 월마트의 조오지
(George)처럼 유명인사 이름으로 붙여지기도 한다. 일반 대중들은 자사 브랜드와 내셔널 브
랜드의 차이를 인식하지 못한다. 그들에게 그것들은 그저 브랜드들일 뿐이다.

---

*역자 주 : Private Label을 국내에서는 라벨이 주는 의미의 혼동을 줄이고자 자사 상표나 자사 라벨 대신에 자
　사 브랜드(Private Brand, PB)라는 용어로 더 많이 사용한다.

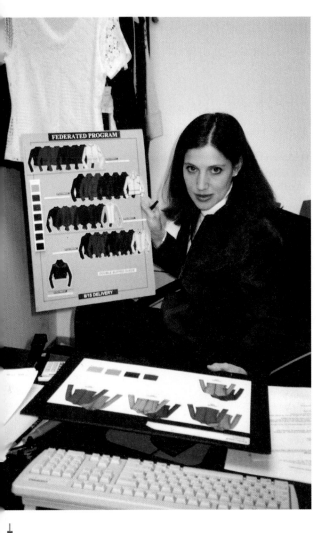

상품기획 총괄담당인 줄리 두고프가 페더레이트 백화점의 자사 브랜드인 줄리 두고프스 웨터 콜렉션을 보여 주고 있다.

(사진촬영 : 저자)

비용 절감 자사 브랜드 상품은 고급 내셔널 브랜드보다 덜 비싸게 제조될 수 있다. 낮은 원가는 소매업자에게 더 높은 부가이윤을 허용하고 그러므로 총수익을 증가시킨다. 이러한 절감분은 또한 소비자에게 넘겨지기도 한다.

독점성 자사 상표 상품은 또한 소매업자에게 그들을 위한 독점적인 상품을 제공한다. 이전에는 폴로셔츠 같은 기본상품뿐이던 유통업체들도 지금은 자사 브랜드로 품질 좋은 패션 상품을 제공한다. 이러한 패션 콜렉션들 또는 단품들은 소매업자들로 하여금 경쟁에서 그들을 차별화시킨다. 콜즈를 위한 베라 왕(Vera Wang) 콜렉션인 '베리 베라(Very Vera)'나 타겟(Target)을 위한 아이작 미즈라히의 콜렉션 처럼 많은 소매업자들은 특별한 상품을 만들기 위해 디자이너들을 고용하기도 한다.

생산업자로서의 소매업자 소매업자들은 주문량을 보장함으로써 바로 그들을 위해 그들의 요구사항에 따라 만들어진 자사 브랜드 상품을 가지고 있다. 생산은 여러 가지 방법들로 조정될 수 있다.

■ 소매업자들은 단순히 하청업자들이 복사한 'hot' 아이템을 가질 수 있다.
■ 그들은 퍼클러즈(Peclers) 같은 디자인서비스 업체가 그들을 위해 창조한 디자인을 생산업체에 맡길 수 있다.
■ 그들은 회사 내에 디자인과 머천다이징 부서를 구성하고 하청업체와 함께 일할 수도 있다. 자라의 300여 명의 디자인 스태프는 한 해에 2만 장의 디자인을 만들어 낸다.
■ 시그니 디자인즈(Cygne Designs) 같은 자사 브랜드만을 위해 특화된 생산업자와 함께 일하거나 타하리(Tahari)같이 자신의 브랜드도 가지고 있으면서 타사 브랜드들을 위해서도 제조를 하는 생산업자와 함께 일한다.

소매업자들은 양말류, 언더웨어, 기본 액세서리 같은 기본 상품을 위한 자사 브랜드로 시작한다. 오늘날 많은 소매업자들은 의류 브랜드를 생산한다. 자사 브랜드 생산은 판매 시점에 근접하여 생산할 수 있게 만들고 새로운 트렌드에 빨리 반응할 수 있도록 한다. 주요 소매업자들은 수백 가지 라인의 자사 브랜드를 가지고 있다. 그것은 전체 남성복과 여성복 판매의 적어도 20%를 차지한다. 자사 브랜드는 J.C. 페니즈(J.C. Penney's) 백화점의 상품구성 중 절반을 차지한다. 소매업자들은 내셔널 브랜드와 자사 브랜드 사이에서 올바른 균형을 찾기 위해 노력하고 있다.

많은 소매업자들은 J.C. 페니즈 백화점의 오리지날 아리조나 진즈 컴퍼니(Original Arizona Jeans Company)나 메이시즈 백화점의 I.N.C. 같은 내셔널 브랜드와 경쟁할 수 있는 자사 브랜드를 개발해 왔다. 제13장에서 논의된 대로 갭, 브룩스 브라더스, H&M, 앤 테일러(Ann Taylor) 같은 일부 소매업자들은 오직 자사 브랜드 상품만을 판매한다.

바잉 오피스

구매를 촉진하기 위하여 많은 매장들은 전 세계에 위치한 상주 바잉 오피스와 국내 마켓센터들과 협력 관계를 맺고 있거나 그들 소유의 바잉 오피스를 가지고 있다.

바잉 오피스(buying office)라는 용어는 산업에서 여전히 쓰이고 있지만 그 역할은 폭넓은 기능들을 충족시키기 위해 크게 확산되어 왔다. 바잉 오피스의 두 가지 주요 유형은 독립적인 사무소와 특정 매장에 소속된 사무소이다.

독립적인 상주 바잉 오피스 독립적인 소유권을 가지고 운영되는 바잉 오피스들은 마켓 서비스를 제공하는 대가로 제휴된 매장들로부터 수수료를 받는다. 현재 가장 큰 오피스는 400개 이상의 매장들을 대표하는 도네거 그룹(Doneger Group)이다.

매장 소유의 상주 바잉 오피스 기본적으로 매장 소유의 상주 바잉 오피스에는 제휴 형태와 연합 형태 두 가지 유형이 있다.

1. **제휴된 바잉 오피스**(associated buying office)는 매장 그룹에 의해 합동 소유되고 운영된다. 회원 매장들은 비슷한 판매 물량, 매장 정책, 표적고객을 가지고 있지만 자신의 매장과 경쟁하지 않는 지역들에 위치한다. 운영비용은 매장의 판매 외형과 서비스 이용량을 바탕으로 각 회원 매장에 분배된다. 머천다이징조합법인(Associated Merchandising Corporation, AMC)은 잘 알려진 사례이다.

2. **법인 바잉 오피스**(corporate buying office)는 그룹 또는 체인 스토어의 본사에 의해 소유되고 운영된다. 페더레이티드 백화점 소속 매장 구매의 70%가 본사에서 이루어지고 있으며 나머지 30%만 개별적으로 이루어진다.

국제 바잉 오피스 많은 대형 유통회사들은 해외에 그들 소유의 바잉 오피스를 가지고 있거

크리에이티브 디렉터인 데이비드 울프(David Wolfe)와 그의 팀은 도네거(Doneger) 그룹을 위해 서비스를 제공한다. (출처 : DONEGER CREATIVE SERVICES)

나 해외 중매인들, 해외 마켓센터 내의 매장들을 대표하는 에이전트를 이용한다. 이러한 사무실들은 자유로운 언어소통으로 수출입 거래를 담당하고 품질관리를 점검하고, 통화율을 계산하고, 고정적인 운송센터를 제공하고 관세통관의례를 거치기 위한 시설들을 갖추고 있다.

바잉 오피스 서비스 바잉 오피스는 회원 매장들의 시장 대표로서 활동한다. 그들의 머천다이저들은 벤더의 상품구성들을 보고, 시장분석을 준비하고, 새로운 패션방향, 베스트셀러, 트렌드, 그리고 특별할인상품에 대한 내용이 담긴 안내책자를 그들의 회원들에게 발송한다. 하지만 바이어들과는 다르게 그들은 재정적인 결정은 내리지 않고 유통 매장의 바이어들이 구체적으로 요구하지 않는 이상 상품주문을 하지 않는다. 바잉 오피스는 작은 매장들을 위해 단체 구매를 조직하여 전체 주문이 대형 또는 중요한 생산업자들이 요구하는 최소주문단위 물량에 맞추도록 중재하는 역할을 한다.

바잉 오피스들은 또한 색상과 트렌드 예측, 자사 브랜드를 위한 상품 개발, 소싱, 수입품 관리, 광고와 판매촉진 지원, 그리고 유통의 모든 측면에 대한 조언과 정보 같은 기타 다양한 서비스들을 제공한다. 그들은 보고서, 뉴스레터, 워크숍, 컨설팅의 방법으로 회원들에게 정보를 제공한다.

유통 가격

유통 판매 가격은 미리 정해진 매장 가격 정책과 도매 원가에 기초를 두고 있다.

마크업 마크업(markup)은 상품의 도매원가와 소매가격 사이의 차이이다. 마크업은 유통 이윤의 퍼센트나 원가기준에 의해 계산된다. 대부분 소매업자들은 마크업을 소매가격의 퍼센트로 계산한다. 이 방법이 사용되는 이유는 비용과 이윤이 소매가격에 의해 산출되는 총매출에서 차지하는 퍼센트로 흔히 표현되기 때문이다. 마크업은 마크다운, 부족분, 운영비용, 순이익을 포함해야 한다. 운영 비용은 임금, 출장 비용, 판매촉진 비용, 그리고 임대비, 시설, 매장관리를 위한 간접비들을 포함한다.

표 14.1 전형적인 중간 가격 드레스의 가격 구성

유통업자의 원가구성	
도매원가	$113.20
(123달러 원가에서 현금결제에 따른 8% 할인율 적용)	
마크다운을 위한 여유분	$10.00
(평균치로 상품에 일괄 적용)	
재고부족과 분실 대비 여유분	6.00
임금과 보너스(한 벌당 평균)	
판매 담당	14.00
머천다이징과 구매 담당(비용 포함)	16.00
사무직과 창고 담당(상품인수, 마케팅, 배달, 기타 비용)	10.00
광고, 디스플레이, 판매촉진 담당	16.00
행정 담당(경영진, 신용과 회계 사무소, 비용 포함)	22.00
사원 보너스	4.00
오버헤드(임대비용, 보험, 시설, 청소, 안전)	20.00
합계	231.20
세전 이익	<u>16.80</u>
판매 가격	$248.00 소매가
	−$113.20 원가
54% 마크업	$134.80 마크업

*위의 내용은 대략의 외형이다. 퍼센트는 매장의 유형에 따라 다르다. 마크업 퍼센트는 물량과 매장에 따라 차이가 난다.

$$\frac{\text{소매가} - \text{원가}}{\text{판매가격}} = \text{마크업}$$

가격 지점 각 부서 또는 상품 카테고리에서 몇 가지 가격 포인트들(price points)이 제공된다. 가격대(price range)라는 단어는 가장 낮거나 높은 가격 포인트들 사이의 거리를 일컫는다. 일반적으로 같은 가격대의 상품은 비슷한 품질을 가지고 있다. 하나의 가격대는 고객들이 다른 가격대와 비교해서 명백하게 인식될 정도로 품질 수준의 차이가 명백해야 한다.

상품 인수

바이어에 의해 구매된 상품은 지역 물류센터에서 인수되어 매장에 들어오고 창고에 보관되었다가 매장에 전시된다.

바이어들이 판매 책임자들에게 또는 마켓에서 상품을 주문할 때 새로운 상품이 계속적으로 매장에 비치되도록 상품이 교차되어야 하는 날을 일반적으로 배달일자로 지정한다.

　상품은 검수 검품이 이루어질 중앙 또는 지역의 물류 창고에 보관된다. 상품은 바이어의 구매 주문서에 쓰인 정보에 따라 티켓이 붙는다. 티켓에는 벤더를 위한 바코드 번호, 계절, 분

영국에 위치한 막스 앤 스펜서(Marks & Spencer)의 중앙 인수 (출처 : MARKS & SPENCER)

류, 부서, 유통판매가격이 포함된다. 이 정보가 소매업자의 상품정보 시스템에 기록될 때 그 데이터는 자동 티켓 프린트, 기록보관, 그리고 청구서 산출을 위해 쓰인다. 효과적인 인수는 생산업자가 EDI(Electronic Data Interchange) 시스템을 통해 전달되는 정보와 함께 **사전발주 통지서**(advance shipment notice, ASN)와 가격표 사전부착 상품을 보내 줄 때 가능하다.

소매업자들은 실제 운송물과 구매주문 상품들 사이의 차이인 **부족분**(fall out)을 조정하기 위해 노력하고 불충분한 물량, 대체품 또는 납기일 미준수를 수용할 것인지 또는 거부할 것인지를 결정해야 한다. 만약에 어떠한 이유든 바이어가 받아들일 수 없다면 제품은 생산업자에게 반품되고 충족되지 못한 주문은 취소될 것이다.

소매업자들은 늦은 배송, 문서분실, 부정확한 상품구색과 같은 생산업자의 실수에 대한 대가와 소비자들의 반품, 광고료조차도 벤더에게 지불을 유보하는 **위탁금**(chargeback)을 사용한다. 수십 년 동안 위탁금은 소매업자와 생산업자 사이에 지속적인 이슈가 되어 왔다. 다른 한편에서 생산업자 협회는 공정 거래를 추진하기 위한 가이드라인을 제공하고 공론화시키기 위해 '적법한 소매업 거래를 위한 벤더 협회'를 결성해 왔다.

각 부서별 고객들의 요구사항에 따라 총괄 기획자는 다수 매장에 상품의 적당한 분배를 결정한다. 그런 다음 상품은 개별 매장과 부서로 보내진다. 부서 매니저는 계산내용과 가격표에 기재된 가격과 정보를 점검하고 분류한다. 확인절차가 끝나면 상품은 창고 또는 판매 장소로 이동한다.

기록 보관

소매업자들은 재고를 조절할 필요가 있다. 그렇게 함으로써 무슨 상품이 재고로 남아 있고, 무엇이 팔렸으며, 미래에 무엇을 구매할 것인가를 평가할 수 있다.

단위수량 통제

단위수량 혹은 아이템들에 대한 데이터들을 추적하고 유지하기 위해서 소매업자들은 전체 컴퓨터 상품정보 시스템(MIS)의 일부인 **단위수량 통제 시스템**(unit control system)을 사용한다. 단위수량 통제는 구매되고, 주문되고, 인수되고, 저장되고, 판매된 상품의 단위수량을 기록하는 시스템이다. 이러한 데이터에는 주문이 배치되는 순간부터 상품이 팔릴 때까지 재고의 출입고 상황이 간직된다. 단위수량에 대한 정보는 영수증, 판매기록, **상품 양도증서**(상품이 한 매장에서 다른 매장이나 장소로 이동하는 것)로부터 수집된다.

단위수량 시스템의 주요 이점은 데이터를 통해 바이어가 소비자 수요를 따라잡을 수 있도록 하는 것이다. 특정 스타일들이 빨리 팔린다면 바이어는 재주문을 요청할 수도 있고 또 반대로 판매가 잘 안 된다면 바이어는 마크다운(markdown) 계획을 세울 수도 있다. 또한 매출 증가가 잘못 판단될 수 있을 때 단위수량 통제 시스템은 매출 확대 시기 동안에 일어난 실제 성장 모습을 보여 준다.

재고관리

재고관리는 보유하고 있는 상품의 금전적 가치에 대한 기록이다. 대부분의 매장들은 도매가를 바탕으로 정산하기보다 소매가에 맞추어 재고를 추정하는 소매재고관리방법을 사용한다.

컴퓨터 재고 관리 시스템(Inventory Management System, IMS; 소매업자들의 회계 시스템의 일부)은 영수증, 판매, 재고의 입출고, 매장 간 상품이동, 반품 등의 금전적 가치를 기록한다. 상품이 팔리면, POS(Point-of Sales) 터미널이 자동적으로 이러한 정보를 판매 기록에 투입시키고 재고기록에서 그 수량만큼을 삭제시킨다. 소매업자들은 가능하다면 상품 수량과 금액을 함께 체크한다.

실사재고

실사재고(physical inventory)는 컴퓨터나 장부상의 기록을 확인하고 회계 규정들을 따르기 위해 1년에 1~3회에 걸쳐 점검되는 실제로 보유하고 있는 모든 상품의 아이템별 수량이다. 컴퓨터의 기록과 실사재고 간의 차이가 있을 경우, 실사 재고에 맞추어 재고 기록이 수정되어야 한다.

재고부족과 과잉재고   컴퓨터와 실사재고 사이의 차이가 발생했을 때는 재고부족과 과잉재고로 묘사된다.

재고부족(shortage)은 컴퓨터 재고보다 실사재고가 부족할 경우로 절도, 손실, 기재착오의 결과이다. 재고부족은 일반적인 일로서 초기에 가격을 결정할 때 이러한 손실분을 고려한 부가비용이 반드시 고려되어야 한다. 소매업자들은 절도 방지를 위해 새로운 손실 방지 기술을 사용하거나 비디오 분석 소프트웨어를 구입한다.

과잉재고(overage)는 컴퓨터에 기재된 재고수량보다 더 많은 실사재고를 일컫는 것으로 기재착오, 잘못된 가격표 부착, 선적이나 인수착오로 인해 발생한다.

고객 서비스

많은 소비자들과 매장들에게 서비스는 패션보다 더 중요한 것이 되고 있다.

미국 소매업자들은 고객 서비스를 제공하는 것에는 개척자들이었다. 오래전 1800년대에 설립된 소매업자인 몽고메리 와드(Montgomery Ward)와 존 와나메이커(John Wanamaker)는 환불보장 제도를 설립했다. 고객 서비스를 최우선으로 하는 노드스트롬과 월마트의 성공은 모든 매장에 서비스 개선이라는 새로운 관심을 불러일으켰다. 이러한 매장들에게 서비스는 다른 매장들로 하여금 자신들의 고객 서비스 수준을 측정하기 위한 잣대가 되고 있다.

많은 소매업자들은 고객의 필요에 초점을 맞추고 예측하기 위한, 사실상 고객의 기대수준을 넘기 위한 '소비자 주도'가 되기 위해 노력하고 있다. 그들은 판매 사원들이 상품에 대해 지식이 풍부하고 도움을 줄 수 있고 더 많은 서비스를 제공할 수 있도록 교육시킨다.

■ 재고보유상태를 유지하기 위해 – 모든 사이즈, 스타일, 색상에서 고객들이 필요로 하는 상품을 보유한다.

노드스트롬(Nordstrom) 의 신발 매장.
고객 서비스를 위해 동선구성을 한 소매점 (출처 : NORDSTROM)

- 핵심 고객들을 위한 특별대우 프로그램 – 자사 신용 카드를 이용하여 구매금액이 높은 고객들을 분류하고 답례를 한다.
- 고객 할인을 제공하는 고객 사은의 날 또는 특별우대의 날
- 뉴스레터 또는 최신 '룩' 소개 책자
- 이미지 변신 강좌 같은 매장 내 이벤트
- 상품의 위치에 대한 정보를 공급하는 화상 비디오
- 어시스턴트를 요청할 수 있는 전화나 벨이 달린 편안한 드레스룸
- 상품의 수선
- 선물 예약과 선물 포장
- 사진 현상, 레스토랑, 분식점, 포장과 배달, 은행업무 같은 매장 내 서비스
- 옷이 수선되는 것을 기다리는 고객들을 위한 무료 팩스와 전화 서비스
- 매장에 흐르는 기분 좋은 음악
- 무료로 제공되는 개인 쇼핑 서비스
- 상품에 대한 지식이 풍부하고 협조적인 판매직원들이 다른 매장에 상품이 있는지 확인해 주는 것
- 반품에 대한 권리 보장
- 신용카드 사용가능
- 수신자부담 전화번호 제공
- 매장 개점 시간의 연장
- 편한 화장실과 편안하게 앉을 만한 자리 제공
- 지역 내 무료 배달과 무료 주차
- 카탈로그와 온라인 주문을 위한 매장 내의 주문 센터 운영

니만 마커스, 바니스, 삭스 핍스 애비뉴 같은 명품 소매업자들은 과거 10년간 매우 성공적이었다. 디자이너 브랜드와 명품의 높은 가격으로 인해 그들의 고객들은 최고의 서비스를 원한다. 그리고 이러한 점포들은 고객들의 욕구에 부응하고자 경쟁해 왔다. 그들은 선물, 특별 이벤트, 점심 같은 특별대우를 퍼붓기도 하고 심지어는 고객들의 집에 찾아가 그들의 옷장을 정리해 주기도 한다.

리테일 판매

판매 기법은 반복 구매와 고객 충성도를 높이는 데 있어서 매우 중요해졌다.

많은 매장에서 고객들은 협조를 구해야만 한다. 대형 매장과 할인 매장에서는 판매 협조를 흔히 요금을 지불하는 곳에서만 받을 수 있다. 더 많은 상품에 대한 지식과 친절한 도움을 위

해 훈련된 판매 사원은 판매를 극대화시킬 수 있다.

판매 트레이닝

패션을 판매하는 것은 판매 사원에게 상품에 대한 정보와 자신감, 그리고 동기를 부여하는 특별 훈련을 필요로 한다. 작은 매장에서 트레이닝은 비정규적이고, 일반적으로 매장에서 얻은 경험을 바탕으로 한다. 대형 매장이나 체인에서 트레이닝은 더 체계적이다. 예를 들면, H&M은 조언자 역할을 하는 선배와 신입사원을 팀으로 맺어 준다. 샤넬(Chanel)은 판매 스태프에게 어떻게 고객들과 지속적인 관계를 유지하고, 브랜드 충성도를 구축하고, 반복구매를 하도록 이끄는가에 관한 방법을 가르치기 위한 집중적인 트레이닝을 한다. 대규모 체인은 정규적인 트레이닝 프로그램을 가지고 있다.

시즌 초에는 비디오를 통해 새로운 상품이 전시되고 판매 사원들에게 어떻게 의상과 액세서리를 연출하는가를 보여 준다. 패션 디렉터와 바이어들은 상품의 판매를 위한 특징을 설명하고 판매 스태프들은 품질, 패션, 기능성을 고객들에게 설명한다. 바이어들은 자신들의 노력이 고객들에게까지 전달되기를 바라면서 판매 열기에 불을 붙이기 위해 노력한다.

판 매

궁극적으로 리테일링의 성공 열쇠인 판매는 당연히 바이어의 패션 구색 선택과 소비자 수요에 대응하는 재고 보유에 달려 있다. 하지만 성공은 역시 판매 사원의 능력에도 영향을 받는다.

인적 판매　대다수 소비자 접촉에 관여하는 방법인 인적 판매(personal selling)는 가장 자주 전문점과 고급 상품 매장을 위해 사용된다. 판매 사원들은 고객들이 그들의 취향과 필요에 맞는 상품을 선택하도록 적극적으로 돕는다. 판매 사원들은 문에서 고객들을 맞아 상품의 컨셉을 설명하고 고객들의 라이프스타일, 필요 취향에 대해 질문하면서 고객 대응을 하도록 훈련된다. 보다 많은 판매를 위해서 판매 사원들은 대처 상품과 함께 맞춰 입을 의상이나 액세서리를 제안한다.

고급 매장의 판매 사원들은 고객들이 선호하는 스타일, 색상, 사이즈, 그리고 기타 적절한 정보들을 기록한다. 새로운 컴퓨터 시스템은 선호하는 사이즈와 스타일들, 신체조건, 직업과 사회적 의상 필요들과 더 나아가 디지털 사진까지 포함하는 전자 프로파일을 기록하고 저장한다. 그들의 고객들에게 어울릴 만한 새로운 상품들이 매장에 들어오면 판매 사원들은 고객들에게 전화하고 편지를 보내서 이러한 사실을 알린다. 많은 명품 상품의 거래는 매장 방문 없이 전화를 통한 제안에 의해 이루어진다.

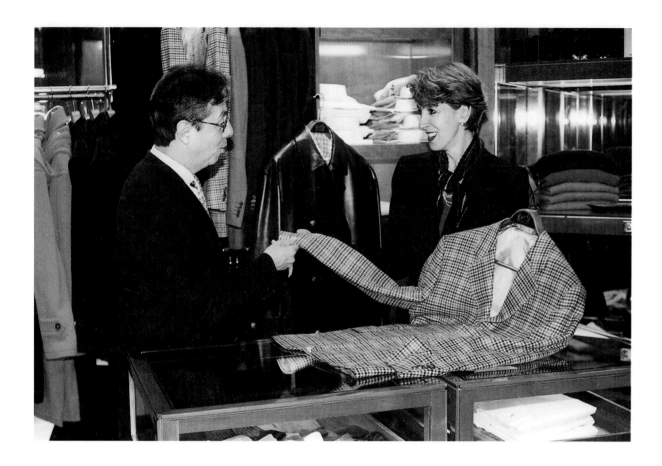

에르메스(Hermès)의
인적 판매
(사진촬영 : 저자)

판매 인센티브 고객 서비스를 향상시키기 위하여 많은 매장에서는 현재 그들의 판매 스태프들에게 판매 증가에 따른 인센티브를 제공한다. 월급 인상이나 커미션들의 형태로 지급되는 이러한 인센티브는 더 나은 판매 요원들을 매장으로 끌어당기는 데 도움을 준다. 예를 들면 노드스트롬의 경우 그들의 판매 사원들에게 판매 수익에 대한 커미션, 좋은 혜택, 스톡옵션을 인센티브로 제공한다.

머천다이즈 총괄책임자 생산업자와 중간상을 포함한 벤더들은 유통 판매에 점점 더 많이 영향을 끼치고 있다. 일부 생산업자들은 판매 종사자들을 교육하고 고객들을 돕기 위해 머천다이즈 총괄책임자들(Merchandise Representatives, MR)과 판매 전문가를 파견하기도 한다. 예를 들면 엘렌 트레시즈(Ellen Tracy's)의 총괄책임자는 상품에 관한 세미나, 전시, 그리고 판매를 지휘한다. 벤더들은 종종 비디오테이프, 슬라이드 쇼, 의상이 소개된 책자(look books), 또는 팸플릿 같은 판매 보조물을 제공한다(제12장 참조).

공동 판매원 프로그램 벤더들은 점차 다양한 프로그램들을 통해 판매 사원들의 월급에 기여하는 방식으로 유통 판매에 관여한다. 일부 벤더들은 판매 사원들의 월급을 소매업자와 분담하기도 하고 의상 수당을 지급하기도 한다. 그 외에 직접 고용하였거나 소매업자가 고용한 뛰어난 판매 사원들의 봉급을 지불하기도 한다.

POS 교류　판매 교류를 기록할 때 판매원은 단순히 돈만 받는 것이 아니라 부서의 성공과 훗날 구매에 이용하기 위하여 스타일 번호, 벤더명, 사이즈, 컬러 같은 정보를 기록한다. 개인기록이 새어 나가는 것에 대한 관심이 증가함에 따라 소매업자들은 신용카드협회와 함께 엄격한 컴퓨터 비밀 기준을 수립하였다. 소매업자가 요구하는 안전 요건은 컴퓨터상의 방화벽(firewall), 안티바이러스 소프트웨어, 패스워드 필수사용, 암호화된 카드 데이터 입력, 카드 보유자의 데이터에 대한 접근 제한을 포함한다.[5]

머천다이징 평가

한 시즌의 성공과 실패에 대한 평가는 미래의 더 나은 머천다이징을 위한 바이어의 계획을 돕는다.

소매업자들은 사내 커뮤니케이션 시스템(intranet communication system)을 사용해서 시즌 초기와 말기, 시즌 진행 동안의 머천다이징 평가를 하기 위해 그들의 상품 정보 시스템에 접속한다. 이러한 시스템들은 판매시점(POS) 데이터에 근거하여 공급자, 상품, 그리고 고객 선호도에 관한 정보를 체계화한다. 소매업자들은 무슨 색상, 사이즈, 또는 거래처가 가장 잘 팔리는가를 분석하기 위하여 MIS를 사용할 수 있다. 그들은 매장별, 아이템별, 일자별, 주간별 또는 월별로 판매 정보를 분석할 수 있다. 그들은 사업성과를 분석하기 위해 다양한 조합의 통계를 내 볼 수 있다. 각 소매업자의 시스템은 다르고 다른 정보를 추출한다. 정보 기술을 관리하는 것은 미래의 유통 성공의 열쇠가 될 것이다.

상인은 어떻게 데이터를 사용하나?　정확히 무슨 상품이 팔렸는가의 평가를 통해서 유통 전문들은 구매와 판매의 새로운 사이클 시작을 위한 계획을 더 잘 세울 수 있다. 이러한 정보와 함께 그들은 또한 상품이 기여한 매장의 이윤창출 수준을 측정할 수 있다. 바이어의 성과에 대한 격려와 보너스 수여는 재정 목표의 성취와 직접적으로 연관된다. 이러한 평가들은 지속적이거나 또는 주기적으로 이루어진다.

벤더 분석　바이어는 개개 거래처 상품의 최초 마크업, 마크다운, 이익 퍼센트를 보여 주는 벤더 분석(vender analysis) 자료를 수집한다. 벤더는 정상 가격으로 팔리는 '정상 판매(sell-through)'의 퍼센트를 높게 유지시켜야 한다. 비록 벤더가 한두 시즌 정도 실패하더라도 매장에서는 지속적인 이익을 내지 못하는 거래처로 판단하고 거래를 끊고 싶어 할 수 있다.

비교　판매 데이터는 다른 중요한 정보들에 비교해 볼 때 매우 가시적이다. 똑같은 기간에

니만 마커스는 인기가 있어 높은 평당 매출을 자랑한다.
(출처 : NEIMAN MARCUS GROUP, INC.)

발생한 전년의 판매 데이터와 비교해 봄으로써 현재 매출이 전년에 비해 얼마만큼 성장하였는지를 알 수 있다. 상품 계획과 비교해서 결과적으로 얼마만큼 초기에 설립했던 목표를 달성하였고, 그렇게 함으로써 계획이 얼마나 잘 수행되었는지를 알 수 있다. 사실상 궁극의 목표는 목표를 초과하는 것이다. 고객 반품뿐만 아니라 현재 보유 재고와 주문했던 재고를 비교함으로써 상품 기획, 계획, 그 외 판매촉진 활동의 성공 여부를 판단할 수 있다.

판매 관련 비율 판매 데이터는 평균 매출(average gross sales), 단위면적당 매출(sales per square foot), 그리고 상품과 재고회전율 같은 중요한 비율들을 결정하는 데 이용된다. 이러한 판매 관련 비율들은 백화점 또는 매장을 평가하는 데 이용될 뿐만 아니라 회사 내에 속한 체인점들을 비교하기 위해 이용되기도 한다. 성장이 멈춘 시장에 속한 소매업자들은 극심한 경쟁으로 인해 총수익(gross margin) 증가, 평균매출의 성장, 단위면적당 매출의 증가, 그리고 시장점유율(market share) 성장에 대한 압박감을 경험한다.

평균 매출 — 일정 기간의 전체 매출액을 그 기간 내 이루어진 거래 횟수로 나눈 것이 **평균 매출액**(average gross sales)이다. 이 비율은 단위거래당 금액 규모를 말한다. 비율의 증가는 고품질 상품을 위한 가격인상, 인플레이션, 또는 단위고객당 판매량의 증가를 의미할 수 있다.

단위면적당 매출 — 일정 기간의 전체 매출을 층 또는 매장 내 판매 장소의 단위면적(평방미터수, 제곱피트수, 평수)으로 나눈 것이 국제적으로 사용되는 생산성 측정방법인 단위면적당 매출이다. **단위면적당 매출**(sales per square foot)은 계절별로 또는 월별로 측정된다. 실리적인 성장을 위해서 많은 매장들이 매장 리노베이션을 자주 해 줌으로써 단위면적당 매출을 높이는 데 집중한다. 그러한 결과로 새로운 판매 코너가 만들어지거나, 현존하는 매장을 줄이거나 늘린다.

상품 또는 재고회전율 — 상품회전율은 기본적으로 주어진 기간에 상품이 팔려 나감으로 인해 새로운 상품으로 교체하게 되는 횟수이다. 높은 회전율은 구매와 판매의 속도를 높여서 자금 운영을 활성화시키고, 유통시설의 효율성을 증가시키기 때문에 일반적으로는 매우 이상적이다. **상품회전율**(stock turn)은 전체 매출액을 평균 재고 금액으로 나눈 것이다. 예를 들면 시즌별 매출액이 100만 달러이고 평균 재고금액이 50만 달러이면 시즌별 회전율은 2이다.

총수익 — 대부분 유통 매장의 경우 유일한 수입원은 상품의 판매이기 때문에 매출액은 반드시 목표 수익을 창출하기 위해 필요한 비용을 치르고도 남는 부분이 있어야 한다. **총수익**(gross margin)은 사업을 유지하기 위해 필수적인 이익으로서 순매출에서 비용(상품원가, 부족분, 임금, 판매촉진비용, 매장운영비를 포함)이 제외된 기초적인 수입이다.

$$순매출 - 전체 비용 = 총수익$$

사전 계획 이런 모든 측정치들은 머천다이징 운영의 성공을 측정하기 위해서뿐만 아니라 미래의 머천다이징 활동을 위한 장기계획을 재정비하고 향상시키기 위해서 바이어와 경영자들에 의해 사용된다. 더 정확한 새 목표의 설립과 평가는 더 효율적인 유통매장 운영으로 나타난다.

머천다이징 평가의 큰 어려움 중에 하나는 고객들이 사고 싶었지만 우리 매장에는 없었던 스타일, 색상, 사이즈를 알 수 없다는 것이다. 이러한 정보들은 오직 비공식적인 고객과의 대화를 통해서만 배울 수 있다. 소매업자들은 미래에는 이러한 정보들을 데이터베이스에 입력된 고객들의 직접 반응을 통해서 알 수 있게 되기를 바라고 있다.

SUMMARY

요약

머천다이저로서 소매업자들은 적절한 상품을 구매해서 고객이 그 상품을 원하는 적절한 시기에 매장에 보유해야만 한다. 머천다이징은 패션 디렉터와 머천다이징 매니저들에 의해 지휘되고 업무 책임은 구매 영역과 매장 영역으로 나뉜다. 매장 정책과 장기 계획은 소매업자들이 자신들의 일을 효과적으로 할 수 있도록 돕는다. 머천다이징 계획은 패션 상품구색의 구매를 위한 구체적인 금액 정도를 분배하는 것이다. 상품구색 계획은 상품의 유형, 물량, 가격, 사이즈가 기재되어 있는 구매 계획으로 표현된다. 소매업자들은 내셔널 브랜드와 자사 브랜드 제품들을 고객에게 제공한다.

바이어의 책임은 리테일링의 구매와 판매의 모든 측면에 해당한다. 바이어들은 무엇을 살 것인가 계획하고, 고객들의 필요를 채워 줄 좋은 상품을 찾기 위해 시장을 조사하고, 판매를 촉진하고 새로운 시즌의 사이클을 시작하기 위한 머천다이징과 판매를 감독한다.

상품 정보 시스템은 계획, 관찰, 판매의 평가를 돕는다. 인터넷 데이터 교환은 기본 상품의 자동 보충을 가능하게 했고 비즈니스 거래에 관한 컴퓨터 기록은 판매와 재고의 기록을 보관한다. 그리고 상품정보 시스템은 소매업자들이 미래의 머천다이징 계획 수립을 위한 판매 평가를 돕는다.

판매 훈련을 하고 인센티브를 지급할 만큼 고객 서비스는 매우 중요해졌다. 판매에 관한 한 고객 유치는 성공의 기초이고 리테일링의 성과이다. 소매업자들은 지속적인 성장과 발전을 확고히 하기 위해 더욱 유능하고 효과적으로 고객들을 맞이해야만 하는 부단한 도전에 직면해 있다.

❶ 용어 개념

다음의 용어와 개념을 간단히 설명하고 논하라.

1. 패션 디렉터
2. 구매 조직
3. 분류
4. 상품 계획
5. 상품구색 계획
6. 상품회전율
7. 구매한도
8. 벤더
9. 주요 거래처
10. 법인 구매
11. 라인 구매
12. 매트릭스 시스템
13. 상주 바잉 오피스
14. 자사 브랜드
15. 중앙 인수
16. 마크업
17. 단위수량 통제
18. 인적 판매
19. 판매 인센티브
20. 고객 서비스
21. 가격인하
22. 정상 판매
23. 단위면적당 매출
24. 상품정보시스템(MIS)
25. 벤더 분석
26. 머천다이즈 총괄책임자
27. 총수익

❶ 복습 문제

1. 머천다이징 책임은 어떻게 조직되는가?
2. 매장 부서와 구매 부서와의 차이점을 설명하라.
3. 상품 계획은 어떻게 경영자나 바이어에 의해 지휘될 수 있나?

4. 구매와 판매 사이클을 설명하라.

5. 바이어의 책임 영역들은 무엇인가?

6. 왜 바이어는 패션 트렌드를 조사해야 하는가?

7. 라인 구매와 트렌드 구매 사이에는 어떤 차이가 있는가?

8. 폭넓은 상품구색과 짧은 주기로 구매하는 것의 차이를 설명하라.

9. 내셔널 브랜드와 자사 브랜드 사이의 차이점은 무엇인가?

10. 바잉 오피스가 제공하는 서비스는 어떤 것들인가?

11. 재고관리 시스템을 설명하라.

12. 다섯 가지 고객서비스를 제시하라. 그것들은 효과적인가?

13. 인적 판매의 기술과 장점을 설명하라.

14. 판매촉진과 마크다운의 차이점을 설명하라.

15. 머천다이징 평가는 왜 중요한가?

✪ 심화 학습 프로젝트

1. 지역 매장의 패션 바이어와 면담하라. 패션 상품을 어디에서 어떻게 구매하는지 물어보라. 시장에서 구매하는가? 판매총괄 책임자로부터 구매하는가? 바잉 오피스를 이용하는가? 카탈로그를 이용하는가? 어떤 유형의 상품이 어떤 방법으로 구매되는가? 무엇이 그 바이어가 선호하는 방법이고 왜 선호하는가? 그 바이어는 얼마나 자주 마켓센터에 가는가? 어떤 행사에 주로 참여하는가? 보고서에 답을 쓰고 요약하라.

2. 현대적인 캐주얼웨어 매장을 방문하여 상품을 조사하라. 모든 상품들이 한 생산업자들로부터 만들어진 것인가, 아니면 직물과 색상의 테마에 맞는 여러 생산업자들로부터 만들어진 다양한 의상들로 구성된 것인가? 그 매장 내 주요 벤더는 누구인가? 재킷, 스웨터, 스커트, 팬츠, 셔츠의 가격대는 어느 정도인가? 어떤 생산업자의 상품이 가장 혁신적인 룩을 보여 주는가? 판매 사원에게 어떤 상품 그룹이 가장 잘 팔리고 왜 그런지 물어보라. 그 매장은 사이즈, 색상, 스타일에 있어서 좋은 상품들을 보유하고 있는가? 매장에 대한 비평을 쓰라.

3. 큰 백화점에서 상품을 구매한다고 하였을 때 수트 룩을 기획하는 세 가지 다른 방법을 연구하라. 다음의 매장에 있는 수트들을 비교하라: (가) 미시 코트와 수트 매장(수트는 세트 개념으로 가격이 붙여져 판매), (나) 캐주얼웨어 매장(수트의 상하의가 따로 판매), (다) 예복 매장(단품으로 가격이 매겨지고 재킷과 드레스가 일반적). 각 매장에서 어떤 수트 스타일을 발견하였는가? 매장별 상품구색, 가격범위, 품질, 맞음새를 비교하라. 어떤 매장이 가장 좋은 가치와 구색을 가지고 있는가?

4. 지역 매장에 가서 판매 선반을 평가하라. 상품 가격이 할인 중인가 또는 특별판매(낮은 가격에 구매되어 판매촉진을 위해 판매되고 있는 제품)가 되고 있는가? 할인된 상품은 왜 할인 중인가? 스타일링, 잘못된 판매시점, 패턴 불량, 맞음새 불량, 매력 없는 색상, 또는 높은 가격들 때문인가? 발견한 것들을 요약하여 짧은 보고서를 쓰라.

ⓞ 참고문헌

[1] As quoted by Pete Born, "Wexner Shares Trade Secrets at FIT," *Women's Wear Daily,* February 23, 1989.

[2] Julie Dugoff, merchandise manager, better sportswear, Federated Merchandising Group, New York, interview, April 28, 2003.

[3] As quoted by Avril Groom, "The Next Small Thing," *How to Spend It, Financial Times,* September, 2005, p. 29.

[4] Julie Dugoff; see note 2.

[5] "Retailers Rush to Secure Data Against Theft." *Wall Street Journal,* April 15, 2005, p. B1.

니만 마커스의 샤넬 전시 윈도우
(출처 : NEIMAN MARCUS
GROUP, INC.)

▶▶▶ 리테일 패션 마케팅

관련 직업 ■□■

마케팅은 흥미 있고 창의적인 직업 기회를 다양하게 제공한다. 리테일 마케팅 담당 임원은 광고, 홍보, 시장조사, 신제품 개발을 담당하거나, 그것들을 담당하고 있는 스태프들과 함께 일한다. 광고 디렉터는 사내 또는 대행업체의 창의적인 디렉터들, E-커머스 매니저, 광고 매니저, 카피라이터 팀장, 레이아웃 아티스트, 작가, 상품 코디네이터, 사진작가들과 함께 일한다. 패션, 특별 이벤트 그리고 홍보 부문의 본사 감독은 휘하에 지역 매니저 또는 개별 매장을 책임지는 매장 코디네이터를 두고 있다. 비주얼 머천다이징 감독은 지역 또는 개별 매장의 비주얼 머천다이징 매니저와 디자이너 스태프를 감독한다.

학습 목표 ■□■

이 장을 읽은 후…

1. 마케팅의 목표를 설명할 수 있다.
2. 어떻게 매장의 패션 이미지가 소비자들에게 전달되는지 설명할 수 있다.
3. 광고, 홍보, 특별 이벤트, 비주얼 머천다이징의 의도, 목표, 과정을 설명할 수 있다.
4. 다양한 유형의 미디어와 표적고객과의 관계를 설명할 수 있다.

마케팅

마케팅은 경영에서 판매 사원에 이르기까지 모든 소매업 종사자들의 책임이다.

광의의 개념에서 마케팅은 상품을 소비자에게 팔기 위해 필요로 하는 모든 활동들을 포함한다. 마케팅(marketing)은 리테일 패션 이미지와 상품의 존재를 소비자들에게 전달하는 것과 연관된다. 마케팅은 상품의 표적고객들을 끌어들이기 위한 시도이기도 하다. 마케팅의 근본적인 도전은 신규 또는 기존 고객들이 더 많이 살 수 있도록 감동을 주어 고객들이 매장에 매력을 느끼고 들어와 상품을 구입함으로써 시장점유율이 증가하는 것이다.

소매업자들은 경쟁자로부터 자신들을 차별화시키기 위해 노력하고 있다. 그들은 소비자들이 왜 그들의 매장과 상품 그리고 웹사이트를 더 좋아해야 하는지 보여 주려고 노력한다. 이상적으로 소매업자들은 다양한 유통 경로를 가지고 있어야 한다. 매장 위주의 소매업은 온라인과 카탈로그 머천다이징과 함께 균형을 이룸으로써 고객들이 다른 방법으로도 상품을 찾을 수 있어야 한다. 소매점에서 패션 마케팅은 광고, 홍보, 특별 이벤트, 비주얼 머천다이징이라는 방법들에 의해 판매를 확대시키려는 시도들을 더 구체적으로 알려 준다.

이 장에서는 시장 조사, 패션 리더십, 매장 이미지, 비주얼 머천다이징, 광고, 공공 관계, 특별 이벤트를 포함한 리테일 패션 마케팅의 모든 측면들을 다루고 있다. 패션을 마케팅하기 위해 소매업자들에 의해 사용되는 방법들은 천차만별이다. 업자들은 그들의 고객들, 상품, 사업규모와 예산에 가장 적합한 방법을 선택해야 한다.

시장 조사

새로운 매장을 설립하든지 또는 현존하는 것을 재평가하든지 간에 소매업자들은 지역주민들의 유형, 라이프스타일, 궁극적으로는 그들의 쇼핑에 있어서 필요와 욕구를 연구한다. 마시모 페라가모(Massimo Ferragamo)는 "고객들이 항상 있을 것으로 기대할 수도, 고객들이 매장에 흘러 들어오기를 희망만 하고 있을 수도 없다. 우리는 그들이 누구이고 무엇을 좋아하고 싫어하는지 알기를 원한다."[1]라고 말했다. 제2장과 제4장에서 논의된 대로 소매업자들은 그들의 고객들을 알기 위해 전화, 온라인 서베이, 포커스 그룹, 판매사원들의 의견, 판매시점(POS) 데이터를 사용한다.

소매업자들은 고객들의 구매 습관 차이를 밝히기 위해 매장별로 판매 데이터를 분석한다. 그들은 고객들에 관한 보다 더 정확한 정보를 얻기 위하여 회원신용카드를 발행한다. 이러한 모든 정보들은 매장 운영과 상품기획에 사용되기 위하여 데이터베이스에 저장된다. 소매업자들은 각 고객이 구입한 상품의 유형, 사이즈, 그리고 빈도수를 입력할 수 있는 고객프로파일 시스템을 개발하고 있다. 그들은 또한 중요한 고객들에게 보답하는 VIP용 프로그램을 설립하기 위하여 이러한 데이터를 사용한다.

리테일링 표적고객

소매점 경영자는 어떤 소비자 집단에게 접근하길 원하는지, 어떻게 접근하길 원하는지를 결정한다. **표적고객**이라는 용어는 그 매장이 끌어들이고 싶은 소비자 집단이라는 의미로 사용된다. 제2장에서 논의된 것처럼 특정 표적 집단으로 구성된 고객들은 비슷한 연령대, 라이프스타일을 가지고 있으며, 그로 인해 비슷한 필요와 취향을 가지고 있다. 어떤 소매점도 모든 사람들이 원하는 모든 것을 갖추고 있을 수는 없다. 요구를 채워 줄 사람들의 하나 또는 몇몇의 집단을 선택해야만 한다.

전문점은 하나의 세분 시장에 집중하는 반면에 백화점은 여러 가지 상품군을 표적고객들에게 제공한다. 개별 부서별, 위치별, 층별로 각 상품군을 위해 지정되고 만들어진다. 일단 소매점의 경영진이 표적고객을 결정하면 매장의 이미지, 중점 상품, 마케팅 전략을 그러한 소비자들에 맞춰 정비한다.

패션 리더십

각 매장은 접근하고자 하는 고객에 맞추어 패션 리더십의 역할을 한다. 패션 리더십은 대략 다음 세 가지로 분류될 수 있다.

- **패션 지향 리더십** – 버거도프 굿맨(Bergdorf Goodman), 삭스 핍스 애비뉴(Saks Fifth Avenue), 니만 마커스(Neiman Marcus), 헨리 벤델(Henri Bendel)은 전 세계로부터 구매해 온 고가의 유행에 앞서 가는 상품을 구비함으로써 패션 리더십을 유지한다. 이러한 매장 고객의 경제적 지위는 최상위 1%에 해당된다. 반면 브루밍데일즈나 노드스트롬 백화점은 상위 20% 고객들을 목표로 한다. 고가의 제품을 살 수 있는 고객들의 퍼센트는 상대적으로 얼마 되지 않기 때문에 이러한 매장들은 몇몇 되지 않는다.

- **주요 소매업자들** – 유행하는 제품을 중가나 중고가의 가격으로 사기를 원하는 고객들과 함께 구분된다. 메이시즈(Macy's), 딜라즈(Dillard's) 같은 대부분 백화점들과 바나나 리퍼블릭(Banana Republic)과 갭(Gap) 같은 일부 전문점들이 이러한 유형에 속한다.

- **대량유통업체** – 월마트(Wal-Mart)와 타겟(Target) 같은 대량유통업체들은 그들의 의상에 더 많은 돈을 쓸 수 없거나 쓸 생각이 없는 사람들에게 호소한다. 하지만 이러한 가격수준에서도 유행 상품과 기본 상품의 균형을 이룰 필요가 있다.

삭스 핍스 애비뉴
는 전국적인 패션
지향 멀티브랜드
전문점이다.
(사진촬영 : 저자)

매장의 이미지

소비자들은 너무 많은 선택들에 의해 압도당하고 매장의 메시지를 이해하는 데 자주 어려움을 겪는다. 소매업자는 대중들에게 보여 줄 개성과 특성인 매장의 이미지를 명확하게 정의하는 것이 중요하다. 이러한 이미지 또는 독특성은 패션 리더십 수준과 틈새시장을 반영함으로써 표적고객들에게 어필한다. 랄프 로렌(Ralph Lauren)은 "소매업자들은 관점을 가지고 있어야 한다. 소매업자들이 그들이 누구인가에 대한 일종의 감각인 개성을 가지는 것은 무엇보다 중요하다."[2]고 말했다.

그러한 이미지를 유지하기 위해 소매업자들은 상품을 보완해 줄 수 있는 배경이 되면서도 고객들에게 재미와 흥밋거리를 줄 수 있는 매장 분위기 연출에 힘을 기울인다. 매장의 머천다이징, 광고, 인테리어 장식, 고객 서비스는 그러한 이미지를 개발하고, 유지하고, 반영하며 상품에 대한 흥미를 불러일으켜 구매하고 싶은 욕구가 일어나도록 한다.

계획과 방향

세일즈 마케팅 디렉터, 패션 디렉터, 광고와 크리에이티브 디렉터, 비주얼 머천다이징 디렉터, 상품 매니저, 바이어들은 마케팅 전략을 계획하고 운영하기 위해 함께 일한다.

작은 매장에서는 한 사람이 외부의 컨설턴트와 에이전시의 도움을 받아 모든 마케팅 활동을 지휘할 수도 있다. 큰 매장에서는 마케팅 디렉터가 광고, 특별 이벤트, 비주얼 머천다이징, 대외 홍보, 패션 오피스(패션 오피스는 머천다이징의 일부이고 비주얼 머천다이징은 매장 전개의 일부이다)의 노력들을 연결시켜 조화시킬 것이다. 대형체인점에서는 각 지역을 지휘하기 위한 지역대표가 있을 것이다.

바이어들은 그들의 예상되는 상품 계획과 조화를 이루는 마케팅 활동 계획을 제안한다. 마케팅 디렉터, 패션 디렉터, 광고 또는 크리에이티브 디렉터, 비주얼 머천다이징 디렉터, 상품 매니저, 그리고 바이어들은 마케팅 전략과 고객 접근 방식에 의견의 일치를 이루어야만 한다. 계획안을 설립하는 회의에서 그들은 매장의 이미지라는 내용물 안에 패션 트렌드, 중요한 디자이너 브랜드들, 브랜드 판매촉진 방법들을 어떻게 담아 전달할 것인가를 의논한다.

매장들은 그해 머천다이징 계획의 필수 요소로서 판매 캘린더에 맞추어 시즌별, 휴일별 마케팅 활동을 계획한다. 휴일 세일이나 고객 감사의 날 같은 광고와 특별판매 이벤트는 종종 1년 전에 계획된다. 이러한 모든 계획에도 불구하고 새로운 판매촉진과 다른 이벤트들이 모든 최적의 계획들을 제치고 그 자리를 대신할 수도 있다. 예를 들면 예정된 판매촉진 활동들이 새로운 상품의 출시로 인해 취소될 수도 있다. 마케팅은 유연해야 한다.

비주얼 머천다이저의 평상시 유머감각을 보여 주는 버거도프 굿맨 백화점의 셀린느 (Celine) 윈도우
(출처 : BERGDORF GOODMAN, 사진촬영 : ZEHAVI & CORDES)

비주얼 머천다이징

비주얼 머천다이징 디렉터, 매장 설계 감독, 건축가, 지역 크리에이티브 디렉터, 개인 매장 비주얼 매니저, 디자이너 공동의 힘이 매장의 비주얼 이미지를 만든다.

비주얼 머천다이징(visual merchandising) 또는 비주얼 프레젠테이션은 장래의 고객들에게 매장의 패션, 가치, 품질에 관한 메시지를 전달하는 수단이다. 비주얼 머천다이징의 목적은 매장에 고객들을 유인하고 매장의 이미지를 향상시키고 매장이 제공하는 상품들을 효과적으로 전시하고 고객들에게 어떻게 의상과 액세서리로 스타일을 연출하는가를 보여 준다. 경쟁이 치열해짐에 따라, 소매업자들은 더 흥미롭고 적극적인 프레젠테이션을 보여 주고 있다. 그들은 주목을 끌고 매장 이미지를 향상시키기 위하여 유머, 충격, 우아함, 미니멀리즘 같은 다양한 방법들을 사용한다. 비주얼 프레젠테이션이 매장의 개성을 창조하기 위한 기회인 만큼 각 소매업자들은 자신만의 독특한 접근 방식을 가지고 있다.

비주얼 머천다이징 팀　비주얼 머천다이징은 패션 디렉터, 마케팅 디렉터, 매장 설계사, 상품 매니저, 바이어, 비주얼 머천다이징 디렉터, 디자이너, 스태프, 간판업체, 개별 부서 매니저, 판매 사원들을 포함한 경영이 수반되는 팀 작업이다. 실제 프레젠테이션 작업은 비주얼 머천다이징 디자이너들에 의해 이루어지고 일상적인 상품의 진열은 부서별 매니저와 판매사원들에 의해 행해진다.

매장 설계

빌딩 디자인은 매장 이미지를 설립시키는 데 중요한 역할을 한다. 비록 건축과 리노베이션이 독립적인 매장설계부서에 의해 관리된다고 하더라도 비주얼 머천다이징과 그 배경에 대해 논의를 하는 것은 도움이 된다. 한 매장의 효율성과 독특함은 소매업자의 매장 이미지와 물리적 빌딩을 계획하고 창조하고 조절하는 능력에 달렸다. 매장 설계 관리자는 매장의 위치, 건축, 인테리어 레이아웃을 반드시 고려해야 한다.

매장 위치　매장의 위치는 잠재적인 고객들과의 관계에서 매우 중요하다. 어떤 지역이 표적 고객을 끌어들이기에 가장 좋은 것인가에 대한 **인구통계** 조사가 이루어진다. 컴퓨터에 입력된 위치 선정 프로그램은 지역 인구 예상치, 가정 경제 묘사, 시장 지역 거주자들의 중간 연령대, 그리고 경쟁에 관한 정보가 담긴 데이터를 제공한다.

매장 디자인　매장 건축가는 유통 시설과 고객들의 쇼핑 필요에 공헌하는 환경을 창조해야 한다. 그들은 외장 디자인, 주요 입구들, 쇼핑몰이나 주변 매장들과의 연계성, 인테리어 레이아웃, 공간 배치를 고려한다. 대다수 매장들은 고정된 벽 대신 이동 패널을 이용하여 변형이 자유로운 인테리어를 만들고 있다. 인테리어의 심미적인 측면은 매장의 이미지와 고객의 편리함이 고려되어야 한다.

덧붙여, 부서 간 연계성, 통로 공간, 교통 유형은 부서들과 상품들의 접근을 용이하게 하고 고객들이 그들이 원하는 상품을 쉽게 찾을 수 있도록 디자인되어야 한다. 미국 지체 부자유자 관련법에 따라 통로는 반드시 휠체어가 다닐 수 있도록 넓어야 한다. 매장 환경은 고객들이 쇼핑하기 편리하도록 만들어져야 한다.

리노베이션 많은 소매업자들은 때때로 새로운 교통을 발생시키고 시장점유율을 증가시키고 지역 공동체의 특성을 반영하기 위해 현존하는 매장을 리노베이션 (renovation)한다. 많은 명품 소매업자들은 젊은 고객을 끌어들이기 위하여 매장을 덜 위협적이고 보다 더 접근 가능하게 바꾸고 있다. 하지만 이렇게 함으로써 그들의 개성과 고전적인 매력은 사라지고 있다. 리노베이션은 새로운 매장을 건축하는 비용 없이 매장의 위상을 새롭게 하고 새로운 교통을 발생시키고 고객층을 넓힌다.

현대적이고 산업적인 매장 디자인의 한 예인 일본 동경의 루이뷔통 매장
(출처 : LOUIS VUITTON)

내부 환경 매장 내부 디자인과 환경은 표적고객에게 어필되어야만 한다. 예를 들면, 니만 마커스는 고급스러운 매장환경을 만들기 위하여 고가의 예술 작품 전시를 감독할 정규직 아트 큐레이터를 고용하였다. 품질 좋은 상품들을 갖춘 매장이나 코너에 성인 고객들을 끌어들이기 위해서는 따뜻하고 편안한 분위기를 만들 필요가 있다. 이런 분위기는 가정집에 온 듯한 느낌을 주는 나무 패널, 편안한 좌석, 그림들, 가구들에 의해 만들어질 수 있다. 지친 베이비 부머 세대에게 어필하기 위해서는 소매업자들은 갭(GAP)에서 보여 주듯 반듯하게 정리된 상품과 함께 깨끗하게 정돈된 환경을 만들 수도 있다. 10대들을 끌어들이기 위해서 소매업자들은 그래픽, 유머, 음악을 사용한다. 메이시즈를 예로 들면, 클럽 분위기를 만들기 위하여 콘크리트 바닥, 드러난 철제 배관선, 회전하는 레이저 광선, 미디어 벽(media walls), 뮤직비디오, DJ를 매장에 도입하였다.

H&M은 런던 킹스브릿지 매장 윈도우에 컷아웃된 사진과 현대적인 마네킹을 모두 사용하였다.

(사진촬영 : 저자)

계절별 비주얼 머천다이징

마케팅 또는 머천다이징 전문가들과 마찬가지로 비주얼 머천다이징 매니저는 특정 상품이 선보여야 되는 날짜와 상품을 보여 주기 위한 윈도우와 인테리어 디스플레이의 수량과 위치가 기록된 계절별 캘린더를 구성한다. 계절별 머천다이징 테마는 계절, 다른 매장 판매촉진 행사, 신상품의 도착시기에 맞추어 1년 전에 계획된다. 때로는 매장 테마가 새로운 라인을 발표하는 브랜드의 테마에 맞추어 전개되기도 한다. 테마 계획은 비주얼 머천다이징에 포커스를 두고 매장 전체에 일관된 모습을 제공한다.

비주얼 머천다이징 예산은 새로운 마네킹, 또는 보유하고 있는 것을 재생하는 데 드는 비용, 버팀목, 특별 효과들, 고용인원 수에 따른 임금, 윈도우와 인테리어 디스플레이를 만들고 유지하기 위해 필요한 시간 비용을 포함한다.

윈도우

시내 매장이나 쇼핑몰 입구의 시각적 전시물은 고객들에게는 매장과의 첫 번째 만남이 이루어지는 곳으로 효과적이고 정확하게 매장의 이미지와 패션 포커스를 담고 있어서 매장에 들어오는 쇼핑객들을 끌어들일 수 있어야 한다. 마케팅 책임자 버지니아 메이어(Virginia Meyer)는 "매장 윈도우는 당신을 멈추게 하고 당신의 주목을 끌고 당신을 웃음 짓게도 할 수 있으며 또 그래야만 한다. 넓은 의미에서 비주얼 프레젠테이션은 상품의 판매를 도울 뿐만 아니라 그 스스로가 매장 자체이다. 그것은 매장 특성의 일부가 되고 매장을 다시 찾게 되는 이유가 된다."[3]고 지적했다. 또한 비주얼 머천다이징 디렉터인 길버트 번딜웨이드(Gibert Vanderweide)는 "윈도우는 매장 안에서 무슨 일이 일어나고 있는가를 알려 준다." 라고 지적하였다.[4]

윈도우(window)는 종합적인 작품이기도 하고 그 자체가 완전한 메시지이다. 윈도우는 일반적으로 매장 비주얼 프레젠테이션 중 가장 극적인 부분이다. 전시내용은 유머를 담고 있을 수도 있고 공연장일 수도 있다. 윈도우가 시선을 끌도록 애니메이션, 포스터, 컷아웃, 비디오 아트, 조명, 홀로그램, 또는 특수 효과를 사용할 수도 있다. 일부 소매점들은 윈도우를 전

체 매장 환경의 일부로 만들기 위해 내부가 들여다보
이는 윈도우를 채택한다.

윈도우 테마　**특별 이벤트 윈도우**(special event
window)는 이벤트나 매장 내 판매촉진 행사와 연계
하거나 휴일의 특성을 담고 있다. 이러한 윈도우들은
매장으로 들어오게 만드는 열기와 재미를 담고 있다.

　패션 메시지 윈도우(fashion message window)는
디자이너 콜렉션이나 최신 패션 트렌드를 선보이고
장신구와 함께 연출하는 방법을 제안한다. 이러한 윈
도우는 새로운 의상과 액세서리를 구매하도록 고객
들의 주목을 끌고 설득하도록 만들어진다.

내부 전시

고객들은 매장 입구 가까이에 위치하거나 각 층 또는
판매코너의 입구, 또는 판매코너의 중심에 위치한 디
스플레이 포인트에 의해 제안된 패션과 액세서리를
더 많이 접하게 된다. 도시 매장에서는 매장의 중심
에 포커스를 둔다. 윈도우가 거의 없거나 아예 없는
쇼핑몰 내 매장에서 비주얼 머천다이징은 지나가는
쇼핑객들이 판매지역의 전면적인 시선을 붙잡을 수
있는 넓은 매장 입구를 집중 이용해야 한다. 매장 입
구 디스플레이는 큰 영향을 끼친다.

▌런던 펜윅(Fenwick)
백화점의 인테리어
전시
(출처 : FENWICK,
LTD., 사진촬영 : 저자)

　각 상품 코너나 매장의 전면에 위치하는 전시 지역은 그곳으로 고객을 이끌기 위한 것이
다. 선반, 단상, 카운터, 플랫폼, 또는 천장에 달린 집기조차 매장의 관심도를 고조시키기 위
해 만들어진다. 여러 개 또는 단독 마네킹을 이용하여 하나의 외형을 만들거나 서 있는 상태
로 그룹을 구성하여 상품을 보여 줄 수 있다. 캐주얼웨어는 일반적으로 그룹으로 전시되고
반면에 이브닝웨어는 독립적으로 전시된다.

　배경 또는 라이프스타일 전시는 마네킹들이 장면에 맞는 의상을 입고 상황을 연출하는 것이
다. 배경은 상품 전시를 완성하기 위해 액세서리, 소품, 가구를 이용한다. 고객들은 라이프
스타일 배경을 통해 의상과 액세서리의 특징을 파악하게 된다. 또한 액세서리를 포함하는 토
탈 코디네이션 컨셉을 제시함으로써 디스플레이는 고객들을 유혹하는 동시에 교육한다.

미라 칼만(Mira Kalman)
에 의해 디자인된 메이시
즈 백화점의 현대적으로
스타일링된 마네킹
(출처 : MACY'S,
사진촬영 : 저자)

비주얼 머천다이징의 요소

강조 요소 디스플레이에서 의상을 전시하고 강조하기 위하여 사용되는 요소들은 마네킹, 바디, 유리장식장, 집기, 사다리, 깃대, 기둥, 전시대, 탁자와 다른 가구들, 박스, 페인팅과 벽장식, 직물, 배너, 포스터, 카운터 카드, 조명효과, 액세서리, 그리고 기타 소품들을 포함한다. 대부분의 경우, 비주얼 머천다이저들은 다른 상품들과 함께 구성함으로써 상품을 가치 있게 보이도록 노력한다. 이때 디테일은 매우 중요하다. 보이는 모든 측면들이 고려되어야 한다.

기술 소매업자들은 상품을 보여 주기 위해 비디오 최신 기술을 이용하고 있다. 흥미와 활력을 더하기 위해 윈도우와 코너별로 패션쇼 비디오를 보여 준다.

마네킹 마네킹은 패션 트렌드와 함께 변화되어 왔으며 현재 시점에서 이상적인 아름다움과 이미지를 보여 주도록 만들어진다. 우아한 패션을 위해서는 완벽한 헤어스타일과 전통적인 실물 같은 마네킹이 선호된다. 하지만 이러한 마네킹은 사서 보관하는 데 비용이 많이 든다. 돈을 아끼기 위해 많은 매장들은 양식화된(stylized) 마네킹을 대용해서 사용한다.

다점포 매장의 비주얼 머천다이징

표준 매뉴얼 공동 오피스는 지속적인 비주얼 머천다이징을 위해 표준을 설립한다. 표준 매뉴얼들은 모든 디스플레이 형태, 집기, 소품의 정확한 세부사항들의 리스트이다. 분기마다 새로운 아이디어들이 적용됨에 따라 추가 사항이 매뉴얼에 첨가된다. 비주얼 머천다이징 디자이너들은 프레젠테이션을 구성하고 판매 사원들은 각 부서에서 이러한 표준들을 유지하기 위해 훈련된다.

프레젠테이션 패키지 공동 또는 중앙의 비주얼 머천다이징 오피스는 지점들이 똑같은 모습을 가질 수 있도록 프레젠테이션 패키지를 만들 수 있다. 매장 평면도와 사진들이 포함된 큰 프레젠테이션 패키지들은 본점에서 준비되고 어떻게 상품을 전시할 것인가를 보여 주기 위해 지점으로 보내진다. 각 소매업자들은 전체적인 프레젠테이션 비전 보기를 원한다. 모든 매장에서 비슷한 의류와 액세서리를 전개하는 바나나 리퍼블릭이나 앤 테일러 같은 전문 체인점이 이러한 프레젠테이션 패키지를 적용시키기 쉽다. 멀티브랜드를 전개하는 소매업자들이 응집력 있는 모습을 창조하기가 점점 더 어려워지고 있다. 그들은 가이드 라인을 만들지만 더 유연하게 적용할 수 있도록 하였으며, 다양한 지역 차이에 맞출 수 있는 맞춤 패키지를 허용하고 있다.

텔레 커뮤니케이션　많은 매장들은 화상회의를 통하여 실제 비주얼 프레젠테이션을 체인 매장들에게 보여 줌으로써 지역 디스플레이 전문가가 모든 프레젠테이션 모습을 동일하게 연출할 수 있도록 한다. 그들은 또한 인트라넷으로 전국에 있는 동료들과 비주얼 컨셉을 나누기 위해 가상 컴퓨터 모형을 사용한다.

매장 내의 디자이너/브랜드 전시장

매장 내의 디자이너 또는 브랜드 부티크의 경우에 벤더는 상품의 라인을 보여 주기 위한 비주얼 머

버거도프 굿맨 백화점의 풍부하고 따뜻하고 전통적인 환경 (출처 : BERGDORF GOODMAN)

천다이징 요구사항을 가지고 있다. 의류 디자이너들은 독특한 상황을 연출하거나 자신들의 의상을 돋보이게 할 수 있는 분위기를 만들고 싶어 한다. 일부의 경우, 생산업자는 집기를 제공함으로써 모든 매장이 똑같은 모습을 하도록 한다. 흔히 매장 고유의 특성과 이러한 숍들의 개성을 맞추기는 어렵다. 어떤 경우는 매장 내 전시장을 약화시키거나 전반적으로 그러한 특별 공간들을 없애 버리기도 한다. 여전히 다수 매장들은 매장의 이미지와 디자이너 부티크의 모습을 같이 연출하기 위해 노력한다.

매장코너

큰 점포들은 패션 카테고리나 라이프스타일에 맞추어 매장코너들, 디자이너 또는 브랜드 전시장(또는 코너)으로 나뉜다. 전통적으로 중심 판매 지역은 화장품, 보석, 액세서리군으로 나뉜다. 매장의 기타 지역은 카테고리나 가격대에 의해 서로 연관이 있는 코너들과 숍들의 그룹으로 나뉜다. 매장 내 지역도 고려되는데 일부 매장들은 관심을 끌 수 있는 가장 좋은 위치를 차지한다. 고객들이 필요에 의해 일부러 찾게 되는 수영복, 란제리, 코트 같은 상품들이

런던 새빌로우의 지브스 앤 혹스(Gieves & Hawkes) 매장의 의상 집기
(출처 : GIEVES & HAWKES)

보유된 매장의 가장자리는 두 번째 지역이 될 수 있다. 소매업자들은 '데드존(dead zone)'이 생기는 것을 막기 위해 벽 쪽에 상품을 진열하여 고객들의 발걸음을 인도하고 있다.

성공적인 비주얼 머천다이징은 고객들을 매장으로 초대한다. 비주얼 머천다이징은 고객들을 자신의 라이프스타일에 적합한 곳으로 인도해야만 한다. 다음과 같은 간판은 있을 수 없다. "만약 당신이 38~50세이고 시 외곽에 거주하면서 사이즈 10을 입는다면 미스 메이시(Miss Macy) 코너로 가세요." 그럼에도 불구하고 각 코너는 생각 속에 특정 라이프스타일 관련 통계치들을 바탕에 두고 기획된다. 월마트에서 볼 수 있는 것들 같이 벽에 걸린 정보를 제공하는 사인보드들과 커다란 라이프스타일 사진들은 고객들이 그들의 길을 찾도록 돕는다.

상품은 각 매장코너의 시각적 효과에 기여하고 고객들이 그들이 원하는 것을 빨리 찾을 수 있도록 체계적이고 매력적인 방법으로 정리된다. 인기 있는 의류와 액세서리의 판매 윤곽이 잡히면 각 부서(코너) 책임자와 판매 담당자들은 상품을 재정비한다. 비주얼 디자이너들은 부서 담당 구성원들에게 어떻게 옷걸이에 옷을 걸고, 어떻게 옷을 접어서 전시하고, 어떻게 색상별로 상품을 구성하는지를 교육한다.

집기 의류 매장에서 의상은 일반적으로 모든 각도에서 접근이 용이하고 잘 보이도록 격자 패턴으로 정리된 집기에 걸린다. 상품구색들은 벽 선반, 라운더즈(rounders, 둥근 옷걸이), 십자모양 또는 별모양 집기(4개의 봉), T 모양 스탠드(2개의 봉), 아이 빔(I-beam, 곧은 막대), 또는 콜렉션 집기(한쪽에는 접어서 전시하고 다른 쪽은 걸어서 전시)에 전시된다. 상품구색 전시는 고객들이 각 사이즈별로 모든 색상과 스타일을 볼 수 있도록 해야 한다. 시각적으로 분산되는 것을 피하기 위해 집기들은 일반적으로 함께 쓰인다. 비록 벽 집기가 공간을 잘 사용하고 라운더즈가 색상 전개를 드러낸다고 하더라도 고객들은 소매(또는 옷의 옆면)밖에 볼 수 없기 때문에 그러한 집기들이 디스플레이의 가장 이상적인 수단은 아니다. 십자 모양이나 T모양 같은 정면 전개 집기에 의해 의상은 소비자들이 앞면을 볼 수 있도록 바깥을 향해 걸린다. 캐주얼웨어 T-스탠드 중 최고의 행거는 일반적으로 코디네이트되어 있는 외관을 보여 주어 고객이 어떻게 다양한 단품들이 서로 조화를 이루는가를 볼 수 있는 H-모양 스탠드이다. 집기들은 더 정교해지고 있으며 많은 매장들은 또한 전반적인 매장 디자인과 잘 어울리는 그들만의 고유 집기들을 만들고 있다.

접기와 쌓기 갭(Gap) 같은 매장들은 접기를 상품을 진열하기 위한 대중적이고 공간 절약적인 방법으로 만들어 왔다. 매장 표준들은 선반과 테이블의 위치와 어떻게 상품이 접히고 분류되는가를 묘사한다. 유통업자들은 테이블 위의 상품은 손에 닿기 쉽기 때문에 더 잘 팔린다는 것을 발견하였다.

액세서리들 액세서리의 비주얼 머천다이징에 더 많은 이목이 집중되고 있다. 전통적으로 중앙 판매 장소에 위치한 일부 액세서리들은 현재 의류 판매 장소에서도 판매되므로 고객들은 시간을 들이지 않고도 그들이 구입한 옷에 액세서리를 매치해 볼 수 있다. 액세서리들은 유리 장식장, 선반이나 테이블, 또는 벽에 설치된 디스플레이용 선반에 전시된다. 매장들은 접근 가능한 '개방 판매' 상품의 판매효과와 유리 장식 디스플레이의 보안성과 특별함이 조화를 이루도록 해야 한다.

패션 광고

광고 디렉터, 크리에이티브 디렉터, 아트 디렉터, 작가, 레이아웃 아티스트들은 광고를 만들기 위해 함께 일한다. 특히 광고 방송의 경우, 그들은 일반적으로 광고 에이전시에 의해 유지된다.

소매점 마케팅 예산의 가장 큰 부분이 일반적으로 광고에 편성된다. 광고(advertising)는 패션 상품 또는 이벤트에 고객들의 주목을 끌기 위해 디자인된 상업용 광고문구의 계획, 문안작성, 디자인, 그리고 스케줄 잡기를 수반한다. 광고는 주목을 끌기 위해 위트, 충격, 우아함, 유명인사들, 그리고 기타 창조적인 접근방법들을 사용한다.

광고는 구체적인 표적고객들 또는 잠재적인 고객들에게 접근하기 위해 디자인된다. 그러므로 광고 스타일은 다양한 유형의 소비자들에 따라 변형된다. 컨템포러리 고객들을 위해서는 유행에 민감한 의상들을 성적이며 자극적인 광고를 통해 팔고, 지위 향상을 추구하는 전문가들을 위해서는 성공한 사회적 지위의 이미지들로 상품이 제시되고, 가족 중심의 소비자들에게는 건전한 가정의 분위기와 함께 패션 상품이 보인다.

광고의 종류

매장들이 사용하는 광고의 세 가지 기본 유형은 이미지 광고, 아이템 광고, 그리고 선전용 광고이다.

이미지 광고　이미지 광고(image advertising)는 패션 이미지, 이벤트, 패션 리더십, 공동체 정신, 새롭거나 새롭게 바뀐 매장, 또는 특별 이벤트에 포커스를 맞춘다. 상품을 보여 줄 순 있으나 상품이 가장 중요한 것은 아니다. 소비자의 자신감을 증진시키고, 공동체 정신을 증진시키고, 분위기를 조성하고, 새로운 매장이나 이벤트에 대한 흥미를 유발시키는 브랜드로서 매장 이미지를 전달하는 데 그 목표가 있다. 충격, 논쟁거리, 유머 또는 유명인 모델 같은 전략의 다양성은 계속적으로 깊은 인상을 만들기 위해 사용된다. 대량 판매상들조차도 저가의 고품질 상품이라는 이미지를 만들기 위해 노력한다.

스페셜 이벤트 광고　스페셜 이벤트 광고는 유명 인사 초청 같은 이벤트를 위해 매장에 고객을 초청하는 것이다. 광고주는 참석한 사람들의 수를 세거나 그 기간에 판매된 매출액을 통해 광고의 반응을 측정할 수 있다.

아이템 광고　아이템 광고(item advertising)는 상품을 판매하기 위해 만들어진다. 아이템 광고의 경우, 광고의 직접적인 결과인 판매에 그 목적이 있지만 광고 결과를 알아내기란 어렵다. 이런 유형의 광고는 생산업자와 유통업자 공동의 계획으로 이루어진다.

선전용 광고　선전용 광고(promotional advertising)는 가격에 중점을 둔다. 매장이 특별 가격을 제안하거나, 대대적인 세일이나 재고처리 세일을 한다는 것을 세상에 알리는 것일 수 있다. 메이시즈, 올드 네이비, 머빈즈(Mervyn's) 같은 일부 점포들은 다른 점포들에 비해 가격행사를 더 많이 하고 그러므로 선전용 광고를 더 많이 한다. 대부분의 매장들은 판매, 고객 감사 주간, 특별 구매상품 같은 선전용 이벤트들을 광고한다.

직접 반응　판매를 빠르게 촉진시키기 위해 소매업자들은 광고의 모든 유형을 통해 직접 반응 수단을 이용한다. 매장을 방문하지 않고도 상품을 즉석에서 구입할 수 있도록 이메일 주소와 무료전화번호를 알려 준다.

연합 광고

섬유 제품들, 직물 제조업자들, 어패럴 생산업자들은 종종 소매업자들과 상품을 보여 주는 광고물을 위해 공동으로 지불한다. 업체별 할당액은 생산업자가 소매점에서 올린 순매출의 퍼센트에 기초해서 분배하고, 이러한 공동 투자금은 미디어와 광고제작 비용의 큰 퍼센트를 차지한다. 이러한 부외 자금은 유통업자가 광고를 더 큰 규모로 만들고 더 많이 선보이는 것

헨리 벤델의 마케팅 디렉터인 테릴 터너 (Teril Turner)가 그 녀의 뉴욕 사무실에 서 일하고 있다. (출처 : HENRI BENDEL, 사진촬 영 : 저자)

을 가능하게 한다. 이러한 연합광고의 증가는 유통업자가 자신의 예산에서 광고비 비중을 낮 추는 것을 돕는다. 많은 유통업자들이 제조업자들로부터 주어지는 공동제작 자금이 없다면 상품을 광고할 수 없을 것이다.

일정 잡기와 계획하기

특정 기간(한 주, 그해의 일사분기, 또는 한 계절)과 그 기간 내에 매장에서 하고자 하는 광고 의 물량을 정하기 위해 **광고 계획**(advertising plan)이 이루어진다. 광고 계획은 과거 경험, 현 재 상황들, 그리고 미래 예측을 바탕으로 세워진다. 광고는 종종 판매 시즌의 1년 전에 일정 이 잡히는 반면에 실제 광고 내용은 판매 시즌에 가까워서 계획된다.

광고 제작과 미디어 관련 비용의 할당분이 묘사된 **예산내역서**(budget)가 준비된다. 신문에 서 광고의 크기 또는 라디오나 텔레비전에서 광고의 방송 시간은 틀림없이 계약되어야 한다. 미디어 마감일자와 기타 요구사항들에 맞추어서 어떻게 그리고 누구에 의해 광고 제작이 진 행될 것인가가 자세히 묘사된 **제작 스케줄**(production schedule) 혹은 일정표가 만들어진다.

미디어

광고에서 **미디어**(media)는 판매 메시지를 전달하는 모든 방법들을 포괄하는 일반적인 용어이

다. 미디어는 신문, 전단지 광고, 잡지, 라디오, 텔레비전, 옥외보드, 버스광고, 버스 내부광
고, 도심 전철역, 설치물, 인터넷, 직접우편을 포함한다. 패션 광고들은 넘치도록 풍부한 미
디어 선택여건에 직면해 있다. 광고부서 또는 미디어 구매 에이전시는 상품과 고객의 유형에
적합한 하나의 매체나 또는 여러 매체의 복합구성을 선택해야만 한다. 각 소비자 집단은 독
특한 취향, 아이디어, 흥미를 가지고 있으며 다른 미디어에 당연히 반응한다. 미디어 바이어
들은 특정 상품을 사는 표적고객들에게 광고를 전달할 특정 라디오, 텔레비전 방송국, 신문,
잡지 또는 기타 매체를 선택해야만 한다. 광고가 어디에 실릴 것인가와 얼마나 자주 광고를
내보낼 것인가는 광고 그 자체만큼이나 중요하다.

여러 가지 광고들은 일반적으로 서로 시너지 효과를 내도록 다른 미디어들에 실려서 캠페
인을 강화시킨다. 토미 힐피거(Tommy Hilfiger)의 마케팅 담당 부사장 피터 콘놀리(Peter
Connolly)는 "모든 사람들이 그저 잡지를 읽고 TV를 보고 옥외광고를 보는 것은 아니다. 그
들은 하루의 다양한 시간에 다양한 다른 일들을 한다. 미디어를 복합적으로 사용할 필요가
있다."[5]고 말했다. 자가 운전자들이 들을 수 있는 짧은 라디오 광고와 조화를 이루기 위해 읽
을 수 있는 똑같은 내용을 버스나 기차에 부착할 수 있을 것이다. 반복과 지속성은 광고 메시
지를 기억하게 만든다. 매일 라디오에서 똑같은 시간에 똑같은 광고를 듣거나 신문의 똑같은
페이지에 매주 똑같은 일러스트레이션 스타일을 기재하는 것은 사람들이 패션 메시지뿐만
아니라 매장이나 브랜드 이름을 정확하게 인식하도록 만든다.

신문   신문광고 또는 신문기사(run-of-press, ROP)는 다음의 이유들로 인해 대부분 패션 소
매업자들에게 인기를 끌고 있다.

- 신문은 그 회사가 어떤 상품을 제공하는가를 소비자에게 전달하는 시각적 또는 언어적 수단을 제
  공한다.
- 신문은 매일 제공된다.
- 레이아웃, 미술, 그리고 광고 문안은 상대적으로 제작하기 쉽다.
- 미디어 비용이 상대적으로 낮다.
- 아이디어에서 실제 제작물이 나오기까지 걸리는 시간이 짧다.

공간과 포지셔닝   매장의 잠재적인 고객들에게 접근하기 위해 미디어 바이어들은 신문의 지
면을 산다. 매일 특정 지역의 독자 또는 거래집단들에게 회사의 패션 메시지가 전달된다. 제
조업자와 소매업자는 첫 장의 뒷 페이지처럼 신문에서 특정적으로 원하는 부분을 차지하겠
다는 계약을 한다.

부록   특별히 신문에 투입된 잡지 형식으로 인쇄된 광고의 사용은 소매업자를 위한 광고의
성공적인 유형이다. 많은 매장들은 질 좋은 잡지 형식을 사용하고 있다. 카탈로그처럼 오랫

동안 '커피 테이블 인생'을 누리고 전국 모든 지역에 배포될 수 있다.

부록을 만드는 데 돈을 투자하는 벤더들은 엄청난 발행 부수와 권당 상대적으로 저렴한 비용을 마음에 들어 한다. 신문 속 전단지는 단지 한 신문만 볼 수 있는 지역에 있는 체인 소매점을 위해서는 비용에 비해 특별히 효과적이다. 많은 주(state)들에 분산되어 있는 매장들을 위해 수백만 부까지 만들어지게 되고 어느 지역에나 보급이 가능하다.

잡지 매장들은 그들 자신과 비슷한 표적고객을 가진 잡지에 광고한다. 삭스 핍스 애비뉴 같은 전국적인 소매업자들은 전국적인 보급망으로부터 이익을 얻을 수 있기 때문에 《보그》 같은 패션 잡지에 정규적으로 광고를 한다. 이러한 광고들은 종종 이미지 광고로서 소매점의 이름을 브랜드로 인식시키는 역할을 한다. 일부 소매업자들은 여러 장의 페이지를 사용함으로써 잡지 내에서 좋은 위치가 제공되고 주목을 끌게 되는 광고를 만들기 위해 많은 비용을 지불하기도 한다.

일부 전국적인 잡지사들은 지역 매장 광고가 실린 지역판을 가지고 있다. 소매업자들은

전국 잡지에 실린 제시카 맥킨톡(Jessica Mcclintock)의 광고 (출처 : JESSICA MCCLINTOCK)

특정 시장에 접근하기 위해서 대합실이나 일반적인 흥미잡지에 광고를 올린다. 도심 또는 지역적인 잡지들은 특정 지역 고객들을 표적으로 하는 데 이용된다. 10대들을 위한 일반적인 흥미를 다룬 엔터테인먼트 잡지 외에도 선택 가능한 패션, 미용, 라이프스타일에 관련된 잡지들이 많이 있다.

직접적인 소비자 반응을 알기 위해 일부 소매업자들은 카탈로그처럼 만들어진 광고들을 잡지 중간에 삽입한다. 브루밍데일즈(Bloomingdale's)와 패션잡지인 《마리 클레르》 지는 다양한 브랜드의 상품들과 패션 트렌드 정보가 실린 CD 카탈로그를 잡지에 끼워 배포했다. 흔히 무료전화안내 번호 또는 온라인 주문을 하는 방법을 제공한다. 다른 매장들은 매장에 더 많은 사람들이 방문하도록 유도하고 광고의 성공 여부를 추적하기 위해 잡지 속 자신들의 광

고 옆에 뜯어서 발송이 가능한 카드를 부착한다. 고객들이 매장에 그 카드를 가지고 가면 무료 선물 또는 구매에 따른 선물을 받을 수 있다.

텔레비전 일반 대중들이 더 많이 시청하고 더 적게 읽게 됨으로써 텔레비전 광고는 인기가 높아 가고 있다. 방송 매체는 의상이 실제 생활에서 얼마나 잘 어울리는가를 보여 주는 것이 가능한 장점이 있다. 하지만 광고는 소비자들의 채널을 돌리는 것에 의해 방해받는다. TV 광고의 기타 주요 장애들은 방영 시간과 제작에 따른 비용이 비싸다는 것이다.

광고시간 구매 미디어 바이어들에 의해 구매되는 방영 시간의 비용은 하루 동안 몇 번, 한 주 동안 며칠이 방영되었는가를 말하는 광고의 길이와 시청자의 규모에 의해 결정된다. 가장 비싼 프라임 타임(prime time)은 가장 많은 수의 성인 시청자들이 TV를 보는 오후 7시에서 10시 사이다. 대규모 시청자들을 가진 대도시의 방영 시간은 작은 도시나 지역의 방영 시간보다 비싸다. 미디어 선택은 방송국이 조사한 주관적인 전체 시청률과 함께 시청자들에게 얼마나 성공적으로 접근하는가에 달려 있다.

제작 TV 광고는 5만 달러에서 50만 달러에 이르기까지 다양한 비용이 든다. 광고들은 방송 에이전시 또는 지역 TV 방송국들에 의해 제작된다. 제작비용은 작가, 프로듀서, 디렉터, 탤런트, 성우, 촬영, 장소선정, 편집, 음악, 의상비용, 무대, 조명, 필름편집, 현상하는 데 드는 돈을 포함한다.

전국방송 TV 전국에 방송되는 텔레비전 광고는 전국적으로 의류 제품을 판매하고 광고를 제작하고 공중파 텔레비전 광고시간을 구매할 수 있을 정도로 풍부한 광고 예산을 가지고 있는 전국적인 규모의 대형 회사에 의해 사용된다. 시어즈를 예로 들면 이미지를 향상시키기 위해 "시어즈의 부드러운 면"이란 캠페인 문안을 TV 광고에 사용하였다. 공중파 텔레비전 프로그램은 전국적으로 잠재적인 수백만의 소비자들에게 전달된다. QVC나 HSN 같은 케이블 텔레비전 쇼핑 방송은 직접적인 판매 반응을 위한 기회를 제공한다.

소매업자들은 또한 그들의 브랜드 이미지를 구축하고 주목을 끌기 위해 그들의 광고에 여배우, 남자배우, 대중 가수를 내세우기도 한다. 예를 들어 갭(The Gap)은 TV 광고에 마돈나와 미시 엘리오트(Missy Elliott)를 등장시키기도 했다. 소매업자들은 시청자들의 주목을 받는 TV 프로그램의 스타들에게 자신들의 옷을 입히기 위해 경쟁한다.

라디오 텔레비전은 시청자들이 패션을 볼 수 있기 때문에 의류 광고 면에서는 라디오를 뛰어넘는 장점을 가지고 있다. 하지만 라디오는 매장 위치, 브랜드 명, 특정 세일의 시점에 대해 청취자들이 인식할 수 있도록 한다. 다른 시간대에 비하여 광고비가 비싼 최고 청취시간은 운전시간으로 운전자들이 그들의 차에서 라디오를 듣는 러시아워가 해당된다. 방송국은 그들의 표적시장에 어필하기 위해 선택된다. 바이어들은 틴에이저들에게는 록(rock) 음악 방송을, 나이 많은 성인들을 위해서는 클래식 음악 방송을, 베이비 붐 세대를 위해서는 뉴스전문 방송을 선택할 수 있다.

E-커머스   인터넷의 멀티미디어 기능은 광고를 위해 그래픽, 텍스트, 사운드, 그리고 배너 광고의 움직이는 이미지들을 함께 사용하는 것을 가능하게 한다. 하지만 소매업자들이 수많은 사이트들과의 경쟁에서 주목을 끌려면 광고를 차별화시켜야 한다. 소매업자들은 고객들의 반응을 끌어내는 데 가장 효과적인 프레젠테이션 방법을 찾기 위해 지속적으로 자신들의 웹사이트 디자인 요소들을 점검한다. 대안 디자인을 보여 주는 A/B나 다차원 테스트를 이용하거나 각 디자인의 성공 여부를 판단하기 위한 분석 소프트웨어를 사용하기도 한다.

소비자가 E-커머스(E-commerce) 사이트로부터 구매를 할 경우, 소매업자는 고객들의 이메일 주소를 요구한다. 소매업자는 특별판매촉진과 상품에 대한 광고와 메시지를 전달하고 트렁크 쇼, 파티, 디자이너 사인회 같은 프로그램에 고객들을 초청하는 데 그 주소를 이용한다. E-메일은 소매업자가 고객들의 인구특성과 구매 이력에 맞는 광고를 보다 더 구체적으로 제작할 수 있게 한다.

직접 우편   직접 우편은 개인 고객들에게 발송되므로 매우 인기가 높고 매우 효과적인 형태의 광고이다. 직접 우편은 소매업자들이 시장점유율을 늘리기 위해 경쟁하게 되면서 더욱 중

앤 테일러(Ann Taylor) 카탈로그의 페이지들 (출처 : ANN TAYLOR)

광고 디자이너 롭코터(Rob Corder)가 페기 데이비스(Peggi Davis)와 광고 교정본을 논의하고 있다.
(사진촬영 : 저자)

요해졌다. 제2장에서 논의된 대로 고객들이 물건을 구매함으로써 얻어진 정보와 함께 데이터베이스는 구매의 횟수, 구매의 평균 지불 금액, 구매가 이루어지는 코너 같은 그들의 구매습관에 따른 특정 고객 그룹을 분리시킬 수 있다. 어린아이를 키우는 부모, 큰 사이즈를 가진 고객들, 또는 키가 작은 여성들 같은 특정 독자들에게 특별 안내지를 동봉하거나 카탈로그를 발송하는 것도 가능하다.

안내지(statement enclosure)는 소매점의 우대 고객들에게 월별 대금청구서와 함께 보내진다. 이런 안내지는 무료 전화번호가 적힌 주문서와 함께 생산업자가 제공한 그래픽들로 구성되어 있다.

카탈로그(catalog)는 일하는 여성, 은퇴한 사람들, 도심지역에서 멀리 떨어진 곳에 사는 사람들에게는 정말 인기 있는 광고의 형태가 되었다. 소매업자들은 벤더들과 공동으로, 예를 들면 신발 같은 전문상품 카탈로그들을 제작한다.

매장 신문 또는 잡지(store newsletters or magazines)는 삭스핍스 애비뉴 백화점의 '5' 또는 브루밍데일즈 백화점의 'B'처럼 고객들에게 패션 트렌드 정보를 주기 위해 일부 소매업자들에 의해 이용된다. 이런 것들은 주문서가 포함되지 않은 것으로, 단순히 생산업자들 또는 매장의 머천다이징 이미지를 고객에게 전달하기 위한 것이지 판매를 위한 카탈로그는 아니다. 생산업자들에 의해 제공되는 'look book(이미지 책자)'은 때때로 매장에 들어온 고객들이 집어 가거나 또는 우편으로 보내진다.

옥외 광고물　빌딩 옥상, 기차 역, 도시 또는 쇼핑몰의 광고탑, 버스, 버스 정류소는 놀라울 정도로 성공적인 패션 광고 수단이다. 갭, 에스프리(Esprit), 리바이스(Levi Strauss) 같은 회사들이 현재 매우 중요한 매체로 대두된 옥외광고를 처음 시도하였다. 일부 쇼핑몰들에서는 쇼핑몰의 만남의 장소와 주변의 보도에 대형 광고들을 담을 2면, 3면 또는 원통형의 광고탑을 시도하고 있다.

광고 부서

일부 대형 소매점들은 신문광고를 자주 하기 때문에 회사 내부에 광고 부서를 두고 있다. 광고 디렉터는 미술, 광고문안, 제작 같은 세 가지 영역을 지휘한다.

미술 미술 부서는 광고의 모든 부분의 조화인 레이아웃을 책임진다. 레이아웃은 쿼크 익스프레스(Quark Xpress) 또는 어도비 포토샵(Adobe Photoshop) 같은 컴퓨터 소프트웨어 프로그램을 이용하여 만든다. 사진들은 컴퓨터 스캐너에 의해 입력되고 광고를 완성하기 위해 문안, 매장 로고, 기타 그래픽 효과와 함께 레이아웃 속에 배치된다.

　판매촉진용 또는 아이템 광고에 사실감을 부여하기 때문에 사진은 인기가 있다. 스타일리스트는 모델과 촬영장소를 선정하고 헤어와 메이크업 전문가를 정함으로써 사진작가를 돕는다.

문안 카피라이터는 광고를 위해 쓰이는 문안들을 제작한다. 좋은 작가는 광고를 읽을 독자들을 상상하고 그 또는 그녀에게 글을 쓴다. 바이어들은 광고 부서에 독특한 판매 포인트를 강조한 상품 정보를 준다. 패션 메시지를 강조하는 패션 상품을 위한 광고 문안은 가격이나 옷의 특징만을 강조하는 판매 광고문안과는 사뭇 다르다.

진행 진행 부서는 매장, 편집 사무국(전자 파일을 교정본으로 제작), 인쇄소, 조형, 신문, 라디오, 그리고 텔레비전 방송국들 사이에서 프로젝트(그래픽, 일러스트레이션, 사진, 문안)의 흐름을 담당한다. 완성된 광고는 전화선 또는 위성을 통해 세계 각국의 신문과 인쇄소에 전달되거나 인터넷 다운로드를 위해 FTP(File Transfer Protocol; 제삼의 인터넷 사이트) 파일로 저장된다.

광고 에이전시

사내에 광고 담당자가 있는 소매업자들조차도 특별 프로젝트, 매체 구입, 또는 컨셉 개발을 위해 외부 광고 에이전시를 이용한다. 에이전시는 잡지 형태 부록광고처럼 일이 너무 과중하거나 특별 프로젝트를 할 때 돕는다. 매장들은 돈이 많이 드는 내부 담당자를 유지할 필요가 없는 단발의 광고를 제작하기 위해 비용 절감 차원에서 에이전시들을 사용한다. 지불금은 프로젝트 예산이나 연간 계약에 따라 정해진다.

　대형 에이전시에서는 일군의 집단이 에이전시와 클라이언트 사이의 연락원으로 활동하는 회계 간부의 지휘 아래 특정 회계방식으로 계약된다. 에이전시들은 또한 과중한 업무량이나 특별 프로젝트를 도울 프리랜서 카피라이터, 일러스트레이터, 설치 미술가를 고용한다. 에이전시를 사용하는 단점은 그들이 소매점의 관점을 습득하는 데 시간이 걸린다는 것이다. 반대로 에이전시는 어떻게 매장의 이미지를 만들 것인가에 관한 객관적인 아이디어를 제공한다.

홍 보

홍보는 일반적으로 패션의 디렉터들, 특별 이벤트들, 또는 대외 관계를 다룬다.

홍보(publicity)는 다양한 커뮤니케이션 미디어를 통한 사람들, 특별 이벤트, 뉴스거리가 되는 토픽에 대한 정보의 확산이다. 홍보에는 돈이 들지 않지만 그런 이유 때문에 다루기 어렵다. 홍보는 돈의 문제라기보다 편집자의 선택이기 때문에 광고보다도 더 귀하게 다뤄진다. 미디어 편집자들은 그들이 대중들이 관심 있어 할 것이라고 여겨지는 것에 근거를 두고 그들이 사용할 자료들을 선택하고 어떻게 언제 그리고 어디에 메시지를 사용할 것인가를 결정한다. 홍보는 스타일, 생산자, 소매업자, 트렌드, 또는 기타 패션의 다른 측면을 대중들에게 더 잘 알림으로써 패션 상품의 판매를 촉진하는 것을 돕는다.

홍보 캠페인

소매업자들은 그들 매장 내에 뉴스거리가 될 수 있는 것들을 만들고 거기에 주목을 집중시킴으로써 그들의 이름이 대중들의 시선을 붙잡기를 원한다. 홍보를 하기 위해 패션쇼 또는 유명 인사 초청 같은 이벤트를 기획한다. 매장들은 미디어가 그들을 기사화시킬 것을 기대하면서 그런 이벤트나 토픽에 대한 정보를 미디어에 제공한다. 홍보 캠페인은 토픽이나 이벤트와 더 많이 관련되는 대외 협력 오피스나 패션 오피스에 의해 다루어진다. 반대로 이러한 홍보가 에이전시나 컨설턴트에 의해 준비되기도 한다.

홍보 캠페인의 일환으로 **보도 자료**(news release)와 사진들로 구성된 프레스 패키지가 미디어 편집자들에게 보내지기 위해 준비될 수 있다. 보도 자료는 인물, 장소, 곧 있을 이벤트 같은 주목할 만한 사실에 대한 안내문이며 벤더들이 제공한 멋진 사진들이 첨부된다. 이러한 것들은 이메일을 통해 미디어에 보내진다.

홍보로부터 최대한의 혜택을 얻기 위하여 대외 협력부서나 패션 오피스 스태프는 그들의 메시지를 흥미로워할 청중이나 독자들을 많이 확보한 미디어에 대한 홍보를 담당한다. 제시할 뉴스거리는 각 매체가 서로 중복된 내용을 얻지 않도록 다양한 각도로 접근되어야 한다.

신문 패션 편집자들은 글을 쓰기 위해 종종 홍보 자료(publicity release)나 사진을 사용한다. 패션 잡지들은 잡지에 실린 상품의 출처로서 매장의 이름을 언급하는 편집자 크레디트 속에 소매점 홍보의 기회를 부여한다. 돈을 지불하는 광고주들은 홍보에 대해서 미디어에게 점점 더 지나치게 많은 것들을 요구하고 있다.

입소문(word of mouth)은 친구들에게 매장이나 상품에 대해 정보를 퍼트리는 가장 훌륭한 무료 홍보이다. 사람들은 그들이 원하는 물건을 사고 좋은 고객 서비스를 받은 멋진 쇼핑

경험을 하게 된다면 그것을 다른 사람에게 말하고 싶어 한다. 일반적인 미디어 통로는 아니
지만 가장 영향력 있는 홍보가 된다.

특별 이벤트

특별 이벤트와 대외 협력의 공동 디렉터, 지역적인 매니저들, 매장 코디네이터들과 그들의 스태프
들은 다양한 형태의 특별 이벤트를 운영할 수 있는 조직적인 기술을 필요로 한다.

소비자들은 특별한 경험을 선사하는 매장에서 쇼핑을 더 하고 싶어 한다. 특별 이벤트는 고
객들에게 매장방문의 동기와 친근함을 만들 수 있는 구체적인 시간과 이유를 제공하기 위해
계획된다. 특별 이벤트들은 많은 대형 매장에서 사라지고 있는 개인적인 고객 접근을 대신하
거나 또는 새롭게 고객에게 접근하고자 하는 시도이다. 훌륭하게 계획되고 진행되는 특별 이
벤트는 매장의 특성을 향상시킬 수 있고 고객 충성도를 높일 수 있으며, 공공 정신의 정서를
창조한다. '극장'으로서의 소매점은 쇼핑을 하나의 엔터테인먼트로 즐기는 많은 소비자들을
끌어 모을 수도 있다.

　대부분의 특별 이벤트들은 특별 이벤트 감독 그리고 패션쇼의 경우에는 패션 감독과 이벤
트 감독의 협동하에 계획되고 진행된다. 대규모 본점에서는 각기 다른 부서가 패션, 대외 협
력, 그리고 특별 이벤트 업무를 각각 다루게 될 수도 있다. 지점 또는 더 작은 매장에서는 세
가지의 모든 기능들이 한 사무실에 의해 관리된다. 특별 이벤트 사무실은 매장 전략을 지원
할 광고부서와 합의하에 이벤트 일정을 잡는다. 특별 이벤트 사무실은 매장에서 있을 유명
인사 초청 행사의 일정을 잡기도 하고 보도 자료와 매장과 지역 행사 모두를 위한 초청장을
보내기도 한다.

　이러한 행사에는 신규 브랜드 혹은 신상품 발표, 의상연출 강습, 패션 세미나, 패션쇼가
있다. 많은 이벤트들이 컨벤션 참여, 지역 서비스, 자선 패션쇼 같은 자선 이벤트와 연계되어
진행된다. 이벤트는 벤더나 잡지사들과 공동 협찬 방식으로 진행될 수도 있다. 예를 들어 헨
리 벤델의 경우 매장 내 이벤트를 위해 패션 잡지사와 협력을 맺는 경우가 많다. 잡지사는 초
청인들의 데이터베이스를 제공하고 소매업자는 광고료를 지불한다. 잡지 편집장이 이벤트에
등장하기도 한다.[6] 소매업자들은 쇼핑 경험을 흥미롭게 만들 새로운 방법들을 찾고 있다.

패션쇼

패션쇼(fashion show)는 패션 스토리를 전달하는 특별 이벤트이다. 주로 벤더와 공동 주최로

니만 마커스(Neiman Marcus)에서 열린 랜돌프 듀크 (Randolph Duke) 패션쇼

(출처 : NEIMAN MARCUS)

이루어진다. 패션의 선택과 구성 그리고 모델의 선정은 패션 오피스가 하고 초대와 기타 업무는 특별 이벤트 부서에 의해 진행된다. 이러한 프레젠테이션을 구성하기 위해서는 공식 쇼, 부서별 쇼, 디자이너 트렁크쇼, 비공식 모델링의 네 가지 가능한 방법들이 있다.

공식 패션쇼(formal fashion show)는 모델 선정과 피팅, 무대 정리, 쇼 배경, 조명, 음향, 음악, 좌석, 도우미 등과 관련하여 앞선 계획이 매우 중요하다. 의상들은 일반적으로 스타일링, 색상, 또는 시각적인 요인에 따라 그룹 지어진다. 모델들과 음악은 조화를 이루도록 선택되고 분위기를 조성한다. 디자이너가 중심이 되는 이벤트는 1만 달러에서 5만 달러까지의 비용이 든다. 이런 비용 때문에 이러한 쇼들은 자선 이벤트로 다루어지고 매장들은 비용을 보조할 협동 스폰서를 찾는다. 이탈리아 디자이너 콜렉션을 예로 들면 비용은 매장, 디자이너, 그리고 이탈리아 무역협회가 나누어 지불한다.

디자이너 트렁크쇼(designer trunk show)는 하나의 벤더와 연합하에 이루어지고 비싼 의상 작품들을 팔기 위한 대중적인 방법이다. 초청장은 판매 사원들의 기록에서 가장 중요한 고객들을 선별하여 그들에게 보내진다. 디자이너나 대표들은 디자이너 콜렉션 코너에서 모델들에 의해 선보인 작품들을 가지고 매장에서 매장으로 옮겨 다닌다. 고객들은 바이어에 의해 편집되지 않은 전 콜렉션을 보게 되고 샘플을 보고 그들의 사이즈를 주문할 것이다. 비록 일부 디자이너들과 소매업자들이 트렁크쇼를 통해 전체 사업의 50%를 판매한다.

부서별 패션쇼(department fashion show)는 훨씬 작은 규모로 진행되는데 즉각적인 매출을 일으키기 위해 매장 내에서 이루어진다. 일반적으로 공연장은 옷을 판매하는 부서에서 직접 연출한다.

비공식 패션쇼(informal fashion show)들은 제작하기 쉽다. 몇몇 모델들이 쇼핑을 하거나 매장 내 레스토랑에서 점심을 먹고 있는 고객들에게 그들이 입고 있는 패션을 보여 주기 위해 매장을 돌아다닌다. 모델들은 그들의 시간을 보내고 고객들은 그들에게 질문을 하면서 즐길 수 있다. 이것은 종종 트렁크쇼 또는 특별 판매와 합의하에 행해진다.

마케팅 평가

마케팅에 관련된 모든 사람들, 감독들, 매니저들, 코디네이터들, 아티스트들, 작가들, 디자이너들, 바이어들은 미래 계획을 세우기 위한 그들 노력의 효과를 평가한다.

이벤트 또는 광고 캠페인이 끝나면 매출이 분석되고 캠페인의 효과가 평가된다. 광고는 매출에 의해 평가될 수 있다. 하지만 비주얼 머천다이징과 특별 이벤트와 관련해서 판매 결과를 분석하는 것은 매우 어렵다. 예를 들면, 패션쇼가 실제적으로 매장코너에서 행해지고 사람들이 물건을 사기 위해 패션쇼가 끝난 후까지 남아 있지 않는 이상 어떻게 이벤트의 효과를 측정할 수 있을까? 일부 소매업자들은 윈도우 쇼핑을 하는 사람과 매장을 오고 가는 사람들을 추적하는 전자 시스템을 이용해 실험을 하기도 한다. 경영진은 일반적으로 캠페인의 효과를 전반적으로 평가하고 내년을 위한 제안들을 만든다.

요약

리테일 패션 마케팅은 상품을 팔기 위해 필요한 모든 활동들, 특히 비주얼 머천다이징, 광고, 홍보, 특별 이벤트를 포괄한다. 소매업자들은 그들의 이미지와 패션 리더십의 역할을 매치시키기 위해서 또는 표적고객들을 정의하기 위해 시장 조사를 사용한다. 비주얼 머천다이징은 머천다이징 메시지를 매장 내에 전시하는 것이다. 광고는 돈을 내고 텔레비전, 라디오, 신문, 잡지, 그리고 직접 우편 같은 미디어의 시간이나 공간을 사용하는 것이다. 홍보를 위한 미디어 비용은 없지만 어떤 자료라도 미디어 편집자의 선택에 의해 사용될 수 있다. 패션쇼 같은 특별 이벤트는 매장에 사람들을 끌어들이고 사회 친선의 장을 만들 수 있다. 마케팅 시도들은 각 지역의 바이어들과 합의하에 이루어져야 한다. 마케팅은 한계를 가지고 있다. 궁극적으로 그 한계라는 것은 패션을 받아들이거나 거부하는 소비자이다.

SUMMARY

◑ 용어 개념

다음의 용어와 개념을 간단히 설명하고 논하라.

1. 마케팅
2. 광고
3. 홍보
4. 특별 이벤트
5. 비주얼 머천다이징
6. 라이프스타일 전시
7. 이미지 광고
8. 머천다이징 또는 선전용 광고
9. 미디어
10. 라디오와 텔레비전 삽입광고
11. 직접 우편 광고
12. 연합 광고
13. 레이아웃
14. 광고 문안
15. 광고 제작
16. 광고 에이전시
17. 보도 자료
18. 편집자 신용도
19. 부록
20. 디스플레이 패키지
21. 스탠다드 매뉴얼
22. 트렁크 쇼

◑ 복습 문제

1. 패션 마케팅의 목적은 무엇인가?
2. 광고와 홍보의 차이점을 설명하라.
3. 광고에 사용되는 미디어의 유형에 대해 논의하고 어떻게 각 유형이 표적 그룹에게 접근하는가에 대한 사례를 제공하라.
4. 연합 광고가 어떻게 작용하는가?
5. 왜 바이어가 마케팅에 관여하는 것이 필수적인가?
6. 왜 비주얼 머천다이징은 중요한가?
7. 어떻게 매장의 패션 이미지가 전달되는지 설명하라.

◑ 심화 학습 프로젝트

1. 대형 체인 매장의 광고 캠페인을 분석하라. 한 달 동안 발간된 신문에서 찾은 매장 광고들을 표시하라. 그것들은 항상 똑같은 페이지에 위치하는가? 하이 패션 이미지를 가지고 있는가, 아니면 대중적으로 어필하는가? 상품의 우월한 점을 보여 주는가? 여러분이 생각하기에 광고가 효과적인가? 그들이 사용하는 광고의 유형에는 어떤 다른 것들이 있는가? 잡지? 텔레비전? 빌보드? 웹사이트?

2. 지역 매장의 특별 이벤트에 참석하라. 이벤트의 목적은 무엇인가? 매장에 들어온 사람들을 묘사하기 위해? 사회친선의 장을 만들기 위해? 이벤트를 묘사하고 당신 자신의 사진을 곁들이라. 이벤트는 성공적으로 행해졌는가?

3. 지역 백화점 또는 전문점을 방문하고 그것의 비주얼 머천다이징을 평가하라. 디스플레이가 매장 전체에 테마를 부여하는가? 윈도우와 인테리어 모두의 장식과 디스플레이 테크닉을 설명

하라. 상품은 매력적으로 진열되었는가? 매장의 전체 이미지가 제공되는 상품과 성공적으로
어울린다고 생각하는가?

🅘 참고문헌

[1] As quoted in "Ferragamo Today," *Women's Wear Daily,* February 11, 1991, p. 7.

[2] As quoted in "Lauren at 25," *Women's Wear Daily,* January 15, 1992, p. 7.

[3] Virginia Meyer, vice president, marketing, Cato Corporation, interview, June 2, 2000.

[4] Gilbert Vanderweide, interview, April 29, 2003.

[5] Peter Connolly, executive vice president, marketing, Tommy Hilfiger, as quoted in "Media Maze," *Women's Wear Daily,* May 28, 1999, p. 6.

[6] Teril Turner, marketing director, Henri Bendel, interview, April 28, 2003.

레이스와 투명한 러플을 가지런히 배열한
오스카 드 라 렌타의 섬세한 드레스
(출처 : OSCAR DE LA RENTA,
사진촬영 : DAN LECCA)

▶▶▶부 록

직업 안내■□■

당신은 패션 비즈니스에 어떻게 적합할 수 있을까? 일자리가 아니라 당신이 즐기고 미래를 위해 기대할 수 있는 일로서 직업을 선택하는 것이 당신의 인생에서 가장 중요한 결정 중의 하나이다. 이 책이 당신의 결정을 도울 수 있기를 희망한다.

이 부록은 패션 관련 직업의 가능성에 대한 생생한 그림을 제공하고자 한다. 이 부록은 텍스타일, 패션 디자인, 마케팅, 생산, 리테일링과 프로모션에 관한 직업 기회들을 조사한다. 직업 계획을 세울 때, 당신은 우선 당신 자신과 당신의 타고난 재능, 그리고 당신의 야망을 이해해야 한다. 그러고 나서 당신에게 가장 좋은 고용 기회를 제공하는 분야에 이러한 능력과 관심을 적용시켜야 한다.

텍스타일 산업

만일 당신이 직물과 함께 일하는 것을 즐긴다면, 텍스타일 산업에서 흥미 있는 일자리에 관한 여러 가지 가능성을 찾을 것이다. 새로운 디자인을 창조할 아티스트, 섬유와 가공을 개발한 과학자, 편직과 제직 과정을 개발하고 일할 테크니션과 섬유를 밀(mill)에 판매하고 직물을 제조업자에게 판매할 마케팅 전문가를 포함하여, 기술이 있고 재능 있는 많은 다양한 사람들이 필요하다.

섬유와 직물의 개발

연구 　과학과 화학공학을 전공한 학생들은 새로운 섬유를 개발하는 큰 화학회사, 직물회사 또는 직물에 대한 새로운 처리와 가공을 실험하는 섬유연합에 있는 실험실에서 일하는 것에 흥미를 가질 수 있다.

텍스타일 디자인과 머천다이징 　텍스타일 디자이너와 스타일리스트들은 특별한 예술과 기술적 훈련의 통합이 필요하다. 프린트 디자인을 위해서 디자이너들은 최종용도가 삼차원적 의복이 될 것이라는 것을 이해하면서 이차원적 디자인에 그들의 기술을 적용시킬 수 있어야 한다. 직물 스타일리스트들은 실의 재미있는 새로운 혼방뿐만 아니라 새로운 니트와 제직구조를 창조할 수 있도록 섬유와 직물 생산의 기술적 측면을 이해해야 한다. 컴퓨터 지식 또한 필수이다.

마케팅

외향적인 사람에게 마케팅은 제품개발, 대중관계, 광고, 그리고 판매를 포함한 다양한 재미 있는 직업을 제공한다. 마케터들은 제조와 리테일 고객들 양쪽과 함께 일한다. 초보 주니어 판매 책임자는 판매, 회계와 마케팅 매니저 자리로 승진할 수 있다.

훈련과 승진

약간의 마케팅과 스타일링 관련 일자리가 뉴욕 시와 로스앤젤레스에 있다. 판매 책임자는 제조센터가 있는 곳이면 어디에나 있을 수 있다. 그렇지 않으면 텍스타일 생산은 남부, 로스앤젤레스 지역 또는 해외에서 이루어진다. 졸업 전 여름에 일자리나 인턴십을 통해 경험을 쌓는 것이 중요하다. 기술과 경험이 있는 사람은 나중에 관리직으로 승진할 수 있다.

의류 제조 분야

의류 산업에서는 매우 다양한 경력을 쌓을 기회가 주어진다. 제조 분야의 가장 큰 매력은 다양한 직업이 있다는 것이다. 회사 각 부서의 업무자들은 회사의 업무가 전체적으로 어떻게 조화를 이루는지 전체적인 시각에서 알아야 한다. 제조, 제품개발, 소싱, 마케팅 등 각 분야에서는 다양한 분야의 능력을 요구한다.

디자인과 머천다이징

패션 디자이너들은 예술적인 창의력을 필수적으로 갖추어야 하며, 이와 아울러 기술적인 측면과 비즈니스를 위한 마케팅 측면도 이해해야 한다. 옷의 디자인에 대한 창의력 있는 아이디어가 필수적으로 필요하며, 이와 동시에 소재에 대한 지식, 옷의 의복 구성적인 측면이나 패턴에 대한 지식, 컴퓨터 캐드(CAD)에 대한 지식도 필요하다.

　패션 디자인은 경쟁이 극심한 분야이다. 준비가 많이 된 디자이너일수록 경쟁력이 높다. 좋은 디자인 대학을 졸업하는 것은 기본적인 조건이다. 졸업 이후 신입 디자이너들은 샘플실이나 디자인실의 보조로 일을 배우기 시작한다. 어떤 초급단계의 일이라도 유용한 경험이 된다.

　머천다이징은 디자인 감각을 예리하게 길러 비즈니스를 관리할 기회를 제공한다. 소매에 관한 경험은 머천다이징에 대한 기초를 배우는 좋은 기회이다. 머천다이저는 디자이너와 함께 작업함으로써 회사의 판매목표나 판매목표에 어떻게 도달할 수 있는지를 배울 수 있다. 머천다이저는 대부분 보조 머천다이저로 처음 일을 배우게 된다.

패턴메이킹

패턴메이킹은 디자인 아이디어를 실질적인 옷으로 만드는 중요한 제조 프로세스이다. 패턴메이킹을 하는 패턴사들은 기본적인 수학적인 개념과 선과 비율(프로포션)에 대한 정확한 분석적인 눈과 완벽한 맞음새를 만들어 낼 수 있는 능력을 갖추어야 한다.

　패턴메이킹의 전문가가 되기 위해서는 평면재단에 대한 지식, 인대를 이용하여 입체재단 능력, 컴퓨터 패턴메이킹에 대한 기능을 알아야 한다. 패턴메이킹 전문가가 되어 가는 첫 단계는 패턴실의 보조자나 샘플패턴재단, 패턴 그레이딩에 관한 업무를 배우는 것부터 시작된다.

소 싱

소싱 매니저는 정해진 기간에 맞추어 주문한 상품이 생산되어 배송될 수 있도록 계획하고 관리하는 업무를 해야 한다. 그러므로 업무를 체계적으로 관리하는 능력이 뛰어난 사람들이 이 분야에 적성을 가진 사람이라고 할 수 있다. 소싱 매니저들은 제품 생산과 관련한 기술적인 지식과 더불어 세계 각국에 퍼져 있는 생산지들을 여행하고, 관리하는 일도 하게 된다.

마케팅

성격이 외향적이고 사람을 만나는 것을 즐기는 성향을 가진 사람은 고객을 직접 대하는 직종인 마케팅이 적합하다. 마케팅 직종에서의 업무는 신제품 전시장의 보조역할이나 뉴욕이나 로스앤젤레스 또는 여러 지역의 판매 보조 책임자로서 활동을 시작할 수 있다. 대학에서 패션 머천다이징이나 마케팅 리테일링 관련 과목을 수강하는 것이 좋다.

교육 및 발전방안

대부분의 패션 제조업체들은 대도시에 위치하고 있다. 따라서 디자인 직종을 준비하는 학생들은 뉴욕, 로스앤젤레스 등 패션의 중심지에서 취업을 준비한다.

대부분의 제조업체들은 교육 프로그램을 별도로 가지고 있지 않으므로 개인별로 제조업체와 연계하여 인턴으로 훈련을 받는 것이 필요하다. 업체로서는 인턴십 제공을 반길 것이다. 의류업체의 전체적인 업무를 배울 수 있도록 하기 위해서는 중소기업에서 첫 직장을 시작하는 것이 바람직하며, 경력을 쌓은 후 대기업으로 진출하여 승진의 기회를 잡는 것이 좋다. 대자이너 칼 라거펠트는 "(자신의)분야에서 능력을 갖추게 되면, 주목을 받을 기회를 갖게 된다."고 조언한다.[1]

리테일링

미국 고용 인구의 대략 1/8이 어떤 방법으로든 리테일링에 종사하고 있다. 대학을 다니는 동안 판매를 경험해 보는 것이 절대적으로 필요하다. 컴퓨터 정보에 대한 지식이나 재정 시스템에 대한 이해는 필수적이다. 고객들을 응대하고 그들의 제안이나 질문, 불평을 들어 보지 않았다면 리테일링을 근본적으로 이해하기는 어렵다. 휴일이나 여름 동안, 토요일이나 또는 방과 후 학교 근처의 매장에서 파트타임 판매 사원으로 일하는 것은 리테일링에서 일을 시작하는 첫 기회와 경험을 제공할 것이다.

일부 큰 매장들은 대학생들에게 경험을 쌓는 데는 더할 나위 없이 좋은 기회인 여름방학 인턴사원 프로그램을 제공한다. 인턴사원 이력은 졸업 후 취업시장에서 더 좋은 기회를 제공한다. 대부분의 매장들은 이러한 프로그램을 제공하지 않기 때문에 돈을 받지 않고 인턴으로 일하겠다는 허락을 받는 것이 필요하다. 스스로를 위해 이러한 행동을 하는 것은 의지와 적극성을 보여 주는 것이다. 매장 운영과 관련된 모든 방면에 대해 최대한 많이 질문을 하고 배우는 시간으로 기회를 활용하라.

유통관리업무를 위해서는 전문대학 이상의 학위는 필수적이다. 유통업자들은 유통 전공자의 비즈니스 기술뿐만 아니라 머천다이징 전공자들의 창의적인 사고력 또한 좋아한다. 많은 학생들이 교육의 마지막 코스로 MBA 학위를 취득하고 있고 취업전선에 뛰어들고 있다.

훈 련

대학을 졸업한 후 운이 좋은 몇몇 학생들은 메이시즈(Macy's) 같은 대형 매장에서 유통관리 교육 프로그램에 들어갈 수 있다. 전형적인 프로그램은 다양한 부서에서 업무를 체험하는 비정규 수업과 간부직원들과 교육 담당자에 의해 운영되는 정규 수업으로 구성된다. 교육 프로그램들을 마치면 전문가가 되기 위한 기회가 뒤따른다.

대형 매장에서 경영진이 되기 위한 승진 경로는 둘이다. 하나는 바잉(머천다이징) 라인이고 다른 하나는 매장(운영) 라인이다. 대부분의 백화점들의 교육 프로그램들은 여러 분야의 경험을 제공하기 위해 이 두 가지 라인에 있는 업무들을 혼합한다. 모든 매장들은 고유의 조직 구조와 직업 기회를 가지고 있다.

바잉 라인 또는 머천다이징 승진 경로　교육 프로그램 후에 전문가로서 첫발을 내딛는 지위는 바이어 보조이다. 이들은 시간의 대부분을 판매를 유지시키고 재고를 관리하는 데 보낸다. 경험이 쌓이면서 보조는 준 바이어(associate buyer) 또는 하나의 벤더를 취급하는 바이어(single-vendor buyer)가 되고 더 나아가 바이어 또는 상품기획유통 매니저가 된다. 바이어는 그룹 바이어, 지역상품 매니저, 또는 전체 상품 매니저의 지위로 올라갈 수 있다. 전체 상품 매니저는 중역의 일원으로 전체 매장의 상품정책을 설립한다.

매장 라인 승진 경로　리테일링에 있어서 또 하나의 승진 경로는 매장 라인 운영관리에 있다. 매장코너 매니저는 판매현장에서 상품을 보유하는 것을 담당한다. 상품의 최근 기록을 유지하는 것, 본점으로부터 지점의 상품 보충을 요구하는 것 등이 해당 업무이다. 매장코너 매니저는 판매와 관리 훈련의 경험이 필요하다. 매장코너 매니저는 판매 스태프의 역할 모델인 동시에 판매사원, 고객, 그리고 바이어를 이어 주는 연결고리이다.

매장코너 매니저는 섹션 매니저, 층별 매니저, 전체 매장 관리서리, 운영 매니저, 지점 매니저로 승진할 수 있다. 운영 매니저는 빌딩 관리, 간접운영비, 상품인수, 매장 내 상품의 움직임을 감독한다. 전체 매장 매니저는 머천다이징, 판매, 고용, 매장의 전반적인 성공을 책임진다.

교류 교육　현재 대부분의 매장들은 머천다이징 승진 경로에서 운영관리 승진 경로로 이동하였다가 또다시 그 반대의 경로를 거치는 유연한 업무 체험 과정을 제공한다. 예를 들면, 신입사원은 판매 사원으로 업무를 처음 시작해서 매장코너 매니저 보조로 일하다가, 바이어 보조, 매장코너 매니저, 준 바이어 등으로 옮겨 간다. 머천다이징과 운영관리 양 분야에서 유능한 업무수행자는 성공적으로 고위 경영진으로 성장할 수 있을 것이다. 고위 경영진은 매장 운영정책의 수립, 운영, 통제를 담당한다. 이들에게는 하위직에서 조력자로 근무하면서 얻은 견실한 경험들이 필요하다.

마케팅

패션 마케팅은 또 다른 창의적인 직업 분야이다. 패션 마케터들은 판매를 끌어올리기 위해 패션 메시지를 대중들에게 전달한다.

카피라이터

카피라이터는 산업의 모든 단계의 광고와 홍보 분야에서 일한다. 이들은 프로듀서, 생산업체, 유통업체, 패션 에이전시를 위해 직접 일한다. 패션 기고가와 편집자들 또한 업계와 소비자를 대상으로 한 패션 출판물을 위해 일한다. 이러한 직업은 대학에서 신문방송학을 전공하였거나 대학신문 기자 같은 경험을 요구한다.

미술 담당

미술 담당자들은 광고와 카탈로그의 레이아웃을 디자인하거나 사진촬영을 감독한다. 이들은 사내 광고부서에서 일하거나 광고 에이전시에서 일한다. 이들의 미적 표현 능력은 기술적으로 완벽해야 한다. 일반적으로 광고 또는 그래픽 디자인 교육은 필수적이다. 컴퓨터 디자인 프로그램을 능숙하게 다룰 줄 알아야 하는 것은 취업에 있어서 필수조항이다.

비주얼 머천다이징 디자이너들

비주얼 머천다이징 스타일리스트들은 고객들을 끌어들이기 위해 상품의 실내 전시를 조정하고 매장 윈도우를 장식하고자 하는 매장을 위해 일한다. 승진 기회는 매장 디자인 매니저와 기업의 디자인 디렉터로 발탁되는 것이다. 대학에서 미술이나 머천다이징 전공은 필수적이다.

특별 이벤트 디렉터

상상력과 창의력은 특별 이벤트를 만들기 위해 필요로 하는 덕목이다. 패션 머천다이징 학위와 과거에 쇼를 기획해 보고 학교 홍보 이벤트에 참여했던 경험은 좋은 이력사항이 될 수 있다.

직업 구하기

회사 탐색

흥미와 능력에 적합한 패션 비즈니스 종류를 선정한 뒤, 장래의 고용주가 될 만한 회사를 찾아야 한다. 회사들 중에는 크고 작은 많은 여러 타입이 있는데, 큰 회사에서 일하는 데 있어서의 이점은 승진의 기회가 상당히 있다는 것이다. 반면 작은 회사는 비즈니스의 모든 현상들을 보다 빨리 배울 수 있다는 장점이 있다.

당신의 흥미를 끄는 회사들을 찾아보라. 대부분의 회사들이 웹사이트를 운용하고 있다. 대부분이 인터넷 쇼핑을 위한 사이트이지만, www.lizclaiborne.com이나 H&M의 www.hm.com과 같은 사이트는 직원 모집란도 함께 운용하고 있다. 패션 비즈니스에 관련된 도서관에도 미국 및 글로벌 회사의 이름 및 주소, 회사에 관한 정보가 기재되어 있는 '스탠더드 앤 푸어(Standard & Poor)' 와 같은 책자가 소장되어 있다. Switchboard.com 사이트를 통해서도 회사의 주소와 전화번호를 조회할 수 있다. 관련 회사에 전화를 해 봄으로써 필요한 정보를 수집할 수 있다.

강의실에서, 패션쇼장에서 패션그룹 미팅, 그리고 직업 세미나 등에서 전문가들을 만나라. 학교 프로젝트를 위해 전문가들의 사무실에서 그들을 인터뷰하라. 인터뷰에서 현명하게 질문하고 대답할 수 있도록 지속적으로 경제 뉴스들과 더불어 무역 정기 간행물들을 읽어 두라. 이때 인터뷰하는 사람이 자신의 회사에 대해 아는 것만큼이나 당신도 그 회사에 대해 미리 알고 있어야 한다.

인터뷰를 위한 준비

졸업을 앞둔 학생들 중에는 취업 문제로 인해 좌절을 겪는 사람들이 종종 있다. 그러나 참을성을 가지고 구직을 위해 계속 노력할 필요가 있다. 미래의 고용주들은 의지와 열정이 있는 구직자들을 좋아하기 때문이다. 토미 힐피거는 "젊은이들이 비즈니스에 입문하기 위해서는 의지와 열정, 두 가지를 갖추어야 한다."고 말한다.[2]

이력서   첫째, 당신의 교육과 경험, 그리고 활동 중 구직 내용에 적합하고 좋은 것들을 망라한 이력서를 준비할 필요가 있다. 당신이 선택한 직종과 관련된 과정과 경험, 그리고 활동들을 실은 목록을 만들라. 시간제 근무 또는 여름학기 동안의 패션 유통점에서 얻은 산 경험 등도 매우 중요하다.

이력서는 컴퓨터로 타이핑하여 출력한 형태로 준비한다. 전문가는 당신의 이력서를 통해 당신이 컴퓨터와 친숙한지 여부와 더불어 시각적 프레젠테이션 능력이 있는지까지도 꿰뚫어 보기 때문이다.

이력서를 제출할 때에는 이력서와 함께 간략한 자기소개서(introduction letter)—즉 인터뷰 기회를 줄 것을 청하고, 자신의 연락 가능한 번호와 구직 목표, 지원하는 동기 등을 적은 내용—를 동봉하여 제출해야 한다.

당신은 직업을 구하기 위해 100통가량의 수많은 이력서들을 제출하게 될 수도 있지만, 그렇다고 해서 실망할 필요는 없다. 왜냐하면 그러한 일은 보통 있는 일이기 때문이다. 혹시나 회사 측이 당신에게 추천서를 제출하라고 요구하는 경우도 있으므로, 이러한 경우를 대비하여 당신에 관한 추천서를 써 줄 수 있는 선생님이나 교수님들의 명단을 미리 작성해 두는 것이 좋다.

제출 후에는 전화를 걸어 당신이 보낸 편지와 이력서가 제대로 접수되었는지를 다시 한 번 확인해야 한다. 그렇지 않으면 당신의 이력서는 그냥 사장될 수도 있기 때문이다. 당신이 원하는 일자리가 그 회사에 없다고 하더라도 그 회사에 대해 알고 싶다고 말하면서 인터뷰 기회를 얻도록 노력하라. 이런 식으로 지원자가 열정과 끈기를 보여 주면 고용주가 그 지원자야말로 자사의 재목감이라고 생각하여 채용하게 되는 일도 심심찮게 일어난다.

포트폴리오 만약 당신이 창조적인 직종을 원한다면, 이력서와 더불어 포트폴리오(작품집)를 준비해야 한다. 포트폴리오는 전문성 있게 보이도록 작성되어야 하며, 당신의 작업 내용들 중 최상의 것들만을 담도록 한다. 경연대회에서 상을 받은 작품이나 작업이 있다면 그것들을 포함시키도록 하라.

디자인 전공자의 경우에는 디자인 아이디어를 스케치한 것(또는 모눈종이 위에 그린 렌더링도 무방하다)과 소재 스와치, 완성된 의상을 전문 모델에게 착용시켜 촬영한 8×10평방 인치 정도 크기의 사진을 포함시키는 것이 좋다.

인터뷰

인터뷰 준비를 위한 책을 읽는 것을 잊지 않도록 하라! 그리고 당신이 인터뷰에 임할 때, 그 책에서 읽은 내용을 최대한 활용하라. 한 번의 인터뷰는 그 다음번의 인터뷰를 위한 좋은 연습이 될 것이다. 패션계에서는 패션을 대하는 '태도(attitude)'가 매우 중요하다. 당신이 패션 비즈니스에 대한 뜨거운 열정을 갖고 있고, 회사가 찾는 바로 그 사람임을 보여 주는 것이 중요하다.

패션 분야에 취업하기 위해서는 인터뷰에 임할 때, 전문성을 드러낼 수 있을 만한 차림새를 하고 가는 것은 대단히 중요하다. 그렇게 함으로써 당신은, 당신이 지닌 패션에 관한 지식 뿐 아니라 자기 자신을 어떻게 보는지까지도 시각적으로 상대방에게 전달하게 된다.

패션과 그 회사에 대한 사전 지식을 갖추어 두면 인터뷰에 유용할 것이다. 《WWD (Women's wear Daily)》나 《DNR(Daily News Record)》와 같은 업계 현황을 다루는 패션 전문지를 꾸준히 읽고 시장이 어떻게 돌아가고 있는지도 인지하고 있어야 한다.

인터뷰는 "당신은 왜 바이어(또는 디자이너 등등)가 되기를 원하는가?"와 "왜 이 회사에서 일하기를 원하는가?" 등에 대한 질문들로 구성된다. 분명한 것은, 미리 준비해 두지 않는다면 당신은 이러한 질문들에 명확한 대답을 할 수 없을 거라는 것이다. 또한 이때 당신이 하고자 하는 그 직업이나 회사에 대해 관심을 갖고 있음을 답변하기 위한 질문에 미리 대비해 두는 것이 좋다. 패션 산업체란 예리하면서도 열정을 가진 사람을 찾는 곳이기 때문이다.

당신이 대학에서 무엇을 전공했건, 또는 이제껏 훈련받은 내용이 무엇이건 간에, 회사들은 다음과 같은 것들을 당신에게서 기대할 것이다.

- 대학이나 직장에서 배운 훌륭한 기술
- 잘 준비된 이력서
- 전문성 있는 포트폴리오(특히 디자인이나 커뮤니케이션 직업인 경우)
- 패셔너블하고 전문적인 차림새
- 자신의 생각을 명확하게 표현하는 능력(기술직은 예외)
- 회사의 동료들과 잘 지낼 수 있는 밝은 성격과 긍정적인 태도
- 열정, 동기, 열의
- 배우고자 하는 열의와 자각
- 책임감 있는 태도

첫 번째 직업

학교를 졸업한 후에 얻는 첫 직장은 그 일에 대해 배울 수 있는 견습의 기간으로 여겨야 한다. 만약 회사에 수습사원 제도가 없다면, 당신 스스로 다양한 곳을 다니면서 모든 측면의 일을 배울 수 있도록 자신만의 견습 혹은 실습 기간을 가지도록 노력하는 것이 좋다. 여름방학 동안 무보수 인턴으로 실습하는 것도 좋다. 첫 직업을 무료로 받는 교육이라고 생각하고 가능한 한 많은 것을 배우도록 하라. 이렇게 배우는 것을 계속해 나간다면 당신은 분명히 보상받을 수 있다. 아드리엔느 비태디니사의 전 부사장 오다일 로지에(Odile Laugier)는 "나는 이곳에서 13년 동안이나 일했지만 아직도 여전히 배우고 있다."[3]라고 말했다.

중요한 것은 경험을 쌓는 것이다. 경험을 쌓은 후에는 그다음 일을 훌륭히 해냄으로써 당신 자신이 얼마나 유능하고 재능이 있는지 보여 주도록 하라. 기업은 더 좋은 위치로 가기 위

해 책임을 다할 수 있는 사람을 찾기 마련이다. 그렇게 한다면, 당신이 승진하지 못하더라도 최소한 당신은 다른 어딘가로 나아갈 수 있는 경험을 얻게 될 것이다. 더구나 일을 하는 동안 생기는 다른 사람들과의 관계나 친분은 훗날 소중하게 쓰일 것이다. 예를 들면, 원단업체의 영업담당 사원들이 의류제조업체들이 직원을 구한다는 소문을 듣고 그 내용을 당신에게 알려 주는 일도 있을 것이다.

동료나 동업자와 더불어 융통성 있게 그리고 즐겁게 일하라. 약간의 유머와 외교술은 긍정적으로 함께 일하는 관계를 만드는 데 도움이 될 것이다. 유행의 변화는 일을 흥미롭게 만들지만, 창의적인 사람들과 함께 일하면 더욱 재미있게 일할 수 있다.

학생들은 졸업 후에 자기 자신의 사업을 시작할 것이라고 종종 이야기하는데, 이는 혼자 일하는 것이 쉬워 보이기 때문인 것 같다. 그러나 소규모 회사가 실패하는 대부분의 경우는 경험의 부족에서 기인한 것임을 명심해야 한다. 자기 사업을 시작하기 전에, 큰 회사와 성공적인 소규모 회사 양쪽 모두가 어떻게 운영되고 있는지 보기 위해 가능한 한 많은 경험을 쌓도록 하라. 혼자 일하기 위해서는 스스로를 훈련시켜야 하기 때문에 타인과 함께 일하는 것보다 훨씬 더 어렵다. 물론, 야망과 열정을 가지고 열심히 일하고자 한 사람들에게는 보상이 따를 것이다.

만약 당신이 패션 분야에서 성공하고 싶다면, 당신이 할 수 있는 모든 노력과 열정을 쏟아 교육받고 훈련받도록 하라. 모든 상황을 잘 이용하고 투자한 것에서 성공을 건져 내라. 그럼으로써 성공적이고 가치 있는 커리어를 만들 수 있을 것이다.

취업 인터뷰를 위한 준비

1. 이력서를 작성하라. 이력서에는 교육, 수상경력, 경험 그리고 선택분야와 직접 관련된 흥미 등에 대한 정보도 포함시켜라.

2. 어떤 패션 직업이 가장 만족스러운지에 대해, 그 직업의 긍정적인 면과 부정적인 면을 두 줄 정도의 길이로 써 보라. 그 직업을 갖는다면, 당신이 잘 해낼 것이며 행복할 것이라고 생각하는 이유를 스스로 분석해 보라. 당신의 어떤 점들로 인해 이 직업을 원하게 되었는가? 당신이 받은 교육은 이 직업에 적절한 것인가? 이 분야에 어떻게 들어갈 것이며, 들어간 후에는 얼마나 발전할 수 있을 것으로 기대하는가?

3. 당신이 디자인이나 커뮤니케이션 전공자라면 포트폴리오에 포함시킬 내용의 계획을 세워 보라. 선생님께 당신에게 가장 좋은 직업이 무엇이겠는지를 물어보라. 당신의 포트폴리오 전체에 사용할 그래픽 테마를 개발하라.

4. 당신이 희망하는 직업 영역(디자이너, 리테일러, 세일즈 대표 등)에 종사하고 있는 전문인을 만나서, 그들에게 그 직업의 모든 것에 관해 질문하라. 그 직업에 대해 좋다고 생각

하는 점 또는 좋지 않다고 생각하는 점은 무엇인가? 무엇이 그 직업을 흥미롭게 만드는가? 그 사람은 어떻게 그 일을 시작하고 승진했는가? 이 전문가가 당신에게 줄 수 있는 조언 중 가장 귀중한 것은 무엇인가? 이러한 대학생으로서의 인터뷰나 전문가와의 만남으로 인해 직업을 구하는 경우도 있다.

5. 당신이 흥미를 가지고 있는 회사에 관해 조사하라. 연간 보고서나 외부에 공개할 수 있는 다른 정보들을 달라고 요청하는 편지를 보내라. 인터넷을 통해 그 회사에 대한 기사를 미리 읽어 두도록 하라. 그 자료들을 읽으면서 인터뷰 시에 기억할 필요가 있는 중요한 정보들을 노트하라.

참고문헌

[1] Karl Lagerfeld, quoted in "The Designer Fallout," *Women's Wear Daily*, July 1, 2002, p. 7.

[2] Tommy Hilfiger, designer, interview, September 1994.

[3] Odile Laugier, former vice president of design at Adrienne Vittadini, interview, April 30, 1992.

▶▶▶ 패션 산업 용어

패션 산업 용어를 배우는 것은 패션교육에서 중요한 한 부분이다. 정확한 용어를 사용함으로써, 여러분은 자신이 패션 비즈니스와 친밀하다는 것을 알게 된다. 많은 패션 용어들은 프랑스 어에서 유래되었다. 왜냐하면 프랑스는 오랫동안 패션혁신의 중심지였기 때문이다. 더 자세한 설명은 찾아보기를 조사하고, 그리고 그 용어가 본문에서 정확히 어떻게 사용되었는지를 참조하기 바란다.

가격대(price line) 한 상품 구색이 판매되는 특정 가격

가격 범위(price range) 보유하고 있는 상품의 최저가와 최고가 사이의 범위

가격표 사전 부착(preticketing) 리테일 스토어가 신속하게 매장에 진열할 수 있도록 대기 중인 상품에 생산업자가 미리 가격표를 부착하는 것

가공(finishing) 직물에 하는 마지막 처리. 의복에 하는 손작업 또는 마지막 터치

가먼트 패키지(garment packages) 직물 제조업체가 의류 제품 생산까지 수행하는 것

가상쇼룸(virtual showrooms) 제조업체의 라인을 인터넷상에서 보여 주는 쇼룸

가상 전시장(virtual showrooms) 생산업자의 라인을 전시하는 인터넷 공간

가처분 소득(disposable income) 세금을 제한 개인소득. 한 개인의 구매력

간접비(overhead) 매장이나 회사를 운영하는 데 드는 관리 비용

견(silk) 누에에 의해 방사된 누에고치로부터 얻는 필라멘트 형태의 유일한 천연섬유

경편(warp knitting) 수직방향으로 이어지는 루프로 옷감을 편직하는 것

공장생산력(plant capacity) 단위 시간 내 해당 공장에서 생산할 수 있는 의류제품 수

공정, 운영(operations) 생산과정의 단계, 비즈니스를 운영하기 위한 활동들

광고(advertising) 판매를 증진시키기 위하여 이용된 대중매체 속 대가를 지불한 메시지

광고 디렉터(advertising director) 광고부서의 인력관리와 활동들을 책임지는 사람

구매 계획(buying plan) 일정 기간 내 출하를 위해서 바이어가 구매할 예정인 상품들의 유형과 물량들에 대한 일반적인 설명

구매한도(open-to-buy) 주어진 기간에 조달할 상품 구매를 위해 바이어가 쓸 수 있는 금액에서 이미 주문을 끝낸 상품의 금액을 뺀 나머지 금액

국제무역기구(World Trade Organization : WTO) GATT를 대신하는 국제무역관리 기관

그레이굿(greige goods) 컨버터에 의해 구매되는 미표백, 미가공 직물

그레이딩(grading) 회사의 기본 사이즈인 샘플 사이즈 패턴을 더 큰 사이즈나 작은 사이즈 패턴으로 변환시켜, 생산에 필요한 모든 사이즈의 패턴을 제도하는 작업

기능성 직물(performance fabrics) 흥미로운 섬유 혼방과 가공을 사용하는 고기능의 내

구력이 있고 유연한 직물

기획생산(cut-to-stock) 판매를 예상해서 세운 계획에 따라 기획한 물량을 제조하는 생산방식

나일론(nylon) 긴 사슬의 합성 고분자로 만든 내구력이 있는 인조섬유

남성용 소품(furnishings) 남성용 의류 카테고리로서 셔츠나 액세서리, 단품 캐주얼 등을 포함함

단위면적당 매출(sales per square foot) 매장의 단위 면적당 팔리는 매출. 생산성의 척도

대표매장(flagship store) 체인 조직에서 가장 크고 대표적인 매장

데이터베이스 마케팅(database marketing) 마케팅 전략 계획을 위하여 크레디트 카드나 다른 자료들로부터 수집한 고객 정보를 이용하는 것

도매가격(wholesale price) 부품과 상품에 대해 상인들이 지불하는 가격

도매시장(wholesale market) 상인들이 제조업자로부터 구매하는 시장

디스카운트 리테일링(discount retailing) 저마진 리테일링. 운영 원가를 낮게 유지하고 대량으로 구매함으로써 낮은 가격으로 제공할 수 있는 리테일링

라이선스 계약(licensing) 매출액의 몇 퍼센트나 일정 비용을 지불한 대가로 디자이너의 이름이나 디자인을 사용하도록 생산업자가 허가를 하는 것

라인(line) 어패럴 생산업자의 스타일 콜렉션. 또는 봉합선, 디테일, 또는 트리밍에 의해 보이는 디자인의 시각적 방향

라인 구매(line-buying) 믿을 만한 생산업체들로부터 스타일 컬렉션을 구매하는 것

레이온(rayon) 재생 셀룰로오스로 만든 인조섬유

리오셀(lyocell) 새로운 형태의 용매 방사된 셀룰로오스 섬유

리테일링(retailing) 상품을 생산하거나 도매상으로 부터 상품을 사서 최종 소비자에게 판매하는 사업

리피트(repeat) 나염 직물의 디자인에 있어 디자인이 반복 배열되는 것

린넨(linen) 아마 식물의 목질 줄기로부터 얻어진 식물성

섬유

마케팅(marketing) 상품을 계획하고 촉진하고 판매하는 과정

마케팅 경로(marketing chain) 개념에서 소비자까지 이르는 상품개발, 생산, 그리고 유통의 경로

마켓(market) 잠재적인 소비자들의 집단 또는 구매자와 판매자가 만나서 교환업무를 하는 장소, 지역, 또는 시간

마크다운(markdown) 정상적인 판매가와 인하된 가격 간 금액의 차이

마크업(markup) 원가와 판매가격 사이의 차이

맞춤복(custom-made) 구매자의 주문에 따라 특별히 맞춤으로 제작되는 의류제품으로 개인 구매자의 신체치수에 맞추어 제작됨. 기성복과 반대되는 개념

매장 수(doors) 특정 상품이 팔리는 소매점의 수를 일컫는 패션 산업의 은어

매장 이미지(store image) 한 점포가 일반인들에게 보여주는 성격이나 개성

매직쇼(MAGIC) 캘리포니아에 위치한 남성복 제조업체들의 조합에서 매년 2월과 8월에 미국 라스베이거스에서 개최하는 세계적인 남성복 트레이드쇼

머천다이즈 총괄책임자(merchandise representatives) 매장에서 판매 직원들을 가르치기 위하여 생산업자에 의해 훈련된 컨설턴트

면(cotton) 면 식물의 꼬투리로부터 얻는 식물성 섬유로 세상에서 가장 널리 쓰이는 텍스타일 섬유

모(wool) 동물 플리스로부터 얻는 천연섬유

모듈라 제조시스템(modular manufacturing) 제품을 생산하는 데 작업자가 한 개의 작업만을 수행하는 것이 아니고, 소수의 작업자가 협동해서 완제품을 생산하는 제조 방식으로 한 명의 작업자가 복수의 작업을 수행함

모방품(knockoff) 고가 제품의 디자인을 모방한 제품. 혹은 모방하는 것

모시(ramie) 쐐기풀과 관목의 줄기로부터 얻는 천연 식물성 섬유

무역수지(balance of trade) 한 국가의 수출과 수입 사이

에서 발생한 경제 가치의 차이

미디어(media) 커뮤니케이션의 수단. 신문, 잡지, 라디오, TV, 우편물 등

미시사이즈(misses) 미국 여성용 기성복의 치수체계로서 6부터 16까지 짝수 번호로 호칭됨. 최근에는 0부터 치수가 시작되는 경우도 있음

바디스(bodies) 의복의 실루엣

바이어(buyer) 상품을 계획하고, 구매하고, 판매하는 일을 담당하는 머천다이징 전문가

바잉 오피스(buying office) 시장 중심에 위치하고 있으며 하나 또는 많은 매장을 위해 구매업무를 하는 독립적인 또는 매장에 소속된 사무소

발송 대기 규칙(floor-ready standards) 유통업자가 생산업자에게 상품에 미리 가격표를 붙이고 옷걸이에 걸어놓아, 판매 장소에 바로 놓일 수 있도록 해 달라고 요구하는 것

방사, 방적(spinning) 인조섬유를 사출하고 굵게 하는 과정. 스테이플 섬유를 함께 잡아 늘이고 꼬임을 주어 실 또는 쓰레드를 만드는 과정

백화점(department store) 어패럴, 가정용품, 가구 같은 일반적인 상품을 다루는 매장

법인 판매(corporate selling) 판매원의 중재 없이 경영자 선에서 판매가 이루어지는 것

베스포크(bespoke) 남성용 맞춤 수트의 영국식 용어

베이스굿(base goods) 스포츠웨어 라인의 그룹구성에 기본적으로 사용되는 솔리드 직물

벤더(vendor) 판매자, 자원조달자, 생산자, 또는 공급자

벤더 분석(vendor analysis) 개별 벤더로부터 상품을 구매함으로써 얻는 이익에 대한 통계 분석

부서별 상품 매니저(divisional merchandisemanager) 소매점의 중간 관리를 담당하는 사람. 부서 관련 그룹의 머천다이징 활동을 책임지고 있는 간부. 바이어들과 사원들을 지휘

북미자유무역협정(North America Free Trade Agreement : NAFTA) 1994년에 선포된 미합중국, 캐나다, 멕시코 사이에 자유 무역 시장를 설립에 관한 협정

분류(classification) 한 매장의 부서 내에서 하나의 그룹으로 구분되는 관련 상품의 구색 단위

브랜드명(brand name) 특정 제조업자에 의해 만들어진 특정 상품을 규정하는 상거래용 이름

브랜드 포트폴리오(brand portfolio) 하나의 브랜드 아래 구성된 넓은 상품의 영역

브릭 앤 클릭(brick and click) 웹사이트를 가진 리테일 스토어를 일컫는 산업 유행어

브릿지 패션(bridge fashion) 디자이너와 베터 상품군 사이에 위치한 스타일과 상품

비쥬얼 머천다이징(visual merchandising) 상품을 고객에게 시각적으로 매력적으로 보이도록 만드는 것

사이코그래픽스(psychographics) 시장단위를 형성하는 심리적, 사회적, 그리고 인류학적 요인들의 사용

상표(trademark) 회사의 차별된 등록 마크와 상품의 이름

상품 계획(merchandise plan) 특정 기간 상품 분류별, 부서별, 또는 전 매장을 위한 매출 목표의 계획 또는 예산과 해당 매출을 위해 필요한 물량 계획

상품데이터관리시스템(product data management system : PDM) 상품 라인을 구성하고 편집하기 위한 컴퓨터 소프트웨어 시스템

상품 회전률(stock turnover) 매장에 배치된 상품이 일정 기간 팔리고 바뀌는 횟수

새빌로우(Savile Row) 양복점들이 많기로 유명한 런던 거리

샘플용 옷감(sample cut) 디자인실에서 샘플의상을 제작하기 위해 사용하는 옷감으로 보통 3~10마 정도가 소용됨

샘플용 패턴(first pattern) 디자인실에서 샘플용 의류를 제작하기 위해 만든 패턴

샘플의상(sample) 디자인실에서 제품 개발을 위해 계획한 디자인이나 스타일 등을 검토하기 위해 제작한 의류

생산 스케줄(issue plan) 생산 일정계획

생산용 패턴(production pattern) 소재의 특성 등을 고려하여 해당 업체의 치수 규격에 따라 제작된 패턴으로 최종 생산할 여러 가지 치수의 의류 생산용 패턴

선택적 유통(selected distribution) 고급스러움을 유지하기 위하여 상품을 살 수 있는 매장의 수를 제한하는 것

섬유(fibers) 실을 만드는 천연 또는 합성 섬유

소매가(retail price) 도매가격에 소매업자의 운영비용과 이윤이 포함된 부가비용을 합한 가격

소비자(consumer) 상품을 구매하는 불특정 개인

소비자 수요(consumer demand) 소비자가 시장에 끼친 영향

소비자 위축(consumer obsolescence) 낡은 것이 여전히 유용함에도 불구하고 새로운 것에 대한 선호로 인해 상품을 거부하는 것

소싱(sourcing) 국제적으로 가장 적절한(저렴한) 가격으로 판매하는 제품이나 소재, 서비스를 수배하는 작업

소재선정(fabrication) 의류 제작을 위해 디자인에 적합한 소재를 선택하는 것

소프트 굿(soft goods) 패션과 텍스타일 상품

수량 통제(unit control) 재고나 주문에서 사고 팔리는 상품의 단위별 수량을 기록하는 시스템

수직 통합(vertical integration) 원료 제조 공급업체와 방직 공장의 통합과 같이 서로 다른 인접 분야의 업체가 업무의 효율화를 위해 통합하는 것

스타일리스트(stylist) 어패럴 라인의 색채, 나염 디자인, 스타일들을 선정하는 업무 담당자 또는 광고물이나 카탈로그에 실릴 패션 상품을 선정하고 준비하는 업무의 담당자

스타일 범위(style ranges) 소비자들에게 보이는 스타일들의 카테고리

스판덱스(spandex) 늘어나는 분할된 폴리우레탄으로 구성된 긴 사슬 합성 고분자로 만들어진 인조섬유. 듀퐁의 라이크라라는 상품명으로 가장 잘 알려짐

시장 주도(market driven) 시장이나 소비자 필요에 반응하는 것

신상품 전시장(showroom) 판매 책임자 또는 경영자가 잠재적인 바이어들에게 라인이나 상품을 보여 주는 장소. 프랑스에서는 프레젠테이션 살롱이라고 불린다.

신합섬(variants) 특별한 용도를 위해 기본적인 일반 섬유의 구성을 변형시킨 것

실(yarn) 섬유를 함께 꼬거나 방적하여 만든 연속적인 쓰레드

실사 재고(physical inventory) 보유하고 있는 재고의 실제 물량

아마(flax) 아마식물의 줄기로부터 만들어지고 린넨을 만드는 데 사용되는 천연섬유

아세테이트(acetate) 셀룰로오스 체인으로 된 인조섬유

아크릴(acrylics) 긴 사슬 합성 고분자로 만들어진 인조섬유

액세서리(accessories) 보석, 스카프, 모자, 핸드백, 구두와 같이 패션에 어울리는 모습을 갖추기 위해 착용하는 물건

어패럴(apparel) 패션 의류를 포함한 모든 의류

어패럴 산업(apparel industry) 의류 제품을 제조하는 데 관여하는 제조업체나 협력 가공업체. 동의어로는 의류 산업, 봉제 산업 등이 있다.

연합 광고(cooperative advertising) 텍스타일 제조업자와/또는 생산업자와/또는 유통업자들에 의해서 비용이 분담된 광고

오프 프라이스(off-price) 순 도매가격이나 일반도매 가격보다 낮은 가격. 일반적으로 특별 구매, 폐업, 과잉생산 때문에 할인된 가격

우편물 광고(direct-mail advertising) 우편에 의해 특정 예상 고객에게 직접 배달되는 모든 인쇄 광고

위탁생산업체(contractor) 제조업체로부터 봉제나 재단 공정을 위탁받아 생산하는 하청공장. 동의어로 외주공장, 협력공장 등이 있다.

위편(weft knitting) 수평방향 또는 환편으로 옷감을 편직하는 것

유연생산 시스템(flexible manufacturing) 주문사항의 변경에 맞추어 효율적인 생산을 위해 기존의 생산 공정을 유연하게 재조정하는 것

유인상품(loss leader) 리테일 바이어들의 관심을 불러일으켜 타 상품들의 구매를 촉진시키기 위해 일반적인 도매가격보다 낮은 가격으로 판매하는 상품

인간공학(ergonomics) 작업 능률이나 작업자의 건강, 안전을 향상시키기 위해 장비, 작업장의 규격을 개발하는 학문

인구통계(demographics) 출생률, 연령 분포, 또는 소득

같은 인구 특성에 관한 통계분석

인조섬유(manmade fibers) 식물의 셀룰로오스 또는 석유, 가스, 석탄으로부터 유도된 화학물질로부터 얻어지는 섬유

일반명(generic name) 각 섬유 형태에 붙여진 과명

일용품(commodity merchandise) 일반적인 기본 상품

임대 매장(leased department) 한 점포 안에 외부 회사에 의해 임대되어 운영되는 매장

자사 브랜드(private label : PB) 유통업체가 보유하고 있는 브랜드

자카드 직기(jacquard loom) 1801년 프랑스에서 조셉 자카드에 의해 발명되었으며, 각 경사를 따로따로 조정함으로써 정교한 패턴(다마스크, 브로케이드, 테퍼스트리와 같은)을 짜는 직기

장부상 재고(book inventory) 회계 장부에 기재된 재고의 금액 가치

재단사(cutter) 의류제작 공정에서 옷감을 옷본(패턴)에 따라 재단하는 직업

재단 주문(cutting order) 일정 물량의 의류를 재단하고 제조할 주문

재량 소득(discretionary income) 기본적인 필수품을 사고 난 후 남는 소득

저지(jersey) 모든 위편의 기본 조직

전문점(specialty store) 남성복이나 여성복, 또는 신발 같은 상품의 한정된 카테고리만을 취급하는 유통 업체

전자 데이터 교환(electronic data interchange : EDI) 컴퓨터라는 수단을 통해 부서 간 사업상의 데이터를 교환하는 것

전자 리테일링(electronic retailing) 컴퓨터를 통해 구매를 하는 리테일링

점진적 번들 시스템(progressive bundle system) 각각의 작업자가 동일한 작업만을 반복하는 생산 시스템으로 작업자들이 작업 순서에 따라 각 부분의 작업을 나누어 진행함

정상가 판매(sell through) 상품을 일반적이고 고정적으로 정상 가격에 팔 수 있는 능력

제직(weaving) 직기에서 실을 교차시킴으로써 직물을 형

성하는 과정

주니어사이즈(junior) 미국 여성용 기성복의 치수체계로서 3부터 15까지 홀수 번호로 호칭됨

주문생산(cut-to-order) 수요자가 주문한 물량에 대해서만 제조하는 생산방식

중개인(jobber) 의류 제조업체와 소비자 사이에서 활동하는 중개인

지점(branch store) 본점에 의해 소유되고 관리되는 매장. 일반적으로 시 외곽 지역에 위치하고 있으며 본점과 동일한 이름을 사용한다.

창고형 아울렛 매장(factory outlet stores) 생산업체의 팔고 남은 재고를 소비자에게 직접 판매하는 매장

천연섬유(natural fibers) 자연이 제공하는 섬유로 면, 모, 견, 아마, 모시를 포함함

체인스토어 조직(chain store organization) 본질적으로는 동일한 상품을 판매하고, 본부에 의해 소유되며, 관리되고, 기획되는 매장들의 집단

총수익(gross margin) 일정 기간 이루어진 총매출에서 총원가를 제한 금액

컨버터(convertor) 섬유 업체로부터 가공하지 않은 생지를 구매하여 염색, 프린트, 가공하여 의류 제조업체에 판매하는 직물가공 판매업자

코디네이트 캐주얼웨어(coordinated sportswear) 여러 가지 방법으로 혼용하여 매치시켜 입을 수 있도록 디자인된 캐주얼웨어

쿼터(quotas) 수출과 수입을 통제하기 위한 수단

크로키(croquis) 텍스타일 디자인에 있어 맨 처음의 아이디어를 스케치하는 원래의 그림

태닝(tanning) 동물 가죽을 레더로 바꾸어 주는 공정

텍스쳐(texture) 직물에서 표면의 흥미로움

텍스쳐화(texturing) 커버력, 마찰견뢰도, 따뜻함, 레질리언스, 수분율을 증가시키거나 다른 표면 텍스쳐를 주기 위해 연속상의 필라멘트에 크림프를 주거나 또는 다르게 변화시키는 과정

텍스타일 직물(textile fabrics) 텍스타일 섬유로부터 제직, 편직, 펠팅, 크로세, 본딩에 의해 만들어진 옷감

트렁크 쇼(trunk show) 매장에서 다른 매장으로 옮겨 가

며 하는 패션쇼. 주로 디자이너 초청 행사가 함께 이뤄진다.

트렌드 바잉(trend buying) 유통업자들이 패션의 신선함을 유지하기 위하여 새로운 거래처로부터 구매하는 것

특별 이벤트(special events) 판매 장소에서 소비자들의 관심을 끌기 위해 계획된 활동

판매촉진용 매장(promotional stores) 특별판매, 바겐세일, 가격인하를 많이 하는 매장

판촉 상품(promotion) 특별한 가격대에 제공되는 상품들

패션 리테일링(fashion retailing) 패션 상품을 여러 경로를 통하여 구입하고 다시 그것을 궁극적인 소비자에게 편리한 장소나 인터넷, 텔레비전, 또는 카탈로그를 통해 판매하는 사업

패션 머천다이징(fashion merchandising) 소비자의 수요에 부응하기 위하여 적절한 수량과 장소, 적절한 시기와 가격에 맞는 적절한 패션 상품을 계획하는 것

패션 프레스(fashion press) 잡지와 뉴스를 위한 패션 뉴스 리포터들

폴리에스테르(polyester) 긴사슬 합성 고분자로 만든 가장 널리 쓰이는 인조섬유

표적시장(target market) 프로듀서, 생산업자, 유통업자들이 상품과 서비스, 그리고 광고를 통해 겨냥하는 소비자 집단

표준공정시간(standard allowed hours) 각 공정이나 의류제작과정을 완료하기 위해 소요되는 표준 시간

풀패션니트(full-fashion knits) 편직기에서 옷본 모양으로 바로 편직하여, 편직 후 별도의 재단 작업을 필요로 하지 않는 방식으로 제작된 니트 제품

프랜차이징(franchising) 생산업자가 상품의 유통 권리를 파는 것

프리미에르 비죵(Premier-Vision) 원래는 'first look' 이라는 의미의 프랑스 어이며, 파리에서 매년 3월과 10월에 개최되는 국제적 원단 박람회의 제목

피스굿(piece goods) 직물에 대한 거래 용어

필라멘트(filament) 연속적인 한 가닥의 섬유

해외 지점장(commissionaire) 해외 도시의 매장 대표

해외봉제생산(off shore assembly) 미국 내에서 소재를 구입하고 재단한 후에 주변 국가들(멕시코나 카리브 해 연안국)에 보내 봉제하는 방식의 의류 생산방법

홍보(publicity) 돈을 지불하지 않고 언론매체에 실리는 회사, 회사의 정책, 인물, 활동, 서비스에 관한 기사들

7번가(Seventh Avenue) 뉴욕 시의 의상 단지 중심 거리. 단지 전체를 대표하기 위해 사용되기도 한다.

CAD(computer-aided design) 직물 디자인과 어패럴 디자인을 위해서 컴퓨터를 활용하여 디자인 또는 패턴 설계를 수행하는 시스템

CAM(computer-aided manufacturing) 컴퓨터를 활용하여 패턴 제도, 그레이딩, 마킹, 재단, 봉제 작업을 수행하는 시스템

CIM(computer-integrated manufacturing) CAM과 CAD 작업을 연계하여 컴퓨터로 제조 공정을 관리하는 시스템

E-테일링(E-tailing) 전자 리테일링을 일컫는 산업 유행어

UPC(universal product codes) 제품의 스타일, 색상, 치수, 가격, 소재, 제작 판매자를 알리는 정보를 담은 표준코드로서 전자데이터교환(EDI) 업무에 사용됨

ㅂ

ㅇ

ㅎ

기타

*역자 소개

조길수

서울대학교 의류학과 학사

서울대학교 대학원 의류학과 석사

Virginia Tech. Department of Clothing and Textiles 박사

현재 연세대학교 생활과학대학 의류환경학과 교수

담당 분야 : 피복과학

이메일 : gscho@yonsei.ac.kr

천종숙

연세대학교 생활과학대학 의류환경학과 학사

연세대학교 대학원 의류환경학과 석사

The University of Wisconsin, Department of Environment, Textile and Design 박사

산업자원부 기술표준원 파견 교수

현재 연세대학교 생활과학대학 의류환경학과 부교수

담당 분야 : 의류생산설계

이메일 : jschun@yonsei.ac.kr

이주현

연세대학교 생활과학대학 의류환경학과 학사

연세대학교 대학원 의류환경학과 석사

연세대학교 대학원 의류환경학과 박사

Parson's School of Design, New York (A.A.S.)

현재 연세대학교 생활과학대학 의류환경학과 교수, 일반대학원 인지과학 협동과정 교수,
　이학박사

담당 분야 : 의류디자인/기획

이메일 : ljhyeon@yonsei.ac.kr

강경영

연세대학교 생활과학대학 의류환경학과 학사

Virginia Tech. Department of Clothing and Textiles 석사

Virginia Tech. Department of Clothing and Textiles 박사

(주) 코오롱 상품개발실 디자이너

현재 호서대학교 예체능대학 패션학과 조교수

담당 분야 : 패션 비즈니스

이메일 : kekang@office.hoseo.ac.kr